山东暴雪

主　编：杨成芳
副主编：刘　畅　郑丽娜

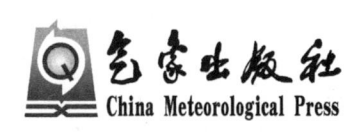

内容简介

本书总结了近 20 年山东暴雪的研究成果，基于大量暴雪个例，采用多源观测资料和数值模拟揭示了渤海海效应暴雪和山东内陆暴雪的天气气候特征及形成机理，并提出关键预报技术。全书共分为 6 章，内容涵盖山东雪灾、海效应暴雪、内陆暴雪、降水相态、积雪深度和"雷打雪"。第 1 章介绍了山东地形特点及近 20 年雪灾概况；第 2 章和第 3 章分别阐述了渤海海效应暴雪和山东内陆暴雪的分布特征、形成机理及预报技术；第 4 章给出了山东降水相态的基本特征及预报着眼点；第 5 章初步探索了山东积雪深度的变化特点及气象影响因子；第 6 章研究了山东"雷打雪"事件的时空分布特征、天气分型及其产生机制。

本书可供从事天气气候分析、预报预测的气象、水文、航空、农林、海洋、环境等领域的业务、科研及管理人员参考。

图书在版编目（ＣＩＰ）数据

山东暴雪 / 杨成芳主编. -- 北京：气象出版社，2023.2
ISBN 978-7-5029-7912-6

Ⅰ．①山… Ⅱ．①杨… Ⅲ．①雪害－研究－山东 Ⅳ．①P426.6

中国国家版本馆CIP数据核字(2023)第038701号

山东暴雪
Shandong Baoxue

出版发行：气象出版社
地　　址：北京市海淀区中关村南大街 46 号　　　　　　邮政编码：100081
电　　话：010-68407112（总编室）　010-68408042（发行部）
网　　址：http://www.qxcbs.com　　　　　　E-mail：qxcbs@cma.gov.cn
责任编辑：张　媛　　　　　　　　　　　　　　　　　终　　审：张　斌
责任校对：张硕杰　　　　　　　　　　　　　　　　　责任技编：赵相宁
封面设计：博雅锦
印　　刷：北京建宏印刷有限公司
开　　本：787 mm×1092 mm　1/16　　　　　　　　　印　　张：20.25
字　　数：520 千字
版　　次：2023 年 2 月第 1 版　　　　　　　　　　　印　　次：2023 年 2 月第 1 次印刷
定　　价：150.00 元

本书如存在文字不清、漏印以及缺页、倒页、脱页等，请与本社发行部联系调换

《山东暴雪》编委会

主　　编：杨成芳

副 主 编：刘　畅　郑丽娜

参编人员：于　群　周雪松　赵　宇　郑　怡

　　　　　孙莎莎　杨璐瑛　郭俊建　曹玥瑶

　　　　　朱晓清

序 言

暴雪是山东冬季的主要灾害性天气,常造成交通瘫痪、电力和农业设施垮塌、能源供应短缺等,严重影响人民生产生活和社会运行。国务院《"十三五"国家科技创新规划》指出,需要"聚焦气象灾害等重大自然灾害基础理论问题,开展重大自然灾害监测预警、风险防控与综合应对关键科学技术问题基础研究、技术研发和集成应用示范"。研究暴雪的发生发展规律,实现精准预警,为政府、行业和公众及时有针对性地应对冰冻雪灾,从而降低灾害损失,具有十分重要的意义。

自 2005 年以来,我对山东暴雪较为关注。2005 年 12 月,山东半岛出现了历时 19 天的持续性海效应降雪,造成严重雪灾,导致当地学校停课、陆上交通瘫痪、航班延误、海上航线停航等,给生产和生活带来巨大损失,仅威海市经济损失就达 5 亿元以上。这场旷日持久的极端暴雪过程被列为我国 2005 年十大天气气候事件之一。这是什么降雪?为何总是发生在山东半岛?此类暴雪有什么特点?其形成机理是什么?预报方面要考虑哪些因素?在此之前,人们对海效应降雪认识十分有限,很多科学问题都需要研究明白。2006 年,我的学生杨成芳要做博士论文,在选题时,我跟她讲,"预报员要将研究与业务结合起来,从预报中凝练科学问题,解决实际业务难点"。于是,她将博士论文研究方向锁定了渤海海效应暴雪,由此开启了十余年系统而深入的攻关,取得了大量有益研究成果,首次提出了渤海海效应暴雪的多尺度作用概念,形成了较为系统的海效应暴雪的理论和关键预报技术,推动了我国海效应降雪的研究和预报业务进步。这项研究让我印象尤为深刻。

山东内陆暴雪的研究也取得明显进步。随着我国大气探测技术的迅猛发展,称重式降水自动观测站、降水现象仪、雨滴谱仪、温度廓线仪、风廓线雷达、双偏振多普勒天气雷达等新型探测设备投入业务运行,与常规气象观测构成了完备的资料支撑。遇到重大暴雪过程,山东还组织全省观测站开展积雪深度加密观测。依托这些宝贵的多源观测资料,采用数值模拟、雷达风场反演、统计分析等技术方法，山东暴雪研究团队研究了大量暴雪历史个例，对内陆暴雪天气特征、降水相态、积雪深度和降雪的对流性等进行了积极探索，提炼出暴雪的关键预报技术。这些研究成果，加深了对山东各类暴雪天气的认识，为提高暴雪预报准确率提供了科技支撑。

《山东暴雪》基于一线预报员从实际业务中挖掘出来的科学问题，对数十年的研究成果进行了重新总结和提炼，形成了较为系统的暴雪预报技术，体现了较高的学术和实践水平，是一部难得的暴雪专著。相信该书不仅是预报业务的有益参考书，对于其他地区开展暴雪研究也有借鉴意义。

2022 年 6 月

前　言

暴雪是山东冬季的主要灾害天气。山东省地处中国东部中纬度地区，境内地势地形复杂，有鲁中山区、鲁西北平原、半岛低山丘陵，西邻太行山，东接渤海和黄海。特殊的地理位置使得山东有两种降雪，一种是与渤海暖海面密切相关的海效应降雪，主要发生在山东半岛北部沿海地区，形成著名的"雪窝子"；另一种是在全省均可发生的降雪。这两种降雪均可对山东产生重大影响。

2005年12月，山东半岛出现了历史罕见的持续性海效应暴雪天气，由此也被列为当年我国十大天气气候事件之一。此次极端天气事件成为山东暴雪研究的分水岭。此后，针对海效应降雪和山东内陆暴雪的研究进入爆发性时期。借助于国家自然科学基金、中国气象局关键技术集成项目、学位论文等的支持，涌现出了大批新研究成果，形成了较为系统的山东暴雪预报技术。编写组把这些研究成果进行了梳理、整编，全面展现山东暴雪的发生发展规律，以期加深对山东暴雪尤其是渤海海效应暴雪的认识，也是编写本书的主要目的。

本书共分为6章，分别包含雪灾、海效应暴雪、内陆暴雪、降水相态、积雪深度和"雷打雪"6个方面。第1章介绍了山东的地形特点和2001—2020年的山东雪灾情况，近20年的雪灾作为《中国气象灾害大典·山东卷》的后续年份补充。第2章为海效应暴雪，阐述了海效应降雪的形成机理、中国海效应降雪的分布特征、山东半岛海效应暴雪的气候特征及多尺度作用机制，莱州湾、山东半岛南部、鲁中等不同地区的海效应降雪特征、地形影响、海效应降雨等，最后给出海效应降雪的预报技术，为全面了解中国海效应降雪提供参考。第3章为山东内陆暴雪，介绍了各类暴雪天气的特征及预报技术、极端暴雪等，重点对降雪强度大、范围广的江淮气旋暴雪和回流形势暴雪进行剖析。第4章汇集了降水相态的最新研究成果，介绍了山东降水相态的基本特征、各类天气系统下降水相态变化（含逆转）的预报着眼点和山东降水相态客观预报业务系统。第5章着眼于积雪深度，分析了山东积雪深度和降雪含水比的特征，通过多源观测资料探索积雪深度的影响因子，初步揭示了积雪深度的预报着眼点。第6章针对暴雪天气中的对流现象，介绍了山东"雷打雪"事件的时空分布特征、海效应暴雪和内陆暴雪天气中的雷暴及其产生机制，凝练出"雷打雪"事件的预报着眼点，为这类小概率事件的预报提供参考。

本书由杨成芳主编，并策划、统稿及审查定稿。编写大纲经多位专家数次研究讨论确定。各章节主要编写人为：第1章：于群、杨成芳；第2章：杨成芳、刘畅、周雪松、郑丽娜；第3章：杨成芳、刘畅、赵宇、郑怡；第4章：杨成芳、刘畅、郑丽娜；第5章：杨成芳；第6章：郑丽娜。另外，孙莎莎、杨璐瑛、郭俊建、曹玥瑶、朱晓清参加了部分资料处理和分析等工作。

本书由山东省气象台承担的国家自然科学基金项目"渤海海效应暴雪的多尺度作用机制及预报技术研究"(41175044)、"江淮气旋暴雪天气的形成机制及预报技术研究"(41475038)、"中国东部锢囚型温带气旋中尺度雪带研究"(41975055)子课题、中国气象局气象关键技术集成与应用项目"山东冬半年降水相态预报技术研究与集成应用"(CMAGJ2015M34)和山东省气象局课题"山东内陆地区易漏报'太阳雪'天气成因研究"(2015sdqxm02)共同资助完成。在本书编写过程中，山东省气象局李刚总工程师提出诸多建议，气象出版社张媛编辑数次给予指导和帮助，在此一并表示感谢！

由于水平所限，本书难免有不妥之处，恳请读者批评和指正。

编者

2022年5月

目 录

序言
前言
第1章　山东地形特点及雪灾 ·· (1)
  1.1　山东地形特点 ··· (1)
    1.1.1　自然地理概况 ·· (1)
    1.1.2　地形对降雪的影响 ··· (2)
  1.2　山东雪灾 ··· (2)
    1.2.1　2001年雪灾 ·· (3)
    1.2.2　2004年雪灾 ·· (3)
    1.2.3　2005年雪灾 ·· (4)
    1.2.4　2008年雪灾 ·· (4)
    1.2.5　2009年雪灾 ·· (5)
    1.2.6　2010年雪灾 ·· (6)
    1.2.7　2015年雪灾 ·· (7)
    1.2.8　2020年雪灾 ·· (8)
第2章　海效应暴雪 ·· (9)
  2.1　海效应降雪的形成机理和影响因子 ·· (9)
    2.1.1　海效应降雪的形成机理 ·· (9)
    2.1.2　渤海海效应降雪的形成 ·· (9)
    2.1.3　海效应降雪的影响因子 ··· (11)
  2.2　中国海效应降雪的分布特征 ·· (15)
    2.1.1　渤海海效应降雪 ·· (16)
    2.1.2　黄海海效应降雪 ·· (17)
    2.1.3　东海海效应降雪 ·· (17)
  2.3　山东半岛海效应降雪的气候特征 ·· (17)
    2.3.1　空间分布 ··· (17)
    2.3.2　时间分布 ··· (20)
    2.3.3　降雪强度 ··· (22)
    2.3.4　积雪深度 ··· (23)
  2.4　山东半岛海效应暴雪的多尺度作用机制 ··· (24)
    2.4.1　海效应暴雪的高低空形势配置 ·· (24)

2.4.2 冷空气和海温 …………………………………………………………… (32)
  2.4.3 中尺度特征 …………………………………………………………… (38)
  2.4.4 微物理过程 …………………………………………………………… (47)
  2.4.5 海效应暴雪的多尺度作用概念模型 …………………………………… (54)
2.5 莱州湾海效应降雪 ………………………………………………………………… (55)
2.6 山东半岛南部海效应降雪 ………………………………………………………… (57)
2.7 内陆地区海效应降雪 ……………………………………………………………… (59)
  2.7.1 时空分布 ……………………………………………………………… (59)
  2.7.2 典型个例分析 ………………………………………………………… (59)
  2.7.3 关键要素特征 ………………………………………………………… (65)
  2.7.4 影响系统高低空配置 ………………………………………………… (67)
  2.7.5 "太阳雪"预报着眼点 ………………………………………………… (67)
2.8 地形对渤海海效应降雪的影响 …………………………………………………… (69)
  2.8.1 渤海的影响 …………………………………………………………… (69)
  2.8.2 山东半岛低山丘陵的影响 …………………………………………… (69)
  2.8.3 太行山的影响 ………………………………………………………… (72)
  2.8.4 辽东半岛千山山脉的影响 …………………………………………… (72)
2.9 海效应降雪的卫星云图特征 ……………………………………………………… (74)
2.10 海效应降雪的多普勒天气雷达特征 …………………………………………… (75)
  2.10.1 阵雪和暴雪的雷达回波特征 ………………………………………… (75)
  2.10.2 不同暴雪落区的雷达回波形态 ……………………………………… (77)
  2.10.3 EVAP雷达风场反演的应用 ………………………………………… (81)
2.11 著名海效应暴雪个例 …………………………………………………………… (88)
  2.11.1 2005年12月持续性海效应暴雪 …………………………………… (88)
  2.11.2 2008年12月异常强海效应暴雪 …………………………………… (95)
  2.11.3 2018年1月极端海效应暴雪 ………………………………………… (96)
  2.11.4 2011年12月莱州湾海效应大到暴雪 ……………………………… (107)
2.12 海效应降雪的预报 ……………………………………………………………… (111)
  2.12.1 数值预报降雪检验 …………………………………………………… (111)
  2.12.2 海效应降雪的预报思路和着眼点 …………………………………… (112)
2.13 海效应降雨 ……………………………………………………………………… (113)
  2.13.1 秋季海效应降雨基本特征 …………………………………………… (114)
  2.13.2 500 hPa天气系统 …………………………………………………… (115)
  2.13.3 850 hPa温度和地面气温特征 ……………………………………… (115)
  2.13.4 渤海海效应降雨的典型个例分析 …………………………………… (116)
  2.13.5 海效应降雨预报着眼点 ……………………………………………… (123)

第3章 山东内陆暴雪 ……………………………………………………………… (125)
3.1 山东内陆暴雪概况 ………………………………………………………………… (125)
3.2 江淮气旋暴雪 ……………………………………………………………………… (125)

          3.2.1 江淮气旋暴雪的基本天气特征 ………………………………………… (126)
          3.2.2 江淮气旋暴雪的空间结构配置 ………………………………………… (129)
          3.2.3 江淮气旋暴雪的形成机制 …………………………………………… (131)
          3.2.4 地形对江淮气旋暴雪过程的影响 …………………………………… (151)
          3.2.5 江淮气旋暴雪物理概念模型及关键预报技术 ……………………… (155)
     3.3 回流形势暴雪 ……………………………………………………………… (157)
          3.3.1 回流形势暴雪的基本天气特征 ………………………………………… (158)
          3.3.2 回流形势暴雪的空间结构配置 ………………………………………… (159)
          3.3.3 回流形势暴雪的形成机制 …………………………………………… (161)
     3.4 黄河气旋暴雪 ……………………………………………………………… (171)
     3.5 暖切变线暴雪 ……………………………………………………………… (172)
     3.6 低槽冷锋暴雪 ……………………………………………………………… (174)
     3.7 内陆极端暴雪 ……………………………………………………………… (174)
          3.7.1 极端降雪天气事件的选取 …………………………………………… (174)
          3.7.2 极端降雪天气的特征 ………………………………………………… (176)
          3.7.3 极端降雪事件天气形势特征 ………………………………………… (179)
          3.7.4 极端降雪事件的水汽特征 …………………………………………… (181)
          3.7.5 小结 ………………………………………………………………… (183)

第4章 降水相态 …………………………………………………………………… (185)
     4.1 山东降水相态的基本特征 ………………………………………………… (185)
     4.2 降雪的温度和位势厚度特征 ……………………………………………… (186)
          4.2.1 降雪的温度特征 …………………………………………………… (186)
          4.2.2 降雪的位势厚度特征 ……………………………………………… (190)
          4.2.3 降水相态预报着眼点 ……………………………………………… (194)
     4.3 降水相态逆转的特征 ……………………………………………………… (194)
          4.3.1 降水相态逆转天气过程的温度特征 ………………………………… (195)
          4.3.2 各类系统相态逆转的天气形势特征 ………………………………… (199)
          4.3.3 降水相态逆转预报着眼点 …………………………………………… (206)
     4.4 江淮气旋降水相态 ………………………………………………………… (206)
          4.4.1 江淮气旋降雪过程降水相态的基本特征 …………………………… (207)
          4.4.2 江淮气旋降雪过程降水相态转换特征 ……………………………… (208)
          4.4.3 江淮气旋降雪过程各种降水相态的温度特征 ……………………… (214)
          4.4.4 江淮气旋降水相态预报着眼点 ……………………………………… (217)
     4.5 回流形势降水相态 ………………………………………………………… (218)
          4.5.1 回流形势的特征 …………………………………………………… (218)
          4.5.2 回流降雪的温度垂直分布特征 ……………………………………… (219)
          4.5.3 回流降雪的各层厚度特征 …………………………………………… (221)
          4.5.4 回流形势对降水相态的影响 ………………………………………… (222)
          4.5.5 回流形势降水相态预报着眼点 ……………………………………… (224)

4.6 基于新资料的复杂降水相态过程物理机制分析 …………………………………… (224)
 4.6.1 个例1:新型探测资料在2016年2月12—13日雨转雪过程中的应用 …… (224)
 4.6.2 个例2:2012年12月13—14日济南降水相态二次转换的成因分析 ……… (229)
 4.6.3 个例3:2014年2月16—17日复杂降水相态降雪过程成因分析 ………… (234)
4.7 降水相态客观预报业务系统 …………………………………………………………… (238)
 4.7.1 系统所用技术 …………………………………………………………………… (239)
 4.7.2 客观预报产品的开发设计 ……………………………………………………… (239)
 4.7.3 降水相态客观预报系统功能与产品 …………………………………………… (239)
 4.7.4 相态客观产品预报效果检验 …………………………………………………… (239)

第5章 积雪深度 …………………………………………………………………………… (241)
5.1 山东积雪深度的分布特征 ……………………………………………………………… (241)
 5.1.1 各地建站以来积雪深度极值 …………………………………………………… (241)
 5.1.2 各地最大积雪深度的时间和天气系统 ………………………………………… (243)
 5.1.3 积雪日数 ………………………………………………………………………… (244)
5.2 山东降雪含水比的特征 ………………………………………………………………… (244)
 5.2.1 降雪含水比计算方法 …………………………………………………………… (246)
 5.2.2 降雪量与积雪深度的关系 ……………………………………………………… (247)
 5.2.3 全省降雪含水比的总体变化特征 ……………………………………………… (248)
 5.2.4 各类天气系统暴雪过程的降雪含水比特征 …………………………………… (251)
 5.2.5 小结 ……………………………………………………………………………… (256)
5.3 江淮气旋暴雪的积雪特征及气象影响因子:个例1 …………………………………… (256)
 5.3.1 降雪特点 ………………………………………………………………………… (256)
 5.3.2 环流背景 ………………………………………………………………………… (257)
 5.3.3 积雪深度的变化特征 …………………………………………………………… (258)
 5.3.4 积雪深度的影响因子 …………………………………………………………… (259)
 5.3.5 小结 ……………………………………………………………………………… (267)
5.4 江淮气旋暴雪的积雪特征及气象影响因子:个例2 …………………………………… (267)
 5.4.1 雨雪实况及预报难点 …………………………………………………………… (267)
 5.4.2 环流背景 ………………………………………………………………………… (270)
 5.4.3 积雪深度与降雪量的关系 ……………………………………………………… (272)
 5.4.4 积雪深度与温度的关系 ………………………………………………………… (273)
 5.4.5 小结 ……………………………………………………………………………… (278)
5.5 积雪深度的预报着眼点 ………………………………………………………………… (279)

第6章 山东"雷打雪"事件 ………………………………………………………………… (282)
6.1 山东"雷打雪"事件的时空分布特征 …………………………………………………… (282)
 6.1.1 统计标准 ………………………………………………………………………… (282)
 6.1.2 空间分布特征 …………………………………………………………………… (282)
 6.1.3 时间分布特征 …………………………………………………………………… (283)
6.2 暖平流"雷打雪"事件形成机制 ………………………………………………………… (284)

  6.2.1 大尺度环流背景 …………………………………………………… (284)
  6.2.2 "雷打雪"事件产生的环境条件分析 ………………………………… (284)
 6.3 海效应"雷打雪"事件形成机制 ……………………………………………… (288)
  6.3.1 大尺度环流背景 …………………………………………………… (288)
  6.3.2 "雷打雪"与海温的关系 …………………………………………… (288)
  6.3.3 大气层结稳定度分析 ……………………………………………… (289)
  6.3.4 动力条件分析 ……………………………………………………… (290)
 6.4 "雷打雪"典型个例 …………………………………………………………… (291)
  6.4.1 2010 年 2 月暖平流"雷打雪"事件 ……………………………… (291)
  6.4.2 2007 年 12 月海效应"雷打雪"事件 …………………………… (299)
 6.5 "雷打雪"预报着眼点 ………………………………………………………… (303)

参考文献 ……………………………………………………………………………… (304)

第1章　山东地形特点及雪灾

1.1　山东地形特点

1.1.1　自然地理概况

山东地处我国东部沿海地区,位于 34°25′～38°23′N,114°36′～122°43′E,北濒渤海、渤海海峡,东临黄海,西部与河北、河南接壤,南部与安徽、江苏相邻。

山东地势中部山地突起,东部丘陵起伏和缓,西南、西北低洼平坦。全省呈以山地、丘陵为骨架,平原盆地交错环列其间的地形大势。泰山雄居中部,为全省最高点。黄河三角洲一般海拔高度为 2～10 m,为全省内陆最低处。境内地形以平原丘陵为主,平原、盆地面积约 97920 km²,占全省总面积的 64%,山地丘陵面积约 53397 km²,占全省总面积的 34.9%;河流、湖泊面积为 1683 km²,占全省总面积的 1.1%。黄河入海口形成三角洲,海岸线平均每年向海方向延伸 150 m 左右。

山东的地形大致分为 3 类:山东半岛低山丘陵、鲁中山区和鲁西北平原。

1)山东半岛低山丘陵

本区位于山东的东部,北、东、南三面临海,西部与鲁中山区为邻。低山丘陵是山东半岛的主体。区内崂山最高,海拔高度为 1133 m,其他山丘高度都在 1000 m 以下,绝大部分为 500 m 以下的丘陵,呈广谷低丘形态。本区的东北部有昆嵛山、牙山、艾山、大泽山组成东西向的山地,为山东半岛南北水系的分水岭,同时也是海效应降雪的分水岭,其最高峰为昆嵛山,海拔高度为 922.8 m。

2)鲁中山区

鲁中山区又称鲁中南山地丘陵区,位于山东的中南部,南、西、北三面为冲积平原。北部以小清河为界,与黄河冲积扇相接,南到苏鲁省界,西以南四湖、大运河和东平湖与鲁西北平原相连,东以潍河和沭河与山东半岛丘陵分界。

本区内有 5 座高于 1000 m 的山,包括泰山、鲁山、沂山、蒙山和徂徕山。泰山主峰玉皇顶海拔高度为 1545 m,是山东省内第一高山。北部的泰山、鲁山、沂山连成一体,构成了鲁中山区的主体,地形陡峭,主峰海拔高度均在 1400 m 以上,成为鲁中山区主要河流的发源地。南部徂徕山、蒙山的主峰海拔高度也在 1000 m 以上,其中蒙山最高峰为 1156 m。

3)鲁西北平原

鲁西北平原是华北平原的一部分,为黄泛平原。本区位于山东的西南和西北部,北连河北,西邻河南,南与江苏和安徽为邻,东以黄河、小清河为界。徒骇河、马颊河和德惠新河流经鲁西北平原。地势平坦是平原主要特点,是南北气流畅行无阻的风道。

1.1.2 地形对降雪的影响

海陆分布对山东天气气候影响很大。最为显著的是渤海海效应降雪(又称冷流降雪),以影响山东半岛北部沿海和莱州湾沿海地区为主,有时候也可向南伸展到半岛南部及鲁中山区北部地区。在11月至次年3月,渤海海温高于气温,当有强冷空气影响时,渤海暖海面提供了暖湿空气,会在渤海的中东部和山东半岛地区产生降雪。强降雪主要出现在山东半岛北部沿海地区,即烟台、牟平、威海、文登和荣成等地,使得这一带成为著名的"雪窝子"。在半岛低山丘陵以南,海效应降雪不明显。在10—11月,半岛也可出现海效应降雨。

海效应降雪的分布受地形的影响很大,山东半岛地形的影响主要有低山丘陵抬升和海岸摩擦辐合两种作用。其中,近东西向分布的低山丘陵的抬升作用对山东半岛的冷流降雪影响非常明显。从海效应降雪的多年分布来看,降雪量的分布,以低山丘陵为明显的分界线,主要集中在低山丘陵以北的沿海地区,而丘陵以南的乳山、海阳等地降雪量急剧减少。除了丘陵以北沿海地区的主要强降雪区域外,还有一个次降雪区域,即招远附近,为大泽山和昆嵛山之间形成的"峡谷"地带,该峡谷有利于辐合上升运动加强,产生第二条降雪带,但降雪量和范围比东部的烟台、威海降雪带要小得多,这种降雪过程在雷达回波图上表现为双线型,如2005年12月4日和7日的冷流降雪过程。摩擦力的主要作用是使空气运动减速。由于水面上摩擦很小,而陆地上下垫面粗糙,所以当西北风从渤海吹到山东半岛北部陆地上时,摩擦力增大使得风速减小,在陆地上的风向偏离等压线指向低压一侧,结果在沿北部海岸线形成风速风向辐合带,并产生上升运动。这是渤海海效应降雪自海上传播到陆地上后增强的又一地形原因。虽然摩擦辐合作用产生的上升运动不大,但当空气处于饱和或接近饱和且为潜势不稳定的情况时,它对形成云和降雪的影响是不可忽视的。

黄海影响东南沿海地区的冬半年降水相态。在江淮气旋等天气系统影响下,日照、青岛等东南沿海地区低层为东南暖平流,温度较高,该地区难以产生降雪,通常是其他地区降雪,而该地区降雨或者产生短暂的降雪。

鲁中山区对内陆暴雪也有影响,主要出现在潍坊西部至淄博地区。在江淮气旋等天气系统影响下,由于地形抬升作用,该地区有时候会成为强降雪中心。

1.2 山东雪灾

冬季降雪可以净化空气、美化环境,积雪对过冬小麦有保温、施肥、减少病虫害等积极作用,但是也能产生雪灾。随着社会经济的高速发展,当降雪持续时间长、降雪量大时,会对农业养殖种植大棚、交通运输及社会生活各方面均带来重大影响,形成严重雪灾。

本书降雪灾情来自山东省气象局气象观测要素数据和山东省民政厅、山东省减灾中心核灾后提供的灾情数据以及全国气象部门灾情直报系统的数据,资料时间为2001—2020年。

山东降雪可分为大范围系统性降雪和半岛海效应降雪两类。从2001—2020年灾情统计看,半岛海效应降雪的严重灾害多发生在12月至次年1月上旬,如2005年、2008年、2010年的12月和2010年的1月初,主要受灾地区是烟台、威海2市。全省大范围系统性降雪形成雪灾一般发生在11月和2月,如2009年和2015年的11月、2010年和2020年的2月,鲁西南和鲁中地区灾情较重。大范围系统性降雪也可能给烟台和威海 2 市造成严重雪灾,如 2010 年 2 月底的强降雪。表 1.1 给出了 2001—2020 年山东省主要雪灾损失情况。

表 1.1 2001—2020 年山东省主要雪灾损失情况

年份	直接经济损失(亿元)	灾害范围	统计灾种
2001	0.4	鲁中	雪灾
2004	0.2	鲁中	雪灾
2005	5.1	烟台、威海	雪灾
2008	0.5	烟台	雪灾
2009	27.0	全省	低温冷冻、雪灾
2010	47.0	全省	低温冷冻、雪灾
2015	21.9	鲁南	雪灾
2020	1.2	全省	雪灾

1.2.1 2001 年雪灾

2001 年 1 月 6—7 日,受江淮气旋影响,鲁中地区遭受雪灾,大雪给蔬菜生产造成很大损失,蔬菜大棚不同程度损坏。同时由于地面积雪较深,给道路交通和人民生活带来很大困难。

淄博高青蔬菜大棚积雪,棚顶受积雪压迫坍塌形成雪灾,10 个乡镇均不同程度受灾,共毁坏冬暖式蔬菜大棚 384 个,小拱棚 170 个,其中 301 个冬暖式大棚彻底坍塌,成灾面积约 35 hm^2,受灾人口 2000 多人,成灾人口 1500 人,直接经济损失 1200 多万元;临淄区受灾大棚 1000 余个,其中部分倒塌和全部倒塌 300 多个,倒塌房屋 8 间,农业直接经济损失 1000 余万元;桓台县的几个主要蔬菜大棚基地共损坏大棚 273 个,直接经济损失 135 万元,露天蔬菜成灾约 2.4 hm^2,损失约 18 万元,共计经济损失 153 万元。潍坊潍城区 34 个村 102 个蔬菜大棚倒塌,损失 220 万元;寿光羊口镇共有 39 个大棚倒塌,累计损失达 68 万元。青岛莱西暴雪造成 89 个蔬菜大棚被压塌,直接经济损失 322 万元。聊城阳谷长时间低温寡照,有蔬菜大棚坍塌损坏,损失较大。

1.2.2 2004 年雪灾

2004 年 11 月 24 日夜间至 25 日晚间,受回流形势影响,济南、淄博 2 市普降雨雪转暴雪,造成雪灾。

济南市区降水量 29.8 mm,积雪深度 15 cm,造成农作物直接经济损失 100 万元;章丘遭受了 50 年来同期最大的一次大雪袭击,降雪量 24.4 mm,500 座大棚受灾,直接经济损失 470 万元。淄博临淄区降水量 35 mm,部分蔬菜大棚由于受不了积雪的压迫而坍塌,全区共毁坏冬暖式蔬菜大棚 690 个,小拱棚 320 个,其中有 220 个冬暖式大棚彻底坍塌,直接经济损失 1050 万元;周村区降水量 30 mm,积雪厚度 8 cm,王村镇的王洞、苏李等 12 个村和萌水镇的西衣等 10 个村共 480 个蔬菜大棚受灾,其中部分倒塌和全部倒塌的有 275 个,共造成直接经济损失 210 万元。

1.2.3　2005 年雪灾

2005 年 12 月 3—22 日,在阻塞形势影响下,强冷空气频繁影响渤海和山东半岛,造成烟台和威海两市出现历史罕见持续性海效应暴雪。此次日最大降雪量、过程降雪量、月降雪量、积雪深度均打破当地有气象观测资料以来的历史纪录,各站大雪以上日数超过了本站 12 月降雪日数的历史极值。过程降雪量威海市区最大达 98.5 mm,烟台市区为 80.0 mm;烟台、牟平、威海、文登、乳山 5 站的降雪量为各站 12 月历年平均降雪量的 3.4～5 倍,且刷新了本站 12 月降雪量的历史纪录,烟台市比 12 月的降雪量极值(1992 年)还多 29.5 mm。文登最大积雪深度达 54 cm,其中荇山镇达 110 cm。由于降雪持续时间长,降雪量大且局地性强,给道路交通、工农业生产造成了严重影响,被列为我国 2005 年十大天气气候事件之一。

雪灾造成威海市 4—8 日、12—17 日、21—22 日的交通状况基本处于瘫痪状态。暴雪当天威海市各出入境公路所有车辆被暴雪滞留,机场航班、海上航班全部被取消。4—23 日,威海市发往各县的短途汽车班次全部取消,市区公交部分线路被迫改线或停开;因交通影响,全市中小学、幼儿园共停课 6 d;工厂也不同程度停工。威海市倒塌各类大棚 3440 个,坍塌猪舍 5555 m²,压塌民房 270 间,受损房屋 120 间,养鱼大棚和养鱼、养参车间等设施坍塌 474561 m²,海带养殖受损 2100 亩,损毁船只 55 艘;因工厂厂房、仓库倒塌造成 2 人死亡、3 人重伤、9 人轻伤,死亡家禽 3.3 万只。造成直接经济损失达 4.9357 亿元。

烟台市高速公路关闭 4 次,累计 60 余小时,4—7 日烟台始发客车有 3000 余班次停发;发生交通事故 1000 余起。烟台国际机场关闭 4 h,部分航班延误,客滚航线停航,受海上大风影响,烟台到大连航线 4—6 日全部停航,共延误 89 个航次,造成千余辆过海货运车辆滞留港口。蓬莱到长岛航线 3 日 10 时—6 日 10 时停航,有一韩籍货船在渤海湾龙口海域遇险,12 名船员风雪中获救。烟台市芝罘、莱山、牟平 3 市区受灾人数 3883 人,倒塌房屋 7 间,损坏房屋 136 间,蔬菜受灾面积 878 亩,成灾 878 亩;共倒塌各类大棚 1083 个,8 处市场 1.2 万 m² 大棚坍塌,受损摊位 1388 个;两处厂房发生塌顶。因灾造成直接经济损失 1350 万元,其中农业直接经济损失 285 万元。

1.2.4　2008 年雪灾

1)2008 年 12 月 3—5 日烟台暴雪

2008 年 12 月 3 日夜间到 5 日夜间,受强冷空气影响,烟台市出现寒潮和暴雪天气。芝罘区内的只楚、黄务、卧龙等办事处蔬菜大棚倒塌,35 hm² 农作物受损,造成直接经济损失 104 万元;莱山区内 APEC 产业园西谭家泊村有 20 个海参大棚倒塌,9 个蔬菜大棚倒塌,造成直接经济损失总计约 400.9 万元;牟平区养鸡大棚受损 37 个,蔬菜瓜果大棚受损 46 个,蛤堆后海上育苗大棚损失 2300 m²,两个鸡场瓦损失约 1200 m²,房屋受损 39 户、133 间,养马岛洪口村育苗大车间被雪压塌 12 间,全区共造成经济损失 385.5 万元。

2)2008 年 12 月 20—22 日烟台暴雪

2008 年 12 月 20 日夜间到 22 日,烟台北部地区出现暴雪或大到暴雪,全市平均降雪量 8.8 mm,福山降雪量最大为 14.4 mm,最大积雪深度 25 cm。暴雪导致烟台至大连航线客运船舶,19 日夜间到 22 日白天全面停航,累计停航时间约 72 h;烟台境内的 5 条高速公路全部关闭达 19 h 35 min;烟台国际机场因跑道结冰 21 日 15 时 40 分—22 日 11 时 40 分关闭;烟台汽车总站 21 日上百辆客车停运。龙口市蔬菜大棚倒塌 200 个，草莓大棚倒塌 500 个，果树大棚倒塌 50 个，直接经济损失 3500 万元。长岛县部分海参育保苗大棚被大雪压塌，养殖架子受损，直接经济损失 270 万元。

1.2.5 2009 年雪灾

2009 年 11 月 10—12 日，受回流形势影响，山东出现历史罕见的大范围暴雪天气。降雪时段主要集中在 11 日夜间到 12 日白天。鲁西北、鲁西南和鲁中大部降暴雪，聊城的冠县降雪量最大为 32.6 mm，积雪深度最大达 27.5 cm。聊城、菏泽、济南、泰安、莱芜、淄博、德州、滨州、潍坊的平均降雪量分别为 24.2 mm、21.5 mm、19.8 mm、18.4 mm、17.5 mm、17.0 mm、16.7 mm、15.6 mm、15.1 mm。济南及所属长清、章丘、平阴，德州及所属陵县、乐陵、平原，聊城及所属阳谷等站日降雪量突破有气象资料以来历史同期最大纪录。菏泽市各站日降雪量均突破 1971 年以来历史同期最大纪录。聊城及所属冠县、临清，济南的章丘，德州的齐河，菏泽及所属鄄城、郓城、东明、定陶、巨野等站积雪深度在 7.0～27.5 cm，均突破了有气象资料以来历史同期最大纪录。

暴雪给聊城、菏泽、泰安、济南、德州等地农业生产和生活造成了严重损失，主要造成蔬菜大棚、厂房及简易房屋受压倒塌，部分露天蔬菜受冻，直接经济损失 7.1 亿元。

聊城全市受灾人口 64.7 万余人，受灾面积 1.3 万 hm²，成灾面积约 1.2 hm²，绝产面积约 264 hm²，受损大棚 15693 个，受损房屋 410 间，倒塌房屋 281 间，直接经济损失 4.1042 亿元。其中，阳谷县因灾受损大棚 1407 个，受灾人口 3 万余人，受灾面积约 400 hm²，成灾面积约 240 hm²，绝产面积约 40 hm²，经济损失约 2400 万元。莘县 14400 座大棚损坏，房屋受损 180 间，倒塌 120 间，受灾人口 50 万人，受灾面积 7500 hm²，直接经济损失 1.152 亿元。茌平县压塌蔬菜大棚 633 个、鸭棚 10 个、鸡棚 220 m²。东阿县压塌压坏蔬菜大棚 667 hm²，经济总损失 4000 万元。冠县农业、工业、企业损失严重，经济总损失 8823.5 万元。高唐县受灾人口 1400 人，成灾人口 1000 人，毁坏蔬菜大棚 69 个、鸡棚 19 个、鸭棚 62 个、猪棚 6 个，倒塌房屋 40 间，其中居民住房 17 间，毁坏企业厂房 3 个，直接经济损失 850 万元。临清市部分蔬菜大棚因积雪过厚压塌损坏，蔬菜大棚、蔬菜拱棚、小拱棚倒塌、损坏 712 个，芹菜、香菜、韭菜、油菜等部分露天蔬菜遭受冻害，受灾面积达 410 hm²，成灾面积 133 hm²，受灾人口 12000 人，造成农业直接经济损失 540 万元。

菏泽全市受灾人口 668413 人，农作物受灾面积 2987.5 hm²，成灾面积 747.5 hm²，绝收面积 77.5 hm²；损毁大棚 1624 个，压倒、压塌厂房 4 个，损坏民房 957 间、倒塌 253 间，部分树木被积雪压断，直接经济损失 1.4546 亿元。其中，牡丹区各种大棚倒塌，受灾严重，直接经济损失 2320 万元。鄄城县损坏蔬菜大棚 630 个，房屋 268 间，直接经济损失 1600 多万元。郓城县蔬菜大棚倒塌 210 个、民房 48 间、简易厂房 100 万 m²，经济损失 5800 万元。定陶区部分蔬菜大棚与养殖大棚倒塌，个别民房损坏，直接经济损失 149 万元。东明县直接经济损失 2237 万元。

济南全市历城区大棚、小拱棚坍塌，厂房、民房压塌压漏，直接经济损失 1600 万元。平阴县部分村的设施、蔬菜种植户和畜牧养殖户遭受损失 500 余万元，全县蔬菜大棚 323 个被暴雪压塌,面积604.4亩①;一处猪场的猪舍被积雪压断钢瓦,压塌猪舍600 m²(栏下存栏200余头猪),砸死饲养员1人;一处养鸡场大棚倒塌,630只鸡被砸死,农业经济总损失168万元。长清区20个大棚压塌,房屋倒塌3间、损坏30间,共计经济损失12.4万元。

泰安市全市受灾人口217274人,直接经济损失8865.3万元。肥城市大棚、大棚菜、露天有机菜受到不同程度的损害,全市经济损失总计约5877.1万元。

德州市齐河县2个乡镇受灾,受灾面积3 hm²,倒塌大棚19个,经济损失23.5万元。

1.2.6　2010年雪灾

1)2010年1月3—7日烟台暴雪

2010年1月3日下午至7日上午,烟台北部沿海地区出现持续性暴雪天气。烟台全市平均降水量11.7 mm,最大降雪量出现在莱山区和芝罘区,达25.9 mm,积雪深度达31 cm。暴雪造成芝罘区受灾人口520人,只楚、黄务等街道蔬菜大棚被大雪压塌112个,受损面积24 hm²,其中绝收4 hm²,农业直接经济损失58万元。福山区降雪量为20.3 mm,积雪深度达20 cm。福山区受灾人口30人,草莓大棚被大雪压塌6个,受损面积0.6 hm²,倒塌民房2间,造成直接经济损失32万元,其中农业直接经济损失30万元。莱山区受灾人口30人,养鸡大棚被大雪压塌3个,倒塌民房5间(未造成人员伤亡,人员已安置),因灾造成直接经济损失50万元,其中农业直接经济损失45万元。长岛县受灾人口600人,其中紧急转移安置海上渔民200人,35户海参育保苗大棚和梭子蟹养殖大棚受损,因灾造成渔业直接经济损失1000万元。

2)2010年2月28日—3月1日全省大范围暴雪

2010年2月28日—3月1日,受江淮气旋影响,山东出现大范围雨雪天气,中北部以降雪为主,东南部地区为降雨。其中,鲁西北东部、鲁中和半岛北部地区14时开始由降雨逐渐转为降雪,大部地区降雪量达到暴雪量级;鲁东南和半岛南部降中雨局部大雨,其他地区降小雨或小到中雪。各市平均过程降水量:青岛、淄博、潍坊、日照4市在20.5～24.0 mm;济宁、德州、菏泽、聊城4市不足10 mm;其他各市在10.2～16.7 mm;全省平均13.9 mm,青州降水量最大为34.0 mm。降雪地区的积雪深度多在5 cm以上,栖霞最大为21 cm。

强雨雪主要集中在鲁中东部及山东半岛北部,严重积雪造成蔬菜大棚、生产厂房等不同程度损坏,大棚蔬菜损失严重。潍坊、烟台、济南、淄博、东营、威海、滨州7市23个县(市、区)不同程度受灾,潍坊市灾情最为严重。据山东省民政厅的灾害情况报告,全省受灾人口110万人,紧急转移安置100人;农作物受灾面积6.63万hm²,其中绝收面积0.40万hm²;倒塌房屋近138间,损坏房屋5883间;直接经济损失18.69亿元。

潍坊市寒亭、坊子、潍城、寿光、青州、昌邑、昌乐、临朐8个县(市、区)及经济技术开发区不同程度受灾,其中寿光、青州、昌乐3市(县)灾情较为严重。全市受灾人口61.8万人;倒塌损坏房屋469间;倒塌、损坏种植和养殖大棚6.6万余个;9.24万 m² 企业厂房受损,受灾盐田300万 m²;直接经济损失约16.35亿元。

烟台莱州、长岛、福山、牟平、芝罘和蓬莱6县(市、区)的种植、养殖大棚不同程度受灾。初步统计,全市受灾人口40.21万人,紧急转移安置100人;农作物(含大棚)受灾面积4.79万hm²,直接经济损失1.54亿元。

---

① 1亩=1/15 hm²,下同。

淄博市周村冬暖蔬菜大棚受灾370余个,中小拱棚受灾2260余亩,经济损失约450万元,全区受灾面积约占20%。高青县蔬菜不同程度受损,唐坊有10间房屋因积雪房顶塌落,共有432个大棚不同程度受灾,造成经济损失约530.1万元。临淄全区共倒塌大棚5300个、亚棚72个、企业厂房3间、输电线4条,直接经济损失3488万元。博山全区共造成11000人受灾,农作物受灾面积5 hm²,直接经济损失700万元。桓台县境内农作物受灾面积18 hm²,绝产面积12 hm²,受灾人数达15000人,直接经济损失达200万元。

滨州市邹平、博兴、惠民县的部分蔬菜大棚和养殖大棚受到损坏,直接经济损失1086万元。其中,邹平县560个大棚受灾,受灾人口1070人。博兴县320个大棚受灾,受灾人口960人。惠民县167个大棚受灾,受灾人口660人。

青岛莱西马连庄、河头店等12处镇(街道)212个村1588个大棚出现大棚坍塌现象。其中葡萄大棚89个,甜瓜大棚821个,黄瓜棚310个,草莓大棚297个,小拱棚71个,共造成直接经济损失3017万元。

3) 2010年12月30—31日烟台和威海暴雪

2010年12月30—31日,威海和烟台地区出现强海效应降雪,文登、荣成、威海、烟台、牟平等地暴雪,文登降雪量最大为30.1 mm,积雪深度达38 cm;荣成降雪量29.9 mm,积雪深度最大达41 cm。暴雪造成两地区受灾人口1489人,农作物受灾面积67.2 hm²,房屋损坏161间,直接经济损失2093万元。

1.2.7 2015年雪灾

2015年11月23—26日,受回流形势影响,山东各地普遍出现降雪,鲁南地区出现特大暴雪,全省平均降水量为15.3 mm。平均降雪量超过10 mm的地市有:菏泽(39.0 mm)、枣庄(36.8 mm)、济宁(36.0 mm)、临沂(34.1 mm)、泰安(18.6 mm)、日照(17.5 mm)。其中,23日20时—24日20时为强降雪时段,菏泽市全市平均降水量为33.9 mm,最大雪深为31 cm,菏泽7县区降水量超过有历史记录以来最大值,2县区与历史极值持平;济宁全市平均降雪量为29.5 mm,平均积雪深度为22.7 cm;枣庄全市平均降水量为32.0 mm,平均积雪深度达到17 cm。

此次暴雪过程降雪时间长、降雪量大、积雪深度大,造成临沂、菏泽、济宁、枣庄、泰安、日照、德州7市不同程度受灾。由于积雪过厚,雪压过大,使蔬菜、养殖大棚、民房、厂房等倒塌或破损,部分设施受灾较重;树木、农作物因枝叶积雪过重,导致枝叶断折、树木死亡、作物减产或绝产。降雪同时造成道路结冰,严重阻碍交通运行。全省受灾人口为48.16万人,紧急转移安置人口为1213人;农作物受灾面积为2.07万 hm²,成灾面积为6344 hm²,绝收面积为843 hm²;倒塌房屋为241间,严重损坏房屋为160间;直接经济损失约为21.93亿元,其中农业损失约为14.34亿元。

临沂市受灾人口为16.78万人,因灾死亡为4人,农作物受灾面积为3582 hm²,直接经济损失约为8.01亿元。菏泽市受灾人口为9.44万人,农作物受灾面积为2373 hm²,直接经济损失约为5.92亿元。济宁市受灾人口为3.0万人,农作物受灾面积为1117 hm²,直接经济损失约为3.51亿元。枣庄市受灾人口为16.77万人,农作物受灾面积为1.27万 hm²,直接经济损失约为3.38亿元。

1.2.8　2020 年雪灾

2020 年 2 月 13—15 日,山东出现大范围寒潮和暴雪天气。全省平均降水量为 11.6 mm,受灾人口为 36524 人,农作物受灾面积为 2093 hm²,绝收面积为 32 hm²,直接经济损失约为 1.2 亿元。

潍坊 14 日夜间出现雨转雪,15 日白天大部地区出现暴雪。全市平均降水量为 20.0 mm,市区积雪深度为 6 cm,坊城街道、坊安街道、黄旗堡街道、经济发展区有 58 人受灾,农作物受灾面积为 62.34 hm²,直接经济损失为 673.8 万元;峡山街道、太保庄街道有 67 人受灾,农作物受灾面积为 5.7533 hm²,成灾面积为 4.7633 hm²,绝收面积为 0.74 hm²,直接经济损失为 132 万元。青州市过程降水量为 16.3 mm,其中降雪量为 10.3 mm,最大积雪深度为 7 cm,部分大棚受损,受灾人口为 42 人,农作物受灾面积为 1.63 hm²,绝收面积为 1.63 hm²,直接经济损失为 17 万元。昌乐过程降水量为 21.3 mm,其中降雪量为 11.8 mm,最大积雪深度为 4 cm,大部分镇(街、区)均遭受不同程度的雪灾,造成农作物及蔬菜大棚等受损,受灾人口为 3516 人,农作物受灾面积为 223.5 hm²,其中成灾面积为 158 hm²,绝收面积为 27 hm²,直接经济损失为 3426.6 万元。高密市过程降水量为 25.8 mm,积雪深度为 6 cm,阚家镇的葡萄种植大棚受损,受灾面积为 11 hm²,成灾面积为 3 hm²,经济损失为 121 万元。昌邑市过程降水量为 26.2 mm,降雪量为 13.9 mm,雪深为 11 cm,36 个大棚出现压塌,西红柿、葡萄等受灾,经济损失为 21 万元。安丘过程总降水量为 23.6 mm,其中降雪量为 12.2 mm,积雪深度为 13 cm,受灾人口为 22330 人,农作物受灾面积为 1427.11 hm²,大拱棚受损 8744 个,大拱棚压塌 4496 个,冬暖式大棚受损 22 个,冬暖式大棚压塌 12 个,直接经济损失(全为农业损失)4836.6 万元,主要受灾作物为西瓜苗和蔬菜。

济宁市平均降水量 13.1 mm。任城区积雪深度 8 cm,受灾人口 1187 人,农作物受灾面积 74.93 hm²,积雪造成甜瓜大棚损毁 485 个,直接经济损失 235.84 万元。泗水县降水量 15.2 mm,最大雪深 7 cm,部分地区农作物(大棚)、畜禽棚、房屋等倒塌受损,受灾人口 1737 人,灾害造成直接经济损失为 514 万元。鱼台县降水量 16.5 mm,最大雪深 7 cm,小麦、大蒜、圆葱等主要农作物农田积雪厚度达到 8~12 cm,瓜果蔬菜大棚有 69 个出现了垮塌,受灾人口为 209 人,受灾面积为 7.74 hm²,成灾面积为 3.67 hm²,绝收面积为 0.85 hm²,直接经济损失为 91 万元。

菏泽市成武县降水量为 16.8 mm,最大雪深为 12.0 cm,部分乡镇遭受雪灾,受灾人口为 6903 人,受灾面积为 164.36 hm²,直接经济损失为 1169.91 万元,主要是蔬菜大棚坍塌,农作物、蔬菜等受损。

济南市济阳区降水量为 12.0 mm,最大雪深为 3 cm。曲堤街道 6 个设施大棚出现了垮塌,受灾人口为 18 人,造成的直接经济损失达 105 万元。

烟台市龙口过程降水量为 22.5 mm,最大雪深为 14 cm。龙口市徐福街道、黄山馆镇、石良镇受灾人口为 347 人,受灾面积约为 25.1 hm²,成灾面积约为 25.1 hm²,绝收面积为 0.5 hm²,对草莓、葡萄、蔬菜等作物生产造成一定损失,直接经济损失 355 万元。

第 2 章 海效应暴雪

海效应降雪(Ocean-effect snow)是指冷空气流经暖海面后产生的降雪,包括海面上的和陆上的。海效应降雪是国际上的称谓,因其发生在强冷平流影响下,在我国通常又称为冷流降雪,相应的暴雪称为冷流暴雪。本书统称为海效应降(暴)雪。海效应降雪的发生发展机制、时空分布等和内陆地区普遍存在的降雪有显著差异。

山东是我国海效应降雪最为显著的地区。本章介绍海效应降雪的形成机理、渤海海效应降雪的分布特征、山东半岛海效应暴雪的气候特征及多尺度作用机制,莱州湾、山东半岛南部、鲁中等不同地区的海效应降雪特征,地形影响、海效应降雨等,最后给出海效应降雪的预报技术,为全面了解我国海效应降雪提供参考。

2.1 海效应降雪的形成机理和影响因子

2.1.1 海效应降雪的形成机理

在冬季,海水表面的温度高于气温,当北方来的寒冷空气经过相对较暖的海面时,海气之间会形成显著的温差。根据热力学第二定律,当空气冷时,较暖的水面向上传导热量。通过热传导,水面上的空气形成与水面相同的温度,但是在这个薄层之上随着高度的升高,温度快速递减,冷空气经过一段显著的暖水面之后,温度升高,近水面的空气和上空更冷的空气,形成不稳定大气层结。同时,水面向上蒸发的水汽冷却达到饱和并凝结成小水滴和冰晶,形成云,产生降雪。云层集中在逆温层盖之下。当气团顺风离开暖水体来到陆地上,地面的粗糙度使得摩擦力增大,风速减小,会引起海岸线附近的空气辐合上升,使降雪加强。若有地形抬升,可进一步加强水汽的上升冷却和凝结,使得海效应降雪增强。

2.1.2 渤海海效应降雪的形成

山东半岛地处山东省的东部,三面环海,北临渤海,与辽东半岛隔海相望,南部和东部与黄海相接(图 2.1)。山东半岛地形的分布特点为,半岛中部(37.2°N 附近)为东西方向的低山丘陵地带,11 座低山海拔高度均在 500 m 以上,其中最高峰为昆嵛山,海拔 922.8 m。烟台和威海位于低山丘陵的北部及渤海的南部沿海,处在西北风的下风向。

渤海暖海面是山东海效应降雪的发源地。冬季,渤海海温高于气温。暖流是渤海海温维持较高的原因。黑潮是世界海洋中第二大暖流,它由北赤道发源,经菲律宾,紧贴中国台湾东部进入东海,然后经琉球群岛,沿日本列岛的南部流去,于 142°E,35°N 附近海域结束行程。其中在琉球群岛附近,黑潮分出一支来到中国的黄海和渤海湾,因流经日本九州岛和朝鲜半岛

图 2.1 山东半岛及周边地形

间的对马海峡,故又称对马暖流。对马暖流西分支把外海的暖水输送到渤海,海面表层水温表现为由黄海伸向渤海的一个高温水舌(图 2.2)。在这样的海温条件下,渤海就相当于一个巨大的水汽和热量库,由于海洋热容量大,海水的温度变化较气温及陆地表面温度变化要缓慢得多,而且还存在滞后现象。因此,冬季冷空气由内陆移入渤海暖水面上时,往往形成较大的海气温差,同时又有强的偏北风,通过感热交换,使低层冷空气增温增湿,而高层温湿少变,这样低层温度垂直递减率逐渐加大,大气层结呈现上干冷下暖湿的不稳定状态,当上升的气块温度冷却至和环境温度相等时,达到饱和并凝结成小水滴和冰晶,形成低云,产生海效应降雪(杨成芳,2010a)。

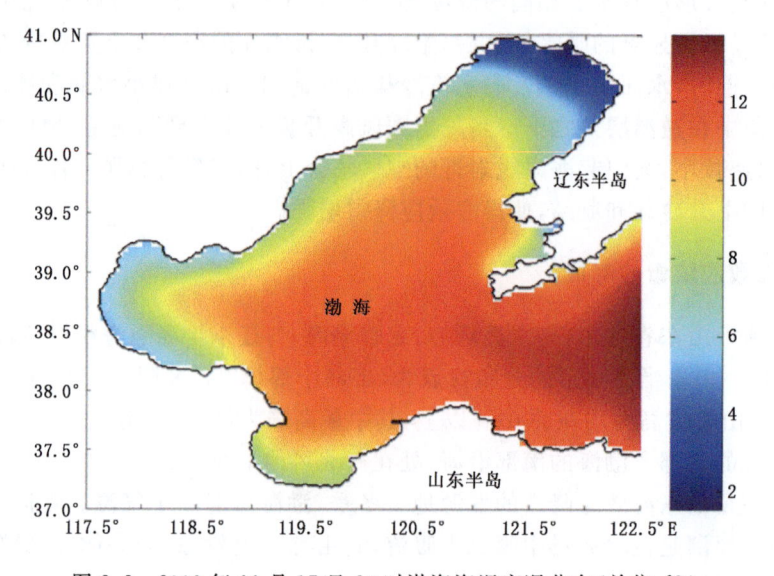

图 2.2 2009 年 11 月 17 日 20 时渤海海温实况分布(单位:℃)

2.1.3 海效应降雪的影响因子

影响海（湖）效应降雪的因素有很多，包括海（湖）气温差、风向风速、稳定度、潜热释放、逆温层、穿越距离、地形、地表粗糙度、云物理过程以及天气尺度的强迫等。关键因素有几个：①冷空气在经过暖水面时增温增湿，产生不稳定的温度垂直梯度，这与冷空气强度和海温有关；②适当的风速和小的垂直风向切变，与风向风速有关；③由摩擦辐合和岸边的地形造成的抬升作用使得雪带发展和加强；④有利的云微物理过程。

2.1.3.1 热力不稳定

决定海（湖）效应降雪是否产生的最重要因素是对流层低层的热力不稳定。对于大湖来说，热力不稳定是由于来自水面的热量和水汽通量输送到边界层的底部(Gloria et al.,1979)。它取决于气温随高度的变化，就是冷空气下面的相对暖水面产生的不稳定的温度垂直梯度。Lavoie(1972)通过中尺度模式发现湖气温差是湖效应降雪的最重要的强迫机制。大湖和850 hPa的温差13 ℃(相当于干绝热递减率)是产生单纯湖效应的必要条件。在海拔更高的地区，如大盐湖，湖面与700 hPa的温差达到16 ℃为阈值。该阈值主要是由距离湖面1.5 km高(参考层)的干绝热递减率决定的。有时候，参考层下可出现逆温层，如果对流混合层超过了1 km，湖效应降雪也可能发生。

海洋上空的热力稳定度与大气温度和海温有关。业务上通常使用海气温差来表征不稳定程度。因而，冷空气的强度和海温的大小是衡量海效应降雪能否发生的重要因子。

1) 冷空气强度

冬季冷空气活动频繁，但并不是每一次冷空气影响都能产生冷流降雪，主要看冷空气能否使低层造成较大的海气温差，并使低层大气达到层结不稳定状态。低层大气不稳定是依靠暖海面输送一定的热量来实现的。海表通过湍流交换等作用向低层大气输送感热，海气间感热交换量 Q_s 可以用下式表示：

$$Q_s = \rho_a C_D c_p (T_w - T_a) V \tag{2.1}$$

式中 ρ_a 为空气密度，C_D 为曳力系数，c_p 为空气比热，T_w 为水温，T_a 为气温，V 为风速。由此式可见，感热交换量 Q_s 与海气温差成正比，冷空气越强，气温越低或海温越高，则海气温差越大，低层大气获得的感热越多，层结就越不稳定，越有利于产生冷流降雪。如果冷空气的强度弱，暖海面输送的感热少，不足以使得水汽凝结成云致雪。

由于海洋热容量大，海温变化幅度小，所以在某一段时期内，可以把海温近似地看为一个常数，因此，海气温差大小，主要取决于冷空气的强度。在海温、地形等因素一定的条件下，冷空气的强度就成为海效应降雪是否产生的首要热力条件。

在天气预报业务中，通常以山东半岛东部的探空站成山头(2010年4月1日起迁至荣成站)850 hPa的温度为冷空气强度指标。因渤海海温的差异，各月产生海效应降雪的温度阈值也有所不同，从11月至次年2月随着海温的逐渐下降，温度阈值也越来越低。

冷空气越强越有利于海效应降雪的发生。但是，并非冷空气越强产生的降雪量越大。冷空气强度并非判别海效应降雪是否产生及降雪强度的唯一指标，同时还要结合海温、温度平流、动力条件等其他因素。海效应降雪发生的温度阈值还与海温有关。当渤海海温偏高时，阈值将降低，反之，则升高。另外，在冷空气影响的后期，冷平流减弱转为暖平流时，即使850 hPa的温度低于阈值，海效应降雪也不可能发生。

2)海温

海温高于气温是海效应降雪的基础条件。对于渤海来说,除了季节转换的3月和9月海温与气温的温度差异不大之外,其余月份差异十分明显。从10月开始的冬半年,海面气温高于陆地气温,海水表层温度又高于海面气温,尤以12月和1月温度差异最为显著,渤海海气温差可达20℃以上。因此,在冬季渤海是一个相对稳定持久的暖区。当北方冷空气从干冷的大陆流经这一暖海面以后,必然会有感热和水汽输入。

在冷空气强度不变的条件下,海面的温度越高,则海气温差越大,越有利于产生海效应降雪,反之则不利。据统计,1965—2005年,5个多雪年中有4年11月渤海海温偏高,6个少雪年中4年海温偏低。如2005年12月海效应降雪异常偏多,11月渤海的海温较常年偏高1.5℃(杨成芳 等,2007)。因此,11月渤海海温的高低对海效应降雪有指示意义,尤其是在渤海海温异常偏高或异常偏低的背景下,预报海效应降雪时要注意适当调整降雪强度。

因气温的变化幅度远大于海温的变化幅度,故在海温温差中,气温的变化对海效应降雪的影响占更大优势。如果冷空气足够强,造成气温足够低,则即使在海温变化不利于降雪的情况下,同样也可以使得海气温差达到一定强度,从而产生海效应降雪;反之,即使海温偏高,但冷空气很弱时会导致海气温差低,达不到海效应降雪的条件,降雪将偏少。这可能是1997年渤海的海温偏低但冬季海效应降雪却异常偏多以及1993年和1994年海温偏高而降雪偏少的原因。

2.1.3.2 穿越距离

冷空气穿越暖水面的距离,称为穿越距离。穿越距离越大越有利于产生强海(湖)效应降雪。产生明显的海(湖)效应降雪距离一般应在160 km以上。在大湖地区,业务上通常用850 hPa上的风向来确定穿越距离的大小,对于逆温层在850 hPa以下的形势,则用925 hPa更合适。在海拔高度更高的地区(如大盐湖),700 hPa风向是更好的指标。小的风向变化能导致穿越距离有很大变化。例如对于伊利湖,当风向为230°时,其穿越距离为130 km,250°时穿越距离为360 km。

渤海海效应降雪影响到山东半岛和辽东半岛。如果冷空气从渤海西岸入海,经渤海中部暖海面到达辽东半岛南部沿海的距离约为180 km,而到达烟台沿海的距离达330 km。后者的穿越距离明显大于前者,这也是山东半岛的海效应降雪明显大于辽东半岛的原因之一。

2.1.3.3 风向、风速和风切变

观测资料和数值模拟都表明风向和风速的变化决定海(湖)效应雪带的空间分布形态和降雪量大小(杨成芳 等,2009)。海效应降雪有时候发生在山东半岛北部沿海,有时候发生在半岛南部的青岛、日照等地,有时候可发生在莱州湾西部的东营,主要是由于风向、风速的差异造成的。

1)风向

风向影响向岸风分量的强度和去向,在海(湖)的宽度一定的情况下,风向变化则冷空气穿越暖水面的距离发生改变,从而影响降雪的空间分布和降雪量的大小。Hjelmfelt(1990)的研究发现风向对密执安湖的降雪影响非常显著,在其他条件一定的情况下,不同的风向产生不同的降雪落区和降雪量。风向为330°时,密执安湖边的降雪量最大。另外,在有地形的情况下,降雪的空间分布形态取决于风向。风速和风向相比,风向的影响大于风速。Laird 等(1999)

设计了敏感性试验,证实了在给定椭圆形的湖形状和强风速条件下,伴随着环境风从沿着湖轴转向跨越湖轴,雪带由岸线带状转为宽广分布状态,可见风向决定雪带的分布。

另外,在有地形的情况下,降雪的空间分布形态主要取决于低层风场。不同角度的西北风或北风,遇到辽东半岛和山东半岛地形阻挡时,产生的低层切变线位置不同,从而降雪落区会有差异。每次海效应降雪过程,强降雪落区都有很大差异,这主要与风向差异有关。当对流层低层为北风时,雷达强反射率因子带呈南北向,穿过山东半岛,当风向为西北风时,反射率因子带也呈西北方向,当风向为偏西风时,反射率因子带呈纬向分布,有时候甚至在渤海海面上。

通常当 925 hPa 以下风向为西北风或西北偏西风时,海效应降雪发生在山东半岛北部沿海;当低层为东北风时,可发生在莱州湾西部;当低层为西北偏北风且风速较大时,半岛南部也可产生降雪。

2)风速

风速的增大有助于增强来自暖湖表面湍流通量、热量、水汽的输送和通过边界层的垂直混合。在水面上,在风的作用下这个作用进一步加强(Clarke,1970)。风速对组织和释放狭窄对流也很重要(Kuetter,1971)。在湖的下风向,适度的风有利于产生辐合,使得垂直速度和最大降水率增强。但是,在强风速下,向岸梯度风可能大于陆风,这将抑制垂直速度和降水向狭窄带中集中(Briggs et al.,1962;Walsh,1974),而且风速的增大将缩短驻留的时间,这样会减少来自湖表热量和水汽改变大气的机会。Hjelmfelt(1992)的敏感性试验也证实了这一点,并非风速越大降雪量越大,无论有无地形影响,都是 6 m·s^{-1} 的风速降雪量最大。但是,强风速可以使雪降落到更远的内陆地区。Peter 等(1993)通过敏感性试验发现中等强度的风速(4~6 m·s^{-1})产生的降雪最大,弱风(0~4 m·s^{-1})产生局地较强降雪,强风(6~16 m·s^{-1})只产生弱降雪。在强风条件下,必须显著提高云量、温度、湿度和风速扰动才能产生明显降雪。统计威海 54 个海效应降雪个例中每天的地面平均风速,发现平均风速在 2.2~10.1 m·s^{-1},其中≤8 m·s^{-1} 的个例占 74.1%,≥10 m·s^{-1} 的个例仅为 4 例,多数平均风速集中在 8 m·s^{-1} 以下(崔宜少 等,2008a)。地面强风一般不利于产生强海效应降雪。在 2005 年 12 月的持续暴雪过程中,地面风力均较弱,最大风速只有 6 m·s^{-1}。

风速不仅影响降雪强度,还影响降雪的落区。Neil 等(2003)定义了一个物理参数:U/L,即风速(U)与雪带最远延伸距离(L)之比。通过敏感性试验发现该参数与湖效应降雪的分布有密切关系,雪带从一种分布状态向另一种状态转变时 U/L 是连续变化的,在转换带内,可能保持两种状态的特征。他还证明了风向和风速对不同形状湖的降雪分布和强度都有影响。Hjelmfelt(1992)发现当风速很小(2 m·s^{-1})时,降雪产生在密执安湖的湖中而不是岸边,而风速增大可使雪带延伸到内陆较远的区域。

3)风切变

垂直方向上的风切变也影响雪带的落区和强度。雪带通常大致平行于偏差风。Niziol 等(1995)的研究表明,明显的湖效应降雪要求整个混合层(如逆温层之下)风向切变很小或者没有。当风切变发展或者增大时,会减小湖面上的水汽辐合,引起雪扩散到更大的范围,雪带可变得无组织或者分散。对于线性分布的雪带和水平对流卷,混合层的风必须上下一致。通常强湖效应降雪产生时,地面至 850 hPa 的风向切变应小于 30°,地面至 700 hPa 之间的风向切变应小于 60°,如果风向切变超过 60°,雪带就不会形成。但是,Kevin 等(2000)采用 ARPS 模式对 1983 年 12 月 17 日发生在密执安湖边界层涡卷和细胞状结构湖效应降雪进行敏感性试验发现，200 m 高度以下的风速切变在决定对流云的线状分布方面扮演重要角色，而减小垂直方向上的风向切变，多数个例的线状分布并没有消失，表明风向切变不是湖效应降雪对流涡卷的必要条件。

2.1.3.4 地形影响

当冷空气移经水面达到陆地时，常常发生地形抬升。地形在海(湖)效应降雪中产生重要影响，岸线的形状和摩擦辐合不容忽视(Peace et al.，1966)。Muller(1966)注意到在大湖地区的顺风向海拔高度每升高 330 m，每年的降雪量就会增加 12~20 cm。Choularton(1986)也发现了降雪量随着山的高度升高而增大。Mark(1990)通过数值敏感性试验说明了有地形存在时，降雪量明显大于无地形的情况。Hjelmfelt(1992)基于密执安湖湖效应暴雪的数值模拟，揭示了上游斜坡地形使中尺度上升运动和降水率都加强。狭管式地形使低层辐合带加强，产生强降雪带。

摩擦辐合使得湖上或沿着岸边的下风向产生低层辐合带，并组织起很好的垂直运动(Holroyd,1971)。摩擦辐合是由于陆地—水面之间有差异，陆地上的山、植被、甚至大的建筑物都会使得风速减小，而水面上摩擦很小，所以风在水面上的速度相对要大一些，结果水面上快速移动的风在移向陆地时速度减慢从而产生摩擦辐合带，就会在下风向的岸边抬升。另外，摩擦使风速在陆地上减小导致穿过等压线向右偏(偏向低压)的偏差风比在水面上大。因此，相对于盛行的低层风气流，在岸的右边有利于产生摩擦辐合。这是岸边附近单条对流带产生的主要原因。随着时间的推移，雪带会从辐合源地向内陆传播。

渤海海效应降雪受到的地形影响非常复杂，具体影响将在 2.8 节阐述。

2.1.3.5 云物理过程

云物理过程对海(湖)效应降雪的作用同样不可忽视，在冬季的降水预报中应予以考虑。1999 年 1 月 14 日发生在大西洋岸边新英格兰的海效应降雪过程，云物理过程起到了重要作用(Jeff,2002)。云微物理过程主要表现两个方面：冰相过程和播撒—反馈机制。研究表明(Jiusto et al.，1973)，树枝状冰晶是降雪的主要形式，其枝状结构可以使得地面积雪显得更多，因而最大的降雪量发生在有利于结霜、形成树枝状结晶和产生霰的条件下。密执安湖的湖效应降雪以树枝状冰晶为主(Roscoe,1990)。云层内的温度对降雪的产生和决定冰晶结构有重要作用，树枝状结晶增长发生在 -16~-13 ℃ 的过饱和环境中，特别是在上升运动加强的区域。

另一个有利的微物理因素是云的播撒—反馈机制，可使海(湖)效应降雪增强。中高层云产生的冰晶在有利于树枝形冰晶增长的温度条件下迅速长大，然后下落播撒到其下方的海(湖)效应降雪云中。使得原来在低层的过冷水滴或很小的冰晶也会很快地增长。在这个过程中，高层的云下落到低层云中，冰晶进一步集结增长成为雪花，因此可增强下沉物的产生以及海(湖)效应降雪量。在美国密执安湖大湖效应对流试验期间，Joshua 等(2006)发现湖效应降雪和对流边界层增长率是天气尺度气旋和高层云的播撒相互作用的结果。飞机探测表明，有高空云播撒区域的降雪比没有播撒区域的降雪其对流边界层深，热通量多，且降雪量大。

山东半岛的海效应暴雪同样受到以上两种微物理过程的影响。详见 2.4.4 节。

2.2 中国海效应降雪的分布特征

海效应降雪通常发生在中高纬度的沿海地区等特定的区域，在大西洋、亚洲等沿海地区广泛分布，如大西洋西岸的加拿大魁北克地区和美国、大西洋东部的英格兰岛、日本海东部的日本西海岸等。若降雪发生在海湾附近又称为海湾效应降雪（Bay-effect snow），如美国的特拉华海湾、切萨皮克湾和马萨诸塞湾，以及冷空气从东北方向穿越欧洲的芬兰湾、波罗的海后，到达瑞典东南部产生降雪等（迈克尔·阿拉贝，2006；Tage et al.，1990）。与海效应降雪类似机制的有湖效应降雪（Lake-effect snow），发生在晚秋和冬季的大湖下风向地区，著名的有美国五大湖（又称北美五大湖）、大盐湖等（Niziol et al.，1995）。湖效应降雪是美国东部大湖地区冬季最为显著的天气现象。

海效应降雪在中国中纬度的东部沿海地区广泛分布。在冬季，中国渤海中东部、黄海、东海海面及其沿海地区均可产生海效应降雪，陆地上涉及到的省（市）有山东、辽宁、江苏、上海等，以山东半岛的烟台和威海地区最为显著。从可见光卫星云图和雷达回波上可以看到（图2.3），海洋上的海效应降雪主要分布在渤海中部、东部和南部、渤海海峡、黄海及东海海域，陆地上自北向南分布在辽东半岛、山东半岛、莱州湾、江苏东部及长江口附近沿海地区（杨成芳等，2018）。

每年11月至次年3月，当强冷空气影响上述海域时，都可能产生海效应降雪。海效应降雪在暖海面上形成，到达沿海地区由于下垫面摩擦及地形抬升作用使得降雪增强。在陆地上，由于冷空气强度、海温和地形的不同，各地海效应降雪的强度、空间分布和发生频率有明显差异。

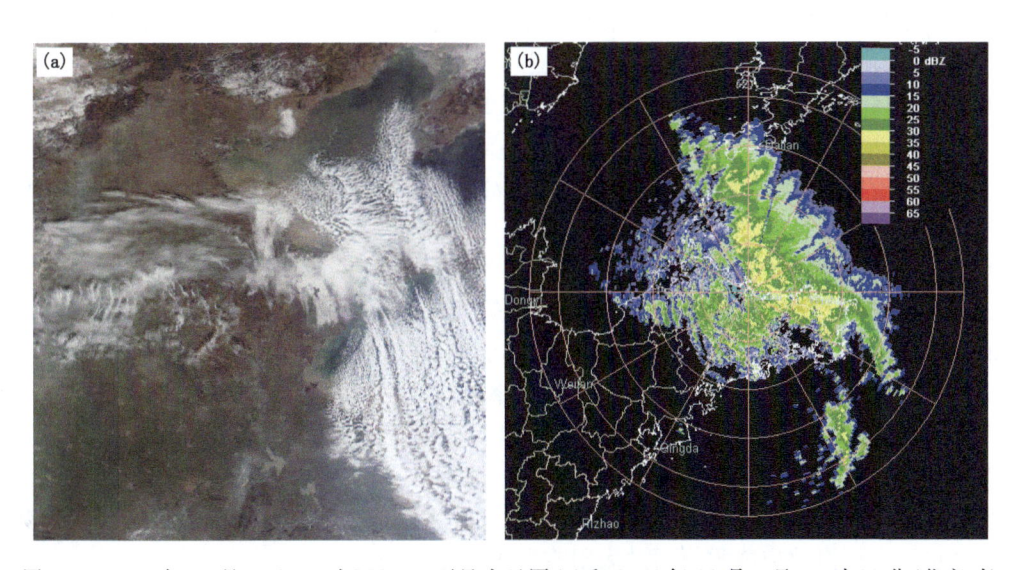

图 2.3　2011 年 12 月 9 日 13 时 MODIS 可见光云图(a)和 2005 年 12 月 4 日 09 时 33 分(北京时)烟台雷达 0.5°仰角反射率因子(b)

2.1.1 渤海海效应降雪

渤海海效应降雪是指冬季强冷空气流经渤海暖海面时产生的降雪,日降雪量≥10 mm 时称为渤海海效应暴雪。对流层低层为西北冷平流是渤海海效应降雪的典型特征,也是与其他降雪的重要区别之一。

渤海海效应降雪通常在渤海中部海面上形成,在西北风引导下向下游传播,可影响到山东和辽东半岛。这种降雪发生时,山东经常"东西两重天",半岛北部地区雪花飞舞,其他地区却阳光灿烂。在降雪较弱时,会出现"太阳雪",高空阳光灿烂,低空雪花飞舞。每次海效应降雪,无论是持续时间长短、降雪落区还是强度,差异都很大。降雪可持续数日,最短的仅有几分钟;日最大降雪量可达 25 mm 以上,最小的连续几天的累积降雪量不超过 0.1 mm。每次过程暴雪的水平尺度接近于中 γ 尺度,多分布在 1~2 个县(市)范围内,有的过程也可在烟台、威海的沿海地区产生大范围暴雪。这种暴雪虽然产生的范围小,但常给当地的交通运输、工农业生产和人民生活带来严重影响。2005 年 12 月 3—21 日,山东半岛地区发生了历史罕见的持续性海效应暴雪,19 d 内出现了 17 个降雪日,由于降雪持续时间长、强度大、积雪深,导致高速公路关闭、航班延误、客滚航线停航等陆海空交通瘫痪以及学校停课,造成重大社会影响和经济损失。

2.1.1.1 山东的海效应降雪

山东地区三面环海,处在越海北风的下风向,是中国海效应降雪最为显著的省份。山东的海效应降雪以渤海和渤海海峡影响为主,统称为渤海海效应降雪。除了鲁南及黄河以北的平原地区以外,其他地区均可产生海效应降雪。按照降雪发生的频次、降雪量划分,从强到弱依次为山东半岛北部沿海地区(主要指烟台和威海)、莱州湾、山东半岛南部和鲁中地区。

受到山东半岛近东西向的低山丘陵地形抬升影响,丘陵的北部沿海地区海效应降雪最为显著,而丘陵的南侧降雪量急剧减少。海效应降雪是山东半岛冬季降雪的主要形式,山东半岛北部的沿海地区包括烟台和威海常被称为"雪窝子"(杨成芳 等,2018)。李洪业(1995)统计了烟台 1981—1990 年的 11 月至次年 3 月的降雪,表明海效应降雪占总降雪日数的 56.2%;烟台 1 月的海效应降雪占总降雪日数的 75.2%,威海年平均海效应降雪日数为 33.8 d(周淑玲 等,2011)。

海效应暴雪发生在山东半岛北部沿海地区,据统计,11 月、12 月和 1 月的海效应暴雪日数分别占全年的 43.4%、47.9%和 8.7%(阎丽凤 等,2014)。除此以外,在山东半岛的西部和莱州湾的西部沿海地区偶尔也会出现大到暴雪(郑丽娜 等,2014)。

渤海南部莱州湾地区的海效应降雪发生频率较高,主要发生在潍坊的北部沿海地区;年平均 5.5 次,以小雪为主,占 77%,中雪占 19%,偶尔也可产生大雪(高晓梅 等,2017)。山东半岛南部的青岛及日照一带也可产生海效应降雪。据统计,1999—2011 年青岛的 27 个海效应降雪日中,有 21 d 为微量降雪,有量降雪中最大日降雪量为 1.7 mm。在适宜的天气形势下,鲁中地区也可产生海效应降雪,俗称"太阳雪",多为微量降雪。

从时间来看,海效应降雪发生在 11 月至次年 3 月。降雪次数以 1—2 月居多,1 月最多,但是 1—2 月的降雪强度不大,以微量降雪为主,11 月和 12 月的微量降雪较少,中雪以上的降雪比例明显增加。这主要与冷空气势力的强弱和海温的季节变化有关。11 月和 12 月渤海的海温较高,有利于产生海效应降雪,而到了 1 月,虽然冷空气频繁且强度大,但渤海海温下降,海气温差变小,不能产生强海效应降雪。李刚等(2007)的统计说明了这一点,强海效应降雪(24 h降雪量为5 mm以上)主要出现在11月和12月,1971—2000年分别为14次和13次,而1月较少出现,2月则没有发生过强海效应降雪。海效应降雪日数和降雪量年际差别很大。

在空间分布上,海效应降雪的次数和降雪量都是自北向南剧减,年平均降雪日数北部多于南部,降雪量在莱山山脉的南北之间有一条明显的分界线,最大降雪量集中出现在莱山山脉以北的沿海地区(曹钢锋 等,1988;杨成芳,2007)。降雪的这种分布特点主要是由于山东半岛的山地丘陵地形作用引起的。

2.1.1.2 辽东半岛的海效应降雪

辽东半岛西临渤海,海效应降雪主要发生在辽东半岛南部的大连地区。大连地区冬季海效应降雪可占所有降雪过程的一半以上(王爽 等,2009),海效应降雪量一般不超过2 mm,多发生在11月至次年1月,尤以12月最为频繁(张黎红,2004)。在东北冷涡偏南、冷空气很强的情况下,也可产生中雪,如2013年11月26—27日,大连产生的海效应降雪达到了3.7 mm(梁军 等,2015)。

2.1.2 黄海海效应降雪

在合适的天气形势之下,黄海也可使得山东半岛东部地区产生海效应降雪(杨成芳 等,2015a)。此类海效应降雪发生概率较低,在近10年中仅观测到1例。2014年12月7日威海地区出现局地暴雪,发生在黄河气旋后部,冷空气自渤海海峡和黄海北部入侵,降雪区域低层的主导风向为东北风,输送来自于渤海海峡和黄海的水汽和热量,从而导致产生海效应暴雪。

2.1.3 东海海效应降雪

在冬季,当北方有强冷空气南下时,常会在江苏南通沿海海面、长江口江面等地产生海效应降雪,并顺着偏北气流影响到上海东部沿海及内陆地区。因位置偏南,冷空气影响时势力偏弱,影响时间也较短,且周边无明显地形抬升,故该地区产生的海效应降雪范围小、历时短、降雪强度弱。

据统计,上海地区2000—2009年共出现海效应降雪12次,年平均发生次数为1.2次,占总降雪日数的25%(陈雷 等,2012)。这12次海效应降雪发生在12月至次年2月,绝大部分过程降雪量在1 mm以下,只有两次过程降雪量超过1 mm。上海海效应降雪发生时,大部分过程降雪明显时段,500 hPa上海处在槽前,海效应降雪发生前,低层有不稳定层结,925~850 hPa湿度较大,降雪云对应的红外云图,云的走向和海岸线一致,云顶高度多在3000 m以下,雷达反射率因子较弱,多低于35 dBZ。降雪时宝山站吹NW-WN-N风,风速为3~6 m·s^{-1}。

2.3 山东半岛海效应降雪的气候特征

2.3.1 空间分布

1)海效应降雪的空间分布

渤海海效应降雪主要集中在山东半岛北部沿海地区。降雪分布以近东西向分布的半岛低山丘陵为明显的分界线,主要集中在低山丘陵以北的烟台、福山、牟平、威海、文登和荣成一带,丘陵以南的降雪量急剧减少(图 2.4)。这种分布特点和低山丘陵地形有很大关系,山东半岛地形的分布特点为,37.2°N 附近为东西方向的低山丘陵地带,11 座低山海拔高度均在 500 m 以上,其中最高峰为昆嵛山,海拔 922.8 m。地形的抬升造成近地面层丘陵以北地区产生辐合上升运动,而丘陵以南地区则辐散下沉。当渤海海面的暖湿空气由西北气流输送到山东半岛北部沿海时,由于受到地面摩擦和东西向丘陵的阻挡而辐合抬升,因此造成了降雪主要分布于低山丘陵的北部地区,而丘陵以南地区降雪量减少的现象。

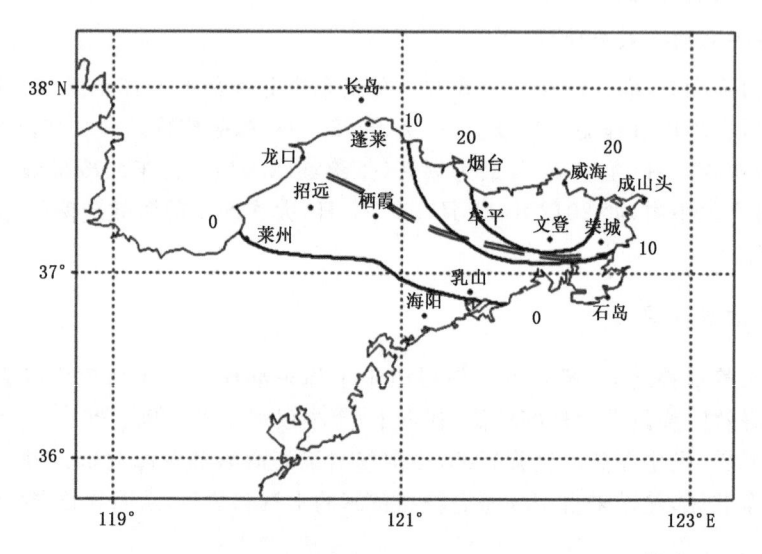

图 2.4 1971—2008 年山东半岛各站海效应降雪量年平均分布(单位:mm)
(图中双断线为低山丘陵带)

除了山东半岛北部沿海以外,半岛南部的青岛以及莱州湾南部的潍坊和西部的东营、淄博的北部地区也可产生海效应降雪,只是发生次数少、降雪强度弱、降雪持续时间短。1999—2011 年,青岛的 27 个海效应降雪日中,有 21 d 为微量降雪,有量降雪中最大日降雪量为 1.7 mm(2003 年 12 月 6 日)。年际之间差异较大,有的年份海效应降雪频繁,如 2011 年出现了 8 个海效应降雪日,是 13 年中海效应降雪日数最多的年份;有的年份不出现海效应降雪,如 2007—2008 年。

2)海效应暴雪的空间分布

1999—2018 年,山东半岛共出现了 28 个海效应暴雪日,年平均 1.4 d。暴雪主要出现在半岛的北部沿海地区,20 年间文登出现了 12 个海效应暴雪日,是海效应暴雪出现最频繁的区域——名副其实的"雪窝子",其次是烟台和威海,均为 9 d,牟平和荣成各 8 d,其他站点均为 1 d(表 2.1)。在合适的环流背景下,海效应暴雪偶尔会出现在山东半岛西部地区的平度和莱西一带。海效应暴雪的分布沿着西北气流自西北向东南主要分为两条线,烟台—牟平—文登为一线,威海—荣成为一线。

定义日暴雪站数在 1~2 个的为局地海效应暴雪,日暴雪站数在 4~5 个的为大范围海效应暴雪。则从范围上看,28 个暴雪日中有 19 d 暴雪站数≤2 站,占总暴雪日数的 75%,一天中有 3 站、4 站、5 站产生暴雪的所占比例分别为 19%、12% 和 4%。可见,海效应暴雪多为局地暴雪。大范围海效应暴雪在烟台和威海地区都出现暴雪,多发生在烟台、牟平、威海、文登或荣成等北部沿海站点。一个海效应暴雪日中,暴雪站数最多为5站,发生在2010年12月30日。同时出现暴雪的站点在地理位置上都是相邻的,这些站点每两个站点之间的距离都在50 km以内,因天气形势不同,每次过程的降雪落区和降雪强度都会表现出较大差异。强降雪中心有时候会出现在烟台地区,有时又会出现在威海地区,而即使在同一地区,落点也有差异,如可能出现在烟台市区,也可能出现在烟台的牟平区。

表2.1 1999—2018年海效应暴雪过程的降雪及影响系统

日期	暴雪站点	最大日降雪量(mm)及站点	影响系统
1999年11月26日	威海	11.3 威海	低槽
1999年12月18日	龙口	10.4 龙口	冷涡
1999年12月19日	威海、成山头、长岛、蓬莱	15.7 威海	冷涡
2001年11月26日	成山头	13.9 成山头	低槽
2002年11月18日	文登、牟平	18.4 文登	冷涡
2003年1月4日	文登	15.3 文登	冷涡
2004年1月21日	烟台	11.3 烟台	冷涡
2005年12月4日	荣成、文登、威海、招远	27.0 荣成	冷涡
2005年12月6日	烟台、牟平	21.0 烟台	低槽
2005年12月7日	威海、牟平	24.4 威海	冷涡
2005年12月12日	文登	12.6 文登	冷涡
2005年12月13日	文登	12.6 文登	低槽
2005年12月21日	威海、荣成	18.3 威海	冷涡
2006年12月17日	牟平、烟台	13.4 牟平	低槽
2008年11月19日	文登	10.9 文登	冷涡
2008年12月5日	牟平、烟台、文登、荣成	26.5 牟平	冷涡
2009年11月15日	烟台	12.2 烟台	冷涡
2010年12月15日	威海	10.2 威海	低槽
2010年12月30日	文登、威海、荣成、烟台、牟平	20.8 文登	冷涡
2010年12月31日	荣成	14.4 荣成	冷涡
2012年12月6日	烟台、牟平	12.1 牟平	冷涡
2013年12月19日	文登	10.9 文登	冷涡
2014年12月5日	文登、威海	14.8 文登	低槽
2014年12月8日	荣成	10.8 荣成	低槽
2014年12月16日	烟台、牟平、文登	14.0 文登	低槽
2014年12月17日	荣成	11.1 荣成	低槽
2015年12月26日	莱西、平度、烟台	12.6 平度	冷涡
2018年1月10日	文登、荣成、威海	19.9 文登	冷涡

2.3.2 时间分布

1) 年际变化

图 2.5 给出了 1971—2008 年历年 11 月至次年 3 月各站降雪量平均值。可以看出,山东半岛冬季海效应降雪年际变化较大。每年均可产生海效应降雪,降雪量少的年份,如 2007 年,平均降雪量只有 1.1 mm,而多的年份可达 30 mm 以上,如 2005 年,平均降雪量达到了 35.2 mm,为 38 年来的最高值。

位于山东半岛南部的青岛也可出现海效应降雪,但较北部沿海明显偏弱。1999—2011 年间,青岛共出现了 27 个海效应降雪日,年平均日数为 2 d(表略)。年际之间差异较大,有的年份海效应降雪频繁,如 2011 年出现了 8 个海效应降雪日,是 13 年中海效应降雪日数最多的年份。但是,有的年份不出现海效应降雪,如 2007—2008 年。

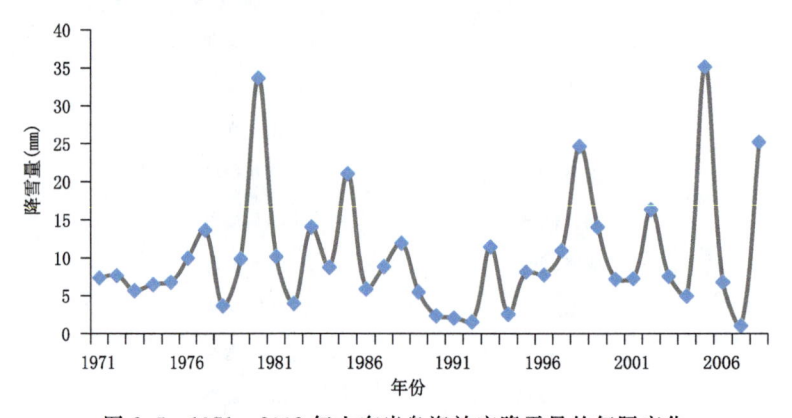

图 2.5 1971—2008 年山东半岛海效应降雪量的年际变化

2) 月变化

海效应降雪可发生在 11 月至次年的 3 月,但各月差异较大(表 2.2)。从降雪日数来看,12 月和 1 月是最多的,分别为 10.7 d 和 10.6 d,各占全年总日数 31.1% 和 30.8%,最少的是 3 月,月均 2.2 d,仅占 6.4%。从降雪量来看,12 月降雪量最大,占全年的 47.3%,其次是 11 月,占 32.1%。总的来说,无论是降雪日数还是降雪量,均为 12 月最多,1 月虽然降雪频率高,但降雪量小。

表 2.2 1971—2008 年山东半岛海效应降雪月平均分布情况

月份	降雪日数(d)	占全年总降雪日数百分比(%)	暴雪日数(d)	占全年总暴雪日数百分比(%)	降雪量(mm)	占全年总降雪量百分比(%)
1	10.6	30.8	0.11	8.7	0.48	12.9
2	6.1	17.7	0	0	0.18	4.9
3	2.2	6.4	0	0	0.11	2.8
11	4.8	14.0	0.53	43.4	1.21	32.1
12	10.7	31.1	0.58	47.9	1.78	47.3

海效应暴雪主要发生在 12 月和 11 月,2—3 月无海效应暴雪出现。1971—2008 年,12 月平均海效应暴雪日数为 0.58 d,占 47.9%,其次是 11 月,月均 0.53 d(杨成芳,2010a)。12 月

的降雪强度是最强的,日降雪量 20 mm 以上的降雪过程均出现在 12 月。海效应降雪的频次和强度分布主要与冷空气强度及海温有关。进入 12 月,冷空气势力增强,气温迅速下降,而海温下降速度缓慢且滞后,海气温差在一年中达到最大,因此 12 月的海效应降雪量多且强度大。1—2 月,虽然冷空气强且频率高,但由于海温已经下降,不易产生强降雪。

3)日变化

将由于海效应机制造成的降雪、降雨和未造成降水但形成低云的事件统称为海效应事件。利用高时空分辨率的卫星遥感数据及海效应低云的独特云系特征,可分析渤海海效应事件的时间变化特征。利用 2000—2012 年的 GMS5、GOES9 和 MTSAT 等卫星遥感的逐时数据,分析发现渤海海效应事件的日变化特征明显,在后半夜和上午出现的概率明显大于下午到前半夜(周雪松 等,2019)。海效应事件出现频次一般在后半夜开始增多并一直持续到上午,11 时左右达到最多。随后,海效应出现频次开始递减,一直到 21 时左右达到最小(图 2.6a)。

各月的日变化特征不尽相同。从出现最大频次的时间分布来看,9 月、10 月、11 月都集中出现在 10—11 时(图 2.6b,c,d);而 12 月最大频次的出现有两个峰值,一个在日出时间,即 06 时前后,另外一个在 10 时左右(图 2.6e);而 1 月、2 月、3 月最大频次出现时间明显提前,通常出现在太阳初升时的 05—07 时(图 2.6f~h)。

4)持续时间

图 2.7a 为海效应事件持续时间的频次概率分布图。从中可以看出,海效应事件持续时间最长的达 9 d(224 h),发生在 2005 年 12 月 10—19 日;最短的仅为 4 h,平均持续约 1.5 d(约 35.3 h),主要持续时间在 24 h 左右(其中统计的中位数为 24 h)。持续时间在 24 h 以下的海效应事件发生次数达 129 次,占 47.6%,而能够持续 2 d、3 d 的过程也较多,分别为 80 次和 34 次,持续时间在 4 d、5 d 的过程则明显减少,共 20 次;而超过 6 d 的过程仅 6 次,占 2.2%。这表明,海效应事件作为寒潮或大范围冷空气相伴随的天气,时间尺度并没有特别长,基本上还是发生在一次冷空气活动急剧降温阶段之中,也有连续的冷空气影响造成的海效应事件,但是较少。尽管这一类事件较少,由于持续时间较长,往往造成很大影响。

图 2.7b 给出了海效应事件的逐月持续时间及发生频次。分析发现,渤海海效应事件从 9 月到次年的 3 月均可发生。从持续时间上来看,11 月、12 月和 1 月持续时间较长,其中最长的 12 月,平均达到 47 h,接近 2 d。另外,从 12 月海效应事件持续时间分布来看,其持续时间的中位数仅为 36 h,远小于其平均值的 47 h,表明 12 月的海效应事件持续时间总体不太长,仅有极端几次过程持续时间非常长,最长达 224 h,这也与上面的分析一致。而在秋季和春季持续时间一般都较短,平均持续时间在 1 d 以内。这表明持续时间也有很强的季节性变化。

与持续时间相对应,渤海海效应事件与世界上其他类似的海或湖效应事件一样,均发生在冷季。其中,出现次数最多的是在 1 月,平均每年达 6 次;其次是 12 月,达 5.9 次(图 2.7c)。但是,每年海效应事件出现总时间最长的是在 12 月,平均达 11.6 d(278.3 h)。这与海效应事件产生的机理有关,由于海洋大的热容量,12 月相对于次年 1 月有更高的海面温度,更大的海气温差,也更容易持续较长时间。而 1 月尽管也很高,但仅有 9.6 d(229.3 h)。其他月份,海效应事件发生次数较少,但从 9 月至次年 3 月都有可能发生,其中 9 月只形成了海效应云带,而未形成降雨。

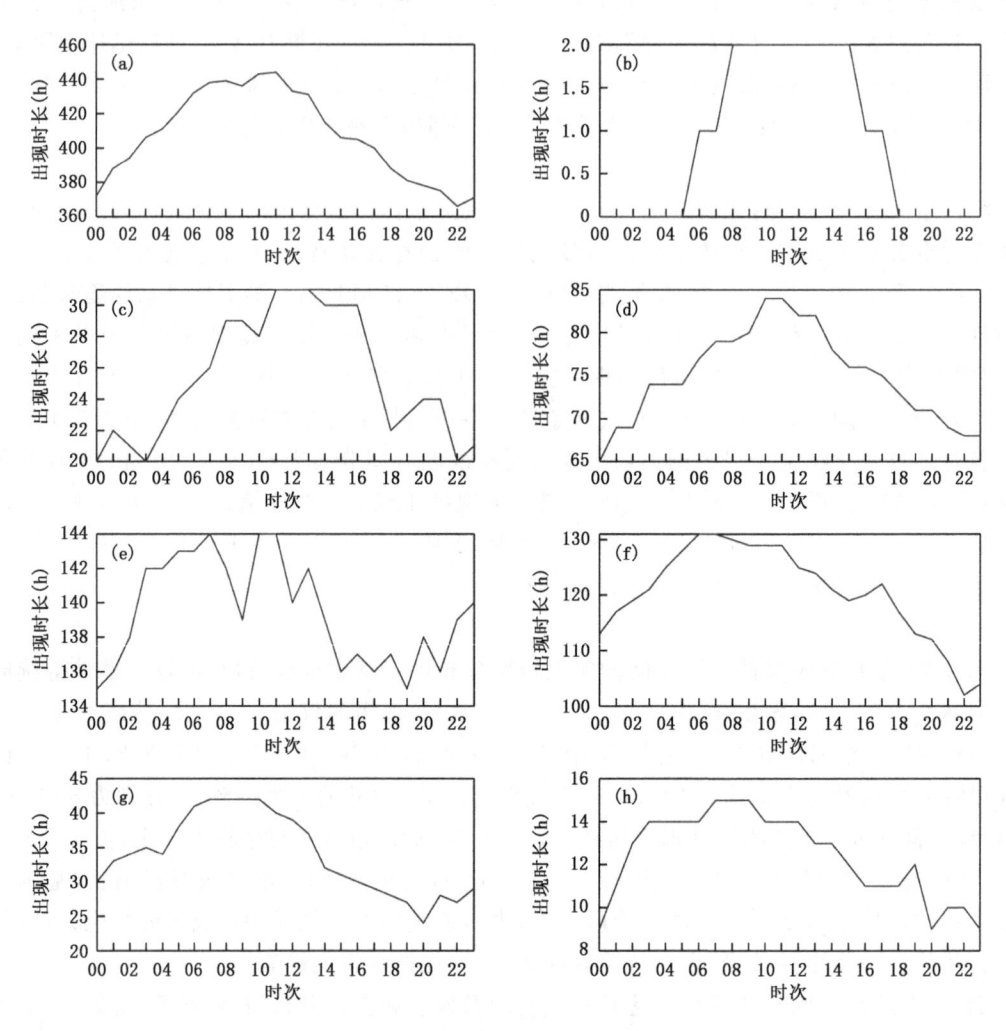

图 2.6 海效应事件日变化特征
（a. 合计，b. 9 月，c. 10 月，d. 11 月，e. 12 月，f. 1 月，g. 2 月，h. 3 月）

2.3.3 降雪强度

自有气象记录以来，山东半岛海效应降雪日降雪量最大值为 27.0 mm，2005 年 12 月 4 日出现在荣成。12 h 最大降雪量为 25.6 mm，2008 年 12 月 4 日 20 时—5 日 08 时出现在牟平。2014 年 1 月起，称重式降水自动站投入业务运行，在冬季也可以获得分钟级降雪量。从 2014—2019 年冬季的海效应降雪过程观测来看，小时最大降雪量为 5.5 mm，发生在 2014 年 12 月 16 日 07—08 时的牟平站。2014 年 12 月 7—8 日的海效应降雪过程中，威海 7 日 22—23 时的 1 h 降水量为 5.3 mm，22 时 30—40 分的 10 min 降水量为 1.6 mm，22 时 20 分—23 时短短的 40 min 内降水量达到了 5.1 mm。这是自动称重式降水传感器布设以来，首次观测到山东半岛地区 40 min 内降雪量可超过 5.0 mm，达到大雪量级。

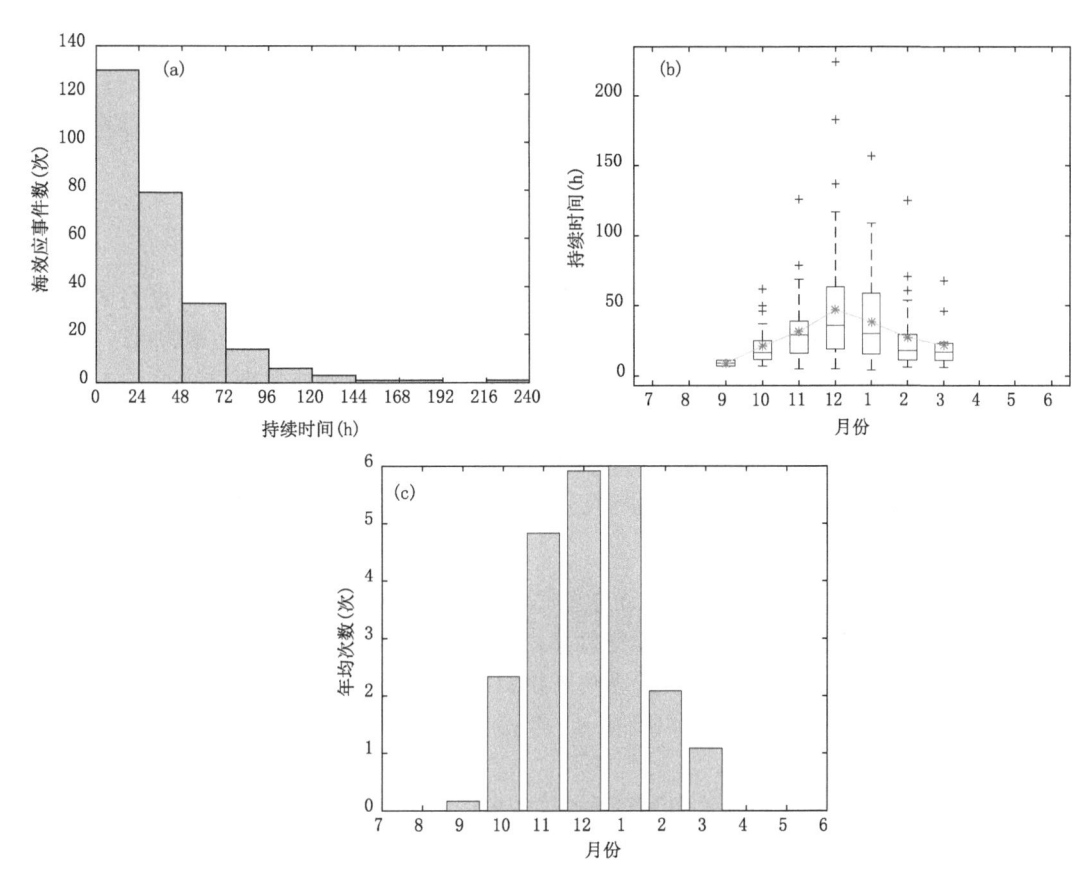

图 2.7 海效应事件持续时间频次分布(a)、各月持续时间箱须图(b,其中折线为平均值)和平均发生频次(c)

2.3.4 积雪深度

山东半岛北部沿海地区最大的积雪深度多产生于持续性海效应降雪过程(表 2.3)。5 个海效应暴雪频发站的最大积雪深度均出现在 12 月,其主要原因是 12 月冷空气频繁、温度低,易出现持续强降雪,积雪长时间不易融化,导致累积积雪深度大。各积雪站的最大积雪深度都超过了 30 cm。在 2005 年 12 月的持续性海效应暴雪过程中,13—14 日文登连续两天积雪深度超过 50 cm,其中 13 日最大为 54 cm,为山东半岛积雪深度之最。

表 2.3 山东半岛北部沿海地区自建站以来的最大海效应降雪积雪深度

站点	最大积雪深度(cm)	产生时间	前期积雪日数(d)
烟台	39	2005 年 12 月 12 日	10
牟平	34	1980 年 12 月 12 日	0
威海	46	2005 年 12 月 8 日	6
文登	54	2005 年 12 月 13 日	11
荣成	41	2010 年 12 月 31 日	8

2.4 山东半岛海效应暴雪的多尺度作用机制

渤海海效应暴雪存在天气尺度、中尺度系统、云尺度微物理过程和海效应的共同作用,是动力过程、热力过程和微物理过程相结合的产物。

2.4.1 海效应暴雪的高低空形势配置

对流层低层渤海及山东半岛为槽后西北冷平流是海效应降雪的显著特征,也是区分海效应降雪与其他类型降雪的重要标志。不同渤海海效应暴雪产生的天气形势、暴雪落区、强度等有差异,但其在环流形势上有基本的共性特征:500 hPa 面上,在贝加尔湖以东至日本海为低压区,存在冷涡或低槽;对流层低层(850 hPa 及其以下层次),山东半岛为槽后西北冷平流;地面气压场上,亚洲中高纬度地区为庞大的冷高压覆盖,低压中心位于日本海附近或以东地区,渤海和山东半岛处在冷高压控制之下,冷锋已经越过山东半岛,海效应暴雪发生在冷锋过后。

2.4.1.1 500 hPa 天气形势

产生海效应暴雪的 500 hPa 天气系统包括东北冷涡(简称冷涡)和低槽两类。1999—2018 年山东半岛出现了 28 个海效应暴雪日(表 2.1),由冷涡产生的有 18 d(占 64%),由低槽产生的有 10 d(占 36%),可见海效应暴雪的影响系统以冷涡居多。冷涡影响时,山东半岛既可产生 1~2 站的局地海效应暴雪,也可以产生 4~5 站的大范围海效应暴雪。而低槽暴雪多为 1~2 站,不会产生大范围暴雪。

图 2.8 和图 2.9 给出了冷涡和低槽两次海效应降雪天气过程的天气形势。其中,2005 年 12 月 4 日受东北冷涡影响,山东半岛出现较大范围海效应暴雪,荣成、文登、威海和招远 4 站降暴雪,其中荣成日降雪量达 27.0 mm,为山东半岛各站有气象观测至 2012 年的最大日降雪量(图 2.8d);2004 年 1 月 25 日的海效应降雪受低槽影响,为一次中等强度降雪,威海降雪量最大,为 4.6 mm,山东半岛其他各站均为小雪,降雪在 2 mm 以下(图 2.9d)。从图中可以看出,这两次海效应降雪过程的 500 hPa 分别有冷涡和有低槽,环流形势差异大,但二者在对流层低层渤海及山东半岛区域的环流特征基本一致。

500 hPa 的环流形势与海效应暴雪的落区、强度、降雪时段密切相关。东北冷涡位置及低槽是否明显决定着降雪的强度和范围,低槽移过渤海和山东半岛的时间及相应时段东北冷涡的位置分别对强降雪的时段和落区预报有指示意义。

1)强海效应降雪产生的 500 hPa 特征

500 hPa 有明显低槽时,槽前正涡度平流可使低层产生较强的上升运动,对流层低层冷平流强,可产生强海效应降雪(日降雪量≥5 mm)。李刚等(2007)对 1971—2000 年 11 月至次年 2 月的烟台站海效应降雪资料统计分析发现,11 月出现大雪以上(24 h 降水量≥5 mm)的海效应降雪 14 次,其中 11 次 850 hPa 温度小于或等于 −12 ℃,12 次 500 hPa 有槽配合;850 hPa 温度小于或等于 −12 ℃ 的次数(1 d 算 1 次,下同)共 35 次,其中 500 hPa 无槽配合的有 20 次,只有一次出现大雪以上的海效应降雪;有槽配合的有 15 次,其中 12 次出现中雪以上(24 h 降水量≥2.5 mm)的海效应降雪,10 次出现大雪以上的海效应降雪。12 月出现大雪以上的海效应降雪 13 次,850 hPa 温度全部小于或等于 −12 ℃,12 次 500 hPa 有槽配合;850 hPa 温度小于或等于 −12 ℃ 的次数是 140 次,其中无槽配合的有 81 次,只有一次出现大雪以上的海效

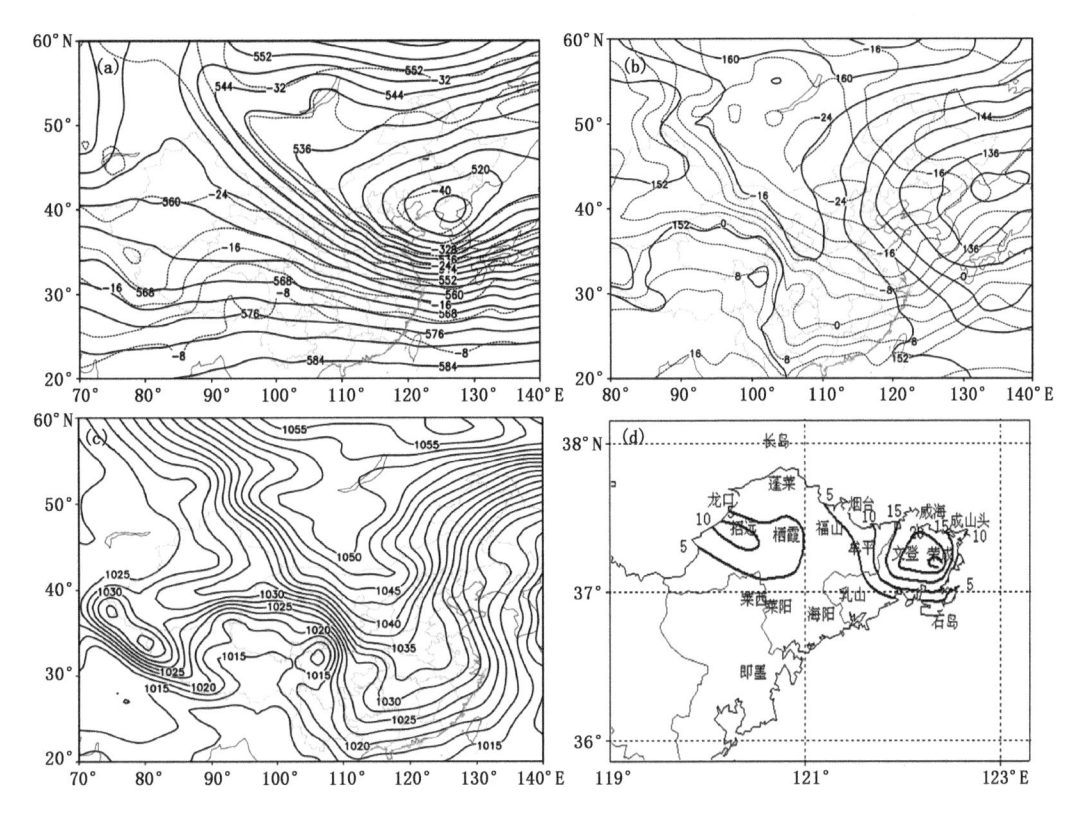

图 2.8 2005 年 12 月 4 日 08 时天气图(a,b,c)和 3 日 20 时—4 日 20 时降雪量(d)
(a. 500 hPa,b. 850 hPa;a 和 b 中实线代表等高线,单位:dagpm,虚线代表等温线,单位:℃;
c. 地面气压场,单位:hPa;d. 降雪量,单位:mm)

应降雪;有槽配合的 59 次,其中有 33 次地面出现明显的气旋弯曲,这 33 次过程中有 27 次出现了中雪以上的海效应降雪,有 12 次达到大雪以上的海效应降雪。1 月出现强海效应降雪 5 次,850 hPa 温度全部小于或等于 −15 ℃,全部有槽配合。850 hPa 温度小于或等于 −15 ℃ 的次数是 115 次,有槽配合的 45 次,其中有 18 次地面出现明显的气旋弯曲,这 18 次过程中有 8 次出现了中雪以上的海效应降雪,有 5 次出现了强海效应降雪。可见,强海效应降雪过程多发生在 500 hPa 有经向度较大低槽的形势下,但有时候副冷锋影响时,高空槽不明显,也可以产生强海效应降雪,如 2005 年 12 月 6 日烟台暴雪过程。

2)大范围海效应暴雪的 500 hPa 特征

1999—2018 年,山东半岛共产生了 4 次大范围海效应暴雪(4 站以上日降雪量超过 10 mm),包括 1999 年 12 月 19 日、2005 年 12 月 4 日、2008 年 12 月 5 日和 2010 年 12 月 30 日。可见,大范围海效应暴雪均发生在 12 月,且能够产生最强降雪。从降雪范围来看,2010 年 12 月 30 日是 1999 年以来范围最大的海效应暴雪过程,烟台、牟平、威海、文登和荣成 5 站均产生暴雪。

凡是日降雪量 20 mm 以上、暴雪站数在 4 站以上的暴雪日,均发生在东北冷涡位置偏南的情况下,500 hPa 东北冷涡中心一般在 45°N 以南(图 2.10)。而小范围暴雪(日暴雪站点 1~2 个)冷涡位置偏北(王琪,2015)。因此,在 12 月,当有强冷空气入侵时,可以通过东北冷涡的位

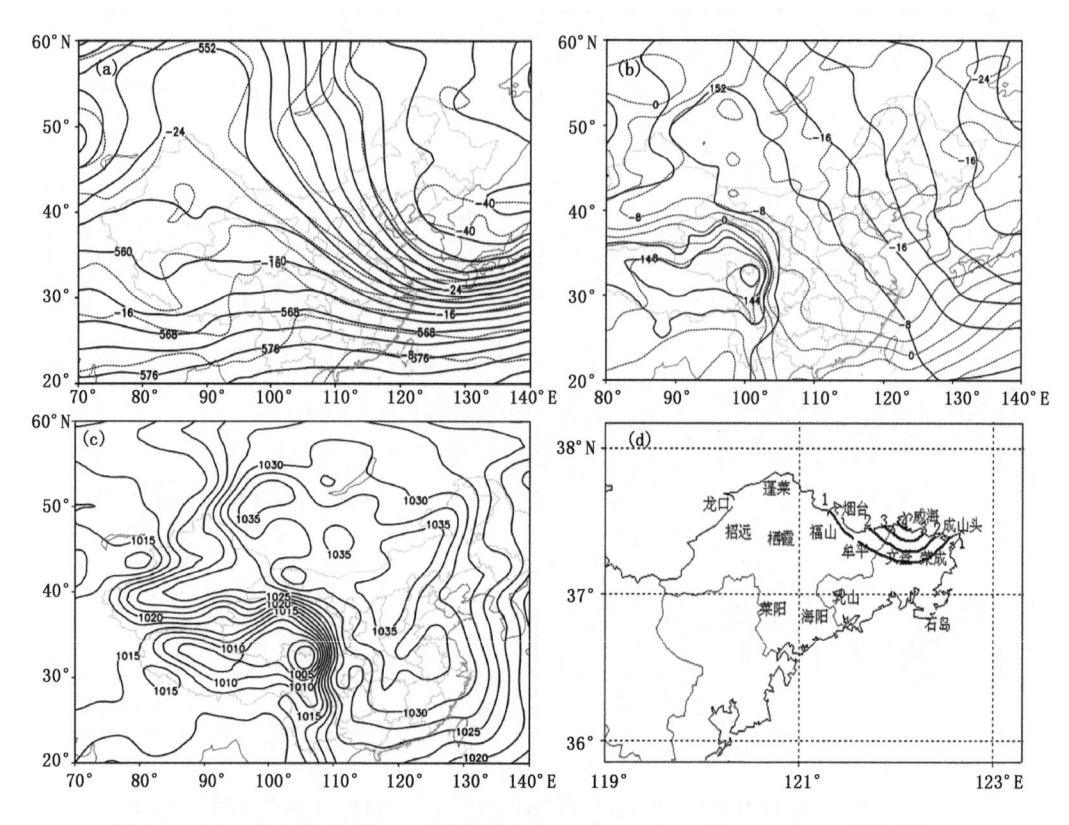

图 2.9　2004 年 1 月 24 日 20 时天气图(a,b,c)和 24 日 20 时—25 日 20 时降雪量(d)
(说明同图 2.8)

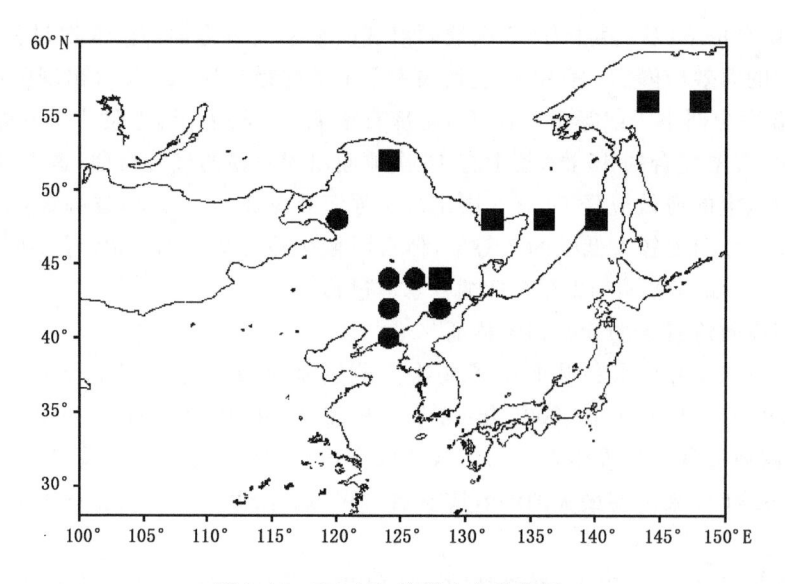

图 2.10　500 hPa 冷涡中心的位置
(实心圆代表大范围海效应暴雪,实心方块代表小范围海效应暴雪)

置来判断是否出现大范围海效应暴雪。

可以通过500 hPa低槽过境前的东北冷涡中心位置来大致判断强海效应降雪的落区。因为降雪量的大小主要取决于强降雪时段的降雪强度,一次海效应降雪过程的持续时间可超1 d,强降雪却集中出现在几个小时之内,而强海效应降雪主要发生在500 hPa低槽过境的一段时间内,所以500 hPa低槽过境时东北冷涡的位置基本决定强降雪的落区。根据1999—2010年14次山东半岛海效应暴雪过程的东北冷涡中心位置,凝练出烟台和威海地区海效应暴雪的东北冷涡关键区(图2.11)。烟台地区和威海地区发生海效应暴雪时的东北冷涡位置有明显不同,总体来说表现为:烟台地区海效应暴雪发生时的东北冷涡中心偏西、偏北,而威海地区海效应暴雪的东北冷涡中心偏东、偏南,两地区同一天均发生海效应暴雪时东北冷涡中心偏南。具体来说,当东北冷涡中心位于123°E以西时,海效应暴雪中心位于烟台地区;当东北冷涡中心位于123°E以东时,海效应暴雪中心位于威海地区。如果冷涡位置偏南,则海效应暴雪范围较大,烟台和威海地区可在同一天产生暴雪,但最大降雪落区仍与冷涡位置有关,即冷涡偏西时,最大降雪中心发生在烟台,反之则在威海地区。

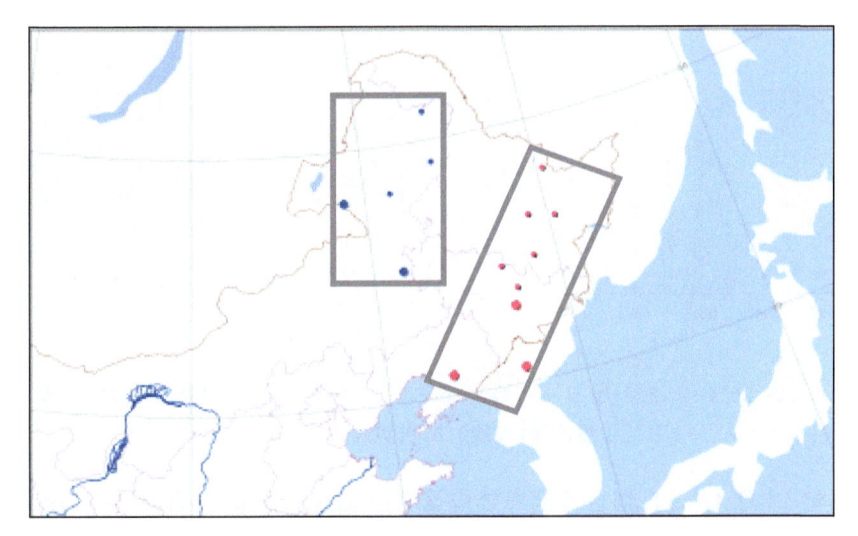

图2.11　1999—2010年山东半岛14次海效应暴雪的500 hPa东北冷涡中心位置

(图中矩形框为海效应暴雪发生时的东北冷涡中心关键区,竖框和斜框分别表示烟台和威海地区发生海效应暴雪;圆点为东北冷涡中心位置,其中,竖框内大圆点表示海效应暴雪中心在烟台地区且同一天内威海地区也出现暴雪,竖框内小圆点表示仅烟台地区出现暴雪;斜框内大圆点表示海效应暴雪中心在威海地区且同一天内烟台地区也出现暴雪,斜框内小圆点表示仅威海地区出现暴雪)

3)强降雪时段与500 hPa低槽的关系

500 hPa低槽过境前后为强降雪发生时段。主要降雪时段和500 hPa槽过境时间有较好的对应关系,500 hPa槽过境时间和主要降雪发生时段一致的有23次,占过程总数的79.3%,不一致的有6次。预报强降雪发生的时段可以主要参考500 hPa槽过境时间。

其物理机制为:当低槽发展加深移过渤海上空时,天气尺度动力强迫和热力条件最有利于海效应降雪的加强,其作用主要表现在4个方面:一是低槽东移过程中引导冷空气向南爆发,对流层低层冷平流增强,低层气温进一步下降,造成海面上空温湿场垂直差异加大,形成更强的不稳定大气层结;二是低槽移近时,槽前正涡度平流增强,使得低空产生质量补偿,辐合上升运动增强,为降雪的加强提供了有利的动力条件;三是当低槽刚过境后的几个小时内,对流层中低层均转为西北风,垂直风向切变减小,有利于暖湿空气集中于窄带内,形成列车效应,产生局地强降雪;四是当低槽发展强盛时(一般发生在东北冷涡深厚的环流形势下),槽前形成的中云与海效应降雪低云可产生"播撒—反馈"的微物理机制,使得冷流低云中冰晶和雪晶增多,降雪增强。这些作用相叠加,导致海效应降雪明显增强,最强降雪时段就出现在高空槽过境前后。强降雪在500 hPa低槽移出渤海和山东半岛之后持续时间的长短取决于天气系统的移动速度,当系统移动缓慢,强降雪可持续6 h以上(杨成芳,2010a;杨成芳 等,2011,2012)。

图2.12给出了2014年12月16日文登海效应暴雪过程逐时降雪量和500 hPa天气形势。文登站自16日03时开始出现降雪,07—10时每小时降雪量在1.1~4.7 mm。500 hPa低槽在16日08时刚移过山东半岛,小时降雪量在2.6 mm以上的强降雪时段发生在500 hPa低槽过境之后。

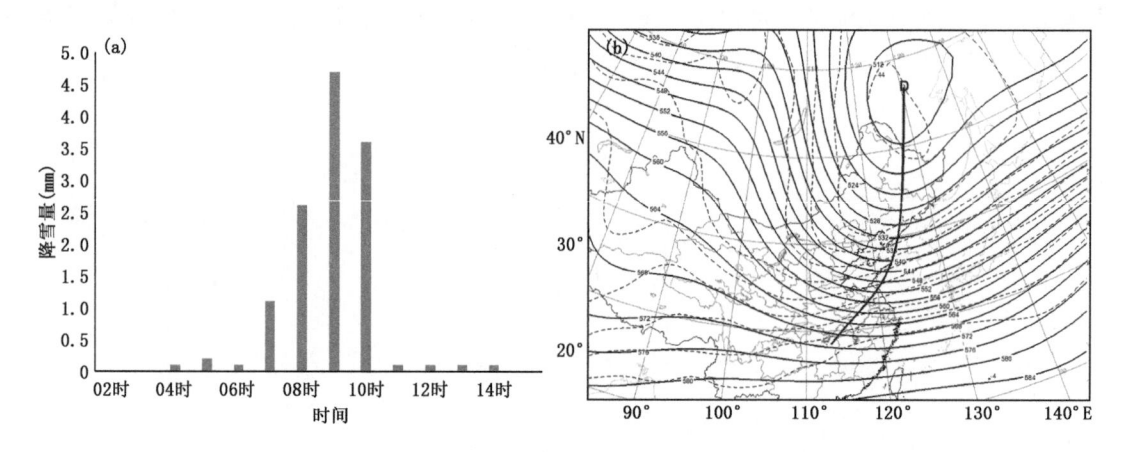

图2.12 2014年12月16日文登站逐时降雪量(a)和08时500 hPa高度场(实线)、温度场(虚线)(b,粗实线为槽线)

对2008年12月4—5日烟台地区海效应暴雪过程进行数值模拟,结果显示出类似规律。从各层风场的时间演变看,5日00时500 hPa低槽过牟平(图2.13a)。从模拟的牟平逐时降雪量来看(图2.13b),自4日14时开始,该站降雪量逐渐增大,18时以后逐时降雪强度明显增强,5日02时达到峰值,此后逐渐减小,5日08时以后明显减弱。强降雪时段出现在500 hPa槽过境前后。

2.4.1.2　850 hPa天气形势

海效应降雪是一种低云降雪,云层高度一般在2 km以下。其云顶接近于850 hPa,因此850 hPa的风成为海效应降雪的引导气流,其风向基本决定了海效应降雪云带向下游传播的方向,风速的大小影响降雪云带向内陆伸展的范围。850 hPa上的冷平流强弱代表冷空气的强度,业务上通常以该层次山东半岛的温度作为海效应降雪是否发生的指标。

海效应降雪发生时,在渤海至山东半岛区域,850 hPa及其以下层次必为冷平流,850 hPa风场为西北风(图2.8b、图2.9b),这是渤海和山东半岛海效应降雪产生的必要条件之一,也是判别海效应降雪和其他类型降雪的重要标志。山东半岛发生强海效应降雪时,等高线与等温线近乎垂直,冷平流强盛。冷平流由弱变强、再由强变弱并转为暖平流的过程,分别对应着海

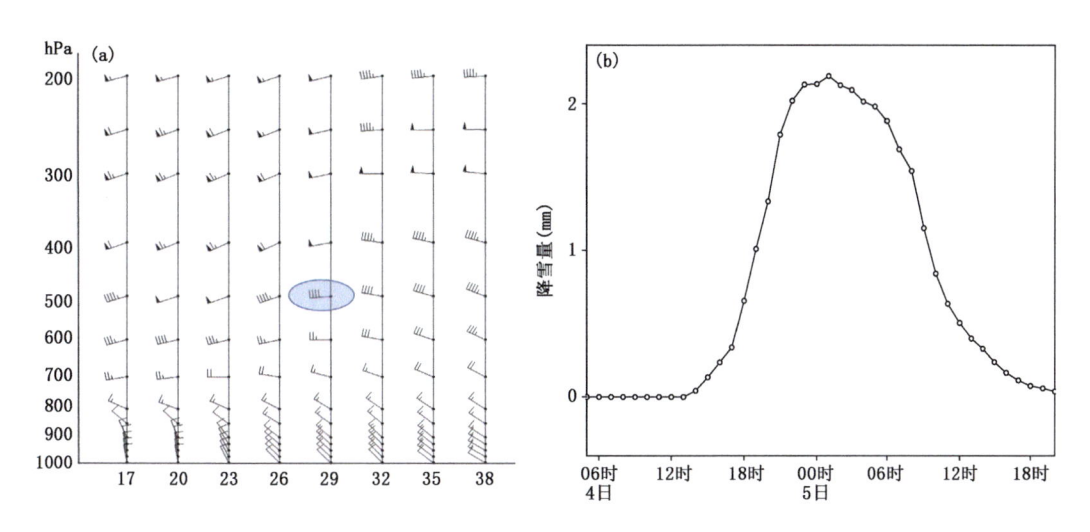

图 2.13　2008 年 12 月 4—5 日牟平站(37.38°N,121.58°E)模拟的风矢量空间剖面(a)和逐时降雪量(b)
(a 中横坐标表示距 3 日 20 时的小时数,阴影突出表示 500 hPa 低槽过境,b 中降雪量放大 10 倍)

效应降雪开始、增强、减弱直至结束。冷平流越强则降雪量越大,冷平流越宽广则强降雪的范围越大。对于 500 hPa 低槽不明显或低槽较弱的海效应暴雪过程,850 hPa 上冷平流窄且强度较弱,通常仅产生 1 个站的暴雪,且降雪量不大,一般不超过 15 mm。当 500 hPa 东北冷涡位置偏南时,对流层低层冷平流强且分布宽广,可产生较大范围的海效应暴雪,如 1999 年 11 月 18—19 日、2008 年 12 月 4—5 日和 2010 年 12 月 30 日等海效应暴雪过程就发生在此类形势下,每日暴雪站数达 4~5 个。

1)风向

周雪松等(2019)研究分析表明,当渤海海效应事件发生时,环境风基本上都为北风,这时一般都伴有冷平流。但不同层次风向也有所不同,地面风的方向较为发散,主要以西北风(约占 78.2%)为主,其中以 300°~360°为最多,占 65.1%;也有极少一部分情况下风力较弱时为弱偏西风(约占 8.7%)和东北风(约占 12.4%),但所占的比例相对较少(图 2.14a)。

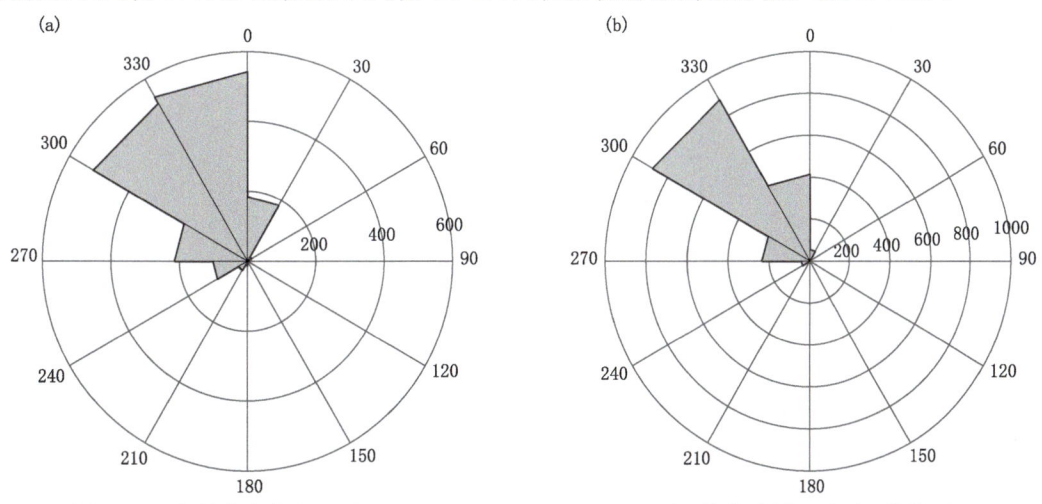

图 2.14　海效应事件发生时地面 10 m(a)和 850 hPa(b)风向(单位:°)出现频次(单位:次)

当海效应事件发生时,850 hPa 的风向比地面更加集中,基本都为西北风,约占 94%;其中 300°~330°最多,占 54.3%(图 2.14b)。另一方面,也不难看到 850 hPa 的主导风向比地面主导更偏西北,这也表明对流层低层有冷平流存在,因为低层较强的温度梯度造成的热成风使水平风发生随高度的逆转。

850 hPa 风向各月差异不大,大部分月份风向均为西北风(即 300°~330°),只有 9 月以西北偏北的 330°~360°为主,也意味着 9 月的海效应事件更需要较明显冷空气配合。而地面则风向更偏北,在 330°~360°,只有 2 月、3 月为西北风(图 2.15)。

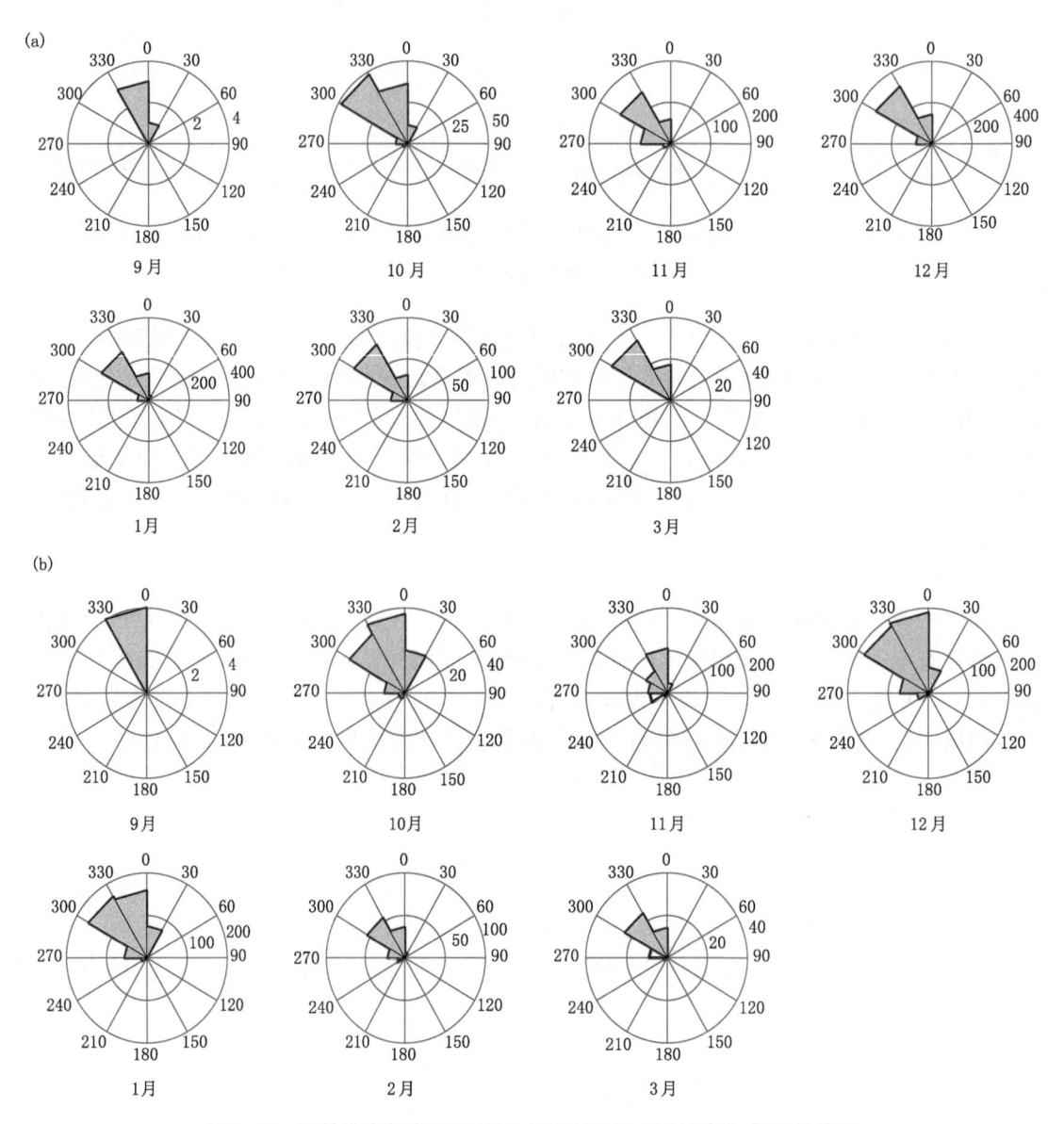

图 2.15 海效应事件中 850 hPa(a)和地面(b)风向(单位:°)逐月分布

2)风速

从海效应降雪发生时 850 hPa 风速来看,风速太大或太小都不容易造成海效应事件,而以

850 hPa 风速在 11～12 m·s^{-1} 时最容易发生。而通常风速在 7～16 m·s^{-1} 也较容易发生,占总次数的 87.4%(图 2.16a)。

地面风速则相对较小,海效应降雪发生时,地面 10 m 风速一般在 3～10 m·s^{-1},占总数的 84.9%,且 6～7 m·s^{-1} 时最容易发生海效应事件(图 2.16b)。

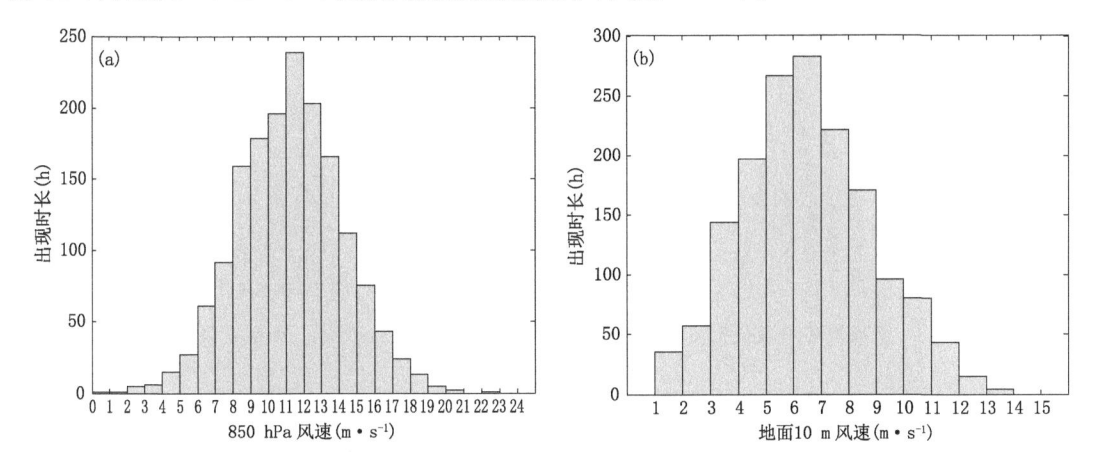

图 2.16 海效应事件中 850 hPa 风速分布(a)和地面 10 m 风速分布(b)

风速有一定的季节变化,主要表现在 850 hPa 风速有缓慢增大趋势,而地面风速有逐渐减弱的趋势(图 2.17)。

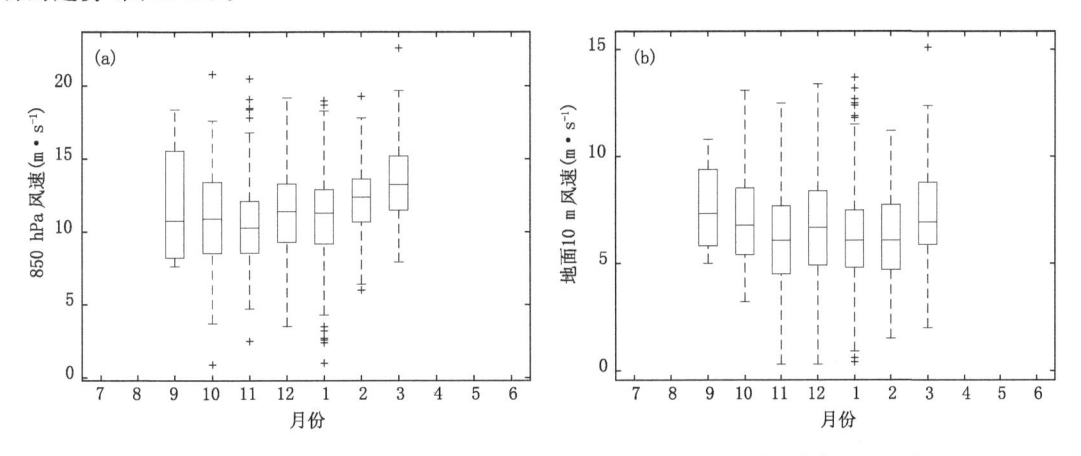

图 2.17 海效应事件中 850 hPa 风速(a)、地面风速(b)月变化(单位:m·s^{-1})

3)风切变

对边界层大气的垂直切变分析,发现 850 hPa 与地面之间的风速切变的方向有很大的变化,但基本上在 ±60°之间,并没有明显的切变方向集中区域(图 2.18)。但是,切变速度基本在 4～8 m·s^{-1},占 72.1%。

进一步分析风向风速,发现 850 hPa 风向各月差异不大,大部分月份风向均为西北风(即 300°～330°),只有 9 月以西北偏北的 330°～360°为主,也意味着 9 月的海效应事件更需要较明显冷空气配合。而地面则风向更偏北,在 330°～360°,只有 2 月、3 月为西北风。因此,850 hPa 和地面之间的风切变的方向基本为北风或西北偏北为主,只有 9 月风切变方向以西北为主。

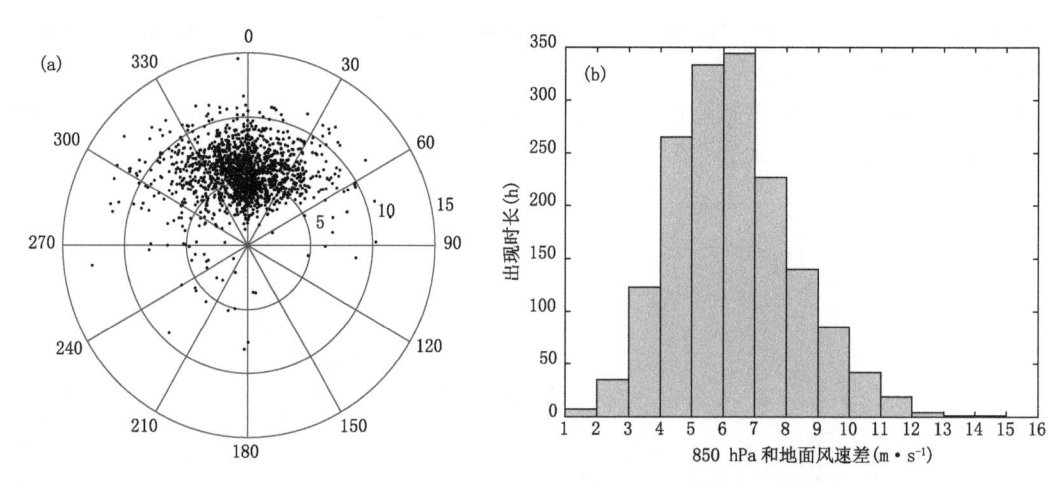

图 2.18　海效应事件发生时 850 hPa 和地面的风切变方向（a，单位：°）和切变风速差（b）

2.4.1.3　地面气压场

海效应降雪发生在冷锋之后。地面气压场上，华北地区处在庞大的冷高压控制之中（图 2.8c，图 2.9c）。地面气压场受到山东半岛近东西向的低山丘陵、辽东半岛千山山脉及海岸摩擦辐合作用的综合影响，渤海至山东半岛地面气压场有气旋性弯曲。如果高空东北冷涡明显，则在日本海有低压发展，渤海和黄海北部处在日本海低压的后部，地面等压线呈南北走向，受辽东半岛和山东半岛地形影响，在渤海海峡容易形成东西向地形切变；如果冷空气以西北路径下来，渤海出现气旋性弯曲的西北风流场。这两种流场都可在渤海至渤海海峡产生辐合上升运动，触发不稳定能量产生海效应降雪。

产生海效应降雪的冷锋分为主锋和副冷锋两类，以主锋为主。一次海效应降雪过程中，如果只有一股冷空气影响，通常在 500 hPa 有冷涡或明显低槽，地面冷锋清晰，降雪时间较短；如果有多股冷空气影响，主锋造成的海效应降雪在冷平流减弱后逐渐减小，当副冷锋影响时，降雪会再次加强，使得降雪持续数日。有时候，副冷锋在地面图上较弱，500 hPa 图上低槽也不明显，850 hPa 及以下层次仅表现为北风风速有所加大，温度降低，因此这种形势下的海效应降雪容易漏报或降雪强度报小。

2.4.2　冷空气和海温

从海效应降雪产生的机制来看，海效应降雪是由冷空气和渤海暖海面共同作用造成的。国内外的研究都表明，冷空气强度是关键影响因素。在有利的天气形势下，冷空气的频繁程度和强度可影响到海效应降雪的持续时间和强度。

2.4.2.1　冷空气

冬季冷空气活动频繁，可以从不同路径影响渤海和山东半岛，产生海效应降雪（图 2.19）。但并不是每一次冷空气影响都能产生海效应降雪，主要看冷空气能否造成低层较大的海气温差，并使低层大气达到层结不稳定状态。低层大气不稳定是依靠暖海面输送一定的热量来实现的。海表通过湍流交换等作用向低层大气输送感热，冷空气越强，气温越低或海温越高，则海气温差越大，低层大气获得的感热越多，层结就越不稳定，越有利于产生海效应降雪。如果冷空气的强度弱，暖海面输送的感热少，不足以使得水汽凝结成云致雪。由于海洋热容量大，海温变化幅度小，所以在某一段时期内，可以把海温近似地看为一个常数。因此，海气温差大小，主要取决于冷空气的强度。在海温、地形等因素一定的条件下，冷空气的强度就成为海效应降雪是否产生的首要热力条件。

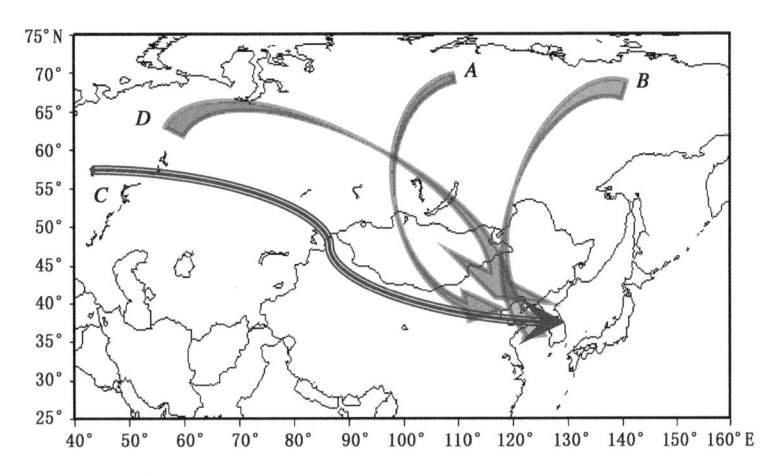

图 2.19　产生渤海海效应降雪的冷空气路径
(A,B,C,D 分别代表不同路径)

在天气预报业务中，通常以山东半岛东部的荣成探空站(2010 年 4 月 1 日以前在成山头站)850 hPa 的温度为冷空气强度指标。因渤海海温的差异，各月产生海效应降雪的温度阈值也有所不同，从 11 月至次年 2 月随着海温的逐渐下降，温度阈值也越来越低。统计 1999—2010 年 18 个海效应暴雪日当天 08 时成山头探空站 850 hPa 的温度，发现有 17 d 的温度 $\leqslant -12$ ℃，占总日数的 95%，仅有 1 d 温度为 -9 ℃，发生在 2001 年 11 月 26 日。从各月 850 hPa 的温度来看，11 月在 $-13 \sim -9$ ℃，12 月在 $-18 \sim -12$ ℃，1 月在 $-23 \sim -22$ ℃。可见，850 hPa 的温度 $\leqslant -12$ ℃ 可作为海效应暴雪的阈值。烟台各月大雪以上（日降雪量 $\geqslant 5$ mm）海效应降雪产生的冷空气强度有差异，11—12 月半岛北部 850 hPa 的温度 $\leqslant -12$ ℃，1 月则 $\leqslant -15$ ℃。

1999—2018 年山东半岛的 21 次渤海海效应暴雪过程中，11 月有 4 次、12 月 13 次、1 月 4 次。因一次海效应暴雪过程的降雪强盛时段（1 h 降雪量 1.5 mm 以上）多集中在 6 h 内，一般不超过 10 h，故取距离强盛时段最近的 08 时与 20 时之间荣成探空站 850 hPa 温度，以此分析强降雪期间的冷空气强度特征。如图 2.20 所示，各月海效应暴雪过程中最强降雪时段的荣成 850 hPa 的温度有明显差异。11 月的 4 次暴雪过程中，最强降雪时段 850 hPa 温度在 $-14 \sim -9$ ℃，箱线图的中位数为 -12 ℃。12 月的 13 次暴雪过程中，暴雪最强降雪时段的温度在 $-18 \sim -11$ ℃，在强降雪时段内的最低温度为 -18 ℃（2008 年 12 月 5 日 20 时），中位数为 -15 ℃。1 月的 4 次暴雪过程中，暴雪最强降雪时段的温度均低于 -16 ℃，最低温度为 -23 ℃（2004 年 1 月 21 日 08 时），中位数为 -20 ℃（图 2.20）。由此可见从 11 月至次年 1 月产生海效应暴雪所需要的冷空气强度越来越强，1 月产生海效应暴雪的 850 hPa 温度较 11 月明显偏低。这表明，在 1 月，由于海温下降，冷空气的强度需要更强才能达到暴雪的降雪条件。

冷空气越强越有利于海效应降雪的发生。但是，并非冷空气越强产生的降雪量越大。冷

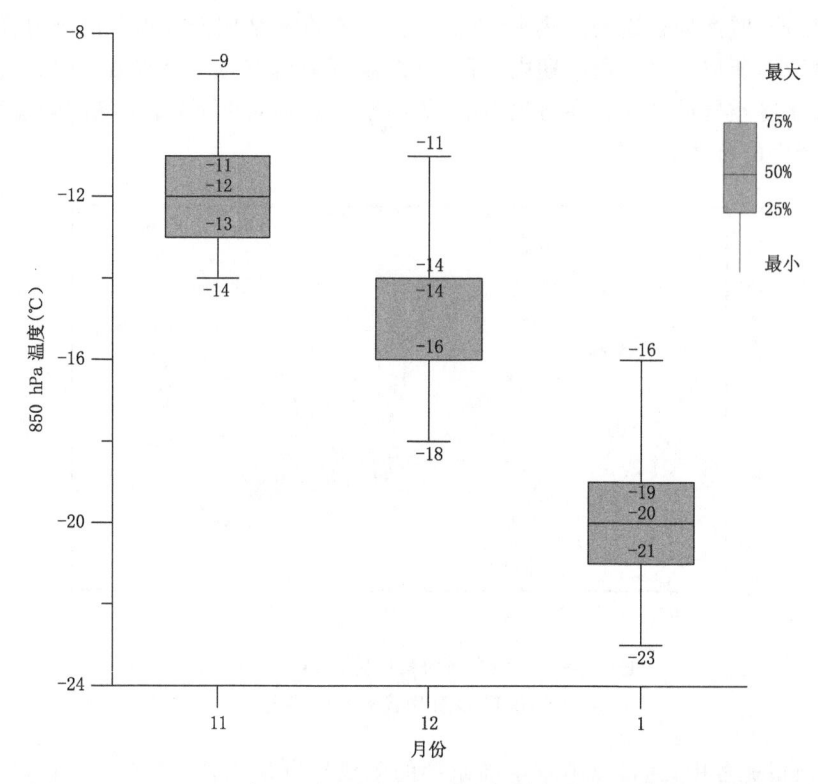

图 2.20　1999—2018 年 11 月至次年 1 月渤海海效应暴雪过程强降雪时段的
荣成探空站 850 hPa 温度对比

空气强度并非判别海效应降雪是否产生及强度的唯一指标,同时还要结合海温、温度平流、动力条件等其他因素。海效应降雪发生的温度阈值还与海温有关。当渤海海温偏高时,阈值将降低,反之,则升高。另外,在冷空气影响的后期,冷平流减弱转为暖平流时,即使 850 hPa 的温度低于阈值,海效应降雪也不再发生。

2.4.2.2　海温

海温高于气温是海效应降雪产生的基础条件。对于渤海来说,除了季节转换的 3 月和 9 月海温与气温的温度差异不大之外,其余月份差异十分明显。从 10 月开始的冬半年,海面气温高于陆地气温,海水表层温度又高于海面气温,尤以 12 月和 1 月差异最为显著,渤海海气温差可达 20 ℃以上。因此,在冬季渤海是一个相对稳定持久的暖区。当北方冷空气从干冷的大陆流经这一暖海面以后,必然会有感热和水汽输入。

在冷空气强度不变的条件下,海面的温度越高,则海气温差越大,越有利于产生海效应降雪,反之则不利。据统计,1965—2005 年,发现 5 个多雪年中(其中 1967 年、1980 年两年海温资料缺),有 1982 年、1985 年、1988 年和 2005 年 4 个年份降雪前期 11 月渤海至渤海海峡的海温均为正距平,占多雪年的 80%,表明前期 11 月渤海海温偏高时,冬季海效应降雪偏多。2005 年 11 月,渤海北部的海温距平中心值达到了 1.4 ℃,成为历年 11 月海温偏高最大的年份,这可能是 2005 年冬季海效应降雪异常偏多的原因之一。只有 1997 年为负距平,负距平中心为 −0.2 ℃。6 个少雪年中,1981 年、1986 年、1991 年和 1992 年 4 个年份 11 月渤海至渤海海峡的海温均为负距平,占少雪年的 67%,表明海温偏低时,海效应降雪偏少。可见,在多数情况下,渤海海温偏高的年份,海气温差增大,从而使得海效应降雪偏多,反之,在渤海海温偏低的年份,海气温差减小,海效应降雪偏少。因此,11月渤海的海温对山东半岛冬季海效应降雪量有一定的指示意义。当然,除了海温以外,气温也是海气温差的影响因素之一,如果冷空气足够强,造成气温足够低,则即使在海温变化不利于降雪的情况下,同样也可以使得海气温差达到一定强度,从而产生海效应降雪;反之,即使海温偏高,但冷空气很弱时会导致海气温差低,达不到海效应降雪的条件,降雪将偏少。这可能是1997年渤海的海温偏低但冬季海效应降雪却异常偏多以及1993年、1994年海温偏高而降雪偏少的原因(杨成芳 等,2007)。因此,11月渤海海温的高低对海效应降雪有指示意义,尤其是在渤海海温异常偏高或异常偏低的背景下,预报海效应降雪时要注意适当调整降雪强度。

2.4.2.3 海气温差

从海效应降雪机制来看,和冷空气的强度一样,暖水面的温度同样也对海效应降雪产生影响。海效应降雪的降雪机制和美国的大湖效应降雪类似。根据美国的研究结果(Steenburgh et al.,2000),湖气温差是湖效应降雪最重要的条件,一般认为降雪时湖水表面的温度和850 hPa的温度之差应在13 ℃以上,且湖气温差越大,越有利于产生强降雪。那么,对于渤海来说,海气温差达到多少才能产生海效应降雪?分析2005年12月2—22日位于威海西北风上风向近海海域(38°N,121°E)海温实况和850 hPa温度之差(以下简称海气温差)的变化(图2.21a),可以看出,渤海的海气温差和降雪有很好的同位相变化关系,海气温差增大时,降雪产生,海气温差减小时,降雪趋于停止。若以6 h为一个降雪阶段(人工观测每6 h 1次),在威海市41个有降雪的降雪阶段(6 h降雪量≥0.1 mm)中,海效应降雪占38次,产生海效应降雪时最低海气温差为22 ℃(15日08—14时),最高为29 ℃(4日02—14时)。以6—7日的暴雪为例,6日20时,在西北气流带来的强冷空气影响下,渤海中部为海气温差大值区,中心值达到了27 ℃以上,海气温差自渤海中部向海岸边逐渐减小,威海近海海域的海气温差为24 ℃左右(图2.21b)。较强海气温差造成了强降雪,在6日20时—7日08时12 h内,威海市降雪量高达19.9 mm,在短时间内产生如此大的降雪实属罕见。22日,随着东北低涡的东移,西风带暖平流逐渐控制山东半岛,渤海上空的气温迅速回升,海气温差减小,至22日20时,渤海中部至山东半岛北部近海海域的海气温差降到了12 ℃以下,海效应降雪过程全部结束(图2.21c)。可见,当冷空气影响时,只有达到一定强度的海气温差条件,才能够产生海效应降雪。而与美国的大湖效应雪暴相比,我国渤海暖海面造成的海效应降雪要求的海气温差明显要高。

海气温差具有明显的季节变化特征。首先,850 hPa温度从9月的9 ℃(中位数,下同)开始,逐月下降,至每年的2月最低,为−15.1 ℃左右;3月略有回升(图2.22a)。同时,海面温度也有同样的变化趋势,但是降低幅度较850 hPa幅度略小(图2.22b)。这造成850 hPa气温与海温的差异逐月变大,最大在12月,达19.4 ℃,而1—3月,有比较明显的降低(图2.22c),这时海温也有比较明显的降低。相对于海温,地面2 m温度也有较明显的季节变化,并且比海温更低,在1月、2月达到最低,约−4.1 ℃(图2.22d)。

2.4.2.4 感热特征

以2018年1月10日威海海效应暴雪过程为例,来看海效应暴雪过程中的感热变化特征。

图2.23a给出了1月10日08时的海温和陆地的地表温度。从中可以看出,黄海的海温较高,在6~10 ℃,渤海海峡至渤海中部的海温在4~6 ℃,从黄海至渤海形成了一个明显的海

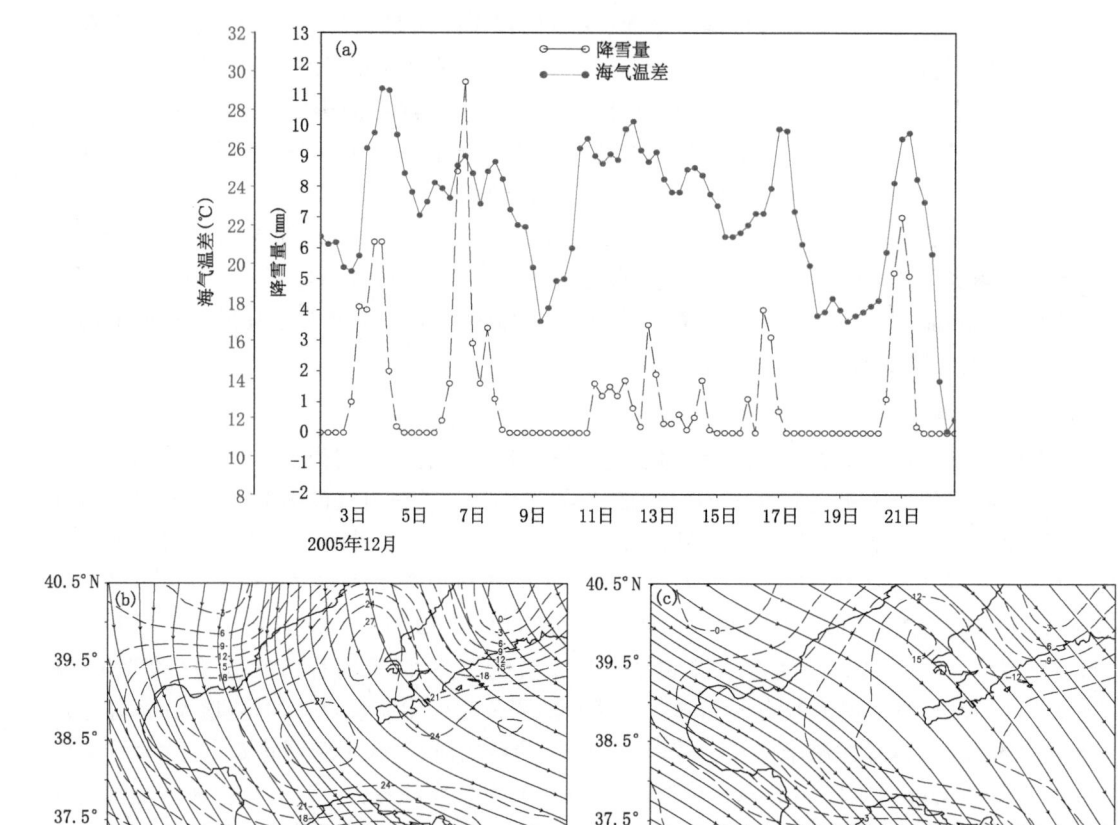

图 2.21 2005 年 12 月 2—22 日 38°N,121°E 海气温差(实线)和威海逐 6 h 降雪量(虚线)时间变化(a);
12 月 6 日 20 时(b)与 12 月 22 日 20 时(c)海气温差(虚线)和 850 hPa 流场(实线)

温暖舌。这是对马暖流①西分支输送暖海水的结果。山东半岛陆地的温度均在 0 ℃以下,较海温明显偏低。

图 2.23b 给出了强降雪前后各 5 d 的荣成鸡鸣岛浮标站海温、荣成探空 850 hPa 温度及二者之差,以此考察此次暴雪过程的温度变化情况。如图 2.23b 所示,鸡鸣岛 1 月 5 日 08 时的海温为 4.8 ℃,10 日 08 时为 3.9 ℃,15 日 08 时为 3.0 ℃,在降雪前后的 10 d 内海温仅下降了 1.8 ℃,说明海温的变化极为缓慢,在短时间内近乎稳定。相比较而言,气温的变化幅度很大。7 日 20 时荣成 850 hPa 的温度为-6 ℃,海气温差为 10.4 ℃。受第一股冷空气影响,荣成 850 hPa 的温度自 7 日夜间开始下降,9 日 08 时降至-15 ℃。9 日白天温度略有回升。9 日夜间当第二股冷空气影响时,荣成温度再次下降,10 日 08 时和 20 时 850 hPa 的温度分别降

---

① 对马暖流是太平洋南赤道暖流遇苏门答腊岛后形成的暖流的北半部分,因流经日本九州岛和朝鲜半岛间的对马海峡而得名。冬季,因对马暖流西分支向渤海输送暖海水,导致渤海海温较高。

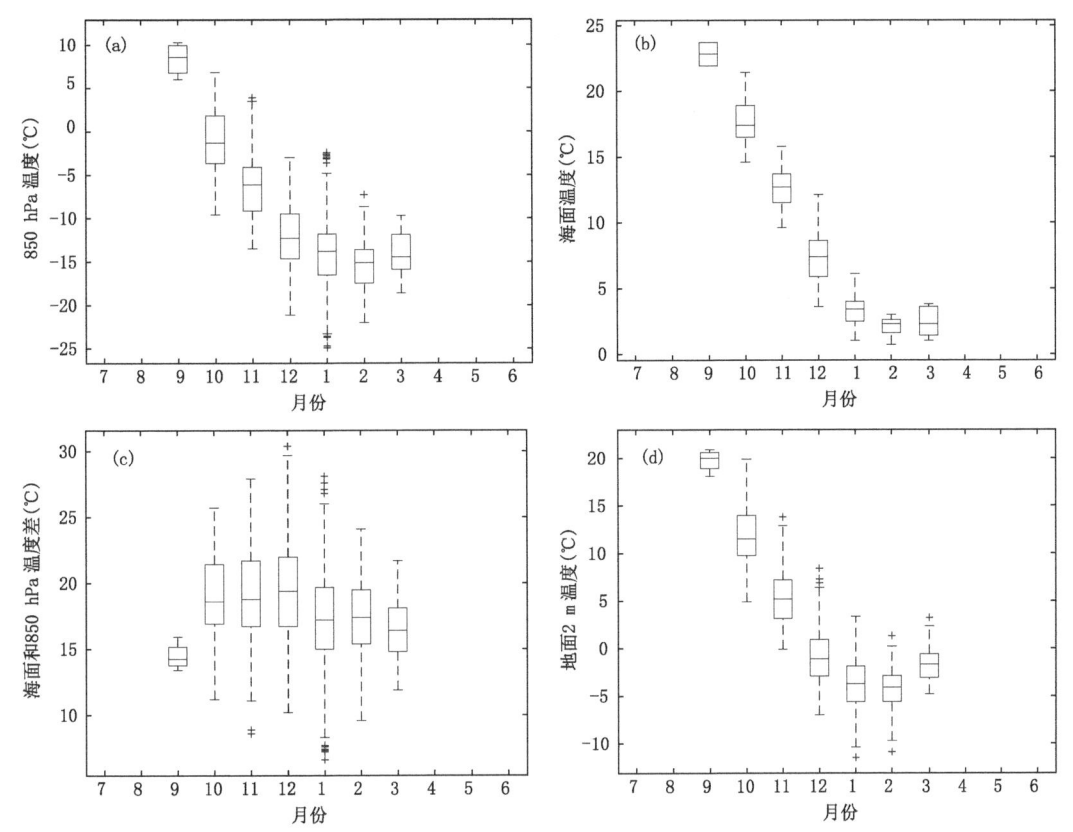

图 2.22 海效应事件发生时 850 hPa 温度(a)、海面温度(b)、850 hPa 海气温差(c)、
2 m 温度(d)月变化(单位:℃)

至 −16 ℃和 −18 ℃,使得海气温差剧增至 19.9~21.5 ℃,在此期间正是文登和荣成强降雪时段,文登 12 h 内的降雪量达到了 16 mm。

为了进一步分析海洋向大气输送感热的情况,利用荣成鸡鸣岛浮标站的逐时海温、3 m 气温和风速观测资料,计算了强降雪前后各 5 d 的海温和 3 m 气温之差,并采用海气感热通量公式(王坚红 等,2018)计算暴雪发生前后的感热通量(图 2.23c)。感热通量计算公式如下:

$$Q_s = \rho_a c_p c_h (T_s - T_a) u_{10} \tag{2.1}$$

式中,ρ_a 为空气密度,由湿空气状态方程计算得出;c_p 为定压比热,取平均值 1004.67 J·kg^{-1}·K^{-1};c_h 为感热交换系数,取平均值 1.261×10^{-3} J·kg^{-1}·℃$^{-1}$;u_{10} 为海面 10 m 风速,单位:m·s^{-1};T_s 为海温,T_a 为近海表气温(本研究中为浮标站所观测的 3 m 气温),单位:℃。

从图 2.23c 中可以看出,1 月 5—15 日,鸡鸣岛近海面上的海气温差和感热通量变化趋势基本一致,海温与 3 m 气温的逐时温差更为细致地刻画出了强冷空气影响前后的海气变化。自 8 日 11 时开始,海气温差和热量通量开始逐渐增大,9 日 08 时达到第一个峰值,其中海气温差为 3.7 ℃,感热通量为 49.3 W·m^{-2}。9 日 09—17 时,海气温差和感热通量略有下降,9 日 18 时以后,二者又逐渐回升。3 m 气温自 10 日 23 时的 −1 ℃至 11 日 00 时剧降为 −5.4 ℃,由此导致海气温差和感热通量分别剧增升至 9 ℃、165.2 W·m^{-2}。感热通量在 11 日 22 时达到了此次暴雪过程的第二个峰值为 226.8 W·m^{-2},而海气温差在 11 日 23 时达到最大值为 10.7 ℃。此后,海气温差和感热通量逐渐下降。从前面的分析可以看到,此次降雪过程发生在 9 日 19 时—11 日 19 时，小时降雪量在 1 mm 以上的强降雪集中在 9 日 23 时—10 日 14 时。对比逐时降雪量与感热通量的关系，可以发现鸡鸣岛浮标站附近海面 9 日 19 时的感热通量为 52.8 W·m^{-2}，此时山东半岛海效应降雪开始，降雪量随着海气温差、感热通量的升高而增大，但是最强降雪并非发生在感热通量的峰值时刻，当感热通量剧增时，降雪强度明显减弱。这说明暖海面向大气输送的感热通量与降雪量并不一定成正比，海效应降雪还受到其他因素的影响。

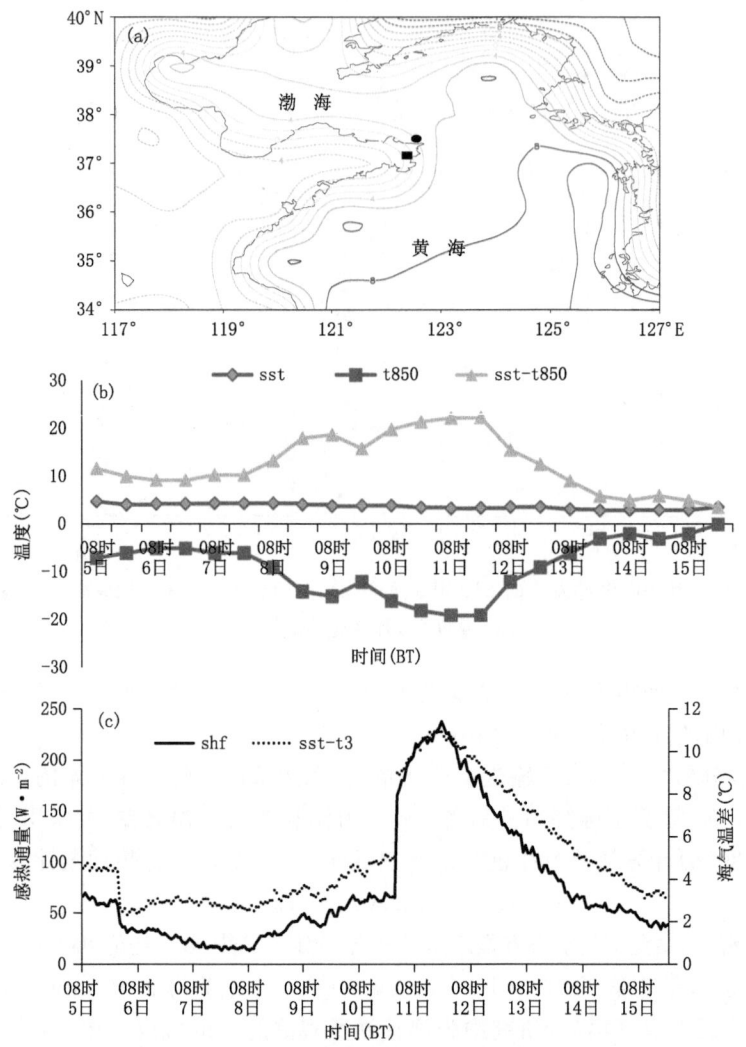

图 2.23　2018 年 1 月 10 日海效应暴雪过程海温、海气温差及感热通量
(a.10 日 08 时海温再分析资料，b.5—15 日 08 时和 20 时鸡鸣岛浮标站海温(sst)、荣成探空站
850 hPa 温度(t850)及其温差(sst-t850)，c.5—15 日鸡鸣岛浮标站海温与 3 m 气温之差(sst-t3)和
感热通量(shf)的逐时变化；a 中圆点为鸡鸣岛浮标站，方块为荣成探空站)

2.4.3　中尺度特征

渤海海效应暴雪在空间分布上局地性强，具有显著的中尺度特征。这种固有的中尺度分布特征使得渤海海效应暴雪的精细落区不易确定，落区预报成为当前渤海海效应暴雪业务的

最大难点。在热力条件满足和地形条件固定的情况下,海效应降雪一旦形成,影响降雪空间分布形态和降雪量大小的重要因素是动力学因素,以风向和风速影响为主,这是很多学者的共识。而其动力场的中尺度特征在天气图上难以反映出来,只有雷达、自动站、中尺度数值模式等才能展现清楚。

进入 21 世纪以来,随着我国气象综合观测系统的大力建设,多普勒天气雷达、风廓线雷达、自动气象站、自动称重式降水观测等各种新型探测设备相继投入业务使用,提供了多种宝贵的高时空分辨率资料。2014 年,荣成多普勒天气雷达进入正式业务运行,与烟台多普勒天气雷达构成了双雷达观测环境。同年 1 月起,山东首次实现了全省 123 个县级观测站采用自动称重式降水观测,使得冬季降雪观测可以获得 10 min 及逐时间隔的加密降雪量观测资料,使得认识海效应降雪的精细空间分布和降雪强度成为可能。

近年来的主要观点认为,渤海海效应暴雪过程存在浅层对流、低层切变线、海岸锋、重力波和弱风向垂直切变。

2.4.3.1 水汽条件

海效应降雪的水汽来源于渤海,低层西北气流将渤海的水汽输送到山东半岛,强水汽辐合位于超低层(925 hPa 高度以下),这与其他降雪是由高空西南气流输送来自孟加拉湾、印度洋或由东南气流输送来自黄海和东海的水汽有显著区别(图 2.24)。渤海海面的暖空气在向上传输的同时会携带水汽上升,因此海面上空湿度的水平和垂直分布都将发生变化。在弱冷空气入侵的莱州湾海域,其对流层低层的湿度增大,850 hPa 及以下层次为比湿大于 1.5 g·kg^{-1} 的高湿区,高湿层覆盖了渤海中部以南的莱州湾及山东半岛的西部地区,而且越往低层高湿区越向半岛南部延伸,近海面的比湿达到了 3.5 g·kg^{-1} 以上。850 hPa 以上各区域为相对干区,可见湿层较为浅薄。冷空气强盛时段,高湿层的厚度较前期明显增大,可到达 700 hPa。高湿区分布在山东半岛北部沿海、辽东半岛的南部和渤海中部以东的渤海海峡广阔海面上,较冷空气初

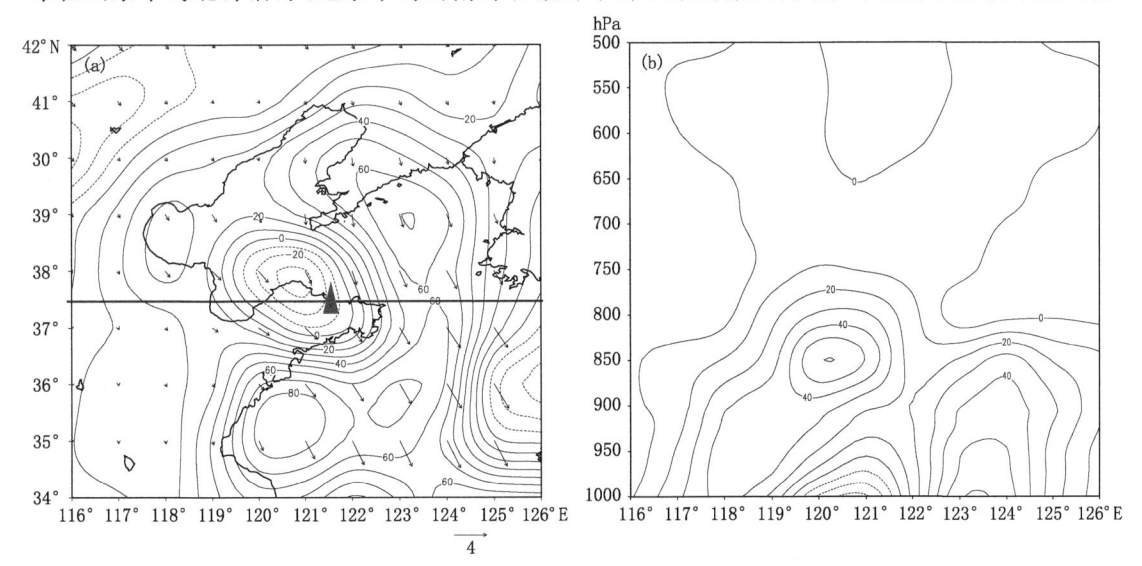

图 2.24 2005 年 12 月烟台暴雪日 1000 hPa 平均水汽通量矢量(单位:10^{-2} g·hPa^{-1}·cm^{-1}·s^{-1})、
水汽通量散度(单位:10^{-5} g·hPa^{-1}·cm^{-2}·s^{-1})(a)和水汽通量散度沿 37.53°N(过烟台)
经向垂直剖面分布(b)(a 中三角符号处为烟台,b 中垂直剖面的基线如 a 中横线所示)

期明显偏东偏北。可见冷空气影响初期,水汽辐合在莱州湾至山东半岛西部的低层,冷空气强盛时期,随着高空冷空气与暖水面温差的增大,垂直速度增强,导致水汽向上输送能力增强,湿层垂直厚度加大,为强降雪的产生提供了有利的水汽条件(杨成芳,2010a)。

2.4.3.2 热力条件

热力条件是海效应降雪产生的首要条件。对流层低层的热力不稳定是决定海效应降雪能否产生的最重要因素,它是由来自暖水面的热量和水汽通量输送到边界层的底部造成的(Gloria et al.,1979)。当强冷空气流经渤海时,暖海面通过湍流交换等作用,向冷空气底层输送感热和潜热,使得低层增温增湿,产生对流层中上层干冷低层暖湿的对流性不稳定层结。而冷空气的强弱影响渤海暖海面及山东半岛地区的垂直热力结构,导致降雪强度在不同时段存在显著差异。海气温差与热通量成正比,初期冷空气弱,对流层中低层的垂直温差小,海面上空的暖湿层浅薄,不稳定能量弱,产生的降雪量小;中后期冷空气强盛,对流层中低层的垂直温差大,暖湿层较为深厚,不稳定能量增强,导致降雪强度和降雪量增大。与夏季强对流的深厚暖湿层相比,海效应降雪的暖湿空气来源于暖海面,暖湿层浅薄,不稳定层结主要集中在边界层内。因此,海效应降雪过程的对流为浅层对流(李鹏远 等,2009;杨成芳,2010b),这也是海效应暴雪的重要热力特征。海效应降雪的云图特征、雷达回波特征及特性层的温度特征等都可归因于这种热力特性。

对于热力特征的表征量,近年来的研究多采用相当位温、假相当位温或位涡,其在暴雪落区、强降雪时段等方面都表现出明显的信号。与单一的温度和湿度相比,对流层低层相当位温的水平分布对强降雪落区具有更好的指示意义,强降雪发生在高相当位温脊线附近,根据相当位温的垂直分布特点,950~850 hPa 各层的相当位温水平分布均可作为参考。高位涡区与低湿区都向下向南伸展,与低层 MPV1<0 的湿对称不稳定区对应。高位涡的移动可以很好地示踪冷空气的源地和路径,对流层中层的高位涡的强度和影响时间可作为海效应暴雪预报的有益指标,500 hPa 等压面的高位涡信号明显,与强降雪的出现有很好的同位相对应关系,700 hPa 的位涡场有时候也表现出强烈信号,业务应用中可同时比较分析二者的高位涡区;高层的高位涡冷空气下沉时产生位势不稳定和对称不稳定层结,对降雪起到增强作用,500 hPa 出现明显槽时可形成"不稳定—稳定—不稳定"的大气层结稳定垂直结构,在短时间内产生强降雪(杨成芳,2010a;乔林,2008)

浅对流是海效应暴雪的重要特征。通过数值模拟可以证实这一点(图 2.25、图 2.26)。强降雪发生时,对流层低层可看到高相当位温舌为东南—西北向,位于山东半岛的东北部沿海。对流层中层相当位温等值线密集,山东半岛的东北部沿海达到了 700 hPa,表明对流活动将发生在该高度之下,属于浅层对流。

相当位温随高度的变化可以看出对流不稳定是随着冷空气的逐渐增强而增强的。由于渤海暖海面的存在,当冷空气入侵经过渤海上空时,暖海面通过湍流交换等作用向冷空气底层输送感热和潜热,使得冷空气低层增温增湿,相当位温逐渐升高,能量增强,而同时上方的冷空气层温度和湿度却在下降,相当位温降低,空气在垂直方向上的分布为上干冷下暖湿,大气层结表现为对流不稳定,有利于降雪的产生。感热通量与海气温差成正比,潜热通量与海气湿度差成正比,即冷空气越强,大气从海洋所获得的感热和潜热通量越多。因此,随着高空冷空气进一步向下侵入,对流层中低层的温度越来越低,暖海面向上输送的热通量(感热和潜热通量之和)也逐渐增大,加剧了大气层结的不稳定性,降雪也逐渐增强。对流层低层的气温变化与近海面热通量成反比,即气温下降则热通量升高,反之则下降。最强降雪时段与热通量大值时段一致。

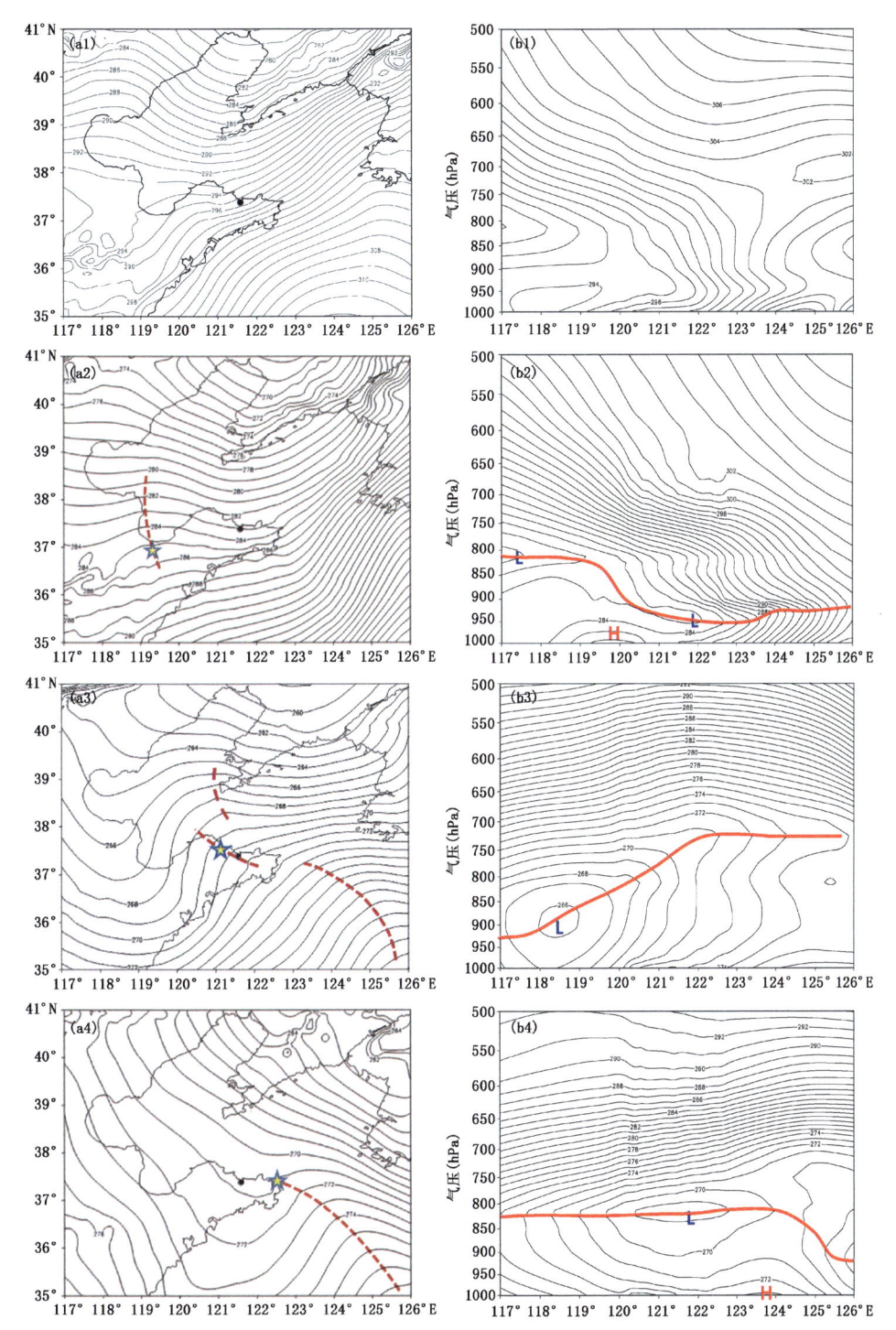

图 2.25 模拟的 2008 年 12 月 4—5 日 950 hPa 相当位温水平分布(a1~a4)和过莱州湾中部至牟平一线(37.38°N)的相当位温垂直剖面(b1~b4)

(a1 和 b1 为 4 日 00 时,a2 和 b2 为 4 日 08 时,a3 和 b3 为 5 日 03 时,a4 和 b4 为 5 日 16 时;图中细实线为相当位温,单位:K,a1~a4 中星号代表降雪位置,虚线为高相当位温脊线;b1~b4 图中粗实线以下为对流不稳定,L 为相当位温低值中心,H 为高值中心)

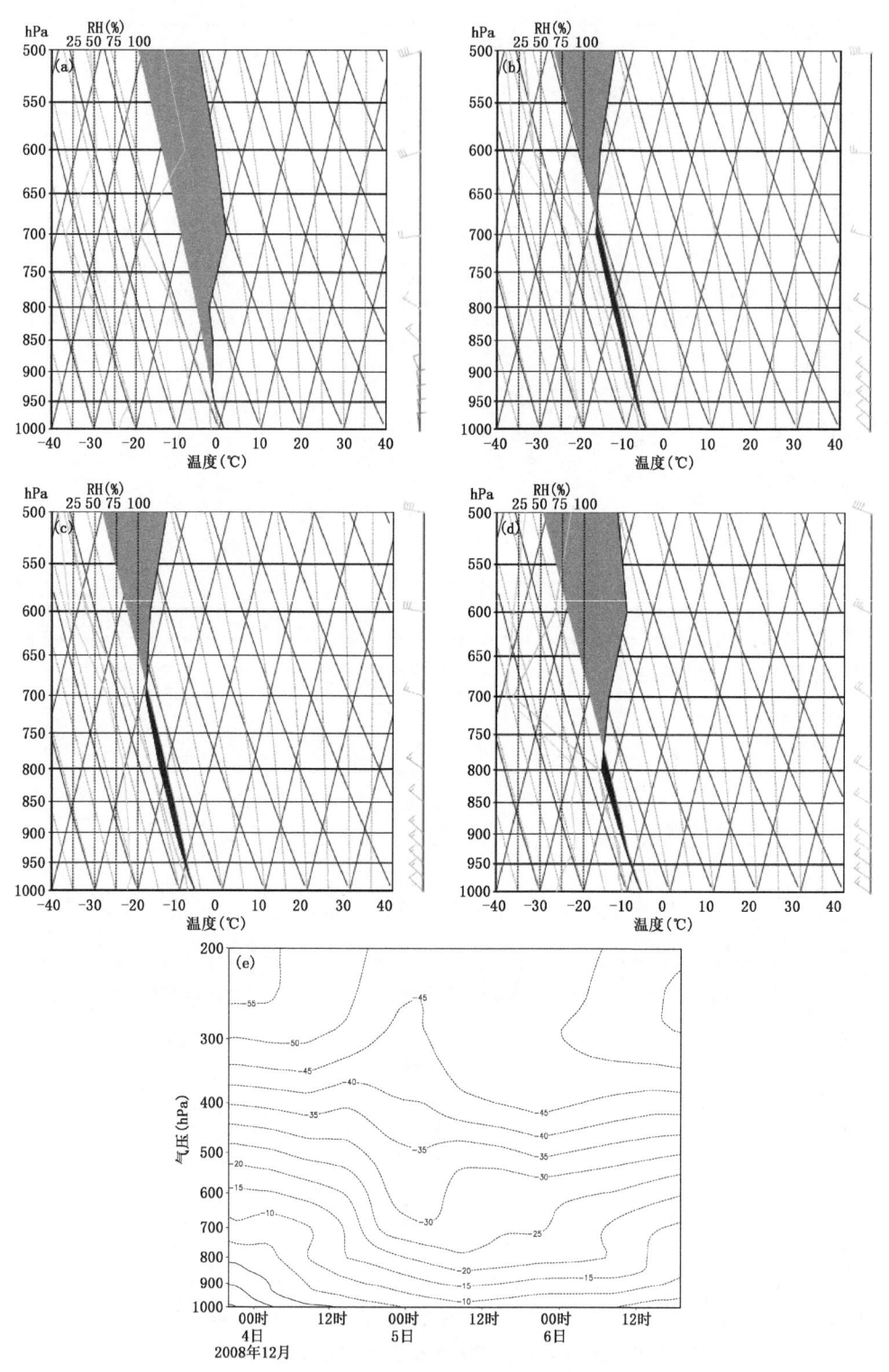

图 2.26 模拟的 2008 年 12 月 4—5 日牟平 T-$\ln p$ 图(a~d)和温度的时间变化(e)
(a. 4 日 08 时,b. 5 日 00 时,c. 5 日 03 时,d. 5 日 16 时,图中阴影的下半部分为不稳定能量,
e. 温度的时间变化,单位:℃)

2.4.3.3 动力条件

1) 水平流场

以 2008 年 12 月 4—5 日暴雪过程为例,说明水平流场的演变特征(图 2.27—图 2.30)。海效应降雪自 4 日 04 时在莱州湾西部开始形成,4 日 06 时,降雪回波发展东移到莱州湾中部,此时 500 hPa 上渤海处在偏西气流中,700 hPa 为西风,850 hPa 渤海区域为西北气流,1000 hPa 渤海至山东半岛的流场呈气旋式弯曲,莱州湾洋面上存在两股气流,一股是来自东北地区的东北风,流经渤海的中东部,另外一股是北风,来自渤海西部的大陆,这两股气流在莱州湾汇合,形成低层风场辐合。地面气压场上,大陆冷高压前部的低压位于日本海的西部。在该时次,各层风场差异很大,主要表现为风向的差异。

4 日 20 时,500 hPa 图上华北区域的西风转为西北风,低槽东移至渤海西部,渤海处在槽前西南气流中。在对流层低层 1000 hPa,来自华北的西北风风速逐渐增强,大于来自东北地区的东北风风速,所以西北气流不断向渤海中东部扩展,东北风则东退,这两股气流之间形成的切变线因此逐渐由渤海的西部移向中东部,切变线的方向也由初期的南北向逐渐转为西北—东南向。至 4 日 20 时,1000 hPa 上西北气流控制了渤海的中西部海面,切变线从渤海中部向东南延伸至山东半岛北部沿海。比较对流层各层的风场,可以看出低层的低压槽依次超前于高空的低压槽,表明冷空气首先从低层入侵,高层冷空气堆积酝酿,整层冷空气影响时间长,有利于渤海海效应降雪的长时间维持。

5 日 01 时,牟平站的 500 hPa 风场由原来的西南风转为西风,此后转为西北风,说明低槽在该时次经过牟平站,到达渤海海峡。相应地,850 hPa 以下各层,渤海的东北风已基本消失,代之为北风,西北风与北风之间的切变线已明显东移,呈西北—东南向横跨渤海海峡,同时地面气压场上低压中心向东北方向移动至日本海的北部。

5 日 03 时,在对流层的中低层,渤海至渤海海峡均转为一致的西北气流,低层的北风进一步减弱,二者之间的切变线较 5 日 01 时略有东移。在此后的时段内,渤海至和黄海的中北部在各层基本为西北气流,5 日 09 时以后低层切变线不再清晰。

纵观 4 日 06 时—5 日 09 时的各层水平流场演变,期间经历了 500 hPa 低槽由弱到强缓慢东移、低层风场辐合、日本海低压也逐渐加强东移的过程。850 hPa 似乎是风向变化的分水岭,850 hPa 始终为西北风,其以上各层存在西南暖平流,以下各层存在西北风和东北风(后期转为北风)两股气流,东北风越往低层越明显,二者之间的气旋式切变线也越清晰。低层切变线的位置与降雪带的位置和强度密切相关。

低层切变线通过雷达风场反演、环渤海地面自动站等资料上均有反映。利用烟台多普勒天气雷达资料和 EVAP 方法对 2005 年 12 月 6 日和 20—21 日的海效应暴雪过程进行风场反演,结果也显示出存在西北风和东北风两股气流,暴雪的落区与二者之间的切变线位置有关。天气预报业务中发现的观测事实也表明,山东半岛的强海效应降雪通常伴随 925 hPa 上渤海西北部的锦州站为东北风,辽东半岛西海岸的地面风场通常为东北风,地面气压场上渤海有气旋性弯曲,其实质就是在低层西北风和东北风构成的气旋性风场辐合。可见,对流层低层的西北气流和东北气流的风向辐合是渤海海效应降雪水平流场上的显著特征。

对流层低层渤海至山东半岛的西北风与东北风之间切变线的形成,可能与渤海周边的地形有关。长白山山脉的南端为千山山脉,呈东北—西南向,位于辽东半岛的北部。当西北路冷空气东移南下时,对流层低层西北气流受到长白山南部及千山山脉的影响,转为东北风自渤海北部向南吹送,从而在渤海与环境风场的西北风构成了切变线,产生辐合上升运动。上文的模拟结果和实测资料均表现为925 hPa 及 1000 hPa(有时候可达 850 hPa)低槽已过朝鲜半岛,渤海周边区域的环境风场为槽后西北气流控制,但渤海却为东北风,天气图上渤海的北部锦州站实测风为东北风;地面气压场上大陆冷高压前部的低压中心位于日本海,渤海至渤海海峡为等压线的气旋性弯曲。天气形势的变化决定切变线的演变,当日本海低压加深向东北方向移动,低层切变线也随之自西向东移动。

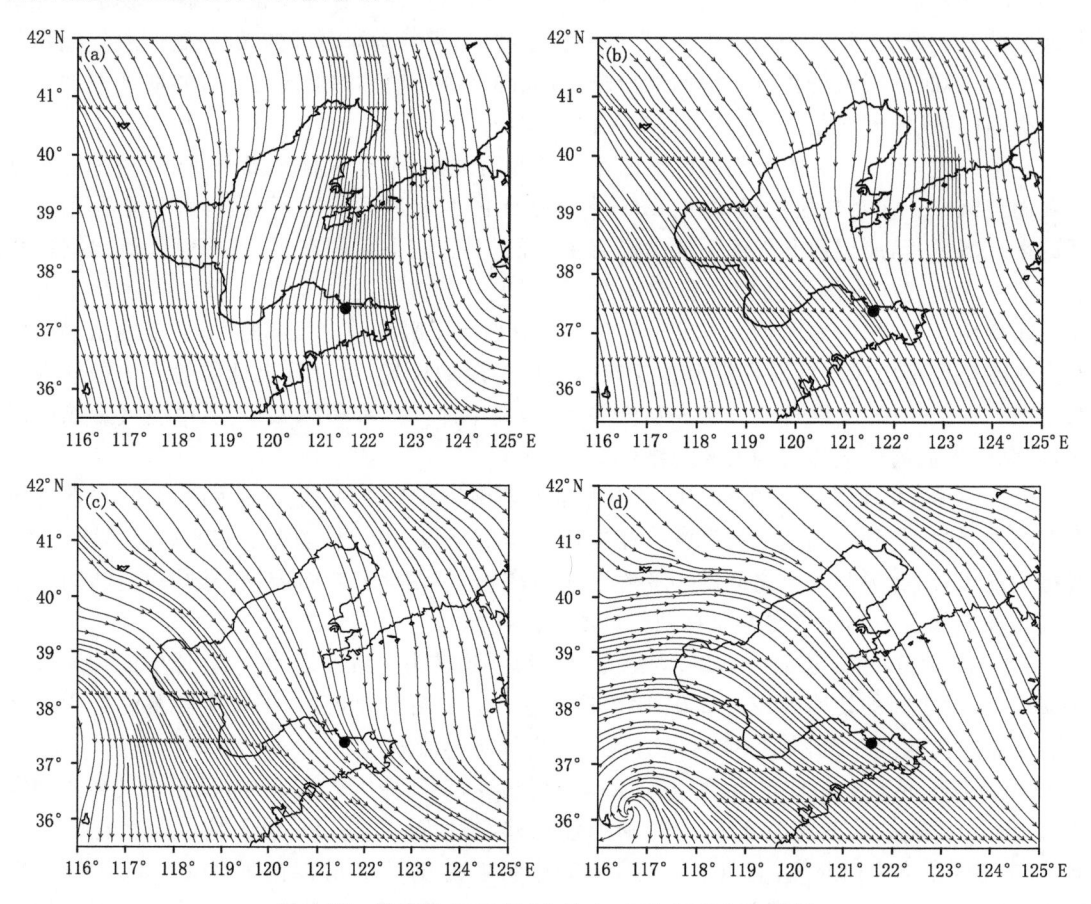

图 2.27 模拟的 2008 年 12 月 4—5 日 1000 hPa 流场

(a.4 日 06 时,b.4 日 20 时,c.5 日 03 时,d.5 日 09 时,图中圆点为牟平站)

2)垂直流场和水平风场垂直切变

垂直流场上,在降雪初期,900 hPa 以下为上升气流,以上各层为下沉气流,上升运动层浅薄,下沉运动层深厚,说明此时上升运动较弱;到了强盛时期,上升运动显著增强,上升气流达到了 700 hPa,正垂直速度中心在 975~800 hPa,上升气流位置东移至 120°E 以东地区,强上升运动区处在 121.5°~122.5°E,即山东半岛的东部至渤海海峡。从垂直流场及垂直运动情况说明了在冷空气影响的不同阶段,由于垂直上升运动的强弱决定了降雪量的大小。在冷空气影响初期,垂直上升运动弱,降雪发生在莱州湾且降雪量较小,而在冷空气强盛时期,上升运动增强有利于产生山东半岛北部沿海及渤海海峡强降雪。

垂直方向上的风切变也影响雪带的落区和强度。强海效应降雪通常为带状,而带状降雪要求低层风必须很好地排成一线,才有利于水汽和热量集中到狭窄区域,产生局地强降雪。分析 2008 年 12 月 4—5 日模拟的牟平站风矢量空间剖面图(图 2.28),发现在 4 日 15 时之前,700 hPa 与 1000 hPa 的风向差为 85°,垂直风向切变大,不利于雪带的组织,此时牟平的降雪刚刚开始。随着风场的演变,700 hPa 以下风场逐渐转为西北风,风向差随之减小。4 日 21 时—5 日 08 时,降雪发展为明显的带状,集中降落到在山东半岛东北部沿海及渤海海峡地区,期间 700 hPa 与 1000 hPa 的风向差接近于 0,垂直风向切变很小,有利于降雪组织为狭窄的带状。垂直风向切变小是 4 日夜间强降雪产生的有利因素之一(杨成芳 等,2011)。

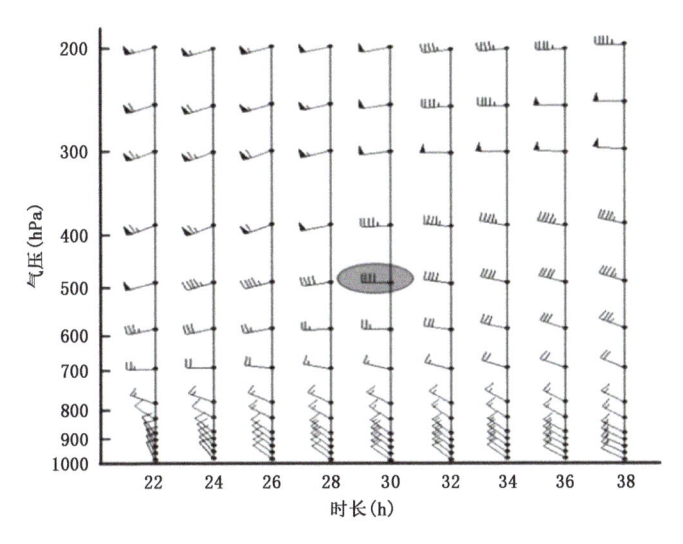

图 2.28　模拟的牟平站(37.38°N,121.58°E)风矢量空间剖面
(横坐标表示自 2008 年 12 月 3 日 20 时起报的小时数,阴影区表示 500 hPa 低槽过境时间)

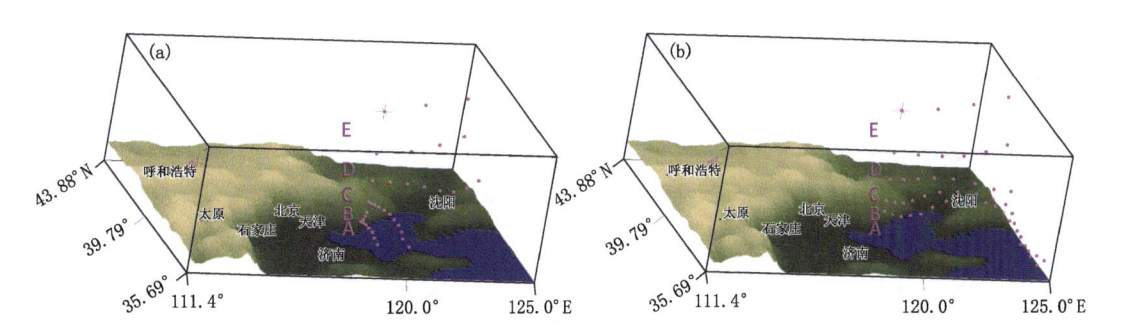

图 2.29　模拟的 2008 年 12 月 4 日 06 时(a)和 5 日 00 时(b)气块自陆地进入渤海前后各层次的运动轨迹
(图中 A. 925 hPa,B. 850 hPa,C. 700 hPa,D. 500 hPa,E. 200 hPa)

3)海岸锋

海岸锋是边界层的一类中尺度锋,是暖海、冷陆之间的现象,具有非地转特征。有诸多研究认为(林曲凤 等,2006;苏博 等,2007;朱先德 等,2007;崔宜少 等,2008b;王爽 等,2009;孙建华 等,2011;梁军 等,2015),海岸锋在山东半岛和辽东半岛的海效应降雪中均存在。在有利的大尺度环流形势下,强冷空气影响渤海暖海面时,感热通量使海陆温差加大,海洋和陆地表面由于摩擦差异而引起风场发生不同的地转偏转产生气旋性切变,形成海岸锋。不同阶段、

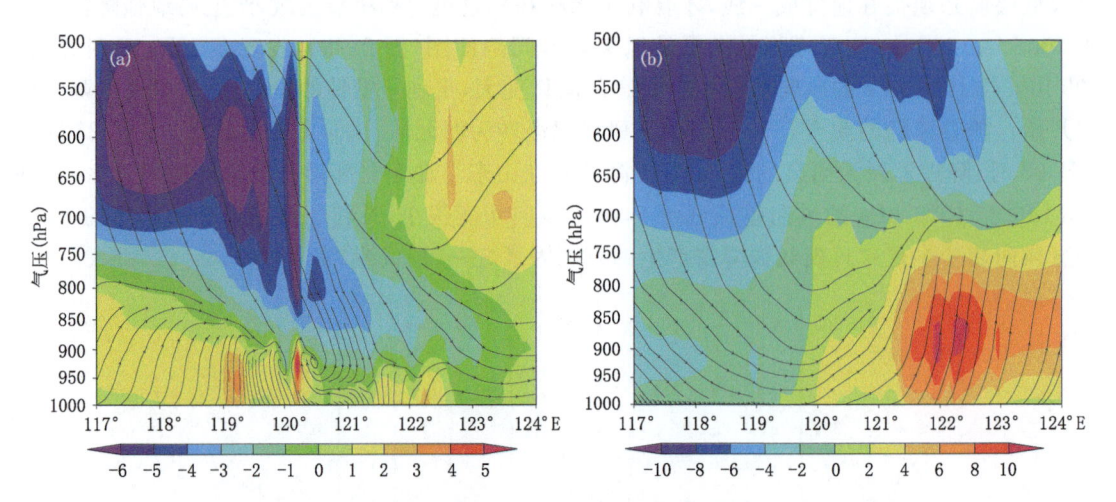

图 2.30 模拟的 2008 年 12 月 4—5 日沿 37.38°N(过牟平和莱州湾)的 UW 垂直环流和垂直速度
(彩色填充部分)(单位:10⁻²m·s⁻¹)

(a.4 日 06 时,b.5 日 03 时)

不同地域形成的海岸锋,其三维结构及增强的降水落区会有所差异。海岸锋锋区出现在 900 hPa 以下,两侧形成次级环流,产生强上升运动,使得局地降雪增强。强降雪落区位于海岸锋及其冷区一侧。

4)中尺度重力波

海效应暴雪过程中存在中尺度重力波,是从波动的角度揭示海效应暴雪的中尺度特征。在有利的环流形势下,太行山的地形强迫与非平衡流导致太行山东侧产生中 β 尺度重力波。波动特征表现为:在水平和垂直方向上,对流层低层高低值中心有规律地相间排列,高层也有相邻成对的上升和下沉支以及弱等位温线的波动。该中尺度重力波符合 Wave-CISK 理论,波动向东南方向传播,经过渤海时,触发不稳定层结而产生对流性降雪。同时,对流潜热释放为波动的传播和加强提供了能量,又可以激发和增强重力波,两者之间具有正反馈机制,从而促使对流和波动相互作用,共同增强(张勇 等,2008)。重力波结构受到局地海岸锋锋生环流牵制,仅随海岸锋辐合中心而移动,移动波既有别于背风波又不同于常见的移动重力波,可以称其为"海岸锋陷波",由于它引起的辐散和辐合的交替出现,使降雪增大并出现阵性特征。

渤海海效应暴雪过程存在的中尺度重力波是由太行山引发的,其波长约为 100 km,相速约 20 m·s⁻¹。在有利的大尺度环流形势下,太行山的地形强迫与非平衡流激发的重力波是其产生的首要机制,渤海湾的热力作用对低层波动的发展和演变起了重要作用。由太行山的地形强迫激发的较弱的重力波携带干冷气流经过暖的渤海湾时,抬升低层的暖湿对流不稳定层结,从而触发对流。通过敏感性试验发现(李建华 等,2014),西北风经过太行山后,在背风坡产生波动,波动中的气旋性小涡旋移至山东半岛后,加强了山东半岛本地的辐合强度,降低太行山地形高度后,山东半岛北部 925 hPa 以下的风场辐合强度、地面 10 m 的流场和风场辐合强度减弱,山东半岛北部的降雪量减少明显,说明太行山的存在对山东半岛低层风场辐合和海效应降雪均起到了加强作用。

2.4.4 微物理过程

云和降水的发生发展与大气的动力、热力和微物理过程都有密切关系。国外的研究发现云物理过程对海(湖)效应降雪的作用同样不可忽视,在冬季的降水预报中应予以考虑。Jeff(2002)注意到,当高层云移经雪带时多普勒天气雷达图上的反射率因子会明显加强。Josshua 等(2006)利用在1997年12月5日的湖效应对流试验中首次获得的飞机探测、WSR-88D雷达等详细的观测资料,分析了对流边界层和降雪结构,并与过去的湖效应降雪事件作了比较,发现对流层低层湖效应降雪云被来自更高层的云播撒,播撒区域具有更大的表面热通量,对流层边界比没有播撒的区域更为深厚,采用播撒区域的飞机探测的粒子计算的最大降雪率,比以前报告的湖效应降雪事件要大。这种机制称为云的"播撒—反馈"机制,其发生过程为:中高层云产生的冰晶在有利于树枝状冰晶增长的温度条件下迅速长大,然后下落播撒到其下方的海(湖)效应降雪云中,则原来在低层的过冷水滴或很小的冰晶会快速地增长。同时,在这个过程中,深厚的云层和大的湿度有利于冰晶在下落过程中维持,并进一步集结增长成为雪花,因此可增强海(湖)效应降雪量。另一个有利于海(湖)效应降雪的微物理因素是冰相过程。Roscoe(1990)发现密执安湖的湖效应降雪以树枝状冰晶为主,而树枝状冰晶产生在一定的温度条件之下。1999年1月14日发生在大西洋岸边新英格兰的一次海效应暴雪过程研究,认为云物理过程在此次降雪过程中起到了重要作用,对流层内的温度在 $-15 \sim -12$ ℃,其环境温度恰恰有利于树枝状冰晶在海效应降雪云带内存在和增长(Jeff,2002)。

微物理过程在渤海海效应暴雪中的作用如何?它和降雪过程中的大气动力、热力条件有何关系?利用数值模拟对2008年12月4—6日渤海海效应暴雪微物理过程进行了分析(杨成芳,2010b)。

2.4.4.1 云的微物理结构及其演变

首先来分析海效应降雪云的水物质相态垂直分布演变情况。从中可以看出云中的冰相在不同阶段表现出差异。4日06时,在冷空气影响渤海南部的莱州湾(119°～120°E)16 h之后,海效应降水云在该区域形成,云中水物质包含了云水、雨水、霰、冰晶和雪晶。此时0℃线位于1000～975 hPa,冰晶、雪晶和云水在0℃层以上云区(图2.31a),高度低于850 hPa。0℃层以下为雨水和霰(图2.31b),可见在海效应云形成初期,云中不同水物质存在的高度是不同的,这取决于温度在垂直方向上的分布。此时雨水和霰及地,表明地面降水性质为雨。模拟的雨水和霰持续到09时后消失,仅有冰晶和雪晶依然存在。海效应云覆盖下的3个地面观测站(潍坊、昌邑、莱州)观测实况资料显示,在08时均有降雨,气温在4～5℃,这说明了模拟结果较真实地反映了降水状态,同时也说明了渤海海效应现象中降水性质也存在降雨,而在过去人们认为强冷空气影响渤海和山东半岛时,只是产生海效应降雪,而本次过程的观测资料和模拟结果均显示在海效应降水初期,在莱州湾地区是可以产生降雨的,这里就称为海效应降雨。海效应降雨就发生在强冷空气影响渤海南部区域但近地面层的温度仍在0℃以上的时段内。

随着冷空气的进一步南下入侵,各层温度逐渐下降,从4日10时开始,云中水物质仅存在冰晶和雪晶,且降落至近地面,表明地面降雨结束,降雪开始。4日11时(图2.31c),云带东移到120°～121°E,云高还维持在850 hPa的高度,由于近地面层的温度已降到0℃以下,故冰晶和雪晶降落到地面,地面降水性质转为降雪。此时,云中冰晶达到了 $0.016\ \mathrm{g \cdot kg^{-1}}$,雪晶达

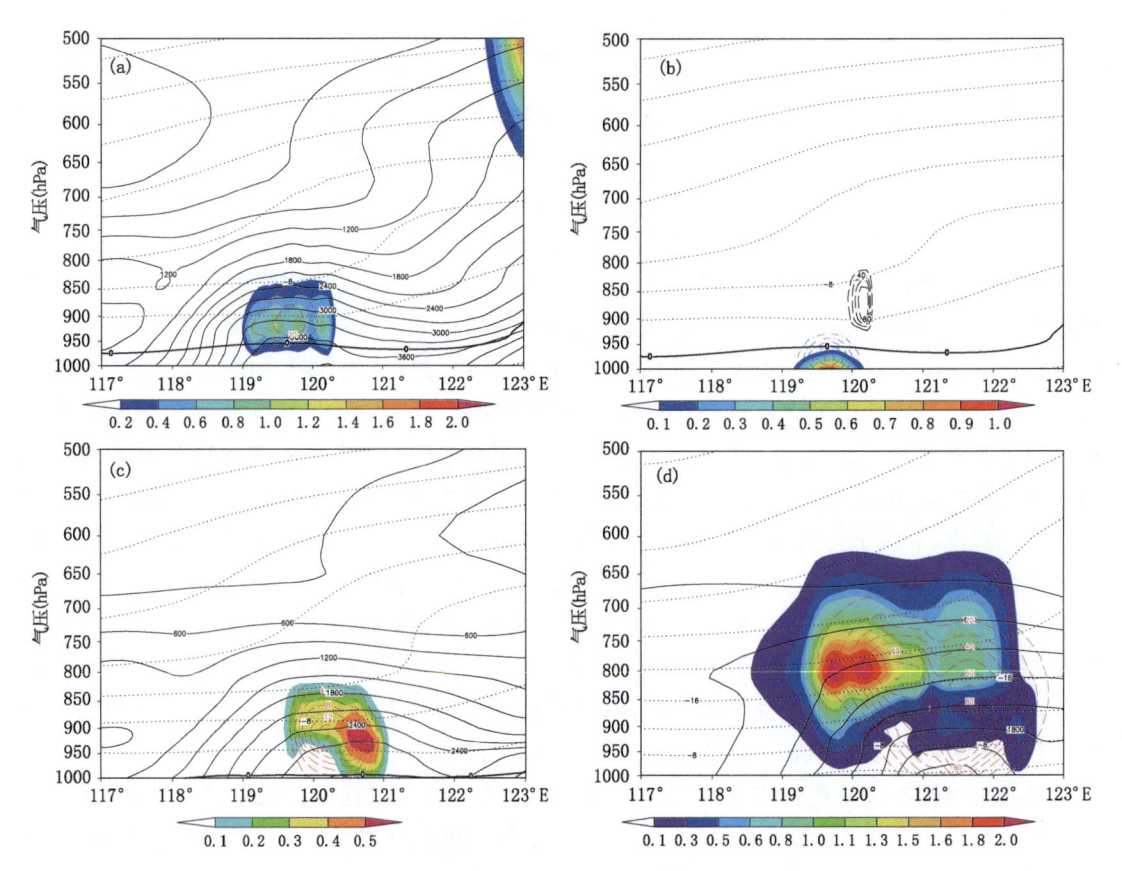

图 2.31 模拟的 2008 年 12 月 4 日 06 时(a,b)、11 时(c)和 16 时(d)的云中各种
水物质比含量沿 37.38°N 经向垂直剖面

(图中点线为温度,加粗线为 0 ℃线;b 中阴影为雨水,蓝色点断线为霰,黑色断线为云水;a,c,d 中,
阴影部分为雪晶,红色断线为冰晶,黑色实线为水汽;各种水物质的单位均为 10^{-3} g·kg^{-1})

到了 0.0005 g·kg^{-1},其最大值均出现在 950～900 hPa,较降水初期明显增加。

4 日 16 时(图 2.31d),850 hPa 的温度下降到 −8 ℃,近地面层为 −4 ℃。海效应云增厚,高度达到了 650 hPa。冰晶和雪晶质量显著增加,其中冰晶的最大值达到了 0.09 g·kg^{-1},出现在 800 hPa 附近,雪晶达到了 0.002 g·kg^{-1},出现在 900 hPa 附近。冰晶及地的范围为 120.7°～122.2°E,表明该区域为降雪区。

山东半岛降雪最强盛时期(4 日 20 时—5 日 06 时),冰晶最大可达 0.1 g·kg^{-1},雪晶达到了 0.005 g·kg^{-1}以上。5 日 20 时以后,降雪云东移到黄海海域,山东半岛降雪结束。

分析水汽的分布演变,发现水汽的分布与冰晶、雪晶等水物质相反,随着降雪强度的增大,水汽反而减少了,这是由于温度降低的缘故。在降水开始初期(4 日 06 时),云层较厚,水汽到达 500 hPa,近地面层的水汽含量达到 3.6 g·kg^{-1},最大水汽中心位于 119.5°E 附近,即降水区域。至 4 日 11 时,降雨转为降雪后,云层高度有所下降,水汽含量降为 2.7 g·kg^{-1}。当降雪强度进一步增强,云顶高度下降,4 日 16 时云顶高度下降到 650 hPa 以下,同时水汽含量值也减小到 2.4 g·kg^{-1}。在降雪的最强盛时期,水汽含量值一般维持在 2.2 g·kg^{-1}左右。此次过程为什么最强降雪时段的水汽反而比弱降雪时段的水汽少呢?一般在降雪过程中,由于在此阶段内温度低没有云水、雨水,水汽凝华增长应成为雪的主要物理过程,因此水汽应是形成雪晶和冰晶的主要贡献者,降雪强时,冰晶、雪晶和水汽含量变化应保持一致。

2.4.4.2 "播撒—反馈"机制与背景场的关系

分析地面图和卫星云图观测资料,可以发现,在4日的渤海海效应强降雪过程中,云发生了明显变化。4日11时,地面图上山东的中西部地区天空状况为晴,云图上没有云。14时,地面图上在山东半岛的上风向地区鲁西北的东部和鲁中北部出现了淡积云,云高在600～1500 m,17时淡积云消失。在此过程中,淡积云出现的区域没有降水。FY2C的红外卫星云图上(图2.32),可以看到自4日06时起在莱州湾有云生成,该云缓慢发展东移,近乎停滞于渤海中东部至山东半岛区域,这块云为海效应降雪云,对应于06时从莱州湾开始的海效应降雪。从12时开始,鲁西北和渤海的北部区域均开始有云出现,其中渤海北部上空的云向东南方向移动,鲁西北上空的云范围逐渐增大并向东移动,二者逐渐并入渤海中南部原来存在的海效应云中。根据云的生成源地、移向分析,陆地上和渤海北部生成的云显然不是海效应云,而是西风槽前形成的中云。为了表述清楚,将这块云分别用A、B、C来表示,其中,在渤海南部莱州湾内生成的为海效应云(以下简称A云),在渤海的北部和鲁西北上空的云是西风槽前形成的云,这里将渤海北部的云称为环境云(以下简称B云),鲁西北的云为环境云(以下简称C云)。那么,环境云东移南下与海效应云叠加合并,会对海效应降雪云产生怎样的影响?下面通过数值模拟结果来进行分析。

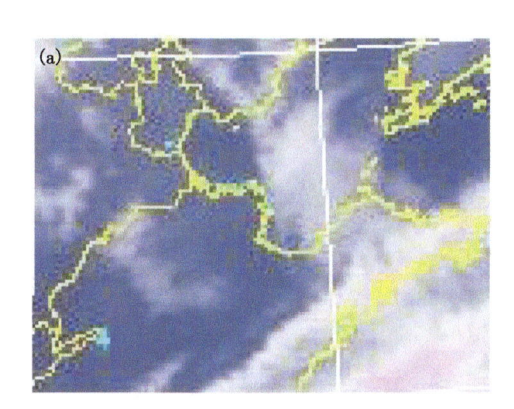

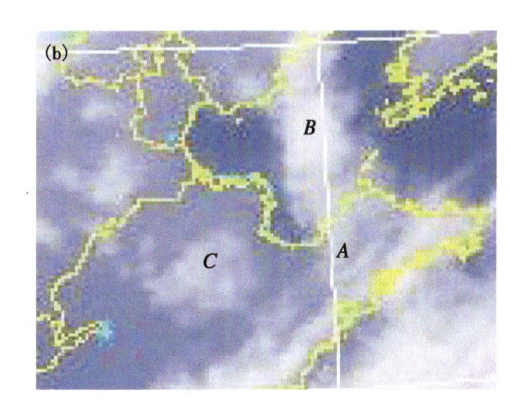

图 2.32 2008年12月4日14时(a)和16时(b)FY2C红外卫星云图
(图中A为海效应云,B和C为环境云)

1)海效应云与环境云的结构差异

首先来分析两种云的异同点。用3个点A点(37.4°N,121.0°E)、B点(39.5°N,120.0°E)和C点(37.4°N,117.7°E)分别代表A云、B云和C云,其位置分布见图2.32(与图2.34相同)。图2.33给出了3个点的模拟T-ln$p$图。

从图2.33a中可以看到,在山东半岛(A点,图2.33a),300 hPa高度以下温度和露点温度低于0 ℃,800 hPa高度以下直至近地面温度线和露点线距离十分接近,且与湿绝热线平行,相对湿度在90%以上,800 hPa以上则两条线迅速分开,温度露点差很大,这表明此区域在800 hPa以下是饱和的,该云为低云且正在降雪;同时,从风场来看,风向为西北风且随着高度逆转,表示有西北冷平流,这符合海效应降雪的特征,因此,A云为海效应降雪低云。

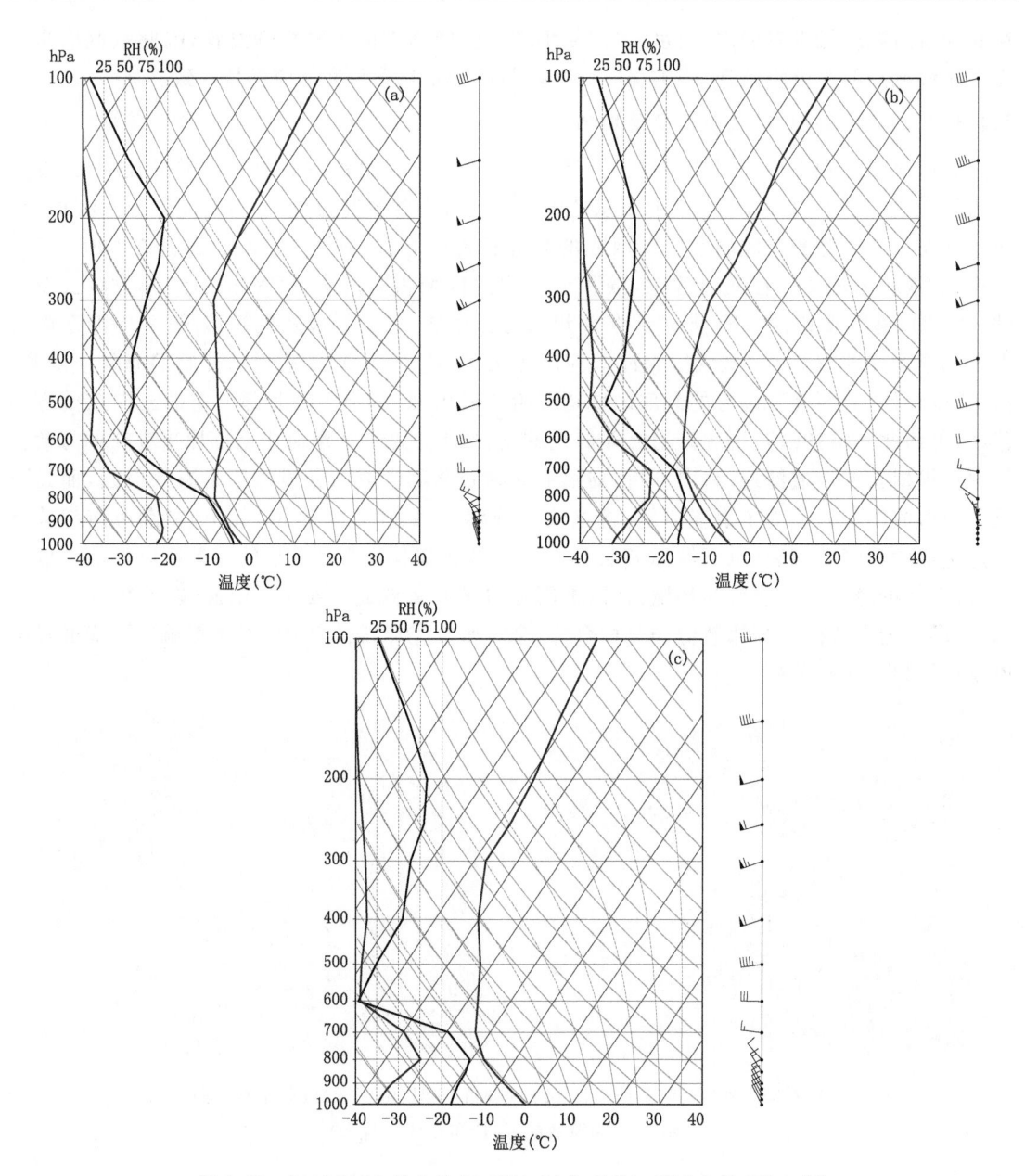

图 2.33 2008 年 12 月 4 日 15 时过 A(a)、B(b)、C(c) 点的 T-$\ln p$ 图
（图中曲线从右至左分别代表露点、温度和相对湿度线）

在渤海北部（B 点，图 2.33b），仅在 800～700 hPa 高度上温度露点差较小，相对湿度约为 80%，也为近饱和层，但是，干绝热递减率小于湿绝热递减率，表明在此高度有云，在该高度以下温度线和露点温度线距离越来越大，相对湿度很小，表明下方为不饱和层，因此该云为不降水的中云。山东西北部的云（C 点，图 2.33c）情况与渤海北部的 B 云基本类似，从风向来看，700 hPa 附近为偏西风，以上为西南风，因此为西风槽前生成的中云。

通过以上分析，可以看出，渤海北部和山东西北部的云为不降水的中云，山东半岛的云为有降雪的低云，二者的结构完全不同。前者是西风槽在东移的过程中产生的环境云，后者是冷空气移经暖海面时产生的海效应云。由于环境云高于海效应云,且二者的高度距离差较小,这样两者上下叠置时上层的环境云冰晶可下落到下层的海效应云中,为发生"播撒—反馈"作用提供了有利条件。

2)"播撒—反馈"过程演变

接下来分析两种云的结构演变与"播撒—反馈"过程。图2.34a1～a4给出了云中雪晶和冰晶从顶往下看的三维等值面,通过该图可以从整体上看出海效应云与西风槽前形成的环境云叠加的过程。在4日13时(图2.34a1),渤海上空及山东北部存在3个云体,其中A云自06时开始在渤海南部的莱州湾生成后逐渐发展并缓慢东移;在渤海的北部和山东的西北部上空也有云系存在,分别为西风槽前生成的环境云B和C。14时(图2.34a2),B云向南移动与A云合并,同时C云也在发展东移。15时(图2.34a3),C云与A云合并,至此,来自北部和西部两个方向的环境云与海效应云完全合并,且环境云覆盖在海效应云上。至18时(图2.34a4),合并后的云体面积增大。

为了进一步分析渤海北部的环境云与海效应云叠加前后云的强度变化,图2.34b1～b4给出了云中水物质(雪晶、冰晶和水汽含量)沿120.5°E的经向垂直剖面。从图中可以看出,4日13时(图2.34b1),A云和B云尚未结合,A云的雪晶含量最大值为$8×10^{-4}$ g·kg^{-1},位于云的北部边缘,高度在900～950 hPa,此时B云的高度在800 hPa附近。14时(图2.34b2),B云向南发展与A云合并,在两云的叠加区域,雪晶含量明显增加,其中心值达到了$1.8×10^{-4}$ g·kg^{-1},高度达到了800 hPa,同时冰晶含量也较合并前有所增加。此后,叠加部分的云中冰晶出现了新的大值中心,其高度高于原A云的冰晶最大值中心。至18时,冰晶的两中心又合为一体,中心值已由13时的$5.5×10^{-2}$ g·kg^{-1}增大到$8×10^{-2}$ g·kg^{-1},雪晶含量最大值为$2.1×10^{-3}$ g·kg^{-1},较合并前增大了一个量级。这说明在上层环境云中的雪晶下落到低层的海效应云中,使得海效应云增强。

图2.34c1～c4给出了云中水物质沿37.38°N的纬向垂直剖面,从中可以看出山东北部陆地上空的中云东移与海效应云叠加的演变过程。4日13时,在陆地上117°～118°E范围内出现了中云(图2.34c1),14时中云面积迅速增大东移,15时该云与海效应云合并,海效应云加强。

2.4.4.3 冰相过程与背景场的关系

Jiusto等(1973)的研究表明,多数冰晶惯相(即形态)为六角形。无论是在低温下形成的空心柱状还是相对暖的温度条件下形成的树枝状,其冰晶结构都是六角形的。因六角形排列是水分子冷却时最基本的物理形状,形成这种形状消耗的能量最低,六角形可以使分子之间的吸附力达到最大化。在所有的冰晶惯相中,树枝状是最复杂的六角形式,有助于在冰晶的六个外伸点和其内部之间形成局部的水汽压差,因在每个点的方向上条件都相同,这种差别会导致冰晶进一步沿着该点的方向形成对称结构。树枝状冰晶是降雪的主要形式,其枝状结构可以使得地面积雪显得更多,因而最大的降雪量发生在有利于结霜、树枝状结晶和霰的产生环境条件下。研究表明,在−15～−10 ℃温度范围内的冰晶惯相以树枝状为主,树枝状结晶增长主要发生在−15～−13 ℃的过饱和环境中。

冷空气自2008年12月3日16时开始影响120°E以东的海域,气温逐渐下降,有利于海效应降雪产生的条件逐渐形成。图2.35a给出了4日18时过牟平的118°～124°E区间的温度、垂直速度、相对湿度、冰晶和雪晶的垂直分布,此时渤海海峡至山东半岛中东部的降雪开始

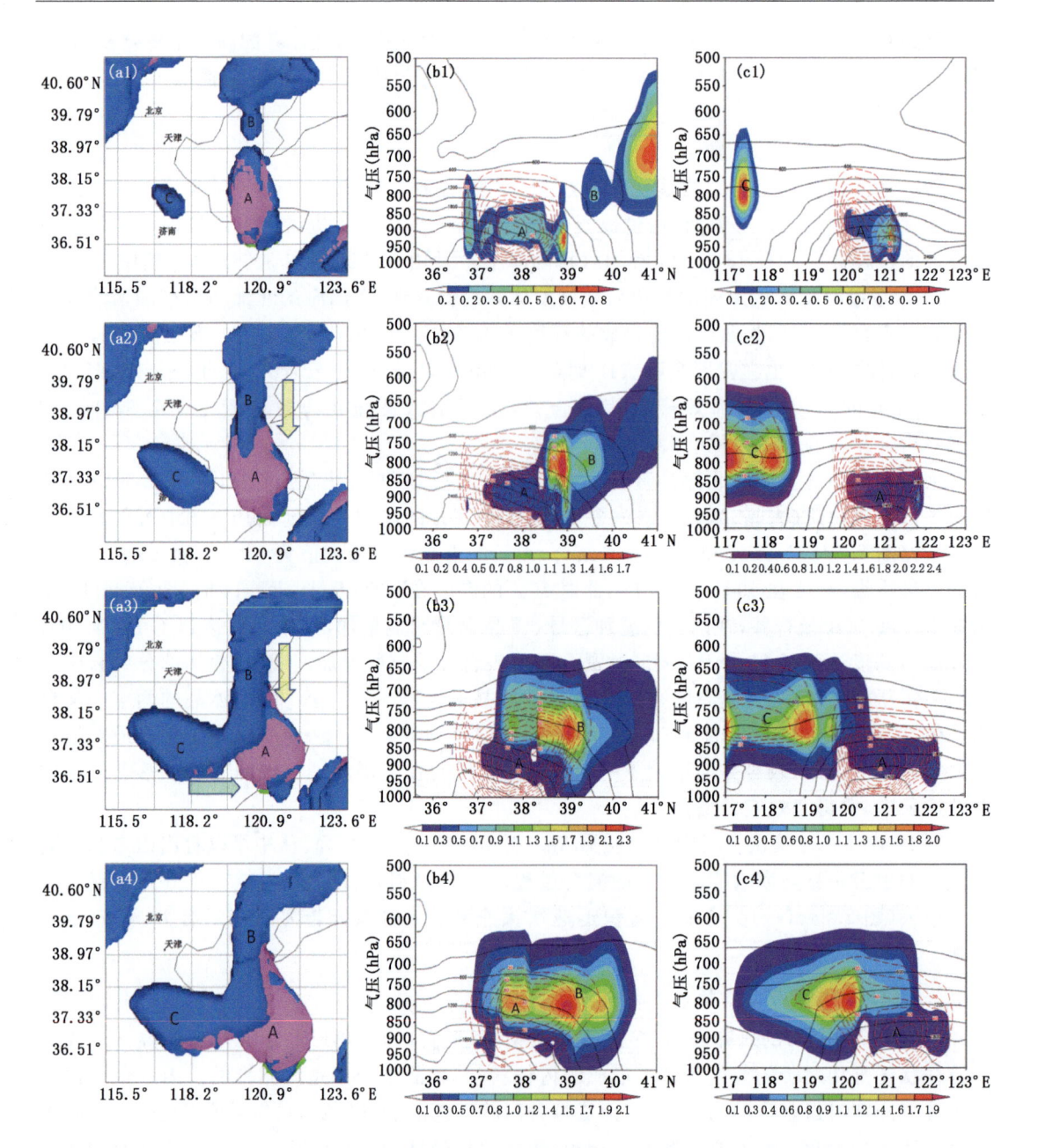

图 2.34 2008 年 12 月 4 日云中水物质的三维等值面(a1～a4)、沿 120.5°E 的经向垂直剖面
(b1～b4)和沿 37.38°N 的纬向垂直剖面(c1～c4)

(a1～a4 分别表示 4 日 13 时、14 时、15 时、18 时,b1～b4 和 c1～c4 同 a1～a4;a1～a4 中蓝色为雪晶,
数值 1×10^{-4} g·kg^{-1},紫色为冰晶,数值 1×10^{-3} g·kg^{-1};b1～b4,c1～c4 中阴影区为雪晶,
红色虚线为冰晶,黑色实线为水汽,数值均放大 10^3 倍,单位:g·kg^{-1})

增强,近地面层的温度降至 0 ℃以下,有利于树枝状冰晶增长的温度线 −15～−10 ℃位于 850 hPa 和 925 hPa 之间的高度。垂直速度场上,正垂直速度达到了 750 hPa,最强上升运动中心在 900 hPa 上下;大于 70%的高相对湿度区与上升运动区基本重合,同时对应于冰晶和雪晶

的大值区。

5日00时,垂直速度、相对湿度、冰晶和雪晶含量的中心值区域几乎完全重叠(图2.35b)。这时500 hPa低槽移过渤海海峡和山东半岛(图略),槽前正涡度平流使得低层减压,使得原来就存在的低层切变线造成的上升运动进一步增强,强度达到$8×10^{-2}$ m·s^{-1}。温度也进一步降低,-15 ℃降到900 hPa高度以下,冰晶和雪晶含量最大值为0.11 g·kg^{-1},较4日18时显著增多。该过程的发生机制表现为,天气尺度(500 hPa低槽)和中尺度系统共同作用提供了动力抬升条件,抬升暖海面上的暖湿空气,一方面保证补充过微物理过程需要的饱和液态水滴的供应,另一方面低槽引导冷空气入侵,气温下降,海气温差增大,使得海效应进一步增强,大气层结更加不稳定,同时云中气温下降,在-15 ~ -10 ℃的合适温度条件下,使得树枝状冰晶持续快速增长,降雪云由此得到强烈发展。在适宜的温度、强动力上升和暖海面源源不断的水汽输送等有利宏观背景条件下,云中冰相过程达到最佳状态,强降雪就发生这种配置之下。因此,海效应降雪实际上是天气尺度、中尺度系统和海效应共同作用,热力过程、动力过程和微物理过程相结合的产物。

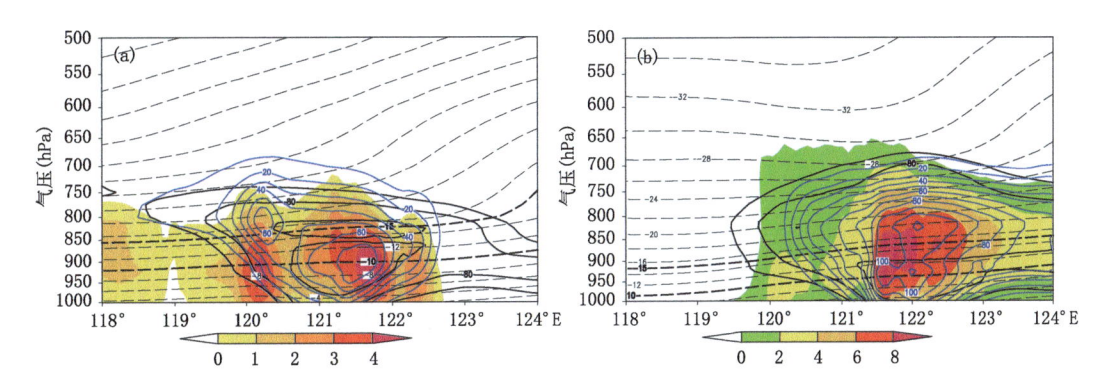

图2.35 2008年12月4日18时(a)和5日00时(b)过牟平(37.38°N)的物理量场和水物质(阴影区为正垂直速度,间隔1,单位:10^{-2} m·s^{-1},黑色虚线为温度,间隔2,单位:℃,加粗线分别为10 ℃和15 ℃,黑色实线为大于70%的相对湿度,间隔10,蓝色点虚线为冰晶与雪晶之和,间隔10,单位:10^{-3} g·kg^{-1})

通过以上分析,表明海效应暴雪的微物理过程表现在两方面:一是"播撒—反馈"机制,二是合适的冰相过程,这两种过程均有利于降雪增幅。有利的微物理过程可能是冷涡型海效应暴雪异常强的因素之一,预报员在预报此类暴雪时,应考虑微物理因素,适当考虑降雪增幅。

(1)在降雪初期,云中水物质包含云水、雨水、霰、冰晶和雪晶,及地的水物质为雨水和霰。随着温度的降低,中后期仅存冰晶和雪晶,产生降雪。由于整个过程以降雪为主,降雨时间短暂,通常忽略降雨而称为降雪过程。

(2)西风槽前产生的环境云和冷空气流经渤海暖海面时形成的海效应云之间在合并时发生"播撒—反馈"作用,前者是中云,后者是低云,前者从上层播撒冰晶和雪晶到下层,使得降雪增强。

(3)微物理过程另一个有利因素是环境温度,本次强冷空气使得降水云中的温度在-15 ~ -10 ℃,有利于树枝状冰晶的增长,从而产生强降雪。强降雪发生在强上升运动、高相对湿度、适宜的温度的叠置区域。

2.4.5 海效应暴雪的多尺度作用概念模型

基于以上研究成果,可以构建出渤海海效应暴雪的多尺度作用概念模型,作为渤海海效应降雪预报的理论基础。

渤海海效应暴雪发生在山东半岛,存在大尺度、天气尺度、中尺度系统、云尺度微物理过程和海效应的共同作用,是动力过程、热力过程和微物理过程相结合的产物。海效应暴雪的多尺度作用概念模型见图 2.36。

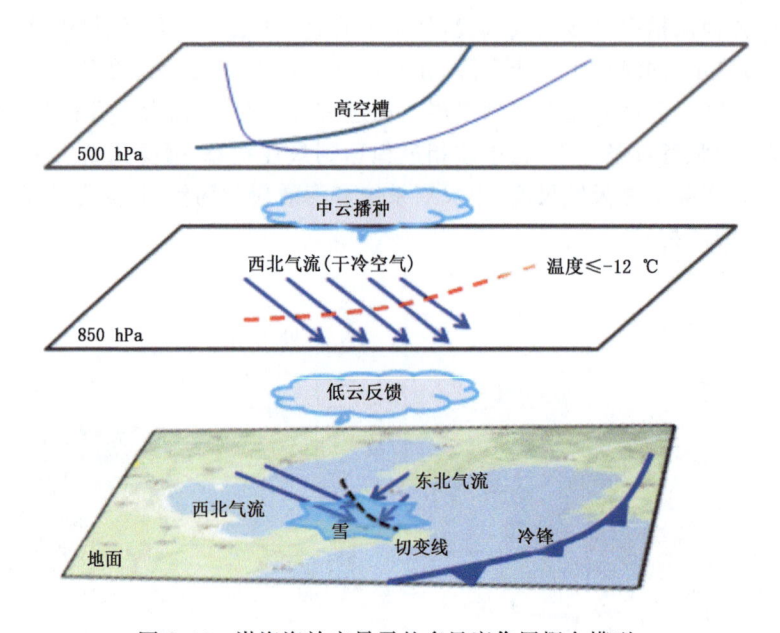

图 2.36 渤海海效应暴雪的多尺度作用概念模型

(1)渤海海效应暴雪产生的大尺度和天气尺度环流背景:500 hPa 在贝加尔湖以东的中纬度地区为低压区,一般存在低槽;850 hPa 及其以下层次渤海及山东半岛上空为低槽后西北气流,等温线呈东北—西南向,等高线与等温线近乎垂直,存在强冷平流。在这种有利的高空形势下,强冷空气入侵渤海和山东半岛区域。地面气压场上,低压中心位于日本海,冷锋已经越过山东半岛,渤海和山东半岛处在庞大的冷高压控制之下。高空低槽处在地面冷锋之后,槽后倾明显。

(2)强冷空气流经渤海暖海面时,海气之间形成显著的温差,暖海面向上输送热量和水汽,近水面的暖湿空气和上层的干冷空气形成了不稳定大气层结。同时,水面向上蒸发的水汽冷却达到饱和并凝结成小水滴和冰晶,形成海效应低云。海效应降雪云的高度在边界层之内,为低云降雪。冷空气越强,大气层结越不稳定,对产生强海效应降雪越有利,12月发生海效应暴雪时,山东半岛东部 850 hPa 的温度降至 −12 ℃ 以下。

(3)由于辽东半岛东北—西南走向的千山山脉的阻挡,渤海北部对流层低层的西北气流方向发生改变,转为与千山山脉方向一致的东北风,东北风与来自渤海西部大陆上的西北风形成了东北风与西北风之间的切变线,在渤海的中东部海面上产生辐合上升运动,触发不稳定能量,从而产生降雪。当近地面的西北风到达山东半岛北部海岸时,地面摩擦使得风速减小,同时受到山东半岛近东西走向的莱山山脉低山丘陵地形的抬升作用,在北部沿海地区的上升运动增强,从而使得来自海上的海效应降雪云进一步发展,降雪在沿海增强。因此,强海效应降雪发生在山东半岛的北部沿海地区和渤海的中东部海域。

(4)强降雪发生在500 hPa槽过境前后。当高空槽发展加深移过渤海时,存在多尺度作用:一是低槽东移引导冷空气向南爆发,造成渤海海面上空温湿场垂直差异更大,形成较强的对流不稳定层结,云中温度降低还有利于树枝状冰晶的增长,使得海效应降雪增强;二是槽前正涡度平流增强使得对流层低层产生质量补偿辐合上升,与地形产生的东北风－西北风之间的中尺度切变辐合上升运动相叠加,上升运动增强,从而降雪增强;三是槽前生成的中云和海效应低云之间发生"播撒—反馈"微物理作用,中云从上层播撒冰晶和雪晶到下层的低云中,使得下层云的过冷水滴或很小的冰晶会快速增长,海效应降雪云发展。在天气尺度动力强迫与中尺度系统叠加、海效应和微物理过程的共同作用下,会产生海效应暴雪。

2.5 莱州湾海效应降雪

莱州湾是指从黄河口至龙口一线以南的海域,位于渤海南部,是渤海三大海湾之一。莱州湾西部沿岸包括黄河口至东营一带,中部沿岸指潍坊地区,以北部的寿光至昌邑为主,东部沿岸位于山东半岛的西侧,主要指莱州至龙口一带。莱州湾的沿海地区均可产生海效应降雪,是该地区的主要降雪形式,只是其降雪强度较山东半岛北部沿海地区明显偏小,天气形势也有所差异。大多数的莱州湾海效应降雪发生在天空状况较好、空中有太阳的情况下,因而当地人称之为"太阳雪"。

普查2000—2013年莱州湾沿岸的77次海效应降雪过程,主要具有以下统计特征(高晓梅等,2017)。

(1)从降雪强度来看,有59次海效应降雪量为小雪,占总数的77%,其中46次降雪量在1 mm以下,13次在1 mm以上;15次为中雪;3次为大雪。中雪以上降雪主要集中在莱州湾东部地区如龙口、莱州、招远、昌邑、平度和高密等地。莱州湾中东部地区最大降雪量为8.6 mm,2004年12月31日出现在莱州;莱州湾西部地区的降雪量以河口最大,2011年12月8日降雪量达7.9 mm,达到大到暴雪量级。

(2)在空间分布上,莱州湾海效应降雪呈现出明显的东部多西部少的特点。莱州湾东部沿海降雪日数明显偏多,其中莱州站和招远站2000—2013年的总日数相当,分别为62 d和61 d;莱州湾西部沿海降雪日数明显偏少,降雪日数在40 d以下,其中广饶最少只有18 d;莱州湾中部地区的降雪日数介于二者之间,多在40～50 d(图2.37)。

(3)从时间来看,11月下旬至次年3月莱州湾均可产生海效应降雪。1月是莱州湾海效应降雪最多的月份,其次是12月。降雪主要集中在12月下旬至1月上旬(图2.38)。海效应降雪具有明显的日变化,后半夜为主要降雪时段,且以08时左右最为集中(图2.39)。通常降雪持续时间较短,一般在12 h以内。

(4)莱州湾发生海效应降雪时温度预报指标:850 hPa温度≤-10 ℃,其中11月和12月≤-9 ℃。该温度阈值略高于山东半岛的海效应降雪。

(5)莱州湾海效应降雪时地面2 m温度最高为5 ℃(12月),最低为-9 ℃,说明低于5 ℃为海效应降雪的地面2 m温度阈值,而该阈值明显高于内陆降雪的2 m温度阈值(3 ℃)。

(6)莱州湾海效应降雪发生时,高空环流形势为:500 hPa为槽后(含涡后)西北气流为主,

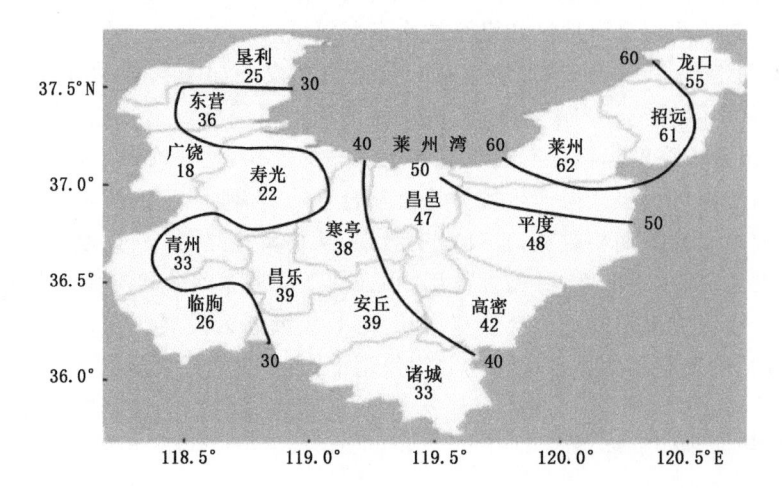

图 2.37　2000—2013 年莱州湾海效应降雪日数的空间分布（单位：d）

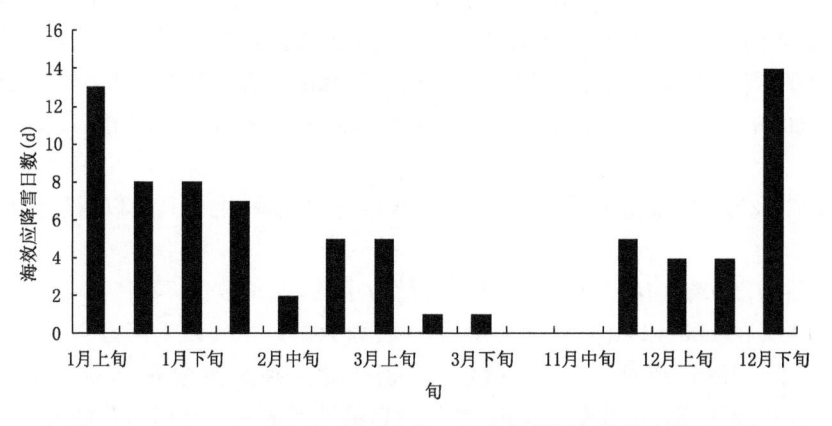

图 2.38　2000—2013 年 11 月至次年 3 月各旬莱州湾海效应降雪日数

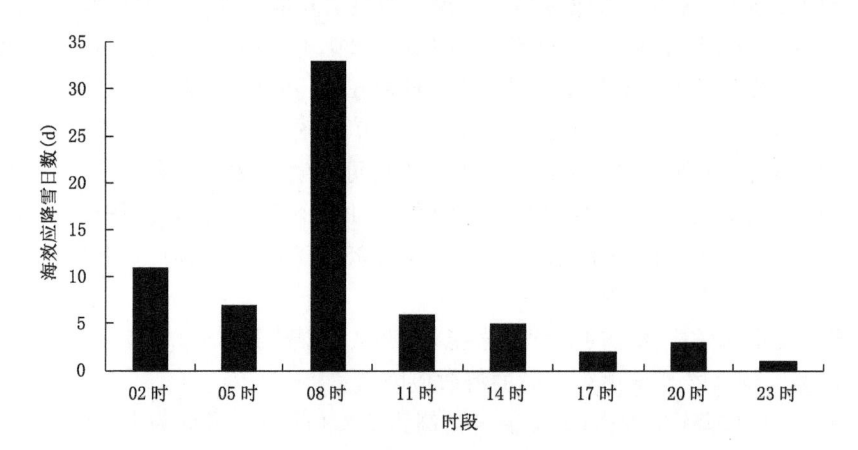

图 2.39　2000—2013 年莱州湾海效应降雪的日变化

占 73%,其次为槽前西南或偏西气流,大范围海效应降雪为西北气流;700 hPa 和 850 hPa 都处在西北气流控制下;925 hPa 和 1000 hPa 风向相对复杂,为西北风、偏北风或东北风 3 种形式,以西北风居多,东北风最少。从风速来看,山东荣成探空站 700 hPa、850 hPa、925 hPa 风速值出现最多的分别为 22 m·s^{-1}、14 m·s^{-1}、14 m·s^{-1},济南探空站相应层次的风速分别为 16 m·s^{-1}、12 m·s^{-1}、10 m·s^{-1},即济南的高空风速小于荣成探空。

2011 年 12 月 8 日莱州湾地区出现一次强海效应降雪过程,是该地区的一次典型海效应降雪过程,详见 2.11.6 节。

2.6 山东半岛南部海效应降雪

1999—2011 年的 27 个青岛海效应降雪日中,青岛探空站有 21 日的 850 hPa 风向为 NW—NNW,有 5 日的风向为 NNW—N;925 hPa 的 NW—NNW 和 NNW—N 基本相当,分别为 12 日和 14 日;地面风向 NNW—N 为 22 日(表 2.4)。就风速而言,850 hPa 风速多在 12~22 m·s^{-1},其中有 50% 的降雪日超过 16 m·s^{-1};925 hPa 风速在 8~16 m·s^{-1};地面风向则基本集中于 NNW—N,占总数的 88%。由此可见,当对流层低层为西北北且风速较大时,山东半岛南部可产生海效应降雪。

表 2.4 青岛 1999—2011 年 27 个海效应降雪日的低层风向

层次	WNW—NW	NW—NNW	NNW—N	N—NNE
850 hPa	1	21	5	0
925 hPa	0	12	14	1
地面	0	2	22	1

以下给出典型的山东半岛南部海效应降雪过程个例分析。

受强冷空气影响,2015 年 2 月 8 日青岛地区出现了一次海效应降雪过程。青岛市区过程降雪量 0.4 mm,平度站降雪量 1.1 mm。从雷达反射率因子演变来看,8 日 01 时开始在渤海南部海面有雷达回波形成,回波逐渐发展并经莱州—平度一线向南传播,于 05 时前后到达青岛市区,青岛产生降雪,06—08 时反射率因子最强,达到 30~35 dBZ,对应最强降雪时段,降雪量达 0.4 mm,此后回波减弱,未能产生有量降雪。

从环流形势来看(图 2.40),此次降雪过程由高空槽过境、强冷空气入侵引发。7 日 20 时,500 hPa 上东北冷涡中心位于 51°N,130°E 附近,其对应的高空槽位于山东半岛,青岛处在高空槽前。850 hPa 上高度场与温度场正交,荣成探空站的温度为 −12 ℃,青岛探空站的温度为 −11 ℃,西北风风速达 18 m·s^{-1},表明存在强冷平流。925 hPa 以下均为冷平流。冷空气自 7 日 08 时已入侵至渤海和山东半岛,中国东部地区处在强大的地面冷高压控制之下。7 日夜间,随着 500 hPa 高空槽移过山东半岛,强冷空气进一步东移南下,至 8 日 08 时,荣成和青岛探空站 850 hPa 的温度分别降至 −19 ℃、−16 ℃。在此过程中,渤海上空的强冷气团与暖海面向上蒸发的水汽相互作用,形成海效应降雪云,在对流层低层强西北气流的引导下,降雪云自渤海南部的莱州湾向南传播,导致在山东半岛南部产生降雪。

地面自动站风场和青岛雷达反射率因子叠加图显示(图 2.41),8 日 04 时,山东的内陆地区为西北风,山东半岛的烟台以西地区为东北风,在潍坊昌邑和招远之间存在明显的切变线,

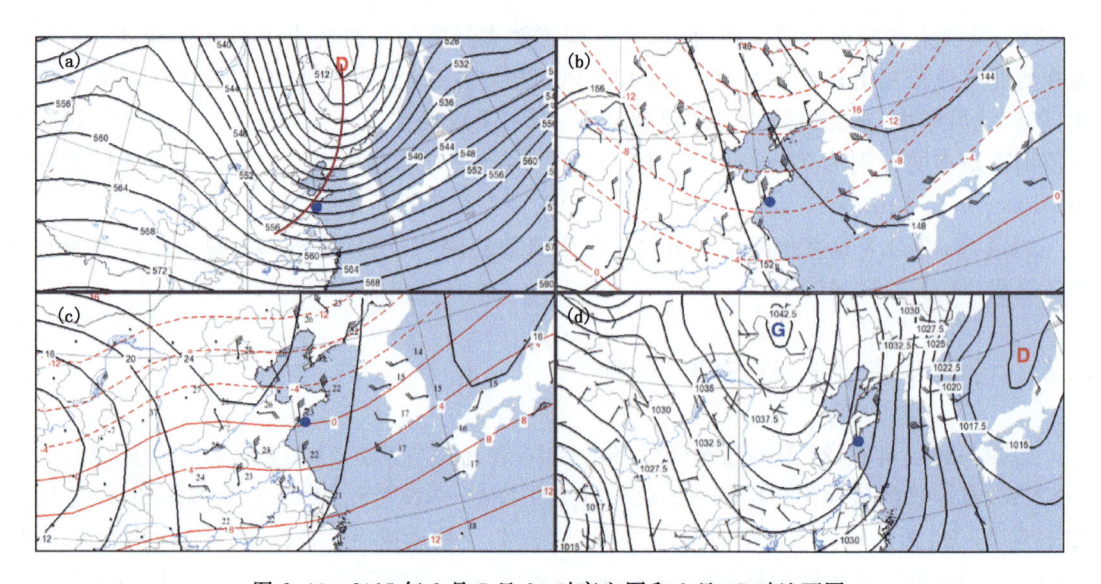

图 2.40 2015年2月7日20时高空图和8日05时地面图
(a. 500 hPa, b. 850 hPa, c. 1000 hPa, d. 地面气压场,图中黑色线为高度场,单位:dagpm,
红色线为温度场,单位:℃,蓝色圆点为青岛所在地)

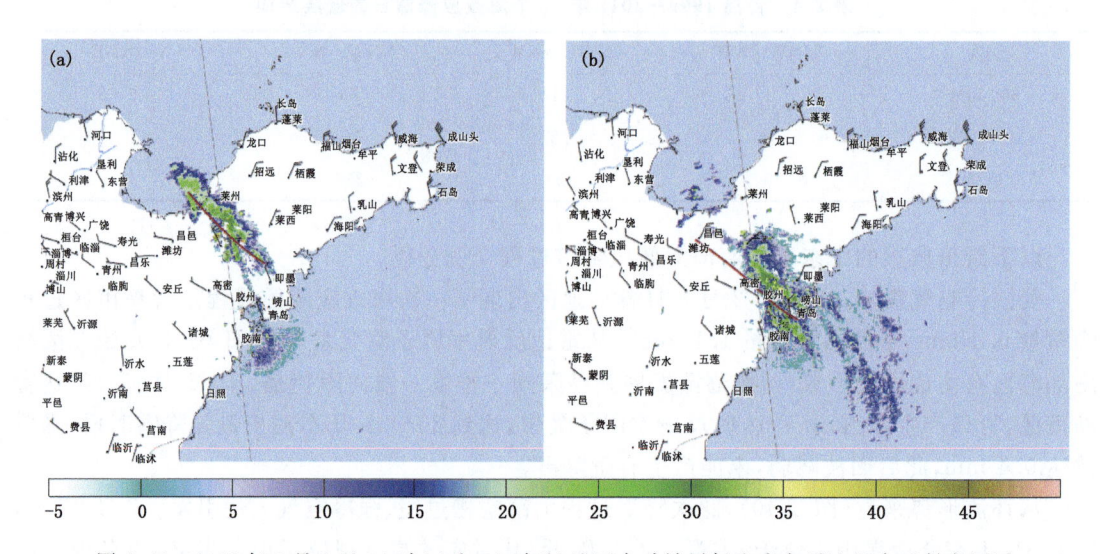

图 2.41 2015年2月8日04时(a)和06时(b)地面自动站风场和青岛雷达组合反射率因子
(图中红色粗线为西北风与东北风之间的切变线)

反射率因子带处在切变线的偏东北风一侧。8日06时,青岛北部的即墨站转为东北风,青岛市区也由之前的西北风转为北风,切变线南移至青岛附近,反射率因子带也随之向南传播,青岛地区进入明显降雪时段。08时之后切变线消失,降雪也随之减弱。

由此可见,山东半岛南部地区产生海效应降雪的环流形势、冷空气强度等与山东半岛北部类似,且在明显降雪时段对流层低层也会出现西北风和东北风之间的切变线。其差异主要在于对流层低层的风向和风速,山东半岛南部产生降雪时850 hPa的风速较大,925 hPa以下的风向为北风,在这种风场条件下,有利于渤海南部的海效应降雪云向南传播到半岛南部。

2.7 内陆地区海效应降雪

除了山东半岛和莱州湾南部沿海地区以外,山东内陆地区也可产生渤海海效应降雪,以鲁中地区较为常见,鲁西北地区如德州、聊城等地偶尔也可发生。内陆地区产生的海效应降雪"太阳雪"特征更为显著,一会儿阳光、一会儿降雪,降雪形态为大雪花,十分壮观。

2.7.1 时空分布

利用每日 08 时、20 时高空图、逐 3 h(02 时、05 时、08 时、11 时、14 时、17 时、20 时和 23 时)地面图、122 个国家站的自动气象站、ERA5 再分析资料($0.25°×0.25°$,1 h)、MTSAT、葵花 8 静止卫星系列可见光通道云图及济南新一代多普勒天气雷达资料,普查 2011—2020 年内陆地区的海效应降雪过程。共筛选出 8 次过程(表 2.5)。

表 2.5 2011—2020 年鲁中地区"太阳雪"天气过程

日期	鲁中地区降雪站点	降雪观测时刻
2011 年 1 月 29 日	2 站:博山、沂源	08 时
2011 年 2 月 14 日	8 站:博山、青州、昌乐、潍坊、昌邑、安丘、高密	08 时、11 时、14 时
2012 年 2 月 25 日	2 站:淄川、临朐	——*
2014 年 2 月 9 日	18 站:邹平、周村、临淄、寿光、淄川、博山、沂源、青州、昌乐、安丘、济南、长清、平阴、莱芜、泰安、肥城、新泰、平度	08 时、11 时、14 时
2015 年 1 月 27 日	3 站:昌乐、安丘、诸城	08 时、11 时
2015 年 3 月 9 日	6 站:高青、寿光、昌邑、周村、临朐、潍坊	14 时
2018 年 3 月 8 日	6 站:周村、昌乐、临朐、安丘、莱芜、高密	08 时
2019 年 2 月 7 日	10 站:章丘、周村、临淄、寿光、昌邑、昌乐、博山、安丘、莱芜、沂源	08 时、11 时、14 时

* 表中"——"表示未在当日地面常规观测时刻观测到降雪现象。

从时间来看,"太阳雪"天气发生在 1—3 月,集中发生于 2—3 月。"太阳雪"天气过程一般在上午出现(有时候 08 时之前就可观测到),14 时以后降雪逐渐结束。

深入内陆地区的海效应降雪多集中在鲁中山区的东北部地区(图 2.42),潍坊地区的昌乐、安丘及淄博地区的博山、淄川发生次数最多,10 年内共 5 次。其他地区相对较少,降雪往南可扩展到临沂、枣庄地区(10 年仅 1 次,发生在 2014 年 2 月 9 日)。海效应降雪的这种分布特点与鲁中山区地形有密切关系。

2.7.2 典型个例分析

2.7.2.1 降雪实况

2014 年 2 月 8 日夜间至 9 日,除鲁西北和鲁西南的部分地区外,山东大部出现降雪,如图 2.43 所示。8 日 20 时地面观测鲁中北部的部分地区出现降雪,8 日夜间降雪情况不详(无观测),9 日上午鲁中、鲁东南和半岛地区均出现降雪,降雪区域较大,9 日 14 时以后降雪逐渐结束,过程最大降雪量出现在济南和平度,均为 0.3 mm,其他出现降雪站点降水量均为微量。此次降雪量级小,但分布范围广。这是一次较为典型的"太阳雪"过程,属于渤海海效应降雪。

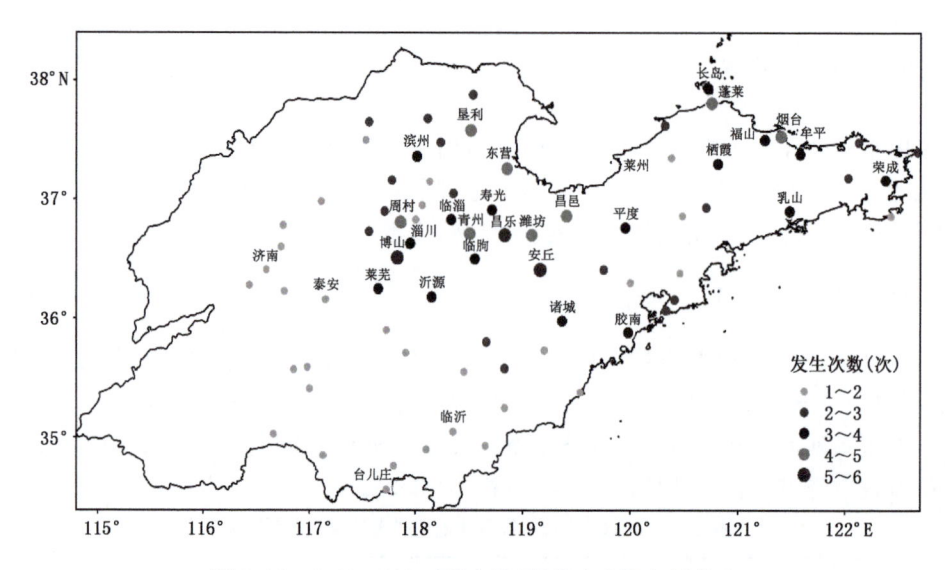

图 2.42　2011—2020 年"太阳雪"发生次数空间分布

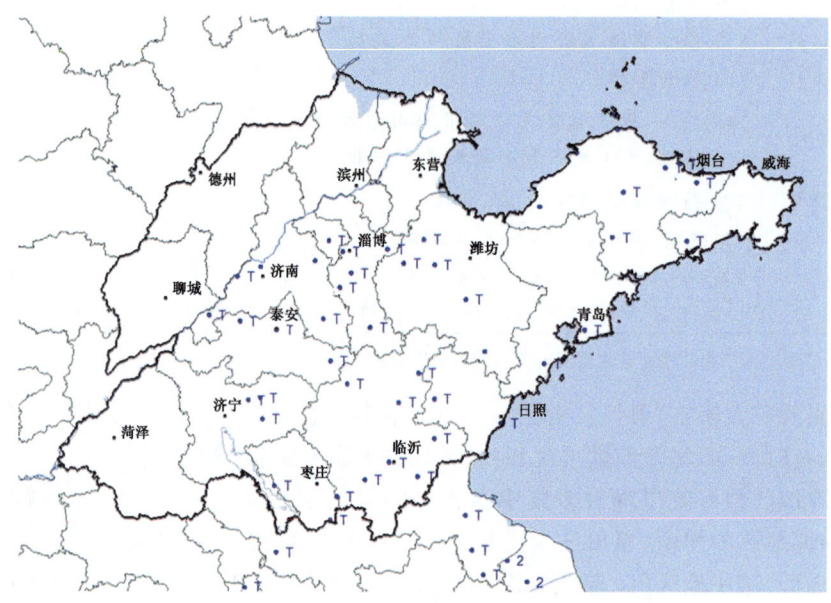

图 2.43　2014 年 2 月 9 日产生降雪的站点分布
(图中 T 表示降雪量<0.1 mm)

2.7.2.2　环流形势

由图 2.44 可见,2 月 9 日 08 时,500 hPa 高空天气形势图上,欧亚大陆中东部的中高纬度地区呈阻塞形势,冷涡分别位于西伯利亚平原西部和贝加尔湖东北部地区,阻塞高压位于西伯利亚平原东部,环流形势稳定。自蒙古国经内蒙古、华北至山东地区为高压脊前西北气流控制,不断有小股冷空气影响。8 日 20 时—9 日 08 时,500 hPa 等压面上山东上空由西南偏西风转为西北偏西风,表明 8 日夜间短波槽过境,有弱冷空气影响山东,850 hPa 由西北偏北风转为东北偏北风,温度场上没有明显的锋区和冷平流,表明低层冷空气也比较弱。海平面气压场上冷高压中心位于蒙古国,冷空气向高压的东南象限扩散,山东地区受北到东北风控制。

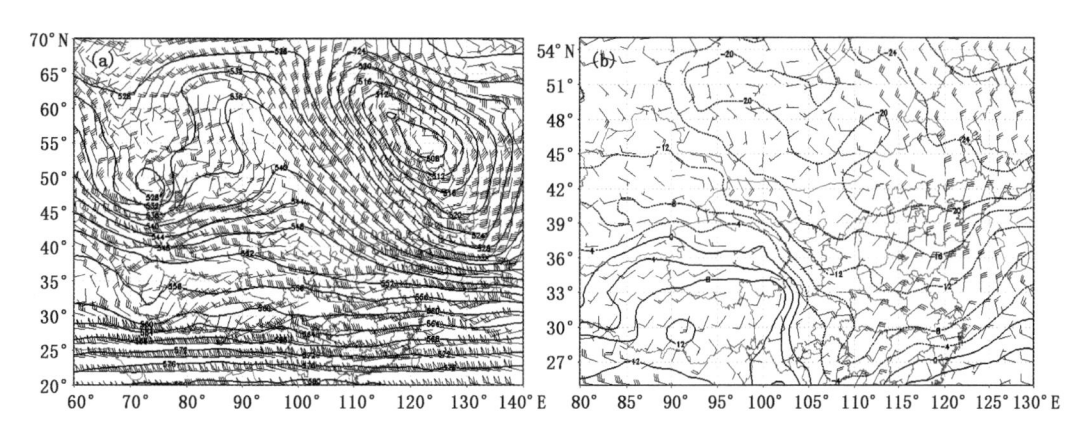

图 2.44 2014 年 2 月 9 日 08 时 500(a)和 850(b) hPa 天气形势
(a 中线条为位势高度等值线,间隔 4 dagpm;b 中线条为温度等值线,间隔 4 ℃)

2.7.2.3 形成机制分析

1)水汽特征

图 2.45 为 9 日 08 时济南和青岛的探空图,二者表现出了明显的共同特征,即 500 hPa 以下的大气层呈"上干下湿",850 hPa 以下空气相对湿度较大,大于 80%,接近饱和,850 hPa 至 500 hPa 上下的气层空气相对湿度小,小于 30%,由此可见,850 hPa 以下影响山东的东北风为一支近乎饱和的气流,而 850 hPa 以上西北风气流较为干燥,降雪产生于 850 hPa 以下对流层低层,为低云降雪,这与海效应降雪相似。

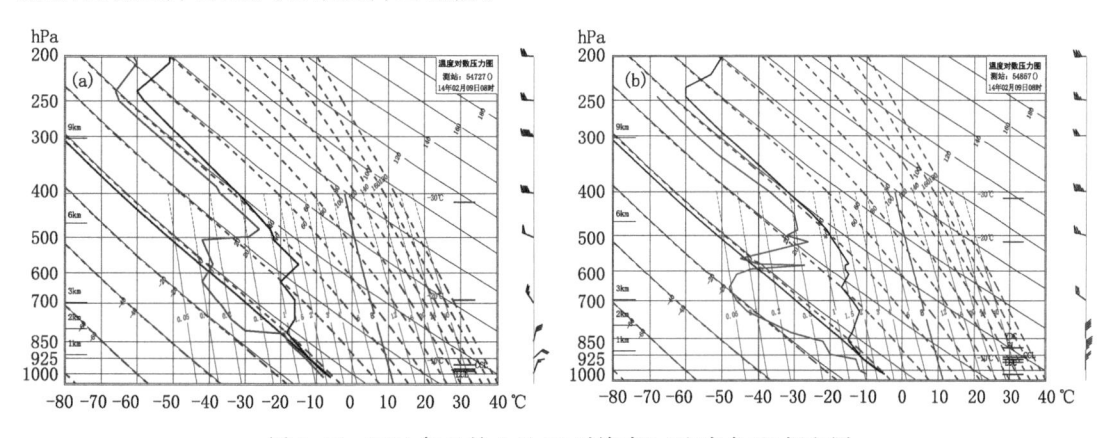

图 2.45 2014 年 2 月 9 日 08 时济南(a)和青岛(b)探空图

由图 2.46 可见,37°N 纬圈上,117°~121°E 范围内,850 hPa 以下受北到东北风控制,为明显湿层,900 hPa 附近相对湿度大于 90%,850 hPa 以上逐渐转为西北风,空气干燥,并且在垂直方向上干、湿区过渡区域位于 800 hPa 附近,十分狭窄,这一显著特征表明风向与相对湿度有直接关系,即 850 hPa 以下的东北风使边界层变得近乎饱和。9 日 08 时在 925 hPa,水汽通量矢量为一支自渤海北部和黄海北部向南逐渐增大的北到东北风矢量,山东大部地区水汽通量为 1.5~2 g·(cm·hPa·s)$^{-1}$,水汽输入量较弱。由以上分析可知,850 hPa 以下北到东北风气流为此次降雪的发生输送了水汽。这一事实与山东特殊的地理位置密切相关。冬半年由于海陆热力性质的差异,海面气温高于陆面,当北方冷空气从干冷大陆流入暖海面时,有感热和水汽输入,因此当东北风经渤海和渤海海峡吹向山东内陆时,必然带来水汽的输入,此次降雪过程发生在2月上旬末,此时海面和陆面气温差已趋于减小(最大的时段一般在深冬12月和1月),因此水汽输入量有限,进而导致降雪量小。由8日20时和9日14时、20时925 hPa水汽通量矢图(图略)可知,边界层东北风的水汽输送在8日20时已有所表现,即8日20时弱冷空气已经以东北风形势影响边界层,此时鲁中局部地区已出现微量降雪,9日14时,东北风开始趋于减弱,对于水汽的输送亦开始减弱,之后降雪逐渐停止。

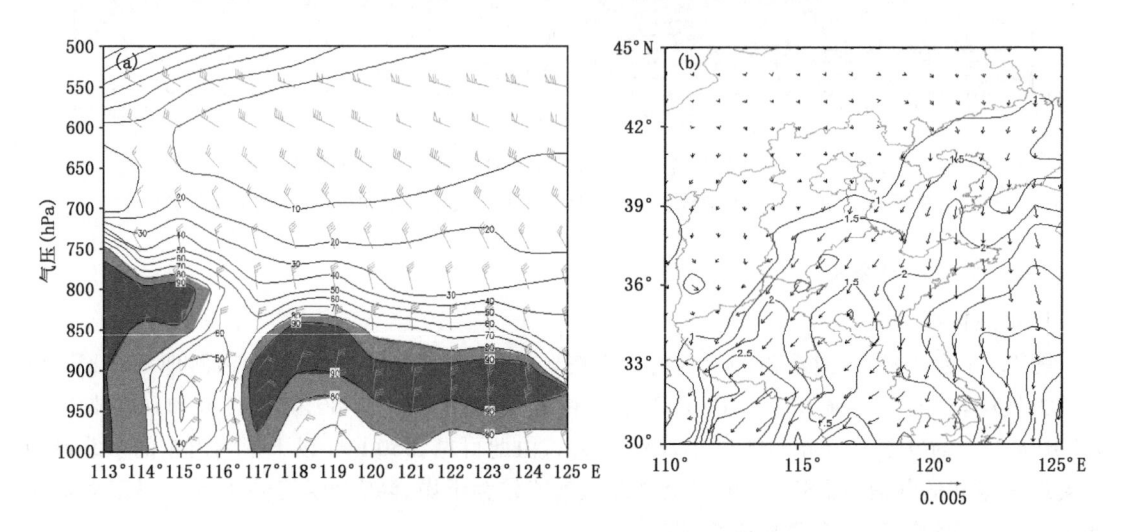

图2.46 9日08时相对湿度沿37°N纬向剖面(a)、925 hPa水汽通量和水汽通量矢(b)
(等值线间隔0.5 g·(s·hPa·cm)$^{-1}$,阴影区相对湿度大于80%)

2)层结特征

由以上分析可知,降雪发生在850 hPa以下一支高湿的东北风气流中,那么此气层的热力性质如何,是否具有不稳定量?为此做了假相当位温沿37°N的纬向剖面,如图2.47a所示,9日08时,870 hPa以下,117°~118°E假相当位温−2.5 ℃、−3 ℃和−3.5 ℃等值线呈几乎直立状态,这表明此气层内部热力性质均匀,为中性层结,其特征为层结不促进也不抑制气块垂直运动,即当气块不会产生上升运动,但为强度较弱的上升运动,这一特点决定了降雪过程的上升运动强度一方面取决于影响系统的气流辐合强弱,另一方面,此次降雪发生在1500 m以下的边界层,下垫面情况对垂直运动也有一定影响,对于此次降雪过程主要取决于后者。由图2.47b可见,鲁西北的西部、鲁西南和鲁南的部分地区边界层大气表现为明显的稳定层结,山东中东部大部地区为准中性层结。

3)动力机制

根据降雪发生时气流空间结构特征可以判断,降雪过程中不存在系统性的风向或风速辐合引起的上升运动,那么对于具有中性层结特征的一支高湿东北风气流,促使其空气上升冷却凝结进而产生降雪的动力机制是什么?鲁中山区的泰山、鲁山、沂山、蒙山和徂徕山海拔高度均高于1000 m,对降雪产生有一定影响。如图2.48所示,图中线条为9日08时925 hPa垂直速度负值等值线,可见在鲁中地区泰山、鲁山和沂山山脉北侧存在弱的上升运动,强度均小于

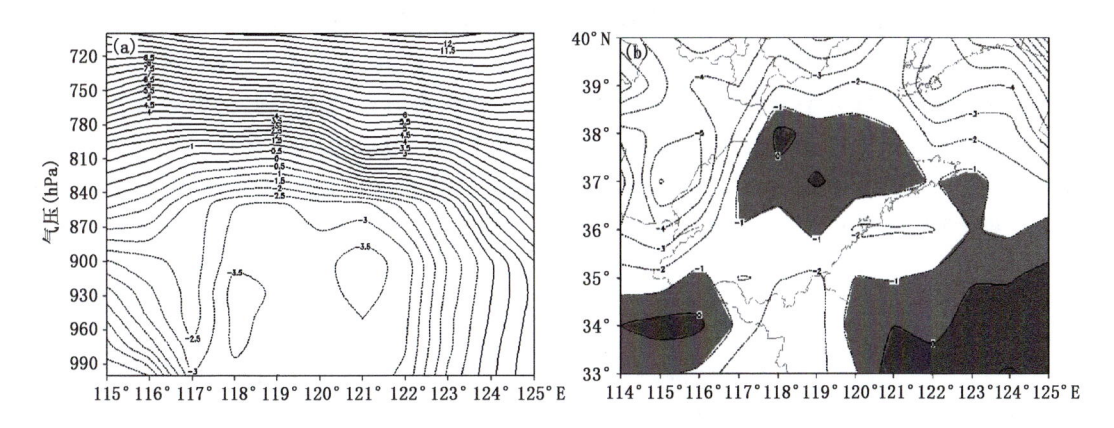

图 2.47 2014 年 2 月 9 日 08 时假相当位温 37°N 纬向—高度剖面(a)、850 hPa 与 1000 hPa 假相当位温差值分布(b,单位:℃,阴影区大于 1 ℃)

$0.1\ \mathrm{Pa \cdot s^{-1}}$,较为偏南的山脉,蒙山和尼山的北麓也存在弱上升运动。在山东半岛东部丘陵地带,低山丘陵从西到东横贯半岛,9 日 08 时 925 hPa 丘陵北部地区也存在弱上升运动。这表明山脉对气流的抬升作用显著。在此次降雪过程中,地形的抬升作用是内陆地区产生降雪的主要动力来源。

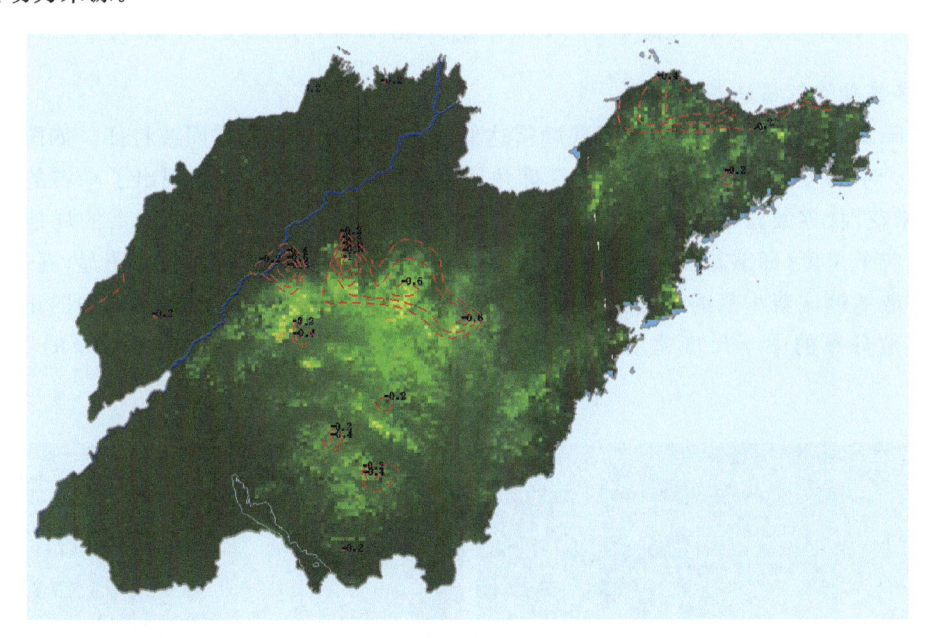

图 2.48 山东省地形高度图(单位:m)和 9 日 08 时 925 hPa 垂直速度负值(单位:Pa·s^{-1})

4)中尺度特征分析

(1)卫星云图特征

采用 FY2E 静止卫星 5 km 分辨率可见光云图和 MODIS 1 km 分辨率可见光云图来考察此次降雪的云型特征。如图 2.49a 所示,由 9 日 10 时 01 分可见光云图可见,产生降雪的云型表现为多条与北到东北风向相平行的积云线,这一特征在山东半岛和黄海中部海区较为突出,内陆地区云线也可辨出,每条云线由多个细胞状云胞组成,云线与云线间可辨别出晴空区,积云胞与积云胞之间也有晴空区。这种云型特征在分辨率更高的 MODIS 可见光云图中表现更为清楚,图 2.49b 为 9 日 14 时 38 分 MODIS 可见光云图,此时降雪已开始趋于结束,内陆地区东北风减小,降雪低云呈分散的"米粒状分布",而此时,黄海中部降雪低云仍表现为平行于风向的积云线,表明了东北风对于细胞状云胞的组织作用。卫星云图上这种特征的云型产生的降雪即民间俗称的"太阳雪"。另外,渤海和黄海北部海区的云都远离北部海岸线 130 km 左右,这表明了降雪产生需要"穿越距离"的存在,这一特征类似于海效应降雪。

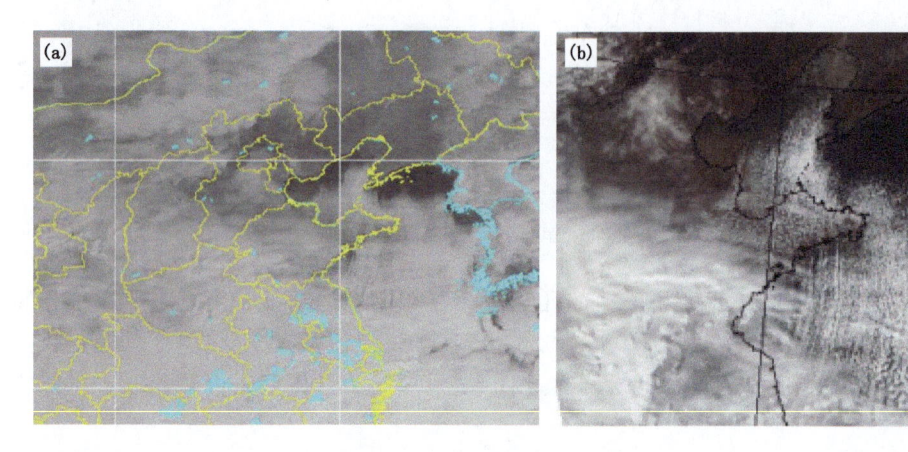

图 2.49　2014 年 2 月 9 日 10 时 01 分 FY2E 可见光云图(a)和 14 时 38 分 MODIS 可见光云图(b)

(2)多普勒天气雷达观测特征

鉴于降雪为低云产生,选择了多普勒雷达低仰角产品来分析降雪回波特征。如图 2.50 所示,9 日 10 时 39 分济南多普勒雷达 0.5°仰角反射率因子图像很好地表现出了降雪的特征,回波呈"爆米花"状零散分布,强度变化范围从几个 dBZ 至几十个 dBZ,说明降雪的局地性强,且不同地点粒子尺度(即雪花大小)差别较大。径向速度图中,低层东北风形势明显,在径向速度正值区零散地镶嵌着小范围的负速度区,在径向速度负值区也零散地镶嵌小范围的正速度区,构成了零散分布的中 γ 尺度速度对,这表明在低层东北风气流中存在零散分布的中 γ 尺度涡旋。

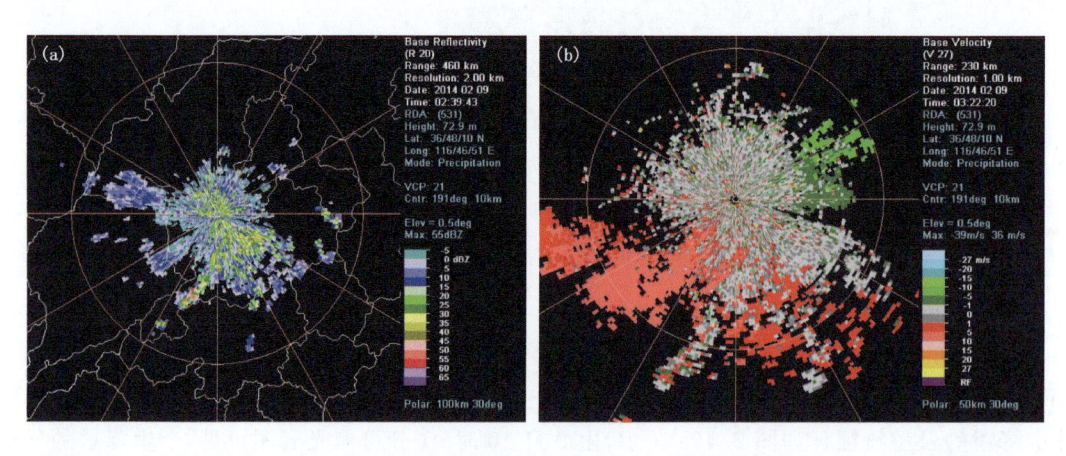

图 2.50　2014 年 2 月 9 日 10 时 39 分济南多普勒天气雷达 0.5°仰角反射率因子(a)和径向速度(b)

5)小结

(1)2014年2月9日白天山东中东部大部地区出现弱降雪。降雪发生在高空阻塞形势下,产生在500 hPa弱短波槽后,气流的空间结构在850 hPa以下为北到东北风,其上为西北风,在常规降雪概念模型指导下,降雪漏报。

(2)降雪产生于850 hPa以下几乎饱和的边界层内,为低云降雪;经过渤海和黄海北部的一支北到东北风为降雪区输送了少量水汽,冬季具有暖海面特征的渤海和黄海北部是此次弱降雪天气的水汽来源;产生降雪的大气层表现出了中性层结特征,这一特征决定了降雪强度弱;产生降雪的天气系统中不存在系统性的风向或风速辐合,山东特殊下垫面的抬升作用为降雪产生提供了动力条件。

(3)高分辨率可见光卫星云图上,降雪云特征为零散分布的细胞状云,云胞在东北风组织下,表现为与北到东北风平行的积云线,这种特征在海区表现更为显著。多普勒雷达反射率因子图像上,降雪回波呈"爆米花"状零散分布,径向速度图揭示在东北风气流中零散分布着中γ尺度涡旋。

(4)由降雪的可见光卫星云图的表现特征以及产生机制分析可知,此次弱降雪即为一次弱海效应降雪,由此可见在边界层东北风流场下,山东内陆腹地在一定条件下亦可以产生海效应降雪。

2.7.3 关键要素特征

1)对流层低层气温和风速

从以上分析可知,"太阳雪"其实是发生在内陆地区的海效应弱降雪,为东北风流场下的冷流低云降雪。因此冷空气强度及东北风风速与"太阳雪"的发生密切相关。考察冷空气强度时以850 hPa温度作为指示性指标,而东北风风速主要考察925 hPa上的风。其中850 hPa气温以荣成站为代表,而925 hPa风速以章丘站为代表,8次"太阳雪"天气过程温度和风速情况统计如表2.6所示。

表2.6　8次"太阳雪"天气过程低空温度和风速特征

日期	荣成站850 hPa温度(℃)	济南站925 hPa风速(m·s^{-1})
2011年1月29日	−17	7
2011年2月14日	−15	6
2012年2月25日	−12	8
2014年2月9日	−15	8
2015年1月27日	−9	5
2015年3月9日	−8	11
2018年3月8日	−7	9
2019年2月7日	−13	11

由表中可见850 hPa温度在−17～−7 ℃,925 hPa风速在5～11 m·s^{-1}。其中"20110214""20140209"和"20190207"过程气温相对较低,而这三次过程鲁中地区出现降雪的站数较多,分别为8站、16站和10站。可见冷平流强时,有利于产生大范围的太阳雪。"20110129"过程850 hPa温度为−17 ℃,但此次过程降雪站点较少(2站),分析其原因可知,

当日08时925 hPa上为西北风,这是一种对出现"太阳雪"不利的流场,因此即使温度很低,由于东北风分量较小,致使降雪范围小。8次太阳雪过程,925 hPa多为东北风流场(6/8),是有利于鲁中地区出现"太阳雪"的形势。究其原因可知,东北风流场下,冷空气平流在鲁中山区北侧堆积抬升,为降雪发生提供有利的动力环境场。而在西北风流场下,"太阳雪"倾向于在潍坊东部发生。

2)地面风速

由"太阳雪"发生时的云图特征可知,降雪发生在零散分布的积云里,这些积云是在弱不稳定或中性层结下局地发展起来的,因此要求地面风速不能太大,可以使得低云在弱水汽在弱层结条件下能发展进而产生降雪。而对于海效应降雪而言,同样也需要这样的条件。统计分析"太阳雪"当日08时和14时整点风速,发现08时最大风速11 m·s^{-1},75%分位风速为7 m·s^{-1},说明大多数站点风速均小于7 m·s^{-1},8次过程地面平均风速中位数为2~5 m·s^{-1}。而14时风速的统计情况与08时类似,平均风中位数3~5 m·s^{-1},比通常意义的海效应降雪时地面风速还要小(图2.51)。

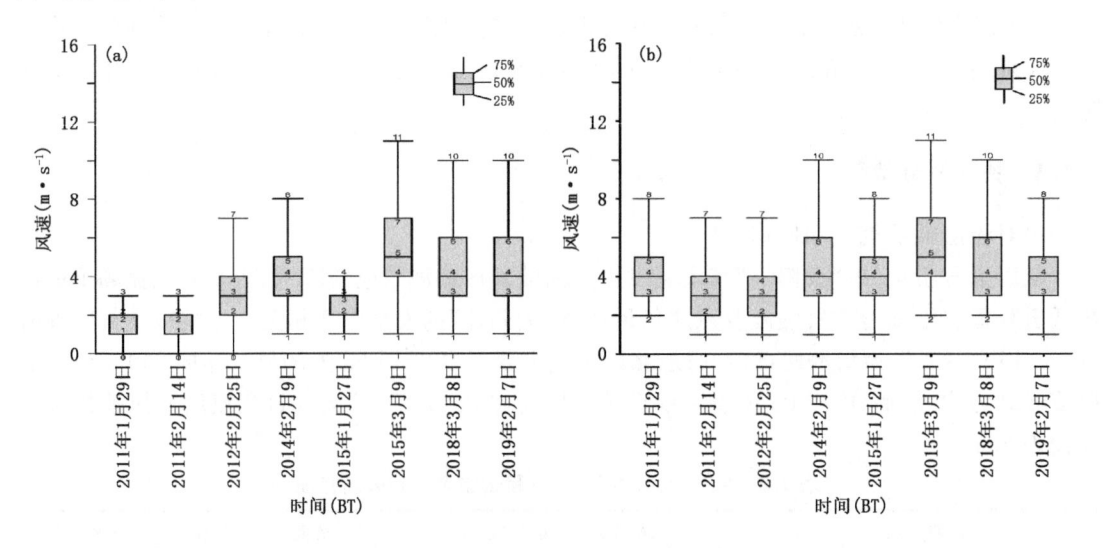

图2.51　8次"太阳雪"天气过程当日08时(a)和14时(b)地面风速箱须图

3)地面2 m气温

"太阳雪"为冷平流影响下的浅层弱对流弱降雪。因此,下面来考察冷空气强度。

如图2.52所示,"20190207""20180309""20150309"和"20140209"的"太阳雪"过程发生当月日最低气温演变情况,可知"太阳雪"发生当日冷空气强度均为当月最强,"太阳雪"发生后第二日出现当月的最低气温。2019年2月7日"太阳雪"过程,潍坊站最低气温出现在2月8日早晨,为−7.8 ℃,冷空气影响前后,日最低气温48 h下降8 ℃。对于2018年3月9日"太阳雪"过程,济南站10日早晨最低气温为−4.5 ℃,冷空气影响过程日最低气温下降11.6 ℃。对于2015年3月9日"太阳雪"过程,淄川站10日早晨最低气温−6.1 ℃,最低气温48 h下降13.3 ℃。2014年2月9日"太阳雪"过程,周村站10日早晨最低气温为−13.1 ℃,24 h最低气温下降7.8 ℃。可见"太阳雪"过程发生时,均为强冷空气影响,强度可达寒潮等级。

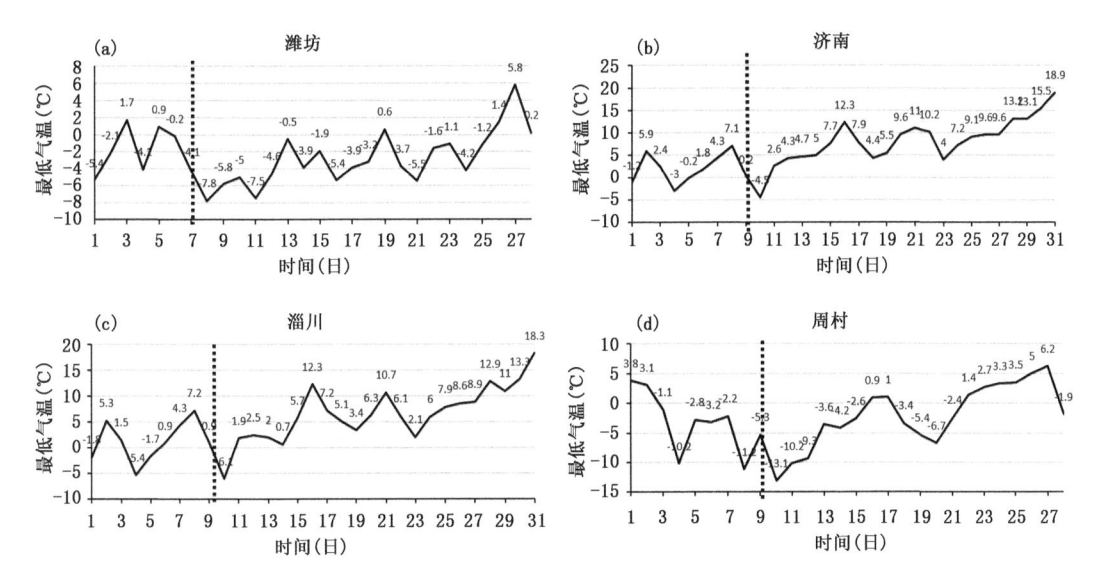

图 2.52　潍坊 2019 年 2 月(a)、济南 2018 年 3 月(b)、淄川 2015 年 3 月(c)、
周村 2014 年 2 月(d)14 时最低气温演变情况
(竖线标识"太阳雪"发生日期)

2.7.4　影响系统高低空配置

总结 8 次"太阳雪"天气过程的环流形势,可概括出共性特征(图 2.53)。500 hPa 在贝加尔湖及其附近地区为高压脊控制,高空槽位于 120°E 以东,东亚地区呈现"一槽一脊"的环流特征,冷空气影响我国东部大部分地区,东北、华北和山东地区均在槽后西北气流控制之下。850 hPa 和 925 hPa 在河套附近地区为高压控制,冷空气东移过程中,受长白山脉地形阻挡以东北风的形式回流南下,经渤海和渤海海峡的暖海面后影响山东。海平面气压场上,冷高压中心位于内蒙古中东部地区,山东受高压前部东北风影响,气压梯度大值区已东移入海,冷空气主体势力已过,山东地区处于冷空气影响后期,地面气压梯度减小,风速减小。此为发生"太阳雪"天气的影响系统特征。

2.7.5　"太阳雪"预报着眼点

(1)山东内陆地区的"太阳雪"属于渤海海效应降雪,其形成机理与常见的山东半岛海效应降雪相同,只是环流背景等条件有所差异。主要表现为有强冷空气影响,其 925 hPa 以下(有时候可达到 850 hPa)为东北风,输送来自渤海暖海面的暖湿空气,经莱州湾向南至内陆地区,遇到鲁中山区地形后产生辐合和抬升,形成降雪。

(2)降雪量特征:降水量小,通常不足 1 mm,一些站点表现为微量或者只见雪花没有降雪量。

(3)"太阳雪"空间分布特征:除聊城和菏泽地区外,山东其他各地均有"太阳雪"现象发生,最南可扩展到临沂、枣庄(10 年仅 1 次,发生在 2014 年 2 月 9 日),集中出现在淄博和潍坊两地(文中统计的半岛地区的"太阳雪"也就是"海效应降雪"),以博山、昌乐和安丘发生次数最多

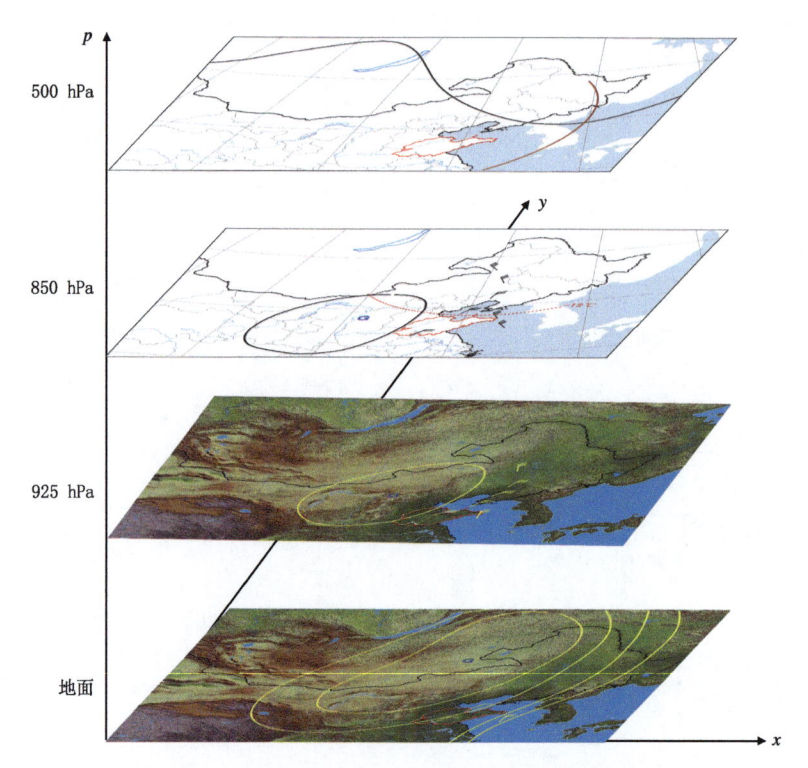

图 2.53 "太阳雪"发生时影响系统配置概念模型

(10年共5次)。"太阳雪"现象发生地点与鲁中山区地形有密切关系,集中发生在鲁中山区东北部边缘。

(4)时间分布特征:在冬半年"太阳雪"天气发生在1—3月,集中发生于2月、3月,11—12月没有发生。在一天当中,"太阳雪"天气过程,在上午出现(甚至08时之前就可观测到),14时以后全部降雪逐渐结束。

(5)环流形势:"太阳雪"发生在500 hPa槽后西北气流影响下,为冷平流影响下的弱降雪,850 hPa和925 hPa高压中心位于河套附近地区,山东地区受高压前部自东北地区回流南下的东北风影响。地面上,冷高压中心位于内蒙古中部地区,山东地区位于高压前部,受东北风流场影响。气压梯度大值区已东移入海,主体冷空气影响已东移。当925 hPa为西北风时,"太阳雪"倾向于在潍坊东部发生。

(6)关键要素特征:"太阳雪"发生与冷平流有密切关系,即与冷空气强度和低层风速有密切关系。850 hPa温度在$-17\sim-7$ ℃,925 hPa风速在$5\sim11$ m·s^{-1}。地面10 m最大风速11 m·s^{-1},75%分位风速为7 m·s^{-1},8次过程地面08时平均风速中位数为$2\sim5$ m·s^{-1}。而14时风速的统计情况与08时类似,平均风速中位数为$3\sim5$ m·s^{-1},比通常意义的海效应降雪发生时地面风速还要小。"太阳雪"发生当日冷空气强度均为当月最强,"太阳雪"发生后第2日出现当月最低气温。引发"太阳雪"的冷空气过程降温幅度可达寒潮标准。由地形抬升作用引起的上升运动较弱,且层次浅薄,1000 hPa有明显的垂直上升运动,最大为$0.3\sim0.4$ Pa·s^{-1},925 hPa已经减弱。

(7)云图和雷达特征:"太阳雪"发生时,可见光云图上有零散分布的细胞状云系,有的在风场组织下排成一条条积云线,有时积云区从海上延伸至内陆地区,有时仅在内陆地区上空有积云。多普勒雷达反射率因子图像上,降雪回波呈"爆米花"状零散分布,径向速度图揭示在东北风气流中零散分布着中 γ 尺度涡旋。

2.8 地形对渤海海效应降雪的影响

地形在海效应降雪中有重要作用。如果海岸边存在丘陵或山地,则当冷空气移经暖水面登上陆地时,由于地形抬升和陆面的摩擦而产生辐合上升运动,使得岸边的海效应降雪加强。渤海周边地形复杂,其上游西部为太行山,下游东北部为辽东半岛,渤海的东南部濒临山东半岛,而山东半岛的中部为东西向的低山丘陵。从气候分布来看,山东半岛的海效应降雪有明显的地域分布特征,降雪主要集中在半岛低山丘陵的东北部沿海地区,自东北向西南地区降雪量急剧减少,海效应暴雪发生在北部沿海的烟台和威海地区。这表明渤海海效应降雪与地形密切相关。

2.8.1 渤海的影响

为考察渤海的影响,袁海豹等(2009)设计了保留渤海和屏蔽渤海(将渤海海面变为陆地)两个试验,发现有渤海时山东半岛北部沿海出现东西带状的垂直上升运动区,而无渤海时则没有形成条状或带状的上升运动区,上升区分布零散无规律,中心值较小,没有明显的辐合上升和正涡度区,整个山东半岛无降水。可见,渤海对山东半岛冬季海效应降雪起着决定性作用,缺少了渤海提供的热源和充足的水汽,海效应降雪将无法形成。

2.8.2 山东半岛低山丘陵的影响

周雪松等(2011)和李建华等(2014)采用两种相反的地形敏感性试验,一是将山东半岛地形去除,二是抬升山东半岛地形至 500 m 高度,以此考察山东半岛地形的影响。试验发现,去掉山脉地形后,低层水平风场无明显辐合,上升运动减弱,强降雪落区较有山脉地形时偏南,且降水量变小;在抬升山东半岛的地形后,抬升辐合作用增强,故半岛北部海效应降雪的强度也得到增强。这两个试验都说明了山东半岛地形对海效应降雪的强度起到了加强的作用。

2.8.2.1 去除地形试验

用 WRF 模式对 2005 年 12 月 6—7 日山东半岛一次海效应暴雪过程进行敏感性试验。数值模拟的区域中心位于(37°N,121°E),水平格距 10 km,垂直层次 31 层。模式背景场使用 NCEP 再分析资料,模拟的开始时间为 12 月 6 日 08 时,积分 48 h,步长为 60 s。主要的参数化方案包括 Lin 微物理过程、K-F 积云参数化、RRTM 长波辐射、Dudhia 短波辐射、Monin-Obukhov 近地面层、Noah 陆面过程、YSU 边界层方案等。数值模拟主要包括两个试验:试验 A 为控制试验,在试验中采用真实地形资料进行模拟,目的验证模式是否可以较好地重现本次暴雪过程;试验 B 为敏感性实验,在模式前处理过程中,将山东半岛东部地形去除(将 36.5°~38.0°N,119.5°~122.7°E 范围内的地形高度设置为 0 m),同时将该区域与高度相关的坡度设置为零,地面植被等地表特征未改变。目的是考察去掉地形高度后,海效应降雪发生了怎样的改变。

(1)对降水的影响。试验结果表明,当去除地形后,模拟的降水位置、强度均发生改变,发

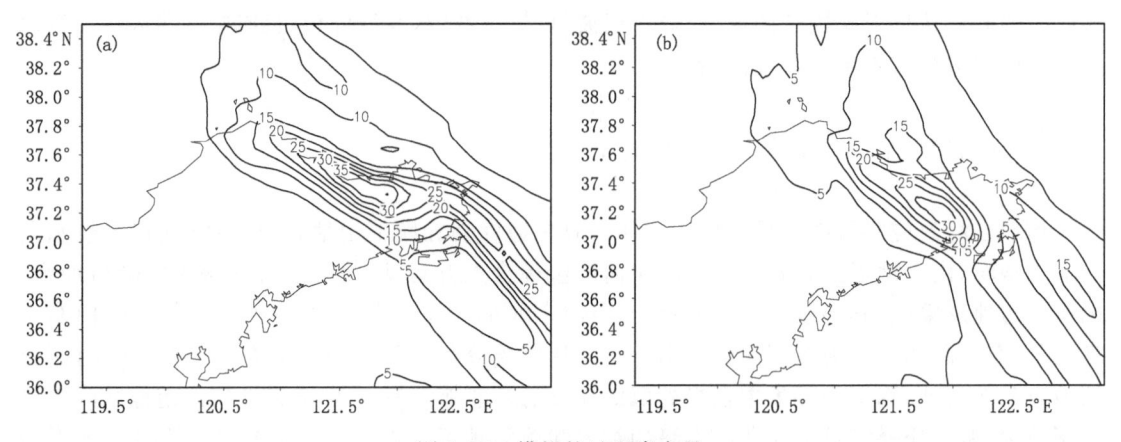

现强降雪落区较有山脉地形时更偏南,降水减弱(图2.54),中心降水量仅为30 mm。

图 2.54 模拟的过程降水量

(a.有山脉地形;b.无山脉地形)

(2)对逆风区的影响。当去除半岛东部山脉地形时,位于121.7°E的垂直环流位置明显南移,移动到37.4°N附近,而垂直环流中心速度也有较明显的减小。同时,在850 hPa高度上,原来存在的多个垂直环流消失,取而代之的是一个沿着海岸带的西北—东南向垂直环流区,但是其垂直运动中心速度明显降低,仅为0.3 m·s^{-1}(图2.55)。这表明尽管陆地高的摩擦系数等对海效应暴雪的影响依然明显,但是山脉地形对海效应暴雪垂直环流的强度和位置同样有很大的影响;同时,山脉地形在一定程度上还能够改变海效应暴雪多尺度系统中对流单体的组织结构和分布。因此,地形通过对垂直环流强度、位置和分布的影响,也能够显著影响到逆风区的形成和分布特征。

(3)对水汽和热力过程的影响。

山东半岛海效应降雪的水汽主要来自北部渤海。研究发现,海效应暴雪水汽主要集中在850 hPa以下,云中雪水等水物质也主要分布在对流层低层,因此,海效应降雪云顶高度一般较低,因此,山脉地形对水汽和水凝物的空间分布影响更大。通过对比试验结果分析发现,山东半岛山脉地形对水物质空间分布影响主要表现在使相对湿度大值区更为集中,且与垂直环流结合更紧密;而雪水含量更大,在存在地形的情况下,雪水含量可达7×10^{-1}g·kg^{-1}以上,且分布更为集中(图2.56a);而去除地形后,雪水含量仅为6×10^{-1}g·kg^{-1},且分布更为松散(图2.56b)。

以上分析表明,山脉地形加强了抬升、辐合运动,这有利于水汽的抬升和辐合,使水汽更容易凝结为雪降落到地面,而降水产生的凝结潜热可以进一步产生位势不稳定,使上升运动加强,造成山东海效应暴雪降雪强度进一步加大。

2.8.2.2 抬升地形试验

对2005年12月6—7日山东半岛的海效应暴雪过程,通过抬升山东半岛地形高度至500 m的敏感性数值试验,发现山东半岛北部地区降水量增大。抬升山东半岛的地形后,辐合作用增强,故半岛北部海效应降雪的强度也得到增强。由于地形整体抬升,故山东半岛南部地区也受到地形的摩擦辐合作用,南部也出现了辐合带,但是由于低层暖湿气团经过陆地较长距离后到达山东半岛南部时,已经消耗殆尽,故半岛南部很难产生强海效应降雪。

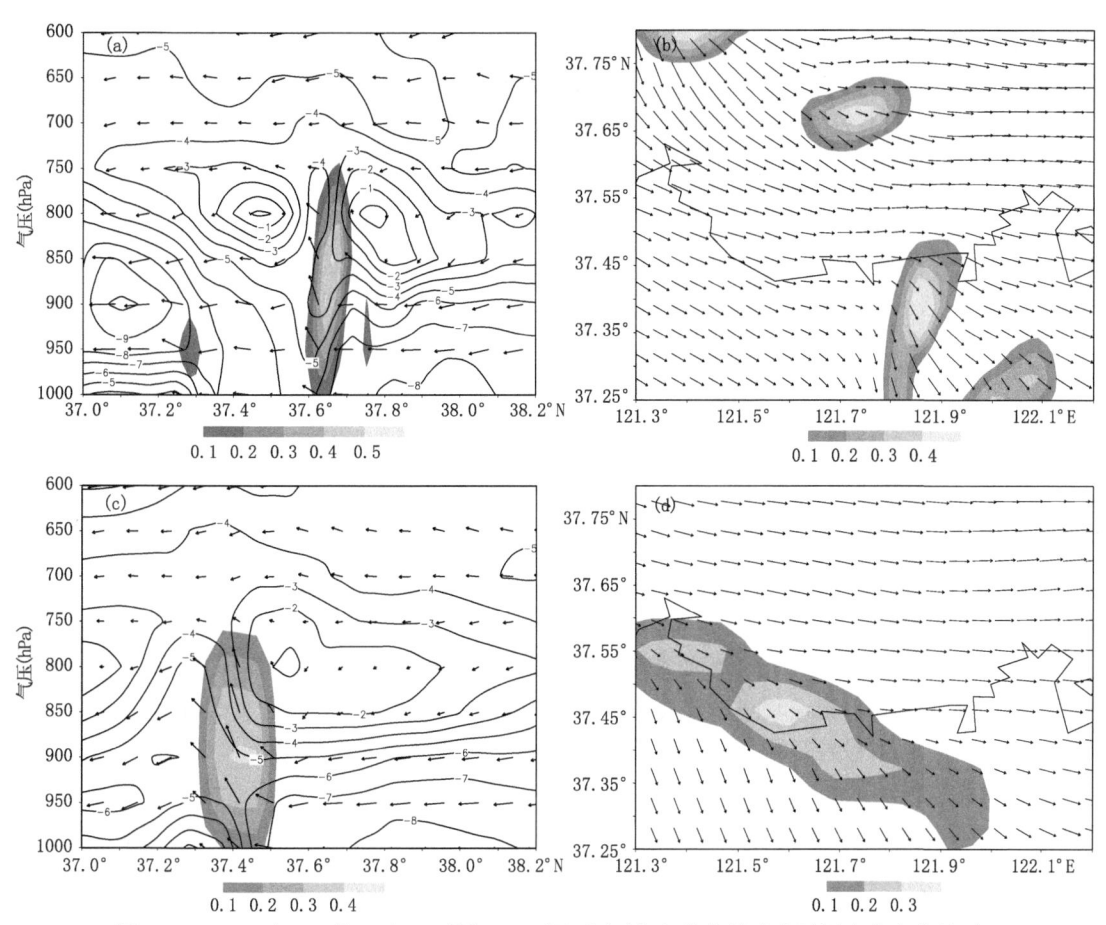

图 2.55　2005 年 12 月 7 日 08 时沿 121.7°E 垂直剖面(等值线为水平风南北向分量)与
850 hPa 水平与垂直速度(单位：m·s^{-1})

(a 和 b 为控制试验结果，c 和 d 为敏感试验结果)

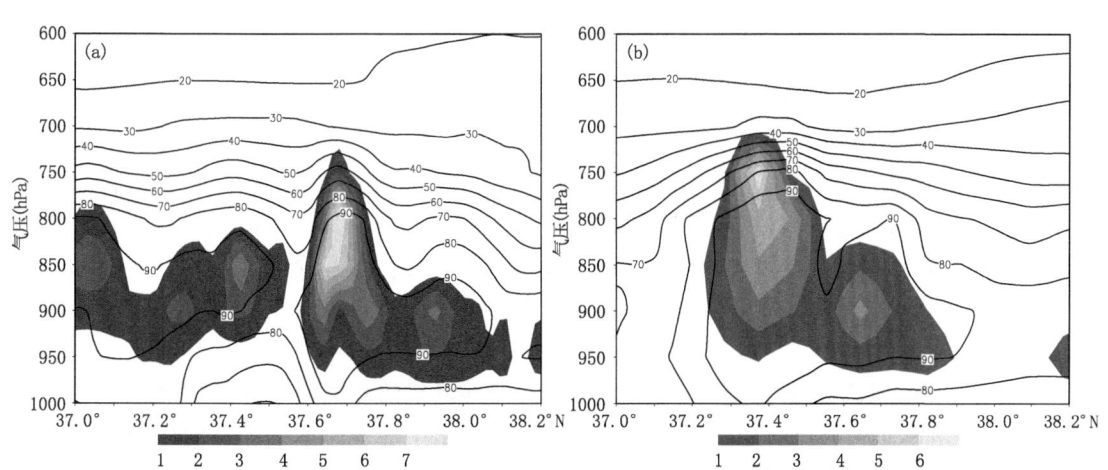

图 2.56　2005 年 12 月 7 日 08 时经过 121.7°E 相对湿度(等值线，单位：%)和雪水混合比

(填色，单位：10^{-1}g·kg^{-1})剖面

(a 为控制试验，b 为敏感性实验)

山东半岛东西向的低山丘陵地形对降雪的影响,近地面西北风从渤海吹向山东半岛北部沿海时,风向转为西西北风,风速减小,从而造成风向风速在低山丘陵北部的辐合上升运动;而山南则相反。山东半岛地形不仅能够促使垂直次级环流增强,而且可以改变海效应暴雪中不同尺度的对流系统的分布状况,同时还改变了海效应暴雪过程中水汽、雪水含量等在空间上的分布,继而影响整个暴雪过程,使相关的海岸锋更明显,暴雪强度更强位置更偏北。

2.8.3 太行山的影响

对 2005 年 12 月 6—7 日山东半岛的海效应暴雪过程,通过降低太行山地形高度至 10 m 的敏感性数值试验,将控制性试验定义为 CTRL,太行山高于 10 m 的地形高度降低至 10 m 后进行的数值模拟试验定义为 TER1。研究发现太行山对渤海海效应降雪有增幅作用。

(1)将 CTRL 和 TER1 试验进行了同时次的对比,降低太行山地形至 10 m 高度后发现,山东半岛北部的地面 10 m 的流场和风场辐合强度减弱,山东半岛北部降雪量减少明显。TER1 结果在山东半岛北部风场辐合强度较同时次 CTRL 试验明显减弱,减弱的区域主要在山东半岛北部地区,其他区域变化不明显。同时流场在山东半岛的辐合也有所减弱,TER1 的流线密度要疏散些。

(2)从太行山—山东半岛的剖面演变来看,700 hPa 以下为高湿区,925 hPa 附近下层为强辐合,上层为强辐散。随着时间的演变,在山东半岛的下游东部海上产生类似陆地上海效应降雪的高湿区,同时伴有弱的辐合的小值分布。说明上游的波动是不断往下传播的,削平太行山后,下游的背风波动减弱,在下游山东半岛北部的 925 hPa 以下的风场辐合强度也略有减弱,延伸东部海上的辐合强度也变小,说明太行山的存在使得山东半岛低层风场辐合加强,海效应降雪增幅。

(3) CTRL 和 TER1 试验的 850 hPa 流场差值表明西北风越过太行山后在背风坡产生波动,波动中的气旋性小涡旋移至山东半岛后,加强了山东半岛本地的辐合强度(图 2.57)。在此过程中太行山背风坡下游对山东半岛产生的波动为固定发生源的重力波,也可称之为"背风波"。

2.8.4 辽东半岛千山山脉的影响

通过雷达观测和中尺度数值模拟,均可发现在渤海海效应暴雪过程中,在对流层低层存在东北风和西北风之间的切变线。环渤海的地面自动站风场(图 2.58)也显示出在辽东半岛西部有明显的东北风。那么,该东北风是如何形成的?是否与长白山南麓的千山山脉有关?

选取了 2 次海效应暴雪过程,采用 WRF3.0 数值模式,进行了两种数值模拟试验,分别为控制性试验和将辽东半岛地形高度降低至 10 m 后进行的敏感性数值模拟试验。2 次海效应暴雪过程分别为 2005 年 12 月 06 日 14 时—07 日 14 时(试验 1)和 2008 年 12 月 04 日 08 时—05 日 08 时(试验 2)。

如果仅去掉辽东半岛的地形,原来在辽东半岛南部形成的北风—东北风的风向辐合会有所减弱,累积降水量中心值由 35 mm 减少为 31 mm,辽东半岛西部海上降雪的区域范围明显减小,同时降雪带有所东移。

试验 1 模拟出了辽东半岛西南部出现东北风,且在较长的时间内东北风一直存在,对地面降水量的加强起到了重要作用。试验 2 在辽东半岛南部虽然没有发现生成明显的东北风,但有段时间中西北风中偏西分量有所减弱。

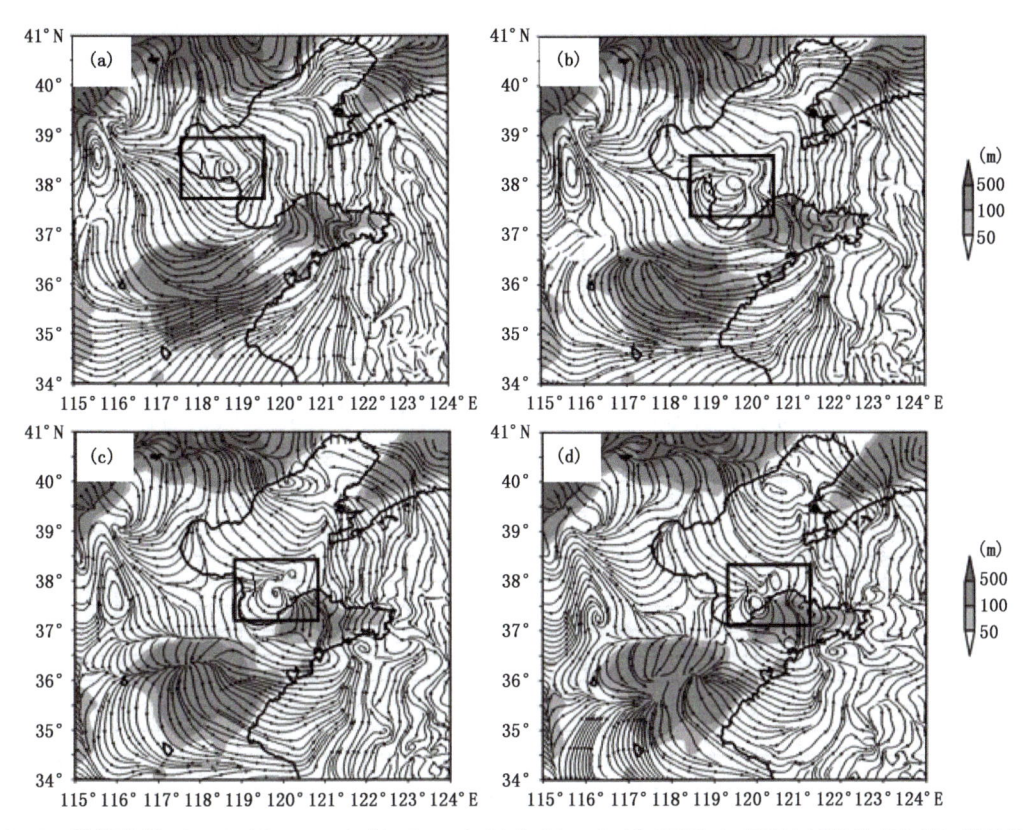

图 2.57　模拟的第 380 min(a)、440 min(b)、500 min(c)和 560 min(d)CTRL 与 TER1 试验的 850 hPa 流场差值（阴影为地形高度）

图 2.58　2008 年 12 月 4 日 20 时地面自动站风场

试验 1 对辽东半岛的地形敏感性试验确实说明了辽东半岛地形对东北风的贡献。试验 2 模拟的地面风场差值为偏西风，主要出现在辽东半岛右侧，即地形的下风坡，下风坡对西北风起到了加强的作用，与试验 1 的结果大相径庭，也说明地形并非地面东北风形成的唯一原因。从试验出现偏离环境风相对明显的时间看，夜间发生概率较大，推理出偏东风可能是海陆风作用居多。

结合地面流场的分析,初步可推测出在地面风力小的情况下,地形的阻挡和海陆风共同作用使得辽东半岛地面出现明显的东北风;地面风力较大的情况下,地形的阻挡和海陆风作用减弱,地面东北风不容易生成。

当辽东半岛至渤海北部一带产生东北风时,与环境风场的西北风构成切变线,产生辐合上升运动,使得山东半岛降雪增幅。

2.9 海效应降雪的卫星云图特征

CALIPSO、CloudSat 和 MODIS 等卫星资料显示出渤海海效应暴雪云在渤海上空有不同的生成源地,可在渤海湾及莱州湾附近、渤海中部、辽东湾附近生成,暴雪云通常在渤海上快速发展。海效应暴雪云有时候表现为云街,有时候表现为局地的块状对流云团,会存在多条降雪云带并有云带合并发展现象,每条云带内部可能存在多个云团(线)(郑怡 等,2014,2019)。降雪云团虽然为浅对流云,但云系冷中心较强,处于旺盛时期的暴雪云团,云底高度在 400 m 左右,云顶最高可达到 4 km(江羽西 等,2016)。在各类卫星云图产品中,高分辨率可见光云图对海效应降雪云的表现最为清晰,而红外云图较为模糊。此外,卫星云图还可以展现出渤海海效应暴雪的"播种—反馈"的云微物理过程(杨成芳 等,2012)。

渤海海效应降雪在红外云图上表现为一片模糊,难以分辨出降雪云的形态。

高分辨率的可见光云图能够清晰地展现海效应降雪云的结构、形态,能够清晰地分辨出"云街"的条纹状特征,可以识别出海效应降雪云覆盖的区域、强降雪的发生区域,还可以分析出云带的引导气流,山东半岛北部沿海的强降雪带存在西北风和东北风的切变线(图 2.59)。

图 2.59 海效应降雪的可见光卫星云图
(a. 2005 年 12 月 6 日 13 时 MODIS;b. 2011 年 12 月 16 日 13 时 MODIS;c. 2021 年 12 月 24 日 15 时 FY4A)

在可见光云图上,点块状对流云团平行排列为云街是海效应降雪可见光云图的基本特征。海效应降雪云按照强度分为4个等级:极弱海效应云、弱海效应云、强海效应云、极强海效应云。这4种云在可见光云图上可以分辨出来。极弱海效应降雪云在云图上呈现淡淡的灰色,块状云团清楚,云团之间为晴空区,条纹状分布不明显,较难看出平行分布,这样的云只会给烟台和威海沿海地区带来阵雪或小雪。弱海效应云,在云图上呈现较明显的灰色,偶尔也夹杂着零星白色云,海效应状条纹较明显,能看出平行分布,条纹中基本没有晴空区,这样的云会给蓬莱以东的烟威北部沿海带来小雪或者小到中雪,雪量可以持续但不大。强海效应云,在云图上呈现明显的白色,偶有灰色,海效应状条纹极其明显且呈平行状分布,条纹中没有晴空区,这样的云持续时间较长,可造成蓬莱以东的烟威北部沿海有中到大雪。极强海效应云,在云图上呈现很亮的白色,除了边缘会有灰色,海效应状条纹已经融合在一起形成面状分布,但从动态云图仍可以看出是呈西北—东南向分布,这样的云会给山东半岛北部沿海地区造成暴雪。

海效应降雪和常见天气过程降雪云图差异显著。2021年12月24日,山东中北部地区为海效应降雪云,呈点块状云街,而山东南部地区上空为低槽前的降雪云,密实而均匀。

2.10 海效应降雪的多普勒天气雷达特征

多普勒天气雷达和风廓线雷达在海效应降雪的研究和短时临近预报业务中应用广泛。研究发现,山东半岛海效应暴雪在多普勒天气雷达的反射率因子图上表现为4种形态:L型、单线型、双线型和宽广型,分别对应不同的暴雪落区(杨成芳,2010a)。暴雪还可出现列车效应、逆风区等特征(刁秀广 等,2011;周雪松 等,2013;孙殿光 等,2016)。雷达风场反演揭示了渤海海效应暴雪的中小尺度特征,对流层低层有东北风和西北风之间的切变线或低压环流存在,且垂直上升运动主要集中在3 km以下,这从观测的角度印证了海效应降雪为低云降雪及数值模拟所揭示的中尺度风场特征(杨成芳 等,2010a;周淑玲 等,2016)。风廓线雷达能够反映出海效应暴雪过程的中低层风场的垂直结构特征(杨成芳 等,2015b;王琪 等,2014,2015)。

山东半岛有烟台和荣成两部多普勒天气雷达。通过多普勒天气雷达的反射率因子识别出降雪的强弱、分布及云高,采用径向速度及雷达风场反演可研究对流层中低层的三维风场结构。本书采用的是EVAP雷达风场反演技术。

2.10.1 阵雪和暴雪的雷达回波特征

2.10.1.1 阵雪

当一次海效应降雪过程趋于结束或北风风速较大时,海效应降雪一般以阵雪形式出现。在多普勒天气雷达的反射率因子图上(图2.60a),半岛东部和北部沿海存在较大范围的回波,回波呈单体小块状,分布零散,类似夏季的对流单体回波。反射率因子的强度多在15~20 dBZ,少部分块状回波的强度可达到25~35 dBZ。径向速度图上(图2.60b),径向速度图形式较为简单,零速度线呈东北西南向分布,负速度在左,正速度在右,因此从低空到高空,风向均为西北风(杨成芳,2010a)。这种回波状态下,降雪具有明显的阵性特点,一般降雪量不足2 mm。

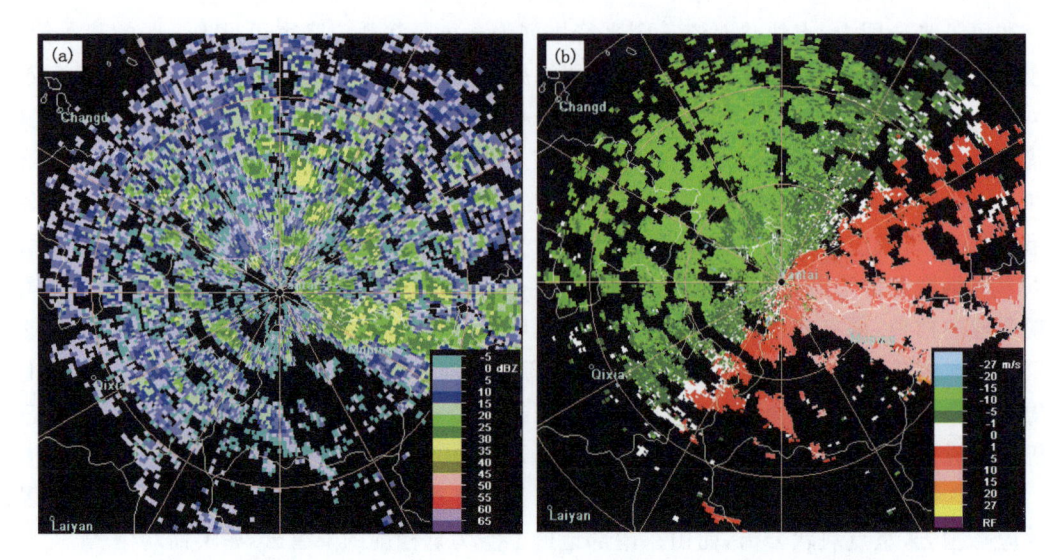

图 2.60　2005 年 12 月 13 日 13 时 31 分 1.5°仰角的径向速度和反射率因子
（a. 反射率因子，b. 径向速度；图中 Changd、Qixia、Laiyan 分别代表长岛、栖霞、莱阳）

2.10.1.2　海效应暴雪

1）径向速度

海效应暴雪发生时，雷达径向速度上可出现低层切变线或逆风区。

低层切变线是海效应暴雪径向速度图上的重要特征。根据径向速度可分析出低层东北风与西北风之间的切变线，且切变线的位置决定强降雪带的落区，当切变线在烟台附近时，烟台将出现强降雪（图 2.61）。

逆风区是指在不跨越原点的情况下，在同一方向的速度区中出现的另一种方向的速度区，是辐合辐散共轭体风场结构在多普勒径向速度图上的表现，说明有中尺度垂直环流存在，有较强上升运动。逆风区是产生强海效应降雪的重要信号，逆风区的面积越大、持续的时间越长，降雪量就越大。暴雪过程的逆风区完整且持续时间长；在大雪天气中，也可以出现逆风区，但其普遍特征是逆风区的持续时间短而零散；中雪以下降雪一般很少出现逆风区。2005 年 12 月 6 日 10 时 33 分—16 时 21 分烟台附近的逆风区生命史长达近 6 h，逆风区出现的时段正对应着强降雪时段。

图 2.62 分别给出了 6 日 14 时 01 分 0.5°仰角沿 330°雷达径向（即西北风方向）穿过逆风区正速度中心并与穿过正速度中心的雷达径向垂直的径向速度和反射率因子垂直剖面图。从径向速度的垂直剖面图上（图 2.62a1,a2），可以清楚地看出风场的辐合和辐散，显示出有垂直环流结构。正如张沛源等（1995）所指出的，逆风区是辐合辐散共轭体风场结构在 PPI 多普勒速度图上的表现，说明有中尺度垂直环流存在。烟台位于山东半岛低山丘陵的北部，西北风经海洋吹向低山丘陵时会因低山的阻挡而局部抬升，引起水平动量交换和向上传输，造成了中尺度垂直环流的形成，而垂直环流有利于低层丰富水汽的向上传输，也有利于降水粒子的降落。反射率因子的垂直剖面（图 2.62b1,b2）显示出，较强反射率因子出现在逆风区附近，高度为 2 km，可见这种降雪为低云降雪。分析烟台 6 日实测降雪强度的时间分布（图略），可以看到，降雪主要集中在 6 日的上午和下午。在逆风区产生的前期 5 日 20 时—6 日 08 时，烟台本站的

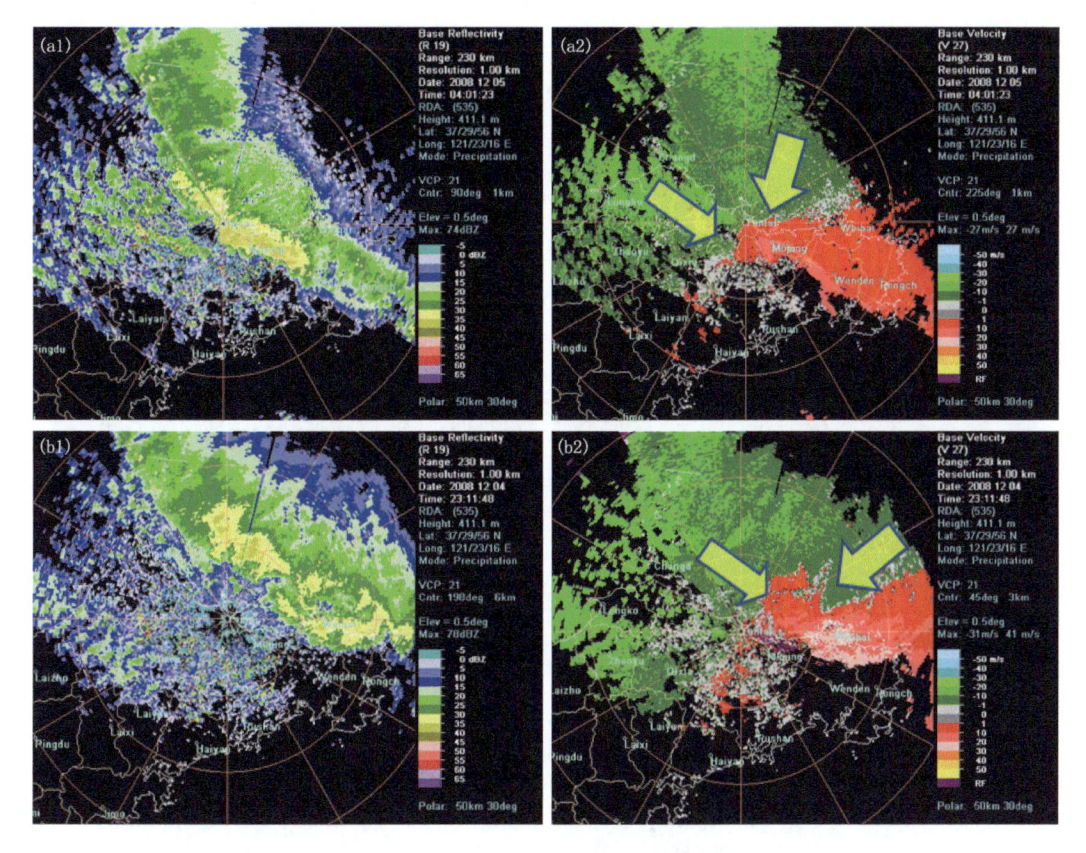

图 2.61 2008 年 12 月 4—5 日 0.5°仰角的反射率因子和径向速度

降雪量只有 3.4 mm。而在逆风区发展的时段内,烟台白天 12 h 降雪量为 17.6 mm,达到了暴雪的强度。烟台以最大降雪量成为该时段半岛地区的降雪中心。这说明径向速度图上逆风区的出现是海效应暴雪的一个强有力的信号。

2)反射率因子

"列车效应"是海效应暴雪反射率因子的常见特征,强反射率因子带的强度可达 35～40 dBZ。强反射率因子带可在某区域持续数小时,造成暴雪。对于每次降雪过程,反射率因子一般开始时为较弱的点块状,逐渐发展为有组织的带状或宽广的块状强回波,最终减弱为大面积的点块状结束。

2.10.2 不同暴雪落区的雷达回波形态

每次海效应降雪过程雷达回波通常表现出以一种回波状态为主长时间维持在某个区域的特点,导致强降雪集中出现该区域,因此,可以通过识别雷达回波形状,确定海效应暴雪的落区,做出暴雪落区的短时临近预报。

对 2005 年 12 月 7 个海效应暴雪日 20 时至次日 20 时的 0.5°仰角的多普勒雷达基本反射率因子和径向速度进行动画分析,发现雷达回波可以精细地反映出降雪带的演变、移动和风场的变化情况。对于每次降雪过程,雷达回波一般开始时为较弱的点块状,逐渐发展为有组织的带状或宽广的块状强回波,最终减弱为大面积的点块状结束。雷达回波主要表现为 4 种形状:

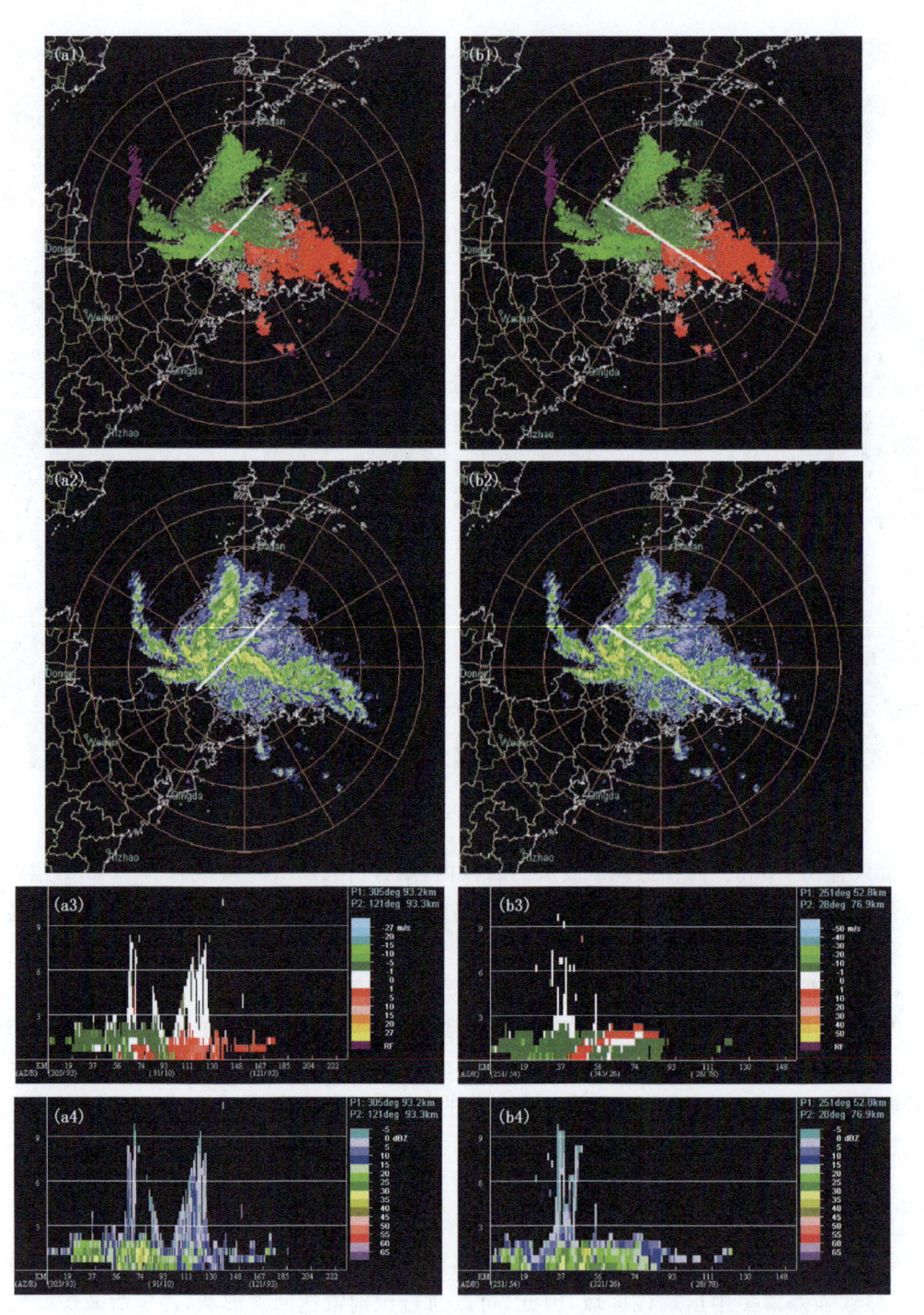

图 2.62　2005 年 12 月 6 日 14 时 01 分 0.5°径向速度和反射率因子及其垂直剖面
(a1,a2 和 b1,b2 为径向速度和反射率因子,图中白色斜线分别为 a3,a4 和 b3,b4 的剖面基线,a3,
a4 和 b3,b4 分别为两条基线的径向速度和反射率因子垂直剖面)

由东北—西南向和西西北向回波连接构成的 L 型回波,狭长的单条带状,两条回波带平行的双带状,宽广的点块状(表 2.7)。

表 2.7 不同海效应暴雪的降雪分布和雷达回波特征

类型	暴雪日期	回波持续时间	降雪分布特征	雷达回波特征
L 型	2005 年 12 月 6 日	16 h（05—20 时）	强降雪区域在烟台—福山—牟平，暴雪中心在烟台	回波形状类似于字母"L"，东北西南向的强回波带位于烟台的西部地区，像"丨"部分；而西北东南向的回波带则平行于海岸线，像"一"部分；径向速度图上显示出海岸线附近有风向切变
	2005 年 12 月 11 日	13 h（03—16 时）	强降雪区域在烟台—牟平—文登，暴雪中心在烟台	
单线型	2005 年 12 月 21 日	18 h（02—20 时）	强降雪在顺风方向呈带状分布在威海—荣城，暴雨中心为威海	单条窄回波带，像列车一样长时间经过某一区域
双线型	2005 年 12 月 4 日	14 h（03—17 时）	出现两个降雪中心，最强中心位于东部回波带经过的区域，即威海地区，另一个中心位于西部回波带经过的招远	两条窄回波带平行分布，东部的雪带最大反射率因子强度和宽度均大于西部的雪带；径向速度图上为西北偏西风
	2005 年 12 月 7 日	8 h（6 日 23 时—7 日 09 时）	只有一个强降雪中心，位于东部回波带的威海—牟平一线，西部回波带降雪弱	
宽广型	2005 年 12 月 12 日	20 h（11 日 20—16 时）	降雪分布区域广，各站点之间的降雪量差别不大，强降雪中心位于文登—荣城一带	回波呈点块状，分布区域广，较为分散；径向速度表现为上下一致的西北风，大速度区宽广
	2005 年 12 月 13 日	12 h（08—20 时）（00—07 时资料缺）	与 12 日类似，强降雪中心位于文登—成山头—荣城	

从表 2.7 给出的每个暴雪日主要回波类型的形态特征、出现的时段和持续的时间中，可以看出不同形状回波的持续时间最短为 1 h，最长为 20 h。结合 1 h 和 3 h 累积降水（图略），发现不仅该日的降水量集中出现在特征回波维持的时段内，而且强回波经过的区域，累积降水量大。可见，每个降雪日雷达回波都表现出了以一种回波状态为主、长时间维持在某个区域的特点，导致强降雪集中出现该区域，因此雷达回波形态反映了降雪云带的落区和强度。基于这个特点，可以采用主要雷达回波形态来对降雪日进行分类，进而结合径向速度图及其他观测资料研究不同降雪类型的产生机制（杨成芳，2010a）。

根据海效应暴雪日的雷达回波状态，降雪云带可分为 4 种主要类型：L 型、单线型、双线型和宽广型。雷达回波主要有 4 种形状：由东北—西南向和西西北向回波连接构成的 L 型回波，狭长的单条带状，两条回波带平行的双带状，宽广的点块状（图 2.63）。以带状最为常见，成片的强反射率因子带的最大值一般在 35～40 dBZ，有明显的列车效应，生命史可长达 8～10 h。列车效应一般出现在 500 hPa 低槽过境后，对应降雪过程中的最强降雪时段。其产生的基本条件是对流层低层有切变线、垂直风向切变小及系统移动缓慢。

1）第一种类型：L 型

2005 年 12 月 6 日和 11 日为典型个例。这种降雪类型雷达回波和降雪分布的共同特点是：基本反射率因子的回波形状类似于字母 L，由东北—西南向和西北—东南向两条回波带连接而成，整体呈现气旋性弯曲，两个方向回波带的连接点位于烟台以西至蓬莱地区。东北—西南向的强回波带自渤海海面向南可延伸至烟台西南部的招远，在蓬莱至招远转向东南方向移

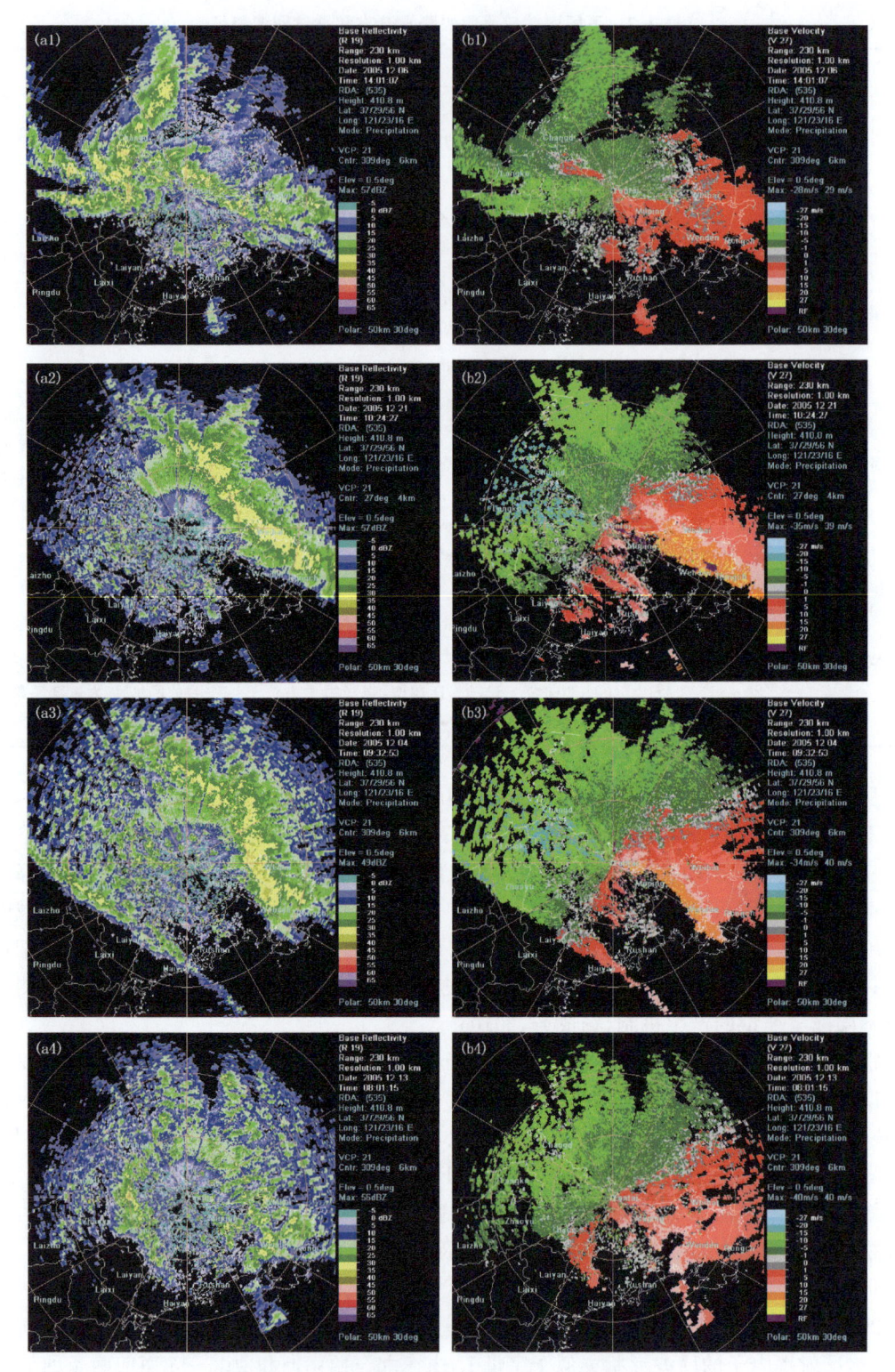

图 2.63 4 种常见海效应暴雪雷达回波形态
(a1 和 b1 为 L 型；a2 和 b2 为单线型；a3 和 b3 为双线型；a4 为 b4 为宽广型)

动,继而形成了半岛北部沿海西北—东南向的回波带,偏向于陆地一侧。径向速度图上显示出,1.0 km 高度以下海岸线附近有东北风—西北风的气旋式风向切变,该切变线西段的拐点(东北风和西北风最西部的转折处)位于烟台或烟台略偏西的区域,切变线接近于半岛北部海岸线。也就是说,山东半岛陆地上为西北风,烟台以东近海的海面上为东北风。这种形状的降雪中心一般位于烟台地区。

L 型回波形态出现在风场速度小的环流背景中,在边界层低层易出现气旋式环流,有利于产生强辐合上升运动,产生更大的降雪。

2)第二种类型:单线型

2005 年 12 月 21 日为典型个例。狭长的带状和显著的列车效应,是此种回波的典型特征。反射率因子自 21 日 01 时起由原来宽广的团状逐渐演变为狭长的带状,回波带的轴心为连成片的 30~35 dBZ 强反射率因子,由西北向东南传播,从烟台缓慢向东移动,06 时强回波带到达威海,此后至 16 时一直稳定维持在威海—荣城一线,核心轴的强度才逐渐减弱为 20~25 dBZ。在此过程中,雷达回波表现出显著的列车效应,强而窄的回波带像静止一般长时间自渤海海峡移过威海地区,使得威海站的 24 h 降雪量达到了 18.4 mm。当强回波带稳定在威海地区时,径向速度图上表现为边界层低层山东半岛的陆地上为西北风,而在烟台以东,距离威海北部 30~40 km 的渤海海峡海域上为东北风,由此构成了切变线,表明在威海的北部近海区域存在气旋式环流,威海地区的低层为辐合上升运动,从而成为强降雪中心。

3)第三种类型:双线型

2005 年 12 月 4 日和 7 日为典型个例。其基本特征是在反射率因子图上,表现为两条窄回波带近于平行分布,东部的回波带的基本反射率因子强度和宽度均明显大于西部的雪带,东部的回波带在烟台以东,成片 30~35 dBZ 的强反射率因子带像列车一样穿过威海—文登—荣城等山东半岛的东部区域,西部的回波带在东部回波带发展强盛之后生成,经招远穿过半岛,直达东南沿海的乳山一带,反射率因子多在 20~25 dBZ,大于 30 dBZ 的回波面积很小,该回波带维持时间较东部回波短。在这种形态下,可出现两个降雪中心,最强中心位于威海地区,另外一个中心多在招远一带,降雪量远小于东部降雪中心。

4)第四种类型:宽广型

2005 年 12 月 12 日和 13 日属于此种类型。反射率因子呈点块状,回波分布区域广,最大反射率因子一般在 30~35 dBZ,强反射率因子较为分散,无有组织的大面积的强反射率因子带。此类最大特点是径向速度宽广而均匀,从低层至高层速度都很大,同时风向较为一致为西北风,在水平方向上没有明显风向风速大小变化,因此这种类型的降雪分布广,各地降雪量不会产生很大的差异。

2.10.3 EVAP 雷达风场反演的应用

2.10.3.1 反演方法介绍

多普勒雷达天气资料能够提供高时空分辨率的观测信息,被广泛地应用到降水天气的中尺度分析中。为了从中获得水平风矢量场,人们研制了各种反演风场的方法,如 VAD、VAP、EVPP、三维变分、四维变分方法等,采用单部或多部雷达的径向速度基数据进行风场反演。

EVAP 反演方法是王俊(2004)在陶祖钰(1992)提出的 VAP 方法基础上扩展而成的。EVAP 方法是在忽略上升速度而考虑粒子下落速度影响的条件下,导出不同高度上的水平径向速度计算公式,然后利用 VAP 方法来反演等高面上二维水平风场。

首先计算等高面上的水平径向速度。空间实际风 $\vec{V}$（图 2.64）可以分为相互垂直的两个分量 V_x、V_h，V_x 为 $\vec{V}$ 在 OX 方向的分量，V_h 为 $\vec{V}$ 在 YOZ 平面上的投影，V_r 为雷达所测的径向速度，V_h、V_r 都在 YOZ 平面上,两者一般不重合。设 V_y、V_z 分别为 V_h 在 OY 和 OZ 方向上的分量,由于 V_h 与 OY 方向的夹角是无法知道的,因此 V_y 难以直接求得。考虑在雷达射线方向：

$$V_r = \vec{V_h} \cdot \vec{r} - V_t \sin\alpha \tag{2.2}$$

所以：
$$\vec{V_h} \cdot \vec{r} = V_r + V_t \sin\alpha \tag{2.3}$$

式中，$\vec{r}$ 为 $\vec{V_r}$ 方向上的单位矢，V_t 是粒子下落速度，α 是雷达天线仰角。

这表明 $\vec{V_h}$ 在 $\vec{r}$ 方向上的投影可以求得，求出的量再投影到 OY 轴上就可以近似作为水平径向速度。考虑到

$$\vec{V_h} \cdot \vec{r} = V_y \cos\alpha + V_z \sin\alpha \tag{2.4}$$

所以：
$$V_y \cos\alpha + V_z \sin\alpha = V_r + V_t \sin\alpha$$
$$V_y \cos\alpha = V_r + (V_t - V_z) \sin\alpha \tag{2.5}$$

式中，V_y 是要计算的量，V_r 是雷达探测的径向速度，V_t 可以利用经验公式由雷达回波强度得到，只有 V_z 是未知的。利用尺度分析可知，对于中 α 尺度和尺度大于 50.0 km 的中 β 尺度的系统，V_z/V_y 小于 10^{-1} 量级，在 V_r 与 V_y 同量级的情况下，式(2.4)中的 V_z 可以忽略；对于尺度在 20~50.0 km 的中 β 尺度的系统，V_z/V_y 在 0.5~0.2（系统的垂直尺度取 10.0 km），进一步考虑到 $\sin\alpha$ 的取值小于 0.5（雷达体扫时的最大仰角一般小于 30°），则 V_z/V_y 在 0.25~0.1，因此，在 V_r 与 V_y 同量级的情况下，式(2.4)中的 V_z 也可以忽略。这表明对于中 β 尺度以上的天气系统，式(2.4)中的 V_z 项可以忽略，因此，V_y 可求：

$$V_y = (V_r + V_t \sin\alpha)/\cos\alpha \tag{2.6}$$

这就是计算水平径向速度的公式。

粒子下降末速度采用下列经验公式（胡明宝，2000）：

$$\text{雨}: V_t = 2.6 Z^{0.107} \left(\frac{\rho_0}{\rho_H}\right)^{0.5} \tag{2.7}$$

$$\text{雪}: V_t = 0.64 Z^{0.006} \left(\frac{\rho_0}{\rho_H}\right)^{0.5} \tag{2.8}$$

式中 ρ_0 和 ρ_H 分别是地面和 H 高度上的大气密度，要确定不同高度的大气密度，需要探空资料，这对于实时计算是不可能的。为简化计算，用标准大气的结果代替，对于标准大气，ρ_H 可表示为：

$$\rho_H = \rho_0 e^{-H/10}$$

则：$\left(\frac{\rho_0}{\rho_H}\right)^{0.5} = e^{H/20}$。式(2.5)、式(2.6)、式(2.7)组成计算水平径向速度的方程组：

$$V_y = (V_r + V_t \sin\alpha)/\cos\alpha$$
$$V_t = 2.6 Z^{0.107} e^{H/20} \text{ 或 } V_t = 0.64 Z^{0.006} e^{H/20} \tag{2.9}$$

根据方程组(2.9)中计算粒子下降末速度的公式可以看出，对于雨滴，取 $Z=10$ dBZ，$H=$

1 km，则 $V_t=3.5$ m·s^{-1}；当 $Z=30$ dBZ，$H=1$ km，则 $V_t=3.9$ m·s^{-1}。当高度增加时，计算的例子下落速度还要增大，这表明粒子下落末速度比忽略的上升气流速度大得多，引入粒子下落末速度项是有意义的。对于雪，当 $Z=30$ dBZ，$H=6$ km，则 $V_t=0.88$ m·s^{-1}，这表明雪晶下落末速度的影响比雨滴小得多，一般情况下也可以忽略。

经过方程组(2.9)算出各点的水平径向速度后，再利用体扫资料经过插值计算得到不同等高面上的水平径向速度，然后应用 VAP 方法，即可反演出不同高度的水平风向、风速。

VAP 方法计算水平风向和风速的公式为(陶祖钰，1992)：

$$\text{水平风向}: \tan\alpha_2 = -\frac{V_{r1}-V_{r2}}{V_{r1}+V_{r2}}\cot\Delta\theta \tag{2.10}$$

$$\text{水平风速}: V_h = \left|\frac{V_{r1}+V_{r2}}{2\cos\alpha_2\cos\Delta\theta}\right| \tag{2.11}$$

式中，V_{r1} 和 V_{r2} 是雷达探测的径向速度，α_2 是径向速度与风矢量的夹角，θ 为方位角。

EVAP 方法反演风场的流程主要为：资料预处理(包括剔除孤立点、补缺测点、退速度模糊、平滑滤波)，等高面上水平径向速度计算(包括粒子下落速度引进、水平径向速度计算、插值计算等高面上水平径向速度)，VAP 法反演风场，风场显示等步骤。

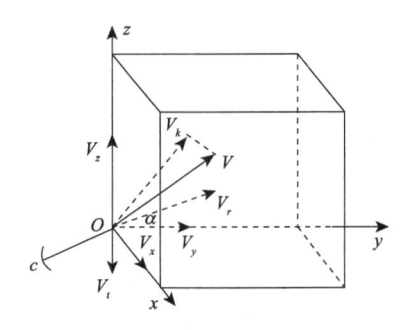

图 2.64 空间风矢量分解

利用该方法成功反演过暴雨、强对流的风场。一个雷达体扫的反演计算不足 1 min，因此 EVAP 反演方法很适合在短时临近预报业务中应用。

2.10.3.2 暴雪个例反演与检验

烟台和荣成多普勒天气雷达正好处于海效应降雪的易发区域内，最大探测范围达 460 km。选取风场和强降雪区域有明显差异的海效应暴雪个例，采用烟台雷达进行 EVAP 风场反演，将反演结果与雷达原始径向速度场、地面自动站和常规天气图等所有可用的探测资料进行比较，以此检验 EVAP 方法对不同暴雪天气过程的反演能力。通过检验充分显示了反演结果的合理性。使用单多普勒雷达资料用 EVAP 方法反演海效应暴雪的不同高度水平风场是合理可信的，可用于中尺度风场分析。

2005 年 12 月 4 日和 6 日，受强冷空气的影响，山东半岛出现了海效应暴雪，这是 2005 年 12 月山东半岛罕见持续性强降雪过程的头两场暴雪。这两次过程的暴雪区域共同点是范围都很小，在 60 km 之内。暴雪中心的分布有明显区别，4 日出现了两个暴雪中心，最强中心位于威海地区，荣成的日降雪量为 27.0 mm，威海为 18.4 mm，次中心位于烟台西部的招远，降雪量为 11.1 mm；而 6 日为单暴雪中心，位于烟台，降雪量为 21.0 mm(图略)。两次过程产生的风场背景也有显著差异，4 日暴雪产生在强西北风条件下，08 时 1000 hPa 山东半岛最东端成山头的西北风风速达到了 14 m·s^{-1},距离烟台最近的内陆探空站点章丘的风向为西北风,风速也达到了 10 m·s^{-1};相比之下,6 日的环境风场较弱,章丘站的风向为西风,风速仅为 4 m·s^{-1}。

1) 烟台暴雪反演风场检验与分析

图 2.65 给出了 2005 年 12 月 6 日 14 时 01 分 0.5°仰角的径向速度和反射率因子。根据径向速度图的识别原则定性估计实际水平风,即依据零等速线的分布,从雷达原点出发,沿径向划一直线到达零等速度上的某一点,过该点划一矢量垂直于此直线,方向从入流径向速度一侧指向出流径向速度一侧,此矢量就表示垂足点所在高度层的实际风向(俞小鼎 等,2006)。在近地面层,雷达站的西侧为偏西风,东侧为偏东风。在雷达西北方向陆地和海洋交界处的 0.5~1.2 km 高度上有逆风区存在,如图 2.65a 中箭头所示,逆风区的北侧为东北风,南侧为西南风,而相同高度上雷达的东南方向则表现出有西北偏西风和东北风的切变线,东北风来自渤海。图 2.65b 中,相应时次的基本反射率因子呈"L 型",东北—西南向的强反射率因子带位于雷达站西侧的负径向速度区内,最强回波区域与径向速度图上逆风区的中西部相对应;与沿海岸线近乎平行的西北—东南向强回波带位于切变线附近,处在风场的风向辐合中。由此可见,强反射率因子带与切变线是密切相关的,降雪发生在有风场辐合的切变线区域内。

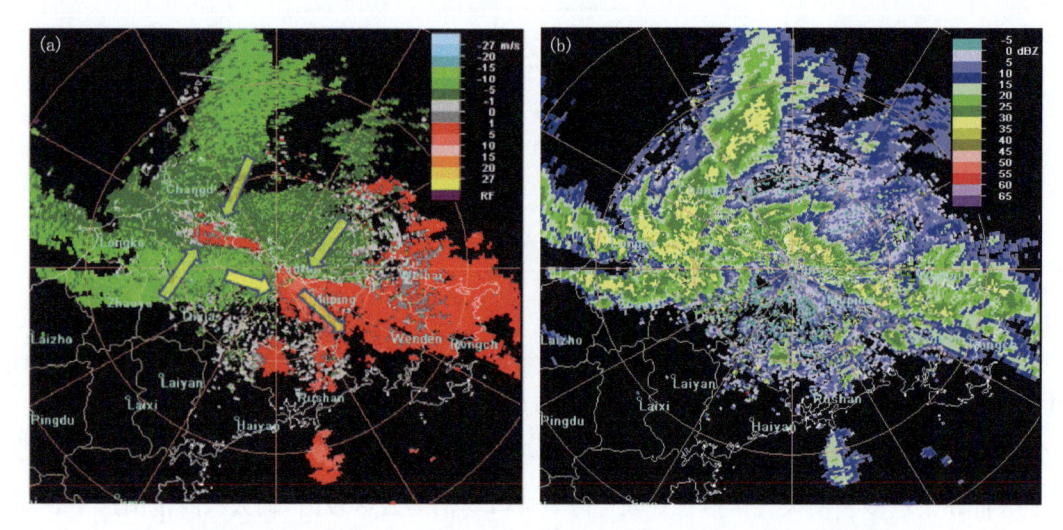

图 2.65 2005 年 12 月 6 日 14 时 01 分 0.5°仰角的径向速度(a)和反射率因子(b)
(雷达距离圈间距为 50 km,方位角划分线为 30°;a 图负速度代表朝向雷达,
正速度代表离开雷达,箭头为根据径向速度定性估计出的实际风)

采用反演的最低海拔高度 0.61 km 作为近地面层风场与地面自动观测站实测风进行比较。该高度雷达的可探测范围内有烟台和福山两个自动站,分别对应图 2.66 中的 B 点和 C 点。6 日 14 时烟台自动站的实测风为 2 m·s^{-1} 的东北风,雷达站(A 点)西部的福山站为 6 m·s^{-1} 的西风,两站之间应存在风向和风速的辐合(图 2.66a)。反演的同时在近地面风场上(图 2.66b),可以看到存在一条切变线,切变线东部的沿海及海上为东北风,西部的陆地上为西西北风,烟台自动站处在东北风区域内,福山自动站处在偏西风区域内,这说明反演的风向与自动站实测风向基本一致;比较风速来看,切变线以东烟台附近的风速为 2 m·s^{-1},与自

动站风速相同,福山附近的风速为 4 m·s^{-1},略低于自动站的风速。自动站的实测风场和反演的风场对比分析表明,反演的近地面风矢量与观测事实基本相吻合。

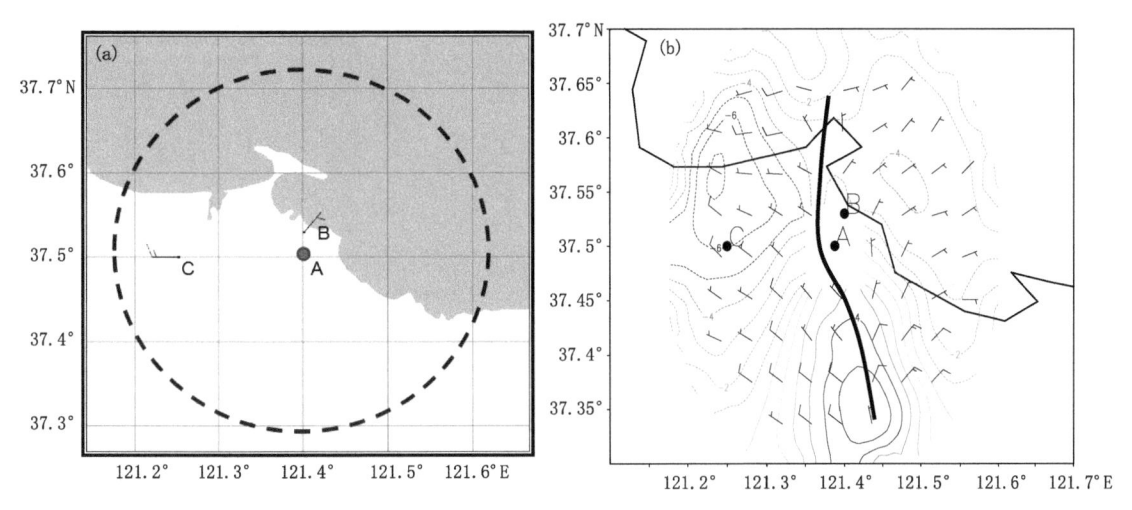

图 2.66 2005 年 12 月 6 日 14 时地面自动观测站风场(a)和 14 时 01 分 0.61 km 等高面径向速度、反演风场(b) (A,B,C 分别代表烟台多普勒雷达站、烟台自动站和福山自动站,风矢量每道风羽代表 4 m·s^{-1},a 中断线圆圈为雷达 0.5°仰角 0.61 km 高度的观测范围;b 中细等值线为原始径向速度,单位:m·s^{-1},粗曲线为切变线)

将雷达实测的径向速度插值到各等高面上,并与反演的风场叠加显示,获得 0.61 km 等高面的反演风场和径向速度,以此分析反演的风场是否与原始径向速度相符。从图中可以看出以雷达为原点,过 135°和 225°为零速度线,两条零线之间为正速度,其他区域为负速度。雷达站两侧存在两个负速度中心,西侧中心强度大于东侧,由此可判断出在该雷达略偏西的位置存在一条近乎经向的切变线,其东西两侧应分别为东北风和西北风。这与反演的风场相符,表明反演的风场是合理的。

与径向速度一样,将雷达实测的反射率因子插值到各等高面上,并与反演的风场叠加显示。在 1.01 km 高度上(图 2.67a),反演风场显示出在雷达原点的西北和东南方向存在两条切变线,西北风方向的切变线由西南风和东北风构成,另外一条由西北风和东北风构成,强反射率因子带位于切变线上。1.41 km 等高面的覆盖范围更广,其反演风场结构(图 2.67b)与 1.01 km 类似,仍然有两条切变线,不同的是在雷达西北方为偏西风与东北风。按照天气学原理,从降雪产生的动力条件来分析,降雪的产生是由低层辐合上升运动引起的,而强反射率因子带对应强降雪区域。以上风场分析可以看出,虽然 6 日的背景风场较弱,但是反演的风场仍然很清楚地反映出了在对流层的中低层存在明显的风场切变,且风场切变位于强反射率因子带上,风场切变产生辐合上升运动,从而产生强降雪,这说明了反演的风场结构可以很好地揭示暴雪产生的动力原因。

2) 威海暴雪反演风场的检验与分析

1.21 km 等高面上(图 2.68a),雷达原点的西北侧为 −10~−15 m·s^{-1} 的负径向速度,东南侧为大于 10 m·s^{-1} 的正速度,由此构成了过原点的西北风强风速轴;雷达反演也显示出了该区域的西北风,风速为 4~8 m·s^{-1},说明该区域的反演风场的风向与雷达原始径向速度一致,是可信的。1.61 km 等高面上(图 2.68b)的径向速度图上,以雷达为原点,在第四象限为

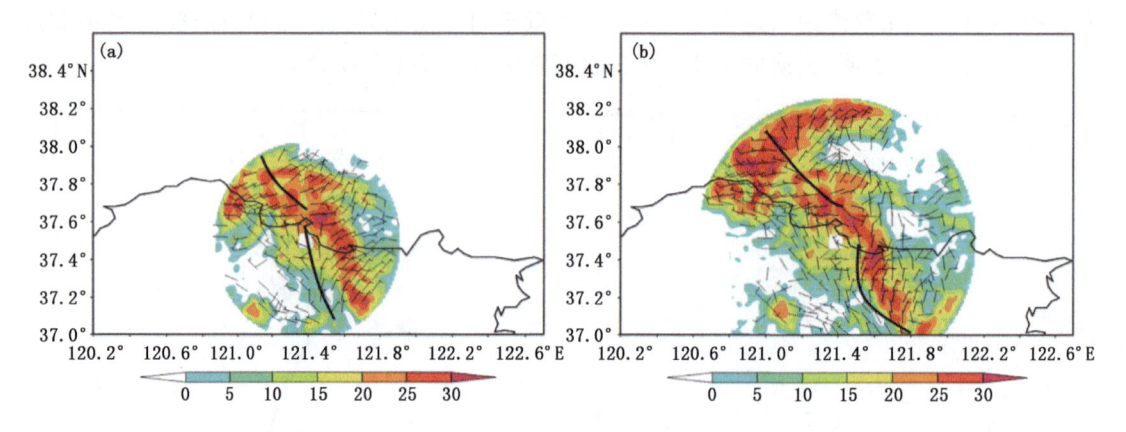

图 2.67 2005 年 12 月 6 日 14 时 01 分反射率因子及反演风场
（a 为 1.01 km 等高面，b 为 1.41 km 等高面，彩色填充部分为反射率因子，单位：dBZ）

正速度，最大正速度达 17 m·s^{-1} 以上，其他象限及一、四象限的右侧为负速度，负速度中心值为 $-12\sim-15$ m·s^{-1}，实测的径向速度与相应高度的探空站强风速是一致的。从径向速度判别出，整个回波带以西北风为主，只有回波带的右侧为弱的东北风。反演风场与雷达实测径向速度的吻合充分显示了反演结果的合理性。

4 日各等高面的反演风场均显示出了切变辐合。1.21 km 高度上存在西北风与东北风的切变线，强反射率因子带处在切变线的东北风一侧（图 2.68c）。1.61 km 高度上反射率因子显示出了双强回波带结构，东部回波带强于西部（图 2.68d）。西部弱回波带的反演风为西北风，风向辐合发生在东部强回波带上，其中回波的北端为西北风与东北风的辐合，南端为西北偏北风与弱的东北风之间的切变，这与径向速度识别出来的风场基本一致。西北风与东北风之间的切变也合理地解释了 4 日暴雪产生的动力机制。

对比 4 日和 6 日两次过程的反演风场，发现二者最显著不同的地方表现在风向上，4 日反演风场中为一致的偏北风，强反射率因子带处在西北偏北风一侧，这是 4 日的切变线与 6 日不同的主要地方，也可称为辐合线。4 日 08 时的观测实况 925 hPa 和 850 hPa 成山头为西北偏北风（图 2.68e,f），也与 6 日的西北风不同，与反演风场是一致的。造成这种风场分布的主要原因可能为 4 日的西北风风速较大，实测径向速度和探空风场都说明了这一点。这两次过程均较为成功地反演出能够揭示海效应暴雪动力特征的切变线，说明 EVAP 方法对不同风场条件的暴雪中尺度系统都有一定的反演能力。

反演风场显示的中尺度风切变可能是山东半岛的低山丘陵地形及海陆差异引起的，但是从高空图的实测风场难以看出低层风向切变的痕迹，如 4 日 925 hPa 和 850 hPa 两个等压面图上渤海和黄海周边地区均为西北风，没有东北风出现。因此，反演风场表现出了高时空分辨率和较准确反映出暴雪发生的中尺度风场结构的优势。

通过以上对山东半岛风场条件和暴雪区域都不同的两次海效应暴雪个例进行雷达风场反演，可以得出以下几点结论：①EVAP 方法反演的不同等高面水平风场与雷达原始径向速度定性估计出的风场相吻合，充分显示了反演结果的合理性；②反演的近地面风场与雷达可探测范围内的自动气象站实测风场无论是风向还是风速基本一致；③EVAP 方法对强风和弱风的海效应暴雪个例都有较好的反演结果，可反演出不同高度的风场结构，西南风与东北风、西北

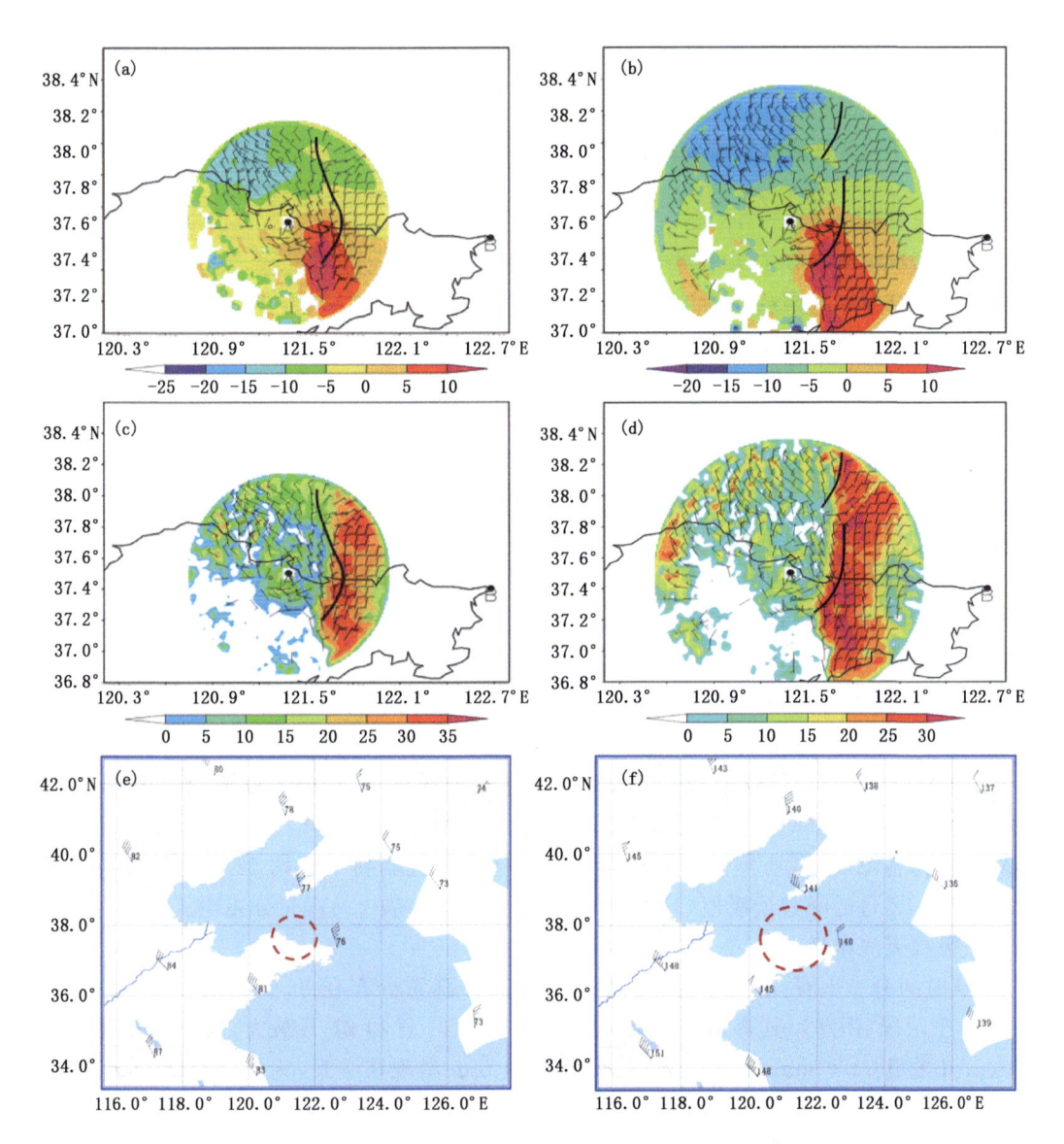

图 2.68 2005 年 12 月 4 日 08 时 01 分径向速度、反射率因子、反演风场和高空图 (a.1.21 km 径向速度与反演风场;b.1.61 km 径向速度与反演风场;c.1.21 km 反射率因子与反演风场; d.1.61 km 反射率因子与反演风场;e.925 hPa 探空风场;f.850 hPa 探空风场。其中,a 和 b 中彩色填充为径向速度,单位:m·s^{-1};c 和 d 彩色填充为反射率因子,单位:dBZ;e 和 f 中高度单位:dagpm, 红色圆圈表示雷达可探测距离)

风与东北风之间的切变线与强回波带相对应,揭示了暴雪产生的动力机制。反演的高时空分辨率的中尺度风场信息弥补了天气图上仅能分析出西北风的缺憾。在本试验过程中,一个体扫的反演计算不足 1 min,因此 EVAP 反演方法很适合在海效应降雪的短时临近预报业务中应用(杨成芳 等,2009,2010a)。

2.11 著名海效应暴雪个例

2.11.1 2005年12月持续性海效应暴雪

2.11.1.1 降雪特点

2005年12月3—21日,山东半岛出现了持续性海效应强降雪过程,此次过程的降雪量、降雪强度、持续时间、积雪均刷新了本地有气象观测资料以来的纪录。降雪过程自12月3日夜间开始,至21日夜间结束,发生在3—8日,11—17日和20—21日3个阶段,共出现了17个降雪日,其中暴雪日达7 d(图2.69a)。降雪主要分布在半岛东北部的低山丘陵以北地区(图2.69b),过程降雪量最大的是威海市区,达98.5 mm,比本站12月的总降雪量历史极值(1992年)多16.1 mm,其次是烟台市区为80.0 mm,单站日最大降雪量为27.0 mm(4日出现在荣成站)。

此次持续降雪过程具有以下特点:

(1)降雪性质为海效应降雪。考察各站降雪日成山头850 hPa以下各层次各时次的风向,发现只有3日为西南风,其他降雪日均为西北风(表略),具备海效应降雪的特征。因此3日为暖区降雪,其他时段为西北气流下的海效应降雪。

(2)降雪强度大、持续时间长。2005年12月3—21日,在降雪量较大的5个站中有4个站出现了16 d降雪日,1个站出现了17 d,其中威海出现了3 d暴雪日,4 d大雪日,烟台出现了2 d暴雪日,5 d大雪日;各站的大雪以上日数超过了本站12月降雪日数的历史极值。3—21日,威海市区降雪量最大达98.5 mm,烟台市区为80.0 mm;烟台、牟平、威海、文登、乳山5站的降雪量为各站12月历年平均降雪量的3.4~5倍,且刷新了本站12月降雪量的历史纪录,烟台市比12月的降雪量极值(1992年)还多29.5 mm(表2.8),充分表明了本次持续性降雪是一次极端天气事件。

(3)从时间分布上看,降雪存在着明显的阶段性。降雪分布在3—7日,10—17日和20—21日共3个阶段(图略),其降雪强度以4日、6—7日、11日和21日最大,均产生了暴雪。烟台最大日降雪量21.0 mm,出现在6日,威海24.4 mm出现在7日,为该站有气象记录(1959年)以来的最大值。由于三次过程间隔时间短,无降雪或弱降雪时段少,气温持续走低,使得大量降雪持续累积,雪灾加剧。烟台、威海、文登、荣成等地的最大雪深均为当地有气象记录以来的最大值。

(4)降雪分布具有显著的地域性特征。从全省范围来看,强降雪落区集中出现在山东半岛的北部地区,鲁西北、鲁中和半岛的南部地区过程降雪量均低于5 mm,且发生在3日的西风槽影响时的暖区中。暴雪主要分布在威海全市以及烟台北部的县市,即在山东半岛低山丘陵的北部沿海地区(位于渤海南部),而丘陵以南地区降雪量迅速减少,以位于丘陵南部的乳山和石岛站为例,3—21日期间的总降雪量不足10 mm。这是山东半岛海效应降雪的典型分布特征。

由于这场降雪局地性强,持续时间长,降雪量大,因而造成了严重的雪灾。各地学校停课、陆上交通瘫痪、航班延误、海上航线停航等,给当地生产和生活造成巨大损失,仅威海市经济损失就达5亿元以上。引起的罕见雪灾受到公众的密切关注,被列为我国2005年十大天气气候事件之一(杨成芳 等,2008)。

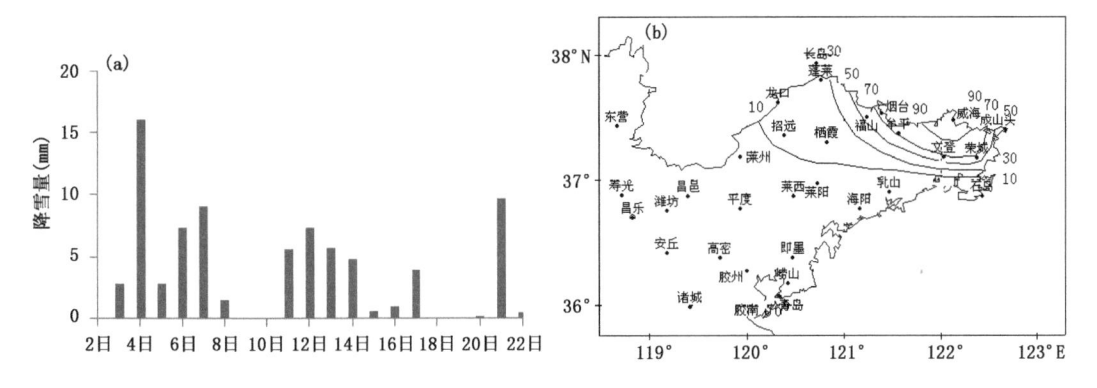

图 2.69 2005 年 12 月 3—21 日逐日降雪量(a)及总降雪量分布(b)(单位:mm)

表 2.8 2005 年 12 月 3—21 日及历年各站 12 月平均降雪量、降雪日数

类别	时间	烟台	牟平	威海	文登	荣成
降雪量 (mm)	12 月 3—21 日	80.0	69.5	98.5	70.1	71.4
	2005 年 12 月	82.6	70.2	100.9	70.3	73.1
	历年 12 月平均	18.7	18.3	19.6	20.8	17.7
	12 月历史极值及发生年份	49.5 1992	50.6 1992	82.4 1992	66.4 1992	78.0 1992
降雪日数 (d)	12 月 3—21 日	16	16	16	17	16
	2005 年 12 月	17	16	17	15	16
	历年 12 月平均	7.6	7.5	8.2	7.8	7.2
	12 月历史极值及发生年份	17 1956,2005	16 2005	17 1967,2005	15 2005	16 2005
大雪以上 降雪日数 (d)	12 月 3—21 日	7	7	7	4	4
	2005 年 12 月	6	7	7	4	4
	12 月历史极值	2	3	3	3	3

注:降雪量的时间段为 20 时至次日 20 时,多年平均值为建站年至 2004 年,日降雪量极值为各站建站以来的极值。

2.11.1.2 环流背景

2005 年 12 月山东半岛的持续降雪与大气环流异常有关。从 2005 年 12 月沿 60°N 的 500 hPa 高度场的纬向时间演变图上(图略)可以清楚地看到,欧亚大陆中高纬度地区在不同的降雪阶段环流形势具有差异性。在第一降雪阶段表现为明显的"双阻型"阻塞高压;而第二和第三阶段阻塞高压消失,演变为两槽一脊形势。

在第一降雪阶段的 500 hPa 高度场平均环流图上(图 2.70a),欧亚中高纬度地区为"双阻型",庞大的高压位于亚洲大陆 55°N 的以北地区,贝加尔湖的东南地区至日本海为低压带。位涡场与高度场相配合,高位涡位于高压两侧的低压区内,从贝加尔湖的东南部至东海地区为高位涡带,渤海和山东半岛处于高位涡带中,而低位涡区则在高压脊内。从逐日位势高度和位涡图上(图略),3 日位于东北地区的低涡加强南下,有高位涡影响山东,鲁西北和半岛地区首次出现降雪。自 4 日开始,随着位涡南下控制渤海和山东地区,其他地区降雪结束,而半岛的东北部地区转为海效应降雪。6—7 日,来自阻塞高压前部鄂霍茨克海的冷空气从东北地区入侵,又造成了强降雪过程。

自 12 月 7 日开始,一直盘踞在极地的极涡开始加强,并移出极地向东亚地区的北部移动。受其影响,中高纬度环流出现了转折性调整,原来两槽两脊的阻塞高压形势开始变形,位于东西伯利亚的高压被迫向西退缩减弱,并与 30°E 附近东移的高压脊同位相叠加,9 日开始演变为高压脊。此后,欧亚中高纬度地区表现为两槽一脊形势,呈现明显的"Ω"型,强大的高压脊控制了乌拉尔山以东地区,东亚地区为低压区(图 2.70b)。在极涡南下和阻塞形势演变的过程中,冷空气从两条路径影响我国东部地区。一条路径来自高压脊前,脊前的低压扰动携带着冷空气自中西伯利亚高原东部南下,经过我国东北地区入侵到渤海,这股冷空气造成了 11 日开始的第二阶段降雪。与此同时,极涡继续发展南下,至 12 日已经到达东西伯利亚地区演变成为强盛的脊前低压,在后面的 5 d 时间里,极涡控制了我国的东北地区,从极涡里不断分裂出冷空气向南扩散,又造成了 13—17 日的降雪。第二条路径的冷空气来自原来阻高西部的低压,这个低压在阻塞高压西退的同时,从高压脊中部穿过缓慢向东南移动,于 8 日变成了切断低压,当单阻形势形成时,该低压移至高压脊的东南部,停滞于新疆并逐渐减弱成为脊前宽广横槽的一部分,但其携带的较弱冷空气于 14 日仍然影响山东半岛,产生降雪。

第三阶段,极涡从 18 日开始逐渐东移到日本海以东地区,环流形势再次调整。从 20—22 日的平均高度场(图 2.70c)来看,中高纬度地区主要环流形势仍为两槽一脊,与第二阶段不同的是,东西伯利亚地区重新建立起稳定的高压坝。来自宽广高压脊西部的低压扰动沿着高压脊的北端向东南发展,其引导的冷空气经过贝加尔湖地区以西北路径影响华北地区,造成了 20 日夜间至 21 日夜间山东半岛的又一次强降雪过程。22 日开始,高压脊东移带来的暖平流覆盖了山东及渤海地区,持续降雪过程结束。

从以上分析可知,在整个降雪过程中,阻塞环流形势经历了转型,从而导致了不同路径的冷空气影响渤海及山东地区并产生降雪,在这个过程中极涡从极地的移出起到关键作用。无论哪种环流形势都有利于冷空气沿西北气流频繁南下,成为山东半岛降雪的冷空气来源。

2.11.1.3 冷空气活动

图 2.71 给出了 2005 年 12 月 2—22 日成山头 850 hPa 的 20 时温度和威海本站的 24 小时降水量逐日变化。从图中可以看出,成山头共有 10 d 为负变温,其中 1 次为两天持续降温,24 h 最大降温幅度为 7 ℃,表明共有 10 次冷空气入侵山东半岛地区,可见冷空气非常频繁。自 12 月 4 日起,850 hPa 的温度曲线和威海的 24 h 降雪量曲线基本上呈现反位相,当冷空气影响降温时,降雪开始产生,而升温时,降雪量减小或停止。考察成山头 850 hPa 的温度,发现 3 日以后的降雪日中,成山头 08 时的温度均低于 −11 ℃,20 时的温度低于 −9 ℃。在 7 个暴雪日中,850 hPa 的温度都在 −12 ℃ 以下,其中有两次低于 −14 ℃。这表明了形成海效应暴雪需要有一定强度的西北路冷空气侵入。850 hPa 天气图上成山头的温度可以作为一个预报参考指标。

分析 2005 年 12 月持续性海效应暴雪过程影响渤海和山东半岛地区的冷空气路径(图 2.19),发现冷空气的源地和路径共有 4 种。第一种来源于阻塞高压东侧的东西伯利亚的西部地区,经贝加尔湖的西南部向渤海入侵(路径 A),3—4 日、6—7 日的暴雪即为此种路径;第二种的冷空气源自东伯利亚的东部或鄂霍茨克海,从贝加尔湖以东的广大地区(多数为我国的东

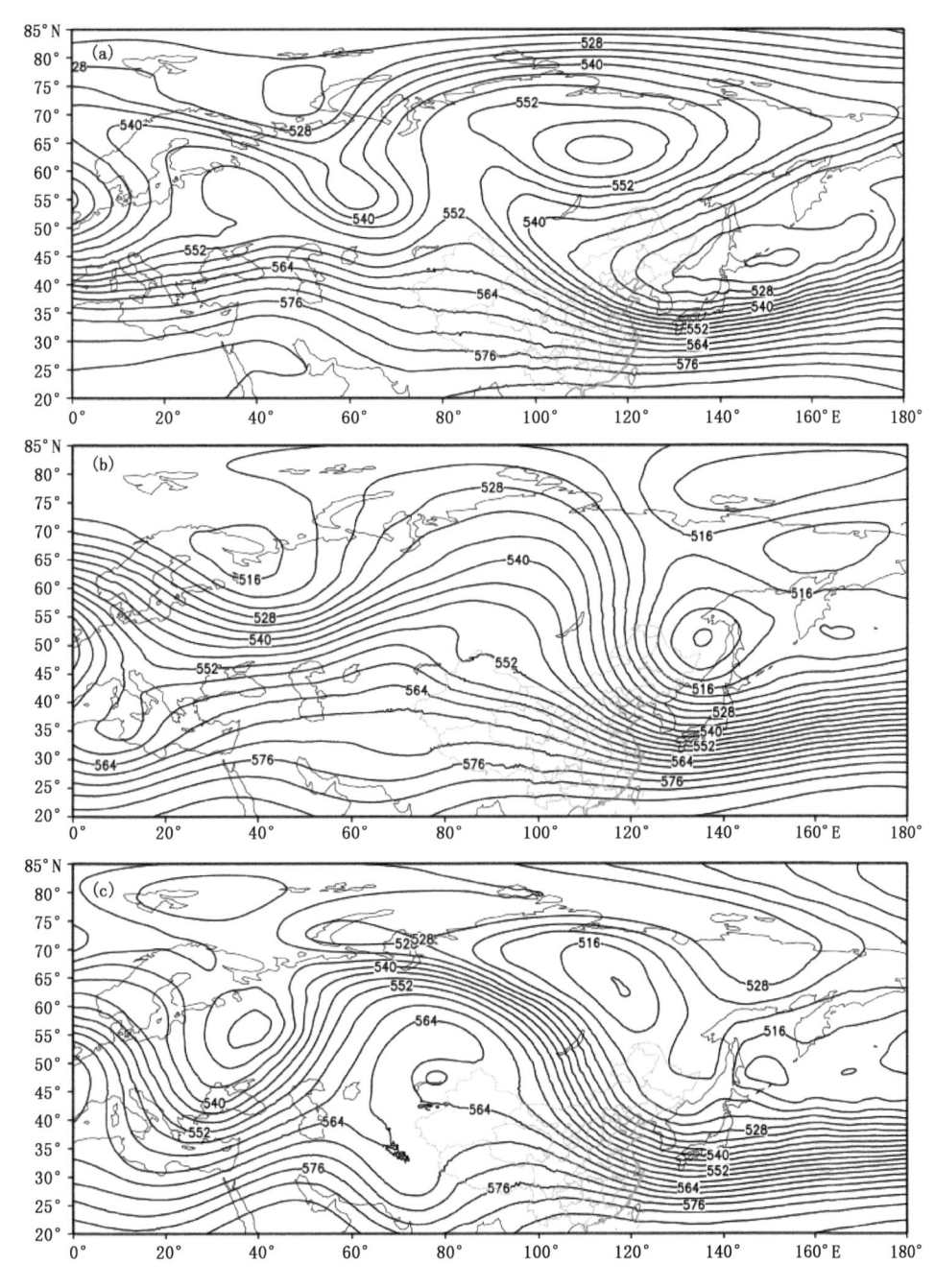

图 2.70　2005 年 12 月各降雪阶段 500 hPa 平均高度场(单位:dagpm)
(a.3—8 日,b.10—17 日,c.20—22 日)

北地区)自北向南压(路径 B),如 11—13 日和 17 日的冷空气;第三种冷空气来自高压脊西侧的低压,从欧洲中部穿过高压脊,长途跋涉到达新疆地区,停滞酝酿多日后再经过河套地区取偏西路径影响(路径 C),14 日的冷空气属于这种路径;第四种冷空气穿过贝加尔湖向东南移动(路径 D),造成了 21—22 日的最后一场降雪。

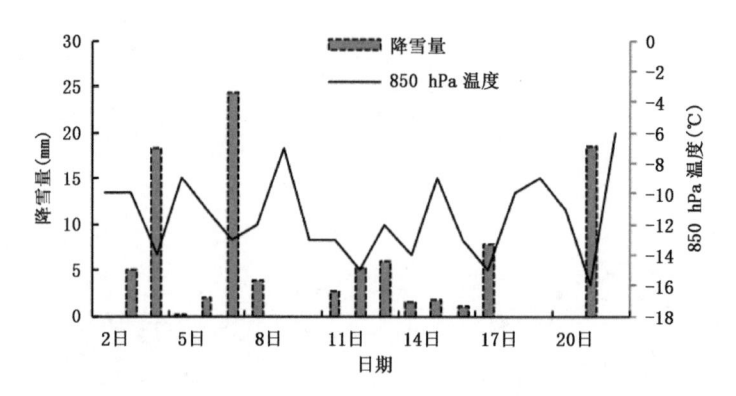

图 2.71　2005 年 12 月 2—22 日成山头 850 hPa 20 时的温度和威海降水量逐日变化

无论是单次降雪过程还是持续性降雪过程，以上冷空气的源地和入侵路径基本包含其中。

2.11.1.4　物理量场特征

通过分析 7 个暴雪日的假相当位温(θ_{se})、对流有效位能、水汽通量、水汽通量散度、垂直速度、散度、涡度等物理量，来考察海效应暴雪产生的热力、动力学特征和水汽条件。

1）热力特征

图 2.72 为 12 月 3—21 日烟台所有海效应暴雪日 θ_{se} 的平均分布（威海暴雪日分析结果类似，略）。可以看出，暴雪发生时，西北东南分布的 θ_{se} 高能舌从黄海南部至渤海，贯穿山东半岛东部。θ_{se} 的高值区在黄海至东海，山东半岛的 θ_{se} 在 274～276 K，山东的中西部地区及华北、东北地区均为低值区。θ_{se} 的高值区为大气层结不稳定区，为暴雪的产生提供了必要的热力条件，

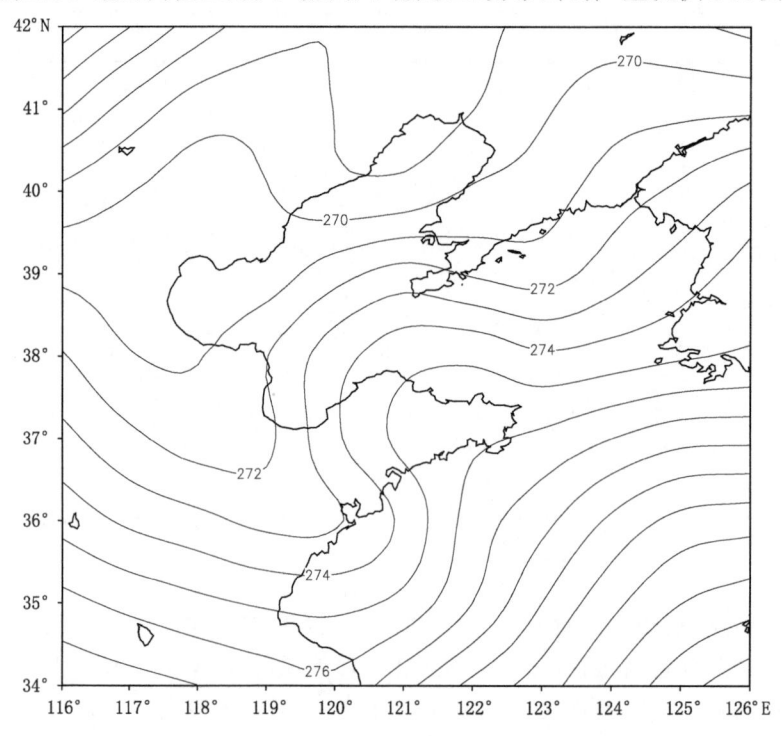

图 2.72　烟台暴雪日 850 hPa 平均假相当位温（单位：K）

暴雪区烟台和威海位于高能区域内。这说明海效应暴雪和暴雨一样,都是产生在θ_{se}高能舌长轴线附近。

2)水汽条件

充足的水汽输送是海效应暴雪的必要条件。海效应降雪发生在西北冷平流下,而没有西南暖湿气流配合,说明环境场是不可能提供水汽的,那么水汽来源于哪里,其分布又有什么特征?从烟台(37.53°N,121.40°E)暴雪日 1000 hPa 平均水汽通量矢量和水汽通量散度图(图 2.73a)上可以看到,水汽输送方向为西北—东南向,在渤海西北部入海前,水汽通量值很小,而进入渤海后逐渐加大,尤其是从渤海中部开始增大明显,表明渤海为水汽源地,在西北气流下输送到山东半岛。结合风场的变化(图略),发现水汽通量的变化是由于西北气流的变化引起的。水汽辐合产生在渤海南部至山东半岛的西北部地区,辐合中心位于烟台略偏西,水汽通量散度达到了-30×10^{-5} g·hPa^{-1}·cm^{-2}·s^{-1}以上,有利于产生强降雪。从水汽通量散度的垂直剖面图来看(图 2.73b),在 925 hPa 高度以下为水汽辐合(对应负值),最大辐合中心在最低层 1000 hPa;在辐合层的上空 925 hPa 高度以上则为水汽辐散(对应正值),辐散层的最大高度在 700~500 hPa,最大辐散中心位于 850 hPa 附近,在垂直方向上与辐合中心相对应;从水平方向来看,低层水汽辐合集中在 119.5°~121.7°E 区域内。这表明海效应暴雪的水汽辐合层相当浅薄,且范围狭窄。以此也可以解释海效应暴雪是一种局地性强的低云降雪。

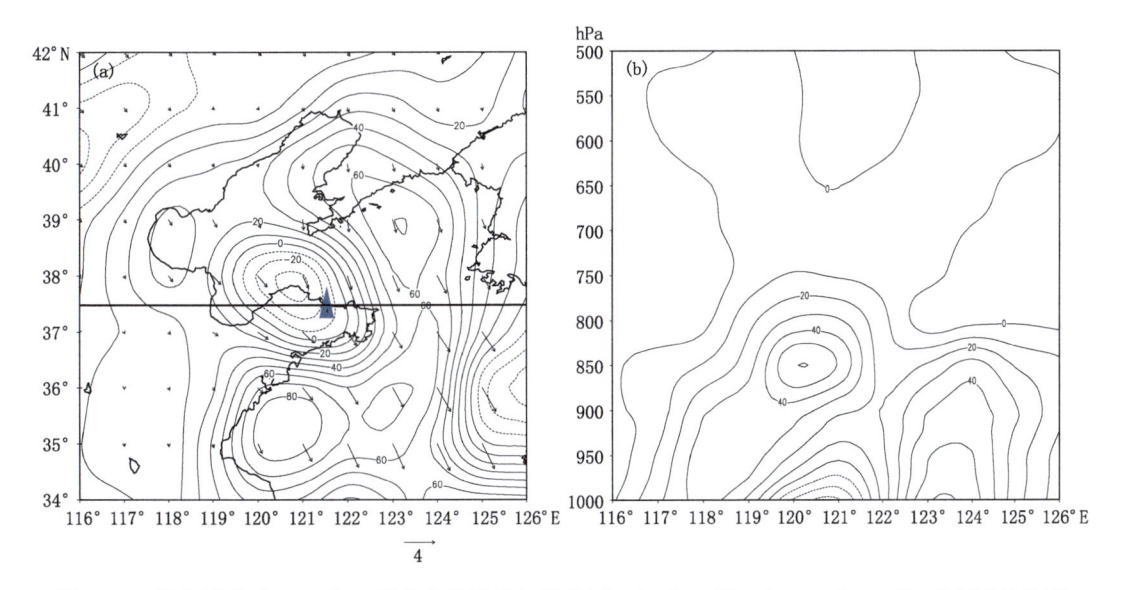

图 2.73 烟台暴雪日 1000 hPa 平均水汽通量矢量(单位:10^{-2} g·hPa^{-1}·cm^{-1}·s^{-1})、水汽通量散度(单位:10^{-5} g·hPa^{-1}·cm^{-2}·s^{-1})(a)和水汽通量散度沿 37.53°N(过烟台)经向垂直剖面分布(b)
(a 中三角符号处为烟台,b 中垂直剖面的基线如 a 中横线所示)

3)动力特征

烟台暴雪日 925 hPa 平均散度场(图 2.74a1)上,渤海至山东半岛地区的散度都是负值,负中心值最大为-200×10^{-7} s^{-1},位于烟台略偏西的区域。从其垂直剖面(图 2.74b1)上,可以看出 118.6°~122.2°E 在 900 hPa 以下为辐合上升运动(对应负值),900 hPa 以上为辐散下沉运动(对应正值),上升运动层厚度非常浅薄。涡度场也反映出类似分布特点。925 hPa 涡度场图上(图 2.74a2),正涡度带长轴呈西北—东南向自河北穿过渤海中部,延伸到山东半岛,渤海中部的正涡度中心值达到了 $25\times10^{-6}\,\mathrm{s}^{-1}$ 以上,正涡度带与负散度轴方向一致,只是负涡度的中心位置在负散度中心略偏西北的方向上。涡度的垂直剖面(图 2.74b2)反映出,东西方向上低层正涡度区域狭窄,只有 118.5°~122.2°E 为正值,最大正涡度中心处在 1000~950 hPa,暴雪正好落在低层最大正涡度区内,正涡度在垂直方向上向西北方向伸展,在 850~800 hPa 有 $20\times10^{-6}\,\mathrm{s}^{-1}$ 的次正涡度中心。垂直速度的分布与散度场和涡度场类似(图略)。因此,从动力条件来看,对流层低层至中层构成了垂直速度、散度和涡度耦合的动力结构,产生了较强的上升运动,有利于产生暴雪,而暴雪出现在较强的低层辐合上升和正涡度区中。可见,与华北地区大范围暴雪和夏季暴雨强烈而深厚的上升运动相比,海效应暴雪的上升运动明显要浅薄得多,仅局限于对流层的低层,且动力耦合结构位于对流层的中低层,而不是前者的位于对流层中高层。

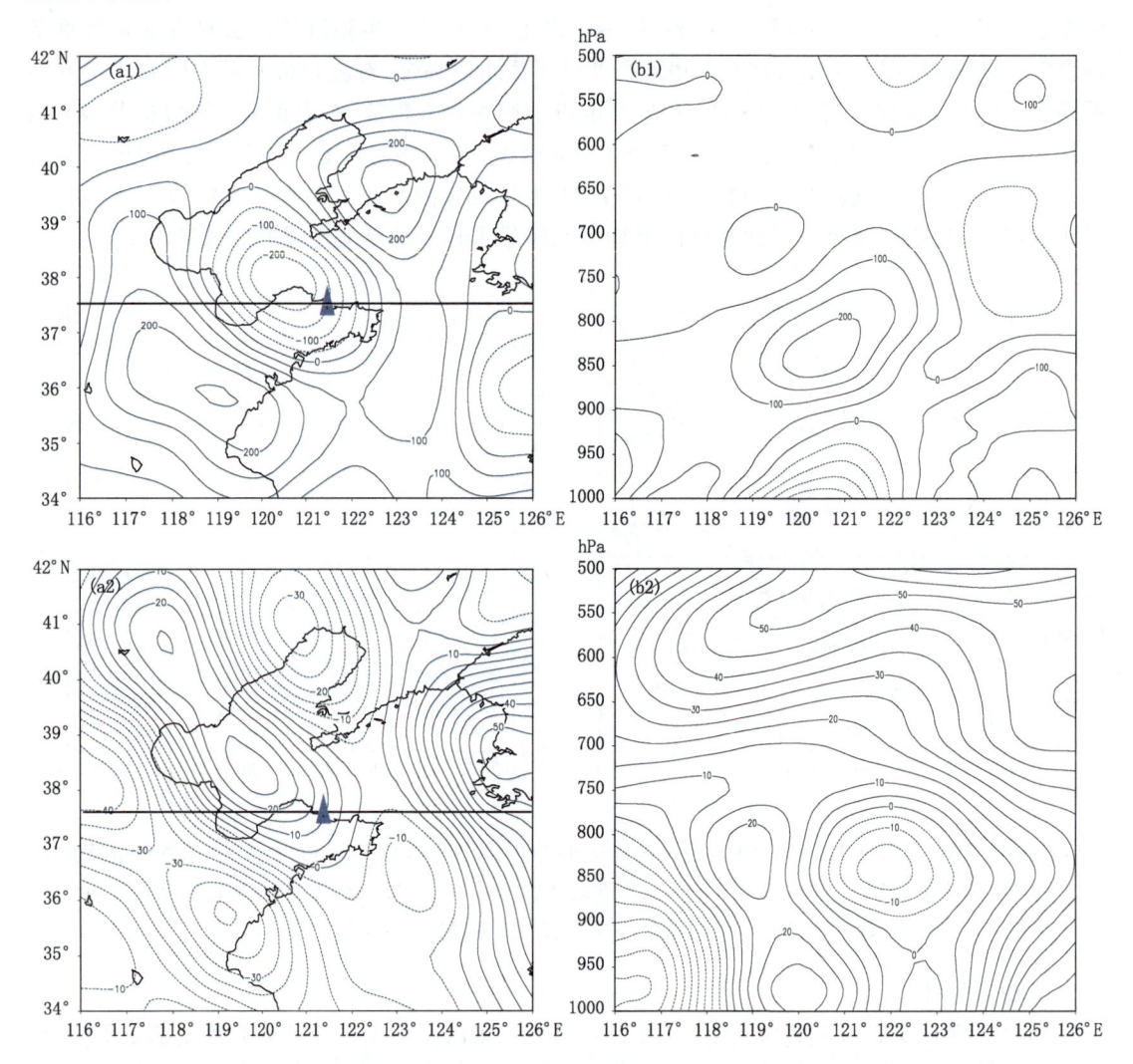

图 2.74 烟台暴雪日物理量场在 925 hPa 的分布及沿 37.53°N(过烟台)经向垂直剖面分布
(a1,a2 为 925 hPa 平均场;b1,b2 为沿 37.53°N 经向垂直剖面分布;a1,b1 为散度,单位:$10^{-7}\,\mathrm{s}^{-1}$;a2,b2 为涡度,单位:$10^{-6}\,\mathrm{s}^{-1}$;a1,a2 中三角符号处为烟台,b1,b2 垂直剖面的基线如图 a1,a2 中横线所示)

2.11.2 2008年12月异常强海效应暴雪

2.11.2.1 降雪特点

2008年12月4—6日,受强冷空气影响,山东半岛出现了强海效应降雪天气。此次过程与2005年12月的过程相比,只是一次冷空气影响,而不是多次冷空气持续影响。其最大特点是降雪强度异常大。海效应降雪自12月4日05时开始在渤海南部的莱州湾出现,至6日20时威海地区的东部降雪全部结束,共持续了63 h。根据人工降雪量观测资料,山东半岛的大部分地区均有降雪,暴雪分布在半岛的东北部,有5个站降雪量在10 mm以上,其中文登、牟平、烟台分别为28.2 mm、26.6 mm和24.6 mm。牟平和烟台4日20时—5日08时的12 h降雪量分别达到了25.6 mm和21.6 mm,突破当地有气象观测资料以来的历史纪录(图2.75)。

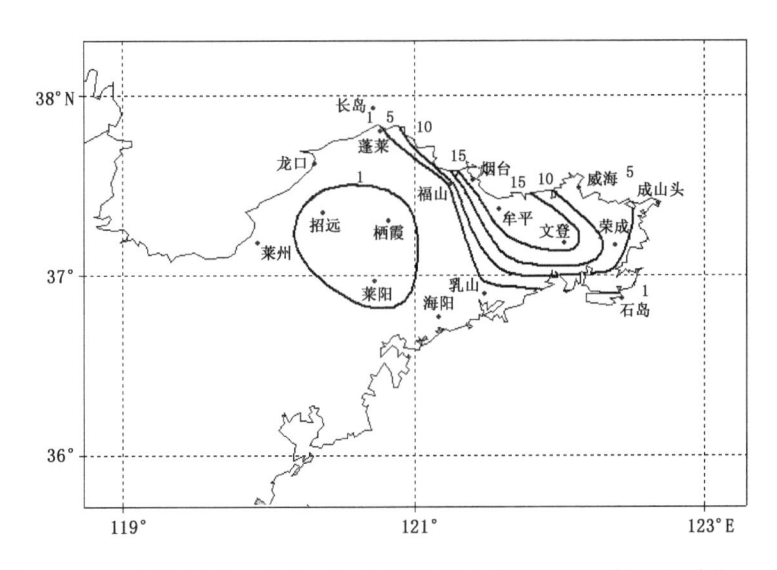

图2.75 2008年12月4日20时—5日08时山东半岛各站降雪量(单位:mm)

2.11.2.2 环流背景

从天气形势上,本次过程与2005年12月4日、21日的形势基本类似。图2.76给出了2008年12月4日08时的500 hPa、850 hPa和地面常规天气图。在500 hPa图上(图2.76a),东北地区为深厚低涡,其后配合−44 ℃的冷中心,低槽位于120°E以西地区,渤海和山东处在低槽前部的西南气流中,温度槽落后于高度槽,意味着低涡将发展加深。低槽经向度较大,槽前正涡度平流强,有利于低层补偿减压产生辐合上升运动。这种形势有利于强冷空气爆发南下。850 hPa图上(图2.76b),低槽位于朝鲜半岛和东海,渤海和山东半岛处于槽后西北气流中,等温线呈西南—东北向,等高线与等温线近乎垂直,表明存在强冷平流。分析其他层次高度场,200 hPa低槽接近于110°E,在500 hPa低槽之后,而700 hPa低槽已过山东半岛,处在500 hPa低槽之前。高空低槽从低层至高层依次落后,为后倾槽。分析3 h一次的地面天气形势和1 h一次的全国地面自动站风场,冷空气自3日11时开始影响山东西部和渤海西部,3日14时地面冷锋已到达渤海海峡和山东半岛,17时渤海海峡南部的长岛站转为西北风。4日08时(图2.76c),我国中东部为强大的冷高压控制,地面冷锋已到达朝鲜半岛,渤海和山东半岛

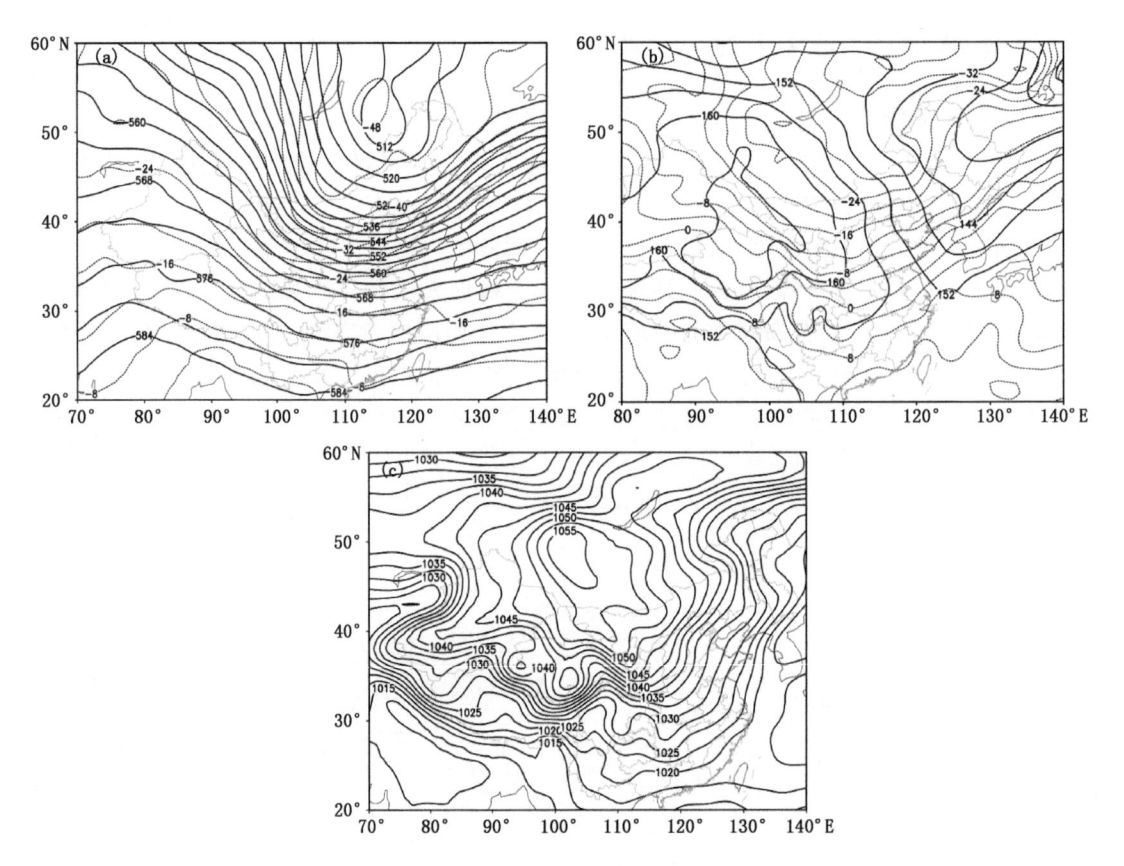

图 2.76　2008 年 12 月 4 日 08 时高空图和地面图
(a. 500 hPa, b. 850 hPa; a 和 b 中的实线为高度场, 单位: dagpm, 虚线为温度场,
单位: ℃; c. 地面气压场, 单位: hPa)

处在冷锋后的冷气团中。

　　至 4 日 20 时, 山东半岛仍处在 500 hPa 低槽前, 700 hPa 以下为西北气流控制, 渤海至山东半岛地区冷平流强盛, 850 hPa 成山头的温度降到了 −13 ℃, 同时渤海海峡的地面气压场为气旋式弯曲, 这是 12 月山东半岛较为常见的渤海海效应暴雪天气形势。强冷空气经过渤海暖湿海面, 在垂直方向上造成较大的温度和湿度梯度, 使得大气层结不稳定。500 hPa 以上有低槽和地面气压场有气旋性弯曲作为天气尺度强迫条件, 可以产生较强上升运动, 再加上地形抬升的作用, 有利于产生强的海效应降雪。Jiusto 等 (1970) 和 Niziol 等 (1995) 都曾指出, 500 hPa 短波槽经过时引起气旋式涡度平流增大, 在这种形势下, 海 (湖) 效应和天气尺度过程的耦合有助于降雪的增强。

2.11.3　2018 年 1 月极端海效应暴雪

2.11.3.1　降雪特点

　　2018 年 1 月 9 日 19 时—11 日 19 时, 山东半岛地区出现海效应强降雪天气。有 3 个国家观测站出现暴雪, 均集中在半岛东部的威海地区, 其中, 文登站过程累积降雪量最大为 24.7 mm, 荣成站为 19.1 mm, 威海市区为 14.0 mm, 其他地区降雪量不足 5.0 mm (图 2.77a), 表明此次暴雪分布具有显著的中尺度特征。9日20时—10日20时文登站和荣成站的24 h降雪量分别达到了19.9 mm和16.2 mm,2站均突破了当地自建站以来1月的最大日降雪量观测纪录。3个暴雪站的逐5 min和逐1 h降雪量显示,山东半岛的强降雪时段集中在9日23时—10日14时,但各站的降雪强度和强降雪时段略有差异。降雪量最大的文登站的强降雪时段集中在10日08—13时,1 h降雪量超过3 mm的有两个时次,小时降雪量最大为3.5 mm,发生在11—12时,其次是3.2 mm,发生在09—10时;5 min降雪量最大为0.5 mm(图2.77b);荣成的降雪强度相对较小,最大小时降雪量为2.1 mm,出现在10日03—04时;威海的最大小时降雪量为2.4 mm,出现在10日06—07时。可见,从整体来看,此次暴雪的强降雪持续时间比较长。强降雪造成文登和荣成11日08时的积雪深度达到了28 cm,荣成的积雪深度为该站1月的历史极值(李刚 等,2020)。

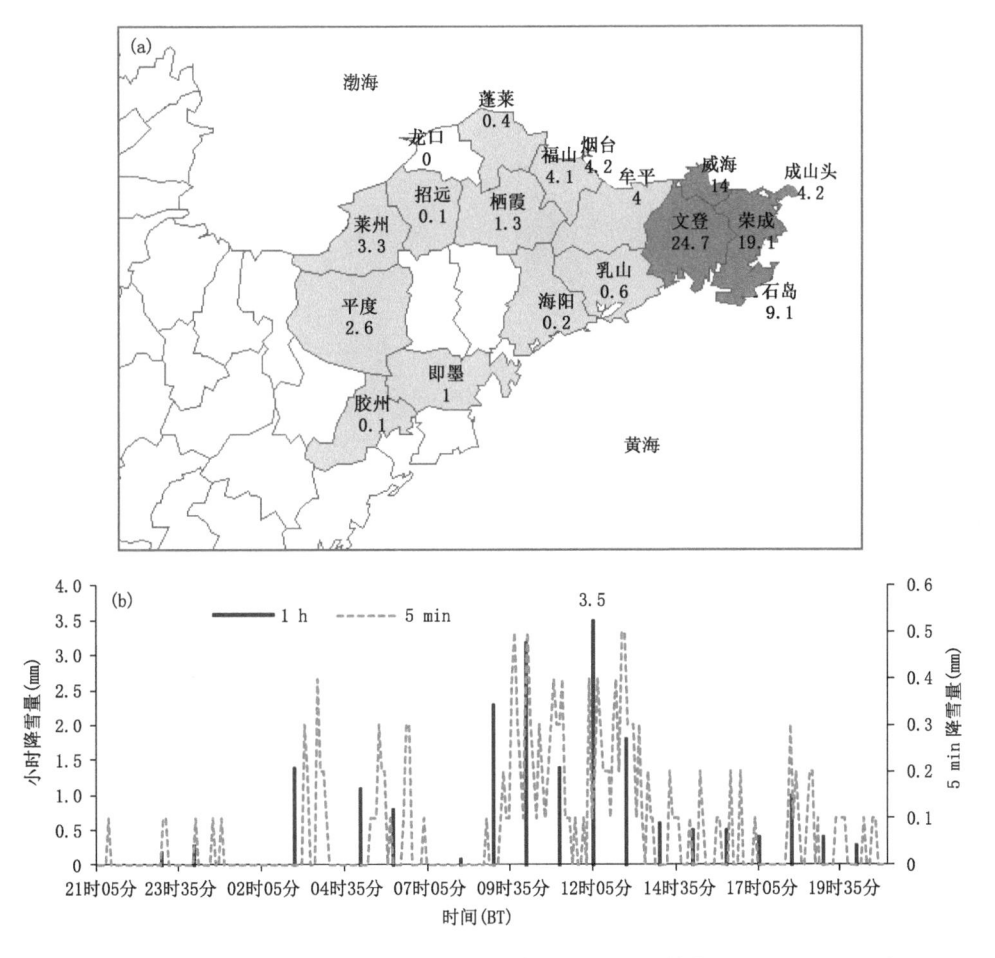

图2.77 2018年1月9日20时—11日20时山东半岛降雪量分布(a,单位:mm)和9日20时—10日20时文登逐1 h(实线)、5 min(点线)降雪量演变(b)

普查山东半岛各测站1951—2018年的降雪过程,67年间1月共出现了5次海效应暴雪过程,平均每年为0.07次。可见,1月海效应暴雪发生概率很低。与历史同期的海效应降雪相比,此次暴雪过程从降雪发生频次、日降雪量和积雪深度3个方面,均可称为一次极端暴雪事件。

2.11.3.2 环流背景

图 2.78a~c 给出了 2018 年 1 月 10 日 08 时的天气形势图,该时次处于文登强降雪开始阶段。500 hPa 等压面上(图 2.78a),欧亚大陆为两槽一脊形势,呈现明显的"Ω"形状,宽广的高压脊呈东北—西南向,从中南半岛向北延伸,穿过乌拉尔山至贝加尔湖地区到达 70°N;我国东北地区至鄂霍茨克海之间为低压区,低压中心位于日本海以北,低槽位于 120°~130°E,槽后冷中心为 −44 ℃。850 hPa 等压面上(图 2.78b),低槽已过朝鲜半岛,我国东部沿海地区至黄海处在槽后西北气流中,渤海至山东半岛等高线与等温线近乎垂直,−20~−16 ℃ 等温线穿过渤海海峡至山东半岛,表明冷平流很强。地面图上(图 2.78c),我国大部地区为庞大的冷高压控制,日本海附近为低压区,海平面气压场在山东半岛东部表现为气旋性弯曲。这种高低空配置有利于强冷空气影响,来自于泰梅尔半岛附近的强冷空气从贝加尔湖以东南下,经我国东北地区入侵渤海和山东半岛。其环流形势与典型的 12 月渤海海效应暴雪过程类似。

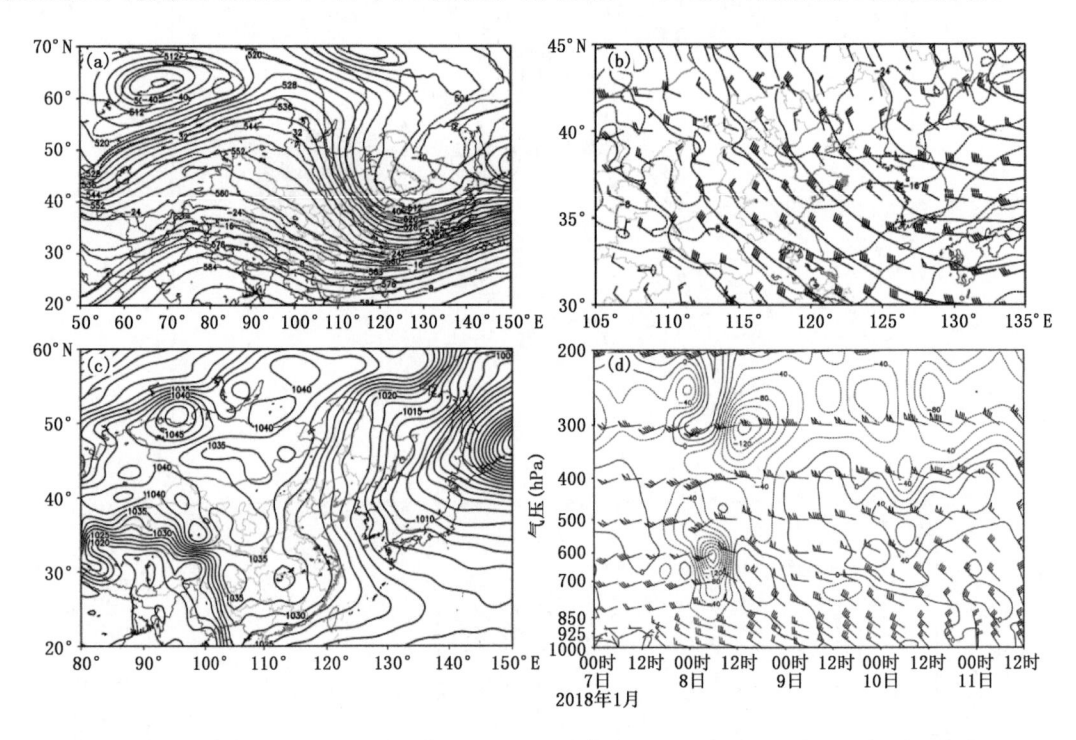

图 2.78 2018 年 1 月 10 日 08 时天气图(a~c)和过荣成站的温度平流及水平风的时空演变(d)
(a. 500 hPa,b. 850 hPa,实线代表位势高度,单位:dagpm,虚线代表温度,单位:℃;c. 地面气压场,
单位:hPa;d. 等值线为温度平流,虚线为冷平流,实线为暖平流,单位:10^{-6} ℃·s^{-1})

从过山东半岛东部荣成探空站的温度平流和水平风场的时空演变来看(图 2.78d),在 10 日强降雪发生前,先后有两次强冷空气影响山东半岛。8 日 08—20 时,有高空槽过境,400 hPa 以下存在强冷平流,位于 600 hPa 附近的冷平流中心值达到了 -170×10^{-6} ℃·s^{-1},表明对流层中低层有强冷空气入侵,这是第一次冷空气影响。9 日白天,600 hPa 以下转为暖平流,对流层低层有短暂升温;9 日 20 时—10 日 08 时,500 hPa 由偏西风转为西北风且为暖平流,而 700 hPa 以下则再次转为冷平流,700~850 hPa 的冷平流中心达到 -20×10^{-6} ℃·s^{-1},意味着对流层低层出现第二次强冷空气。从温度变化来看,受第一次冷空气影响,荣成 850 hPa

的降温幅度达9 ℃,第二次冷空气影响时,荣成850 hPa的降温幅度为7 ℃。可见,两次冷空气造成对流层低层温度持续下降,且第一次冷空气强于第二次,为第二次冷空气影响时产生强降雪奠定了良好的降温基础。

在两次强冷空气先后作用下,渤海上空的冷气团势力明显加强,冷空气与暖海面向上蒸发的水汽相互作用,导致山东半岛东部地区产生罕见强降雪。最强降雪发生在9日夜间至10日上午对流层低层冷平流维持的时段,降雪随着冷平流的减弱而减小,当中低层均转为暖平流时,降雪结束。

2.11.3.3 冷空气强度与12月对比

1999—2018年17次渤海海效应暴雪过程中,12月13次,1月4次。因一次海效应暴雪过程的降雪强盛时段(小时降雪强度1.5 mm以上)多集中在6 h内,一般不超过10 h,故取距离强盛时段最近的08时与20时之间荣成探空站850 hPa温度,以此分析强降雪期间的冷空气强度特征。如图2.79所示,12月和1月的海效应暴雪过程中最强降雪时段的荣成850 hPa的温度有明显差异。在1月4次暴雪过程中,暴雪最强降雪时段的温度均低于−16 ℃,最低温度为−23 ℃(2004年1月21日08时),箱须图的中位数为−20 ℃。12月13次过程中,暴雪最强降雪时段的温度在−18~−11 ℃,在强降雪时段内的最低温度为−18 ℃(2008年12月5日20时),箱须图的中位数为−15 ℃。由此可见,两个月份强降雪时段的850 hPa温度中位数之差达到了5 ℃,1月产生海效应暴雪的850 hPa温度较12月明显偏低。这表明,在1月,由于海温下降,冷空气的强度需要更强才能达到暴雪的降雪条件。2018年1月9—11日暴雪过程中,强降雪时段荣成850 hPa的温度在−18~−16 ℃,虽然比1月其他3次暴雪过程的温度高,但均低于历年12月海效应暴雪的温度,表明冷空气偏强是此次极端暴雪过程的重要条件。

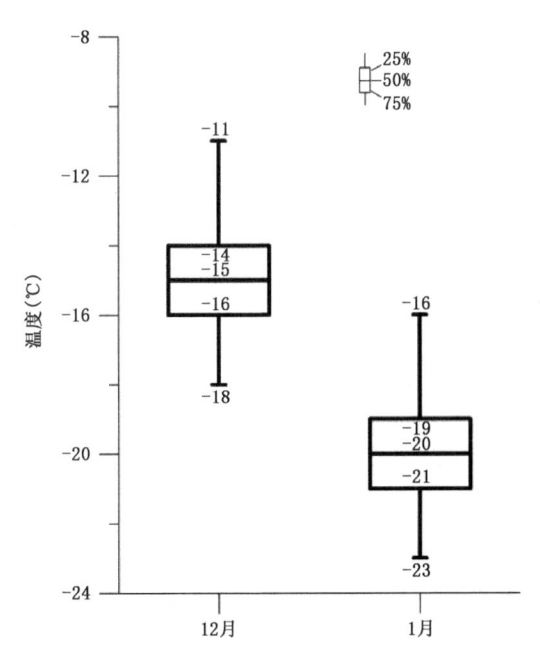

图2.79 1999—2018年1月和12月渤海海效应暴雪过程强降雪时段的荣成探空站850 hPa温度对比(单位:℃)

2.11.3.4 物理量场特征

1)热力不稳定

从前面的温度平流时间演变可以看出,9日14时,山东半岛东部在对流层低层为暖平流,表明此时低层冷空气尚未影响到山东半岛,9日20时—10日14时低层为冷平流,为冷空气影响山东半岛的强盛时段,而10日20时冷平流已明显减弱。威海、文登和荣成的降雪显示,9日19时降雪开始,10日上午为主要强降雪时段,10日20时各地降雪已明显减弱。为分析降雪过程不稳定层结的演变及其对降雪的影响,图2.80分别给出了10日08时的荣成秒探空T-$\ln p$图及9日14时、10日08时和10日20时3个时次的水汽通量矢量及假相当位温。

925 hPa水汽通量矢量显示(图2.80a2~a4),无论在哪个降雪阶段,从渤海西海岸至渤海海峡水汽通量均逐渐增大,表明当强冷空气流经渤海暖海面时,有水汽向东南方向输送,威海地区降雪的水汽来源于渤海和渤海海峡暖海面。9日14时,在冷空气影响山东半岛之前,水汽通量矢量的方向为西西北,10日08—20时,在强冷空气影响山东半岛期间,水汽输送方向为西北—东南向。

随着冷空气入侵渤海暖海面,通过湍流交换作用,海面上空的对流层低层增温增湿,而对流层中上层的干冷空气温度逐渐下降,由此形成不稳定层结。从925 hPa的假相当位温及过文登的假相当位温的纬向垂直剖面来看,9日14时,山东半岛还没有产生降雪,在山东半岛东北部附近925 hPa的假相当位温等值线稀疏且较为平直,38°N以北的海域上空约850 hPa以下假相当位温值随着高度的升高而减小,表明该海域有对流不稳定层结,只是不稳定海域距离文登北部沿海较远(图2.80a2,b2),对应雷达反射率因子图上在渤海海峡中部有弱的降雪回波。

10日08时(图2.80a3,b3),在威海—荣成海域附近,925 hPa等压面上假相当位温线密集,出现了明显的西北—东南向假相当位温脊线,不稳定层结在850 hPa以下,不稳定区域位置南移至38°N以南,最不稳定区域在山东半岛东北部沿海,此时威海、荣成等地出现强降雪,雷达反射率因子强度达到了35~40 dBZ。从10日08时荣成30 m间隔的L波段秒探空雷达T-$\ln p$图来看(图2.80a1),荣成从低空到高空均为西北风,近700 hPa以下状态曲线和层结曲线接近重合,CAPE为0.14 J·kg^{-1},湿度近乎饱和,在700~600 hPa有很薄的逆温层;荣成在925 hPa以下假相当位温随着高度的升高而降低,为不稳定层,850~700 hPa接近等温。这表明在西北风的吹送下,来自暖海面的感热导致荣成一带在低层出现了不稳定层结。

明显的假相当位温脊在山东半岛东北部沿海自9日20时开始至10日14时维持近18 h,期间自北向南缓慢推进,使得该地区始终维持高能量,处于对流不稳定状态下。当假相当位温脊不明显、不稳定减弱(图2.80a4,b4),降雪强度也相应减弱。在强降雪期间,不稳定层结的高度始终维持在800 hPa以下,表明对流较浅。李鹏远等(2009)和杨成芳(2010b)分别对2005年12月和2008年12月的山东半岛海效应暴雪(海效应暴雪)的热力特征进行了分析,均认为海效应暴雪为浅对流过程,主要集中在对流层低层。相比较而言,2018年1月10日前后的暴雪过程与文献所研究的12月渤海海效应暴雪的层结特征基本类似,均为浅层对流,只是此次暴雪过程的对流高度更低一些,这与1月的海温较12月已明显下降有关。

2)三维风场结构

在合适的热力条件下,海效应降雪一旦形成,决定降雪空间分布和降雪量大小的主要是动力因素,以风的影响为主。从前面降雪实况分析中得到,此次强降雪过程中文登、荣成和威海

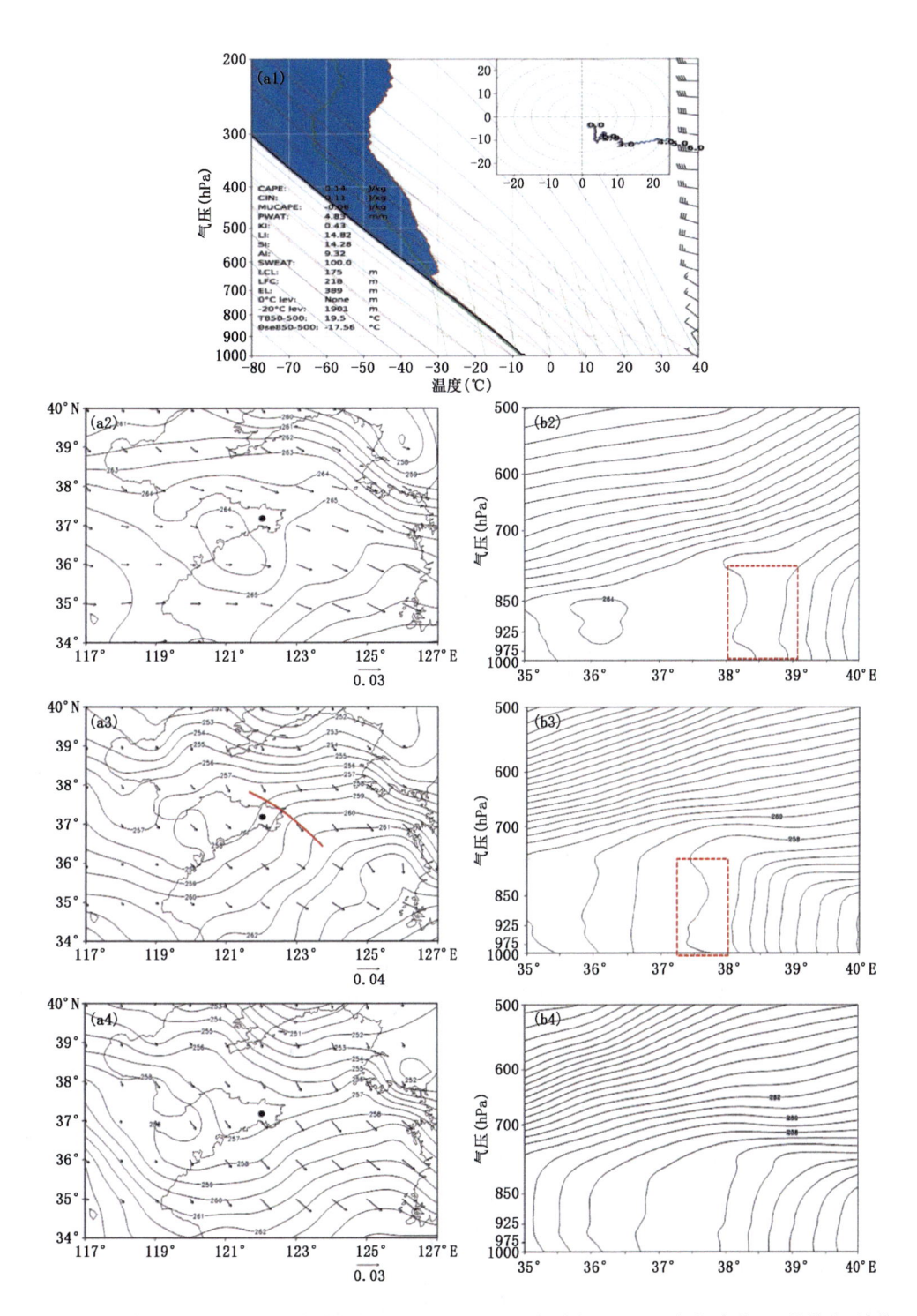

图 2.80 2018年1月10日08时荣成秒探空 T-$\ln p$ 图(a1)、各时次 925 hPa 假相当位温(等值线,单位:K)和水汽通量矢量(单位:10^{-2} g・hPa^{-1}・cm^{-1}・s^{-1},a2~a4)和假相当位温沿 122.03°E(过文登)纬向垂直剖面(单位:K,b2~b4)(a2 和 b2 为 9 日 14 时;a3 和 b3 为 10 日 08 时;a4 和 b4 为 10 日 20 时;a2,a3,a4 中圆点为文登,a3 中粗线段为假相当位温脊线;b2,b3 中虚框为层结不稳定区域)

3个国家观测站出现了暴雪,暴雪集中在40 km范围以内,具有明显的近中γ尺度特征。下面主要通过荣成多普勒天气雷达资料分析暴雪区的三维风场结构,以揭示暴雪发生的动力机制。

(1)雷达反射率因子强度和径向速度特征

从荣成多普勒天气雷达的组合反射率因子演变来看,降雪回波形成于渤海海峡上空,移动方向始终为西北—东南向,反射率因子到达山东半岛东部以后增强。降雪强度为1.5 mm·h^{-1}以上的强降雪时段,回波在陆地上呈明显的西北—东南向带状,最大反射率因子可达40~45 dBZ,30~40 dBZ反射率因子的带状宽度在30 km左右。回波带的后方不断有新的单体生成,强反射率因子带穿过文登和荣成向东南方向传播,形成明显的列车效应(图2.81a1~a3)。强带状回波自9日22时形成至10日14时,长达16 h维持在威海、文登和荣成之间略有摆动,因此,强降雪在狭窄的区域内持续时间长,累积降雪量大,也是威海地区产生极端暴雪的重要原因。而在弱降雪阶段,回波以分散、点块状为主,反射率因子强度一般低于30 dBZ,多在10~25 dBZ(图2.81a4)。可见,带状回波和列车效应是此次海效应暴雪雷达反射率因子的基本特征。

从雷达的径向速度演变分析可见,强降雪阶段和弱降雪阶段的径向速度有明显差异。选取10日上午强降雪阶段的3个时次和10日下午降雪减弱后的1个时次为代表,对1.5°仰角径向速度反映出的风场进行定性分析(图2.81b1~b4)。当降雪强度达到1.5 mm·h^{-1}以上

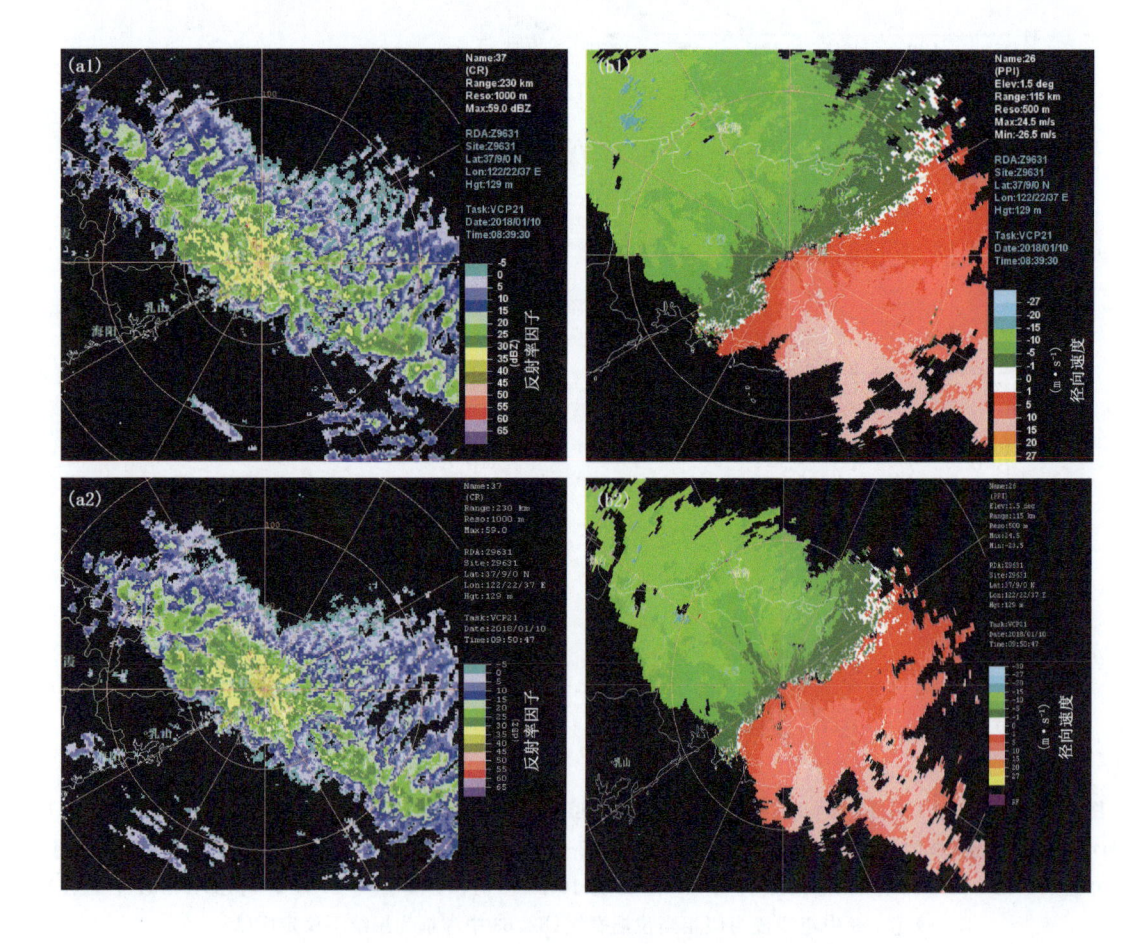

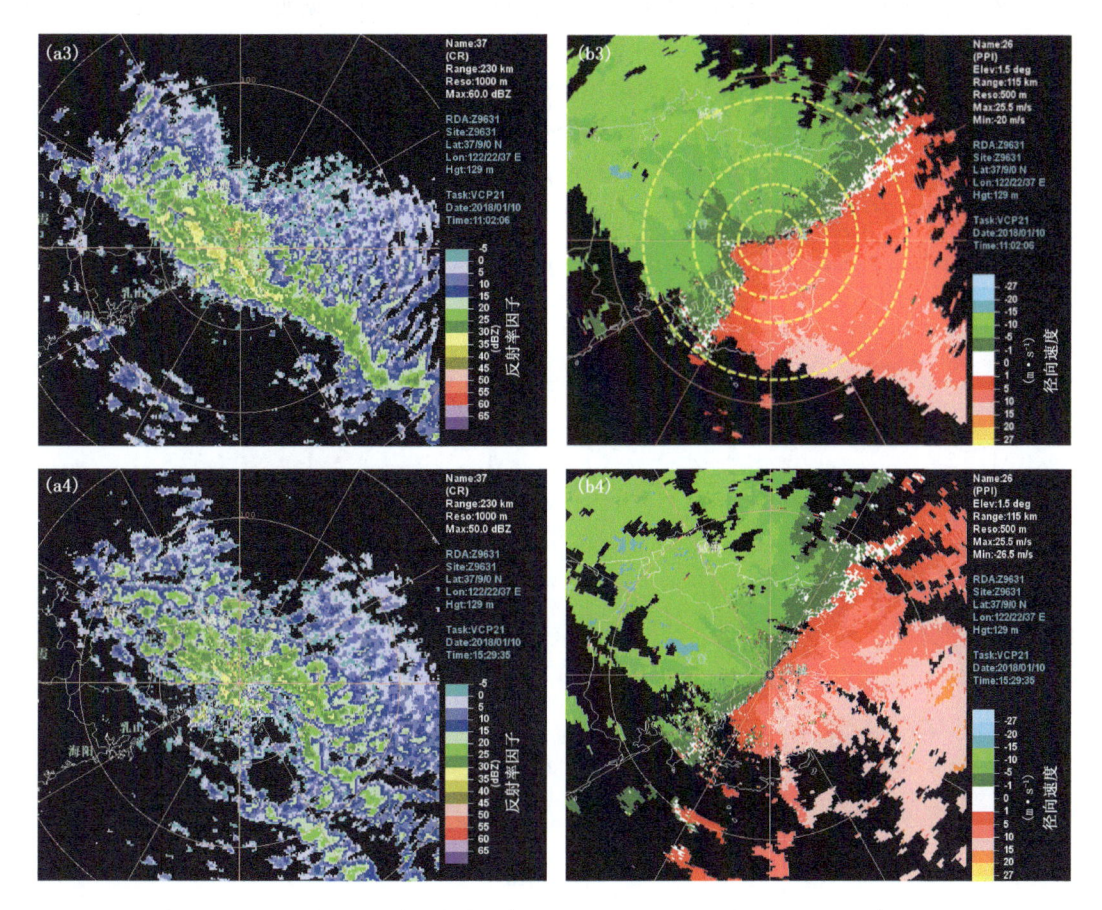

图 2.81 2018 年 1 月 10 日荣成雷达组合反射率因子(左列,单位:dBZ)和 1.5°仰角径向速度(右列,单位:m·s⁻¹)
(a1 和 b1 为 08 时 39 分,a2 和 b2 为 09 时 50 分,a3 和 b3 为 11 时 55 分,a4 和 b4 为 15 时 29 分,
b3 中黄色圆圈自内而外分别对应于图 2.82a~d 高度)

时,径向速度的零速度线呈现显著折线状,表明存在风向切变。08 时 39 分(图 2.81b1)和 11 时 02 分(图 2.81b3)的径向速度类似,荣成雷达站北侧的低层风场为东北风,西南侧有西西南风,而中高层为西北风;09 时 50 分(图 2.81b2),雷达站北侧的低层东北风更为明显,西南侧则以西北风为主。虽然强降雪阶段径向速度的零速度线折线形状在不断变化,但其共同特征均表现出了山东半岛东北部沿海对流层低层风场有东北风存在,中高层普遍为西北风。15 时 29 分(图 2.81b4),径向速度图上零速度线平直,折线消失,各层风向表现为一致的西北风,不再有风向切变出现,这也是 10 日 14 时以后雷达径向速度图上的共同表现,对应降雪强度已明显减弱。

(2)雷达反演风场

图 2.82 给出了 1 月 10 日 11 时 02 分 1.4 km 高度以下的反演水平风场,从低到高分别对应于径向速度图上自内向外黄色圆圈的高度。从中可以看出,0.4 km(图 2.82a)和 0.6 km(图 2.82b)两个等高面上的风场类似,分别与图 2.81b3 中第一、第二个黄色圆圈对应的径向速度定性分析出的风场一致,可见在文登东侧有西西南风,从北部沿海至荣成雷达站的西北侧

区域,存在明显的东北风,两种风向构成了明显的风切变,在切变线附近有 30 dBZ 以上的强反射率因子带;在雷达站的东南方强反射率附近,有西北风和弱东北风之间的切变。0.8 km 等高面上的风场有所变化(图 2.82c),西西南风消失,强反射率因子带附近存在西北风与东北风之间的切变线,且与 0.4 km、0.6 km 等高面类似,在雷达站西北方向区域的较东南方向的更为明显。随着高度的升高,风向逐渐发生转变,从 1.4 km 高度开始,东北风基本消失,为一致的西北风,反射率因子强度也明显减弱。

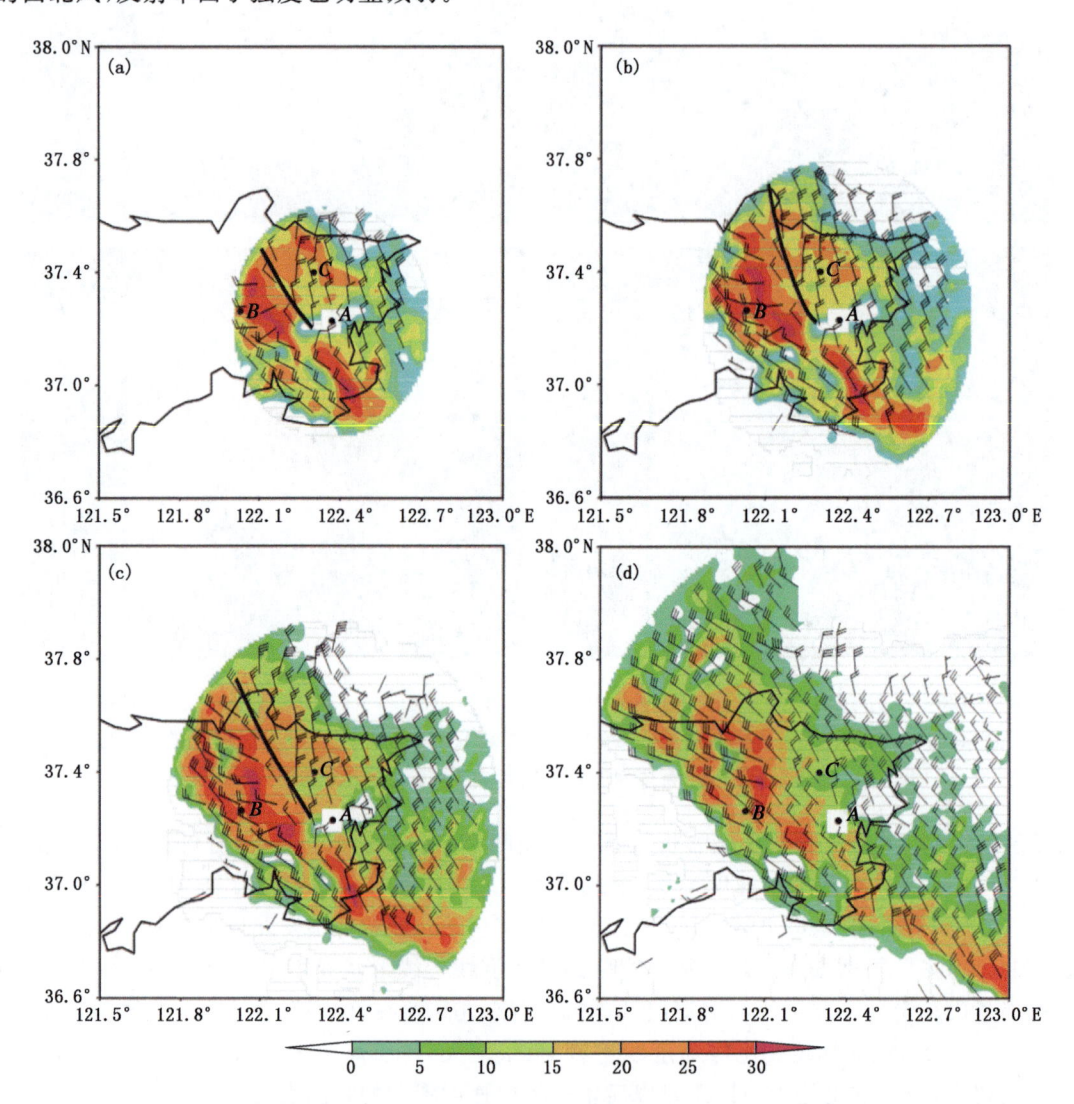

图 2.82　2018 年 1 月 10 日 11 时 02 分各等高面水平风场(单位:m·s^{-1})和反射率因子(单位:dBZ)
(a. 0.4 km,b. 0.6 km,c. 0.8 km,d. 1.4 km;图中阴影填充部分为反射率因子,黑色实线为切变线,
A 为荣成雷达站,B 为文登,C 点对应图 2.84b 中位置(37.3°N,122.3°E))

通过 10 日上午逐 1 h 间隔的 0.6 km 高度的反射率因子和水平风场(图 2.83)可以进一步揭示强降雪时段内对流层低层风场的演变情况。在 10 日上午的不同时刻,0.6 km 高度上 30 dBZ 以上强反射率因子的区域略有变化,强反射率因子带有时候穿过文登,有时候穿过威海至

荣成一线,大部分时段在文登附近。相应地,各地的小时降雪量也有变化,如 07 时最大降雪量出现在威海为 2.4 mm,12 时的最大降雪量出现在文登为 3.5 mm。无论强反射率因子带的位置怎样变化,其附近总是存在西北风与东北风的切变线,且在 11 时之前,文登东侧还出现过西西南风与东北风之间的切变。纵观各时次东北风所覆盖的区域,在东西方向上均不超过 20 km,故切变线产生上升运动的区域较小,在雷达反射率因子上表现为窄带回波,使得强降雪集中在近中 γ 尺度范围内。

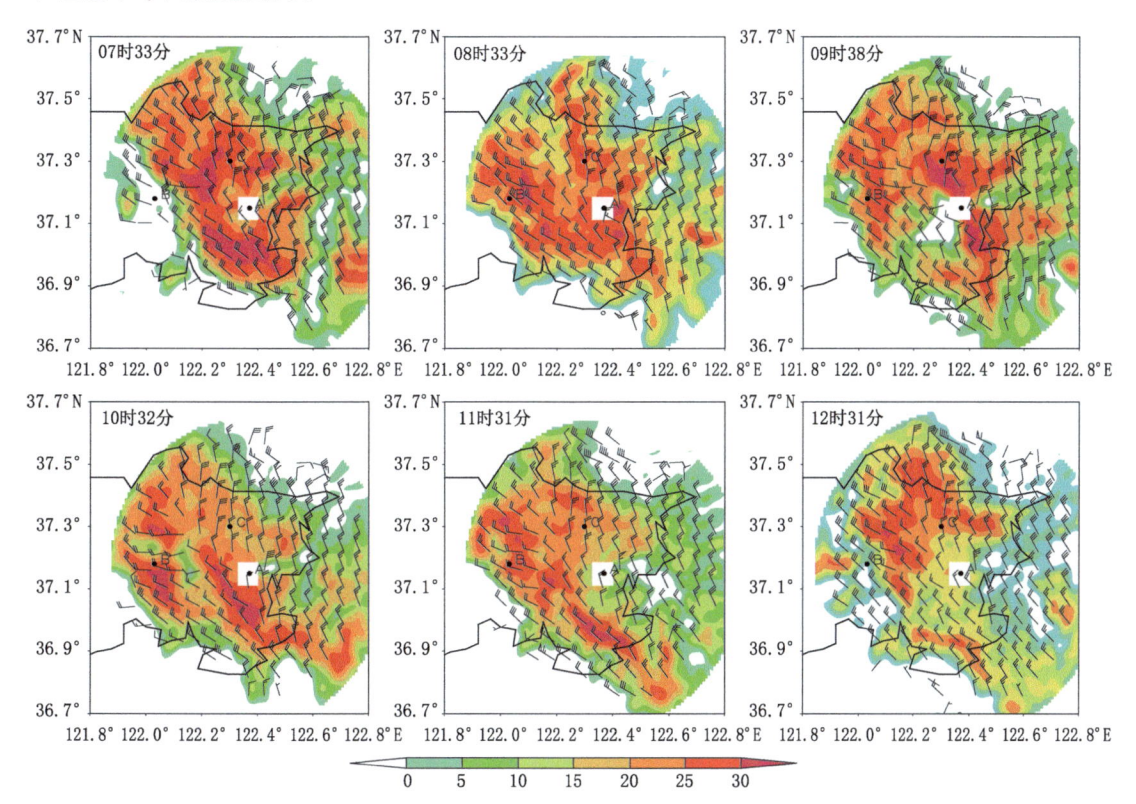

图 2.83　2018 年 1 月 10 日强降雪时段 0.6 km 等高面水平风场(单位:m·s^{-1})和反射率因子(单位:dBZ)
(左上角为时间,其他说明同图 2.82)

以上分析表明,当强冷空气影响渤海和山东半岛时,对流层低层的环境风场为西北风,而在半岛东北部沿海的狭窄区域内出现了东北风,文登附近还出现了西西南风,东北风或西西南风与西北风构成了切变线,风向辐合将产生明显上升运动,是强降雪产生的有利动力机制。在过去对渤海海效应暴雪的研究中,以数值模式、雷达径向速度定性分析或雷达风场反演分析方法,均发现了带状回波的暴雪区域普遍存在东北风与西北风之间的切变(杨成芳 等,2009,2011;周淑玲 等,2016);当雷达径向速度上有明显逆风区存在时,会出现明显的西南风,表现出西北风、东北风和西南风共存的现象(杨成芳,2010a)。在此次暴雪过程中,径向速度上没有明显的逆风区,反演的风场显示出了小范围的西西南风。这表明渤海海效应暴雪过程动力结构的复杂性,当强冷空气自西北向东南影响渤海和山东半岛时,可能由于海洋、山地地形的影响,在山东半岛的东北部沿海对流层低层产生了东北风或者西南风,由此构成了与西北风的切变,而东北风或西南风产生的区域、范围则决定了暴雪的落区。

从以上的风场分析得出,山东半岛北部沿海低层有东北风或西西南风出现,那么这种风场变化能够达到的高度如何?在强降雪区域低层切变线的东西两侧分别选取 B 点和 C 点,其中 B 点为文登站,位于 37.18°N、122.03°E,C 点位于 37.30°N、122.30°E(图 2.82,图 2.83)。过 B 和 C 分别做 10 日 07 时 03 分—12 时 31 分 2 km 高度以下风场的时空剖面(图 2.84),以此分析切变线两侧的垂直风廓线。

因文登距离荣成雷达站的距离较远,反演的风场只能得到文登上空 0.6 km 高度以上的水平风(图 2.84a)。由此可以看出文登上空以西北风为主,在 1.0 km 以下,08 时前后和 10 时 00—44 分出现了西风。

图 2.84b 显示,在 C 点所在区域,低层风场经历了几个变化阶段。对比文登的逐 1 h 和逐 5 min 降雪量,发现自 07 时 24 分起,0.2 km 高度上出现了东北风,文登的反射率因子强度开

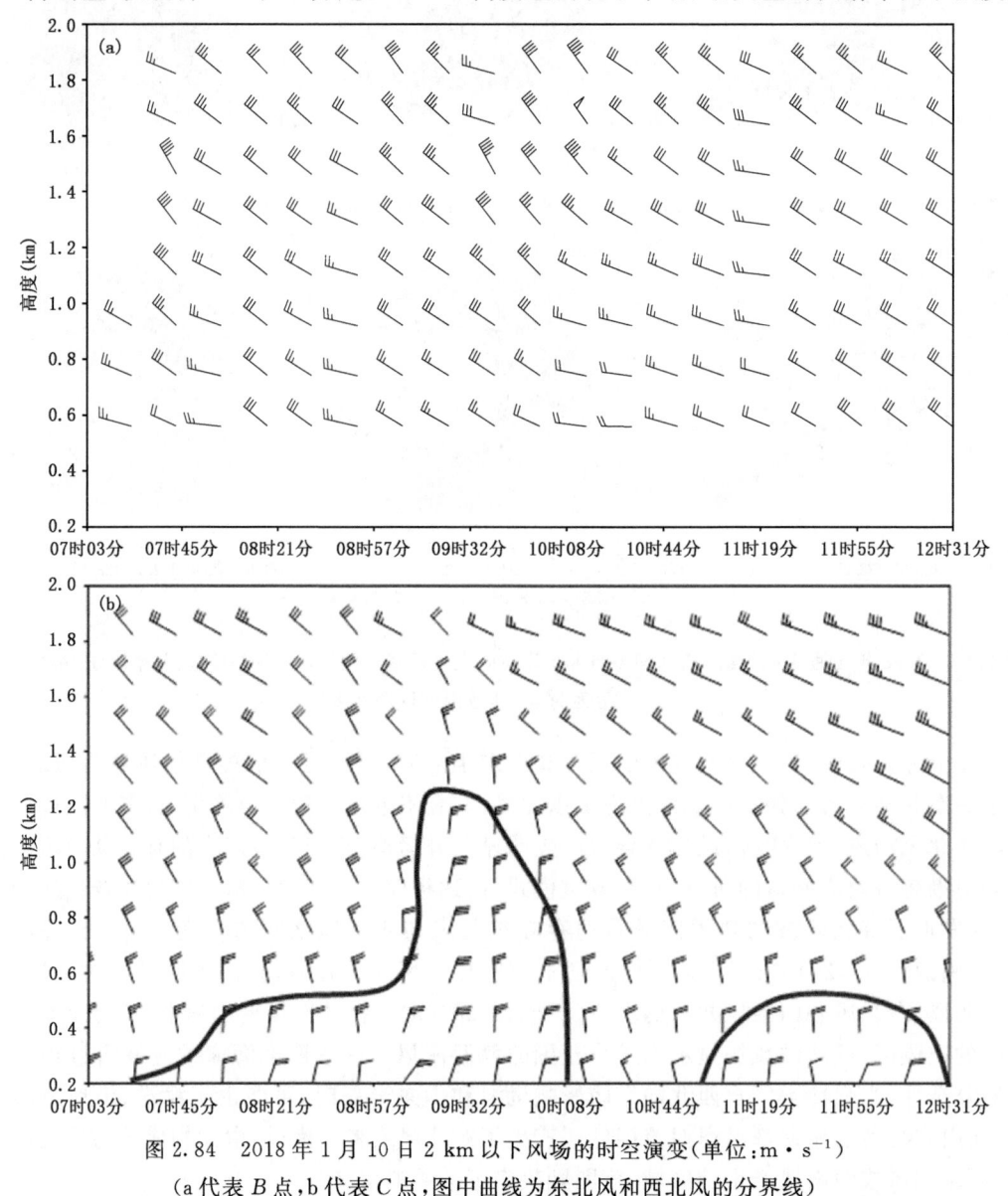

图 2.84 2018 年 1 月 10 日 2 km 以下风场的时空演变(单位:m·s^{-1})
(a 代表 B 点,b 代表 C 点,图中曲线为东北风和西北风的分界线)

始增大,强降雪开始;08—09时,东北风从0.2 km延伸到0.4 km高度,这1 h内文登的降雪量达到了2.4 mm;09时00分—10时08分,东北风伸展的高度明显增大,最高达到了1.2 km,09—10时文登的降雪量增强到3.2 mm;10时08—56分,东北风消失,C区域2.0 km高度以下均为西北风,降雪强度明显减小,该时段文登降雪量仅为0.7 mm;11时02分之后,0.6 km高度以下再次出现东北风,文登的降雪强度也随之增强,11—12时的降雪量达到了本次降雪过程的最大值3.5 mm。从东北风达到的最大高度来看,除了09时30分前后的约半小时内伸展到了0.8~1.2 km,其他时段内多在0.2~0.6 km的高度存在东北风。10日08时,荣成探空站925 hPa的高度为0.77 km。这说明东北风出现在925 hPa等压面以下,东北风层次较为浅薄。

由此可见,C区域低层风向的变化与文登降雪强度密切相关,当C区域低层至少在0.2~0.6 km高度上出现东北风时,文登附近出现明显的东北风与西北风或东北风与西西南风之间的切变线,有风向辐合,会产生较强的上升运动,使得文登产生强降雪,如果该区域没有出现东北风,意味着在文登附近不会产生明显上升运动,降雪强度会显著减弱。

进一步对比分析东北风能够达到的最大高度与降雪强度的关系,可以发现,09—10时C区域东北风伸展的高度达到了1.2 km,而11—12时达到的最大高度为0.6 km,虽然从伸展高度上后者低于前者,但降雪强度却略高。这表明降雪强度与切变线的高度并非成正比。

2.11.4　2011年12月莱州湾海效应大到暴雪

2.11.4.1　降雪特点

2011年12月8日,莱州湾和山东半岛出现了海效应降雪(图2.85)。8日5时,潍坊、昌邑首先出现降雪,随后莱州湾沿岸、鲁中北部、山东半岛西部产生降雪,降雪一直持续到8日14时。8日14时之后,莱州湾西岸的降雪结束,降雪区逐渐转移到山东半岛。从过程降雪量来看,绝大部分站点的降雪量级是小雪,仅有少数站点可达中雪以上量级,且离渤海海面越近,雪量越大。降雪中心在莱州湾西岸,东营的河口站最大为8.0 mm,达到大到暴雪量级。在莱州湾西岸产生强海效应降雪,十分罕见(郑丽娜 等,2014)。

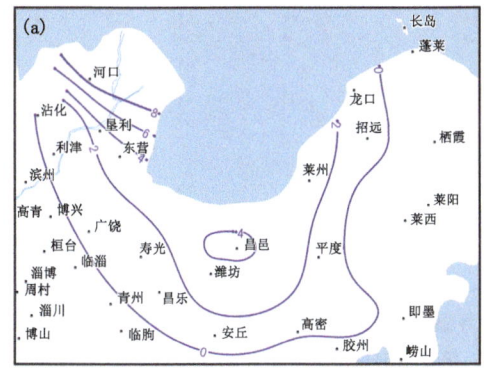

图2.85　2011年12月8日05—14时(a)与8日14时—9日08时(b)各站降雪量分布(单位:mm)

2.11.4.2　环流背景

2011年12月7日,500 hPa位于中西伯利亚的阻塞高压后部开始有冷槽移动,携带冷平流促使阻塞高压崩溃。12月8日08时(图2.86),横槽后部的风已转为北至西北风,变高梯度指向东南,预示着横槽转竖或南压。冷空气自贝加尔湖随着横槽的下摆大举南下,莱州湾西部的温度由7日08时的-19 ℃下降为8日08时的-29 ℃。渤海上游的风与等温线夹角很大,预示着冷平流很强。850 hPa图上,24 h变温更加明显,达-10 ℃,莱州湾及半岛北部的温度在-13~-12 ℃,风场上为北到西北风,风速在6级以上。925 hPa渤海沿岸的风为东北风,且自辽宁经渤海到山东,形成了一股强劲的东北风急流。对应地面图上,整个亚洲被一个中心位于蒙古境内,中心强度达1060 hPa的冷高压所控制,它与东部海上中心强度为1010 hPa的低压形成鲜明的对比,二者之间气压梯度很大且等压线呈东北—西南走向,风沿等压线吹,受地面摩擦的影响,基本为偏北风,但是渤海北岸自7日14时开始一直吹东北风,7日20时营口、旅顺的东北风更是加大到8 m·s^{-1}。

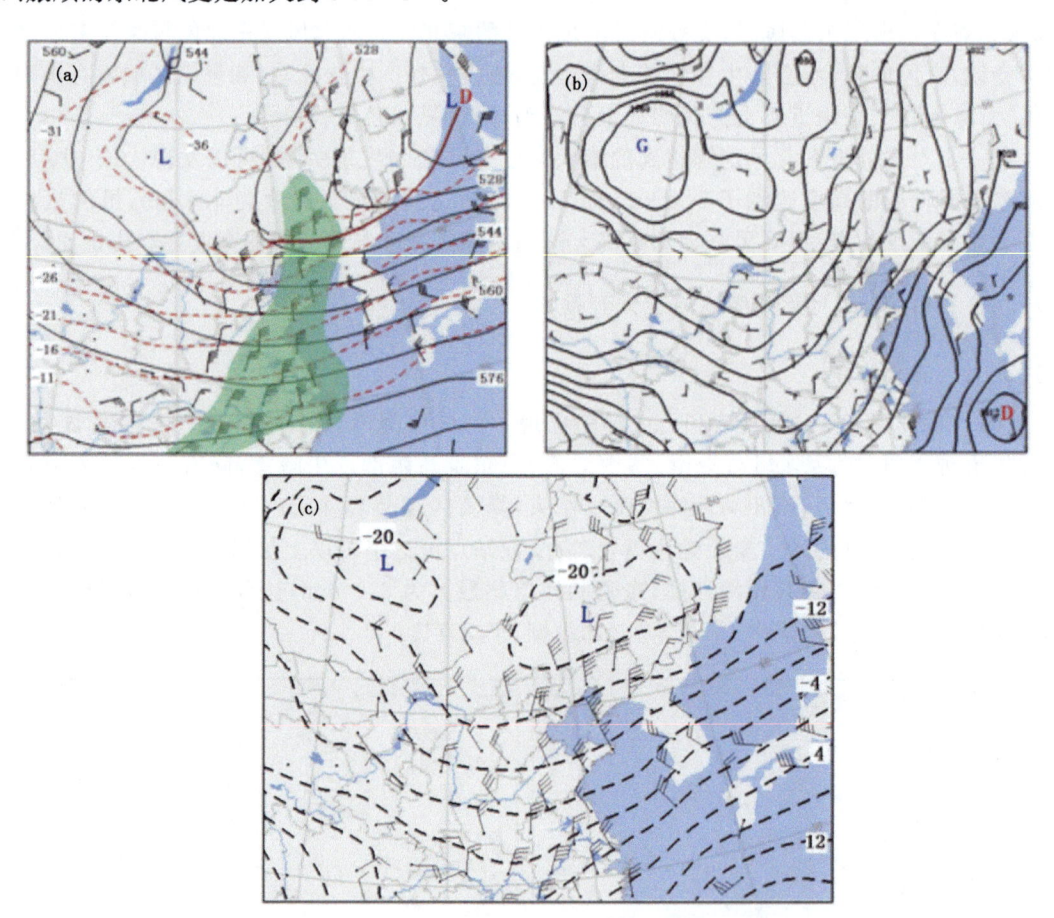

图2.86 2011年12月8日08时500 hPa形势场及925 hPa风场(a)、地面形势场(b)和850 hPa温度场、风场(c)(a,c实线:等高线,单位:dagpm;虚线:等温线,单位:℃;阴影区:风速≥12 m·s^{-1}; b实线:等压线,单位:hPa)

2.11.4.3 物理量场特征

1)水汽条件

从925 hPa水汽通量图上(图2.87)可以看出,水汽自渤海由北向南输送。水汽通量的大值区在黄海海面上,渤海被 2 g·(cm·hPa·s)$^{-1}$ 的水汽通量所覆盖。从 1000 hPa 的水汽通量散度图上看到,莱州湾及其附近的海域存在着水汽辐合,且在莱州湾西岸与南岸有 $1×10^{-7}$ g·cm^{-2}·hPa^{-1}·s^{-1} 的辐合中心。温度露点差图上,在 120°E 以西的渤海海面的大部地区温度露点差≤4 ℃,其中莱州湾西部及其北部海面的温度露点差≤2 ℃,表明莱州湾附近水汽饱和。

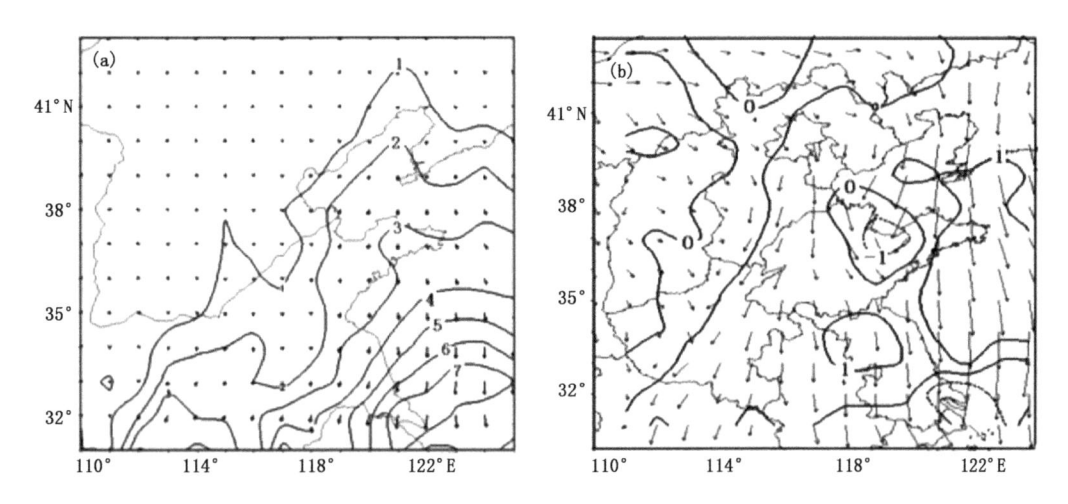

图 2.87　2011 年 12 月 8 日 8 时 925 hPa 水汽通量(a)(单位:g·(cm·hPa·s)$^{-1}$)、
1000 hPa 水汽通量散度(b)(单位:10^{-7}g·cm^{-2}·hPa^{-1}·s^{-1})

2)热力特征

在这次莱州湾西部的海效应降雪中,莱州湾沿岸及山东半岛北部,12 月 8 日 08 时 850 hPa 的温度均达到了 −12 ℃,与半岛北部的温度指标基本一致。在 119°N 附近 850 hPa 以下相当位温随高度减小,表明莱州湾西部区域存在层结不稳定,同时其他区域均为稳定层结,不稳定层结的区域很窄,且高度不高,属于浅层对流(图 2.88)。925 hPa 相当位温在莱州湾区域表现为 276 K 的暖舌,强降雪区正出现在这个暖舌区域。08 时,850 hPa 的温度下降到

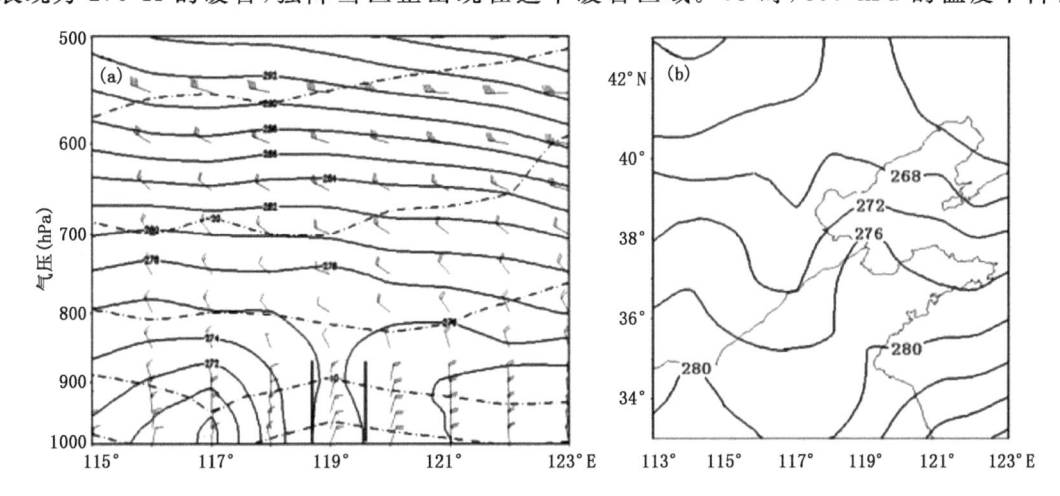

图 2.88　2011 年 12 月 8 日 08 时沿 38°N 垂直剖面(a)及 925 hPa 的相当位温(b)
(a 中实线为相当位温,单位:K;点划线为温度,单位:℃;竖线表示层结不稳定的区域)

−16 ℃,海面的温度为−4 ℃,二者的温差达到 12 ℃。在 05—08 时,降雪开始,并随着海气温差的加大降雪加大,并维持到 11 时,而降雪也集中在这个时段。14 时,海气温差开始缩小到 10 ℃,降雪趋于停止。

3)动力特征

由于地面图上中心位于蒙古国的冷高压,长轴呈东西向,所以渤海附近的等压线呈东北一西南向。从加密的环渤海自动站风场中可以看出,7 日白天辽宁鞍山以南到渤海北岸一直吹东北风,辽东半岛西岸也是东北风,并且随着时间的推移,东北风呈加大的趋势。8 日 04 时,已发展成风速≥12 m·s^{-1} 的东北风急流。这股强劲的东北气流经过暖湿的渤海海面正好在莱州湾西岸辐合。由于下垫面的差异,陆上风速显著减小。8 日 08 时可以清楚地看到岸边有东北风与西北风的切变线(图 2.89)。

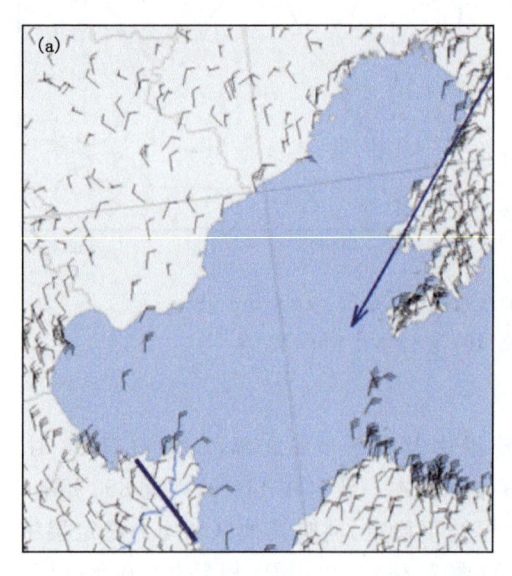

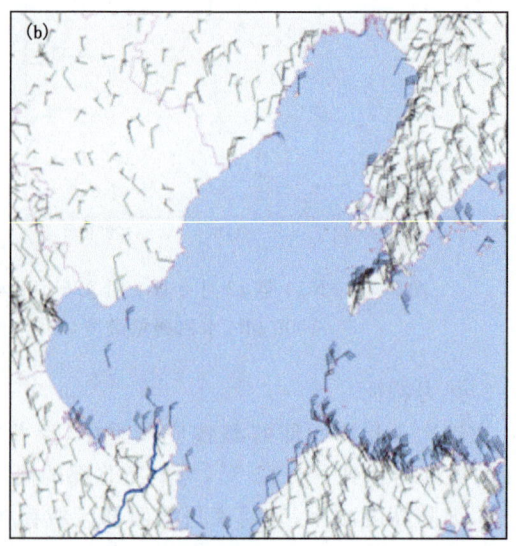

图 2.89　2011 年 12 月 8 日 08 时(a)与 17 时环渤海自动站风场(b)
(箭头:急流方向;短实线:切变线位置)

这个切变线自 8 日 04 时就已经存在,只是随着时间的推移,越来越明显。切变线的存在对此地不稳定层结能量的释放起到了很好的触发作用,而此时也正是莱州湾西部大雪纷飞的时候。从图 2.90 可以看出,40°N 以北都是下沉气流,而 37°～38°N,即莱州湾区域,750 hPa 以下存在着上升运动,上升速度中心在 900 hPa 附近,强度达−1.5×10^{-3} hPa·s^{-1},这种低层强的上升运动把水汽、能量向上输送,为本地降雪提供了有利的动力条件。从风场上看,37°～38°N,900 hPa 以下是东北风,以上为西北风,而 40°N 以北和 37°N 以南上下均为北风或西北风,可见在莱州湾西岸存在着浅层的东北风与北风或西北风的交界面。综上,莱州湾西岸产生海效应降雪有利的风场结构为 900 hPa 以下为东北风,以上为西北风,这与山东半岛北部产生海效应降雪时高低空风场均要求西北风不同。

相比较而言,莱州湾西部的海效应降雪与山东半岛北部的海效应降雪都是在适宜的背景场、有利的海气温差及较强的低空冷平流等基本条件下发生的。但是具体到风场配置、海气温差强度、水汽分布及动力、热力条件等方面存在着差异。在这次过程中,900 hPa 以上为西北

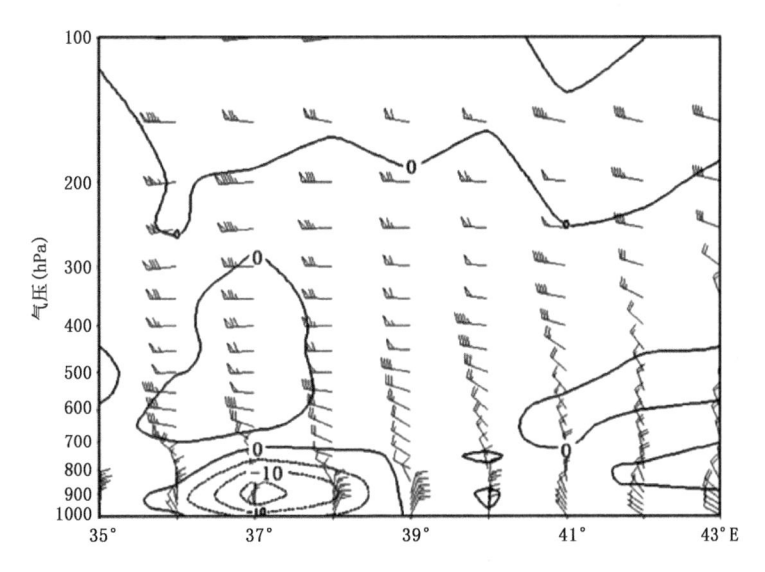

图 2.90　2011 年 12 月 8 日 08 时垂直速度沿 119°E 垂直剖面(单位:10^{-4} hPa·s^{-1})

风,以下维持持续的东北风,是造成此次强海效应降雪的主要原因,这种风场结构与半岛北部的高、低空均要求西北风不同。结合物理量场的诊断分析认为,莱州湾西岸的海效应降雪与山东半岛北部的同属于浅对流降雪。本次过程中 900 hPa 以下存在上升运动、水汽辐合中心、不稳定层结和大的海气温差,近地层的切变线触发了不稳定能量的释放。强降雪区出现在 1000 hPa 相当位温暖舌的区域,暖舌的位置与山东半岛北部发生强海效应降雪时的不同,前者在莱州湾,后者在半岛北部沿海。

2.12　海效应降雪的预报

2.12.1　数值预报降雪检验

在预报业务中,初步对山东半岛北部、南部及辽东半岛的海效应降雪开展了数值预报检验。2017 年 11—12 月山东半岛北部地区出现了 6 次海效应降雪,其中单站过程最大为暴雪,降雪量为 10 mm。山东省气象台对这些降雪过程检验了 EC 细网格、华东和科研所 WRF 中尺度数值模式的预报效果。检验结果表明,3 家数值模式均表现为降雪落区较准确(以 EC 最佳),降雪量较差。其中,EC 模式预报降雪量明显偏弱,且实况降雪量越大预报偏差越大,暴雪漏报;而中尺度模式则明显偏强。因数值模式表现不佳,预报员对山东半岛南部青岛地区的海效应降雪常出现空漏报(高荣珍 等,2015)。对于辽东半岛的海效应降雪,模式容易出现漏报或降雪量预报明显偏小的情况(梁军 等,2015)。

可见,数值模式对海效应降雪预报能力的表现类似于夏季的对流性暴雨,源于海效应降雪也属于对流性降水。当前对于海效应降雪明显的山东半岛北部地区,数值模式对降雪落区预报具有较好的参考性,但对于大雪以上的强降雪,全球模式普遍预报偏弱,而中尺度模式则预报偏强,因而主要预报难点为降雪强度预报。对于山东半岛南部、辽东半岛等其他弱降雪地区,数值模式多表现为漏报,其难点为能否产生海效应降雪的预报。因此,实际预报业务中,预报员只有在把握海效应降雪物理机制和统计特征的基础上,结合数值模式预报的天气形势和要素场特征进行订正,才能做出较为准确的主观预报。

2.12.2 海效应降雪的预报思路和着眼点

2.12.2.1 海效应降雪的预报着眼点

(1)11月至次年3月中旬为海效应降雪发生的季节,在该季节里,只要有明显冷空气活动,山东半岛东部850 hPa温度降至-10 ℃以下且有西北冷平流时,就要考虑有出现海效应降雪的可能性。

(2)海效应降雪预报应考虑气候背景。强海效应降雪(24 h降雪量为5 mm以上)主要出现在11月和12月,1月较少出现,2月一般不会发生强海效应降雪。海效应暴雪多发生在11月下旬至12月中旬,以12月居多。

(3)海效应降雪产生的天气形势特点:500 hPa面上,在贝加尔湖以东至日本海为低压区,存在冷涡或低槽;对流层低层(850 hPa及其以下层次),山东半岛为槽后西北冷平流;地面气压场上,亚洲中高纬度地区为庞大的冷高压覆盖,低压中心位于日本海附近或以东地区,渤海和山东半岛处在冷高压控制之下,冷锋已经越过山东半岛。其中,对流层低层渤海及山东半岛为槽后西北冷平流是海效应降雪的显著特征,也是区分海效应降雪与其他类型降雪的重要标志。

(4)冷空气强度是海效应降雪是否产生的首要影响因素,冷空气越强,对海效应降雪的产生越有利。一般850 hPa温度低于-10 ℃时即可产生海效应降雪。因海温的差异,各月产生降雪时要求的冷空气强度不同。从11月至次年3月,产生海效应降雪要求的冷空气强度逐渐增强。同时,还要考虑渤海海温的影响,如果海温偏高,则海效应降雪产生的温度阈值也相应高一些,在12月上旬成山头850 hPa温度为-9 ℃即可产生海效应降雪。12月份海效应暴雪的产生条件为850 hPa温度≤-12 ℃。

(5)渤海海温对海效应降雪有影响。当渤海海温偏高时,有利于产生更强降雪,反之不利。

(6)风场条件。风向和风速均影响海效应降雪的强度和落区。850 hPa及以下层次为西北气流是山东半岛海效应降雪除了温度以外的又一个必要条件,700 hPa及以上层次可为其他风向,这主要取决于高空槽的结构。近地面层的风向决定海效应降雪的发生区域,当925 hPa以下渤海为西北风时,降雪发生在蓬莱以东的区域;渤海为东北风时,潍坊、东营一带可产生海效应降雪。低层风速大时可以使得海效应降雪深入到半岛低山丘陵的南部地区,如青岛、日照一带,但是如果风速太大,则不利于产生强降雪,海效应暴雪发生时近地面风速多在10 m·s^{-1}以下。

(7)500 hPa低槽与强降雪时段的关系。500 hPa低槽过境或横槽转竖前后为海效应降雪的强降雪时段。

(8)海效应暴雪发生时,对流层低层通常有西北风与东北风之间的切变线产生。切变线位置与暴雪落区有关。当切变线位于烟台附近时,暴雪产生在烟台区域,当切变线位于威海附近时,暴雪产生在威海附近。经验表明,850 hPa天气图上,成山头和济南的风速对比可大致判断强降雪落区,一般济南的风速小于成山头时,强降雪位于烟台地区,当济南的风速大于成山头时,强降雪位于威海地区。

(9)多普勒天气雷达资料是海效应降雪短时预报的很好参考资料。如果半岛东部和北部沿海存在较大范围的回波,回波呈单体小块状,分布零散,降雪一般为阵雪,降雪量不大。反射率因子的强度多在 15~20 dBZ,少部分块状回波的强度可达到 25~35 dBZ。出现暴雪的回波特点为,成片的强反射率因子带的最大值一般在 35~40 dBZ,反射率因子呈现出狭窄的带状、移动缓慢、有"列车效应";径向速度上有切变线,有时候会有逆风区出现。

(10)可见光云图上,海效应降雪阵雪或小雪时表现为点块状,云团之间有晴空区。强降雪发生时,云的结构密实,呈明显带状,表现为云街;当带状云变为块状,个体边缘轮廓清楚,于是海效应降雪过程即将停止。

2.12.2.2 海效应暴雪的预报指标

1)强降雪过程预报指标

(1)强降雪(日降雪量≥5.0 mm 的降雪)发生在 11 月、12 月和 1 月,以 11 月和 12 月为主。其中,11 月下旬至 12 月是海效应暴雪的高发时段,只要有强冷空气影响,就要考虑是否有产生强降雪的可能性。

(2)各月强降雪预报指标有差异。一般情况下,11 月、12 月和 1 月,半岛北部上空各月的温度分别小于或等于−12 ℃、−12 ℃和−15 ℃。其中 11 月降雪当天,08 时 850 hPa 半岛北部上空的温度小于或等于−12 ℃,500 hPa 有槽移过渤海上空;12 月降雪当天,08 时 850 hPa 半岛北部上空的温度小于或等于−12 ℃,500 hPa 有槽移过渤海上空,08 时地面有气旋弯曲;1 月降雪当天,08 时 850 hPa 半岛北部上空的温度小于或等于−15 ℃,500 hPa 有槽移过渤海上空,08 时地面有气旋弯曲。

2)强降雪时段的预报指标

强降雪时段发生在 500 hPa 低槽过境前后。500 hPa 或 700 hPa 高位涡过境时产生强降雪。

3)强降雪落区的预报指标

强降雪的落区与 500 hPa 东北冷涡位置有关。可以通过 500 hPa 低槽过境前的东北冷涡中心位置来大致判断强海效应降雪的落区。当东北冷涡位置偏西,位于 123°E 以西时,海效应暴雪发生在烟台地区,当东北冷涡位置偏东,位于 123°E 以东时,海效应暴雪发生在威海地区。如果冷涡位置偏南,可能海效应暴雪范围较大,烟台和威海地区均可产生暴雪,但最大降雪落区仍与冷涡位置有关,即冷涡偏西时,最大降雪中心发生在烟台,反之则在威海地区。

4)大范围强海效应暴雪的预报指标

东北冷涡明显偏南时,可产生较大范围的海效应暴雪,烟台和威海地区的日最大降雪量可达 20 mm 以上。

5)持续性强海效应降雪的预报指标

阻塞高压是持续性海效应暴雪的关键。持续性海效应降雪一般发生在稳定的阻塞高压形势下,阻塞高压从建立、维持到崩溃的过程中,会不断有冷空气扩散南下影响渤海,从而产生持续海效应降雪。每一次高空槽影响,对应一次海效应降雪的加强。

2.13 海效应降雨

海效应降雨是指强冷空气流经暖海面所产生的降雨过程,是海效应事件天气现象之一。渤海海效应事件中有约一半会造成山东半岛降水,其中冬半年主要造成降雪,少数情况下也可形成降雨。预报业务中发现,在深秋,当强冷空气影响渤海和山东,各层低槽均已过境转为槽后西北气流控制时,山东半岛北部沿海地区有时会产生阵雨。这种降雨就是海效应降雨,业务中又称为冷流降雨。与海效应降雨形成机制类似的有湖效应降雨,发生在北美五大湖地区。以伊利湖附近的湖效应降雨和湖效应降雪为例,湖效应降雨通常在初秋冷空气爆发时产生,其产生的天气形势与湖效应降雪相同,主要差异在于对流层低层的热力条件,湖效应降雪有明显的对流不稳定,而湖效应降雨没有对流不稳定,存在条件不稳定(Moore et al.,1990;Todd et al.,1997)。

山东半岛海效应降雨出现在10月、11月、12月和3月,以11月产生海效应降雨为最多(图2.91)。因此,本书主要对秋季的海效应降雨进行了分析。

渤海海效应降雨发生的天气形势与海效应降雪形势类似,满足以下条件:500 hPa等压面上,在贝加尔湖以东至日本海存在冷涡或低槽;对流层低层(850 hPa及其以下层次),山东半岛为槽后西北冷平流;地面气压场上,亚洲中高纬度地区为庞大的冷高压覆盖,低压中心位于日本海附近或以东地区,渤海和山东半岛处在冷高压控制之下,降雨发生在冷锋之后。在此类天气形势下,山东半岛出现降雨,则为一次海效应降雨过程。如果500 hPa在60°N以南、140°E以西关键区内存在冷涡,则称500 hPa的影响系统为冷涡,如果在该区域内只有低槽,则称500 hPa的影响系统为低槽。按照这个标准利用高空图和地面图进行普查,1999—2020年共筛选出31次海效应降雨过程,其中有16次为冷涡影响,15次为低槽影响(杨成芳 等,2022)。

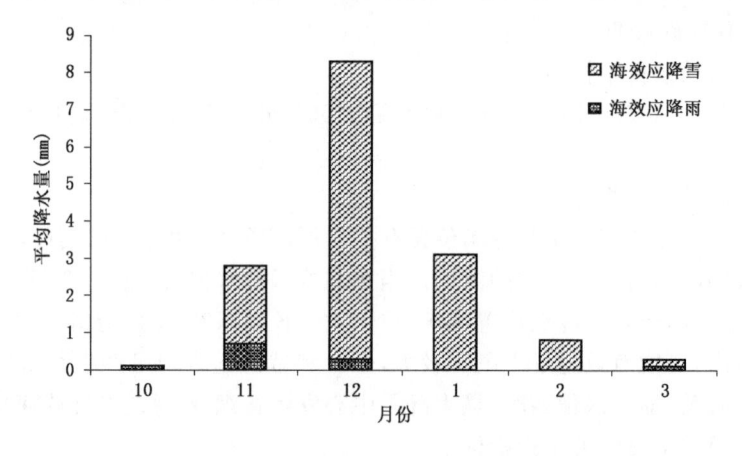

图2.91 2000—2012年各月平均海效应降雪和降雨量

2.13.1 秋季海效应降雨基本特征

2.13.1.1 降雨时间

1999—2020年秋季(9—10月),山东半岛共出现了31次海效应降雨过程,平均每年1.4次。从发生的时间来看,海效应降雨最早出现在10月19日(2007年),最晚为11月29日(2008年)。10月中旬1次,10月下旬5次,11月共25次,11月占总数的83%,可见渤海海效应降雨主要出现在11月。细分11月各旬的降雨次数,可见降雨多发生在11月上旬和中旬,分别为8次和11次,到下旬降雨次数减少至6次(图2.92)。海效应降雨的持续时间较短,一次降雨过程均在1 d内,最长时间为21 h,最短时间不足1 h。

2.13.1.2 降雨量及空间分布

从降水量来看,31 次过程各站的降水量均为小雨,其中,有 11 次过程为微量,20 次过程为有量降雨。最大降雨量为 8 mm,2002 年 11 月 3 日出现在福山和荣成。海效应降雨的落区与海效应降雪基本相同,分布在山东半岛北部沿海的烟台和威海地区,处在近东西向分布的低山丘陵北侧,以烟台、福山、牟平、威海、文登和荣成最为显著。

2.13.1.3 降水相态

在 31 次过程中,有 22 次过程为纯雨;9 次过程存在降水相态转换,其中 7 次为雨转雨夹雪,2 次为雨转雪。雨雪转换的过程相态较为复杂,有时候各站点雨雪共存,有的站点为雨,有的为雨夹雪,有的为雨转雨夹雪或者雨夹雪再转雪。渤海海效应雨雪相态转换的天气过程均发生 11 月,10 月只有纯降雨(图 2.92)。

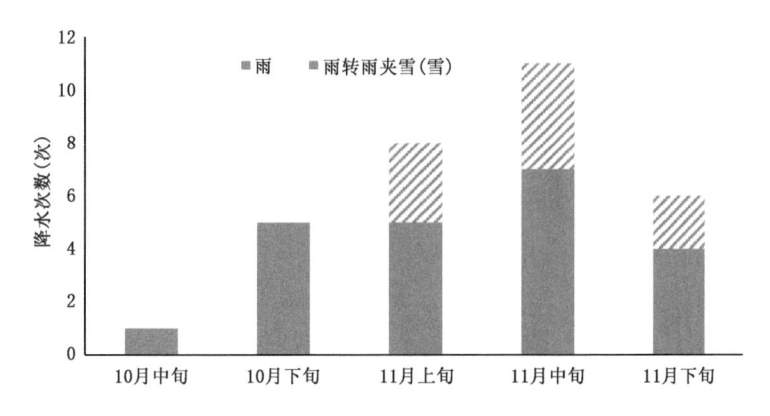

图 2.92　1999—2020 年 31 次渤海海效应降雨过程旬分布

2.13.2　500 hPa 天气系统

31 次海效应降雨过程中,在 500 hPa 天气图上,有 15 次为低槽影响,16 次为冷涡影响。低槽影响时降水量和降雨范围均较小,单站最大降水量为 3.3 mm;冷涡影响时降水量稍大,一般可达到 3 mm 以上,单站最大降水量为 8 mm,降雨范围较低槽影响时大,通常可覆盖烟台和威海的北部沿海地区。该特点与海效应降雪基本相同。在海效应降雪过程中,当有冷涡影响尤其是冷涡位置偏南时,可在烟台和威海地区产生大范围海效应暴雪。

有的过程首先出现 500 hPa 低槽前西南气流系统性降雨,当低槽过境转为西北气流、对流层低层强冷空气影响渤海和山东半岛时转为海效应降雨,有的过程则仅产生海效应降雨(图略)。

2.13.3　850 hPa 温度和地面气温特征

在海温变化缓慢的情况下,海效应降水事件能否发生主要取决于冷空气的强度。与海效应降雪相同,海效应降雨也是一种低云降水,其云顶接近于 850 hPa,因此 850 hPa 的风成为海效应降雨的引导气流,其风向基本决定了海效应降雨云带向下游传播的方向,风速的大小影响降雨云带向内陆伸展的范围;850 hPa 上的冷平流强弱基本代表冷空气的强度,可以将山东半岛 850 hPa 的温度作为海效应降雨是否发生的指标。统计分析 31 次海效应降雨发生时

850 hPa 温度,按照就近原则,以降雨发生在 08 时或 20 时的荣成探空站 850 hPa 温度作为代表。图 2.93 给出了各旬海效应降雨过程中,降雨、雨转雨夹雪或雪时 850 hPa 的温度分布,图 2.94 给出了 9 次转雨夹雪或雪过程中,雨夹雪或雪发生时的各站点地面 2 m 气温分布,以此分析海效应降雨(雪)发生时冷空气强度特征。

从图 2.93 可以看出,10 月,降雨时 850 hPa 温度在 $-2 \sim 0$ ℃;11 月上旬 850 hPa 温度集中在 $-6 \sim -5$ ℃,最高为 -4 ℃;11 月中旬和下旬,中位数分别为 -6 ℃ 和 -7 ℃。总体来说,随着渤海海温的逐渐下降,海效应降雨发生时需要的冷空气强度也越来越强,10—11 月,850 hPa 温度逐渐降低,10 月在 -1 ℃ 左右,11 月在 -6 ℃ 左右。

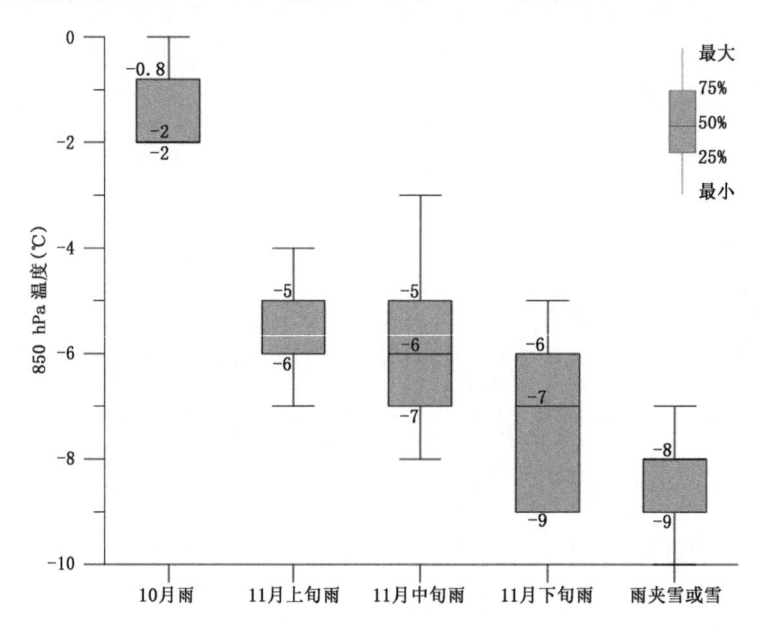

图 2.93 1999—2020 年 31 次海效应降雨过程发生时荣成探空站 850 hPa 温度(单位:℃)

进一步考察 11 月 9 次海效应降雨转雨夹雪或雪天气过程的温度特征。此类过程通常先降雨后转为雨夹雪或雪,有的过程为部分站点降雨,另外一些站点雨转雪。发生雨夹雪或雪时,850 hPa 温度一般在 $-9 \sim -8$ ℃,较海效应降雨略低 $1 \sim 2$ ℃,较同期海效应暴雪过程的 850 hPa 温度(-10 ℃ 以下)略高。雨夹雪发生时,地面气温各旬差异不大,集中在 $1 \sim 3$ ℃,中位数为 $2 \sim 3$ ℃,最高为 6 ℃;降雪发生时,地面 2 m 气温 11 月中上旬均集中在 $3 \sim 5$ ℃,下旬略低,为 $3 \sim 4$ ℃(图 2.94)。总体而言,11 月发生雨转雨夹雪或雪时,850 hPa 温度一般在 $-9 \sim -8$ ℃,地面 2 m 气温集中在 $2 \sim 4$ ℃。

2.13.4 渤海海效应降雨的典型个例分析

2.13.4.1 降雨实况

2019 年 11 月 12—13 日,山东先后出现高空低槽影响的系统性降雨和海效应降雨。12 日夜间至 13 日上午,为低槽前的全省性降雨,大部地区为小雨。海效应降雨 13 日 14 时从烟台北部沿海开始,23 时在荣成结束,强降雨时段集中在 17—22 时。海效应降雨出现在烟台北部沿海和威海地区,烟台市牟平区的昆嵛山林场站过程降水量最大为 6.6 mm,其次是牟平站为

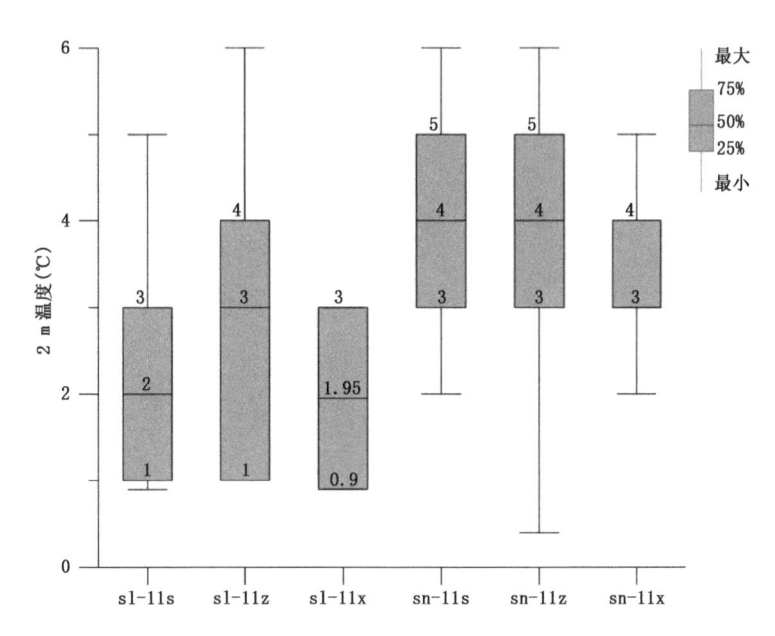

图 2.94　1999—2020 年 9 次海效应降雨过程雨夹雪(或雪)发生时的地面 2 m 气温(单位:℃)
(前缀 sl 表示雨夹雪,前缀 sn 表示雪,11s、11z、11x 分别表示 11 月上旬、11 月中旬和 11 月下旬)

5.9 mm;最大小时雨量为 3.0 mm,20—21 时出现在文登站(图 2.95a,b);降雨显示出阵性特征,雷达回波为块状,最大反射率因子为 45~50 dBZ,自西北向东南方向移动(图 2.95c,d)。

2.13.4.2　环流形势

图 2.96 给出了此次海效应降雨强盛时段,500 hPa、850 hPa、地面天气图和降雨前后的冷空气情况。从中可以看出,海效应降雨过程发生在有较强冷空气影响渤海和山东半岛的形势下。13 日 20 时,500 hPa 面上(图 2.96a),欧亚大陆中高纬度地区为两槽两脊形势,贝加尔湖以东地区为深厚冷涡,其冷中心为 −44 ℃,我国东北地区为经向度大的低槽;850 hPa 面上(图 2.96b),渤海和山东半岛处在低槽后部的西北冷气流中,山东半岛北部沿海的温度在 −6~−8 ℃;地面图上,我国东部地区为冷高压控制,日本海为低压区(图 2.96c),地面冷锋自 11 时移过山东半岛。这种天气形势有利于较强冷空气影响渤海和山东半岛地区。过烟台的温度平流和水平风场的演变显示出,自 12 日 14 时起,随着 500 hPa 低槽加强东移,对流层中高层冷空气也随之影响烟台地区,13 日 08 时,500~400 hPa 有强冷平流,此后 925~600 hPa 的冷平流中心达到了 -60×10^{-6}~-50×10^{-6} ℃·s^{-1},表明有较强冷空气入侵对流层低层;13 日 20 时以后,对流层低层逐渐为暖平流取代(图 2.96d)。海效应降雨发生在对流层低层冷平流影响期间,地面冷锋过境 3 h 后降雨开始。

与常见的渤海海效应暴雪过程相比较,渤海海效应降雨发生的天气形势与之基本类似,500 hPa 冷涡(或低槽)、850 hPa 西北冷平流、地面冷高压是共同特征。

2.13.4.3　热力特征

海效应降水是冷空气和暖海面共同作用的结果。对马暖流西分支在秋季开始出现,冬季势力达到最强,导致黄海至渤海出现暖水舌,这是海效应降水形成的基础。当有强冷空气影响渤海暖海面,海效应降水能否发生,首先取决于热力条件。因海效应降水为低云降水,一般

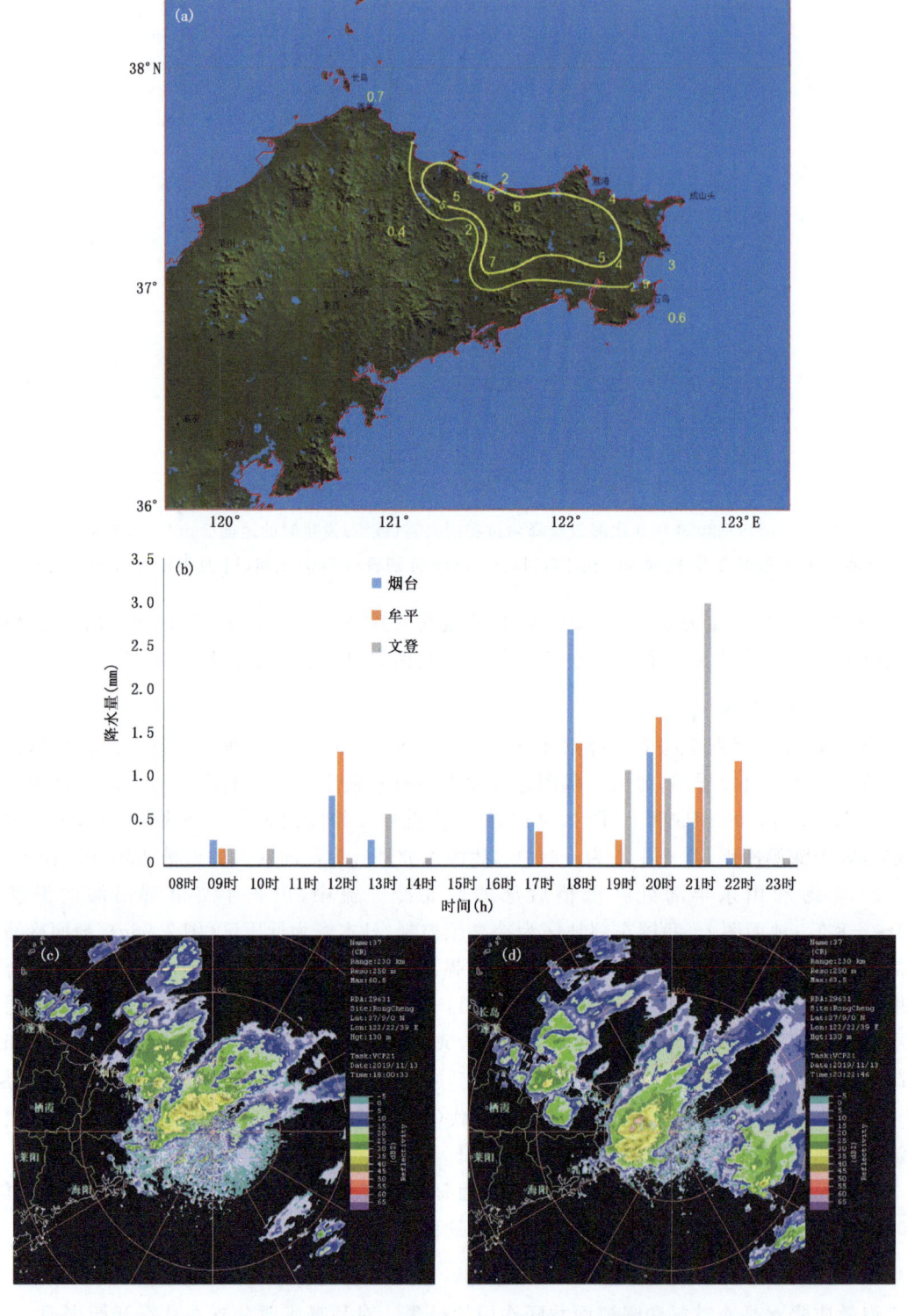

图 2.95 2019 年 11 月 13 日 14—23 时山东半岛海效应过程降雨量(a,单位:mm)、
逐时降水量(b,单位:mm)和 18 时(c)、20 时 22 分(d)雷达组合反射率因子(单位:dBZ)

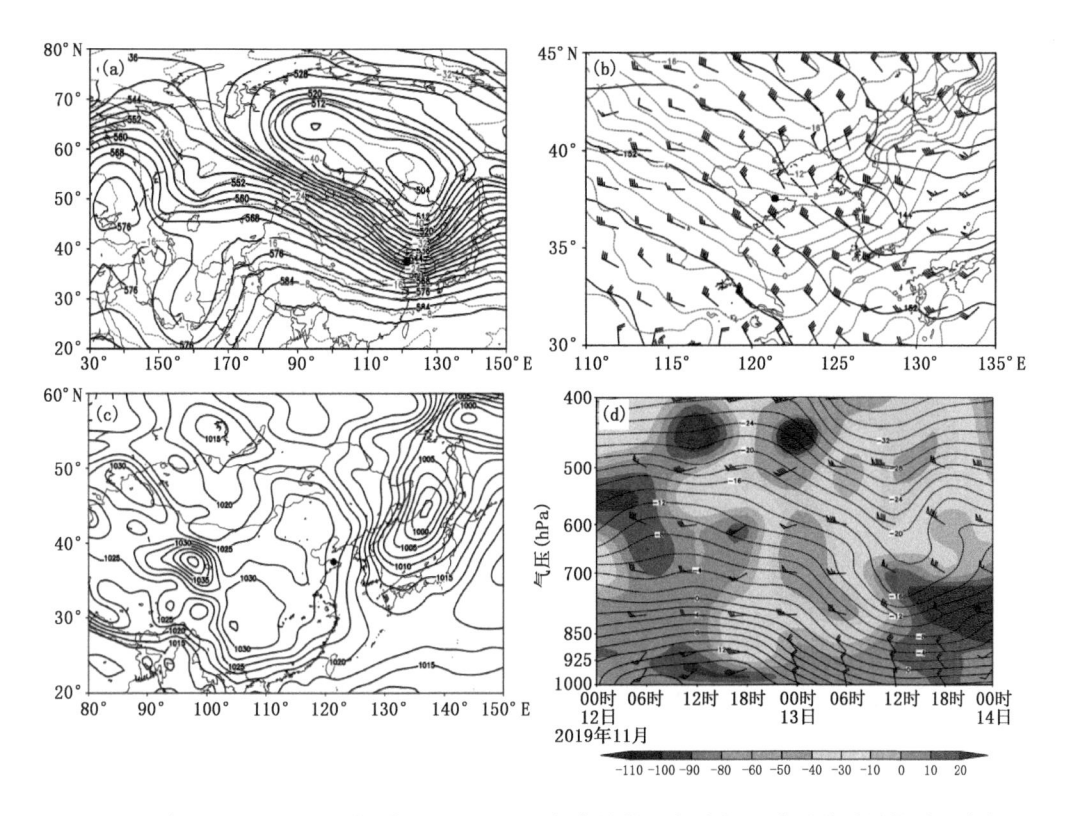

图 2.96 2019 年 11 月 13 日 20 时天气图(a～c)和过烟台站的温度平流、温度及水平风的时空演变(d)
(a. 500 hPa 位势高度:虚线,单位:dagpm,温度:红线,单位:℃;b. 850 hPa 位势高度:黑线,单位:dagpm,
温度:实线,单位:℃,风场:单位:m·s^{-1};c. 地面气压场,单位:hPa;图 a～c 中圆点所示位置为烟台;
图 d 中等值线为温度,单位:℃,阴影区为温度平流,单位:10^{-6}℃·s^{-1},时间为世界时)

850 hPa 接近于云顶,受海温的影响较小,故业务上通常以山东半岛东部 850 hPa 的温度代表冷空气强度,并与海温相比较,以此判断大气层结稳定情况。图 2.97 给出了 13 日前后的海温和大气温度情况,以分析此次海效应降雨过程的海气变化和热力特征。

1)海温及冷空气

13 日 20 时的海洋表面和陆地表面温度显示(图 2.97a),黄海和渤海海域的表面温度明显高于周边陆地表面温度,黄海北部至渤海存在 24～28 ℃的暖海温带,温度自北向南递减,山东半岛的温度在 18 ℃以下,明显低于渤海海温。

从鸡鸣岛浮标站 12—15 日的海温演变图上可以看出(图 2.97b),12 日 08 时至 13 日 20 时,鸡鸣岛附近的海温均为 16.8 ℃,14 日 08 时为 16.4 ℃,在降雨前后海温仅下降了 0.4 ℃,说明海温的变化缓慢,短时间内接近于恒温。相比之下,冷空气变化明显,12 日 20 时荣成探空站 850 hPa 的温度为 8 ℃,13 日 08 时降至 4 ℃,13 日 20 时降至 -5 ℃,24 h 内降温幅度达 13 ℃,相应地,海气温差由 8.7 ℃剧降至 21.8 ℃。

2)感热通量

以上分析表明,由于强冷空气的入侵,13 日对流层低层的温度和海面的温度差明显增大。根据热力学第二定律,暖空气向冷空气输送热量,海气温差增大有利于暖海面向上输送更多的热量和水汽。为了定量分析海洋向大气输送的感热,利用荣成鸡鸣岛浮标站的逐时海温、3 m

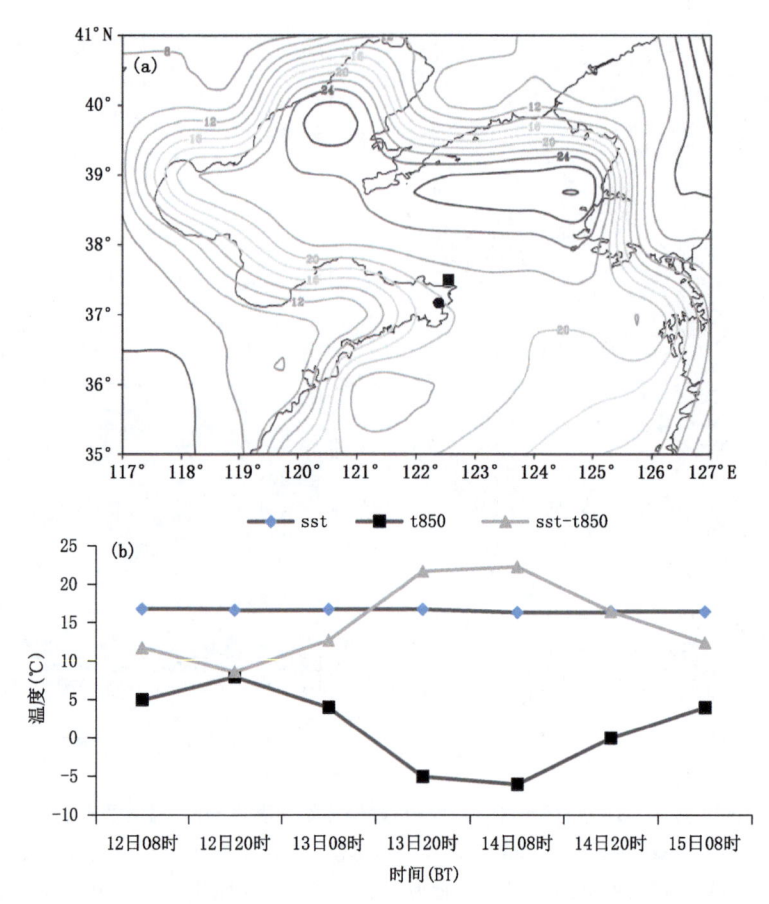

图 2.97　2019 年 11 月 13 日海效应降雨过程海温和气温（单位：℃）
(a.13 日 20 时再分析资料海洋和陆地表面温度，b.12—15 日 08 时和 20 时鸡鸣岛浮标站海温(sst)、
荣成探空站 850 hPa 温度(t850)及其温差(sst-t850)；a 中方框为鸡鸣岛浮标站，圆点为荣成)

气温和风速资料，采用海气感热通量公式，计算了 12—15 日海效应降雨前后的感热通量及海温和 3 m 气温之差(图 2.98)。从图 2.98 中可以看出，自 12 日 14 时起，鸡鸣岛近海面上的海气温差逐渐升高，13 日 20 时达到峰值为 3.8 ℃，此后逐渐下降。感热通量也是从 12 日 14 时开始逐渐增大，13 日 12 时达到峰值，为 48.8 W·m^{-2}，13 日 21 时之后感热通量逐渐减小。感热通量和近海面的海气温差变化趋势基本一致，但也略有差异，主要是风速影响的缘故。随着感热通量减小，降雨也随着减弱直至结束。在海效应降雨期间，近海面海气温差为 3.3～3.8 ℃，感热通量维持在 37～46 W·m^{-2}，为相对高值。对比 2018 年 1 月 10 日海效应暴雪过程和此次海效应降雨过程，在暴雪过程的降雪期间，鸡鸣岛近海面海气温差和感热通量峰值分别为 3.6～4.8 ℃和 46～69 W·m^{-2}，大于海效应降雨期间的近海面海气温差和感热通量，这可能是海效应降雨过程降雨量小于海效应暴雪过程的主要原因之一。

3）对流不稳定

图 2.99 给出了 13 日 08 时和 20 时 925 hPa 的水汽通量矢量、假相当位温及沿 121.40°E（过烟台）的假相当位温经向垂直剖面，从中可以分析出海效应降雨过程的水汽来源和大气层结的稳定度演变情况。13 日 08 时，925 hPa 水汽通量矢量为偏西风，风速较小，此时冷空气主

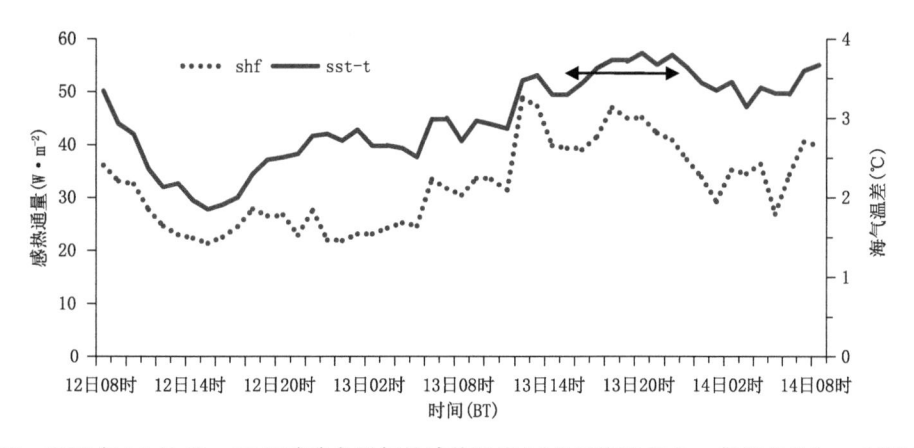

图 2.98　2019 年 11 月 12—15 日鸡鸣岛浮标站感热通量(shf)及海温和 3 m 气温之差(sst-t)逐时变化
(图中黑色线段区间对应海效应降雨)

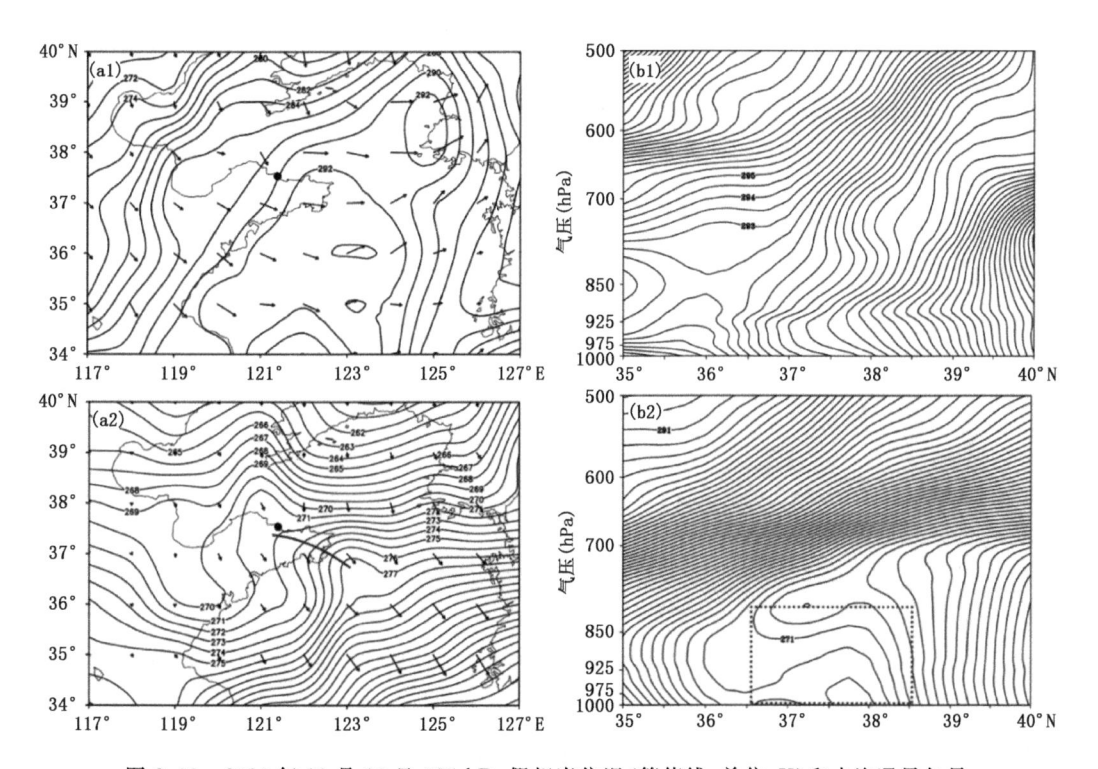

图 2.99　2019 年 11 月 13 日 925 hPa 假相当位温(等值线,单位:K)和水汽通量矢量
(单位:10^{-2}g・hPa^{-1}・cm^{-1}・s^{-1},a1~a2)和假相当位温沿 121.40°E(过烟台)纬向垂直剖面
(单位:K,b1~b2)(a1 和 b1 为 08 时;a2 和 b2 为 20 时;a1,a2 中圆点为烟台,a2 中过山东半岛
的短线为假相当位温脊线;b2 中虚框为不稳定区域)

力尚未影响渤海和山东半岛,渤海至山东半岛的假相当位等值线平直,过山东半岛的假相当位温纬向垂直剖面没有不稳定层结(图 2.99a1,b1)。随着强冷空气的逐步南下入侵,至 20 时,渤海至黄海的水汽通量矢量的方向转为显著的西北向,表明水汽从渤海输送至山东半岛,同时通过渤海暖海面向上输送感热,导致山东半岛的假相当位温升高、等值线密集,在烟台至文登、

荣成一带形成明显的假相当位温脊(图 2.99a2)。过山东半岛的假相当位温纬向垂直剖面图上(图 2.99b2),850 hPa 以下 36.5°~38.5°N 假相当位温随着高度的升高而减小,表明在此区域内的大气层结存在对流不稳定。13 日 20 时荣成站正在降雨,其探空图显示(图 2.100),790 hPa 以下层结曲线与干绝热线近乎重合,在 1000~790 hPa 高度上相对湿度为 93%~100%,对流有效位能为 24.2 J·kg^{-1},抬升凝结高度为 326 m,说明低层大气处于饱和状态,有较弱的不稳定能量。在这样的层结条件下,一旦有动力触发条件,便可产生弱对流性降雨。降雨发生在假相当位温脊线附近,为浅层对流,与海效应降雪类似。

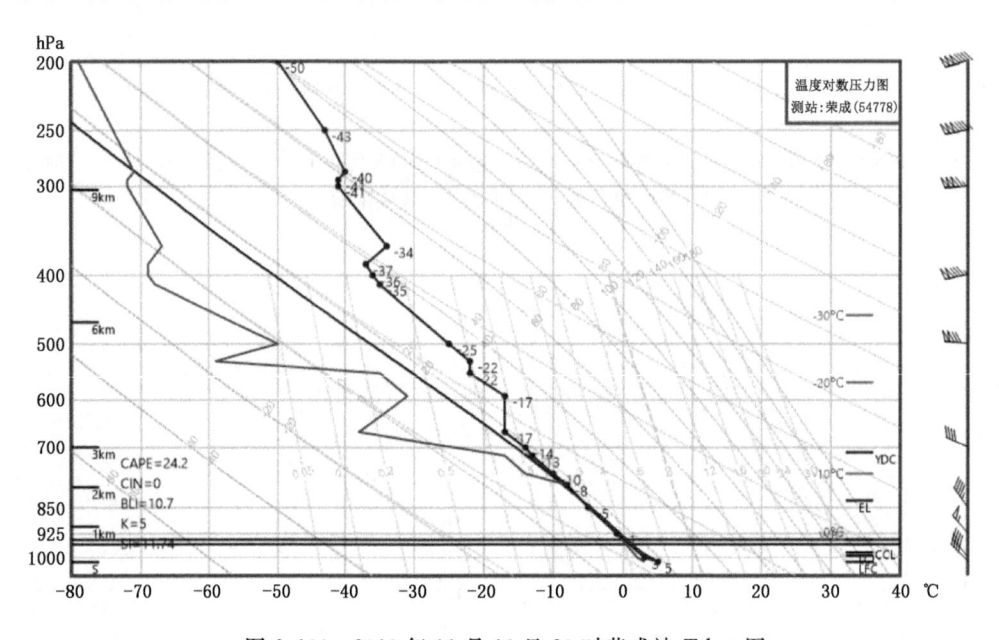

图 2.100　2019 年 11 月 13 日 20 时荣成站 T-ln$p$ 图

2.13.4.4　动力特征

1)地面自动站风场

随着冷空气东移南下,渤海、渤海海峡至山东半岛的风发生了明显转变。13 日 05 时,冷锋到达渤海海峡,长岛列岛转为西北风,12 时山东半岛均转为冷锋后。从地面自动站逐时风场来看,风速表现为渤海海峡至山东半岛北部沿海为强风,陆地上风速明显减小,这是由于海面摩擦小、陆地表面摩擦大,因而导致从海面到达陆地风速迅速减小。以 18 时为例(图 2.101a),位于烟台北部海面 9.5 km 处的崆峒岛东北风风速为 16 m·s^{-1},而其南侧陆地上的烟台站西北风风速为 4 m·s^{-1}。风向上表现为 12 时以后渤海海峡至山东半岛北部沿海地区转为北到东北风,同时半岛的其他地区以西北风为主,由此在半岛北部沿海地区形成了风向之间的辐合,东北风与西北风之间的切变线在山东半岛近东西向的低山丘陵北侧更为突出,该特征在 20 时前后最为明显(图 2.101b)。风向风速辐合可产生较强上升运动,有利于在半岛北部沿海地区产生明显降雨,这也是不稳定层结下对流的触发机制。

2)雷达径向速度

从烟台和荣成多普勒天气雷达径向速度图上,可以分析出海效应降雨发生时对流层低层的风场结构。烟台雷达 1.5°仰角径向速度图上显示,17 时 51 分在烟台北部沿海海面 1.0 km

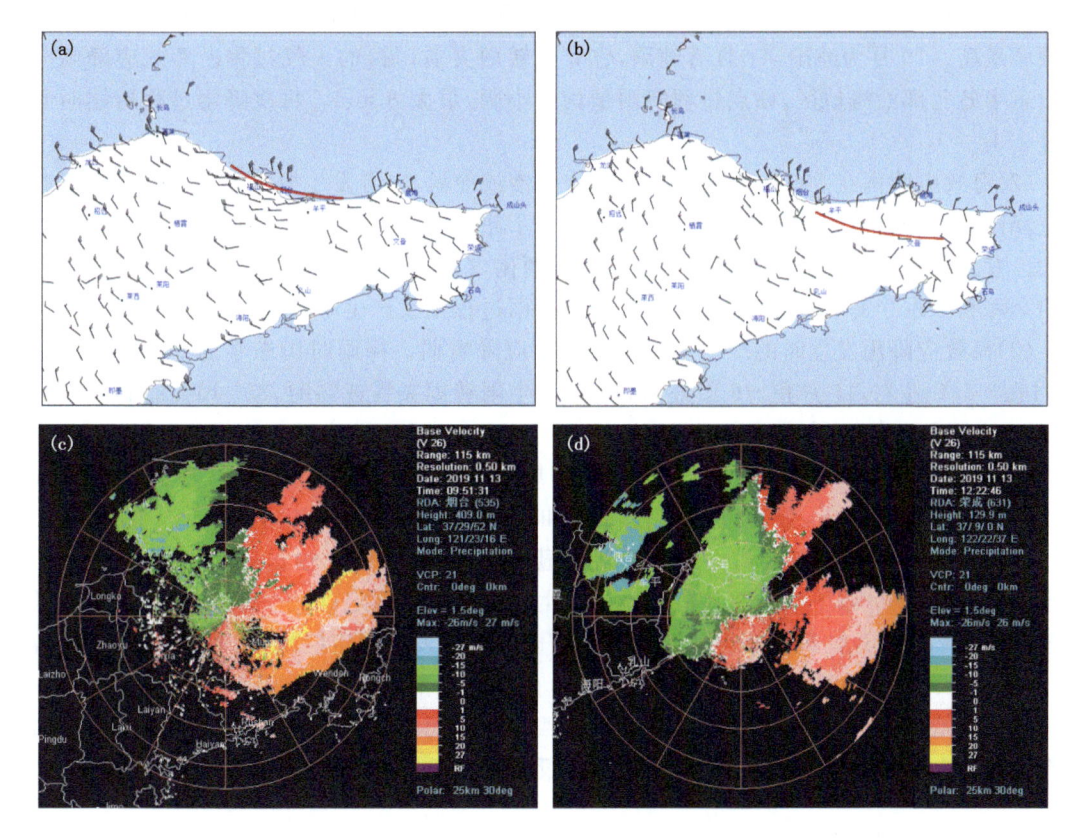

图 2.101 2019 年 11 月 13 日自动站风场(a,b)和多普勒天气雷达 1.5°仰角径向速度(c,d,单位:m·s^{-1})
(a. 18 时,b. 20 时,c. 烟台雷达 17 时 51 分,d. 荣成雷达 20 时 22 分;a,b 中实线为辐合线)

高度以下为北到东北风,烟台以南的区域为西北风,由此形成了北到东北风和西北风的辐合线,表明该区域在对流层低层存在风向辐合(图 2.101c)。20 时 22 分的荣成雷达 1.5°仰角径向速度图上表现出与烟台类似的风场结构,文登的东北方向低层为北风,西南方向为西西北风(图 2.101d)。分析逐 6 min 的雷达径向速度演变,可以看出烟台附近 18 时前后及文登附近 21 时前后在对流层低层均存在明显的风向切变,期间组合反射率因子最强达 45~50 dBZ,导致烟台 18 时降雨量达 2.7 mm,文登站 21 时降雨量达 3.0 mm。小时雨强低于 1.0 mm 的弱降雨时段,雷达径向速度图上零速度线近乎为直线,山东半岛地区为一致的西北风,对流层低层无明显风向切变,表明上升运动弱,最大反射率因子一般在 30~35 dBZ。

由此可见,自动站风场和雷达径向速度均显示出,在海效应降雨过程的最强降雨时段,北部沿海地区的风场表现出了明显的中尺度特征,对流层低层存在偏东北风与西北风之间的切变线及明显的风速辐合,弱降雨时则没有明显风向风速辐合。

2.13.5 海效应降雨预报着眼点

渤海海效应降雨的形成机理与海效应降雪类似,其环流形势、水汽来源、热力、动力及雷达径向速度特征基本相同,主要差异在于产生的月份、海温和冷空气强度不同,降雨量小于海效应暴雪。海效应降雨的预报关键期为 10 月下旬至 11 月,同时要关注 11 月可出现雨雪转换。

(1)秋季渤海海效应降雨过程年平均1.4次,发生在10月中旬至11月,以11月中上旬发生频率最高。10月为纯雨,11月有纯雨,也有雨转雨夹雪(雪)的天气过程。海效应降雨分布在山东半岛北部沿海地区,站点过程降雨量均为小雨,最大8 mm。每次降雨过程持续时间不超过1 d。

(2)海效应降雨在500 hPa的影响系统为低槽或冷涡,二者发生概率相当。低槽影响时海效应降雨量和降雨范围均较小,单站最大降水量不超过3 mm,冷涡影响时降雨量和降雨范围较大。有的降雨过程首先出现500 hPa低槽前西南气流中系统性降雨,当低槽过境强冷空气影响渤海和山东半岛时转为海效应降雨,有的降雨过程则仅产生海效应降雨。

(3)海效应降雨发生时的冷空气强度比海效应降雪弱。降雨时山东半岛850 hPa的温度10月在-1 ℃左右,11月在-6 ℃左右;11月发生雨转雨夹雪或雪时,850 hPa的温度一般在-9～-8 ℃,地面2 m气温集中在2～4 ℃。

(4)在2019年11月13日海效应降雨过程中,环流形势表现为500 hPa冷涡、850 hPa西北冷平流和地面冷高压,强冷空气入侵渤海和山东半岛,荣成探空站850 hPa的温度降至-5 ℃,对流层低层的温度和海面的温度差明显增大,暖海面向上输送37～46 W·m^{-2}的感热通量,在790 hPa以下半岛北部沿海地区产生浅层对流不稳定;由于海陆不同下垫面和低山丘陵地形影响形成风向风速辐合,产生较强上升运动,触发不稳定能量,从而产生海效应降雨。

(5)自动站风场和雷达径向速度均揭示出,在最强降雨时段,北部沿海地区的风场存在明显的中尺度特征,对流层低层存在偏东北风与西北风之间的切变线及风速辐合,而弱降雨时则没有明显风向风速辐合;强降雨时段最大雷达反射率因子为45～50 dBZ。

第3章 山东内陆暴雪

山东地处中纬度季风气候区。冬季,我国上空基本上受西风气流控制,影响山东的天气系统主要是冷锋。当来自孟加拉湾的西南暖湿空气北上时,山东各地均可产生降雪,当南支槽强盛时会产生暴雪。山东内陆地区既有局地暴雪,也有全省大范围的暴雪。大范围暴雪过程造成交通瘫痪、农业养殖大棚压塌、社会运行受阻等严重灾害。

本章介绍山东内陆暴雪概况、各类暴雪天气的特征及预报技术、极端暴雪等,重点对降雪强度大、范围广的江淮气旋暴雪和回流形势暴雪进行分析。

3.1 山东内陆暴雪概况

采用山东123个国家观测站逐日降水量(20时至次日20时)Micaps高空图和地面图资料,普查1999—2018年山东降雪天气过程。共筛选出40次内陆暴雪过程。按照天气系统划分,江淮气旋15次,回流形势12次,黄河气旋6次,暖切变线3次,低槽冷锋4次(表3.1),可见江淮气旋和回流形势是山东暴雪最主要的影响系统。内陆暴雪11月至次年4月均可发生,以2月最多,其次为11月至次年1月。不同天气系统所造成的暴雪在各月的发生概率有差异,江淮气旋暴雪以2月居多,回流形势暴雪主要发生在11月,黄河气旋暴雪则集中在2—3月。

表3.1 1999—2018年山东内陆暴雪过程次数

系统	1月	2月	3月	4月	11月	12月	合计
江淮气旋	4	8	1	0	0	2	15
回流形势	2	1	0	1	6	2	12
黄河气旋	1	3	2	0	0	0	6
暖切变线	0	1	1	0	0	1	3
低槽冷锋	0	1	1	0	0	2	4
合计	7	14	5	1	6	7	40

3.2 江淮气旋暴雪

江淮气旋暴雪具有范围广、强度大、持续时间长、降水相态复杂、强降雪中心多变等特点,是山东产生大范围暴雪最多的一类暴雪。江淮气旋暴雪可造成巨大灾害,如2007年3月4—5日,山东出现了一次大范围江淮气旋暴雪过程,鲁西北、鲁中地区降暴雪,鲁南暴雨,莱州湾出现风暴潮。此次过程河北、天津、辽宁、吉林和黑龙江等地也出现了暴雪,其中辽宁省有32个站达到了大暴雪量级,辽宁因灾死亡7人(孙欣 等,2011)。2010年2月28日,受江淮气旋影响,山东中部和半岛地区出现了大范围暴雪,导致交通瘫痪、大棚压塌,经济损失12亿元。

本节通过大量历史个例的统计分析,给出江淮气旋暴雪过程的降水、积雪、极端性等天气气候特征,可帮助预报员把握江淮气旋暴雪的基本统计规律。

3.2.1 江淮气旋暴雪的基本天气特征

15次江淮气旋暴雪过程发生在2000—2017年(表3.2),表现出以下基本特征。

表3.2 2000—2017年15次江淮气旋暴雪过程概况

序号	日期	降雪(水)时间	最强降雪时段	基本特点
1	2000年1月4—5日	4日14时—5日20时	4日20时—5日02时 (4日20时)	鲁东南和半岛南部为降水中心,有相态逆转、冰粒、冻雨
2	2001年1月6—7日	6日5时—7日14时	6日08—20时 (6日14时)	鲁东南降水中心
3	2001年2月23日	22日23时—23日20时	23日02—08时 (23日02时)	鲁东南为降水中心,潍坊、淄博为次中心
4	2005年2月15日	14日20时—16日08时	15日08—20时 (15日14时)	潍坊为降水中心
5	2007年3月3—4日	2日23时—5日02时	3日14时—4日14时 (4日08时) 降雪4日	鲁南为降水中心,暴(雨)雪
6	2010年1月3—4日	3日11时—4日20时	4日02—08时 (4日02时)	烟台、威海暴雪
7	2010年2月28日—3月1日	28日11时—1日14时	28日17时—1日02时 (28日20时)	潍坊、淄博为降水中心,雷打雪,多相态、冻雨
8	2011年2月26—27日	26日02时—27日20时	26日23时—27日08时 (27日02时)	鲁东南为降水中心
9	2012年12月13—14日	13日11时—14日20时	13日17时—14日02时 (13日20时)	鲁东南为降水中心,出现相态逆转
10	2012年12月20—21日	20日14时—21日20时	20日20时—21日05时 (21日02时)	鲁东南为降水中心,潍坊、淄博为次中心
11	2013年1月20—21日	20日02时—21日20时	20日08时—21日08时 (21日02时)	鲁东南为降水中心,济南、淄博为次中心
12	2013年2月3—4日	3日02—23时	3日14—20时 (3日14时)	潍坊、淄博为降水中心,出现冰粒
13	2014年2月16—17日	16日08时—17日20时	16日20时—17日02时 (16日20时)	鲁东南为降水中心
14	2016年2月12—13日	12日08时—13日20时	12日23时—13日14时 (13日02时,13日14时)	淄博为降水中心
15	2017年2月21—22日	21日08时—22日08时	21日17时—22日02时 (21日20时)	鲁东南为降水中心

1) 时间特点

江淮气旋暴雪 12 月至次年 3 月均可发生,主要集中在 2 月,占总次数的 53%,其次是 1 月和 12 月。

2) 强降水落区

江淮气旋暴雪过程降水范围大,86% 的过程全省都有降水,仅有 14%(2 次)为部分地区降水。主要有两个降水中心(图 3.1),最大的降水中心出现在鲁东南地区的枣庄、临沂和日照;降水次中心在潍坊的西部至淄博一带,潍坊西部的青州是出现强降水中心次数最多的站点。鲁西北地区降水量最少,平均在 10 mm 左右。多数情况只出现一个强降水中心,在鲁东南(7 次),或潍坊至淄博之间(4 次);偶尔也会出现两个中心(2 次),强中心位于鲁东南,次强中心位于潍坊—淄博。

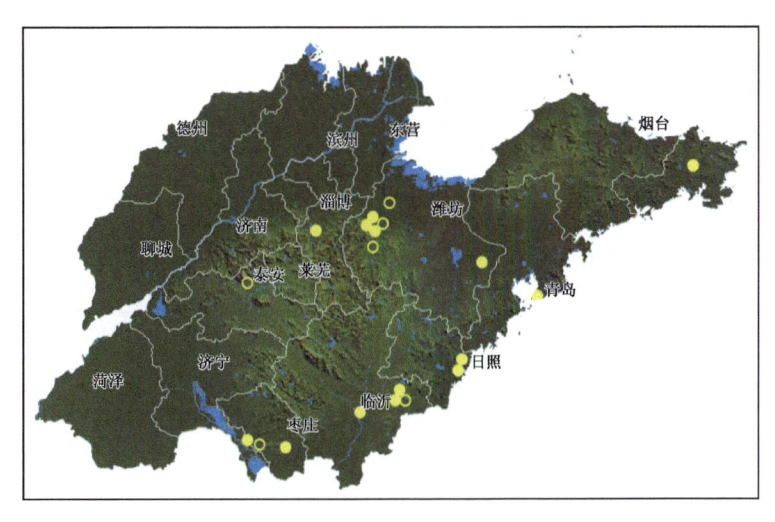

图 3.1 2000—2017 年 15 次江淮气旋暴雪过程强降水中心分布
(实心圆圈为最强中心,虚心圆圈为次强中心)

3) 降水量

全省过程平均降水量差异较大,最大值为 41.3 mm,发生在 2007 年 3 月 3—4 日,最小值仅为 2.3 mm。单站过程最大降水量(图 3.2),最大值为 66.2 mm(鄄城,2007 年 3 月 3—4 日),最小值为 12.3 mm(青州,2012 年 12 月 21 日)。

4) 积雪深度

山东有两个积雪中心,一个在淄博至潍坊西部,另一个在山东半岛的低山丘陵地区栖霞附近。通常降水量最大的鲁东南地区积雪反而最小,平均积雪深度只有 1 cm 左右。淄博至潍坊西部地区是江淮气旋过程最关键的强降雪地区,不仅降雪量大而且积雪量大。各站最大积雪量中,聊城、淄博、潍坊北部和烟台的部分地区最大积雪量均在 12 cm 以上,最大值出现在山东半岛的栖霞站,为 22 cm,其次是潍坊的青州站为 20 cm。每次降雪过程的积雪深度还具有区域性(图 3.3)。可见,虽然江淮气旋暴雪过程的降水落区分布与江淮气旋暴雨过程类似,但由于温度的影响,强降雪和积雪主要分布在温度较低的鲁中和半岛北部地区。

5) 降水相态

江淮气旋暴雪过程均存在降水相态转换,在山东所有降雪影响系统造成的降雪过程中,其

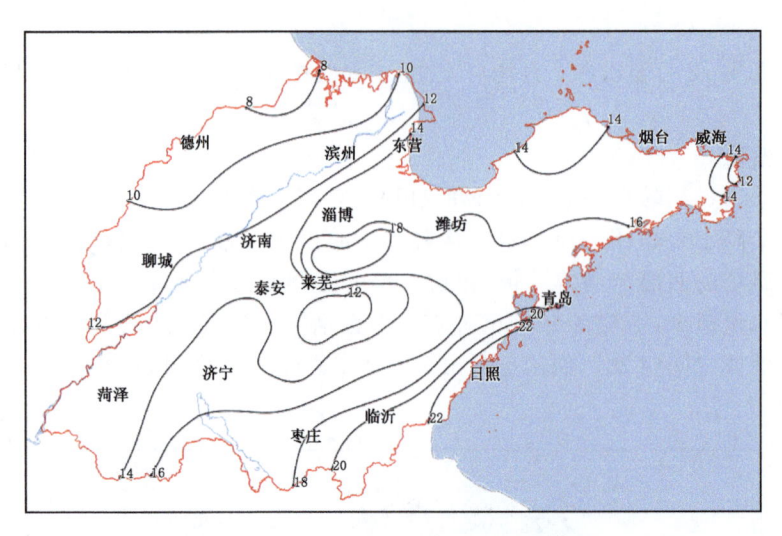

图 3.2　2000—2017 年 15 次江淮气旋暴雪过程各站平均降水量(单位:mm)

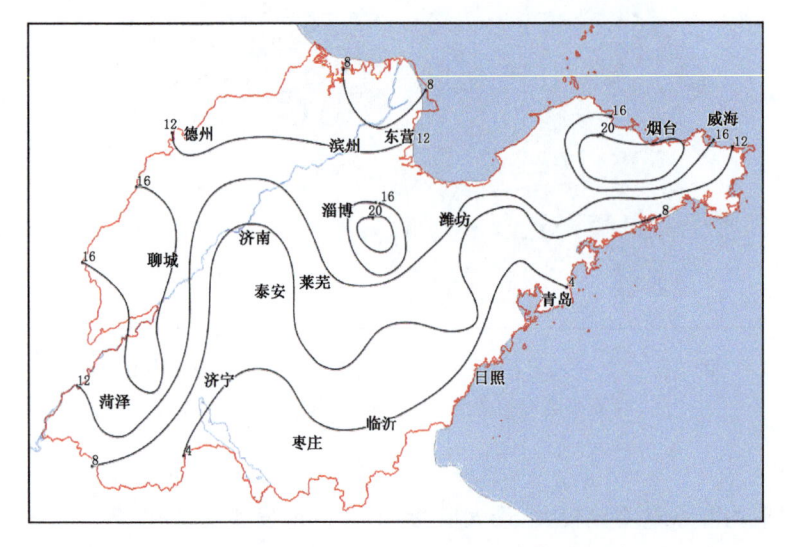

图 3.3　2000—2017 年 15 次江淮气旋暴雪过程各站最大积雪深度(单位:cm)

相态最为复杂。通常"先雨后雪,南雨北雪",一般鲁东南和半岛南部沿海地区以降雨为主,其他地区先雨后雪,暴雪多发生在鲁西北、鲁西南、鲁中和半岛北部等气温较低的地区。有时候会出现降水相态多次转换,出现雪转雨,多发生在冷空气较弱的波动类江淮气旋暴雪过程中。有时可伴有雷电、小冰雹等对流天气,出现在强降雪发生之前,为"高架雷暴",俗称"雷打雪"。雷暴现象出现几个小时后,强降雪开始。如 2010 年 2 月 28 日的江淮气旋暴雪过程中,28 日 13—15 时,鲁南、鲁中等地出现了雷电、冰雹,鲁西北地区还出现了冻雨、冰粒、雨、雨夹雪和雪等。

6) 大风

当有较强冷空气影响时,产生焊接类江淮气旋,海上及沿海可出现 6 级以上东北大风,如果江淮气旋北上穿过山东半岛,可造成风暴潮,如 2007 年 3 月 4—5 日江淮气旋暴雪过程,在烟台、威海等北部沿海地区造成了罕见的风暴潮天气。波动类江淮气旋暴雪一般没有偏北大风。

3.2.2 江淮气旋暴雪的空间结构配置

本节研究江淮气旋暴雪的空间结构及环流形势,分析江淮气旋移动路径特点、不同路径气旋的高低空系统配置、水汽来源和输送特点。

3.2.2.1 气旋生成源地和移动路径

造成山东暴雪的江淮气旋生成于安徽的中部和江苏的南部。气旋生成后,多向东移动,进入黄海中部或东海,之后进一步发展到达朝鲜半岛南部或其南部沿海。如果北支槽和南支槽均很强盛,西南涡移出源地后向东北方向发展移动,生成的江淮气旋可强烈发展北上穿过山东半岛,影响我国东北地区,造成暴雪、暴雨和沿海风暴潮天气共同出现。不过此类个例很少,仅有2007年3月4—5日1例。

强降雪(雨)首先发生在江淮气旋北侧的倒槽内,后期随着气旋东移,山东转为气旋后部的东北气流控制,中高层为西南涡槽前的西南气流,强降雪发生在江淮气旋的东北风一侧。

3.2.2.2 高低空环流配置

南方气旋有两类:波动类气旋和焊接类气旋。波动类气旋是指西南低涡沿江淮切变线东移过程中在地面静止锋上产生的气旋波,气旋一般不发展。焊接类气旋是指北支槽与西南涡结合,河西冷锋进入地面倒槽与暖锋相接产生的气旋,气旋常强烈发展(曹钢锋 等,1988)。产生山东暴雪的江淮气旋多为焊接类气旋,可产生大范围雨雪及大风天气,有时候伴有冻雨、雷电、冰雹等;波动类江淮气旋暴雪多以雨雪为主,风力较小。

2010年2月28日暴雪过程是典型的焊接类江淮气旋暴雪(图3.4)。其环流形势特征是:北支槽和西南涡结合,冷锋进入地面倒槽与暖锋相接产生的气旋。500 hPa高原低槽与北支槽合并发展东移,700 hPa西南涡与北支槽结合,地面河西冷锋进入西南倒槽与暖锋相接产生气旋,因高空涡度平流、温度平流和潜热释放对气旋发展都有较大贡献,故气旋发展强烈。各层的环流形势配置为:

(1)北支槽与南支槽合并。500 hPa上,青藏高原有南支槽,巴尔喀什湖附近有北支槽,二者合并东移。

(2)北支槽与西南涡结合。700 hPa上,有西南涡,与北支槽结合,槽后冷空气侵入低涡后部,使得气旋强烈发展。

(3)西南低空急流的建立。700 hPa、850 hPa上,西南涡前部的西南风增大形成一支低空急流,这支急流在东移过程中不断加强北上,其暖湿气流与西南涡后部入侵的冷空气汇合,使得锋区加强。

(4)冷锋进入倒槽后产生地面气旋。北支槽与西南涡结合后,地面冷锋南下进入倒槽后部与暖锋相接,同时槽前正涡度平流使地面减压,气旋强烈发展。

在江淮气旋形成前,山东先出现地面倒槽,当地面转为东北风,低空急流发展北上,700 hPa西南急流或850 hPa东南急流到达山东省南部时,降水首先从鲁南开始。

降雪结束与否取决于高低空系统的配置,通常在500 hPa槽过境前后,地面由东北风转为西北风,降雪结束;如果高空槽后倾明显,在700 hPa槽过境转西北风后,500 hPa槽未过境槽前西南气流很强,则降雪仍可持续几个小时,但此时降雪强度会大大减弱;如果500 hPa槽略有后倾,则700 hPa槽过境后,降雪很快就结束。当江淮气旋东移至126°E以东(接近朝鲜半

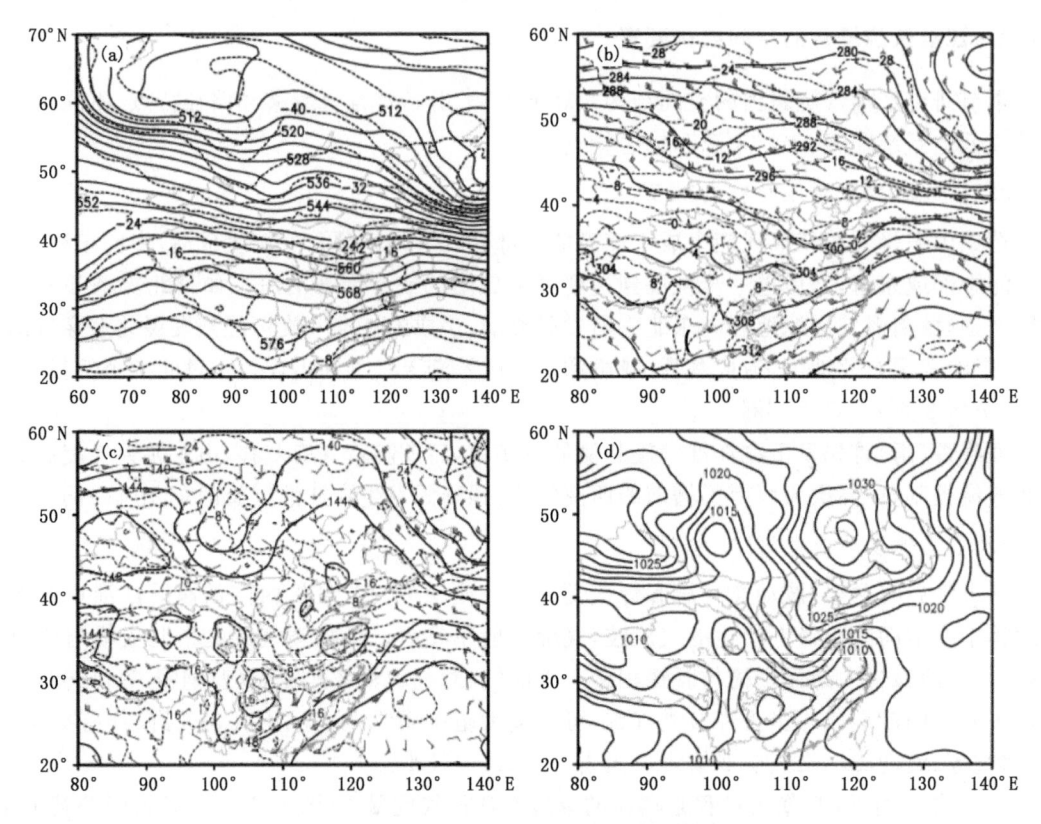

图 3.4 2010 年 2 月 28 日 20 时焊接类江淮气旋暴雪天气形势
(a. 500 hPa, b. 700 hPa, c. 850 hPa, d. 地面图)

岛),全省降雪结束。

江淮气旋暴雪过程 700 hPa 西南低空急流强盛,风速在 14 m·s^{-1} 以上。850 hPa 和 925 hPa 多在东南沿海一带有较强东南低空急流,东南风风速可达 16 m·s^{-1} 以上,925 hPa 的风速通常大于 850 hPa 的。"北雪南雨"就产生在有东南低空急流的形势下,一般东南风区域产生降雨,主要在鲁东南和半岛南部地区,而东北风区域产生降雪。如果低层没有东南风,一般以降雪为主,如 2001 年 2 月 23 日暴雪过程。

3.2.2.3 风场结构与降雪的关系

6 min 一次的风廓线雷达资料能够刻画出暴雪过程对流层中低层的精细风场特征,对暴雪前期、开始和强盛时段具有明显的指示性。对 2013 年 1 月 20—21 日和 2013 年 2 月 2—3 日两次江淮气旋暴雪过程的风廓线进行分析,有以下发现:

(1)700 hPa 上下西南低空急流的变化是强降雪开始和结束的关键信号。在风廓线雷达上,强降雪开始前西南低空急流首先形成,两次过程的提前量分别为 10 h 和 4.5 h;当西南低空急流消失时,降雪强度立即减弱。

(2)850 hPa(1500 m)以下低层风场的变化是降雪开始的信号。对于焊接类气旋,近地面转东北风 6 h 后、300 m 高度处也转为东北风时,降雪开始;而波动类气旋降雪开始的标志是 1500 m 以下由无序的风向转为一致的西南风。

（3）强降雪期间，两次暴雪过程的风场空间结构在高低空表现不同。其共性特征为1500 m以上（相当于850 hPa）均有强西南气流；差异主要表现在对流层低层，焊接类气旋低层为东北风（前期近地面东北风层之上可有东南风），波动气旋低层为南风。

3.2.3 江淮气旋暴雪的形成机制

本节选取各有特点的江淮气旋暴雪典型个例，采用多源观测资料、再分析资料和数值模拟结果分析江淮气旋暴雪的形成机制。

第一部分选取了2016年2月12—13日江淮气旋暴雪过程，此次降雪过程降水强度异常大，山东多站日降水量打破2月历史纪录。采用常规观测、多普勒天气雷达、风廓线雷达、激光雨滴谱仪、逐小时加密自动站资料、星下点为5 km分辨率的FY-2E红外云图等多种观测资料、6 h间隔1°×1°的NCEP/NCAR再分析资料以及WRF模式数值模拟结果，基于拉格朗日方法的气流轨迹模式（HYSPLITv4.9），分析此次江淮气旋暴雪过程的形成机制，重点以此剖析气旋逗点云区雷达回波的演变特征、降水不同阶段气旋逗点云区气流结构和轨迹特征（赵宇等，2018）。

第二部分选取了2013年1月20—21日江淮气旋暴雪过程，该过程在鲁中的北部地区出现次暴雪中心，是两类典型江淮气旋暴雪落区之一，具有降雪落区难以确定和相态复杂的特点。次降雪中心的预报难度大，预报时出现漏报。本研究引入IM（基于要素构成）方法，采用常规高空、地面观测、NCEP/NCAR逐6 h再分析资料、济南和青岛多普勒天气雷达资料，从动力抬升、水汽、降雪效率和温度各要素分析此次暴雪过程的发生发展机制，进一步探索降雪落区、强度和高低空配置及中尺度天气系统的关系（杨成芳等，2015b）。

3.2.3.1 2016年2月12—13日极端暴雪

2016年2月12—13日，受江淮气旋影响，山东省出现了一次极端雨雪天气过程，全省有48个站日降水量突破2月历史极值（图3.5），25个站日降水量为2月历史第二，鲁北、鲁中和半岛的降水经历了雨—雨夹雪—雪的相态转换。降雨12日10时自鲁南开始，雨区逐渐向山东中、北部扩展，至21时全省都已开始降雨，13日00时前后鲁北开始转雨夹雪或雪，13日06时鲁北、鲁中和半岛北部都转雪，13日10时全省降水基本结束。过程降水量大于20 mm的降水主要在鲁中和半岛，降水中心在淄川（55.9 mm）和博山（52 mm），半岛地区的强降水在福

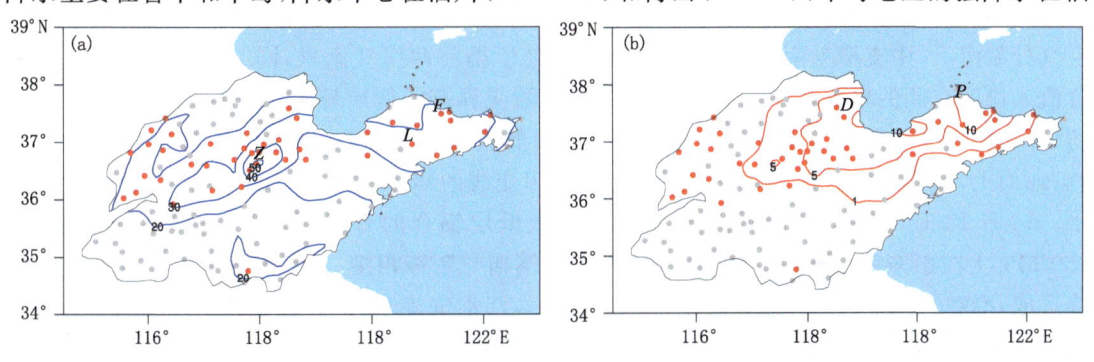

图3.5 2016年2月12日12时—13日12时累积降水（a）和降雪（b）分布（单位：mm）
（图中红点和灰点代表站点，红点为降水量打破历史纪录的站点，字母Z、L、F、D和P分别代表淄川、莱阳、福山、东营和蓬莱站的位置）

山(43.2 mm)和莱阳(40.6 mm),全省平均降水量达 24.6 mm。北部地区出现大到暴雪,有 6 个站降雪量超过 10 mm,蓬莱降雪量最大为 14.0 mm(图 3.6)。

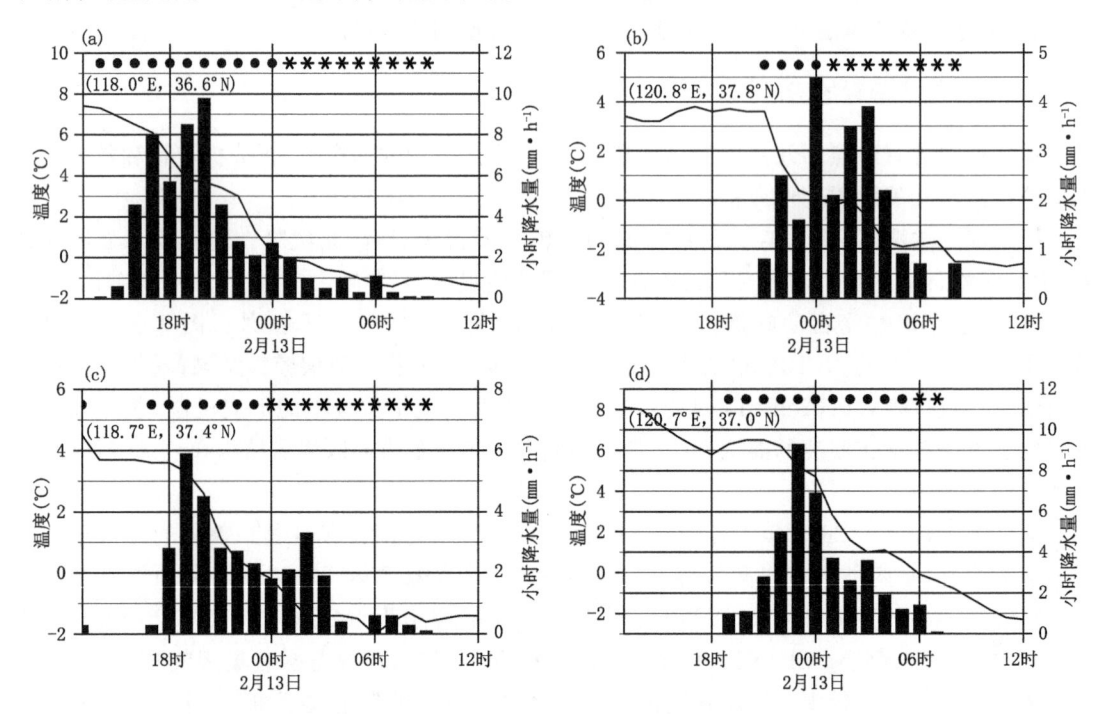

图 3.6 2016 年 2 月 12 日 12 时—13 日 12 时地面自动气象站温度(实线,单位:℃)和 1 h 降水量(条形柱,单位:mm)随时间演变
(a. 淄川,b. 蓬莱,c. 东营,d. 莱阳;黑点表示降雨,雪花符号表示降雪)

1)环流背景

此次雨雪过程发生在中支槽和南支槽结合,地面有江淮气旋生成的环流背景下,850 hPa 低涡及其前部的暖切变线有利于水汽辐合和上升运动发展,江淮气旋形成后冷空气快速南下,导致降雪。2 月 12 日 00 时 500 hPa 上,乌拉尔山为高压脊,东西伯利亚有一冷涡,与 −44 ℃ 冷中心配合,从冷涡中心至蒙古国形成宽广的横槽,横槽南部为东北—西南向锋区,在 105°E 附近分别有中支槽与南支槽(图 3.7)。12 日 12 时,随着 500 hPa 横槽南压,其西部有小股冷空气分裂南下,中支槽与南支槽合并加深,山东处于槽前西南气流里,同时处于 200 hPa 极锋急流入口区右侧的辐散区;850 hPa 上河南和安徽交界有一低压环流,其前部 32°N 附近有暖切变线,切变线南部为风速中心达 20 m·s^{-1} 的低空西南风急流,源源不断地向山东输送水汽;地面上,山东处于冷锋前部地面倒槽内,在切变线的辐合作用下,山东西南部首先开始降水。12 日 18 时,在槽前正涡度平流及高层辐散低层辐合的有利配置下,低层进一步减压,850 hPa 上在山东南部形成低涡,地面冷锋进入倒槽与暖锋相接,在南京附近形成气旋。随气旋形成,冷空气南下,相应降水增强。13 日 00 时,江淮气旋东移入海,山东转为气旋后部,山东北部逐渐转为雨夹雪或雪,半岛地区降水加大。13 日 12 时,山东转为槽后,降水结束。

2)江淮气旋雷达回波的演变特征

通过高分辨率(0.01°×0.01°)的雷达拼图了解江淮气旋云系的中尺度特征(图 3.8)。可见,云系的发展和移动与雨雪有较好的对应关系,强降水出现在云系内部云团增强阶段,雨雪

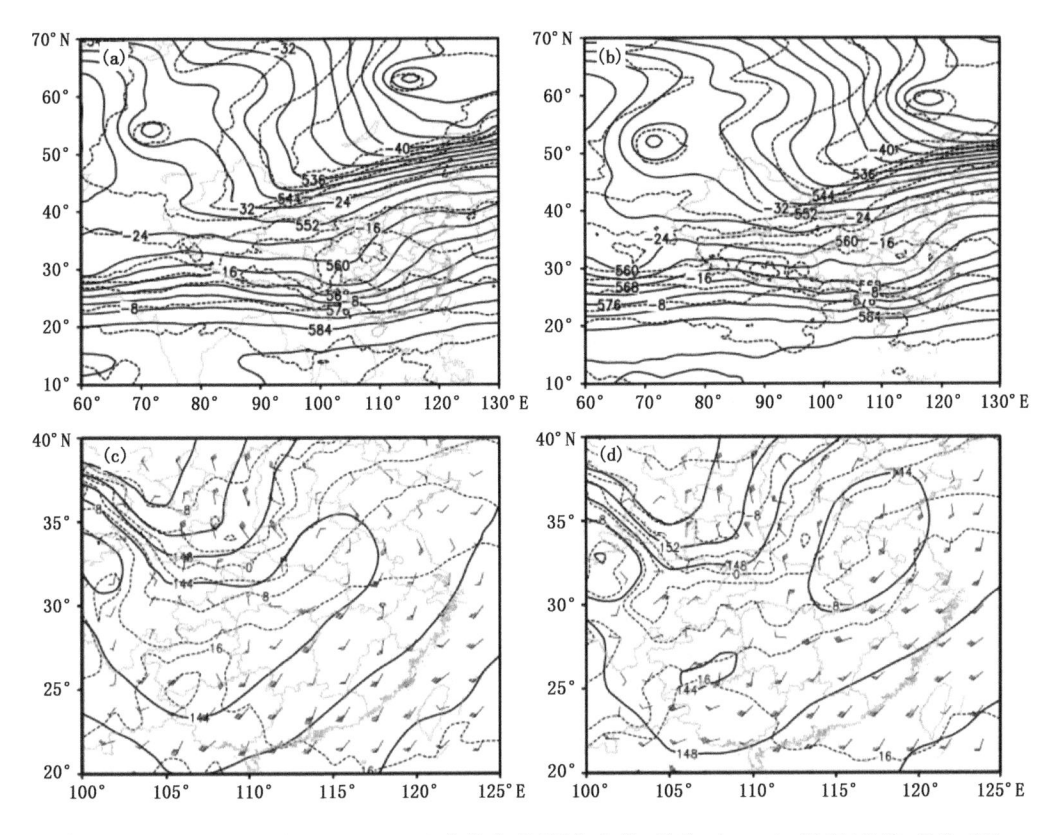

图 3.7　500 hPa(a,b)和 850 hPa(c,d)位势高度(黑色实线,单位:dagpm)、温度(虚线,单位:℃)和风(单位:m·s^{-1})分布

(a.12 日 00 时,b 和 c.12 日 12 时,d.12 日 18 时)

过程中不断有中 β 尺度云团从苏皖移入山东。江淮气旋逗点云系是由多条带状回波合并发展形成的,逗点头与暖锋云系对应,以层状云为主,其中有零散的积状云;逗点云的尾部与冷锋云系对应,形成初期以对流云为主。江淮气旋形成后,回波发生气旋性旋转,逗点头内的对流云向东北-西南向拉长,形成多条中尺度强雨带,逗点云尾部移到海上,对流明显减弱。随冷空气南下,逗点头西部的对流减弱,形成中尺度雪带,但与美国东北部温带气旋逗点云头附近的单个带状中尺度雪带的强度和组织性有很大不同。

经降雨中心的雷达反射率因子的垂直剖面显示,降雨回波发展得高,回波核心在 2~3 km,回波强度强;而降雪回波伸展的高度低,回波核心在近地面,回波均匀,强度较弱(图 3.9)。

3)江淮气旋雨雪过程的云系特征

FY2G 红外卫星云图(图 3.10)显示了这次江淮气旋雨雪过程云系的演变特征。12 日 12 时,河套到内蒙古东部的斜压叶状云系与我国东北地区东部到渤海湾的冷锋相对应,其南部的河南和山东西南部为切变线云系。12 日 18 时,切变线云系发展为逗点云型,但未与北部的斜压叶状云系相连。13 日 00 时,江淮气旋逗点云头明显发展,范围变宽,与北部的斜压叶状云系相连。13 日 03 时,随江淮气旋东移,气旋逗点头云系主要影响半岛地区。可见,气旋形成前,山东的降水由暖切变线云系造成;气旋形成后,山东的降水发生在气旋的逗点云区,由暖锋锋生造成。

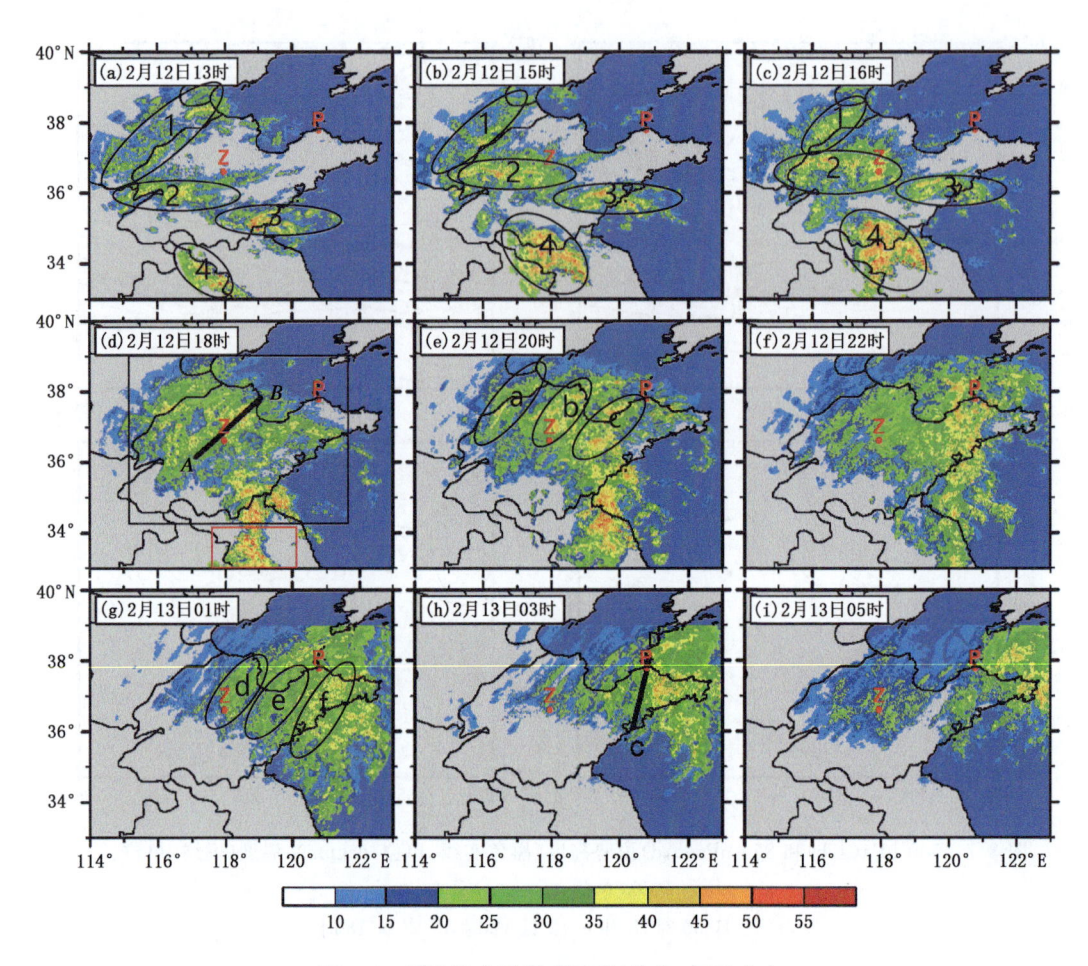

图 3.8 雷达组合反射率因子(单位:dBZ)分布
(d 中黑色方框近似代表逗点头的位置,红色方框代表逗点云的尾部,椭圆中的数字 1～4 追踪主要
回波带的演变,椭圆中的字母 a—f 追踪主要中尺度雨带或雪带,左上角数字为时间,
d 中 AB 为图 3.11a,b 中的剖线)

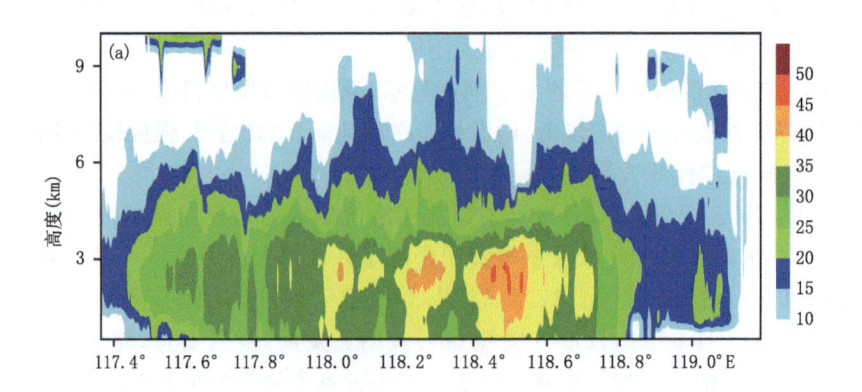

第 3 章 山东内陆暴雪

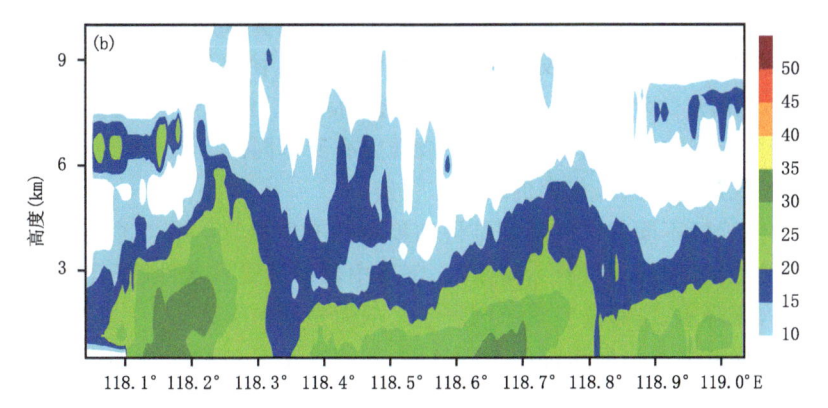

图 3.9 经过雨带(a)和雪带(b)雷达反射率的垂直剖面(单位:dBZ)
(a.13 日 02 时,b.13 日 09 时)

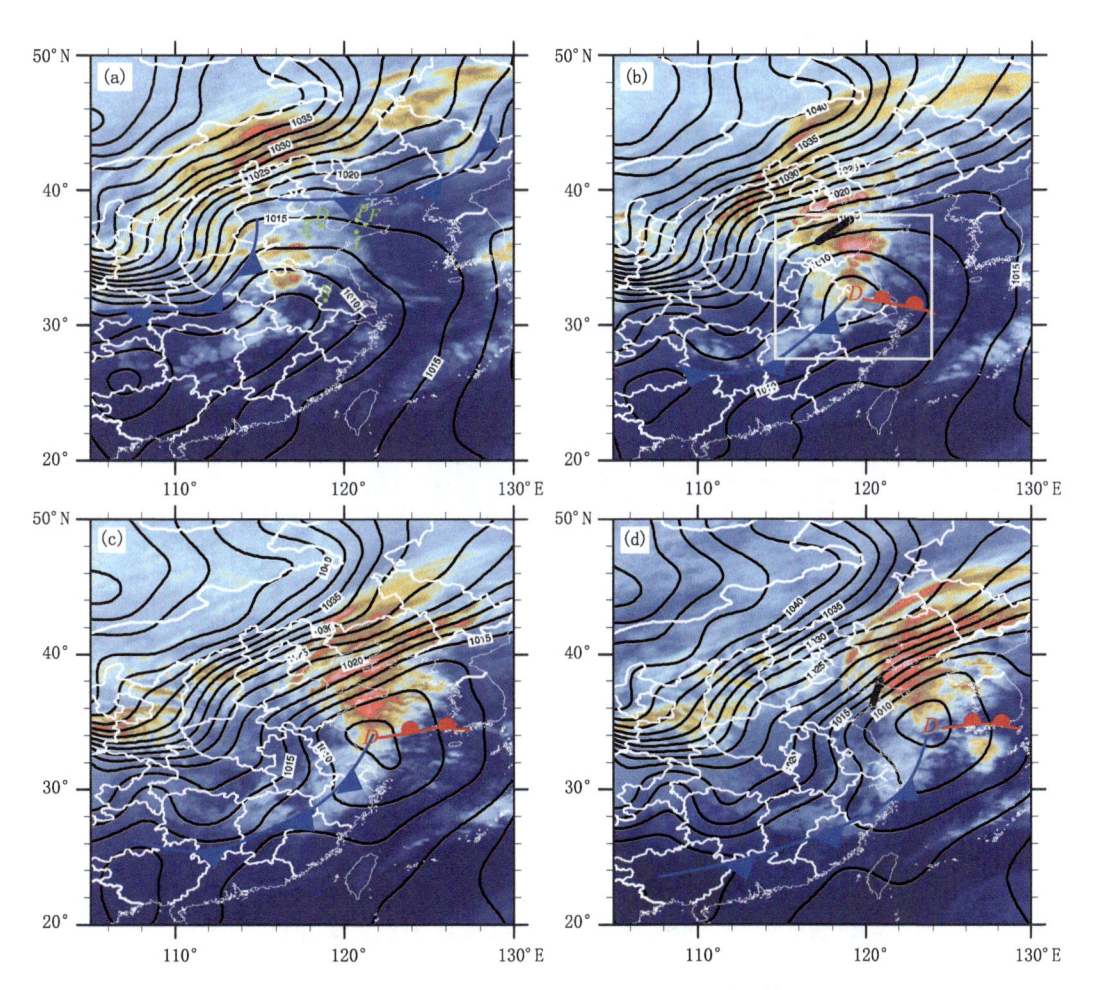

图 3.10 2016 年 2 月 12 日 12 时(a)、12 日 18 时(b)、13 日 00 时(c)和 13 日 03 时(d)FY2G 红外云图
(填色)和海平面气压(黑色实线,单位:hPa)分布,地面气旋中心 D 和冷、暖锋
(a 中的字母 Z、L、F、D、P 和 N 分别代表淄川、莱阳、福山、东营、蓬莱和南京站点的位置,b 和 d 中的
黑色实线分别为图 3.13a,b 及图 3.14a,b 的剖线,b 中的白框包括了气旋逗点云系)

降水过程中不断有中β尺度云团从苏皖移入山东,雨雪天气主要由4个云团造成。江淮气旋逗点头云系由多条带状回波合并发展形成,气旋形成后,云团呈气旋式旋转、拉长,形成多条中尺度强雨(雪)带,强雨雪的发生与云团加强和移动密切相关。降水期间,云顶温度低于−50 ℃。

江淮气旋降雨和降雪阶段云系和雷达回波强度有所不同。

(1)降雨阶段气旋逗点云区气团的结构和轨迹

江淮气旋逗点云区不同部位气团的结构和稳定性有所差异。有3个降水区:北部和南部暖湿气团弱,层结稳定,主要为层状云降水区;剖面中部中高层有条件性不稳定发展,暖湿气团深厚,为深厚的对流降水区,有高空对流泡产生。剖面中部和南部的干冷气团来自高层的西亚气团,剖面北部中层有来自高原东部的干冷气团,气团在上升过程中变湿,但其含水量弱于南海气团(图3.11、图3.12)。

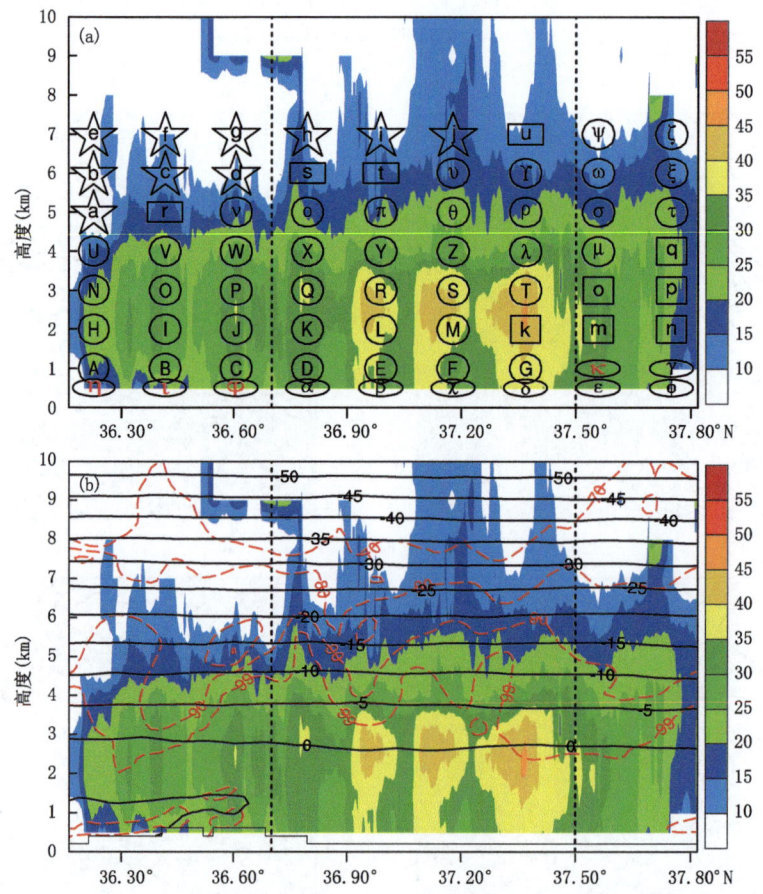

图3.11 2016年2月12日18时雷达反射率因子(填色,单位:dBZ)的垂直分布(a,b)
(a中的字母标记为各条轨迹在12日18时的HYSPLIT模式后向追踪起点位置,b中叠加了WRF输出的温度(黑线,单位:℃)和相对湿度(红色虚线,单位:%))

(2)降雪阶段江淮气旋逗点云区气团结构

降雨阶段和降雪阶段的气团有很大不同,明显差别是降雪阶段近地面有西伯利亚冷气团存在,而降雨阶段却没有。降雨阶段,近地面东海气团浅薄,南海气团深厚,东海气团较南海气团温度低,南海气团在较冷的东海气团上爬升,有利于平流降温,气团上升凝结或凝华形成雨

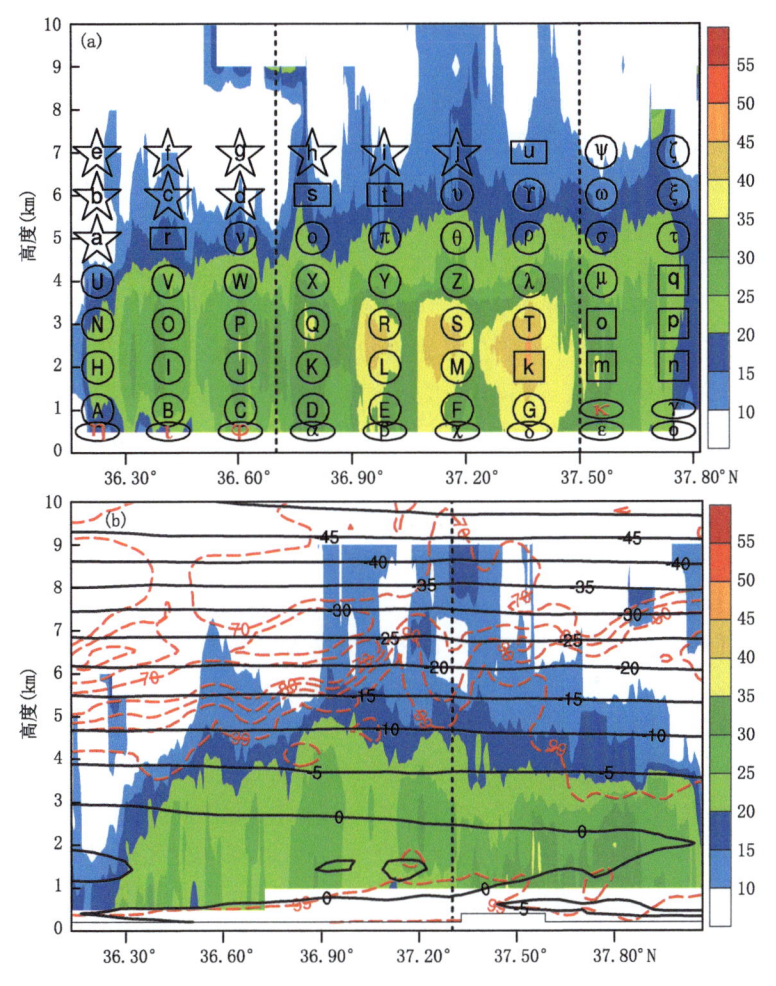

图 3.12 2016 年 2 月 13 日 03 时雷达反射率因子(填色,单位:dBZ)的垂直分布(a,b)
(a 中的字母标记为各条轨迹在 13 日 03 时的 HYSPLIT 模式后向追踪起点位置,b 中叠加了
WRF 输出的温度(黑线,单位:℃)和相对湿度(红色虚线,单位:%))

滴、冰晶和雪晶等水凝物粒子。因 0 ℃线在 2.8 km 附近,近地面温度较高,冰晶或雪花降落融化产生降雨。降雪阶段,由于干冷空气南下,近地面出现西伯利亚气团,尤其 37.3°N 以北的降雪区,西伯利亚气团上部的东海气团变厚,南海气团相应变薄。西伯利亚气团是干冷气团,与东海气团和南海气团性质不同,两者汇合形成锋面,提供抬升条件;西伯利亚气团不断楔入暖湿气团的下方,可以强迫上部的暖湿空气抬升,有利于降水云系的发展。东海和南海气团在较冷的西伯利亚气团上部爬升,形成冰晶、雪花等降水粒子。随西伯利亚冷空气入侵,近地面温度持续下降,13 日 03 时近地面形成低于 0 ℃的冷层,37.3°N 以北的降雪区 1 km 以下都低于 0 ℃,有些地区甚至低于 −5 ℃。因近地层温度较低,边界层内温度达到了雨雪转换的阈值(杨成芳 等,2013),当冰晶或雪花下落时不融化产生降雪。另外,南海气团与其上空的西亚气团或其他大陆气团性质不同,有利于高层条件性不稳定发展,产生高空对流泡,建立播撒云—供水云机制,有利于雨雪增加。降雨区的云顶和条件性不稳定层都较降雪区高。

可见,不同性质气团的交汇可以提供上升运动、降温机制和条件性不稳定发展,西伯利亚冷气团对雨雪相态的转换有重要作用。

4) 极端雨雪天气成因分析

此次过程出现了极端降水量,分析其原因主要是水汽条件极为有利,来自西南和东南两个方向的低空急流持续输送水汽,降雨阶段还有来自东南方向超低空急流的水汽输送,造成高比湿,降雪阶段边界层水汽输送很弱。低层低涡前部东北风和东南风切变辐合、暖平流、暖锋锋生和条件性不稳定能量释放强迫上升运动发展,导致强雨雪。

从 850 hPa 水汽通量散度和风的演变(图 3.13)看到,12 日 20 时,河南附近形成低涡,西南低空急流加强北上,向山东的水汽输送加强,形成 2 个水汽辐合区,低涡东侧鲁东南地区的水汽辐合区是西南气流和东南气流汇合形成的,而鲁西地区的水汽辐合区是冷锋后部西北气流和偏南气流汇合的结果,降水云团与水汽辐合区对应。13 日 02 时,随低涡东移北上,强水汽辐合区移至山东中北部及江苏一带,采用 HYSPLIT 模式模拟不同层次气块轨迹表明,边界层(约 500 m)的水汽主要来源于东海和黄海,也有部分来自渤海和南海,1500 m 和 3000 m 高度上的水汽主要来源于南海,经我国华南到达山东,也有部分来自东海(图 3.13)。西南气流的水汽输送主要在对流层中低层,为槽前西南气流输送水汽;东南气流的水汽输送在对流层低层,如 12 日 20 时徐州 925 hPa 和 850 hPa 的东南风风速均达 14 m·s^{-1},非常有利于水汽输送。轨迹的垂直剖面显示,前 24 h 内 3 个高度的气块都是上升的,−24 h 到 −48 h 气块是下沉的,因此 0 至 −24 h 的气块对降水贡献最大,更早时间(−48 h 之前)的气块对降水几乎没有贡献。结合章丘的湿度场分布,可知 700 hPa 以下比湿大于 4.5 g·kg^{-1},大于 6 g·kg^{-1} 的比湿中心在 850 hPa,与低空急流和超低空急流的水汽输送密切相关。

13 日 08 时,水汽输送进一步加强,青岛 700 hPa 西南风速达 18 m·s^{-1},低涡北部的渤海湾一带为东北气流和东南气流形成的水汽辐合区,鲁北和半岛北部仍处于水汽辐合区内。HYSPLIT 模式模拟的气块轨迹显示,1500 m 的水汽来源于南海和东海,部分来自于渤海,3000 m 水汽主要来源于南海,部分来自于东海。轨迹的垂直剖面也表明,1500 m 和 3000 m 的气块在 0 到 −24 h 之间对降水的贡献最大。值得注意的是,500 m 为一致的来自西伯利亚气团经渤海到达山东,表明气旋形成后,冷空气明显南下,边界层附近水汽输送微弱,气块在 −6 h 到 −24 h 间有明显的下沉,0 至 −6 h 在近地面层附近停留,形成东北风冷垫,结合章丘和烟台的湿度场,边界层附近的湿度明显下降,比湿小于 3.5 g·kg^{-1},大于 4.5 g·kg^{-1} 的比湿在 900~700 hPa,水汽辐合区在边界层之上。与 13 日 02 时水汽输送相比,13 日 08 时 1500 m 和 3000 m 的水汽输送通道更偏东,使山东半岛的水汽输送量增加,降水区东移,边界层附近水汽输送很弱,出现较厚的东北风冷垫。13 日 20 时,低涡东移,其东侧的水汽输送带已撤出山东,降水结束。在上述有利的水汽输送下,各站低层比湿特别大,12 日 20 时—13 日 08 时,济南、青岛和荣成探空 850 hPa 和 925 hPa 的比湿达 6~8 g·kg^{-1},远高于暴雪过程 3~4 g·kg^{-1} 的比湿(杨成芳 等,2015b)。

风廓线雷达和探空显示(图 3.14),降雨时低层有浅薄的东北风冷垫,2~3 km 或以上有急流时降雨较强。降雪时东北风冷垫深厚,其上为西南气流或偏西气流,烟台 2.8 km 之上为西南风,水汽输送强,相应降雪强;而章丘 3 km 以上为偏西风,水汽输送弱,降雪弱。强雨雪都发生在偏南低空急流最强盛时段。降雨阶段东北风冷垫之上有一东南风层,向上风向顺转,有明显的暖平流;东南风层随时间逐渐变薄,东南风层消失是雨雪转换的标志,说明降雨发生在低层低涡的东北象限,当测站处于低层低涡的西北象限时转雪。风廓线雷达上东北风冷垫

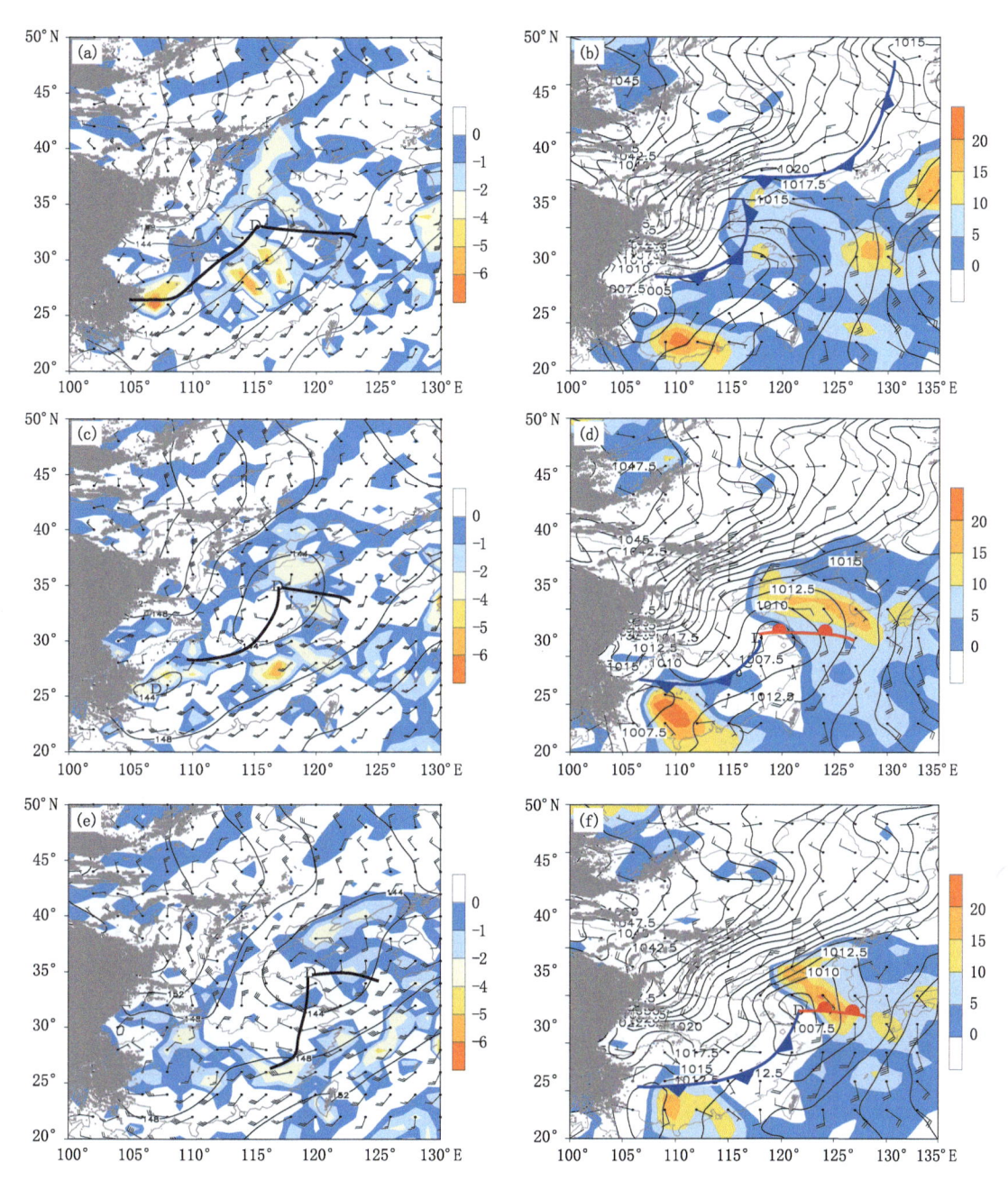

图 3.13 850 hPa（a，c，e）位势高度（实线，单位：dagpm）、水汽通量散度（填色，单位：10^{-7} g·s^{-1}·hPa^{-1}·cm^{-2}）和风（单位：m·s^{-1}）分布（粗虚线为切变线）以及地面（b，d，f）海平面气压（实线，单位：hPa）、风（单位：m·s^{-1}）以及冷、暖锋分布（填色区为 850 hPa 大于 0 的温度平流，单位：10^{-5} K·s^{-1}）

（a 和 b 为 12 日 20 时，c 和 d 为 13 日 02 时，e 和 f 为 13 日 08 时）

上东南风层变薄直至减弱消失、激光雨滴谱仪最大粒子直径跃增和最大粒子降落速度跃减是降水相态雨转雪转换的标志。这两类新资料都是降水相态短时临近预报的有益判别资料。

从上述分析可知，降水区上空存在条件性不稳定，那么不稳定能量是如何释放的？分析

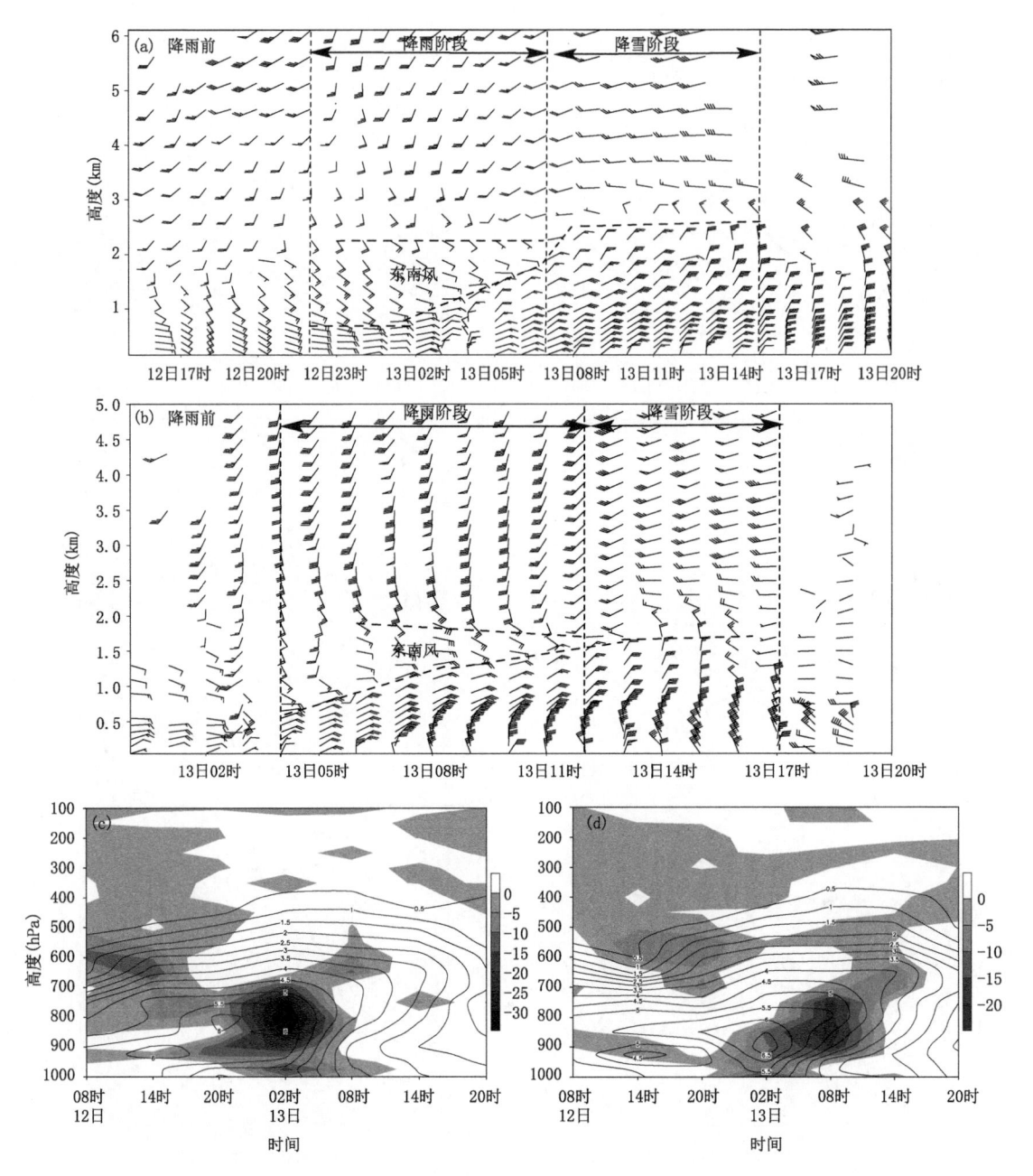

图3.14 章丘(a,c)和烟台(b,d)风廓线雷达逐时风场(a,b,单位:m·s^{-1})以及比湿(c,d,实线,单位:g·kg^{-1})和水汽通量散度(填色,单位:10^{-8} g·s^{-1}·cm^{-2}·hPa^{-1})的高度—时间垂直剖面

850 hPa的温度平流表明,山东的对流层低层有明显的暖平流,暖平流在产生天气尺度垂直运动方面起重要作用。

大气的锋生函数定义为水平位温梯度的个别变化率,锋生可以激发非地转直接环流,下面用锋生函数来诊断垂直运动。Petterssen锋生函数可表示为:

$$F = \frac{\mathrm{d}}{\mathrm{d}t} \mid \nabla_h \theta \mid = \frac{-1}{\mid \nabla_h \theta \mid} = \left\{ \left[\left(\frac{\partial \theta}{\partial x}\right)^2 \left(\frac{\partial u}{\partial x}\right) + \left(\frac{\partial \theta}{\partial y}\right)^2 \left(\frac{\partial v}{\partial y}\right) \right] + \left[\frac{\partial \theta}{\partial x} \frac{\partial \theta}{\partial y} \left(\frac{\partial u}{\partial x} + \frac{\partial u}{\partial y}\right) \right] \right\}$$

(3.1)

式中,θ 为位温;u 和 v 为水平风速,采用上式计算锋生函数。

图 3.15 为 925 hPa 位势高度、位温、锋生函数和风的分布。12 日 14 时,东北到华北北部以及河南、湖北和湖南一带分别有两条锋生带与两段冷锋对应,从南海向北有相当位温的高能舌伸向山东。12 日 20 时,由于河套东部冷空气东移南下,河南和湖北一带的锋生显著加强,锋生中心位于河南东部,除山东半岛外山东大部地区都为锋生区。13 日 02 时,山东和安徽交界附近形成低涡,暖切变线在 34°N 附近,切变线南侧形成西南低空急流,暖湿空气输送加强;冷式切变后部的北风进一步加大,与 θ 线的交角加大,非地转运动增强,山东中西部形成强的位温梯度,锋生加强,中心移到鲁西南;暖切变北侧锋生也明显加强,与 θ 线的交角加大,强东北气流南压至 38°N 附近;过锋生中心沿 117°E 锋生函数的垂直剖面(图 3.16)显示,地面 32°~37°N 为位温密集带,即暖锋锋区,与锋生函数大值区对应,锋区随高度向北倾斜,36°N 以北的近地面向上为北风,即暖锋前的冷空气垫,冷空气垫向北逐渐增厚,低空较强的锋生在 36°~38°N 激发了上升运动,有利于降雨。13 日 08 时,随低涡东移,强锋生区移至山东半岛和鲁东南地区,从沿 121°E 锋生函数的垂直分布看到,地面 35°~39°N 的位温梯度加大,锋区加强,强锋生区主要集中在 700 hPa 以下,锋面坡度较 13 日 02 时变大,近地面北风加强,暖湿气流沿锋面向上向北爬升,降水位于锋生次级环流的上升支附近。

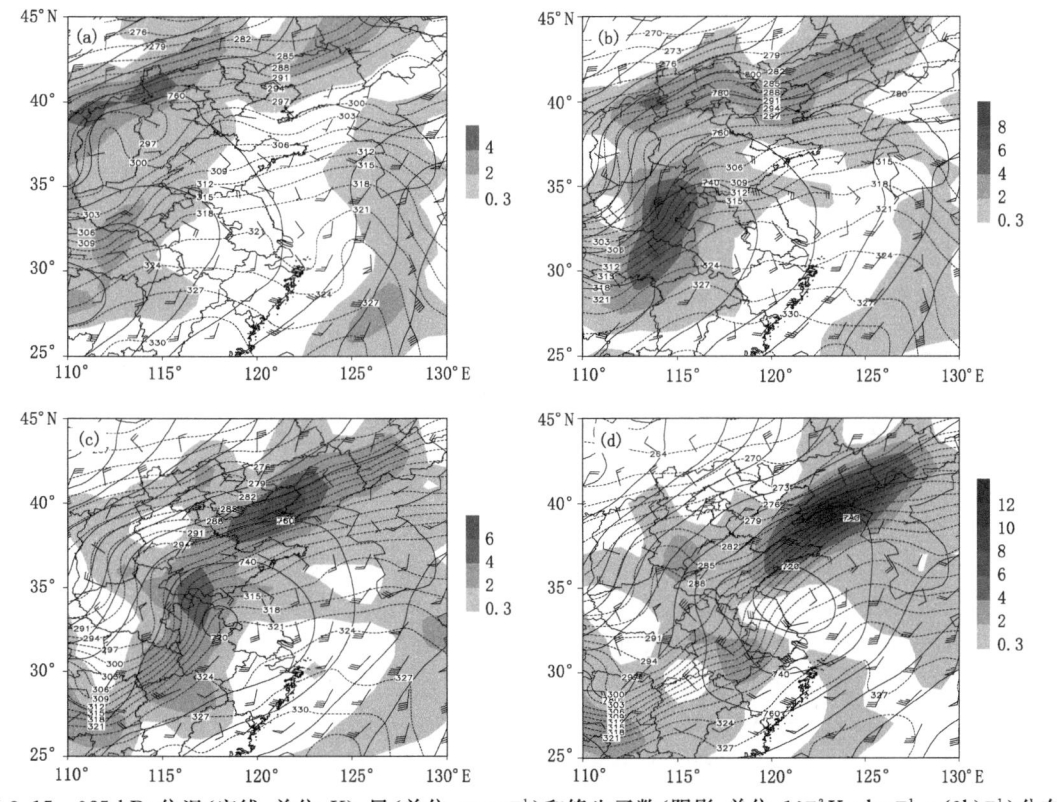

图 3.15 925 hPa 位温(实线,单位:K)、风(单位:m·s^{-1})和锋生函数(阴影,单位:10^{-3}K·km^{-1}·(3h)$^{-1}$)分布
(a. 12 日 14 时,b. 12 日 20 时,c. 13 日 02 时,d. 13 日 08 时)

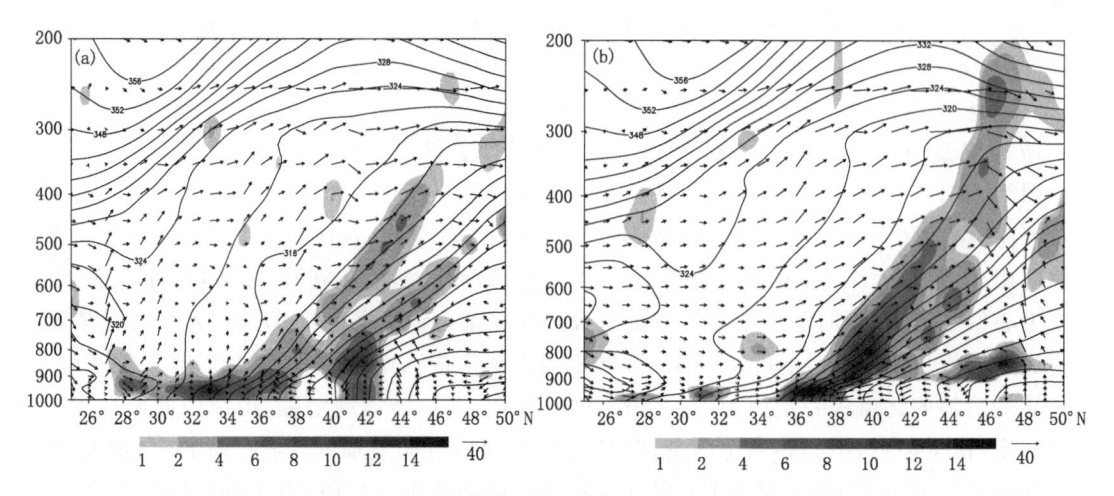

图 3.16 过沿 117°E(a)及 121°E(b)位温（细实线，单位：K）、锋生函数（填色，10^{-3} K·km^{-1}·(3h)$^{-1}$）
及风场（$v,w\times100$，单位：m·s^{-1}）的垂直分布
（a. 13 日 02 时，b. 13 日 08 时）

可见，随着干冷空气南下和低空急流加强，暖锋附近的温度梯度加大，局地锋生加强，锋生次级环流和地转偏差加大，导致上升运动加强。锋生激发的非地转垂直上升运动使条件性不稳定能量释放导致降水，雨雪云团的组织化与锋生的加强非常一致。

综上所述，此次雨雪过程发生在中支槽和南支槽结合，地面有江淮气旋生成的背景下，850 hPa 低涡及其前部的暖切变线有利于水汽辐合和上升运动发展。江淮气旋形成后冷空气快速南下，导致降雪。降水过程中不断有中β尺度云团从苏皖移入山东，雨雪天气主要由 4 个云团造成。江淮气旋逗点头云系由多条带状回波合并发展形成，气旋形成后，云团呈气旋式旋转、拉长，形成多条中尺度强雨（雪）带，强雨雪的发生与云团加强和移动密切相关。水汽条件极为有利，来自西南和东南两个方向的低空急流持续输送水汽，降雨阶段还有来自东南方向超低空急流的水汽输送，造成高比湿，降雪阶段边界层水汽输送很弱。低层低涡前部东北风和东南风切变辐合、暖平流、暖锋锋生和条件性不稳定能量释放强迫上升运动发展，导致强雨雪。降雨阶段，低层为浅薄的东北风冷垫；降雪阶段，东北风冷垫较降雨阶段深厚得多，东北风冷垫上东南风层变薄直至减弱消失是降水相态转换的标志。

3.2.3.2 2013 年 1 月 20—21 日双强降水中心暴雪

2013 年 1 月 20 日 02 时—21 日 20 时，山东出现了大范围雨雪天气过程。此次过程是具有双降水中心的江淮气旋暴雪过程的典型个例。最大降水中心位于鲁东南和鲁中的东部地区，过程降水量普遍在 12 mm 以上，诸城最大为 18.1 mm，以降雨为主；另一个中心在鲁中的北部地区，即济南至淄博一带，其中章丘最大为 16.3 mm，该区域降水性质为雪，达到了暴雪量级。20 日 02 时自山东的西部地区开始降雪，21 日 20 时全部结束，主要分为两个阶段。第一阶段在 19 日 23 时—20 日 14 时，降雪（雨）发生在山东的中西部地区；第二阶段在 20 日 19 时—21 日 08 时，全省均出现降水，最强降雪（雨）发生在 20 日 20 时—21 日 00 时。其中，暴雪次中心的降雪量主要出现在降雪的第二阶段（图 3.17）。最大积雪深度为 12 cm，分别出现在鲁中地区的博山和青州。

在此次暴雪过程的预报中，预报员根据传统的天气型预报方法，对山东东部最强降水中心的降水量均有较好的把握,预报与实况基本相符,但是对于鲁中地区的次降水中心——济南至淄博一带的暴雪,无论是预报员还是数值模式的预报降雪量均明显小于实况,出现了暴雪漏报,因此该降雪次中心成为此次暴雪过程的最大预报难点。

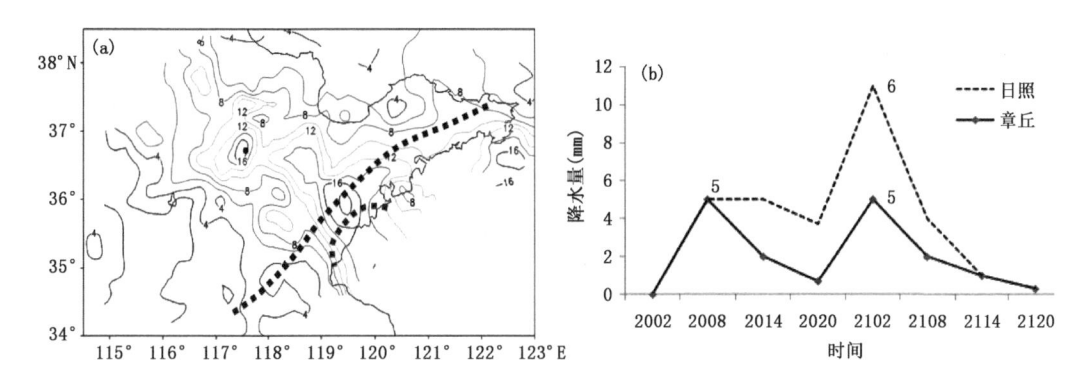

图 3.17　2013 年 1 月 20—21 日过程降水量(a)和日照、章丘站小时降水曲线(b,单位:mm)
(a 中点划线为雨雪分界线,长点线的西北部为降雪,短点线的东南部为降雨,
长点线和短点线间为雨转雪;黑圆点为章丘)

1)环流背景

17—18 日,位于中南半岛的副热带高压(简称副高)东移,19 日 20 时—20 日 20 时副热带高压中心稳定于南海,588 dagpm 线到达台湾南部。由于副热带高压强盛且位置偏北,副高北部的高压脊与东亚高压脊相叠加,稳定于 120°～130°E。700 hPa 在 120°～130°E 也有经向度大的高压脊。该环流形势有利于脊后槽前的西南气流北上至华北地区,形成深厚暖湿层。

在第一阶段降雪前期,19 日 08 时,500 hPa 上短波槽位于新疆东部,700 hPa 上河套西部有西北涡生成,构成"北槽南涡"形势。随着短波槽的东移,弱冷空气从西北涡后部侵入,使得低涡发展东移。19 日 20 时,500 hPa 短波槽和 700 hPa 西北涡均移至河套内,其下游为经向高压脊,涡前西南低空急流加强,西南风自南海延伸至华北地区,急流轴位于湖北—河南一线,风速最大达 22 m·s^{-1}。850 hPa 上,120°E 高压脊强,西南涡东侧的暖切变线位于长江附近,其北侧的东南风与河套东部低压东侧的东北风构成了经向切变线,呈南北向穿过山东的西部地区。1000～925 hPa 与 850 hPa 类似,均在山东西部存在东北风与东南风之间的经向切变线,可在此地产生辐合上升运动。地面气压场上,19 日 14 时,冷空气从东北入侵山东,同时西路冷空气自新疆向东移动,河套地区为倒槽。由于东西两路冷空气的夹挤,至 23 时在河套地区形成锢囚锋,地面气压场呈"Ω"状。20 日 02—05 时为锢囚锋最强盛时段,此时山东处在"Ω"右侧的偏东风气流中,尚未形成明显倒槽,02 时山东的降雪首先从西部的聊城开始。随着锢囚锋东移减弱,降雪也自西向东移动。14 时锢囚锋消失,第一阶段强降雪也随之结束。

20 日 08 时,500 hPa 又有一个高原短波槽东移,与 700 hPa 位于四川盆地的西南涡形成"北槽南涡"的形势,槽后弱冷空气从涡后入侵,西南涡发展东移,涡前有宽广的西南低空急流。20 日 20 时 700 hPa 上的西南低空急流轴上最大风速为 16 m·s^{-1},直达山东南部并在章丘至青岛一带风速减小,强盛的西南暖湿气流源源不断地向山东输送,为降雪过程提供了充沛的水汽。850 hPa,东移至河套的大陆高压与海上的高压对峙,在山东西部至河南、湖北一线形成了狭长的经向切变线,同时,暖切变线北上至鲁南地区,由此青岛和章丘均出现东南低空急流,

850 hPa 和 925 hPa 青岛的风速为 12 m·s^{-1},可输送来自东海的水汽。两条切变线均可产生辐合上升运动,利于强降水的发生。其中,山东西部的经向切变线是章丘一带在 20 日夜间产生强降雪的有利条件,可使得低层东南风输送的水汽在鲁中地区辐合上升,产生降雪。

地面图上,20 日 17 时开始,随着西南涡东移,地面倒槽逐渐加强,至 20 时,倒槽的低压中心位于长江口,山东已完全处在倒槽控制之下,第二阶段的大范围强降水开始。20 日 23 时低压环流入海后形成气旋,并向朝鲜半岛南部移去。在气旋后部,鲁南地区自西向东转为西北风,其他地区为东北风。西北风区域降水量小于 1 mm,而强降雪(雨)发生在地面倒槽的东北风区域,集中于鲁中和半岛地区,20 日夜间最大降雪量超过 10 mm。

比较两个阶段的天气形势,系统配置有较大差异。第一阶段,以 700 hPa 西北涡影响为主,西南低空急流轴和 850 hPa 经向切变线位置均在山东西部至河南一带,地面有华北锢囚锋,山东无明显倒槽,因此强降水主要集中于鲁西北和鲁中北部地区;第二阶段,850 hPa 西南涡东移,经向切变线和暖切变线同时影响山东,存在西南低空急流和东南超低空急流,地面产生江淮气旋,导致强降水范围和降水量更大,强降水主要集中于鲁东南至鲁中地区,其中经向切变线是造成暴雪次中心的重要系统。

2)构成要素及其对降雪的影响

(1)动力条件

19 日 14 时,冷空气开始影响鲁西北地区,济南地面转为北风,之后很快转为东北风。20 时之前,700 hPa 以上山东均为西南气流控制。近地面偏北风从北楔入其上层的偏南风之下,形成"冷垫"(图略)。20 日 03 时 27 分,济南雷达 0.3 km 高度处由原来的南风转为西北风,反射率因子增强为 25 dBZ,降雪开始。03 时 27 分—09 时 00 分降雪期间,3.0 km 高度以上为风速≥14 m·s^{-1} 的强西南风,4.0 km 高度以上超过 20 m·s^{-1},1.8~2.7 km 高度上为 12 m·s^{-1} 左右的东南风,0.9 km 高度以下则为风速≤6 m·s^{-1} 的偏北风(先西北后转东北风)。风场演变表明,偏北风形成的冷垫很薄,高度不足 0.9 km(约为 925 hPa 高度),该高度以上东南风转为强西南风,风随高度顺转,存在暖平流。中高层强盛的暖湿空气沿着薄冷垫爬升,产生了垂直上升运动,导致水汽达到饱和并凝结形成云,进而产生降水。

另外,从图 3.18a 中也可以看出,在 19 日 20 时—20 日 02 时及 20 日 14—20 时分别在 400~500 hPa 高度上由西南风转为西北风,意味着有两次低槽过境,分别对应两个降雪阶段。而在 700 hPa 及 850 hPa 则难以看出明显的风向变化,系统变化不明显。这说明,500 hPa 对降雪过程的阶段性表现更为清晰。由此得到启示,在实际预报业务中,如果预报员过分注重 700 hPa 及 850 hPa,而忽略 500 hPa 天气系统的指示性,可能造成对降雪过程阶段性判断失误。

从 20 日 02 时垂直环流和垂直速度场图(图 3.19a)上可以看出,济南章丘从近地面至 100 hPa 上空为上升气流,垂直速度均为负值,最大值为 $-4×10^{-3}$ Pa·s^{-1},位于 850 hPa 附近,次大值为 $-3×10^{-3}$ Pa·s^{-1},出现在 600~450 hPa,表明上升运动较为深厚,为强降雪的产生提供了良好的动力条件。当暖湿气流达到足够强(3.0 km 高度以上西南风风速≥14 m·s^{-1}),抬升凝结产生降雪。雷达反射率因子最强时段(04—05 时),降雪最强盛,风廓线 3.0~6.7 km 高度(700~450 hPa)的西南风风速达 20 m·s^{-1} 以上。至 20 日 08 时,随着高空槽的东移,500 hPa 以上逐渐转为槽后西—西北气流,而 700 hPa 依然为强西南气流,因此在山东境内 850~500 hPa 垂直速度为负值,700 hPa 为最大值 $-3.5×10^{-3}$ Pa·s^{-1},为上升运动,而 500

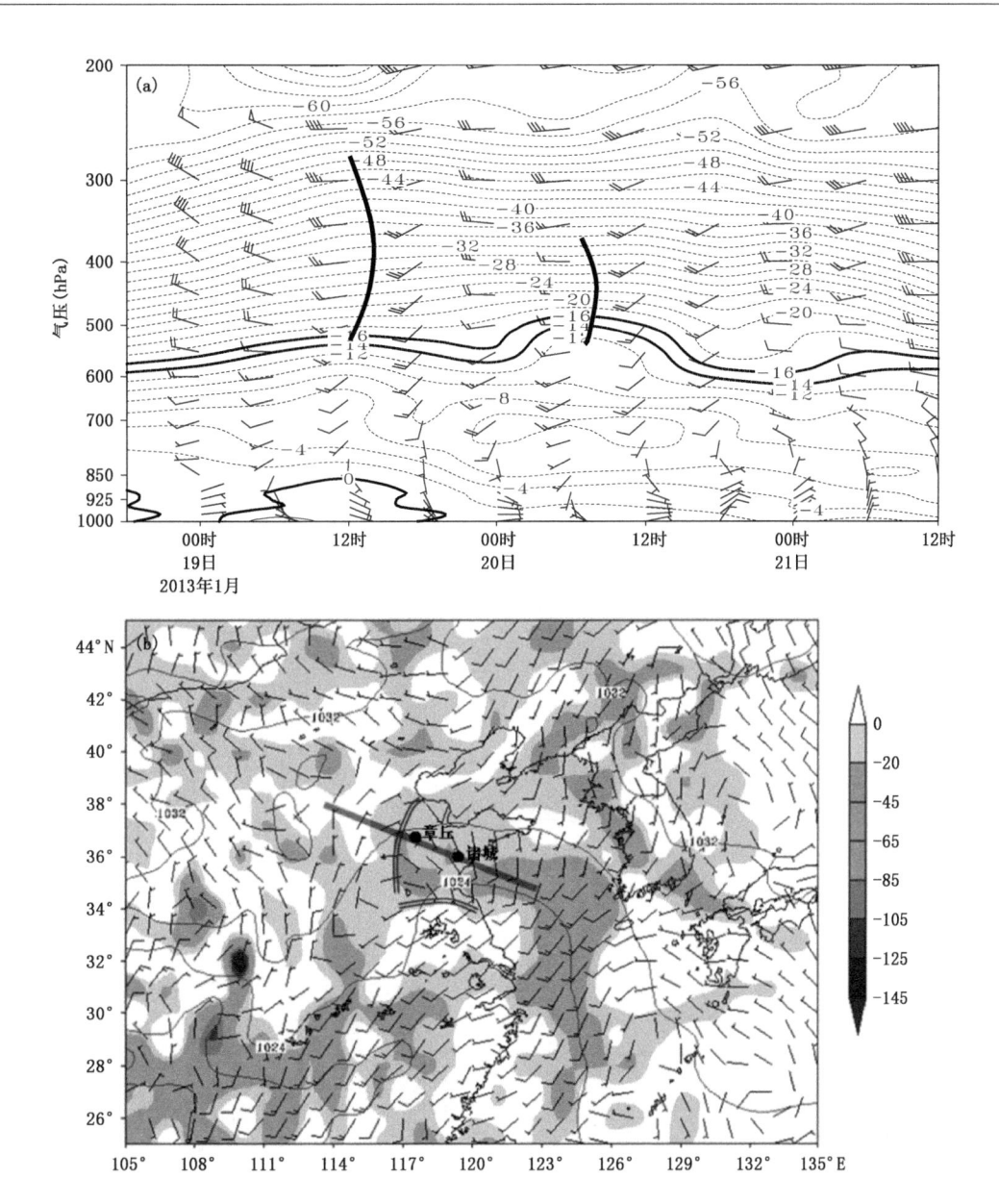

图 3.18　2013 年 1 月 19—21 日过章丘的水平风(风羽,单位:m·s^{-1})和温度(等值线,单位:℃)随高度的时间变化(a),20 日 20 时 850 hPa 风场(风羽)、垂直速度(阴影为负值,单位:10^{-2}Pa·s^{-1},双实线为 850 hPa 切变线,粗斜线为垂直速度剖面基线)和地面气压场(实线,单位:hPa)分布(b)

hPa 以上及 850 hPa 以下为下沉运动,垂直环流高度降低,仅在对流层中层为强上升运动,此时降雪达到最强盛时段。至 20 日 14 时,500 hPa 转为弱脊控制时,对流层中层的上升运动转为下沉运动,意味着第一阶段降雪结束。

在第一阶段强降雪仍在进行的同时,第二阶段的影响系统也在发展东移。从水平风场来看,20 日 08 时 500 hPa 第二个高原槽东移至 100°E 附近,20 时到达 110°E,位于河套东部,导致西南气流再次加强。从济南探空和雷达 VWP 风廓线上(图略)均可以看到,济南 3.0 km 以

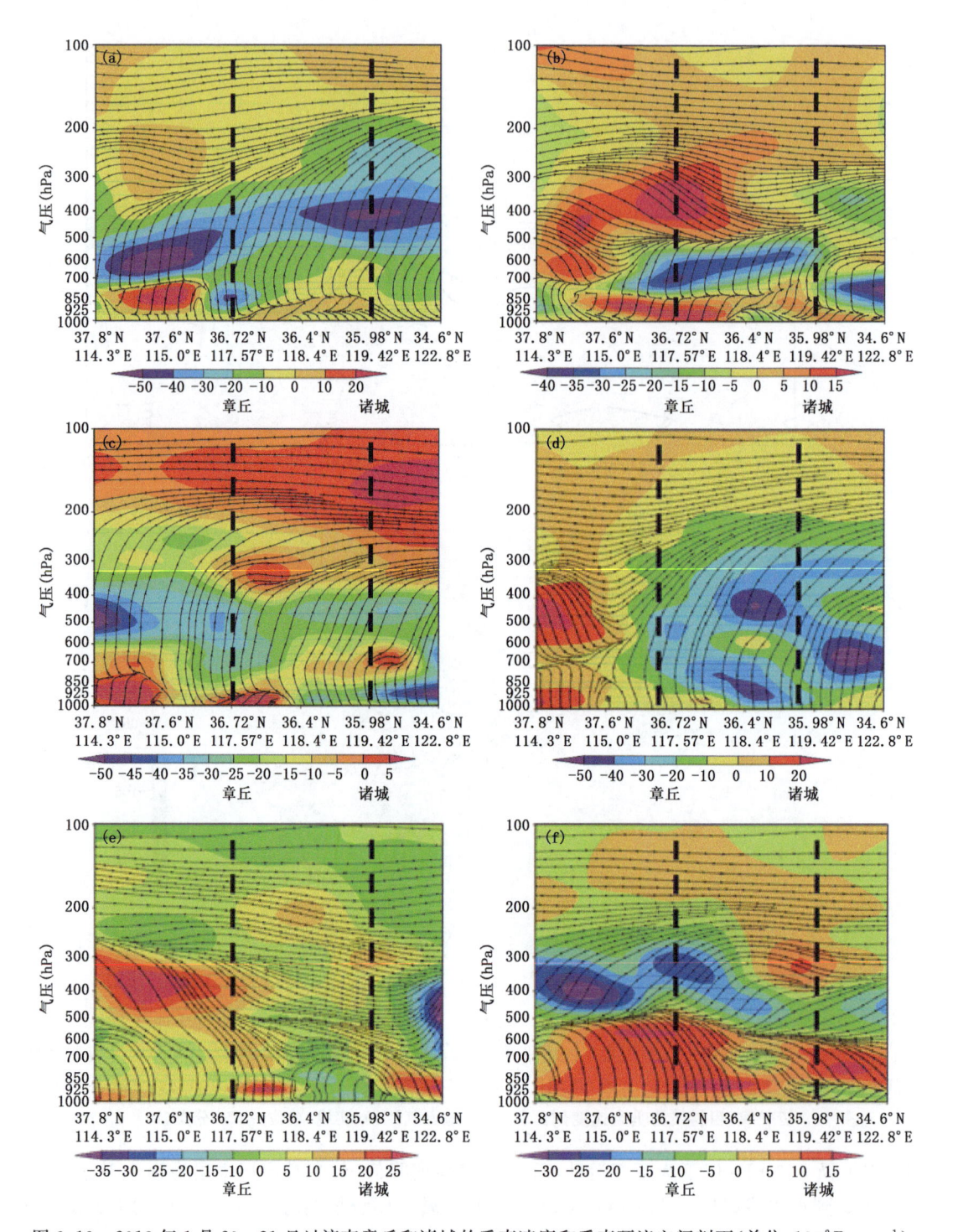

图 3.19 2013年1月20—21日过济南章丘和诸城的垂直速度和垂直环流空间剖面(单位:10^{-2}Pa·s^{-1})
(a.20日02时,b.20日08时,c.20日20时,d.21日02时,e.21日08时,f.21日14时)

上层次西南风风速达16 m·s^{-1}。500 hPa天气图上(图略),山东上游西南气流强盛,郑州风速达24 m·s^{-1},到济南后风速减弱为16 m·s^{-1},表明在500 hPa在济南附近存在西南风风速辐合。同时,850 hPa 上,暖切变线北上到达江苏北部至山东南部,鲁东南至鲁中地区低层东南风增强,850~925 hPa 的东南风风速达 12 m·s^{-1};在 34°~38°N 穿过鲁中地区存在一条中 α 尺度的经向切变线,济南至淄博一带处在东南风与东北风的风向辐合、东南风风速辐合的交汇处。地面倒槽明显加强东移,至 20 时全省处在倒槽的东北侧,除了鲁西南地区为西北风以外,其他地区地面均为东北风(图 3.18b)。可见,鲁中地区既有对流层低层的风向风速辐合,又有对流层中层的风速辐合,有利于产生强上升运动。

垂直流场和垂直速度显示,20 日 20 时,全省均出现了上升气流,其中济南章丘附近上升气流在 925~400 hPa,最大垂直速度负值在 500 hPa 上下,为 $-3.5×10^{-3}$ Pa·s^{-1} 左右,是全省上升运动最强的区域(图 3.19)。因此,从动力抬升条件来看,济南章丘一带具备了产生强降雪的强上升运动。最强降雪时段(20 日 22 时—21 日 04 时)为 850~925 hPa 东南风最强时期,其负垂直速度达到了 200 hPa,表明上升运动很强。当"冷垫"逐渐增厚,2.1 km 高度上也转为东北风时,西南风和东南风都减小时,降雪减弱。在 500 hPa 槽过境后,对流层中低层均转为西北风,为下沉运动,第二阶段强降雪结束。与第一阶段相比,第二阶段的"冷垫"变厚,东北风风速增大,说明第二阶段冷空气势力强于第一阶段。

因此,济南至淄博一带两个阶段的降雪均发生在有利的动力抬升条件下,对流层低层东北风与东南风之间的风向辐合、东南风的风速辐合及对流层中层的西南风风速辐合,产生了强上升运动,强降雪发生在西南风和东南风最强的时段。

(2)水汽条件

首先分析第一阶段的水汽变化。20 日 02 时,700 hPa 上,水汽通量矢量自西南指向东北,水汽由西南急流输送自孟加拉湾,鲁西北地区比湿达 3~3.5 g·kg^{-1},水汽通量散度负中心值为 $-22×10^{-6}$ g·hPa^{-1}·cm^{-2}·s^{-1},说明该区域内存在明显水汽辐合。925 hPa 上,水汽通量矢量由东南指向西北,水汽由东南风输送自东海,水汽通量散度负值区主要位于鲁南和鲁西北地区,章丘一带处在边缘(图 3.20)。从湿层的厚度来看,章丘相对湿度≥90%的层次在 700 hPa 以上,为水汽饱和层,700 hPa 以下相对湿度<80%,为干层(图 3.21)。20 日 08 时,章丘上空 700 hPa 的水汽通量矢量依然为西南—东北向,925 hPa 的东南风水汽输送集中在鲁南地区;饱和层在 850~600 hPa,最大比湿在 700 hPa,为 3.5 g·kg^{-1}。这表明,济南章丘第一阶段降雪的水汽主要来自 700 hPa 以上的西南气流输送,东南气流的水汽输送较少,仅到达鲁南地区,这是由于在 19 日夜间至 20 日 08 时,低层暖切变线仍然位于长江流域,其北侧的东南气流主要影响到鲁南地区。

第二阶段,暖切变线北上,其北侧的东南风加强。20 日 20 时,700 hPa 上,济南至诸城为水汽辐合区,水汽通量散度值达 $-2×10^{-6}$~$-5×10^{-6}$ g·hPa^{-1}·cm^{-2}·s^{-1};925 hPa 上来自东海的水汽输送带北抬,最大轴在日照—诸城—章丘一带,比湿值达 3.5~4.0 g·kg^{-1},较 20 日 02—08 时显著增大,表明低层暖湿气流的输送有所增强。925 hPa 的比湿、水汽通量散度与 700 hPa 基本相当。从水汽的垂直厚度看,20 日 20 时,550 hPa 以下的比湿≥2 g·kg^{-1},其中 700 hPa 比湿最大为 3.5 g·kg^{-1};至 21 日 02 时,在降雪最强的时段,450 hPa 以下各层的相对湿度均达 90%以上,表明水汽饱和层较为深厚。从前面动力条件分析可知,在济南章丘一带对流层中层既有偏北风与东南风之间的风向辐合,又有东南风风速由大到小的辐合,使得水汽在济南章丘一带得以集中,从而导致该区域产生强降雪。由此可以得到,在 20 日夜间强降雪时段的两个水汽来源中,低层东南气流的水汽输送和中高层的西南气流水汽输送有同等重要的作用,东南风水汽输送增强可能是济南至淄博一带第二阶段降雪量大于第一阶段的主要原因之一。

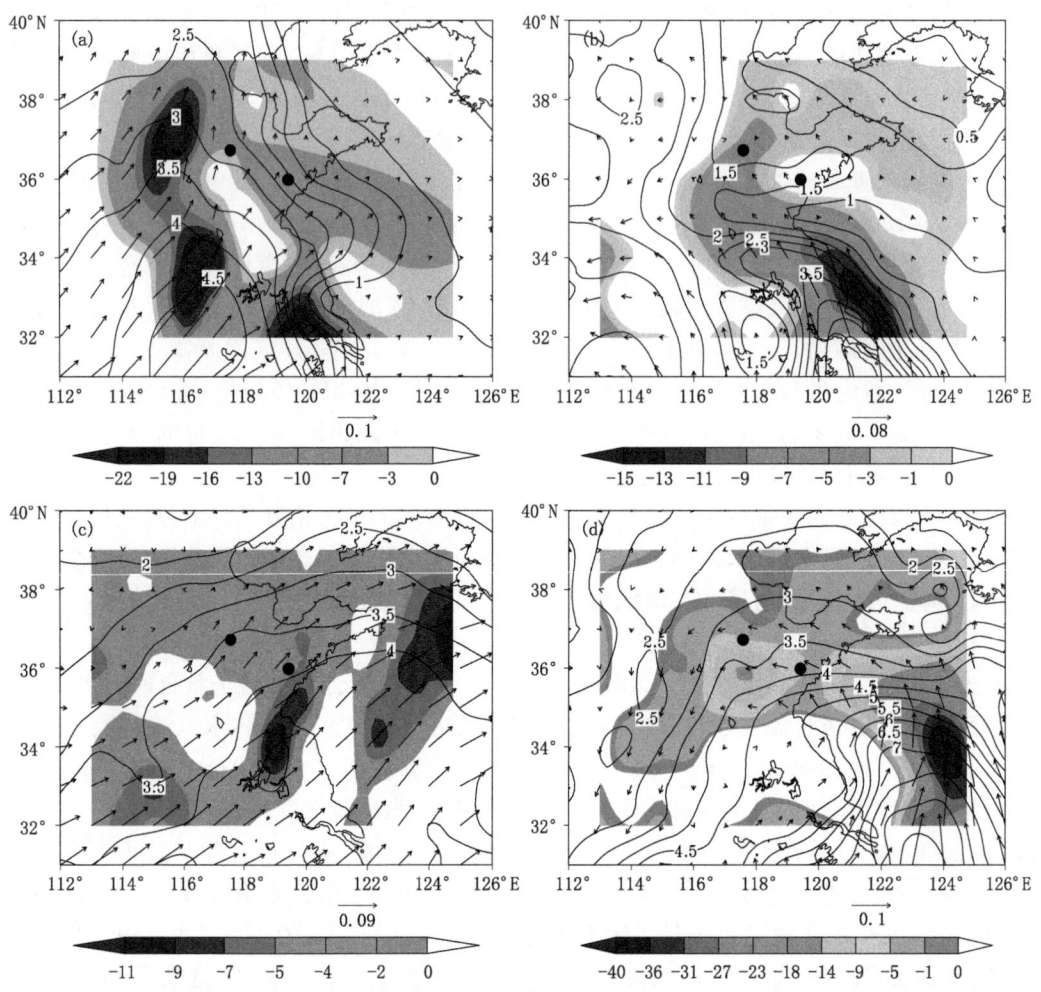

图 3.20 2013 年 1 月 20 日 02 时(a,b)和 20 时 (c,d)700 hPa (a,c)和 925 hPa (b,d)比湿(实线,单位:g·kg^{-1})、水汽通量矢量(箭头,单位:10^{-2} g·hPa^{-1}·cm^{-1}·s^{-1})和水汽通量散度(阴影部分为负值,单位:10^{-6} g·hPa^{-1}·cm^{-2}·s^{-1})

3)降雪效率

降雪效率不是强降雪的必要条件,但在降雪效率高的情况下,降雪量会更大。降雪效率和云中温度有关。六角形的树枝状冰晶是降雪的主要形式,最大的降雪量发生在有利于树枝状冰晶增长的环境条件下,其主要发生在$-15 \sim -13$ ℃的过饱和环境中。为了分析此次降雪过程的降雪效率,给出了两个降雪时段降雪强盛时的 600 hPa 温度(接近于云顶)。可以看到,在 20 日 08 时,济南附近的 600 hPa 温度在$-12 \sim -11$ ℃,云内冰晶能够增长,但还没有达到最有利于冰晶增长的温度条件;包括日照在内的鲁东南一带 600 hPa 温度高于-10 ℃,云内冰晶难以增长(图 3.22a);在第二降水阶段,21 日 02 时,济南附近 600 hPa 的温度降至$-15 \sim -14$ ℃,正是最有利于树枝状冰晶增长的温度,可使得降雪增强。从以上的动力和水汽条件分析可知,该区域强上升运动、水汽辐合和高降雪效率相叠加,因而可产生强降雪。比较两个

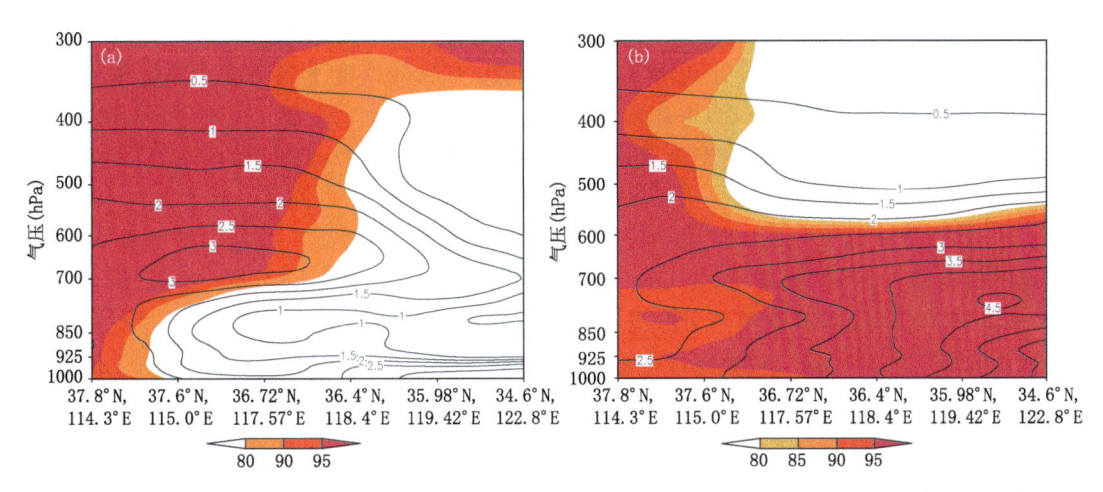

图 3.21　2013 年 1 月 20 日 02 时(a)和 20 时(b)过济南章丘和诸城的相对湿度(≥90%,单位:%)和比湿(单位:g·kg^{-1})的垂直剖面

降雪阶段的温度,第二阶段更适宜于树枝状冰晶增长,降雪效率更高,这可能也是第二阶段降雪量大于第一阶段的原因之一。降雪效率的本质可归结为云微物理问题,故此次降雪过程也给实际预报业务以启示,在冬半年的降水预报中,除了考虑动力、水汽等宏观条件外,还要关注微物理过程。

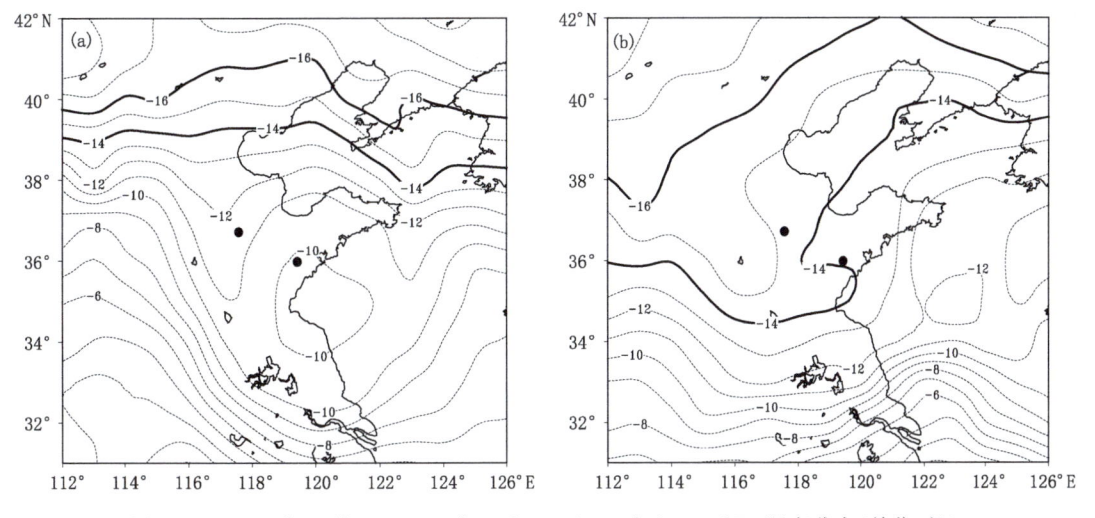

图 3.22　2013 年 1 月 20 日 08 时(a)和 21 日 02 时(b)600 hPa 温度分布(单位:℃)

4)降水相态

从整个降雪过程来看,第二阶段降水范围广、降水量大,且降水相态复杂。20 日 20 时,山东存在 3 种降水相态:雪、雨夹雪和雨自西向东分布,鲁西北、鲁西南和鲁中北部地区(含济南章丘)为降雪,鲁东南和半岛东南部地区为降雨,雨夹雪位于降雪和降雨区域之间。至 21 日 08 时,原来降雨的区域转为降雪或雨夹雪,其中仅沿海的日照和海阳一带仍然为降雨。值得注意的是,鲁东南和山东半岛地区温度和降水相态分布相当复杂,山东半岛北部的内陆地区为降雪,处在周边降雨或雨夹雪的包围之中。

从上述分析中可知,由于 850 hPa 及以下各层暖切变北上,20 日 20 时,暖切变位于鲁南至黄海中部,鲁中和山东半岛处在东南气流控制之中,章丘处在暖平流与冷平流的交界处,日照、青岛、威海接近于暖平流中心,因此前者边界层内的温度低于后者。20 日夜间,冷空气东移南下,暖切变东移,暖平流为冷平流取代,各地温度自北向南进一步下降,但东南沿海的日照一带由于冷空气影响时间晚,低层仍然保持较高温度。为了分析边界层内温度差异对降水相态的影响,选取复杂降水相态区域中章丘、日照、青岛和威海 4 个站点,其分别产生雪、雨、雨转雪和雨转雨夹雪。20 日 20 时,章丘 600,850,925 和 1000 hPa 至地面 2 m 气温分别为 -12,-4,-2,0 和 0 ℃,说明冰晶在云中形成以后,在 $\leqslant 0$ ℃的温度环境中下落,不会融化,因而章丘近地面为降雪;日照、青岛和威海站虽然 600 hPa 的温度与章丘相同,但是在对流层低层,温度迅速升高,1000 hPa 和地面的温度均在 2 ℃ 以上,冰晶完全融化,因此产生降雨。

21 日 08 时,随着冷空气的南下,日照、青岛和威海 3 站 850 hPa 的温度均降至 -2 ℃。3 站在该层以下的温度差异导致降水相态完全不同,其中,日照的温度最高,925 hPa 的温度达到 1 ℃,1000 hPa 的温度为 2 ℃,冰晶完全融化,降水相态为雨;青岛和威海在 975 hPa 温度仍然接近,但到 1000 hPa 以下时产生差异,青岛 1000 hPa 的温度为 -0.5 ℃,地面 2 m 气温为 0 ℃,冰晶状态维持,因此产生了降雪,而威海 975 hPa 以下的温度 >0 ℃,冰晶开始融化,由于 1000 hPa 温度和地面 2 m 气温为 1 ℃,冰晶到近地面时还不能完全融化,产生了雨夹雪。可见,虽然 850 hPa 的温度相同,但 925 hPa 以下温度差异大,导致各地降水相态有明显不同。因此,雨、雪和雨夹雪降水相态主要取决于低层温度的垂直变化,1000 hPa 至近地面的温度最为关键。

分析地面 2 m 气温可知,降雪区的地面 2 m 气温大部分站点 $\leqslant 0$ ℃,少数站点为 1 ℃;降雨区的地面 2 m 气温大部分站点 $\geqslant 2$ ℃,少数为 1 ℃;雨夹雪区域的地面 2 m 气温在 1~2 ℃。可见,当地面 2 m 气温 $\leqslant 0$ ℃降水相态为雪,$\geqslant 2$ ℃时降水相态为雨,只有 1 ℃ 左右时,雪、雨夹雪或雨 3 种形态都可能存在。因此,当 2 m 气温在 1 ℃ 左右时,同时要分析 925 hPa 以下各层的温度,制作降水相态预报。另外,鲁东南和山东半岛地区的复杂相态和地形有关。山东半岛北部的低山丘陵地区,地面气温在 -1~0 ℃,低于周边的沿海地区;同样为东南沿海台站,日照地面气温为 1 ℃ 降水相态为雨,成山头气温高(2 ℃)产生的却是雨夹雪,青岛降至 0 ℃ 转为降雪。可见,在同样的天气系统作用下,半岛低山丘陵地区由于海拔相对较高导致近地面温度低,更容易产生降雪,而在东南沿海地区冷空气影响晚同时受到海洋的影响温度下降慢,产生降雨或雨夹雪。因此,复杂下垫面对降水相态的影响不容忽视,需要考虑山地和海洋的作用,尤其在相态变化的温度阈值附近。

综上所述,4 个有利构成要素相叠加导致鲁中地区产生暴雪:中低层有西南和东南两支气流输送了充足的水汽;低层存在经向切变线和暖切变线,使得东北风与东南风之间风向辐合、东南风风速辐合及中层存在西南风风速辐合,均造成了强上升运动;云中温度在 -15~-14 ℃ 达到最佳降雪效率;对流层低层温度低。实际预报中,分析动力抬升条件时忽视了低层经向切变线的辐合上升运动是导致这次降水中心暴雪漏报的主要原因。最强降雪发生在对流层中高层西南风和低层东南风强盛的时段,此时水汽和上升运动达到最大。虽然对流层中层温度相同,但对流层低层冷暖平流的差异导致边界层内温度垂直变化不同,使得各地降水相态差异显著,而 1000 hPa 至近地面的温度对相态预报最为关键,尤其地面 2 m 气温在 1 ℃ 左右时,更需同时分析 925 hPa 以下各层的温度,同时复杂下垫面对降水相态的影响也应予以考虑。

3.2.4 地形对江淮气旋暴雪过程的影响

2000—2017年的江淮气旋暴雪过程中,有3次最强降水中心出现在潍坊的青州,另有3次在青州附近为次强中心。通过地形匹配可以发现,位于山东中部和南部的山区(泰山主峰海拔1545 m)地形复杂,强对流天气多发,而青州恰处于鲁中山区东北侧。那这种江淮气旋强降雪落区的出现是否也与鲁中山区复杂地形有关呢?

为了探究这个问题,本部分针对3次青州站为降雪中心的江淮气旋暴雪过程(2005年02月14—16日、2010年02月28日—03月1日、2012年12月21日),分别开展地形敏感性试验,通过分析发现地形的存在对降雪的强度存在明显影响,增加地形高度后,3次过程降雪中心量均有10%左右增长。为了更好地探究地形对降雪落区和强度的作用,选取2010年2月28日—3月1日江淮气旋暴雪过程,利用数值模拟进行了细致研究。

1) 3次过程地形敏感性试验

本文采用WRF模式对3次过程进行模拟与研究。每次个例分为两组试验:①控制试验,不改变地形;②敏感性试验,将鲁中山区地形高度加倍。

模拟采用双重嵌套区域,小区涵盖了江淮气旋生成及发展演变区域,模拟起始时间分别为2005年02月13日20时、2010年02月27日20时、2012年12月20日20时,采用每6 h一次,分辨率为1°×1°的FNL数据作为初始场数据,选取Mellor-Yamada边界层方案、Kain-Fritsch积云参数化方案及Lin微物理方案作为此次模拟的物理参数化方案,海温采用分辨率为0.25°×0.25°的日平均NEAR-GOOS海温数据,具体模式设置方案见表3.3。

表3.3 WRF模式设置

区域与选项	具体设置
区域与分辨率	Lambert投影(中心点为41°N,120°E),双向两重嵌套,D1与D2对应分辨率为30与10 km;格点数分别为133×113与169×178;垂直层:35η层
边界层方案	Mellor-Yamada方案
积云方案	Kain-Fritsch方案
微物理方案	Lin方案
辐射方案	长波、短波辐射:RRTMG方案
陆面模式	Noah陆面模式

为了验证地形是否存在作用,分别对比3次过程中降雪量实况、控制试验降雪量、敏感性试验与控制试验的降雪量差值(图3.23)。通过分析可以发现:3次过程对潍坊地区附近的强降雪中心均有体现,降雪量级与实况相当,模拟效果较好。将鲁中山区地形高度加倍后,与控制试验相比,降雪量在鲁中山区东北侧均有明显增长,其中2005年2月16日过程降雪量增加2 mm左右,2010年3月1日增加3 mm左右,2012年12月21日降雪量增长约1.5 mm,与实况降雪量对比均有10%左右增幅,说明鲁中山区地形在江淮气旋暴雪过程中的确起到了重要的作用。

2) 基于控制试验和敏感性试验的个例分析

选取降雪量最为显著的2010年2月28日—3月1日个例进行数值模拟分析。为了验证鲁中山区地形作用的猜想,在控制试验(以下用试验A表示)之外,设计了两个地形敏感性试

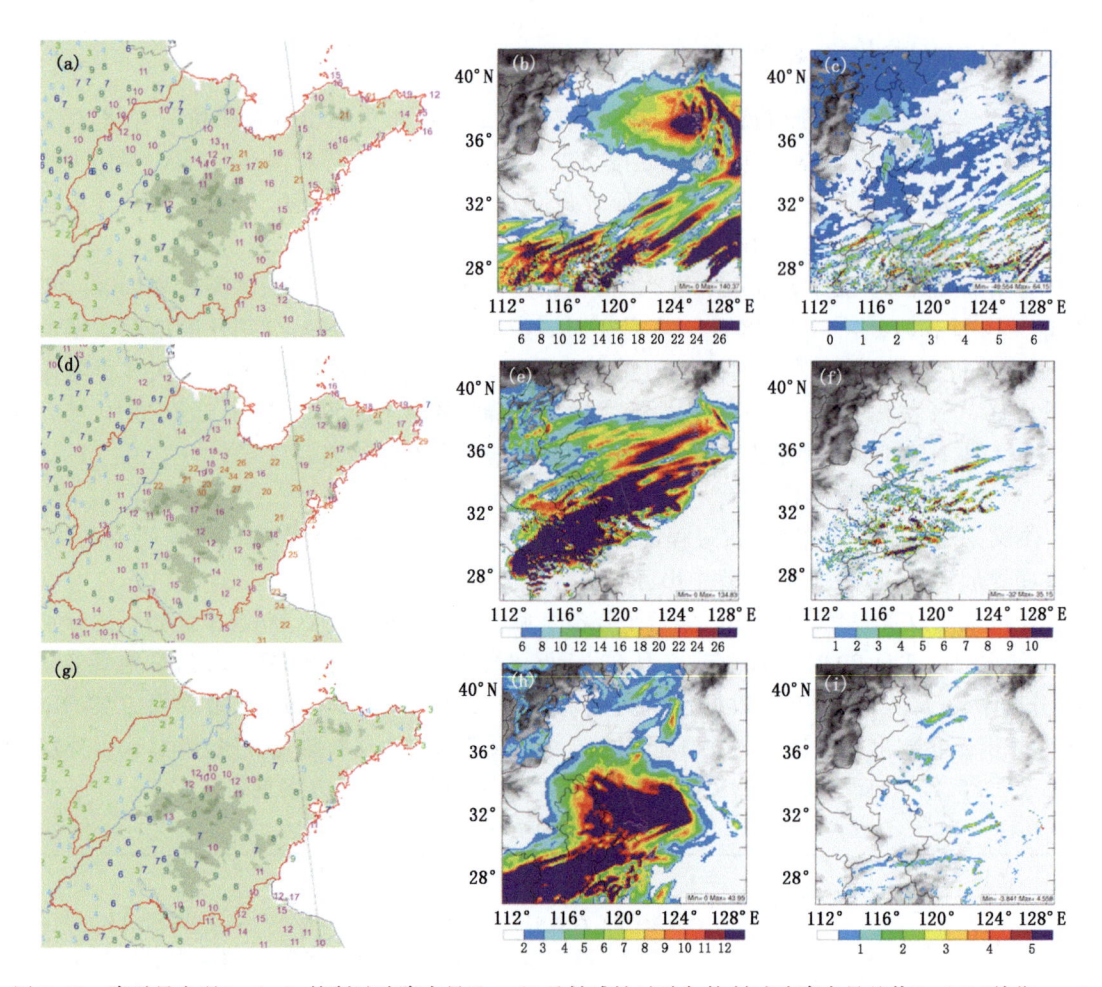

图 3.23 降雪量实况(a,d,g)、控制试验降水量(b,e,h)及敏感性试验与控制试验降水量差值(c,f,i)(单位:mm)
(其中 a,b,c 为 2005 年 2 月 15 日 00 时至 16 日 00 时(UTC);d,e,f 为 2010 年 2 月 28 日 00 时至
3 月 1 日 00 时(UTC);g,h,i 为 2012 年 12 月 20 日 00 时至 21 日 00 时(UTC))

验,试验 B 去掉鲁中山区地形高度,试验 C 将鲁中山区地形加倍(以下分别用试验 B 和 C 表示)。

(1)控制试验

通过各层流场对比分析,地形辐合线的存在在对流层低层(1000 hPa、925 hPa)较为明显,850 hPa 以上基本消失,考虑到模式地形高度约 500 m,850 hPa 高度远超地形高度,也侧面证实了辐合线的形成和维持确实与地形存在有关,而这种地形辐合线的生成和维持与风向、风速关系密切。

一方面,在适当的风向、风速条件下,受地形阻挡作用,低层东北气流和东南气流在鲁中山区北部至半岛丘陵地形西侧产生风向辐合线,辐合线的长期维持为后期降雪的产生提供了组织维持机制(图 3.24);另一方面,地形迎风坡的动力抬升作用触发了上升运动,当其与天气尺度系统上升运动叠加配合时,导致局地上升运动增强,形成次级环流,降雪云团在该处强烈发展,产生局地降雪中心。

水汽主要存在于 850 hPa 以上直至 500 hPa,青州一带有较为明显的水汽辐合区,为此次暴雪的产生提供了充足的水汽条件,而地形的存在也为低层水汽汇集提供了有利条件。通过

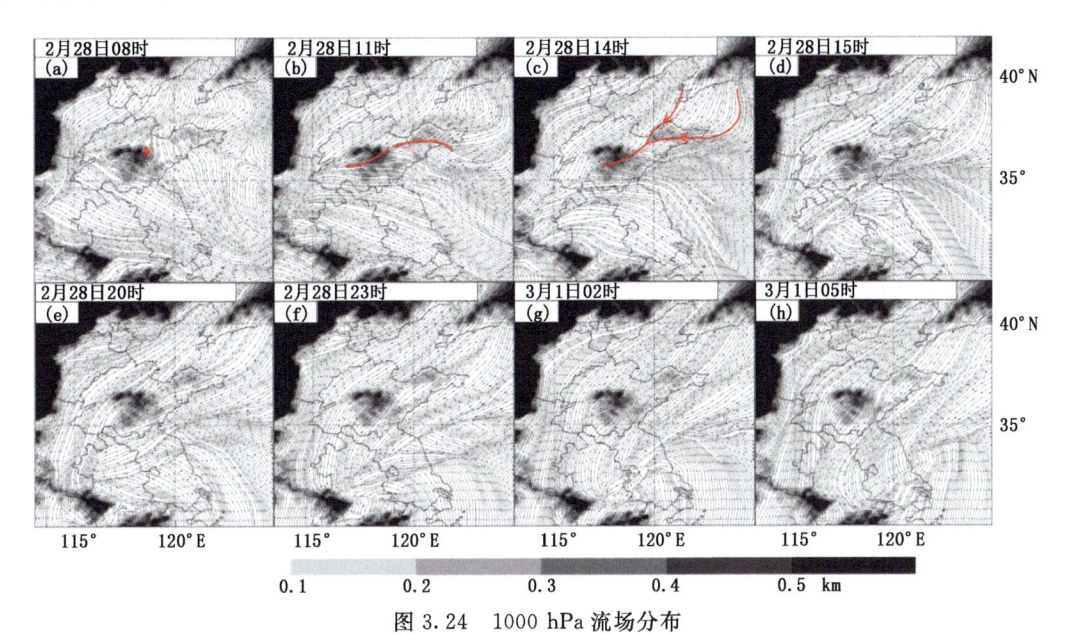

图 3.24　1000 hPa 流场分布

（填色为地形高度，三角为青州位置，红线为辐合线）

分析可以发现，28 日 14 时开始，鲁中山区东侧受偏东气流的影响，水汽逐渐在山前汇集，形成比湿大值区，到 28 日 20 时，对应云团的强烈发展和降雪的主要时段，随着迎风坡上升运动，比湿中心从山脚向山顶伸出一个湿度脊，中心值达到 4 g·kg^{-1}（图 3.25）。

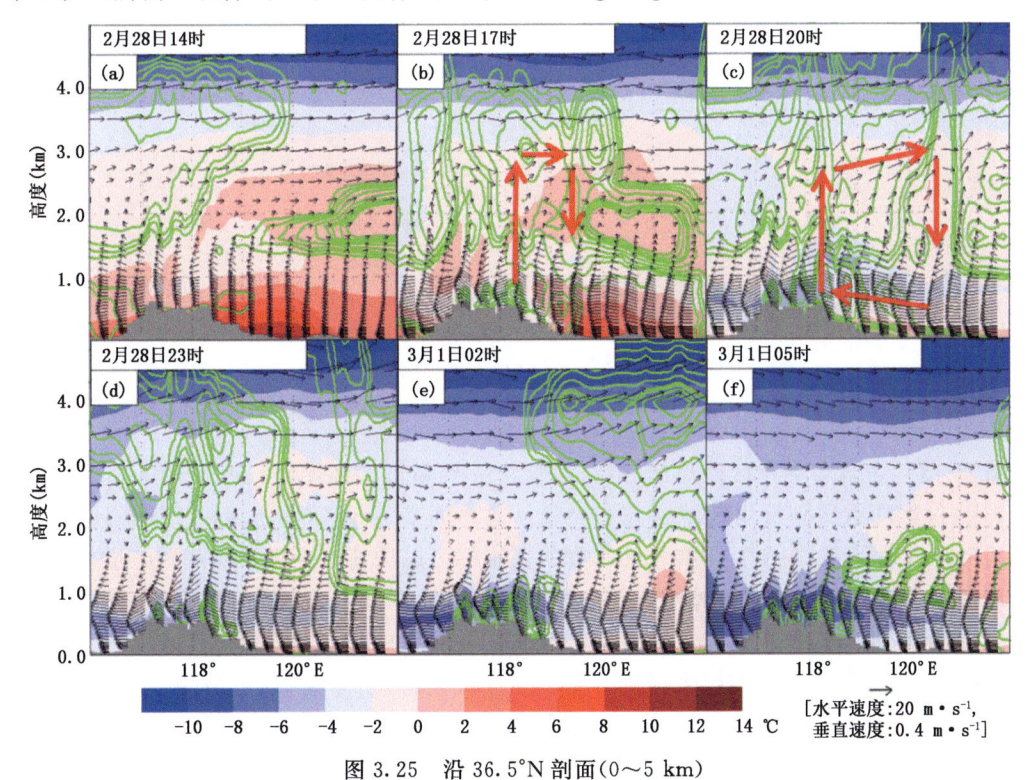

图 3.25　沿 36.5°N 剖面（0～5 km）

（填色：温度场；箭头：风场；绿线：水凝物大于 0.02 g·kg^{-1} 区域）

(2)敏感性试验

试验 B:当去除鲁中山区地形后,原鲁中山区北部青州附近仍存在降雪大值区,中心值约 18 mm,比控制试验 22 mm 减少 3~4 mm,并且降雪大值区的位置相对偏东。与控制试验相比,鲁中山区附近由于地形汇合作用产生的辐合线明显减弱,辐合强度在山区北部有所减弱,这也可以解释降水分布中试验 B 降水中心位置为什么偏东。

试验 C:当鲁中山区地形高度加倍后,北部降雪中心区位置与控制试验基本一致,北部降雪量并无显著增加,相反强降雪区面积略有减小,而鲁中山区东部降雪量较控制试验有所增加。低层流场形势发生了较大改变,原本主要产生越山作用的流场转为以绕流作用为主,鲁中山区北部辐合线减弱,主要辐合位置位于鲁中山区和鲁南山区间地形梯度大值区,对应这一带地区的辐合强度也明显增加(图 3.26)。

说明地形有无和高度对强降雪落区的位置和强度均有所影响。

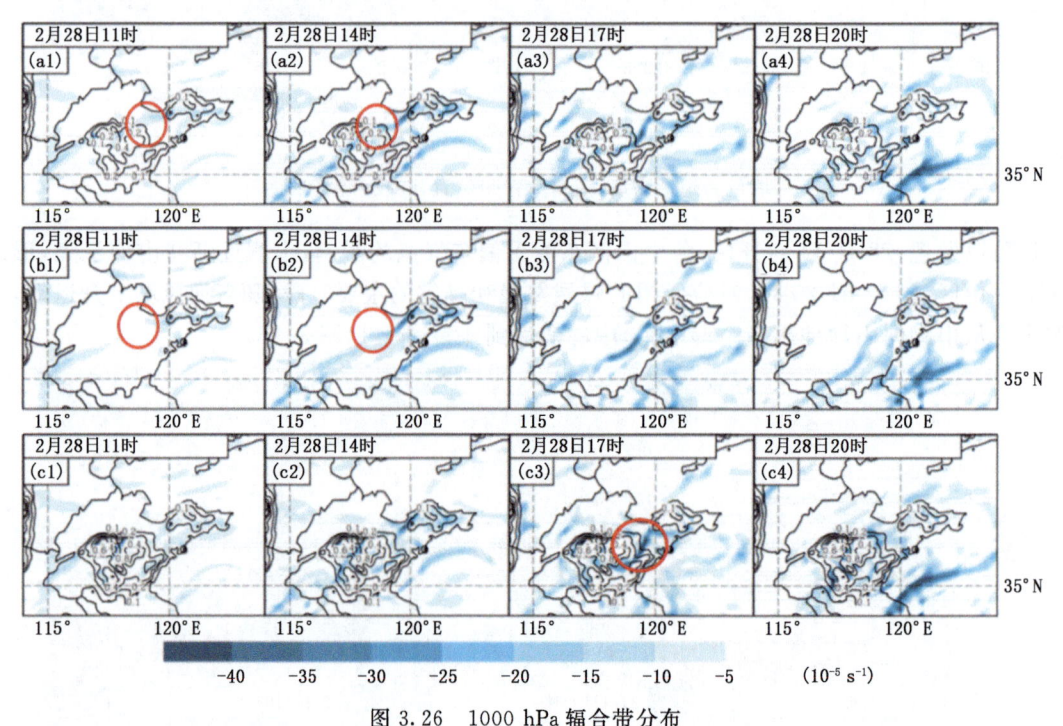

图 3.26 1000 hPa 辐合带分布

(第一行试验 A 为控制试验;第二行试验 B 为去除地形;第三行试验 C 为地形加倍;填色:散度;等值线:地形高度)

综上分析,发现鲁中山区地形的存在,对青州一带降雪的强度存在明显影响,增加地形高度后,3 次过程雪中心量均有 10% 左右增长。总体而言,强降雪中心多位于地形迎风坡或两山脉间喇叭口地形间,在今后江淮气旋暴雪的预报中可以酌情参考地形对降雪的增幅作用。

地形产生的动力作用主要体现在两个方面:一方面,在适当的风向、风速条件下,受地形阻挡作用,低层东北气流和东南气流在鲁中山区北部至半岛丘陵地形西侧产生风向辐合线,辐合线的长期维持,为后期降雪的产生提供了组织维持机制;另一方面,地形迎风坡的动力抬升作用触发了上升运动,当其与天气尺度系统上升运动叠加配合时,局地上升运动明显增强,形成次级环流,促使降雪云团在该处强烈发展,产生局地强降雪。另外,地形的存在还有利于水汽在迎风坡聚积,并随地形抬升作用上升至抬升凝结高度,有利于迎风坡成云致雪。通过地形敏感性试验与控制试验的对比,地形对降雪中心的落区和位置均有影响,这主要是因为地形高度的改变使得低层流场发生改变,从而改变辐合的位置和强度,对降雪产生影响。

3.2.5 江淮气旋暴雪物理概念模型及关键预报技术

3.2.5.1 降雪强度、落区和积雪等基本特征

(1)江淮气旋暴雪发生在12月至次年3月,以2月居多且易产生极端降雪事件。鲁东南地区降雪主要出现在1—2月。

(2)江淮气旋暴雪多为大范围暴雪,有两个强降水中心:一是鲁东南,二是鲁中北部的潍坊至淄博地区(以青州最多),潍坊至山东半岛低山丘陵一带易成为最强积雪区域。

(3)江淮气旋产生的暴雪强度大,最大日降雪量可达20 mm以上,日最大降水量可超过50 mm。

(4)江淮气旋暴雪过程均存在降水相态转换,有时候会有相态逆转。通常先雨后雪,南雨北雪,暴雪多发生在鲁西北、鲁西南、鲁中和半岛北部等气温较低的地区。有时可伴有雷电、冰雹等"雷打雪"天气,出现在强降雪发生之前的几个小时。

(5)焊接类江淮气旋影响时,海上及沿海可出现6级以上东北大风,波动类江淮气旋暴雪一般没有偏北大风。

3.2.5.2 空间结构配置及环流特征

(1)江淮气旋路径:产生山东暴雪的江淮气旋生成于安徽的中部和江苏的南部。气旋生成后,多向东移动,进入黄海中部或东海。如果北支槽和南支槽均很强盛,西南涡移出源地后向东北方向发展移动,生成的江淮气旋可强烈发展北上,影响我国东北地区。

(2)高低空配置:北支槽与南支槽合并,500 hPa上,青藏高原有南支槽,巴尔喀什湖附近有北支槽,二者合并东移;北支槽与西南涡结合,700 hPa上,有西南涡,与北支槽结合,槽后冷空气侵入低涡后部,使得气旋强烈发展;西南低空急流的建立,700 hPa、850 hPa上,西南涡前部的西南风增大形成一支低空急流,这支急流在东移过程中不断加强北上,其暖湿气流与西南涡后部入侵的冷空气汇合,使得锋区加强;冷锋进入倒槽后产生地面气旋,北支槽与西南涡结合后,地面冷锋南下进入倒槽后部与暖锋相接,同时槽前正涡度平流使地面减压,气旋强烈发展。

(3)降雪起止的环流形势特征:在江淮气旋形成前,700 hPa西南急流或850 hPa东南急流到达山东南部时,降水首先从鲁南开始。降雪结束与否取决于高低空系统的配置,通常在500 hPa槽过境前后,地面由东北风转为西北风,降雪结束;如果高空槽后倾明显,在700 hPa槽过境转西北风后,500 hPa槽未过境槽前西南气流很强,则降雪仍可持续几个小时,但此时降雪强度会大大减弱;如果500 hPa槽略有后倾,则700 hPa槽过境后,降雪很快就结束。当江淮气旋东移至126°E以东(接近朝鲜半岛),全省降雪结束。

(4)对流层低层风向风速与降雪强度、起止的关系:最强降雪发生在对流层中高层西南风和低层东南风强盛的时段,此时水汽和上升运动达到最大。江淮气旋暴雪过程700 hPa西南低空急流强盛,风速在14 m·s^{-1}以上,700 hPa上下西南低空急流的变化是强降雪开始和结束的关键信号,强降雪开始前,西南低空急流首先形成,当西南低空急流消失时,降雪强度立即减弱。850 hPa(1500 m)以下低层风场的变化是降雪开始的信号。对于焊接类气旋,近地面转

东北风 6 h 后、300 m 高度处也转为东北风时,降雪开始;而波动类气旋降雪开始的标志是 1500 m 以下由无序的风向转为一致的西南风。850 hPa 和 925 hPa 多在东南沿海一带有较强东南低空急流,东南风风速可达 16 m·s^{-1}以上,925 hPa 的风速通常大于 850 hPa。"北雪南雨"就产生在有东南低空急流的形势下,一般东南风区域产生降雨,主要在鲁东南和半岛南部地区,而东北风区域产生降雪。如果低层没有东南风,一般以雪为主。

3.2.5.3 中尺度特征及其与降雪强度、落区的关系

(1)江淮气旋逗点头云系由多条带状回波合并发展形成,气旋形成后,云团呈气旋式旋转、拉长,形成多条中 β 尺度强雨(雪)带,强雨雪的发生与云团加强和移动密切相关。

(2)北上江淮气旋的冷锋云系南北范围一般 600 km 左右,其范围和结构在气旋发展的不同阶段变化不大;逗点头云系范围宽广,在锋面波动和锋面断裂阶段南北跨度达 1000 km 以上,暖锋后弯阶段南北范围变窄。逗点头西部的冷输送带云系和逗点头主体结构有很大差异。

(3)冷锋云系以深厚对流云为主,对流核心在 2~7 km,南部有液态水。北上江淮气旋锋面波动和锋面断裂阶段,逗点头云系南部有对流云柱;北部为多个单体组成的宽广的层状云区,强回波从地表向上伸展,大于 10 dBZ 的回波集中在 6 km 以下,上空有高空对流泡,云顶有大量小冰晶,与其下云层形成播撒云—供水云,有利于冰晶粒子长大。冷输送带云系结构与逗点头云系类似,但高度、强度和冰水含量等都弱很多。北上江淮气旋暖锋后弯阶段,逗点头云系南部为层积云,北部的云系高度、强度和含水量等都减弱。

(4)气旋冷锋云系和逗点头南部的对流云柱以降雨为主,位于高纬度陆上的逗点云系为稳定层结,以降雪为主,当逗点云系处于低纬度及海上时会出现对流不稳定,以降雨为主。冷锋云系北部和逗点云系南部由层积云或高积云组成的低云,以毛毛雨为主。冷锋和逗点头云系北部 100~200 km 范围的 3 km 以上都有随高度和距离逐渐变薄的高层云,无降水对应。

(5)低层低涡前部东北风和东南风切变辐合、暖平流、暖锋锋生和条件性不稳定能量释放强迫上升运动发展,导致强雨雪。

(6)4 个有利构成要素相叠加导致鲁中地区产生暴雪,成为暴雪中心:中低层有西南和东南两支气流输送了充足的水汽;低层存在中尺度经向切变线和暖切变线,使得东北风与东南风之间风向辐合、东南风风速辐合及中层存在西南风风速辐合,均造成了强上升运动;云中温度在 −15~−14 ℃ 达到最佳降雪效率;对流层低层温度低。实际预报中,分析动力抬升条件时忽视了低层经向切变线的辐合上升运动是导致次降水中心暴雪漏报的主要原因。

(7)地形对江淮气旋暴雪过程的影响:降雪观测和地形敏感性试验均表明,鲁中山区地形的存在对降雪的强度存在明显影响。该地区位于地形迎风坡或两山脉间喇叭口地形间,地形抬升是鲁中北部的潍坊一带易成为暴雪中心的重要原因。在江淮气旋暴雪的预报中应适当考虑地形对降雪的增幅作用。

3.2.5.4 降水相态的特征及预报着眼点

(1)江淮气旋降雪过程可出现多种降水相态,雨、雪、雨夹雪、冰粒、冰雹、雨凇、米雪、霰,其中以雨、雪、雨夹雪 3 种降水相态为主要降水形式,其他为特殊降水相态。特殊降水相态易于出现在 2 月、3 月。

(2)江淮气旋降雪过程中,鲁东南地区以降雨为主,而鲁西北和半岛北部地区以降雪为主。特殊降水相态易于出现在鲁西北和鲁中山区,鲁南和半岛地区较为少见。江淮气旋降雪过程

也可伴随雷暴现象,雷暴集中出现在鲁南地区,尤其是鲁东南地区。

(3)江淮气旋降雪过程的降水相态转换特点可归纳为两类:一类为"典型雨转雪"过程,另一类为"无明显雨雪转换"过程。两类过程在影响系统特点、降水量特点及相态逆转现象方面有显著不同。"典型雨转雪"类过程,通常发生在焊接类江淮气旋中,伴有闭合的 850 hPa 低涡,其过程降水量相对更明显;"无明显雨转雪"类过程发生在波动类江淮气旋中,无明显 850 hPa 低涡配合,降水量相对弱。此外,相态逆转现象更易于发生在"无明显雨雪转换"类过程中。

(4)冰粒是江淮气旋降雪过程中出现频次最多的特殊降水相态,一种过渡形态的降水形式,出现在两种情况之下,一种出现在由液态降水向固态降水转换的过程中,另一种出现在由固态降水向液态降水逆转的过程中,具体表现形式为"雨—冰粒—雪"或"雨—冰粒",另一种情况表现为"雪—冰粒—雨"或"雪—冰粒"或"冰粒—雨",其出现情况有两种。第Ⅰ类冰粒出现在液态降水向固态降水转换过程中,伴随着气压升高和气温下降,出现在地面北风中,为江淮气旋初生阶段。第Ⅱ类冰粒出现在固态降水向液态降水转换过程中,伴随着气压下降和气温升高,无明显北风出现,为江淮气旋发展阶段。冰粒出现时,地面气温通常大于 0 ℃,低于 2 ℃时,近地层高湿;若冰粒出现时,地面气温大于 2 ℃,地面和近地层干燥,蒸发降温效应用以保证固态粒子不会充分融化,其以冰粒形式降落到地面。

(5)江淮气旋可产生较大范围的相态逆转,白天和夜间均可发生,逆转发生在江淮气旋即将形成前的 3 h 内,处在 850 hPa 低涡或暖切变线的东北部。相态逆转与温度平流和日变化两个因素密切相关,温度平流弱时温度日变化起主要作用,相态预报中需综合考虑二者影响。当对流层低层的温度在通常的降雪阈值附近或略高时,如果后期有明显的暖平流或日变化导致近地面至 1000 hPa 升温,则有发生雪转雨的可能性,午后为关键时段。

(6)850 和 925 hPa 温度对于相态逆转的指示性均不明显,地面 2 m 气温指示性最好,其次为 1000 hPa。相态逆转过程中,降雪时地面 2 m 气温在 0 ℃ 左右,−1 ℃ 为最低阈值;1000 hPa 接近于 0 ℃。雪转雨时最显著的特征为地面 2 m 气温升高,升温幅度多在 1~2 ℃;850 hPa 以下至地面的温度以升高或不变为主,至少有 1 个层次升温,多数个例有 2 个层次以上升温。只有少数个例高空温度下降,降温幅度一般为 1 ℃。

(7)地形对降水相态也有影响。当江淮气旋发展不强、温度平流较弱时,特殊下垫面可对降水相态产生一定影响,鲁中相对高海拔地区夜间强烈的辐射降温和山脉迎风坡的动力抬升作用均会造成边界层温度的降低。在考虑受地形影响鲁中山区可能降雪的同时,鲁中山区迎风坡东麓或东北麓(潍坊地区)出现固态降水可能性也较大,一般情况下,此时地面 2 m 气温为 1~2 ℃,1000 hPa 温度为 0 ℃ 左右,925 hPa 温度为 −3 ℃ 左右。

(8)降雨阶段,低层为浅薄的东北风冷垫;降雪阶段,东北风冷垫较降雨阶段深厚得多,东北风冷垫上东南风层变薄直至减弱消失是降水相态转换的标志。雨滴谱仪是降水相态短时临近预报的有益判别资料。

3.3 回流形势暴雪

回流形势降水是指从东北平原南下的冷锋过境转东—东北风后产生的降水,是山东冬半年的主要降水形势(曹钢锋 等,1988)。回流形势降雪机制与一般低槽冷锋降雪有显著区别:回流形势降雪属于锋后降水,北支槽引导的对流层低层冷空气先从东北地区回流影响山东省,形成冷空气垫,对流层中高层的西南暖湿气流沿着冷垫爬升,水汽凝结形成回流降雪。回流降雪持续时间长,可产生大范围暴雪;而低槽冷锋降雪多为锋前降水,冷锋过境降雪多停止,且仅出现局地暴雪。回流形势降雪是山东冬半年最常见的一类降雪,可产生大范围暴雪。

3.3.1 回流形势暴雪的基本天气特征

1)时间特点

山东回流形势暴雪在 11 月至次年 4 月均可发生。大范围暴雪主要发生在 11 月,其他月份多为区域性或局地暴雪。2003—2018 年,山东共出现了 5 次大范围回流形势暴雪过程(表 3.4),有 4 次发生在 11 月。4 月也可出现暴雪,但极为少见,如 2013 年 4 月 19 日,山东出现了一次极端回流形势暴雪过程,鲁西北、鲁中北部的部分地区出现了暴雪,其中乐陵最大降雪量 26.1 mm,宁津最大积雪深度达到 11 cm。

2)降水相态

大范围和区域性回流形势暴雪过程通常雨雪共存,局地回流形势暴雪多为纯降雪。在雨雪转换的过程中,鲁西北、鲁西南、鲁中北部和半岛北部地区为回流降雪易发区,而鲁东南和半岛南部地区多为降雨。降雪时一般为先降雨后转雪,由于有雨雪转换,降雪开始的日降水量常难以区分降雨量和降雪量。因此,雨何时转为雪及转雪后的降水量为回流形势暴雪过程的预报难点。这个特点在 11 月回流形势暴雪过程较为突出。

3)"雷打雪"现象

11 月的回流形势暴雪有时候会出现"雷打雪"现象。通常出现"雷打雪"的暴雪过程降水量较大,有明显相态转换,会出现雨转雨夹雪(或冰粒),再转雪。2003 年 11 月 6—8 日降雪过程,6 日 20 时济南至鲁南地区出现雷暴,6 日 23 时潍坊出现雷暴,7 日 14—17 时鲁东南地区出现雷暴;7 日鲁西北和鲁西南地区雨转雪,其中郓城降水量最大达 66.9 mm,而降雨区域蒙阴降雨量为 71.4 mm,达到暴雨量级。

4)降雪落区和降水量

在山东大范围和区域性回流形势暴雪过程中,鲁西北、鲁西南、鲁中北部和半岛北部地区为暴雪的易发区。不同天气过程落区也有差异。如在 1999 年以来著名的回流形势暴雪过程中,2009 年 11 月 11—12 日的暴雪集中在鲁西北、鲁西南和鲁中地区,2013 年 4 月 13 日的暴雪主要在鲁西北、鲁中北部和半岛北部地区,2015 年 11 月 23—24 日的暴雪则集中在鲁南地区。

11 月的回流形势暴雪具有持续时间长、降雪量大、东西雨雪共存、有相态转换、灾害大等特点。降水量通常较大,无论是降雪区域还是降雨区域,日降水量均可达到 30 mm 以上,有时甚至超过 50 mm;纯雪可达到 20 mm 甚至超过 30 mm。2009 年 11 月 11—12 日降雪为典型的 11 月回流形势暴雪过程,鲁西北、鲁西南和鲁中大部降暴雪,聊城的冠县降雪量最大为 32.6 mm,同时,鲁东南、半岛地区降中到大雨,威海的荣成降水量最大,为 45.7 mm,济南及所属长清、章丘、平阴,德州及所属陵县、乐陵、平原,聊城及所属阳谷等站日降雪量突破有气象资料以来历史同期(11 月中旬)最大纪录,菏泽市各站日降雪量均突破 1971 年以来历史同期最大纪录,聊城及所属冠县、临清、济南的章丘、德州的齐河,菏泽及所属鄄城、郓城、东明、定陶、巨野等站积雪深度均突破了有气象资料以来历史同期最大纪录,最大积雪深度出现在聊城的冠县,为 27.5 cm。严重积雪导致聊城、菏泽、济南、泰安、德州、淄博、莱芜等地区部分居民住房及蔬菜大棚、养殖大棚损毁,大棚蔬菜及露天蔬菜遭受冻害,因灾死亡 2 人,直接经济损失 6.44 亿元。

表 3.4 1999—2018 年山东大范围回流形势暴雪过程概况

过程日期	强降雪时段	降雪(雨)落区	最大降水量(mm)
2003 年 11 月 6—8 日	7 日 08 时—8 日 02 时	鲁西南、鲁西北、鲁中雨转雪,降雨为主,其他地区降雨	雪:66.9(郓城) 雨:71.4(蒙阴)
2004 年 11 月 24—25 日	24 日 23 时—25 日 14 时	鲁东南和半岛南部沿海部分为降雨,其他地区均为降雪	雪:35.6(淄川) 雨:13.2(日照)
2009 年 11 月 11—12 日	11 日 20 时—12 日 20 时	鲁东南降雨,其他地区降雪	雪:28.4(邹平) 雨:24.8(微山)
2013 年 4 月 19—20 日	19 日 14—23 时	鲁西北、鲁中北部、半岛北部暴雪,鲁南地区降雨	雪:26.1(乐陵)
2015 年 11 月 23—24 日	23 日 23 时—24 日 14 时	全省大部降雪,鲁南特大暴雪	雪:46.7(成武)

3.3.2 回流形势暴雪的空间结构配置

回流降水最显著的环流特征是:"下东北上西南",即 700 hPa 以上为西南气流,925 hPa 以下为东北气流,850 hPa 为转向层,有时为东北风(通常为一般性降雪过程)有时为东南风(通常为暴雪过程)。500 hPa 天气图上,乌拉尔山为长波脊,其东侧为宽广的低压带或横槽,亚洲中纬度环流平直,锋区一般分为两支:北支在 40°~45°N,南支在 30°N 附近;两支锋区上都有低槽,北支槽振幅小而平浅,南支槽振幅大而深厚。产生暴雪的天气形势中,700 hPa 天气图上,从长江中游至山东省存在强西南低空急流,风速一般在 16 m·s^{-1} 以上,山东省各探空站比湿在 3~5 g·kg^{-1};850 hPa 存在弱低压环流或偏北风与东南风之间形成的倒槽,通常山东省中西部为东北风,东部为东南风,有时候东南风可到达鲁西北地区。

大范围回流形势暴雪和局地回流形势暴雪的天气形势高低空配置有较大差异,主要表现在 700 hPa 和 850 hPa。

3.3.2.1 大范围回流形势暴雪

2004 年 11 月 25 日(图 3.27)和 2009 年 11 月 11—12 日(图 3.28)为典型的大范围回流形势暴雪天气过程。大范围回流形势暴雪是北支槽、中支槽和南支槽共同作用的结果,持续时间长,降雪量大。

500 hPa 和 700 hPa 天气图上,3 支槽均发展明显,同位相叠加,产生经向度大的环流形势,如果冷空气强,在北支槽上可产生低涡(如 2004 年 11 月 25 日暴雪过程)。700 hPa 天气图上,发展东移的中支槽与南支槽同位相叠加,使得 100°E 以东的环流经向度加大,山东下游 110°~120°E 发展为较强的高压脊,高压脊延伸至东北地区,脊后槽前西南暖湿气流强烈北上,到达山东全省,西南风速可达 16~20 m·s^{-1}。由于高压脊的稳定存在,使得脊后低槽移动缓慢,槽前低空急流为强降雪提供了充足的水汽,导致降雪持续时间长,降雪强度大。有时候,700 hPa 蒙古国附近的小高压东移,与我国东部的高压脊叠加,会在山东北部形成纬向切变线,使得鲁西北辐合上升运动增强,产生强降雪。850 hPa 面上,河套西部、东北地区(或黄海)各有一个高压,两个高压之间的东北风与东南风形成风向辐合,通常东北风区域为降雪,东南风较大的区域为降雨。

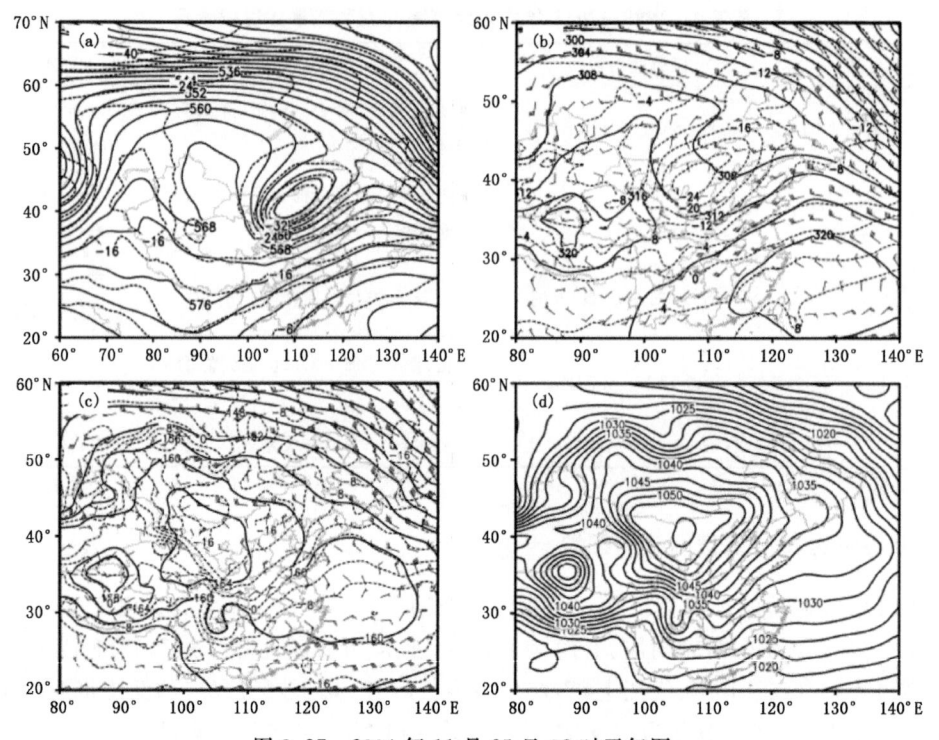

图 3.27　2004 年 11 月 25 日 08 时天气图
(a. 500 hPa；b. 700 hPa；c. 925 hPa；d. 地面)

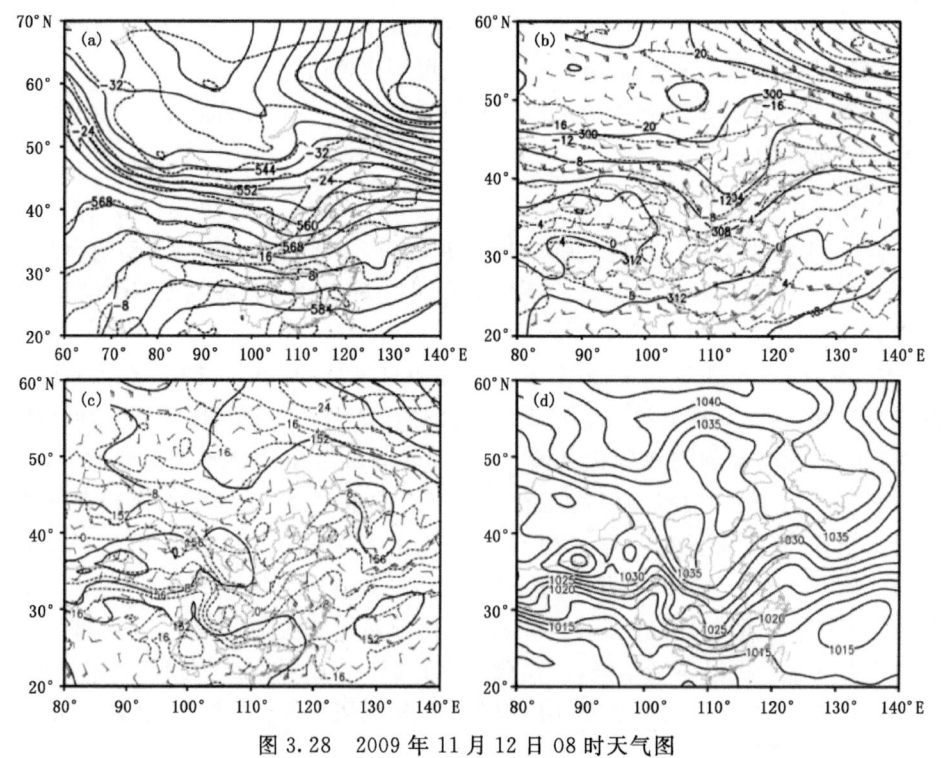

图 3.28　2009 年 11 月 12 日 08 时天气图
(a. 500 hPa；b. 700 hPa；c. 925 hPa；d. 地面)

3.3.2.2 局地回流形势暴雪

2001年12月4—5日的降雪过程为局地回流形势暴雪,全省只有6站暴雪,5日郯城最大降雪量为25.4 mm。局地回流形势暴雪一般发生在500 hPa亚洲中纬度环流平直形势下,东亚地区无明显高压脊;700 hPa上中支槽不明显,或中支槽与南支槽没有合并,因此槽前西南低空急流仅影响到山东的部分地区,如鲁南或鲁西北;相应850 hPa上山东区域为小高压或东北气流,无东北风与东南风的辐合。由于山东下游无高压脊发展,系统移速较快,降雪持续时间短。在这种形势配置下,一般降雪范围小,且只产生局地暴雪。

3.3.3 回流形势暴雪的形成机制

3.3.3.1 2015年11月23—24日鲁南特大暴雪

1)降雪实况

2015年11月23—24日,山东出现了大范围的雨雪天气过程,降水量呈自南向北逐渐递减的分布特点,其中鲁南出现特大暴雪。11月23日08时—24日20时过程累积降水量全省平均13.3 mm(图3.29a),共有112个站点出现降水,其中41个站降水量大于10 mm,菏泽成武最大,达46.7 mm。鲁南的济宁、菏泽、枣庄以及临沂等地的积雪深度大都在20 cm以上,其中最大积雪深度出现在济宁兖州,达32 cm。由单站逐小时降水量演变(图3.29b)可以看出,强降雪时段主要集中在23日23时—24日14时,强降雪时段持续时间较长,本次强降雪过程多站出现1 h降水量超过5 mm的强降雪。这次暴雪过程的降雪量之大、降雪强度之强和积雪深度之厚均为历史罕见,给当地的经济和人民生命财产等带来严重损失。此次雨雪过程自23日11时从鲁南开始,降水相态为雨,一直持续到23日20时,降水范围向北推进至鲁中地区,降水量均在5 mm以下,此时菏泽和济宁降水相态开始转为雨夹雪,其他地区为雨,23日23时整个降水区域降水相态均转为雪,此时地面温度均降至0 ℃以下,同时降雪范围进一步扩大,山东北部也出现降雪。鲁南降雪于24日20时结束(杨璐瑛 等,2018)。

2)环流形势

降水开始前,23日08时(图略),500 hPa在50°N附近,80°～130°E稳定维持一宽广的东西向横槽,新疆北部一直到我国中东部地区都处在横槽前西北偏西气流当中,有多个短波槽东移,表现为阶梯槽的形势。23日20时,500 hPa中支槽位于河套附近,山东受槽前西南气流影响。700 hPa南支槽经向度加大,槽前西南低空急流加强,急流轴上最大风速达18 m·s^{-1},鲁西南位于急流轴的顶端,这股低空西南暖湿气流为鲁南的强降雪提供了源源不断的水汽条件。850 hPa东北低空急流自东北经渤海回流进入山东,前沿到达河南北部地区,而江苏北部为东南低空急流,这股东南低空急流将东海的水汽输送至鲁南地区,鲁南为东北风与东南风辐合区,为鲁南强降雪的发生提供了有利的动力条件。925 hPa强盛的东北风超低空急流的前沿到达安徽省中南部,地面冷锋已经到达江南,说明山东低层冷垫已经形成,高空西南气流叠加在地面东北风之上,为典型的回流形势,此时山东中南部降水已经开始。24日08时,500 hPa,河套西侧有西风槽存在,河套以东的中纬度地区环流比较平直,同时南支槽东移加深。700 hPa槽前西南低空急流进一步加强,风速最大达22 m·s^{-1},并向北伸展到鲁中。850 hPa继续维持东南和东北两支低空急流,925 hPa一直到地面仍然维持一个强东北风形成的冷垫,地面图上,地面冷锋持续向南推进,到达华南地区,700 hPa西南低空暖湿气流沿着冷垫爬升,

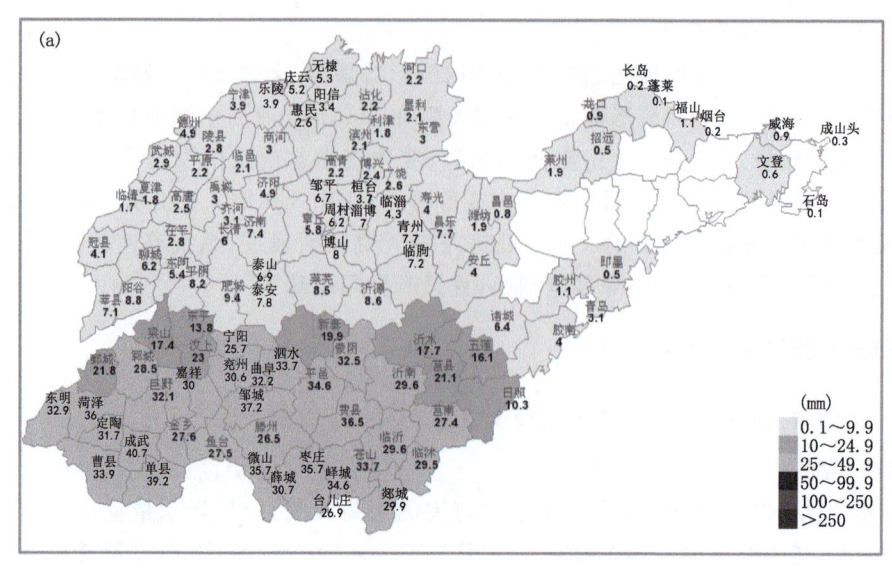

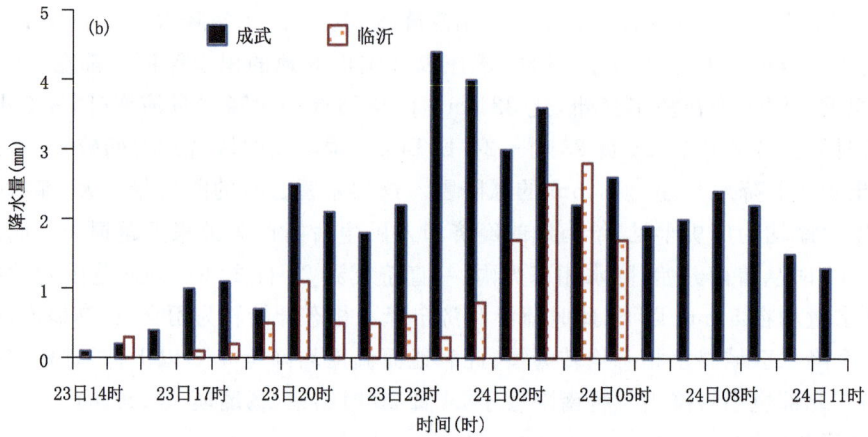

图 3.29 2015 年 11 月 23 日 20 时—24 日 21 时山东降水量分布(a)和部分站点逐时降水量(b,单位:mm)

造成了山东 24 日的大范围降雪(图 3.30)。24 日 20:00,随着 700 hPa 高空槽的移出,山东转为西北气流影响,降雪也随之结束。可见,这是一次典型的回流形势暴雪过程,关键系统主要有 500 hPa 高空槽、700 hPa 低槽和西南低空急流、850 hPa 东南低空急流以及 925 hPa 以下强盛东北风形成的冷垫。在此次强降雪过程中,700 hPa 强西南低空急流和 850 hPa 东南低空急流是造成鲁南特大暴雪的重要原因。暴雪落区位于 850 hPa 东南风与东北风辐合线的东南风急流一侧。

3)动力条件

(1)散度场与垂直速度场

图 3.31a 为 2015 年 11 月 24 日 02 时强降雪期间散度沿暴雪中心成武站(115.9°E,34.9°N)的经向垂直剖面图。由图中可以看出,强降雪期间,暴雪区(34°~36°N)上空,散度分布呈现出弱辐散—强辐合—强辐散的垂直结构。近地面层 950 hPa 以下是弱的辐散区,与近地面层为回流冷空气形成的冷垫相对应;950 hPa 以上至 500 hPa 高度为强的辐合区,辐合中心位于 700 hPa 附近,中心值为 $-12\times10^{-6}\,\mathrm{s}^{-1}$,500 hPa 以上是强辐散区,中心位于 250 hPa

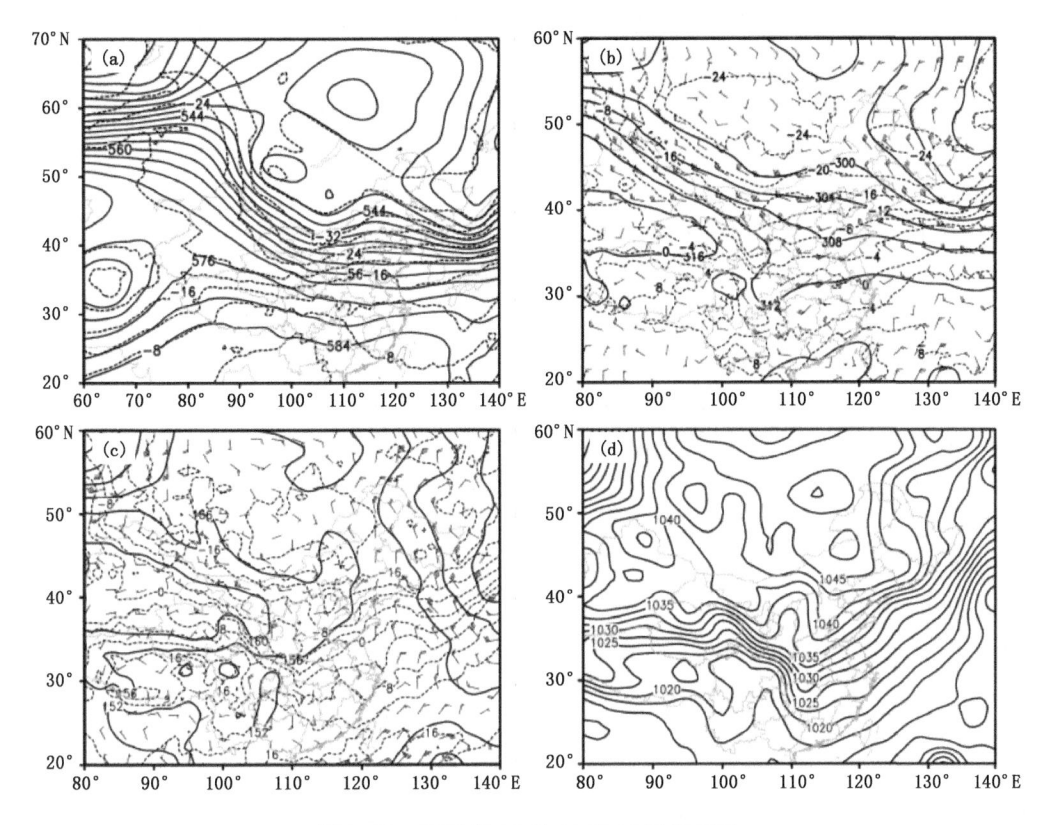

图 3.30　2015 年 11 月 24 日 08 时天气图
(a. 500 hPa, b. 700 hPa, c. 850 hPa, d. 地面)

附近,中心值为 $18×10^{-6}s^{-1}$,这种低层强辐合、高层强辐散的空间配置,非常有利于中低层暖湿空气的聚集上升。暴雪中心与 700 hPa 的强辐合中心相吻合,由 700 hPa 散度的水平分布可以看出(图略),强辐合中心位于鲁南地区,这也成为造成鲁南地区降雪强度最大的原因。

图 3.31b 给出了 24 日 02 时垂直速度沿成武站的经向—高度剖面图。由图中可以看出,强降雪时,整个暴雪区(34°~36°N)上空为整层强上升运动区,38°N 以北为弱的下沉区,强上

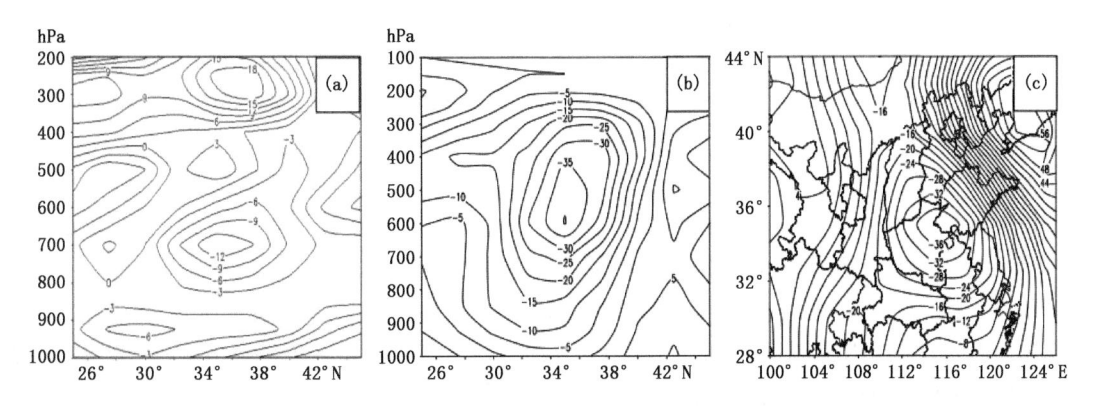

图 3.31　2015 年 11 月 24 日 02 时强降雪期间散度(a;单位:$10^{-6}s^{-1}$)和垂直速度
(b;单位:10^{-3} hPa·s^{-1})沿 115.9°E 的经向剖面分布以及 600 hPa 垂直速度分布(c)

升运动中心位于600 hPa附近,中心值-40×10^{-3} hPa·s^{-1},此中心位置正好位于暴雪中心成武站上空,说明暴雪中心与高空的强上升运动中心吻合度较高。由600 hPa垂直速度的水平分布可以看出(图3.31c),除半岛地区是下沉区外,山东其他地区都处于上升运动中,其中鲁西南是强上升运动中心,因而强降雪中心位于鲁南地区。

(2)高低空急流

由200 hPa高空急流的演变可以看出,23日20时,中高纬度基本为西南偏西风急流,在蒙古中东部和河北北部有一个急流中心,中心值为55 m·s^{-1},山东位于此急流中心的南侧,此处有正的涡度平流,对应高空辐散,高空辐散将低层的暖湿空气抽吸到高层,低层气压降低,使得低空气压梯度加大,进而使得低空西南气流加强,导致700 hPa低空急流形成与维持。强降雪时段,24日02时,200 hPa高空急流中心进一步东移,最东端到了朝鲜半岛,山东位于急流中心的南侧,同时700 hPa西南风低空急流进一步发展,急流轴顶端位于鲁西南地区。由以上分析可以看出,高空急流在本次强降雪过程中起到了重要作用,暴雪落区主要位于高空急流中心的南侧、低空西南急流轴的北侧。

4)水汽条件

(1)比湿和水汽通量散度

暴雪的发生发展需要充足的水汽供应。从2015年11月24日02时比湿沿暴雪中心成武站(115.9°E,34.9°N)作的经向垂直剖面图(图略)可以看出,强降雪时段24日02时,暴雪区(34°~36°N)上空,600 hPa以下比湿在3~4 g·kg^{-1},700 hPa附近有一条自南向北伸展的湿舌,比湿在4 g·kg^{-1}以上,这与该层的西南暖湿气流相对应。700 hPa水汽通量散度分布显示,除半岛地区外,山东上空均为水汽通量散度的辐合区,中心位于鲁西南,中心值-8×10^{-6} g·hPa^{-1}·cm^{-2}·s^{-1},强降雪中心与水汽通量散度的强辐合中心有很好的对应关系,因而鲁南为此次强降雪的中心。

(2)垂直风场

选取离暴雪中心最近点的徐州站和暴雪中心北侧的章丘站,由这两个站的探空图(图略)演变可以发现:强降雪开始时,23日20时,徐州和章丘两站,850 hPa以下均为强盛的东北风,500 hPa以上是西北风;不同的是,暴雪区850 hPa为强盛的东南风,700 hPa是强盛的西南风,这两股气流为强降雪的产生提供了充足的水汽条件。而暴雪区北侧的章丘站,850 hPa仍然维持强盛东北风,700 hPa为偏西风,说明暴雪区北侧低层的冷垫比暴雪区要厚,而且700 hPa的暖湿气流还未伸展到暴雪区北侧。强降雪时段,24日08时,由徐州探空站资料可知,暴雪区上空850 hPa以下东北风明显增强,说明回流下来的冷空气增强,同时700 hPa的西南风也增强至22 m·s^{-1},说明该层的西南暖湿气流也得到明显的发展,即冷暖空气在此叠加,造成该地强降雪的产生。暴雪区北侧的章丘站,850 hPa及其以下风场变化不大,但700 hPa风向由偏西风转为西南风,说明西南暖湿气流已经向北发展。由以上分析可以看出,850 hPa东南气流和700 hPa西南气流对暴雪的形成起到了至关重要的作用。

从整个降雪过程的探空曲线可见,暴雪区上空,500 hPa以下大气接近饱和,说明大气湿层深厚,有利于强降水的产生。暴雪区降水开始前,23日08时,850~925 hPa已经开始出现逆温,由于低层是冷空气形成的冷垫,而850 hPa是东南气流,700 hPa为西南气流,均为暖湿空气,从而形成逆温层。逆温层的存在进一步说明了此次降雪的形成机制,即高层的暖湿气流在低层冷垫上爬升,造成降雪。强降雪时段24日08时,逆温更强烈,850 hPa温度变化不大,维持在 0 ℃附近,而 925 hPa 温度由 1 ℃锐降为－6 ℃,低层气温的锐降对雨雪相态的转换起到重要作用。通过以上分析可以发现,850 hPa 东南气流和 700 hPa 西南气流对暴雪的形成起到了至关重要的作用;鲁南地区大气湿层深厚,有利于强降水的产生;回流形势暴雪期间,850～925 hPa 持续维持一个逆温层,同时低层气温的锐降对雨雪相态的转换起到决定性作用。

5)降水相态演变

23 日白天开始,随着强冷空气的入侵,鲁南地区上空的温度不断下降。23 日 20 时,925 hPa －4 ℃线及 1000 hPa 0 ℃线已南压至鲁西南地区。由汶上、兖州、成武、济宁以及菏泽气温的逐时演变(图略)来看,23 日 14 时之后气温持续下降,23 日 20 时,气温下降到 2 ℃以下,此时菏泽和济宁开始转为雨夹雪,山东其他地区为雨,鲁南各站温度降至 2 ℃以下,其中位于偏北位置的汶上站,气温下降到 1 ℃左右,降水相态已经转为雪,位于南部的成武站温度在 2 ℃左右,降水相态是雨。23 日 22 时,各站气温均下降到 0 ℃左右,降水区域内的降水相态均转为雪,同时山东降雪范围也进一步扩大,山东北部出现降雪,随着冷空气的继续入侵,气温持续走低,24 日白天的最高温度均在 0 ℃以下,24 日 20 时,随着影响系统的移出,降雪结束。由成武站温度平流场时间垂直剖面(图略)可以看出,降雪开始前的 36 h 内,850 hPa 以下的近地面层一直维持负温度平流,说明冷空气已经提前从近地面层回流而下,此时的地面温度持续走低,形成冷垫。强降雪开始前 500～850 hPa 维持弱的暖平流。降雪时段内,即 23 日 20 时—24 日 16 时,850 hPa 以下全部为冷平流,且冷平流强度有所增强,500～850 hPa 暖平流强,中心值高达 15×10^{-5} K·s^{-1},出现在 600～700 hPa,与此时 700 hPa 明显增强的西南暖湿气流相对应。24 日 16 时以后,对流层中低层的暖平流消失,转为冷平流,此时成武站降雪结束。通过以上分析可以看出,由于冷空气从底层开始向南入侵,850 hPa 以下冷平流明显,使得低层气温持续下降,转雪时间比较早,再加上降雪持续时间长,造成了此次鲁南特大暴雪。

综上分析,此次发生在鲁南地区的特大暴雪过程具有以下特征:降雪前,850 hPa 以下强劲东北风形成冷垫;降雪时,700 hPa 上强西南暖湿气流沿此冷垫爬升,水汽凝结形成降雪,属于一次典型的回流形势降雪。850 hPa 存在东南风和东北风两支低空急流,暴雪落区位于受东南风急流影响的鲁南地区,而受东北风急流影响的山东其他地区降雪明显偏弱。强降雪期间,暴雪区上空散度分布呈现出弱辐散－强辐合－强辐散的垂直结构,这种低层强辐合,高层强辐散的空间配置,非常有利于中低层暖湿空气的聚集上升,其中高空急流是高层强辐散形成和维持的关键。从暴雪的落区来看,700 hPa 的强辐合中心以及强上升运动中心均位于鲁南地区,因而鲁南为这次强降雪中心。暴雪区上空 600 hPa 以下比湿在 3～4 g·kg^{-1},700 hPa 附近有一条自南向北伸展的湿舌,而暴雪中心与水汽通量散度的强辐合区分布一致。回流形势暴雪期间,850～925 hPa 维持一个逆温层,925 hPa 以下边界层气温的锐降对雨雪转换起到至关重要的作用。925 hPa 温度降至－4 ℃、1000 hPa 温度降至 0 ℃、地面气温降至 1 ℃左右,降水相态转为雪。此次过程冷空气势力强,降雪持续时间比较长,是造成鲁南特大暴雪的重要原因。500～850 hPa 正温度平流迅速增强和减弱,与降雪的开始和结束时间相对应。

3.3.3.2　2013 年 4 月 19 日北部地区暴雪

山东各地的降雪终期多在 3 月中旬。个别年份冷空气很强时,4 月下旬还可能出现降雪。4 月由于温度高,降雪短暂,降雪量一般很小,不易出现强降雪,4 月暴雪是小概率事件。1999—2012 年,山东 4 月没有出现过暴雪。2013 年 4 月 19 日,山东中北部地区出现了一次罕见回流形势暴雪过程。由于此次过程前期温度高而降雨时间短甚至刚开始就伴随冰粒,雨雪转变迅速,预报员始料不及,使得降雪量预报偏小,暴雪漏报。不易出现暴雪的季节,降水相态是最大的预报难点,此次过程具有一定的代表性。

1)降雪实况

2013年4月19日10时—20日08时,山东出现了一次极端回流形势暴雪过程。全省平均降水量11.0 mm,有12个站24 h降水量超过20 mm,乐陵最大为26.1 mm;暴雪出现在鲁西北、鲁中和半岛北部地区,有10个站积雪深度在5 cm以上,宁津积雪深度最大达11 cm。鲁西北地区的强降雪时段集中在19日14—20时,鲁中和半岛北部地区主要发生在19日14—23时(图3.32)。

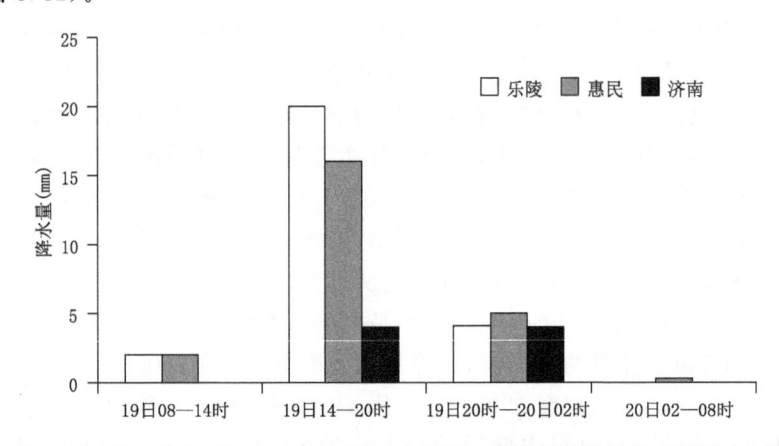

图3.32　2013年4月19日08时—20日08时乐陵、惠民和济南各代表站逐6 h降水量

各地均为先雨后雪。暴雪区域以降雪为主,而鲁南和半岛南部地区以降雨和雨夹雪为主。鲁西北地区和鲁中的北部地区降雨开始后,迅速转为降雪,先后经历了雨、冰粒、雨夹雪和雪的阶段。德州的乐陵19日11时16分开始降冰粒,5 min后同时降雨,在11时21分—13时41分雨和冰粒共存;13时41分转为雨夹雪,16时05分转纯雪。济南15时50分开始降雨,16时10分雨转冰粒,19时10分转为纯雪,降雨时间仅有20 min。由于降雨时间短暂,降雪为主,导致多地出现暴雪。

多站刷新了有气象观测以来4月终雪日、降雪量、积雪深度和最低气温纪录。降雪时间较山东平均终雪日(3月14日)偏晚一个多月。20日早晨最低气温,全省大部地区0～2 ℃,栖霞最低为-0.7 ℃。可见,此次降雪是一次极端天气过程。

2)环流背景

此次过程为一次典型的回流形势暴雪(图3.33)。降雪发生前一周内,500 hPa欧亚大陆为两槽一脊形势,高压脊的东侧自贝加尔湖以东至堪察加半岛为低压带,我国东北地区至日本海维持一个冷涡,在此形势下,脊前涡后不断有北支槽东移,携带冷空气南下入侵华北地区。13—19日,先后有3个北支槽移过东北和华北地区,分别带来3次冷空气影响山东,造成气温不断下降。19日08时,地面冷高压中心位于贝加尔湖以东,山东处在冷高压前部,为东北风;高空图上,850 hPa以下从辽东半岛至华北南部,均为东北气流,至此,对流层低层的冷垫已经基本形成。

在第三个北支槽影响华北的同时,中支槽和南支槽也发展东移。19日08时,500 hPa中、南两支槽南北同位相叠加,位于100°～110°E。700 hPa槽前形成一支西南低空急流,风速最

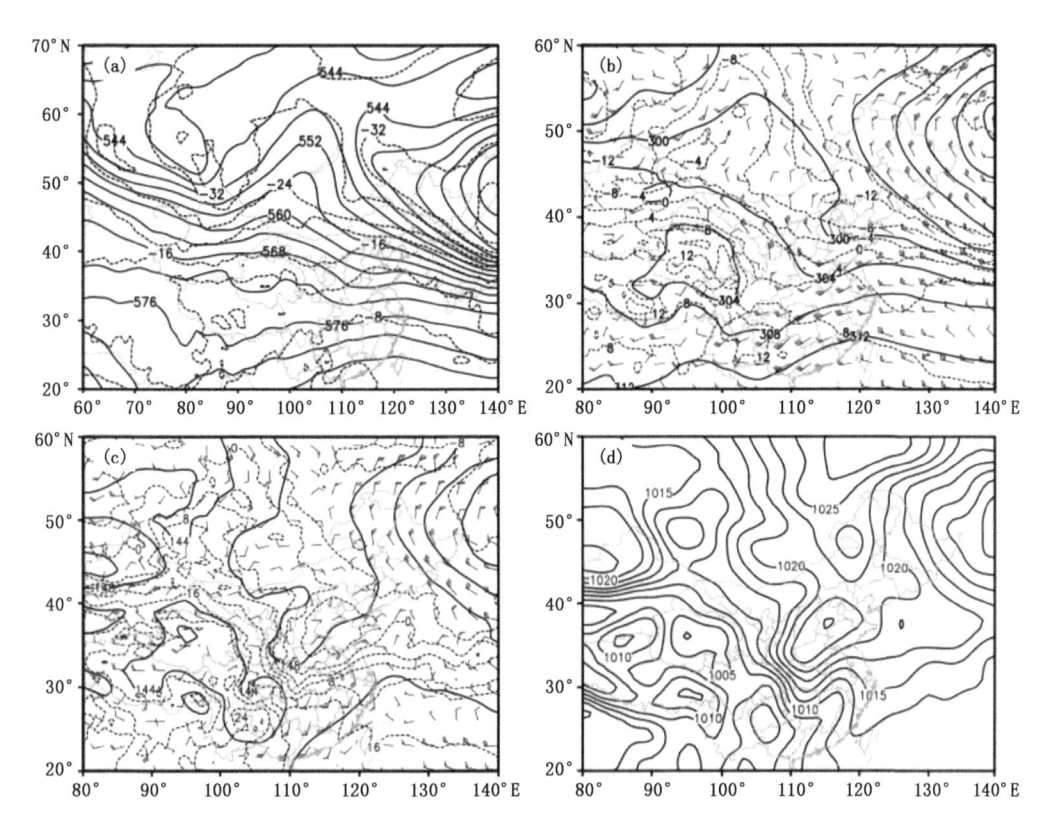

图 3.33　2013 年 4 月 19 日 20 时 500 hPa(a)、700 hPa(b)、850 hPa(c)环流形势和海平面气压场(d)
(a,b,c 中实线为高度场,单位:dagpm,风矢单位:m·s^{-1};d 为海平面气压场,单位:hPa)

大值达 22 m·s^{-1},急流轴前锋到达山东的西北部地区。这支低空急流自南向北输送来自孟加拉湾的水汽。至 19 日 14 时,随着系统进一步发展东移,在山东的上空,850 hPa 以下为东北气流,700 hPa 以上为西南气流,构成了典型的回流降水形势。19 日 08—20 时,济南至青岛的 700 hPa 比湿在 4~5 g·kg^{-1},达到了山东暴雪的水汽条件。从环流背景和形成条件来看,均有利于山东出现明显降水。19 日 14 时—20 日 02 时,山东自西向东进入强降雪时段。

3)降水相态变化原因

降雨迅速转为降雪是产生暴雪的重要原因,也是本次暴雪过程的预报难点。降水相态变化的原因是什么？从冷空气和温度的角度分析降水相态变化的原因,首先分析降雪过程开始前的温度背景,然后分析降雪相态转变前后的冷空气及温度变化情况。用到了地面自动站、温度廓线仪及 NCEP 逐 6 h 的资料。考虑到暴雪落区、站点观测资料及测站之间的距离等因素,选取了乐陵和济南作为代表站进行重点分析。乐陵是此次暴雪过程降雪最早出现的站点之一,且降雪量最大,代表暴雪中心;而济南降雪量级为大到暴雪,拥有温度廓线仪、多普勒天气雷达和风廓线雷达等新观测资料,两站相距 115 km。因此,将二者相结合分析此次暴雪过程的相态变化特点及原因。

(1)降雪前期温度变化

降雪发生在前期温度较高的背景下。13 日前,西北和华北地区处在暖高压脊控制之下,气温持续攀升,13 日山东大部分内陆地区的最高气温达到 30 ℃左右,其中济南市区达 30 ℃,乐陵为 28.9 ℃,为 2013 年以来的气温最高值。之后随着冷空气的频繁入侵,气温明显下降。至 18 日 14 时,乐陵的气温为 11 ℃,济南为 11.6 ℃(图 3.34)。从图中还可以看出,二者的温度变化规律基本一致。因此,下文在分析时使用乐陵或济南为代表研究相态变化的特点及原因。

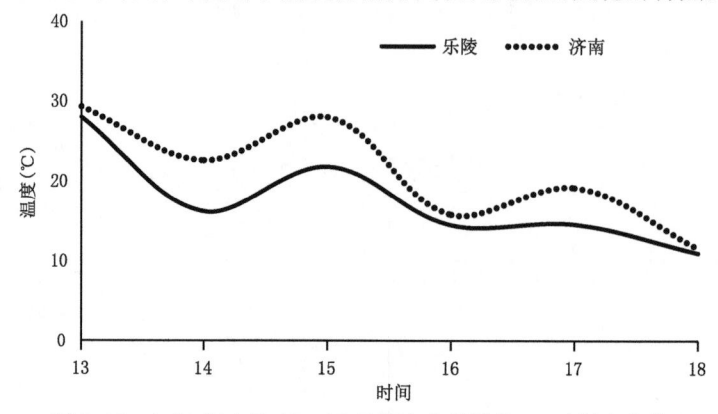

图 3.34　2013 年 4 月 13—18 日济南和乐陵的 14 时温度变化

　　图 3.35 给出了 4 月 13—18 日乐陵上空的温度垂直变化,以分析冷空气的影响情况。从中可以见到,与近地面气温一样,13 日为温度峰值,925 hPa 的温度达 24 ℃。在 19 日降雪之前,温度曲线主要有 3 次起伏,意味着有 3 次冷空气影响,分别发生在 13 日下午、15 日夜间和 17 日夜间。首次冷空气影响导致等温线梯度最大,13 日 14 时—14 日 08 时 925 hPa 的降温幅度为 14 ℃;14 日白天开始,温度明显回升,15 日 20 时 925 hPa 的温度回升至 21 ℃。此后,15 日夜间和 17 日夜间再次降温。一次冷空气导致的降温一般不超过 24 h,次日即开始升温,这也说明了 4 月的温度变化特点,冷暖空气交互作用,冷空气的影响时间短。在 13—18 日期间,虽然温度有升降起伏,但总体趋势是下降的。在 3 次降温之后,至 18 日 20 时(降雪的前一天),乐陵上空 850 hPa 和 925 hPa 的温度分别降至 −2 ℃ 和 2 ℃,对流层低层的温度逐渐接近于降雪的温度阈值。

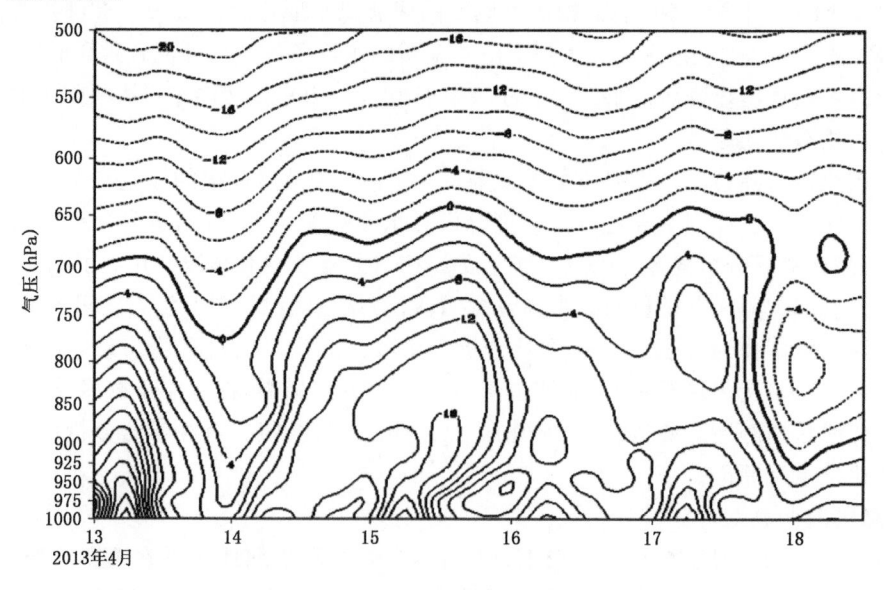

图 3.35　2013 年 4 月 13—18 日乐陵的温度时空剖面(单位:℃)

(2)降雪当天温度变化特点及其对相态的影响

从前面的分析可以看到,在降雪的前一天,鲁西北和鲁中一带的气温依然在10 ℃以上,距离降雪的温度还有相当大的幅度。下面重点分析降雪当天的温度变化及其对降水相态的影响。

①近地面层温度

影响气温的因素主要有:太阳短波辐射、地面长波辐射、云量和温度平流等。一般情况下,在温度平流不明显时,由于太阳短波辐射的日变化,近地面气温有明显的日变化规律,即气温在14时前后达到最高值后,将逐渐降低直至次日的日出前,夜间降温幅度大。故4月中旬鲁西北和鲁中地区的日最低气温应出现在05时。但是,从乐陵和济南站的自动站温度曲线可以看到与通常不同的气温变化。在18日夜间,乐陵和济南的气温均没有持续下降。乐陵19日00时气温降至最低值3.5 ℃以后便不再下降,而是从19日01时开始升温,19日05时升至5.3 ℃,11时达到峰值7.9 ℃。济南的变化相对更为复杂,降温持续至18日22时的7.1 ℃后,经历了3 h的升温,19日01时温度升至7.5 ℃,此后又有两次升降过程,05时为7.0 ℃,峰值出现在13时,为7.6 ℃。总体来说,气温升降幅度很小。

19日上午,在阴天的情况下,两地的温度仍有小幅上升,19日中午时气温峰值均接近8 ℃。杨成芳等(2013)的研究表明,1999—2011年,山东有90%的降雪个例雨转雪时的近地面气温≤1 ℃,降雪时气温的最高值为3 ℃(40次个例中只有1例)。因此,18日夜间至19日上午的缓慢升温给预报员造成了严重的干扰,接下来气温会缓慢下降还是迅速下降?对降水相态有何影响?

图3.36中可见,乐陵在19日11时气温达到峰值7.9 ℃后开始迅速下降,12时降至3.9 ℃,1 h降温幅度达4 ℃,14时降至2 ℃,15时为0.7 ℃,16时为0.5 ℃,从降温开始至转为纯雪的5 h内下降了7.2 ℃。观测表明,鲁西北地区降水开始时间最早,乐陵11时21分—13时41分雨和冰粒共存;13时41分转为雨夹雪,16时05分转纯雪,说明气温与降水相态的对应关系为:降冰粒时的气温在2~4 ℃,冰粒转雨夹雪时气温基本在1~2 ℃,而雨夹雪转纯雪时气温降至1 ℃以下,纯降雪期间,气温维持稳定状态,下降幅度不超过1 ℃。

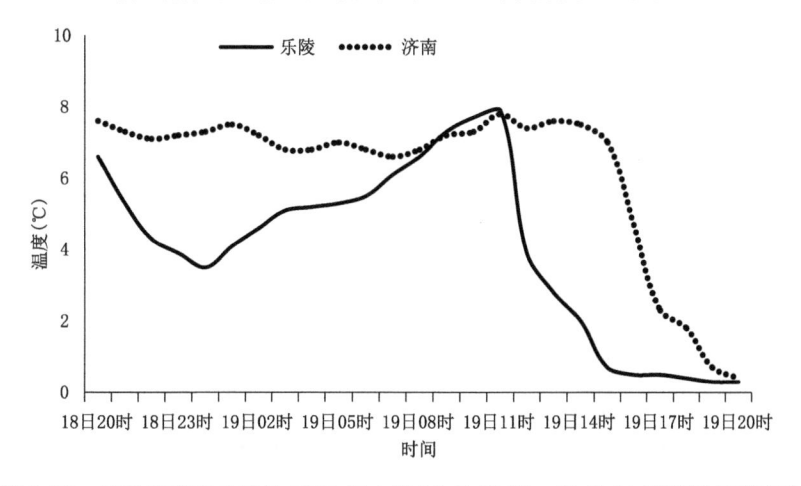

图3.36 乐陵和济南自动站2013年4月18日20时—19日20时逐时气温变化

济南14时起气温下降,开始阶段为慢降,至15时气温为7 ℃,但是之后降温幅度增大,

15—16时和16—17时的降温幅度分别为2.3 ℃和2.4 ℃,16时气温为4.7 ℃,17时为2.3 ℃,18时为1.8 ℃,19时为0.7 ℃,从降温开始至转纯雪气温下降了7.1 ℃。说明济南16时10分雨转冰粒时的温度应在3 ℃左右,19时10分冰粒转为纯雪时的气温低于1 ℃,降雪期间气温稳定在0.4～0.7 ℃。

从以上观测事实可以分析出此次降雪过程两地气温和降水相态变化的共同点,即在降水发生前1 h内气温均较高,降水开始时伴随着迅速降温,从而导致降水直接以冰粒出现或者由短暂的降雨迅速转变为冰粒,降冰粒时的气温在2～4 ℃,雨夹雪时气温在1～2 ℃,转纯雪时气温在0～1 ℃。

②边界层内温度

利用济南市的温度廓线仪资料分析降水相态转换前后边界层内的温度变化特点。MTP—5温度廓线仪布设在济南市区,位于36.65°N,117.02°E,与龟山人工观测和自动站观测相距不足5 km。能够获得3 min间隔的从地面至1000 m高度的温度观测资料。

图3.37给出了19日08—20时的温度廓线仪资料。从中可以看出,19日上午,1000 m高度内的温度主要为缓慢升高。550～1000 m高度上的温度在13时达到峰值,之后温度开始下降,500 m以下高度的温度达到峰值的时间不统一,集中在13时03—45分。说明在边界层下层的温度可能受到复杂下垫面的影响,而边界层上层的温度变化则相对单一。0 m高度上13时15分达到峰值7.88 ℃,较1000 m高度滞后15 min。由此还可以初步推断,冷空气降温首先从较高层次开始,低层随后,降温时间随着高度的升高而提前,更高层次的降温可能早于13:00。因此,从天气预报角度,冷空气影响的信号在边界层以上可更早地捕捉到。

0 m高度的温度曲线有两次陡降,拐点分别在14时57分和16时03分,其中,14时57分—15时00分3 min的降温幅度为0.5 ℃,16时03—06分降温幅度为0.33 ℃,其他时段的3 min温度变化幅度一般小于0.2 ℃。第一个降温拐点较降雨发生提前了53 min,第二个降温拐点较雨转冰粒提前了7 min。0 m从剧烈降温开始至转冰粒仅相距1 h,说明冷空气影响迅速。这也正是本次暴雪过程的难点之一,降温迅速令预报员措手不及。降冰粒期间至转纯雪时,0 m温度继续下降,曲线平直,降温幅度稳定,19时09分冰粒转雪时的3 min降温幅度为0.21 ℃,与雨转冰粒相比,降温幅度明显减小了。0 m的温度从峰值至纯雪开始下降了7.03 ℃,该温度与自动站的降温幅度基本一致。

分析边界层内其他高度的温度变化可见,与0 m类似,也有两次降温拐点时间:第一次拐点出现的时间相同,均在14时57分。第二次拐点在16时00—03分,边界层上层(700 m以上)的拐点略早在16时,而边界层中下层在16时03分。两次拐点之后的温度变化均表现为100 m以下持续降温,而150～1000 m高度上会在拐点之后温度有升降起伏,且越往高层升降幅度越大,尤其400 m以上更为明显。

从温度廓线的温度变化,可以分析出济南降水相态转变时刻边界层内的精确温度。16时09分时济南雨转冰粒时,地面0 m的温度为4.56 ℃,150 m以下均高于3 ℃,200 m(相当于1000 hPa)的温度为2.6 ℃,800 m(相当于925 hPa)的温度−0.7 ℃,0 ℃层的高度为650 m。冰粒转纯雪时地面的温度为0.85 ℃,1000 hPa和925 hPa的温度分别为−0.6 ℃和−2.2 ℃,0 ℃层的高度为100～150 m。

以上分析表明,此次4月回流形势暴雪,发生在有利的环流形势下,具备充足的水汽条件。在降雪过程前期,3次冷空气导致温度持续下降,降水开始边界层内温度剧降,是降雨迅速转

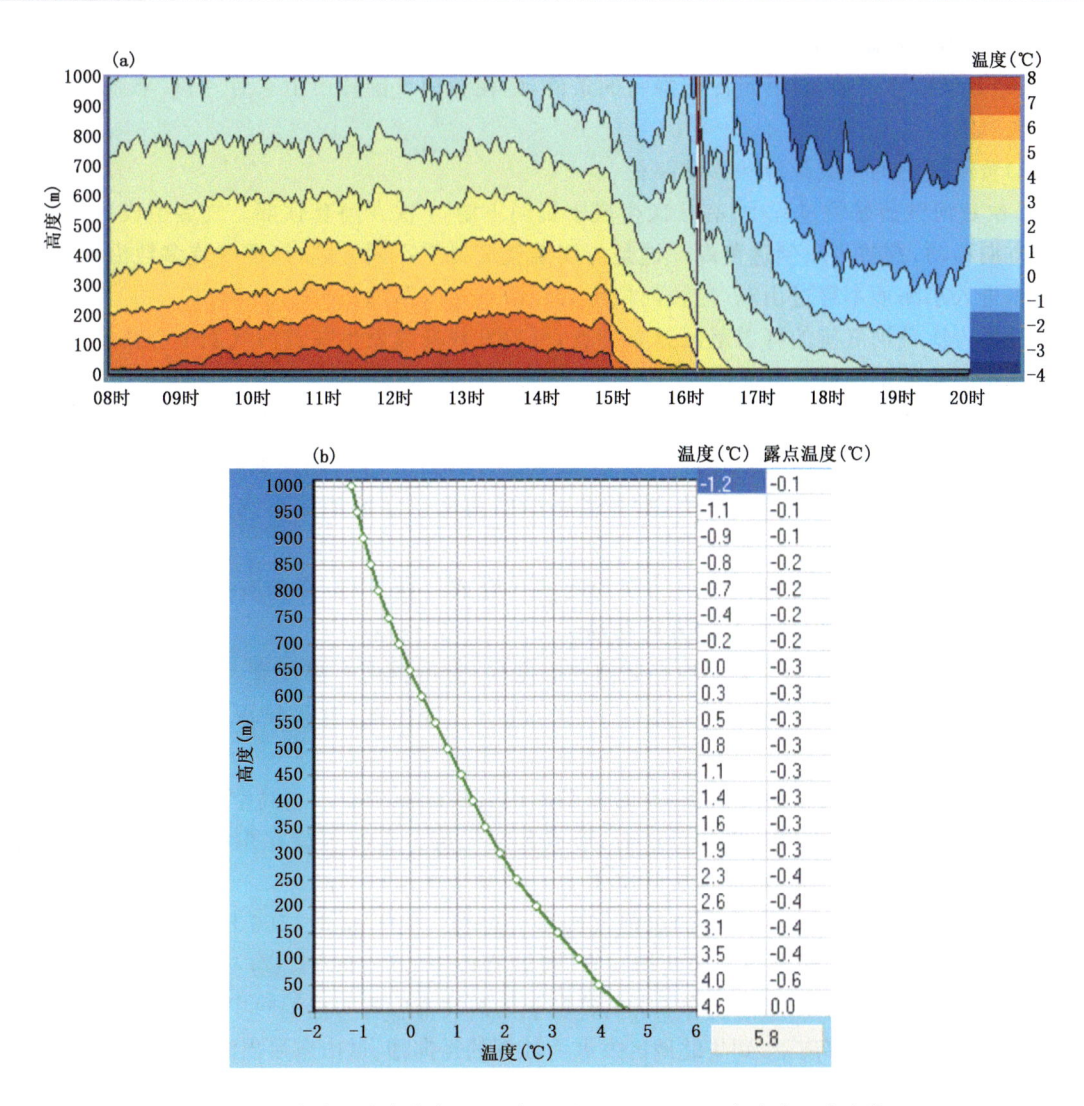

图 3.37 济南温度廓线仪 2013 年 4 月 19 日 1000 m 高度内温度变化
(a.08—20 时各层温度,图中竖线对应 b 中时刻;b. 济南雨转冰粒时的各层温度)

为降雪,从而产生暴雪的根本原因。

3.4 黄河气旋暴雪

黄河气旋是指生成于黄河以北、41°N 以南的气旋。具有生成突然、发展迅速、生命史短的特点,预报难度大。1999—2010 年,山东省共有 4 次黄河气旋暴雪过程(阎丽凤 等,2014)。

1)降雪特点

(1)黄河气旋暴雪发生在 1—3 月。4 次过程中,2 月 2 次,1 月和 3 月各 1 次。

(2)暴雪范围小,每次过程有 3~5 站暴雪,多产生在山东半岛,有时候在鲁西北。

(3)降雪量不大,日降雪量在 15 mm 以下。降雪持续时间短,强降雪时段不超过 6 h。

(4)暴雪过程中以降雪为主,少数站为降雨,降雨一般发生在鲁南。黄河气旋暴雪过程只产生雨雪,不会伴随雷电、冻雨、大风等其他天气现象。

(5)如果冷空气强,且满足冷流降雪的条件,则在黄河气旋移出山东后,山东半岛会接着出现冷流降雪。

2)黄河气旋的生成源地和移动路径

4次黄河气旋暴雪过程中,有3次生成于黄河下游,1次在河套顶部。气旋生成后,都是向东南方向移动,穿过山东到达黄海。这是与江淮气旋暴雪不同之处,江淮气旋多数沿着长江下游向东进入东海而不穿过山东,但黄河气旋必经山东进入黄海。

分析4次黄河气旋的降雪落区分布特点,可以发现暴雪发生在黄河气旋中心路径上,大雪分布在中心路径的两侧。

3)环流形势

黄河气旋的生成必须同时具备高空槽、低空暖脊、地面冷锋、地面倒槽或低压环流。产生于41°N以南,无南支槽配合。因此,没有强盛的西南低空急流输送水汽,不会产生降雪量大的暴雪。

(1)500 hPa图上欧亚地区中高纬度为两槽一脊或一槽一脊,脊前有短波槽,槽后温度槽较为明显,因而短波槽发展向东南方向移动。

(2)700 hPa或850 hPa图上均有低槽和温度槽,温度槽前有温度脊,冷、暖平流都比较明显。有时候低槽中形成低压环流,但不一定构成闭合等压线,这种情况下生成的地面气旋较强。

(3)地面图上,黄河下游有倒槽,有时候倒槽内有暖低压中心。当高空槽发展东移,引导冷空气南下,当冷锋侵入倒槽顶部的低压时,形成黄河气旋。黄河气旋在东移过程中发展加深,穿过山东进入黄海。因此,黄河气旋强降雪中心多发生在山东半岛。

2006年2月6日暴雪是典型的黄河气旋暴雪过程。6日08时,500 hPa图上低槽较为明显(图3.38),欧亚中高纬度地区为两槽一脊,长波脊位于60°～90°E,宽广的高压脊两侧,即东欧和亚洲东部各有一个低压槽。脊前北支锋区上的短波槽后有明显的冷中心,导致短波槽发展沿锋区经河套地区东移南下,到华北地区发展为较深的经向槽,过山东后出海。700 hPa上,有低槽存在,温度槽落后于高度槽。850 hPa上,华北暖脊明显,北京附近有低压环流生成。

地面气旋于5日23时生成,7日02时移到山东半岛东部的黄海北部海面上。降雪主要发生在地面气旋的顶部及右侧,东北风和偏南风交汇的区域,5 mm以上强降雪出现在气旋发展强盛及其中心移过的路径上。降雪最强时段在6日14—20时气旋移到山东半岛的时段,最强区域为半岛,海阳6 h降雪量达到了8 mm。

3.5 暖切变线暴雪

山东省切变线暴雪过程发生频率相对较小,其显著特点是暴雪出现在鲁南地区,降水主要发生在长江下游,降水量自南向北减少,山东省处在强降水区域的边缘。通常在降雪过程之前2～3 d至少有一次较强冷空气影响山东,导致前期降温明显,气温较低,由此产生降雪。

暖切变线一般出现在850 hPa上,有的过程700 hPa也可见到切变线,但比850 hPa弱。

2003年3月5—6日的降雪是典型的暖切变线暴雪过程(图3.39)。500 hPa上,亚洲中低纬度为纬向环流,高原槽东移至河套南部地区,槽较浅,120°E附近为弱脊控制。

第 3 章 山东内陆暴雪

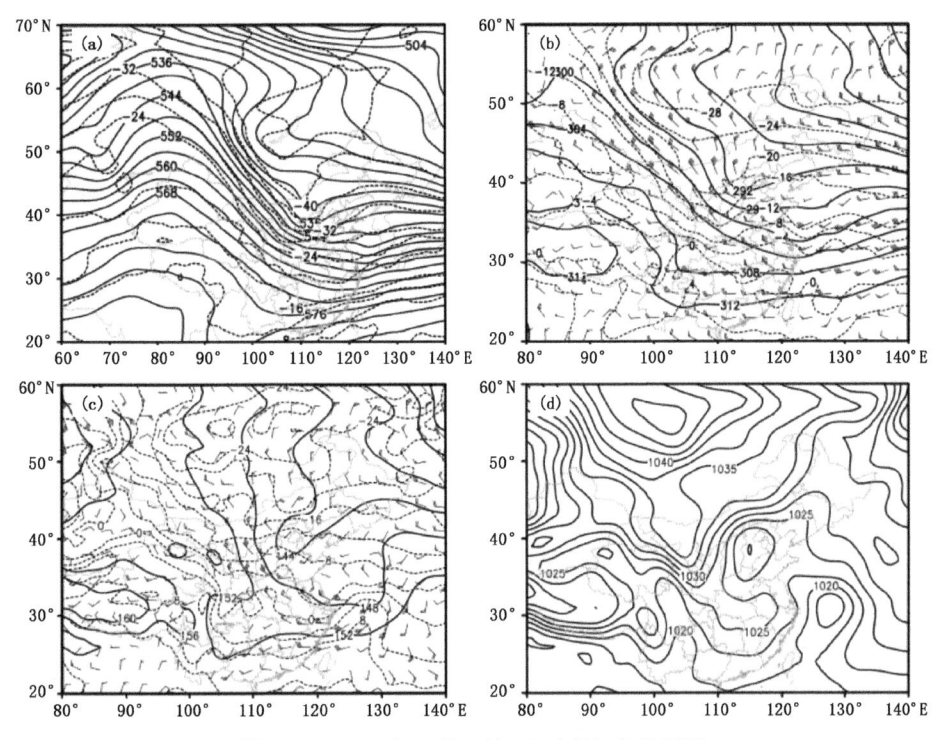

图 3.38 2006 年 2 月 6 日 08 时高空和地面图
(a. 500 hPa, b. 700 hPa, c. 850 hPa, d. 地面图)

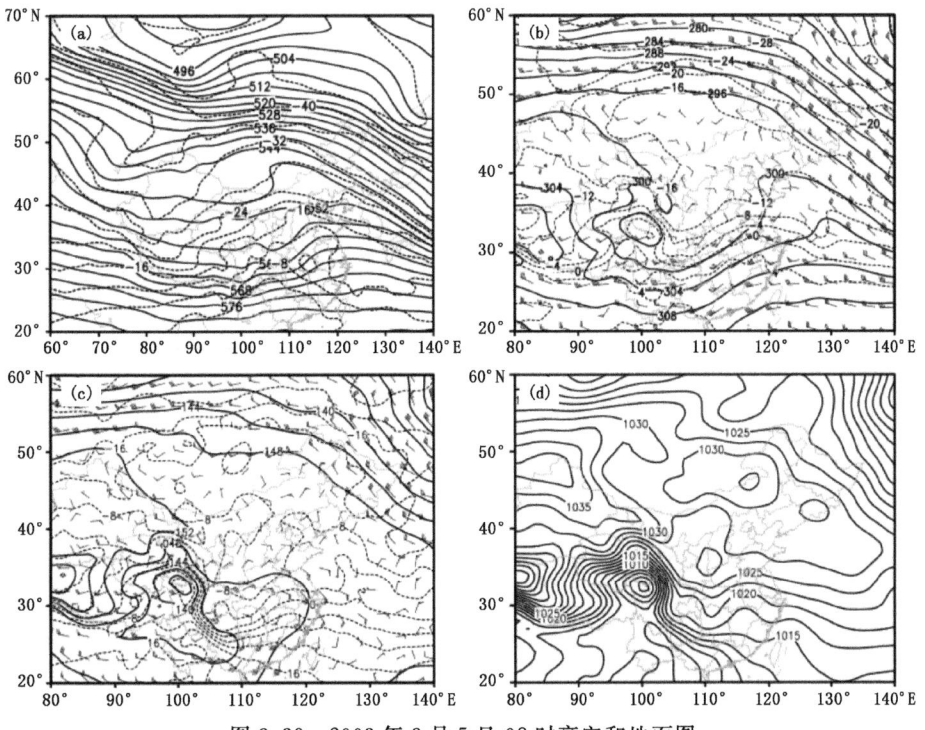

图 3.39 2003 年 3 月 5 日 08 时高空和地面图
(a. 500 hPa, b. 700 hPa, c. 850 hPa, d. 地面图)

700 hPa 上,西南涡自源地移出向东移动,其东侧锋区强,等温线密集,而河套至华北地区则等温线稀疏;暖切变线延伸至鲁南,切变线南部有西南低空急流。850 hPa 上,暖切变线位于长江以南,切变线北侧有一支来自东海的东南低空急流抵达鲁南,急流轴上风速达 16 m·s^{-1};华北冷锋锋区很弱。地面图上,山东为东北风。在这种环流形势下,东南低空急流输送的暖湿空气沿近地面冷垫爬升产生降雪。

单纯的暖切变线降雪过程,因无北支槽配合,没有明显的冷空气,西南涡东移时地面无气旋生成,故不伴有大风和明显降温。其降雪往往是因为前期先有较强冷空气入侵降温。

3.6 低槽冷锋暴雪

在所有降雪过程中,低槽冷锋是出现频率最高的影响系统。低槽冷锋降雪次数虽多,但是一般降雪量较小,少有暴雪出现。以济南市为例,1999—2010 年,共发生了 99 次降雪过程,其中低槽冷锋为 51 次,占总次数的 52%,却没有一次达到暴雪量级。从全省范围来看,1999—2010 年,全省只有 3 次低槽冷锋暴雪过程。一次暴雪过程仅产生 1~2 个站暴雪。最大日降雪量为 11.7 mm,2005 年 12 月 31 日出现在嘉祥。因此,降雪量小、局地性是低槽冷锋暴雪的主要特点。

低槽冷锋暴雪过程,500 hPa 以下各层低槽都比较明显,且各层槽几乎重合。西南低空急流局限于淮河以南,未到达山东。降雪发生在槽前,槽过则降雪过程结束。

3.7 内陆极端暴雪

3.7.1 极端降雪天气事件的选取

山东地处中纬度地区,冬半年降雪过程多为雨雪相态混杂,即通常一次降雪过程以降雨开始,后期部分地区由降雨转为降雪,若某站在降雪过程中出现此种降水相态转变情况,则该站当日的降水量为降雨和降雪共同产生的降水量,而不能严格区分降雨产生的降水量与降雪产生的降水量。因此,在筛选极端降雪天气事件时,分别从日积雪深度和日降水量这两个角度来考察(刘畅 等,2017)。

(1)按照积雪深度筛选。政府间气候变化专门委员会(IPCC)第三次与第四次评估报告对极端天气事件给出明确定义:极端天气事件是指其发生概率小于观测记录概率密度函数第 10 百分位或超过第 90 百分位数的天气事件。采用国际上通用的百分位法,将有积雪日的日积雪深度资料按升序排列,取第 90 个百分位值定义为该测站的日极端积雪阈值,在一次降雪过程当中,该站某日的积雪深度超过阈值时,即定义为该站的一个极端降雪事件。在一次降雪过程中,某日全省 122 个测站(除泰山站外)中至少 5 个站发生极端积雪事件时,即界定此次降雪过程为一次极端降雪天气过程,文中称之为"第一类极端降雪事件"。由此筛选得到 7 次第一类极端降雪天气事件(表 3.5)。

(2)按照降水量筛选。有的降雪过程,先雨后雪,可能积雪深度小,但过程降水量大。针对此类降雪过程,规定单站日降水量超过 25 mm,即定义该站出现一个极端降雪事件;在一次降雪过程中,某日全省 122 个测站中至少有 15 个站的日降水量超过 25 mm,即界定此次降雪过程为一次极端降雪天气过程,称之为"第二类极端降雪事件"。由此筛选得到5次第二类极端降雪事件(表3.6)。

表 3.5　1999—2016 年山东省第一类极端降雪事件

时间	影响系统	极端降雪站数	最大积雪深度(cm)	10 cm以上积雪站数	最大过程降水量(mm)	急流(m·s⁻¹) 700 hPa SW	700 hPa SE	850 hPa SW	850 hPa SE
2001年1月6—7日	江淮气旋(1012.5 hPa)	13	19(聊城)	28	40.2(临沂)	26	—	18	26
2005年2月14—15日	江淮气旋(1015.0 hPa)	9	19(临朐)	17	34.4(青州)	26	—	20	16
2009年11月11—12日	回流形势	8	20(冠县)	20	45.7(荣成)	—	—	—	—
2010年2月28日—3月1日	江淮气旋(1010.0 hPa)	9	22(栖霞)	25	34.0(青州)	30	—	26	16
2011年11月28—30日	回流形势	6	15(德州、临邑、夏津)	9	59.1(金乡)	18	—	—	—
2013年2月3—4日	江淮气旋(1015.0 hPa)	16	14(临邑)	18	17.3(寿光)	26	—	28	—
2015年11月23—24日	回流形势	7	24(济宁)	24	41.2(成武)	22	—	—	—

注:表中符号"—"表示显著气流风速未达到低空急流标准,即风速<12 m·s⁻¹。

表 3.6　1999—2016 年山东省第二类极端降雪事件

时间	影响系统	24 h降水量超过25 mm站数	最大过程降水量(mm)	积雪站数	最大积雪深度(cm)	700 hPa SW	700 hPa SE	850 hPa SW	850 hPa SE
2003年11月7—8日	回流形势	22	80.9(蒙阴)	19	4	16	—	—	—
2004年11月24—25日	回流形势	18	37.5(淄川)	77	18	18	—	—	—
2007年3月3—4日	江淮气旋(1007.5 hPa)	53	66.7(鄄城)	19	4	26	20	24	22
2013年4月19—20日	回流形势	1	26.1(乐陵)	41	11	—	22	—	—
2016年2月13—14日	江淮气旋(1007.5 hPa)	42	50.0(淄川)	39	7	30	—	18	—

注:表中符号"—"表示显著气流风速未达到低空急流标准,即风速<12 m·s⁻¹。

3.7.2 极端降雪天气的特征

1)时间特征

1999—2016年12次极端降雪事件中,有5次发生在11月,4次发生在2月,1月、3月和4月各发生1次。由此可知,山东极端暴雪天气发生在11月和2月可能性最大。6次回流形势下的极端降雪事件,其中有5次发生在11月;6次江淮气旋影响下的极端降雪过程,其中有5次发生在2—3月。可见,初冬季节,山东极端降雪天气主要发生在回流形势下,而冬末春初,则多受江淮气旋影响发生极端降雪事件。

2)积雪深度

由图3.40可见,山东省大部地区极端积雪深度大于10 cm,20 cm以上极端积雪区域主要位于半岛、鲁东南和鲁中的北部地区。半岛地区的极端积雪深度由冷流降雪产生,不在本节讨论范围内。值得关注的是鲁东南(临沂、日照地区和枣庄的东部地区)、鲁中的北部(淄博和潍坊的西部地区)出现的极端积雪深度最大可达28 cm以上。

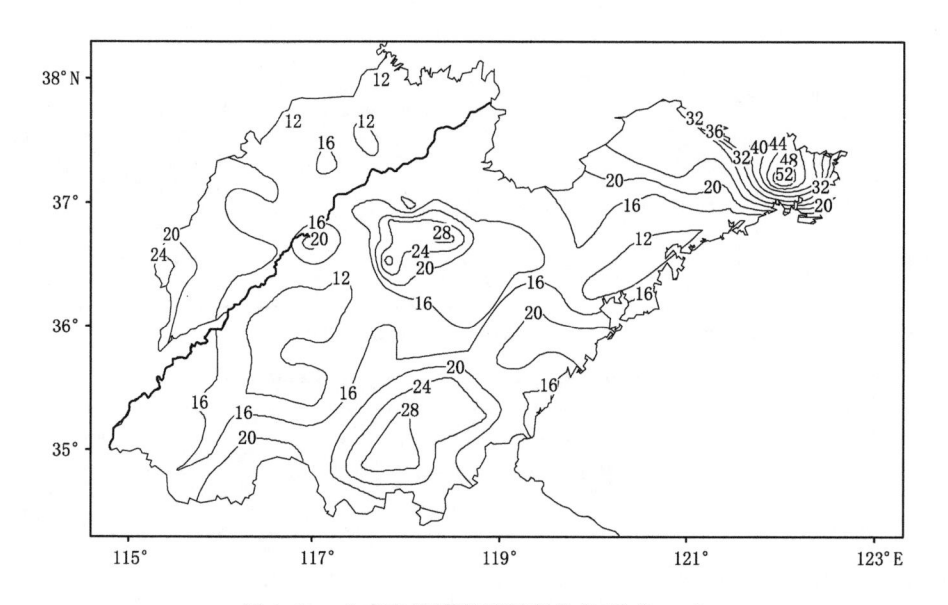

图3.40 山东省极端积雪深度分布(单位:cm)

积雪阈值分布:针对第一类极端降雪事件,依据积雪深度阈值的定义,统计分析山东省122个测站阈值分布特征(图3.41)。全省日积雪深度阈值范围为6~38 cm,其中最大极端阈值出现在半岛的东部地区(38 cm,为半岛地区冷流降雪)。此外,鲁西北的西部(聊城)、鲁西南(菏泽)、鲁东南(临沂)和鲁中的北部(淄博和潍坊西部地区)也为积雪深度阈值相对大值区,最大为16 cm。鲁西北的东部(东营)和半岛南部部分地区的极端阈值为6~8 cm,为阈值相对小值区。可见,山东省内地理纬度偏南的地区即鲁南和鲁西北的西部地区易出现较大的积雪深度,分析其原因,应与水汽条件密切相关。另外,鲁中的北部地区(淄博和潍坊西部地区)也为极端阈值大值区(16 cm),这表明此区域是降雪过程的另一个降水中心,需引起注意。

极端积雪日数分布:针对第一类极端降雪过程,以山东省122个国家自动站为考察对象,统计分析1999—2016年各站出现极端降雪事件的次数(图3.42)。从中可以看出,达到或超

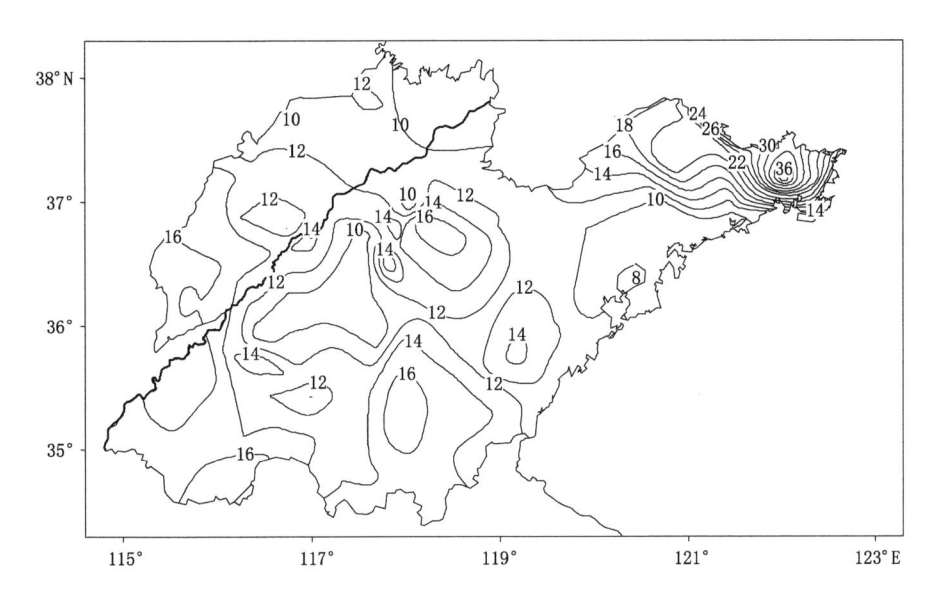

图 3.41 山东省第一类极端降雪事件积雪深度阈值分布(单位:cm)

过 5 d 的极端降雪事件频发区域有 4 个,分别是半岛东部部分地区(由海效应降雪产生)、鲁南部分地区、鲁西北的西部部分地区以及潍坊的北部地区,这一分布特征与极端阈值大值区域分布基本一致。表明山东省极端降雪过程中,上述地区降雪量大且出现极端降雪事件的次数多。

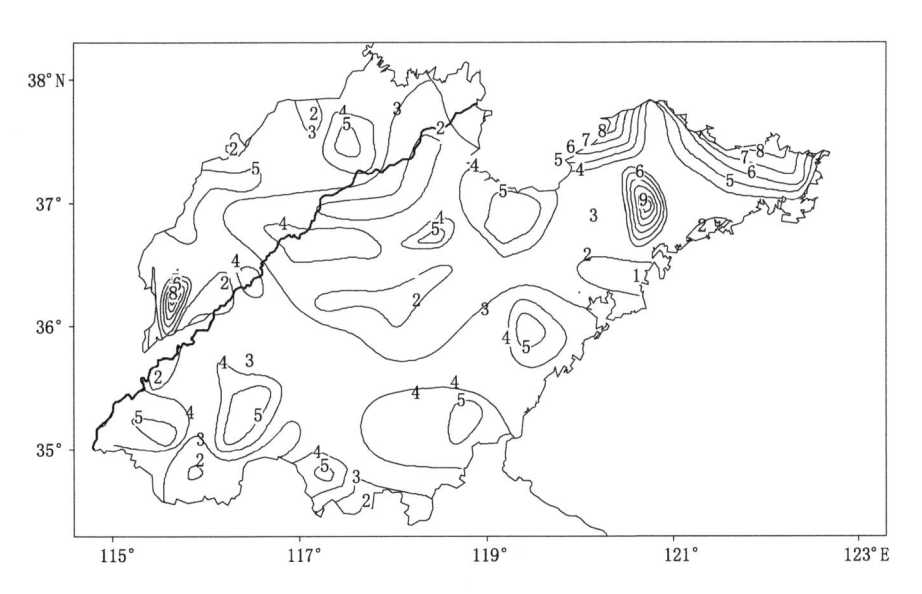

图 3.42 1999—2016 年山东省极端积雪日数分布(单位:d)

3)降水量特征

降水量空间分布:在普查天气图过程中发现,两类影响系统下的极端降雪事件产生的降水量具有不同分布型,为此做降水型分布特征研究。分别统计分析 6 次回流极端降雪过程和 6

次江淮气旋极端降雪过程中的平均过程降水量,如图3.43所示。回流极端降雪过程降水量分布表现出现明显的"南多北少"特征,即鲁南和鲁中地区过程总降水量大,平均过程降水量为24~40 mm,而鲁西北和半岛地区降水量小,平均过程降水量为8~22 mm,这与回流形势产生降雪的物理过程有关。而江淮气旋极端降雪天气的平均过程降水量分布型表现出不同特征,即降水量大于25 mm的大值中心位于3个区域,分别为鲁东南、鲁中的北部和半岛地区,最大平均过程降水量为29~31 mm。对于鲁东南和半岛地区的降水量大值中心,可能与江淮气旋相伴的急流有关。通常结构发展较好的江淮气旋伴有较强的东南急流和西南急流,江淮气旋影响山东产生降水时,鲁东南和半岛地区通常位于气旋右侧的东南和东北象限,即西南和东南急流的前端直指鲁东南和半岛地区,造成以上2个地区的降水量大值中心。而对于鲁中北部的降水量大值中心,其产生的可能机制,尚无明确结论。

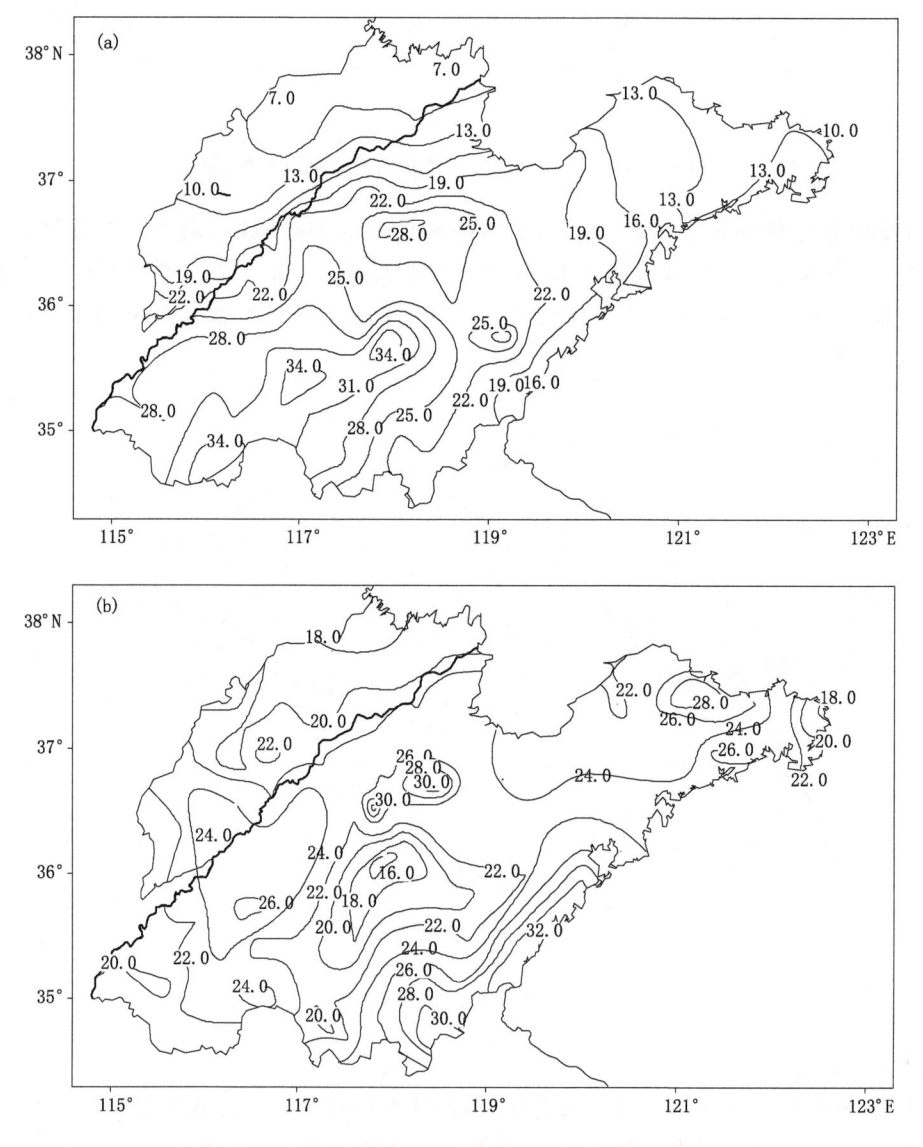

图3.43 回流形势(a)与江淮气旋(b)极端降雪事件降水量空间分布(单位:mm)

对比两类极端降雪过程降水量分布,前者更易产生大范围的大雨及以上量级降水,其可出现的平均最大过程降水量(40 mm)大于江淮气旋极端降雪过程中可出现的平均最大过程降水量(31 mm)。即在实际预报业务中,预报极端降雪过程发生在回流形势之下,相比较于江淮气旋极端降雪过程,可酌情考虑其过程最大降水量较大,且大雨以上量级降水范围较广。

降水量区间分布:针对1999—2016年12次极端降雪过程,统计分析122个国家自动站过程降水量的降水区间分布。例如对于2001年1月6—7日过程,122个站中有55站过程总降水量在10.0~19.9 mm,这个站数占总站数的百分比为45.08%。在极端降雪过程中单站过程总降水量最小分布区间为0~9.9 mm,最大可达80.0~89.9 mm,但是出现70.0~89.9 mm区间降水量的站极少,不到1%,122站最多可有1站出现70.0 mm以上降水量,且此种情况集中出现在一次极端降雪过程中。对于一般极端降雪过程,最大降水量最多可考虑出现在50.0~59.9 mm。10.0~19.9 mm降水量,有5次过程41.8%~62.3%站点的过程降水量位于此区间,有4次过程20.5%~36.9%站点过程降水量位于此区间,可见在极端降雪事件预报中,一般情况下,应考虑大多数站点过程降水量为10.0~19.9 mm,其次为20.0~29.9 mm,即绝大多数站点过程降水量在10.0~29.9 mm。

降水强度:选择2015年11月23—24日回流形势极端降雪过程和2016年2月12—13日江淮气旋降雪过程,分析极端降雪过程中降水强度特征。分别选取两次极端天气过程降水量最大的成武站(总降水量41.2 mm,积雪16 cm)和淄川站(总降水量50.0 mm,积雪6 cm)进行考察。

根据地面观测记录,成武站的降水相态2015年11月23日20时为降雨,此时其相邻的定陶国家基准气候站气温0.2 ℃,降水相态为雨夹雪,此后冷空气快速南下,至23时定陶站气温下降至−1.0 ℃,降水相态由雨夹雪转为雪,成武站气温下降至−0.2 ℃,当地面气温降至0 ℃以下时,依据已有的研究结论(杨成芳 等,2013)可以认为此时成武站为降雪,直至降水全部结束。成武站降雪时段内最大1 h降雪量出现在24日00时,为4.4 mm,至24日03时,连续4 h降雪强度均大于2.5 mm·h^{-1},强降雪持续时间较长。

对于江淮气旋影响下的极端降雪过程,淄川站降水和温度小时演变曲线如图3.44b所示,降水自2016年2月12日22时开始,12日22时—13日08时,地面2 m气温均在0 ℃以上,其中12日22时—13日02时地面2 m气温均在4 ℃以上,此时段内降水相态为雨,最强降雨强度为9.8 mm·h^{-1}。13日08时,地面观测记录显示为降雪,降雪强度为2.0 mm·h^{-1},直至降水全部结束均为降雪,降雪强度均小于2.0 mm·h^{-1}。

3.7.3 极端降雪事件天气形势特征

1)影响系统

在12例极端降雪事件中,有6次降雪事件的影响系统为江淮气旋,6次降雪事件发生在回流形势之下。可见,江淮气旋和回流形势是山东极端暴雪发生的两类主要天气系统。极端江淮气旋暴雪如2016年2月12—13日过程,详见3.2.3.1节。极端回流形势暴雪如2015年11月23—24日过程,详见3.3.3.1节。

2)低空急流特征

12次极端降雪事件均存在低空急流,回流形势下的极端降雪过程中急流出现在700 hPa,而江淮气旋影响下的极端降雪过程中,低空急流深厚,700 hPa和850 hPa均有急流出现。回流

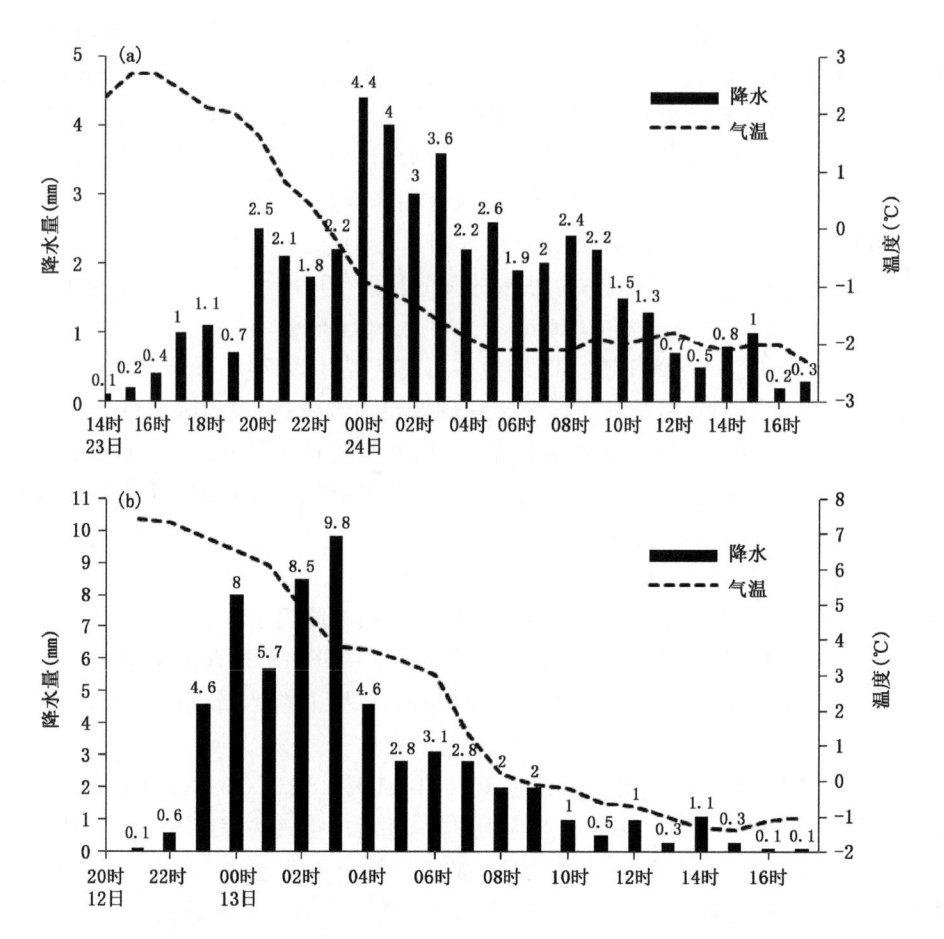

图 3.44 2015 年 11 月 23—24 日降雪过程成武站 23 日 14 时—24 日 17 时(a)和 2016 年 2 月 12—13 日降雪过程淄川站 12 日 20 时—13 日 17 时(b)逐时降水(单位:mm)和气温(单位:℃)演变

型极端降雪过程的低空急流多数为西南风急流(4/6 次),而江淮气旋极端降雪过程中西南低空急流多伴有东南低空急流存在,东南风急流出现在 850 hPa(4/6 次)。6 次回流极端降雪过程中出现的急流风速范围为 16~22 m·s^{-1},而 6 次江淮气旋极端降雪过程中为 16~30 m·s^{-1}。江淮气旋极端降雪过程中,700 hPa 西南风急流风速为 26~30 m·s^{-1},而回流型极端降雪过程中,700 hPa 西南风风速为 16~22 m·s^{-1}。可见江淮气旋极端降雪过程中低空急流整体强于回流极端降雪过程。江淮气旋影响下的极端降雪过程中,850 hPa 西南风急流(18~28 m·s^{-1})通常强于东南风急流(16~26 m·s^{-1})。

3)地面形势特征

对于第一类和第二类极端降雪过程,其划分的主要依据是实际降雪量多寡,而研究中发现无论对于回流形势极端降雪还是江淮气旋极端降雪,第一类与第二类极端降雪发生时的地面天气形势特征有所不同。

当江淮气旋影响时,第一类极端降雪过程气旋初生时强度为 1010.0~1015.0 hPa,而第二类极端降雪过程的气旋初生强度均为 1007.5 hPa,强于前者。气旋初生时中心气压越低表明暖平流越强盛,即容易出现以雨为主的降水相态。

在回流形势下,5 次极端降雪过程的冷高压中心位置(冷高压中心取回流形势影响下山东开始产生降雪时的冷高压风场环流的中心位置),第一类极端降雪事件(3 次)冷高压中心位于 110°E 以东,第二类极端降雪事件(2 次)冷高压中心位于 110°E 以西。由此可反映出,积雪深度大的极端降雪过程通常冷空气路径偏东;而降雪量不大,过程降水量大的极端降雪事件的冷空气路径倾向于偏西。

3.7.4 极端降雪事件的水汽特征

极端降雪事件的极端性主要体现在降水量或降雪量上,因此水汽特征是预报此类天气的根本着眼点,表征水汽特征的比湿由一天 2 次的高空探测得到,大气可降水量和水汽通量散度由 NCEP/NCAR 再分析资料得到,重点关注降雪过程中出现的最大可降水量、最大水汽通量散度和最大比湿。

1)大气可降水量

表 3.7 列出表征水汽特征的物理量。可以看出,12 次极端降雪过程中,最大大气可降水量(P_W,单位:mm),出现的最小值为 20.0 mm,最大值为 34.0 mm。在 2003 年 11 月 6—7 日、2011 年 11 月 28—30 日、2007 年 3 月 3—4 日和 2016 年 2 月 12—13 日降雪过程中,最大过程降水量在 50.0 mm 以上,出现的最大 P_W 为 28.0~34.0 mm,可见高 P_W 是产生大降水量的必要条件。过程降水量小于 50.0 mm 的极端降雪过程中,最大 P_W 为 20.0~26.0 mm,其中 2015 年 11 月 23—24 日降雪过程的最大 P_W 为 20.0 mm,其出现的最大过程降水量为 41.2 mm,而 2010 年 2 月 28 日—3 月 1 日降雪过程,最大 P_W 为 26.0 mm,其出现的最大过程降水量为 34.0 mm,可见高 P_W 不是产生大降水量的充分条件。

表 3.7 1999—2016 年山东 12 次极端降雪过程水汽特征

	时间	最大过程降水量 (mm)	最大大气可降水量 (mm)	最大水汽通量散度 (10^{-6}g·cm^{-2}·hPa^{-1}·s^{-1}) 700 hPa	850 hPa	最大比湿 (g·kg^{-1}) 700 hPa	850 hPa
回流形势	2003 年 11 月 6—7 日	80.9	34	−35	−25	6	8
	2011 年 11 月 28—30 日	59.1	28	−30	−40	6	6
	2009 年 11 月 11—12 日	45.7	22	−15	−20	4	6
	2015 年 11 月 23—24 日	41.2	20	−25	−10	3	5
	2004 年 11 月 24—25 日	37.5	22	−12	−15	3	5
	2013 年 4 月 19—20 日	26.1	24	−40	−10	5	2
江淮气旋	2007 年 3 月 3—4 日	66.7	32	−10	−65	6	9
	2016 年 2 月 12—13 日	50.0	28	−10	−35	5	7
	2001 年 1 月 6—7 日	40.2	20	−10	−20	3	3
	2005 年 2 月 14—15 日	34.4	24	−5	−25	4	4
	2010 年 2 月 28 日—3 月 1 日	34.0	26	−40	−40	4	5
	2013 年 2 月 3—4 日	17.3	22	−40	−35	5	3

2)比湿

6 次回流形势下的极端降雪过程中,700 hPa 平均比湿为 4.5 g·kg^{-1},850 hPa 平均值为 5.3 g·kg^{-1}(表 3.7)。6 次江淮气旋极端降雪过程中,700 hPa 平均比湿为 4.5 g·kg^{-1},850 hPa 平均为 5.2 g·kg^{-1}。对于山东省暴雪天气,一般 850 或 700 hPa 比湿要达到 4 g·kg^{-1}。12 次极端降雪事件中,有 11 次(除 2001 年 1 月 6—7 日外)850 或 700 hPa 至少有一层的比湿达到并超过 4 g·kg^{-1};对于最大过程降水量超过 50.0 mm 的极端降雪事件,其 850 和 700 hPa 比湿均超过 5 g·kg^{-1},最大达 9 g·kg^{-1}。

3)水汽通量散度

回流形势下的 6 次极端降雪过程,700 hPa 平均的水汽通量散度为 26×10^{-6} g·cm^{-2}·hPa^{-1}·s^{-1},850 hPa 平均值为 18×10^{-6} g·cm^{-2}·hPa^{-1}·s^{-1}。6 次回流形势下的极端降雪天气,除 2013 年 4 月 19—20 日过程的水汽辐合位于 700 hPa 附近,其他 5 次过程 700 和 850 hPa 均有明显的水汽通量散度大值区。回流形势下,700 hPa 和 850 hPa 均有水汽辐合,低层东北风"冷垫"较薄的结构特征,即为郑丽娜等(2016)研究中提出的冬季山东回流形势的一种环流特征——"冷层浅薄回流型"。另外,除 2004 年 11 月 24—25 日过程外,其他 5 次极端降雪过程 700 hPa 或 850 hPa 至少有一层水汽通量散度大于 20×10^{-6} g·cm^{-2}·hPa^{-1}·s^{-1},而对于过程最大降水量超过 50.0 mm 的 2 次降雪过程,其 700 hPa 或 850 hPa 至少有一层水汽通量散度大于 30×10^{-6} g·cm^{-2}·hPa^{-1}·s^{-1}。

江淮气旋影响下的 6 次极端降雪过程,2010 年 2 月 28 日—3 月 1 日和 2013 年 2 月 3—4 日过程情况特殊,这 2 次降雪过程中伴有雷暴发生,是对流性质的,因此 700 hPa 和 850 hPa 水汽通量散度均出现异常高绝对值。其他 4 次过程中 700 hPa 水汽通量散度绝对值均小于或等于 10×10^{-6} g·cm^{-2}·hPa^{-1}·s^{-1},850 hPa 水汽通量散度绝对值最大为 65×10^{-6} g·cm^{-2}·hPa^{-1}·s^{-1},最小为 20×10^{-6} g·cm^{-2}·hPa^{-1}·s^{-1},可见相对于回流形势而言,江淮气旋极端降雪过程中水汽辐合层次较低,主要位于 850 hPa 附近。其中 2 次过程降水量超过 50.0 mm 的极端降雪事件,700 hPa 或 850 hPa 至少有一个层次最大水汽通量散度绝对值超过 35×10^{-6} g·cm^{-2}·hPa^{-1}·s^{-1}。

4)极端降雪事件气温变化特征

极端降雪事件过程最低气温以及最低气温降温幅度的特征与影响系统有关,相比于江淮气旋类极端降雪过程,回流形势之下的极端降雪过程,容易出现寒潮(以 48 h 日最低气温下降 10 ℃ 以上,最低气温小于或等于 4 ℃ 为标准)。6 次回流形势下的极端降雪过程均伴有寒潮出现,最少 3 站(2009 年 11 月 11—12 日),最多 74 站(2004 年 11 月 24—25 日)。而 5 次江淮气旋极端降雪过程中有 2 次(2010 年 2 月 28 日—3 月 1 日和 2013 年 2 月 3—4 日)没有伴随寒潮(表 3.8)。另外,极端降雪事件中出现的日最低气温为 −17 ℃,出现在回流形势之下的第一类极端降雪过程中(2015 年 11 月 23—24 日)。回流形势产生降水的基本物理过程为对流层中上层大范围的暖湿气流在低层冷垫上大举爬升,这种情况通常发生在高空槽脊振幅较大的形势之下,此时环流的经向型特征显著,从而降温幅度较大,最低气温较低。而江淮气旋影响下的极端降雪过程,高空经向型环流特征并不一定十分显著,如波动型江淮气旋;而当高空槽发展较深时,极端降雪过程也可伴有寒潮发生。

表 3.8 极端降雪事件日最低气温特征

时间	T_{min}(℃)	T_{min}<−10 ℃站数(个)	ΔT_{min}48 h <−8 ℃站数(个)	ΔT_{min}48 h <−10 ℃站数(个)
2005年2月14—15日	−11	3	8	2
2010年2月28日—3月1日	−8	0	1	0
2013年2月3—4日	−9	0	0	0
2007年3月3—4日	−7	1	72	20
2016年2月13—14日	−11	6	39	2
2009年11月11—12日	−8	0	20	3
2011年11月28—30日	−13	10	66	24
2015年11月23—24日	−17	45	33	11
2003年11月7—8日	−3	0	92	62
2004年11月24—25日	−11	2	110	74
2013年4月19—20日	−1	0	37	21

注：ΔT_{min}48 h 为降雪过程中 48 h 最低气温降温幅度。

3.7.5 小结

(1)从日积雪深度和过程总降水量两个角度分别定义第一类和第二类极端降雪事件。山东极端降雪事件的影响系统为江淮气旋和回流形势，极端降雪发生在 11 月和 2 月的概率最高，11 月多为回流形势暴雪，2 月多为江淮气旋暴雪。

(2)对于第一类极端降雪事件，聊城、临沂、日照、淄博和潍坊西部的日极端积雪深度一般大于 20 cm，最大可达 30 cm，极端积雪阈值大于 14 cm。

(3)江淮气旋型极端降雪事件降水量大值中心倾向于出现在鲁东南、鲁中的北部和半岛地区，回流型极端降雪事件降水量分布则呈现"南多北少"特征；相比较于江淮气旋型极端降雪过程，回流型极端降雪过程单站可出现的最大降水量更大，且过程降水量大于 25 mm 以上的区域更广。通常极端降雪过程中，降水量最大为 50.0～59.9 mm，多数站点过程降水量为 10.0～29.9 mm。

(4)回流型极端降雪过程中，低空急流出现在 700 hPa；江淮气旋影响下的极端降雪过程，700 hPa 和 850 hPa 均存在急流，且 850 hPa 上西南风急流通常伴有东南风急流。一般江淮气旋型极端降雪过程中出现的低空急流强度强于回流型极端降雪过程中出现的急流强度。江淮气旋极端降雪过程中，850 hPa 西南风急流强于东南风急流。江淮气旋影响下，第一类极端降雪事件发生时气旋初生强度强于第二类极端降雪事件。回流形势下，第一类极端降雪事件较第二类极端降雪事件冷空气路径相对偏东。

(5)极端降雪过程最大大气可降水量一般大于 20 mm，700 hPa 或 850 hPa 至少有一层比湿达到并超过 4 g·kg^{-1}。回流形势下的极端降雪过程，水汽辐合层次深厚，700 hPa 与 850 hPa 均有明显的水汽通量散度大值区，至少有一层水汽通量散度大于 20×10^{-6} g·cm^{-2}·hPa^{-1}·s^{-1}；江淮气旋极端降雪过程中水汽辐合层次较低，主要位于 850 hPa 附近，水汽通量

散度至少要达到 20×10^{-6} g·cm^{-2}·hPa^{-1}·s^{-1}。对于过程降水量超过 50.0 mm 的极端降雪过程,最大大气可降水量接近 30 mm,700 hPa 和 850 hPa 比湿达到并超过 5 g·kg^{-1},700 hPa 或 850 hPa 至少有一层水汽通量散度达到 30×10^{-6} g·cm^{-2}·hPa^{-1}·s^{-1}。回流型极端降雪过程均伴有不同范围寒潮,极端最低气温也出现在此形势之下。

第4章 降水相态

山东暴雪过程降水相态复杂,可有雨、雪、雨夹雪、米雪、冰粒、冻雨等多种形态,一次降雪过程中可出现雨转雪,也可出现雪转雨。因此,降水相态是冬季降水预报中的重要要素之一,相态判断准确与否往往决定一次降水过程预报服务的成败。同样的降水量不同的相态产生的影响有显著差异。如 9 mm 的降水,若降水性质为液态,则为小雨,影响很小,若降水性质为固态,则为大到暴雪,会对交通、社会运行等产生明显不利影响。

本章详细分析了山东降水相态的基本特征,针对江淮气旋和回流形势两类最重要的降雪过程进行深入分析,采用新资料揭示复杂降水相态的形成机理,提炼出降水相态的预报着眼点。

4.1 山东降水相态的基本特征

山东降雪过程分为两类,一类为直接降雪过程,是指降雪过程开始有降水发生时就直接降雪,期间无相态变化;另一类为雨雪转换过程,是指降水过程中有相态变化,存在先降雨后转雨夹雪或雪,或者先降雪后转雨,降雪过程中可出现雨、雪、雨夹雪、米雪、冰粒、冻雨等相态。济南和青岛在 1999—2011 年 11 月至次年 3 月共有 300 个降雪日,发生在 220 次降水过程中,其中有 260 d 为直接降雪,40 d 存在雨雪转换。济南的雨雪转换过程主要发生在 2 月和 11 月,青岛则多在 1 月和 3 月(杨成芳 等,2013)。

为分析冬半年降水相态与影响系统的关系,表 4.1 给出了 220 次降雪过程分量级的降水相态及其影响系统。根据表 4.1 分析不同量级降雪的相态。可以看出,11 次暴雪(日降水量 ≥10 mm)过程均存在雨雪转换;24 次大雪(5.0 mm≤日降水量≤9.9 mm)过程有 15 次存在雨雪转换,占大雪过程的 63%;中雪以下(日降水量≤4.9 mm)的一般性降雪过程中,直接降雪占 92%。可见不同量级的降雪相态差异很大,暴雪和大部分大雪过程都存在相态变化,中雪以下的一般性降雪过程以直接降雪为主,较少涉及相态转换。另外,9 次直接降雪的大雪过程青岛只占两次,其他的都发生在济南,说明降水相态转换还与地域有关。由于青岛纬度较济南偏南且地处沿海,受南支系统影响更大,温度高导致降雪过程多存在雨雪转换。

从影响系统看,山东冬半年降雪过程的影响系统有:低槽冷锋、回流形势、江淮气旋、黄河气旋和切变线(低涡)。其中,大雪以上强降雪的影响系统以回流形势和江淮气旋为主,共占 66%,中雪以下的一般性降雪影响系统则低槽冷锋占绝对优势。可见,降雪量大小与影响系统有关。220 次降雪过程中,江淮气旋均存在雨雪转换,低槽冷锋、黄河气旋和切变线多产生直接降雪,尤其是低槽冷锋直接降雪比例高达 97%。细分不同量级降雪过程的影响系统和相态,11 次暴雪的影响系统有回流形势和江淮气旋两类,均存在雨雪转换。产生大雪的影响系统中,5 次江淮气旋均存在雨雪转换;回流形势大雪的雨雪转换过程占到同类别的 71%;切变线(低涡)大雪以直接降雪为主,占80%;低槽冷锋和黄河气旋大雪直接降雪和雨雪转换的比例相当。中雪以下降雪过程的影响系统中,回流形势均产生直接降雪,低槽冷锋、黄河气旋和切变线(低涡)产生的中雪以下降雪多为直接降雪。这是由于江淮气旋和回流形势下的强降雪过程,南支槽强盛,对流层中层存在较强暖湿气流,降水前期中低层通常存在逆温,降水过程中中层先增暖后降温,从而导致雨雪相态的转变。因此,江淮气旋和回流形势强降雪过程的相态不易把握。而低槽冷锋、回流形势、黄河气旋和切变线产生的弱降雪过程,一般南支槽偏南或偏弱,北支槽或中支槽占主导地位,对流层中层暖湿气流不显著,导致中低层温度低,因此直接产生降雪。

表 4.1 1999—2011 年两类降雪过程的影响系统

降水量级	降水类型	低槽冷锋	回流	江淮气旋	黄河气旋	切变线(低涡)	合计
所有降雪	直接降雪	119	36	0	17	8	180
	雨雪转换	14	11	10	3	2	40
暴雪	直接降雪	0	0	0	0	0	0
	雨雪转换	0	6	5	0	0	11
大雪	直接降雪	2*	2	0	1	4*	9
	雨雪转换	3	5	5	1	1	15
中雪以下	直接降雪	117	34	0	16	4	171
	雨雪转换	11	0	0	2	1	14

注:带 * 的表示各有 1 次发生在青岛。

4.2 降雪的温度和位势厚度特征

4.2.1 降雪的温度特征

4.2.1.1 所有降雪过程的温度特征

首先来看 300 个降雪日温度的总体情况。表 4.2 给出了这些降雪日降雪时各层的温度分布特征。从中可以看到,在降雪时,90%的个例 $T_{850} \leqslant -4\ ℃$,90%的个例 $T_{925} \leqslant -3\ ℃$,95%的个例 $T_{925} \leqslant -2\ ℃$,91%的个例 $T_{1000} \leqslant 0\ ℃$,92%的个例 $T_{地面} \leqslant 1\ ℃$。这个结果与漆梁波等(2012)采用多个样本统计的结果略有差异,其中 $T_{925} \leqslant -2\ ℃$ 高出 5%,这可能与所选择代表站的地域差异有关,同时也说明 $T_{925} \leqslant -2\ ℃$ 是多数情况下判别降雪的一个较为可靠的特性层温度指标。

表 4.2 1999—2011 年所有降雪日降雪时各层温度分布特征

温度(℃)	≤-4	≤-3	≤-2	≤0	≤1	≥2	≥3	最高
T_{850}	90%	94%	99%	100%	100%	0	0	0 ℃
T_{925}	80%	90%	95%	100%	100%	0	0	0 ℃
T_{1000}	48%	59%	68%	91%	98%	2%	0	2 ℃
$T_{地面}$	33%	41%	52%	79%	92%	6%	2%	3 ℃

300个降雪样本中,产生降雪时各层最高温度:$T_{850}\leqslant0$ ℃、$T_{925}\leqslant0$ ℃、$T_{1000}\leqslant2$ ℃、$T_{地面}\leqslant3$ ℃。也就是说,如果各层的温度超过这个最高限值,将不会产生降雪。

4.2.1.2 直接降雪的温度特征

1999—2011年济南和青岛的直接降雪日数为260个,占总日数的87%,说明冬半年降水以直接降雪为主。统计发现,直接降雪时,89%的个例$T_{850}\leqslant-5$ ℃,94%的个例$T_{850}\leqslant-4$ ℃,93%的个例$T_{925}\leqslant-3$ ℃,97%的个例$T_{925}\leqslant-2$ ℃,92%的个例$T_{1000}\leqslant0$ ℃,91%的个例$T_{地面}\leqslant1$ ℃(表4.3)。可见,850 hPa以下各层温度阈值所占比例都在90%以上,直接降雪过程在对流层低层的温度场表现出了较高的共性特征,因此各层温度可作为预报指标。将直接降雪日与所有降雪日的温度情况进行比较分析,发现直接降雪日地面及高空各层≤0 ℃的百分比较所有降雪日的均增大了2%以上,而$T_{地面}\leqslant1$ ℃的百分比减少了1%。尤其是$T_{850}\leqslant-4$ ℃的日数百分比达到94%,较所有降雪日高4%,其次是$T_{925}\leqslant-3$ ℃的百分比也明显提高了。这说明直接降雪要求各层的温度更低,在各层温度低的情况下,容易满足降雪温度阈值条件,可以直接判别为降雪。

表4.3　1999—2011年直接降雪日降雪时的各层温度分布特征

温度(℃)	≤−5	≤−4	≤−3	≤−2	≤0	≤1	≥2	≥3
T_{850}	89%	94%	97%	99%	100%	100%	0	0
T_{925}	82%	86%	93%	97%	100%	100%	0	0
T_{1000}	50%	58%	68%	75%	92%	97%	3%	0
$T_{地面}$	38%	41%	49%	59%	81%	91%	8%	2%

4.2.1.3 雨雪转换的温度特征

40次雨雪转换过程中,包括36次雨转雪和4次雪转雨过程,其中有10次过程产生雨夹雪,5次过程有冰粒。这种有雨雪相态转换和直接降雪的过程在温度场上有什么差异?在相态转换前后,各层温度是怎样变化的?以下做统计分析。

1)降雨

表4.4给出了雨转雪之前降雨的各层温度特征。降水形态为雨时,有18%的日数$T_{850}\leqslant-5$ ℃,$T_{850}\leqslant-4$ ℃的日数占34%;$T_{925}\leqslant-2$ ℃的日数占总数的24%,有45%的日数$T_{925}\geqslant1$ ℃;92%的日数$T_{1000}\geqslant1$ ℃,83%的日数$T_{1000}\geqslant2$ ℃;$T_{地面}\geqslant1$ ℃的日数占87%,74%的日数$T_{地面}\geqslant2$ ℃。这说明在雨雪转换过程中,近地面层的温度对降雨的指示性较好,$T_{1000}\geqslant1$ ℃降雨可能性大,可作为降雨温度阈值指标,其次是地面温度,一般$T_{地面}\geqslant2$ ℃为降雨。相比之下,在雨雪转换过程中,$T_{850}\leqslant-4$ ℃和$T_{925}\leqslant-2$ ℃温度条件下产生降雨的可能性仍较大,因此通常将这两个温度值作为雨雪转换的阈值指标并不可靠,850 hPa和925 hPa两个层次的温度对于相态没有明显指示性。

进一步分析$T_{850}\leqslant-5$ ℃仍然产生降雨的8个个例的低层温度。发现有5例的925 hPa温度低于−2 ℃,1000 hPa和地面的温度较高,其中1000 hPa温度均在3 ℃以上,有6例地面温度在3~4 ℃,2例分别为0 ℃和2 ℃。这表明,虽然850 hPa和925 hPa的温度达到一般降雪温度的阈值,但雪晶或冰晶下落至925 hPa以下时,由于1000 hPa温度高,雪晶或冰晶融化无法到达近地面,因而产生降雨。可见1000 hPa的温度对于降水相态有关键影响,应作为雨雪转换过程相态预报的重要因素。

表 4.4　1999—2011 年雨雪转换过程中降雨时各层温度分布特征

温度(℃)	≤−5	≤−4	≤−2	≤0	≥1	≥2	≥3
T_{850}	18%	34%	53%	71%	29%	11%	8%
T_{925}	3%	8%	24%	55%	45%	32%	18%
T_{1000}	0	0	3%	8%	92%	83%	76%
$T_{地面}$	0	0	0	13%	87%	74%	67%

2) 降雪

转雪时各层温度特征可从表 4.5 中获得。雨雪转换日中有 68% 的个例 T_{850}≤−4 ℃，82% 的个例 T_{925}≤−2 ℃，84% 的个例 T_{1000}≤0 ℃，90% 的个例 $T_{地面}$≤1 ℃。由此可见，只有近地面层温度显示出明显特点，即转雪时一般 T_{1000}≤0 ℃，$T_{地面}$≤1 ℃，对相态识别有参考价值。雨雪转换过程中 850 hPa 和 925 hPa 温度的温度阈值指标所占比例明显小于直接降雪，说明这两层温度对转雪也没有显著指示性，仅单层的高空温度似乎无法作为雨转雪的判据。

3 个转雪后不满足 $T_{地面}$≤1 ℃ 的个例均发生在青岛。925 hPa 以上的温度都低于−5 ℃，T_{1000}≤−1 ℃，说明 0 ℃ 层的高度已接近地面，雪在降落至近地面时不会融化。这同时说明了如果地面的温度较高，产生降雪的必要条件是 1000 hPa 的温度低于 0 ℃。

表 4.5　1999—2011 年雨雪转换过程中降雪时各层温度分布特征

温度(℃)	≤−4	≤−3	≤−2	≤−1	≤0	≤1	≥2
T_{850}	68%	74%	92%	95%	100%	100%	0
T_{925}	47%	63%	82%	95%	100%	100%	0
T_{1000}	11%	24%	38%	59%	84%	97%	3%
$T_{地面}$	0	5%	10%	15%	59%	90%	10%

3) 雨夹雪

济南和青岛的 10 次有雨夹雪的降雪过程中，有 7 次为雨转雨夹雪，2 次为雪转雨夹雪，1 次为雨夹雪转雪。可见雨夹雪发生在有雨雪相态转换的降水过程中，不会单独出现。从发生地域来看，青岛出现 9 次，济南仅 1 次，这可能与青岛位置更偏南且地处沿海有关，青岛更易受南方系统影响温度较高导致出现雨夹雪。

青岛有 4 次雨夹雪正好发生在 08 时(表 4.6)。统计发现这几个个例的共同特征为：产生雨夹雪时，1000 hPa 和地面的温度在 1～2 ℃；有 3 次过程的 0 ℃ 层高度在 1000 hPa 和 925 hPa 之间，1 次过程高于 925 hPa，这表明雨夹雪的低层温度基本介于降雨和降雪之间。更高层次的温度差异较大，如 2000 年 1 月 22 日和 2002 年 3 月 5 日 850 hPa 的温度分别为−7 ℃ 和−6 ℃，925 hPa 分别为−3 ℃ 和−2 ℃，和降雪的温度类似，而 2001 年 11 月 10 日 850 hPa 的温度却为−1 ℃，接近于降雨的温度。这 4 次雨夹雪个例的 850 hPa 温度似乎与经验预报指标(−3～−2 ℃)有差异。由于统计的样本少，可能不具有普适性，但也说明了雨夹雪在温度场上的复杂，单纯依靠某一层的温度不能断定是否产生雨夹雪。

表 4.6 1999—2011 年青岛雨夹雪的各层温度　单位：℃

日期	T_{850}	T_{925}	T_{1000}	$T_{地面}$	降水时间
2000 年 1 月 22 日	−7	−3	2	1(05 h),3(08 h)	02 时直接降雪,05 时转雨夹雪至 08 时,11 时转雨
2000 年 11 月 10 日	−1	1	1	2	08 时雨转雨夹雪,11 时转雪
2002 年 3 月 5 日	−6	−2	1	1(08 h)2(11 h)	05 时转雪,08 时雨夹雪至 11 时,14 时转雨
2010 年 3 月 4 日	−3	−1	0	1	05 时直接降雪,08 时转雨夹雪

4）冰粒

冰粒是由直径小于 5 mm 的透明或半透明的丸状或不规则状的冰粒子组成的较硬的固态降水,是冻结的雨滴或大部分融化后再冻结的雪团,或是包在薄冰壳里的霰。一般认为冰粒概念模式遵循"冰晶层—暖层—冷层",在中国东部中层暖层主要处在 700～850 hPa,冷层的平均最低气温在−4 ℃附近。由于温度层结的复杂性,冷暖层高度、相对厚薄都影响到是否能形成冰粒,因此准确识别冰粒是不容易的。本研究试图利用有限的个例寻找山东冰粒温度场的基本特征。

1999—2011 年,济南和青岛有记录的冰粒过程为 5 次,其中济南 4 次。与雨夹雪类似,山东冰粒也出现在有雨雪相态转换的过程中,为雨雪转换时的过渡状态。因其通常持续时间短,不易被观测到。分析 4 次冰粒正好发生在有探空时次的降雪过程,发现冰粒过程,发生在对流层中层西南暖湿气流强盛的环流形势下,700 hPa 以下的温度均≥−4 ℃。700 hPa 的温度较高,在−3～−1 ℃,远远高于降雪时 700 hPa 的温度（一般低于−6 ℃）,这是冰粒在温度场上最为显著的特征。4 次过程 850 hPa 温度差别不大,在−4～0 ℃。而 925 hPa 以下特征不明显,有的过程接近于降雨,如有两次 925 hPa 以下的温度大于 1 ℃,1000 hPa 至地面的温度在 2～3 ℃,而有的过程与降雪类似,两次地面温度为 0 ℃。因此,判别冰粒可主要参考 700 hPa 暖层的温度,其次为 850 hPa 的温度。

5）雨雪转换前后的 0 ℃层高度

冰晶、雪晶等固态降水粒子在温度为零下的云中形成,当固态粒子从高空降落,如果降到近地面层不融化则降水形式为雪,否则为雨,而能否融化取决于近地面层的温度。因此,迈克尔·阿拉贝(2006)认为,雪的形成要求云层下面 300 m 大气层的温度不能高于冰点。按照他的观点,雨雪转换过程的相态最需要关注的是 0 ℃层高度。分析济南和青岛 40 次雨雪转换前后降雨和降雪的 0 ℃层高度。发现降雨时,有 18 例 0 ℃层高度＞925 hPa,占总数的 45%,55% 的个例 0 ℃层高度在 1000～925 hPa,接近于 925 hPa。转雪时,0 ℃层高度≤1000 hPa 的有 34 例,占总数的 85%,其余个例的 0 ℃层高度在 1000～925 hPa,接近于 1000 hPa。可见,由降雨向降雪转换的过程中,0 ℃层的高度明显降低了,降雪时的 0 ℃层高度多降至 1000 hPa 以下,而降雨的 0 ℃层高度则高于 925 hPa 或在 925 hPa 上下。如果转换为特性层温度,当 T_{925}＞0 ℃时,为降雨,当 T_{1000}≤0 ℃时,雨转雪。

但是,当 0 ℃层高度在 1000～925 hPa 时,即 T_{1000}＞0 ℃且 T_{925}＜0 ℃时,可产生降雪,也可以产生降雨,那么在这种情况下,如何判别降雨和降雪呢？进一步分析此类个例的温度场,发现二者 1000 hPa 以下温度有明显差别。即降雨时,T_{1000} 和 $T_{地面}$ 至少有一层≥3 ℃,而降雪时 T_{1000} 和 $T_{地面}$ 均在 0～1 ℃。

从以上 40 个个例的统计结果可以看出,对于有相态转换的降雪过程,925 hPa 以下至地面的温度最为关键。这个结果与一些雨雪转换的个例分析基本一致,通过数值模拟也得到证实。如果使用特定层温度作为预报指标,将 925 hPa 以下各层与地面的温度结合起来判别雨雪相态转换,较使用单一特性层温度更为可靠。当各层温度满足以下条件之一为降雨:① T_{925} >0 ℃;② T_{1000}>0 ℃ 且 T_{925}<0 ℃ 时,同时 T_{1000} 和 $T_{地面}$ 至少有一层≥3 ℃。当各层温度满足以下条件之一时转为降雪:① T_{1000}≤0 ℃;② T_{1000}>0 ℃ 且 T_{925}<0 ℃ 时,同时 T_{1000} 和 $T_{地面}$ 的温度均在 0~1 ℃。

4.2.2 降雪的位势厚度特征

统计了济南和青岛的位势厚度,其中济南有 208 个时次,青岛 226 个时次。舍弃层次资料不全的时次。分别计算两站 700 hPa 与 850 hPa、700 hPa 与 925 hPa、850 hPa 与 925 hPa、850 hPa 与 1000 hPa、925 hPa 与 1000 hPa 的位势高度差。取离降雪开始或者雨转雪近的探测时次,若在两个时次中间,则 08 时和 20 时两个时次均统计。

经统计分析发现(表 4.7~4.16),雨转雪时,位势厚度具有以下特征,可供做降水相态预报时参考。

济南站:

$H_{700-850}$,高度差在 148~154 dagpm 的占 85.10%,其中 150~153 dagpm 占 65.87%;
$H_{850-1000}$,高度差在 125~130 dagpm 的占 93.69%,其中 127~129 dagpm 占 63.6%;
$H_{700-925}$,高度差在 215~220 dagpm 的占 68.27%,其中 216~219 dagpm 占 54.33%;
$H_{850-925}$,高度差在 65~67 dagpm 的占 87.98%;
$H_{925-1000}$,高度差在 60~61 dagpm 的占 74.27%。

青岛站:

$H_{700-850}$,高度差在 145~154 dagpm 的占 90.71%,其中 148~152 dagpm 占 60.18%;
$H_{850-1000}$,高度差在 125~130 dagpm 的占 87.56%,其中 126~129 dagpm 占 69.78%;
$H_{700-925}$,高度差在 212~219 dagpm 的占 68.14%;
$H_{850-925}$,高度差在 64~67 dagpm 的占 93.36%;
$H_{925-1000}$,高度差在 61~62 dagpm 的占 71.11%。

表 4.7 济南 208 个时次降雪过程 700 hPa 与 850 hPa 位势高度差

高度差 ($H_{700-850}$,dagpm)	次数	比例(%)
142	1	0.48
143	2	0.96
144	1	0.48
145	7	3.37
146	6	2.88
147	8	3.85
148	15	7.21
149	11	5.29
150	36	17.31
151	33	15.87
152	43	20.67
153	25	12.02
154	14	6.73
155	4	1.92
156	2	0.96

表 4.8　济南 208 个时次降雪过程 850 hPa 与 1000 hPa 位势高度差

高度差 ($H_{850-1000}$, dagpm)	次数	比例(%)
122	1	0.49
123	3	1.46
124	3	1.46
125	18	8.74
126	22	10.68
127	45	21.84
128	50	24.27
129	36	17.48
130	22	10.68
131	5	2.43
132	1	0.49

表 4.9　济南 208 个时次降雪过程 700 hPa 与 925 hPa 位势高度差

高度差 ($H_{700-925}$, dagpm)	次数	比例(%)
205	1	0.48
207	2	0.96
208	1	0.48
209	3	1.44
210	4	1.92
211	6	2.88
212	5	2.40
213	14	6.73
214	8	3.85
215	13	6.25
216	29	13.94
217	30	14.42
218	28	13.46
219	26	12.50
220	16	7.69
221	12	5.77
222	7	3.37
223	1	0.48
224	2	0.96

表 4.10　济南 208 个时次降雪过程 850 hPa 与 925 hPa 位势高度差

高度差 ($H_{850-925}$, dagpm)	次数	比例(%)
63	3	1.44
64	8	3.85
65	38	18.27
66	91	43.75
67	54	25.96
68	13	6.25
69	1	0.48

表 4.11　济南 208 个时次降雪过程 925 hPa 与 1000 hPa 位势高度差

高度差 ($H_{925-1000}$, dagpm)	次数	比例(%)
59	2	0.97
60	24	11.65
61	70	33.98
62	83	40.29
63	27	13.11

表 4.12　青岛 226 个时次降雪过程 700 hPa 与 850 hPa 位势高度差

高度差 ($H_{700-850}$, dagpm)	次数	比例(%)
141	1	0.44
142	2	0.88
143	2	0.88
144	6	2.65
145	10	4.42
146	11	4.87
147	21	9.29
148	25	11.06
149	26	11.50
150	29	12.83
151	28	12.39
152	28	12.39
153	16	7.08
154	11	4.87
155	6	2.65
156	3	1.33
157	1	0.44

表 4.13　青岛 226 个时次降雪过程 850 hPa 与 1000 hPa 位势高度差

高度差 ($H_{850-1000}$, dagpm)	次数	比例(%)
121	1	0.44
122	0	0.00
123	8	3.56
124	15	6.67
125	19	8.44
126	27	12.00
127	39	17.33
128	46	20.44
129	45	20.00
130	21	9.33
131	4	1.78

表 4.14　青岛 226 个时次降雪过程 700 hPa 与 925 hPa 位势高度差

高度差 ($H_{700-925}$, dagpm)	次数	比例(%)
204	2	0.88
205	0	0.00
207	4	1.77
208	3	1.33
209	7	3.10
210	8	3.54
211	12	5.31
212	17	7.52
213	14	6.19
214	21	9.29
215	18	7.96
216	24	10.62
217	22	9.73
218	23	10.18
219	15	6.64
220	11	4.87
221	13	5.75
222	6	2.65
223	4	1.77
224	1	0.44
225	1	0.44

表 4.15　青岛 226 个时次降雪过程 850 hPa 与 925 hPa 位势高度差

高度差 ($H_{850-925}$, dagpm)	次数	比例(%)
62	1	0.44
63	3	1.33
64	26	11.50
65	51	22.57
66	71	31.42
67	63	27.88
68	11	4.87

表 4.16　青岛 226 个时次降雪过程 925 hPa 与 1000 hPa 位势高度差

高度差 ($H_{925-1000}$, dagpm)	次数	比例(%)
59	7	3.11
60	32	14.22
61	68	30.22
62	92	40.89
63	25	11.11
64	1	0.44

4.2.3 降水相态预报着眼点

(1)山东冬半年降水相态与影响系统有关,不同量级的降雪相态差异很大。所有暴雪和大部分大雪过程都存在相态变化,中雪以下的一般性降雪过程以直接降雪为主,较少涉及相态转换。大雪以上强降雪的影响系统中,江淮气旋暴雪和大雪、回流形势暴雪和大部分回流大雪存在雨雪转换;切变线(低涡)大雪以直接降雪为主;低槽冷锋和黄河气旋大雪直接降雪和雨雪转换的比例相当。中雪以下降雪的影响系统中,回流形势均产生直接降雪,低槽冷锋、黄河气旋和切变线(低涡)多为直接降雪。

(2)降雪的各层温度消空条件为:$T_{850}>0$ ℃,$T_{925}>0$ ℃,$T_{1000}>2$ ℃或$T_{地面}>3$ ℃。

(3)无相态转换的直接降雪过程一般发生在温度较低、垂直变化单一的条件下,850 hPa以下各层均有明显降雪温度阈值:$T_{850}\leqslant-4$ ℃,$T_{925}\leqslant-3$ ℃,$T_{1000}\leqslant 0$ ℃或$T_{地面}\leqslant 1$ ℃。

(4)济南的雨雪转换过程主要发生在2月和11月,青岛则多在1月和3月。在雨雪转换过程中,850 hPa和925 hPa的温度对于相态变化没有明显指示性,1000 hPa以下的温度最为关键。将925 hPa以下各层与地面的温度结合起来判别雨雪相态转换,较使用单一特性层温度更为可靠。当各层温度满足以下条件之一为降雨:$T_{925}>0$ ℃;$T_{1000}\geqslant 2$ ℃;$T_{1000}>0$ ℃且$T_{925}<0$ ℃,同时T_{1000}和$T_{地面}$至少有一层$\geqslant 3$ ℃。当各层温度满足以下条件之一为雨转雪:$T_{1000}\leqslant 0$ ℃;$T_{1000}>0$ ℃且$T_{925}<0$ ℃,同时T_{1000}和$T_{地面}$均在0~1 ℃。

(5)0 ℃层高度可用于雨雪转换指标:降雨时0 ℃层高于925 hPa或在925 hPa上下,当0 ℃层的高度降至1000 hPa上下时转为降雪。

(6)雨夹雪和冰粒发生在有雨雪相态转换的降水过程中,不会单独出现。产生雨夹雪时,T_{1000}和$T_{地面}$为1~2 ℃,0 ℃层高度多在1000~925 hPa,其特征介于降雪和降雨之间,但850 hPa的温度差异较大,有的具有降雪特征,有的接近降雨。冰粒在温度场上的显著特征为700 hPa的温度较高,在-3~-1 ℃。

(7)对流层低层的位势厚度对雨转雪有一定参考价值。

总之,冬半年降水相态预报应综合考虑影响系统和各特性层温度等因素。其预报着眼点为,首先分析天气形势及其配置,确定影响系统,以初步判断是否会出现相态转换;然后综合分析对流层低层各层温度识别降水相态,对于有相态转换的过程重点关注1000 hPa至地面的温度,尤其是在江淮气旋和回流形势两种系统影响下。

4.3 降水相态逆转的特征

在近年来的实际预报业务和降水相态研究中发现,相态逆转降雪过程在华北、黄淮等地普遍存在,同样值得关注。由于后期转雨使得整个降雪过程纯雪量相对减小,降水相态是否逆转将影响到降雪预警的发布以及社会对交通安全的不同防范。例如,2012年11月3—4日发生了一次由黄河气旋引起的大范围雨转雪、雪转雨过程,逆转出现在北京、天津、河北至山东西北部地区。如果按照24 h降水量级划分标准,在同一天气系统影响下,北京先后经历了大雨(34 mm)转大暴雪(25 mm)再转中雨(10.1 mm)的过程。2012年12月13—14日,济南市出现了一次雨雪过程,雪转雨后的降水量达到了6.2 mm。

降水相态逆转是一个复杂的问题。本章研究旨在通过大量历史个例寻找相态逆转降雪过程的共性特征和发生发展规律,为降水相态的精细化预报提供科学依据。重点围绕影响系统、出现时间、逆转前后的温度变化及各类系统逆转的天气形势特征开展研究(杨成芳 等,2017)。

从1999—2013年山东降雪过程中共普查出24次降水相态逆转降雪天气过程,具体见表4.17。

表4.17 1999—2013年24次相态逆转降雪过程

日期	转换过程	逆转时间	区域	代表站点	影响系统
2000年1月4日	雨—雪雨—冰粒—雪	08—11时	鲁西北、鲁中北部	陵县、惠民	江淮气旋
2001年1月6日	雪—雨夹雪—雨—雨夹雪—雪	14时	鲁南	沂源	江淮气旋
2008年12月28日	雪—雨	14时	鲁中	济南、莱芜	江淮气旋
2012年3月22日	雨—雨夹雪—雨	17时	鲁中东部、半岛南部	青岛	江淮气旋
2012年12月13日	雨—雪—雨	23时	鲁中北部、鲁西北	济南	江淮气旋
2013年2月3日	雪—雨	14时	鲁中、半岛南部	济南	江淮气旋
2000年1月9日	雪—雨	20时	半岛南部	海阳	暖切变线
2001年12月10日	雪—雨	08—14时	鲁西南、河南东部、安徽西部	菏泽	暖切变线
2002年12月20日	雨—雨夹雪—雨	08—20时	鲁西南、河南东部	曹县	暖切变线
2004年1月15日	雪—雨—雪	14时	鲁南	兖州	暖切变线
2012年2月12日	雪—雨夹雪—雨	20时至次日08时	半岛南部	青岛	暖切变线
2012年3月4日	雪—雨	08—11时	半岛南部	青岛	暖切变线
2000年11月8日	雪—雨	14—20时	鲁西南,鲁西北南部	范县定陶	低槽冷锋
2001年12月12日	雪—雨	14时	半岛	海阳	低槽冷锋
2004年12月17日	雪—雨	05时	鲁西北局部	陵县	低槽冷锋
2005年12月31日	雨—雪—雨	14时	鲁南	苍山	低槽冷锋
2006年4月12日	雪—雨	08	鲁西北	邹平	低槽冷锋
2006年12月31日	雪—雨—雪	14时	鲁南	费县	低槽冷锋
2009年2月9日	雨—雪—雨	05	鲁东南局部	莒县	低槽冷锋
2009年3月24日	雨—雪—雨	14时	鲁中北部	济南	低槽冷锋
2012年1月30日	雪—雨	14时	鲁东南局部	莒县	低槽冷锋
2010年1月3日	雪—雨	20时	半岛南部局部	青岛	黄河气旋
2010年3月17日	雪—雨	14时	半岛局部	莱阳	黄河气旋
2012年11月4日	雨—雪—雨	14时	河北、北京、天津、鲁西北、鲁中北部的部分地区	夏津	黄河气旋

4.3.1 降水相态逆转天气过程的温度特征

4.3.1.1 影响系统

冬季,山东降雪的天气系统有低槽冷锋、回流形势、江淮气旋、黄河气旋和切变线五类。从表4.17中可以看出,24次降水相态逆转过程中,低槽冷锋有9次,江淮气旋6次,暖切变线6

次,黄河气旋3次。可见,除了回流形势以外,其他各类天气系统均可以产生降水相态逆转,但以低槽冷锋发生逆转的次数最多,其次是江淮气旋和暖切变线系统。这可能与降雪发生的频率以及天气系统结构有关。据统计,在1999—2011年济南和青岛的220次降雪过程中,低槽冷锋有133次,占51%,比其他类降雪的总和还多,因此低槽冷锋降雪发生相态逆转的概率也大。虽然回流形势降雪的次数仅次于低槽冷锋,但由于回流形势降雪低层为较强冷平流,温度低,不易发生相态逆转(杨成芳 等,2013)。

4.3.1.2 月变化

图4.1给出了1999—2013年间各月山东降水相态逆转总日数。从图中可以看出,11月至次年4月山东均可产生降水相态逆转天气。逆转主要发生在12月和1月,逆转日数12月最多,15年间共8 d,其次是1月。2月、3月、11月日数基本相当,为2~4 d。

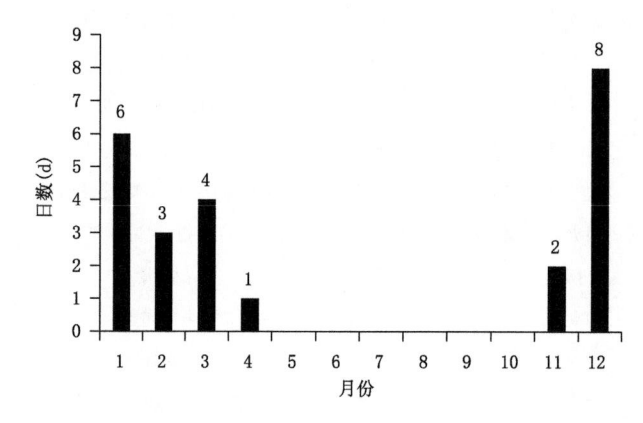

图4.1 1999—2013年山东降水相态逆转日数月变化

4.3.1.3 日变化

从相态逆转发生的时间(表4.18)来看,降水相态逆转在一天24 h内均可发生。其中,14时最容易发生逆转,占逆转总次数的39%,远远大于其他时次,而23时至次日05时最少,只是偶尔发生,每个时次仅占总次数的3%或6%。这说明降水相态逆转有明显的日变化,受气温日变化的影响较大,因为在不考虑温度平流影响的情况下,通常冬季14时前后是一天之中气温最高的时段,由于气温升高而导致雪转雨,产生相态逆转;反之,傍晚至夜间,气温逐渐下降,通常23时至次日05时气温降至较低阶段,不利于雪转雨。

另外,从表4.18中还可以看出,08时、14时和20时较其他时次的逆转次数多,其他时次相对较少,除了气温日变化的因素以外,可能还与观测规范有关。2013年12月31日以前,我国08时、14时和20时所有人工观测站均需观测且发报,而02时、05时、11时、17时和23时发报站数少,在这些时段没有观测的站点的降水相态变化可能被忽略。

表4.18 1999—2013年山东降水相态逆转的日变化

时间	02时	05时	08时	11时	14时	17时	20时	23时
次数	1	2	6	4	14	3	5	1
百分比(%)	3	6	16	11	39	8	14	3

4.3.1.4 相态逆转前后的温度特征

为了分析降水相态逆转前后各层的温度及其变化情况,从 24 次有相态逆转降雪过程中选取了各层温度资料齐全的 16 次过程,分别统计每次过程降雪及转雨后的 850 hPa、925 hPa、1000 hPa 和地面 2 m 温度和温差,详见表 4.19 和图 4.2。温差为降雨时的温度减降雪时的温度。

表 4.19　1999—2013 年 16 次雪转雨过程各层温度及温差　单位:℃

日期	雪转雨温差 850 hPa	雪转雨温差 925 hPa	雪转雨温差 1000 hPa	surf	850 hPa 雪	850 hPa 雨	925 hPa 雪	925 hPa 雨	1000 hPa 雪	1000 hPa 雨	surf 雪	surf 雨	系统
2000 年 1 月 4 日	1	0	2	−1	−1	0	1	1	−1	1	1	0	A
2001 年 1 月 6 日	4	0	−2	2	−7	−3	−2	−2	4	2	0	2	A
2008 年 12 月 28 日	0	−1	−1	1	−5	−5	−2	−3	1	0	1	2	A
2012 年 12 月 13 日	0	−1	1	1	−1	−1	0	−1	1	2	1	2	A
2013 年 2 月 3 日	1	−1	2	2	−3	−2	0	−1	−2	0	−1	1	A
2000 年 1 月 9 日	0	2	−1	2	−3	−3	−1	1	2	1	0	2	B
2001 年 12 月 10 日	2	1	−1	2	−6	−4	−3	−2	0	1	0	2	B
2002 年 12 月 20 日	0	1	−1	1	−1	−1	2	3	4	3	1	2	B
2004 年 1 月 15 日	−1	−1	0	2	−4	−5	0	−1	2	2	2	4	B
2012 年 2 月 12 日	2	2	0	1	−7	−5	−3	−1	0	0	0	1	B
2012 年 3 月 4 日	2	2	2	1	−2	0	0	2	0	2	0	1	B
2000 年 11 月 8 日	−1	4	0	2	−2	−3	−4	0	2	2	0	2	C
2005 年 12 月 31 日	2	2	0	1	−2	0	−3	−1	−1	−1	0	1	C
2012 年 1 月 30 日	0	3	1	1	−8	−8	−6	−3	−2	−1	−1	0	C
2010 年 1 月 3 日	2	6	9	1	−7	−5	−7	−1	−5	4	3	4	D
2010 年 3 月 17 日	−1	0	0	3	−8	−9	−5	−5	−1	−1	0	3	D

注:A 代表江淮气旋,B 代表暖切变线,C 代表低槽冷锋,D 代表黄河气旋;surf 代表地面;温差是指降雨的温度与降雪的温度之差。

1)各层温度

首先来看相态逆转前后各层的具体温度。从表 4.19 和图 4.2a 中可以看出,850 hPa 降雪时温度在 −8～−1 ℃,转雨时在 −9～0 ℃,二者的中位数(指 50%分位)均为 −3 ℃,区别不显著,说明在雪转雨过程中,850 hPa 的温度的区分效果不好,没有明显指示意义。

与 850 hPa 相比,925 hPa 的指示性略明显一些,降雪时温度在 −7～2 ℃,中位数为 −2 ℃;转雨时在 −5～3 ℃,中位数为 −1 ℃,但 25%～75%分位的区间仍然较大,且雪和雨的温度区间重叠较大,因此区分效果仍然不理想。

1000 hPa 降雪时温度 −5～4 ℃,转雨时在 −1～4 ℃。降雪的中位数接近于 0 ℃,转雨的中位数为 1 ℃,90%的个例转雨时的温度在 0～2 ℃,说明降雨的温度跨度更短,指示意义更为明显。

最后来看地面 2m 温度。从图 4.2 箱须图显示,降雨时温度的中位数为 2 ℃,降雪和降雨时 25%～75%的区间没有交叉,降雪为 0～1 ℃,而降雨为 1～3 ℃。与 850～1000 hPa 相比,

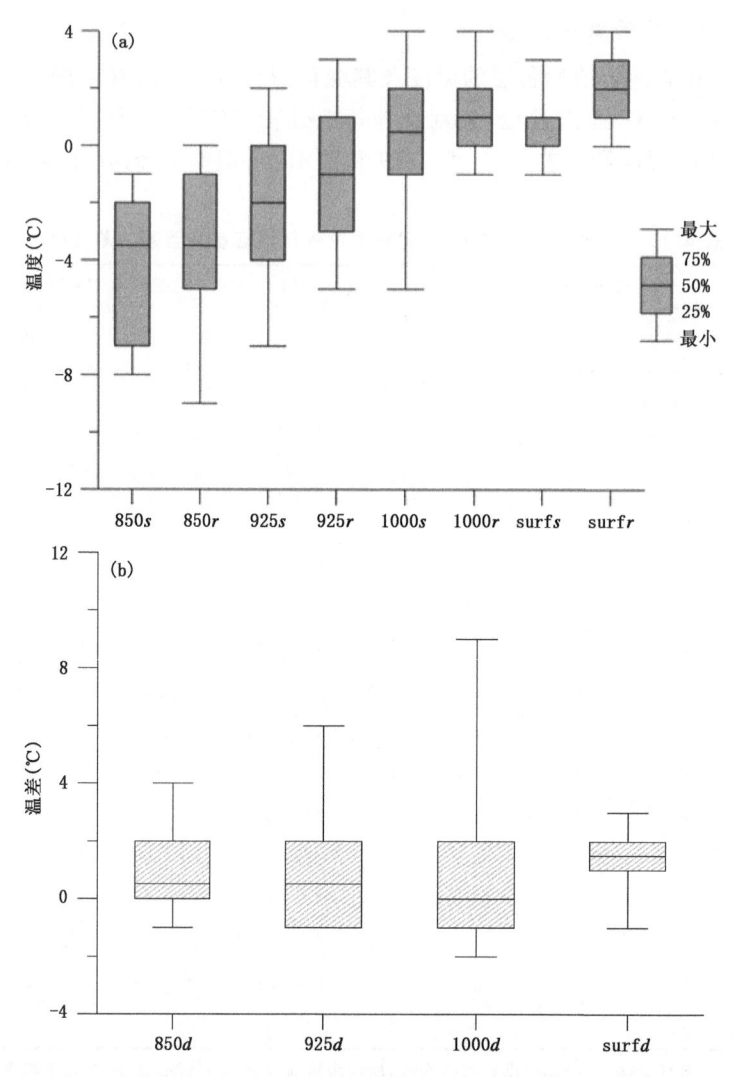

图 4.2　16 次降雪过程相态逆转前后各层温度(a)及温差(b)箱须图
(后缀 s 表示降雪，r 表示降雨，d 表示温差，单位：℃)

地面 2 m 温度 25%～75%的区间更为集中。降雪时 2m 温度在−1～3 ℃，81%的个例在 0 ℃左右(−1～1 ℃)，因此，对于有相态逆转过程转雨前降雪的地面 2 m 最低温度阈值为−1 ℃，低于该温度雪转雨的概率极低。转雨时地面 2 m 温度在 0～4 ℃，94%的个例 2 m 温度≥1 ℃，其中 62%的个例 2 m 温度在 2～4 ℃。

2)温度变化

接下来分析相态逆转前后各层的温度变化。分析发现，所有的个例在逆转过程中地面 2 m 至 850 hPa 至少有 1 个层次升温，69%的个例有 2 个层次以上升温(表 4.19)。只有 1 个层次升温的个例，升温层次为地面。唯一地面降温的逆转个例是 2000 年 1 月 4 日，地面降温 1 ℃，但其 1000 hPa 升温 2 ℃，850 hPa 升温 1 ℃，925 hPa 温度不变。这表明，只要地面 2 m 温度升高，就可能发生降水相态逆转，如果地面温度略有下降，但同时 1000 hPa 温度升高，则也可能产生降水相态逆转。

具体来看,16 次过程中,850 hPa 有 8 次升温幅度为 1～4 ℃,5 次温差为 0 ℃,3 次温度下降 1 ℃。925 hPa 有 8 次升温幅度为 1～6 ℃,4 次温差为 0 ℃,4 次温度下降 1 ℃。1000 hPa 有 6 次升温,其中 5 次升温幅度为 1～2 ℃,1 次升温幅度为 9 ℃,5 次温差为 0 ℃,5 次温度下降 1～2 ℃。从中位数来看,1000～850 hPa 各层的温度升温幅度均不足 1 ℃(图 4.2b)。显然,相态逆转降雪过程高空的升温不如地面 2 m 明显。

地面 2 m 气温有 14 次温度升高,升温个例占总数的 88%,升温幅度在 1～3 ℃,其中 1～2 ℃ 占 81%,仅有 1 次降温 1 ℃,1 次温差为 0 ℃。箱须图也显示出,与其他层次相比,地面 2 m 的温差 25%～75% 的区间最为集中,在 1～2 ℃,说明绝大多数个例逆转时地面 2 m 的升温幅度为 1～2 ℃。

可见,雪转雨时最显著的特征是地面 2m 气温升高,升温幅度多在 1～2 ℃;高空各层温度以升高或不变为主(占 75% 以上),下降个例的降温幅度一般为 1 ℃(占 92%),只有 1 次降温幅度 2 ℃。

通过以上分析,总结降水相态逆转前后的各层温度及其温差特征,主要有以下几点:

(1)相态逆转降雪过程中,从地面至 850 hPa 至少有一个层次为升温,69% 的个例有 2 个层次以上升温。

(2)雪转雨时最显著的特征是地面 2 m 气温升高,升温幅度多在 1～2 ℃;同时高空各层温度以升高或不变为主,升温幅度多在 2 ℃ 以内,少数个例下降,降温幅度不超过 1 ℃。

(3)就相态逆转前后的各层温度而言,850 hPa 和 925 hPa 的指示性均不明显,地面 2 m 温度指示性最好,其次为 1000 hPa。相态逆转过程中,地面 2 m 温度降雪时在 0 ℃ 左右,-1 ℃ 为最低阈值;1000 hPa 降雪时接近于 0 ℃。

4.3.1.5 雪转雨与雨转雪过程的温度对比

在有相态转换的降雪过程中,有的过程只有雨转雪,而有的过程降雪再转换为降雨。那么,这两种转换过程的温度有何差异? 图 4.3 给出了 1999—2013 年 16 次雪转雨过程和 31 次雨转雪过程各层的温度,以此对比分析两种不同相态转换过程中降雪和降雨的温度特征。

(1)降雪。从中位数来看,雪转雨过程 1000～850 hPa 的各层的温度均高于相应层次雨转雪过程的温度;25%～75% 分位的温度,二者在 850 hPa 相当,1000～925 hPa 雪转雨高于雨转雪。地面 2 m 温度,25%～75% 分位的温度集中度,二者基本相同(图 4.3a)。这说明有相态逆转的降雪过程降雪时对流层低层(1000～850 hPa)的温度较无相态逆转的更高一些,而两者在地面 2 m 的温度差别不大。

(2)降雨。降雨的温度差异与降雪正好相反。图 4.3b 显示出,从 850 hPa 至 1000 hPa,无论是中位数,还是 25%～75% 的温度范围,雪转雨过程中降雨时的温度均低于雨转雪时降雨的温度;而地面 2 m 温度,前者中位数低于后者,75% 的个例温度上限前者低于后者。这说明,有相态逆转的降雪过程降雨时高空和地面的温度更低一些。

以上对比分析表明,就平均状况而言,两种雨雪转换过程的降雪时和降雨时的温度有明显差异,降雪过程中相态逆转要求对流层低层的温度更高一些,易于向降雨转换,如果温度太低则不利于向降雨转换。而转雨之后的温度相对较低。

4.3.2 各类系统相态逆转的天气形势特征

以上分析了降水相态逆转过程的各层温度特征。对于预报员来说,除了温度要素以外,还

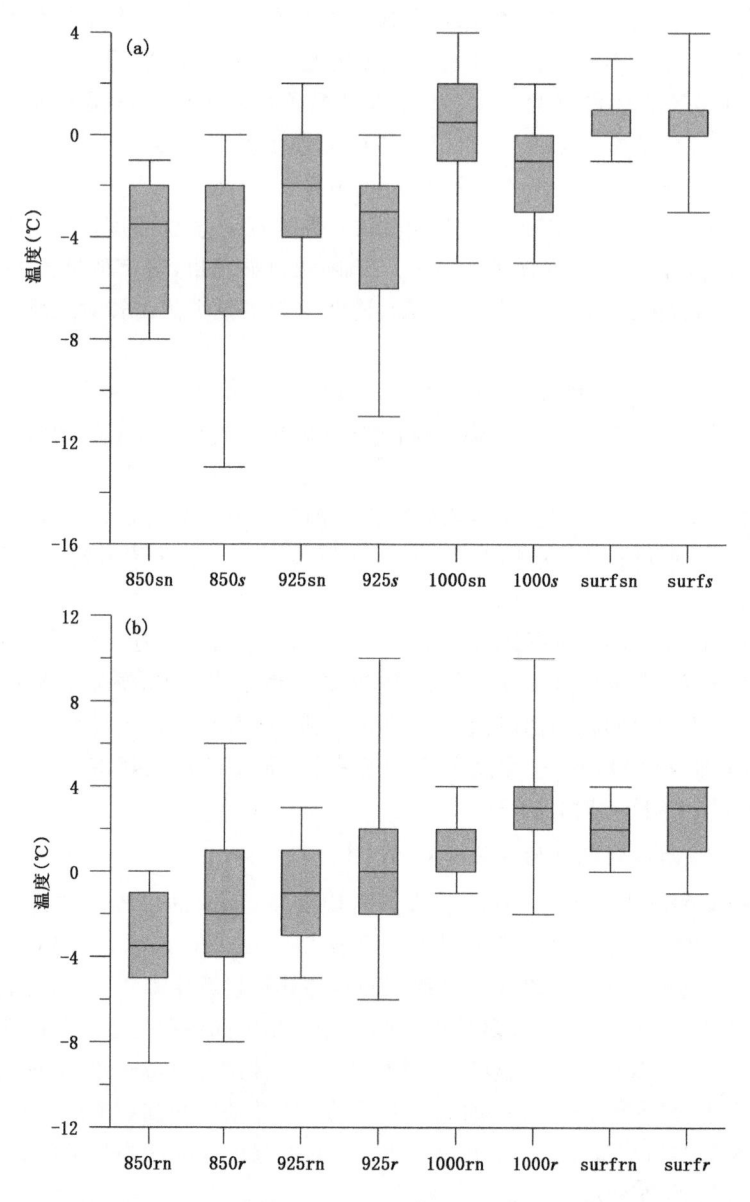

图 4.3 雪转雨与雨转雪过程降雪时(a)和降雨(b)的温度

(sn 表示雪转雨的降雪,s 表示雨转雪的降雪,rn 表示雪转雨的降雨,r 表示雨转雪的降雨,surf 表示地面;单位:℃)

要理解相态逆转过程的发生机制,清楚逆转发生在什么天气形势之下,影响系统如何,以及各类天气系统的高低空配置特点等。下文将结合个例给出不同天气系统相态逆转过程的雨雪特点及天气形势特征。

4.3.2.1 低槽冷锋

低槽冷锋造成的降水相态逆转过程发生频次高于其他类天气系统。分析这些个例的雨雪特点,发现多为局地逆转,每次过程通常只有一个或几个测站。转换有两种情况:一种是两次转换,先降雨,雨转雪,雪再转雨;另一种情况是过程开始直接降雪,降雪持续一段时间以后转雨。

其环流形势的共性特征为:雨雪均发生在低槽前部,低槽前有西南气流,冷空气弱,对流层低层暖平流升温导致雪转雨。

(1)雨—雪—雨。雨转雪再转雨的降水过程以降雨为主。雨转雪发生在夜间,降雪持续时间短。通常前期气温较高,降水过程开始时,产生降雨。在夜间,气温降低导致转雪,当有暖平流影响时,低层温度升高导致雪转雨。

(2)雪—雨。这种情况的发生,均是由于在降雪过程开始前的几天内有冷空气影响导致气温较低,过程开始时直接降雪,当低槽前暖平流影响或者日变化升温使得雪转雨。日变化引起的逆转,在天气图上表现为温度平流和冷空气弱,850~1000 hPa 一般温度不变或没有升温,下午地面 2 m 温度略有升高导致雪转雨。

2005 年 12 月 31 日降雪是较为典型的低槽冷锋逆转过程(图 4.4)。雨雪转换发生在鲁南地区,包括苍山、莒南、临沭、邹城等地,30 日 20 时降雨,31 日 02 时开始转雪,降雪持续至 08 时,11 时以后陆续转为降雨。

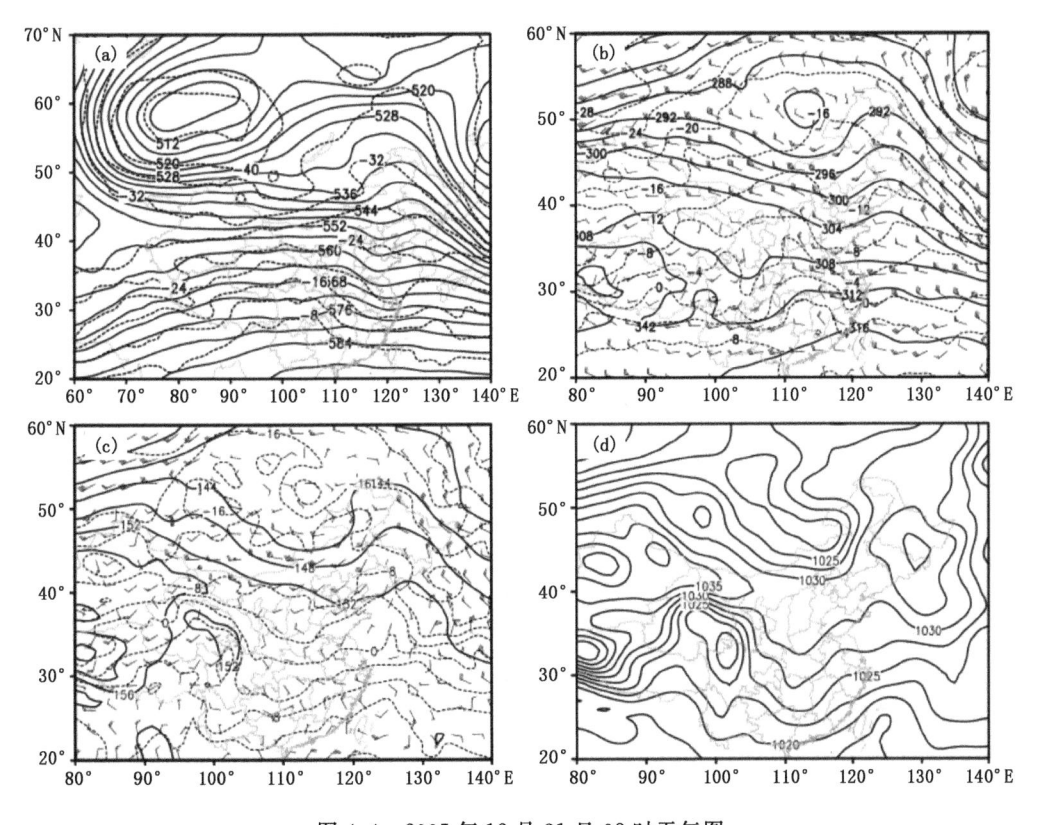

图 4.4 2005 年 12 月 31 日 08 时天气图
(a. 500 hPa,b. 850 hPa,c. 925 hPa,实线为等高线,虚线为等温线;d. 地面图)

30 日 08 时,降水尚未开始,山东处在对流层中低层的低槽前部,850~925 hPa 为弱冷平流控制,地面冷空气已经影响山东,但 30 日 14 时鲁南地区的地面 2 m 温度在 5 ℃左右,故在 30 日下午降水过程开始时降水性质为雨。随着冷空气的南下,夜间温度降低,23 时开始鲁南地面 2 m 温度降至 −0.5~1 ℃,部分站点转雪。31 日白天,低槽东移,槽后弱脊逐渐控制山东地区,对流层低层温度开始升高,31日08—20时,济南探空站850 hPa和925 hPa的温度均升高了2 ℃,临沭站地面2 m温度由08时1 ℃升高至14时2 ℃,低层温度升高导致14时前后转为降雨。30日08时—31日08时850 hPa由0 ℃降至-4 ℃,降温幅度为4 ℃,而31日20时又回升至-2 ℃。可见,冷空气弱、持续时间短、后期升温是本次低槽冷锋过程的主要特点,也是雪转雨的有利因素。由于此次过程转雪发生在夜间02时前后,转雨发生在14时前后,正是温度日变化最明显的时段,因此除了低层温度平流升温影响外,此次降雪过程可能还受到温度日变化的影响。

4.3.2.2 江淮气旋

1999—2013年共出现了6次江淮气旋相态逆转过程,发生概率仅次于低槽冷锋。较为典型的过程有2000年1月4日、2001年1月6日、2012年12月13日、2013年2月3日等。分析这些个例,可总结出江淮气旋降水相态逆转过程有以下特点:

(1)可产生较大范围的逆转,有的过程可超过10站。如2012年12月13日的降雪过程,包括济南、淄博、乐陵等在内的11个测站产生了相态逆转,发生在鲁西北和鲁中的北部地区。

(2)逆转时间不固定,在白天和夜间均可发生。这主要是由于江淮气旋过程在对流层低层有明显暖平流,低层升温,导致雪转雨。故此类逆转的主要影响因子是温度平流,其次是温度日变化。

(3)相态转换可为雨转雪再转雨,也可能为雪转雨,有的过程后期可再次转雪。降水过程开始降水相态是雪还是雨,取决于前期的温度,如果在降水过程开始前几天内有冷空气影响,造成温度低(如2000年1月4日过程),或者降水开始时发生在夜间温度最低的时段(如2001年1月6日),可直接产生降雪。如果500 hPa低槽明显后倾,在气旋移出之后,降水仍可持续一段时间,由于低层冷空气或者日变化降温会导致雨再次转雪(如2000年1月4日和2001年1月6日过程)。

(4)雪转雨均发生在江淮气旋即将形成前的3 h内,这是所有江淮气旋相态逆转降雪过程的显著共性特征。在环流形势上表现为,850 hPa有明显暖脊,以东南风为主(少数个例为西南风),有时候可达到急流强度。雪转雨发生在850 hPa低涡或暖切变线的第一象限区域(图4.5)。

4.3.2.3 暖切变线

暖切变线降水相态逆转的发生概率与江淮气旋过程相当,1999—2013年也出现了6次。其逆转特征为:

(1)暖切变线降雪过程的逆转主要发生在鲁南和山东半岛南部地区,在山东多为局部逆转,少有大范围逆转发生。有的过程逆转会发生在鲁、豫、皖交界处,即鲁西南、河南东部和安徽西北部。这与切变线的降雪落区有关,因暖切变线通常从江淮一带向北移动,影响山东时主要降雪发生在鲁南、鲁中南部和半岛南部地区。

(2)环流形势表现为500 hPa一般为中支槽影响,无北支槽,意味着冷空气较弱。850 hPa上有暖切变线,前期暖切变线明显,位于江淮流域或更偏南位置,当暖切变线向北移动至接近山东时已经不明显。逆转发生在暖切变线后期。山东处在暖切变线北侧的东南风气流中,有时安徽的徐州一带850 hPa或925 hPa的东南风可达到低空急流强度。在此天气形势配置下,近地面没有明显冷空气,当低层有东南风暖平流影响时,温度升高,从而导致雪转雨。

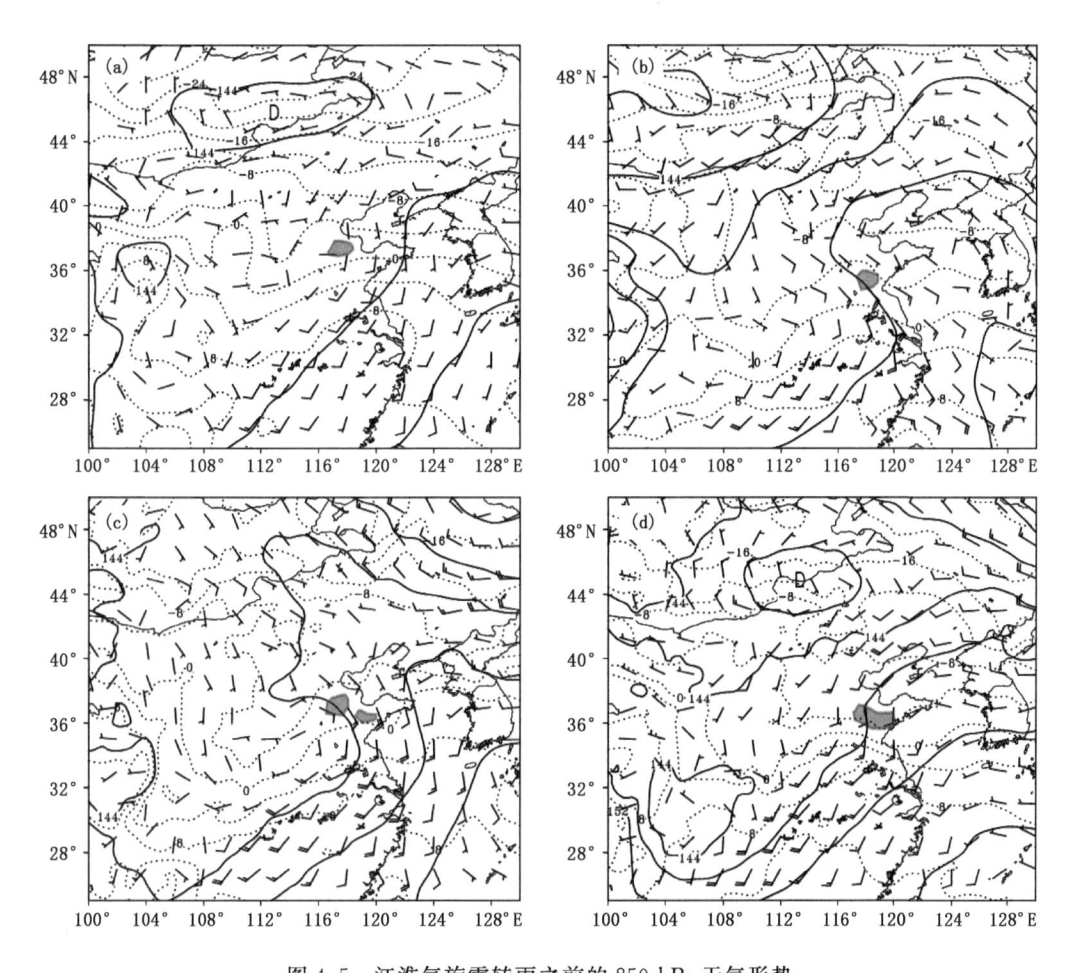

图 4.5 江淮气旋雪转雨之前的 850 hPa 天气形势
(a. 2000 年 1 月 4 日 20 时,b. 2001 年 1 月 6 日 08 时,c. 2012 年 12 月 13 日 20 时,
d. 2013 年 2 月 3 日 08 时,图中阴影为雪转雨区域,实线为等高线,虚线为等温线)

(3)在温度场上较为显著的特征为 1000 hPa 的温度较高,降雪时的温度均在 0 ℃ 以上。而据文献(杨成芳 等,2013)统计,山东 91% 的降雪过程降雪时 1000 hPa 的温度≤0 ℃。因此,在其他条件满足的情况下,当 1000 hPa 的温度略高于通常降雪阈值时,应考虑是否有发生相态逆转的可能性。

2012 年 2 月 12 日的降雪过程较为典型,在天气形势高低空配置方面具备上述特征(图4.6)。此次过程逆转发生在日照至青岛一带,其中,日照 12 日 17 时之前降雪,17 时转雨夹雪,20 时转雨;青岛 13 日 02 时降雪,05 时转雨夹雪,08 时转雨。

4.3.2.4 黄河气旋

黄河气旋降水相态逆转过程较少,1999—2013 年仅出现了 3 次。其中,大范围逆转 1 次,局部逆转 2 次。下面分别分析不同逆转范围天气过程的特征。

1)黄河气旋大范围相态逆转过程

2012 年 11 月 4 日发生了一次黄河气旋产生的大范围雨转雪、雪转雨过程,逆转发生在北京、天津、河北至山东西北部(图 4.7)。3 日白天华北至山东降雨,4 日 02—08 时北京、河北大

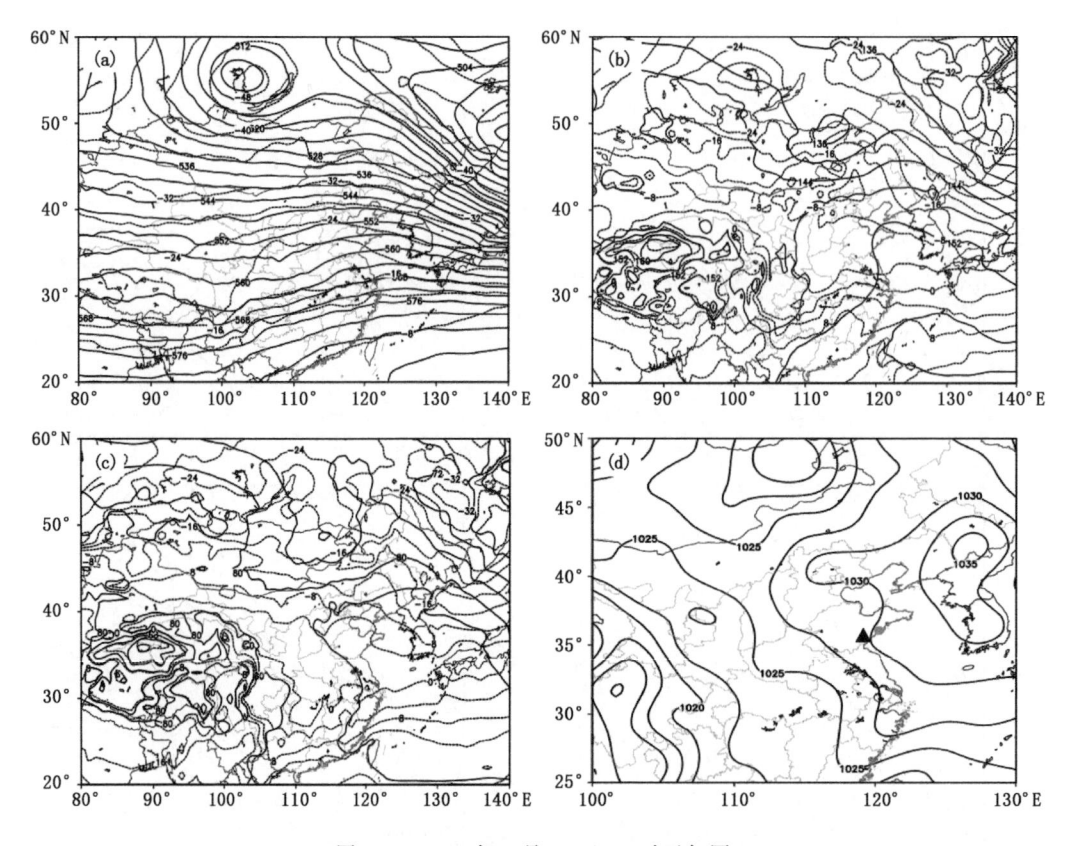

图 4.6　2012 年 2 月 12 日 08 时天气图
(a. 500 hPa, b. 850 hPa, c. 925 hPa, 实线为等高线，虚线为等温线; d. 地面图, 图中三角为相态逆转区域)

部、山东西北部地区转为降雪,11 时起上述地区又陆续转为降雨。北京 3 日 11 时—4 日 02 时降雨,降雨量为 34 mm,4 日 02—08 时降雪,降雪量 25 mm,08 时以后转雨,至 4 日 20 时降雨量为 10.1 mm。如果按照 24 h 降水量量级划分标准,北京先后经历了大雨转大暴雪再转中雨的过程。此次过程山东惠民站 4 日 08 时之前降雨,08—11 时转为降雪,14 时又转雨。

分析各地相态逆转时的高低空天气形势,可以看出,冷空气自 3 日 14 时开始影响北京,17 时北京已转为气旋后部的西北风,气温逐渐下降,4 日 02 时地面 2 m 气温最低为 1 ℃。4 日 08 至 20 时,850 和 925 hPa 的温度分别维持为 −2 ℃、0 ℃。4 日 08 时地面 2 m 气温为 2 ℃,北京由夜间的降雪转为雨夹雪,4 日 11 时地面仍然为北风,但风力已减弱,由之前 6 m·s^{-1} 减弱为 4 m·s^{-1},地面 2 m 气温升为 3 ℃,14 时进一步升至 4 ℃。这说明,在 4 日白天,虽然 850~925 hPa 的温度平流没有变化,但近地面层温度升高,导致雪转雨。

再来分析山东的情况。与北京不同的是,山东处在黄河气旋的南侧,各站相态逆转时冷空气尚未开始影响,近地面仍为偏南风。4 日 08—20 时,山东西北部对流层中低层在低涡右侧的西南风控制之下,济南探空站 500~700 hPa 均升温 3 ℃,850 hPa 升温 2 ℃,925 hPa 升温 1 ℃,因而雪转雨。

可见,在此次大范围降水相态逆转过程中,位于气旋北侧的北京主要是对流层低层温度在降雪阈值附近的情况下,当白天由于日变化近地面层升温导致雪转雨,而气旋南部山东的相态逆转主要是由于低涡右侧的暖平流升温造成的。

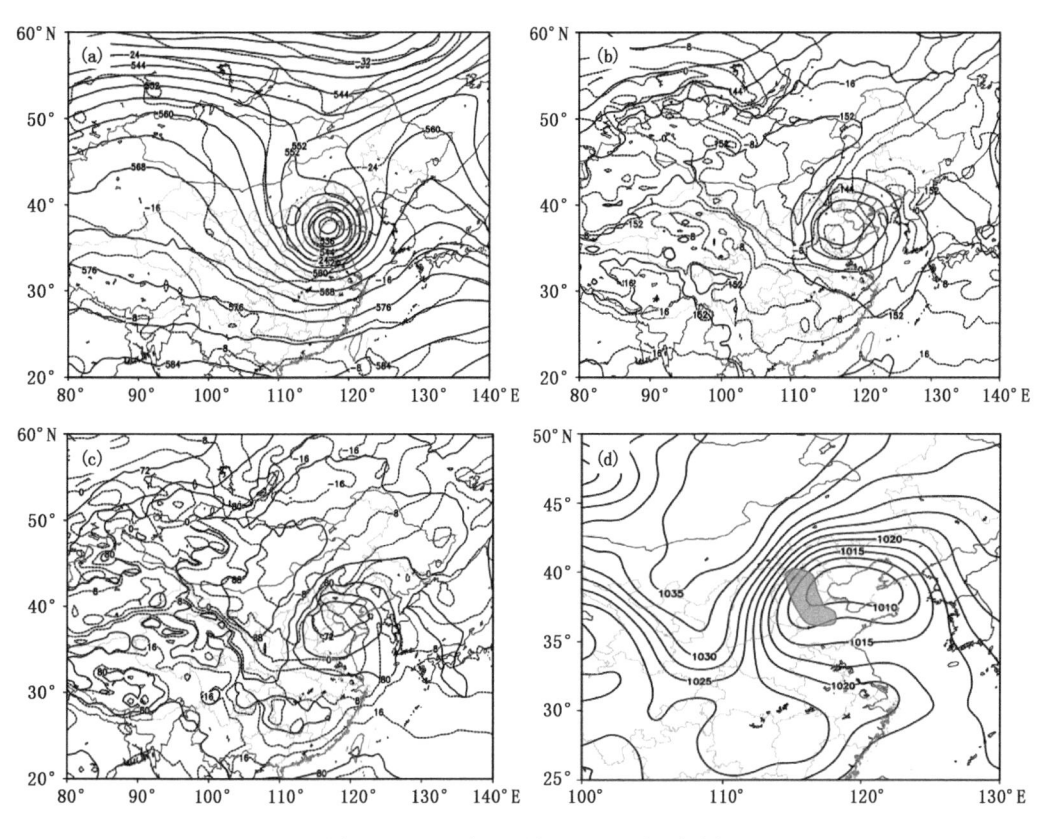

图 4.7　2012 年 11 月 4 日 08 时天气图
(a. 500 hPa,b. 850 hPa,c. 925 hPa,实线为等高线,虚线为等温线;d. 地面图,图中阴影为相态逆转区域)

2)黄河气旋局地相态逆转过程

两次局部逆转过程气旋位置中心均偏南,经河南、安徽、江苏入海,没有经过山东(图略)。一次过程由于低层暖平流强导致相态逆转,而另一次过程是由于温度日变化升温导致逆转。

以下为两次局地逆转过程的天气形势演变概况:

个例 1:2010 年 1 月 3 日,山东半岛南部的青岛、胶南 17 时降雪,20 时转雨,山东其他地区直接降雪,没有相态转变。该气旋中心位置偏南,路径沿山西—河南—安徽—江苏入海。对流层低层为偏南风,20 时青岛 850 hPa 西南风风速达 14 m·s^{-1},925 hPa 南风风速 12 m·s^{-1},青岛 17 时地面 10 m 东南风风速 8 m·s^{-1},由于暖平流强,导致低层明显升温,其中,3 日 08—20 时,青岛 850 hPa 升温 2 ℃,925 hPa 升温 6 ℃,1000 hPa 升温 9 ℃。因前期温度低,青岛降水开始时直接降雪,3 日 20 时转雨(图略)。逆转发生在黄河气旋右侧的东南风气流中。可见,此次过程是由于低涡前部的低层强暖平流导致升温产生相态逆转。

个例 2:2010 年 3 月 17 日,山东半岛北部地区产生相态逆转,莱阳 08 时降雪,14 时转雨,栖霞、烟台、牟平 14 时雪转雨夹雪。黄河气旋于 16 日 08 时在河套西部形成,沿着黄河以南向东南方向移动,经河南—安徽—江苏进入黄海中部。此次过程山东南风风速小,暖平流弱。相态转换前后,附近探空站成山头 925～1000 hPa 温度不变,而莱阳 08 时地面 2 m 气温为 0 ℃,

14 时为 3 ℃,地面升温 3 ℃,从而导致雪转雨。可见,此次过程温度平流弱,主要由于日变化升温产生相态逆转。

总结以上 3 次黄河气旋的降水相态逆转特点,黄河气旋的相态逆转多发生在对流层低层低涡前部的偏南风气流中,可产生大范围或局地逆转。当暖平流强时,可导致大范围逆转;当暖平流弱时,在午后受日变化影响近地面升温,产生局地逆转。

4.3.3 降水相态逆转预报着眼点

通过对 1999—2013 年山东 24 次有相态逆转降雪过程的统计分析,可凝练出以下特征及预报着眼点:

(1)低槽冷锋、江淮气旋、黄河气旋和暖切变线可在山东产生降水相态逆转,而回流形势降雪过程由于低层温度低不会产生逆转。

(2)山东降水相态逆转 11 月至次年 4 月均可发生,以 12 月和 1 月居多,12 月频率最高。相态逆转有明显的日变化,14 时前后最容易发生逆转,而 23 时至次日 05 时最少。

(3)雪转雨时最显著的特征为地面 2 m 气温升高,升温幅度多在 1~2 ℃;850 hPa 以下至地面的温度以升高或不变为主,至少有 1 个层次升温,多数个例有 2 个层次以上升温。只有少数个例高空温度下降,降温幅度一般为 1 ℃。

(4)850 hPa 和 925 hPa 温度对于相态逆转的指示性均不明显,地面 2 m 气温指示性最好,其次为 1000 hPa 温度。相态逆转过程中,地面 2 m 气温降雪时在 0 ℃ 左右,-1 ℃ 为最低阈值;1000 hPa 温度降雪时接近于 0 ℃。

(5)对比分析有相态逆转和没有逆转的降雪过程,发现有相态逆转的过程,降雪时对流层低层的温度更高一些。如果降雪时温度太低则不利于向降雨转换,而转雨之后的温度相对较低。

(6)各类天气系统均可受到对流层低层暖平流升温或温度日变化升温的影响而导致雪转雨,温度平流弱时温度日变化起主要作用。各系统逆转特征有差异。其中,低槽冷锋在下午产生局地逆转,发生在低槽前部的西南气流中;江淮气旋可产生较大范围的逆转,白天和夜间均可发生,逆转发生在江淮气旋即将形成前的 3 h 内,处在 850 hPa 低涡的第一象限区域;暖切变线逆转多为局部地区,发生在暖切变线后期,1000 hPa 的温度略高于通常降雪阈值,降雪时均在 0 ℃ 以上;黄河气旋的相态逆转发生在低涡前部的偏南气流中,当暖平流强时,可导致大范围逆转,当暖平流弱时,在午后产生局地逆转。

由此可以凝练出降水相态逆转的预报着眼点。在降雪过程的相态预报中,需综合考虑温度平流和日变化的影响。当对流层低层的温度在通常的降雪阈值附近或略高时,如果后期有明显的暖平流或日变化导致近地面至 1000 hPa 升温,则有发生雪转雨的可能性,午后为关键时段。

4.4 江淮气旋降水相态

从以上降水相态的普查统计研究中可以发现,江淮气旋和回流形势是山东降水相态最为复杂的两种天气系统,尤其是强降雪过程,普遍存在雨、雪共存和雨雪转换等现象。为了加深对这两种重要天气系统降水相态的认识,普查了 1999—2013 年的降雪个例,共筛选出 12 次江淮气旋、36 次回流形势降雪过程,并对其进行深入研究。

普查历史天气图,江淮气旋影响下的降水过程只要有雪出现,即记为 1 次江淮气旋降雪过程。共得到了山东地区 1999—2013 年 13 例江淮气旋降雪天气过程。针对这 13 次个例中 144 个观测时次(3 h 间隔)的地面气象要素资料,统计分析了相态种类、相态地域分布和相态转换等特征(刘畅 等,2019)。

4.4.1 江淮气旋降雪过程降水相态的基本特征

4.4.1.1 相态种类

统计了 12 次降雪过程中共 168 个时次的地面观测资料,结果表明,江淮气旋降雪过程的降水相态表现多样,共出现 8 种相态表现形式,分别为:雨(2353 站次)、雪(1166 站次)、雨夹雪(305 站次)、冰粒(28 站次)、冰雹(7 站次)、雨凇(6 站次)、米雪(5 站次)、霰(1 站次)。可见,江淮气旋降雪过程的降水相态的常见表现形式为雨、雪和雨夹雪,以雨和雪为主,雨夹雪为过渡形态(杨成芳 等,2013),特殊降水相态中冰粒出现最多,为 28 站次。江淮气旋降雪过程多表现为稳定性降水,也可出现对流性降水,出现冰雹或霰,在特殊的温度垂直分布层结下还可出现冰粒、雨凇和米雪。

分析了几种特殊降水相态(冰雹、冰粒、雨凇、霰和米雪)出现的时间分布特征,1—3 月是特殊相态出现的时段,而雷暴出现在 2—3 月,在挑选的 12 个个例中,有 4 例(2010 年 2 月 28 日、2003 年 2 月 21 日、2012 年 3 月 21 日、2013 年 2 月 3 日)出现了雷暴现象。从统计结果来看,2 月雷暴发生站次数达 56 站次之多,其中,在 2010 年 2 月 28 日山东的"雷打雪"天气过程中,出现了 7 种降水相态(雨、雪、雨夹雪、冰雹、雨凇、霰和冰粒),同时出现了较大范围的雷暴,因此,这是此次统计结论中 2 月表现特殊的主要原因。

4.4.1.2 相态地域分布特征

在江淮气旋降雪过程的某一时段,处于气旋不同部位的站点,其上空冷暖空气相互作用的阶段有所不同,降水相态表现可能不同,并且,对某一地区而言,每次降雪过程中气旋的生成地、路径和形态也不同,同时降水相态分布在一定程度上也受复杂下垫面影响,由此导致了江淮气旋降水相态地域分布的复杂性。对某站而言,降雨比率=降雨次数/(降雨次数+降雪次数),由此得到了山东 123 站降雨比率分布图(图 4.8a)。可见,山东东南部地区降雨比率大于 80%,说明此区域在江淮气旋降雪过程中主要出现的降水相态是雨,而山东的西北部地区和山东半岛北部降雨比率小于 45%,表明这些地区主要的降水形式为雪。这种相态地域分布特征一方面与地理纬度有关,另一方面与天气系统结构特征有关,即在江淮气旋形成并影响山东前期,通常有位于江淮地区的低空暖式切变线逐渐北抬,切变线南侧常伴有西南风急流,其北侧有时伴有东南风急流,此系统率先影响鲁东南和半岛南部地区,多产生降雨。而后期,对于倒槽锋生类江淮气旋,随着冷锋自山东西北部侵入,地面雨雪分界线逐渐东移南压,通过普查地面天气图发现,有时雨雪分界线不能够一直东移南压到鲁东南和半岛南部地区,即鲁东南和半岛南部地区一直未能转雪,对于静止锋上波动类江淮气旋,鲁东南和半岛南部地区发生雨转雪的情况更少。特殊降水相态,如冰粒、雨凇、冰雹、米雪,其分布特征如图 4.8b 所示,主要集中出现在鲁西北和鲁中地区,半岛和鲁南地区少见。

另外,一般情况下江淮气旋降雪过程为稳定性质的降水过程,而当南支低槽发展较好,经向度较大时,暖湿气流北上影响山东,在低层冷垫上存在不稳定层结,也可发展对流,并可能伴有雷暴活动,如 2010 年 2 月 28 日山东的"雷打雪"天气过程。在冬半年雷暴现象较为罕见,那么在江淮气旋降雪过程中,雷暴发生区域是否有集中性特征,为此,统计分析了表 4.20 所列个例。取江淮气旋降雪过程中雷暴区域分布特征,如图 4.8c 所示,雷暴发生的区域性特征较为明显,主要集中出现于鲁中的中西部和鲁南地区,以鲁东南地区尤为集中,莒县和郯城共出现了 4 次雷暴。

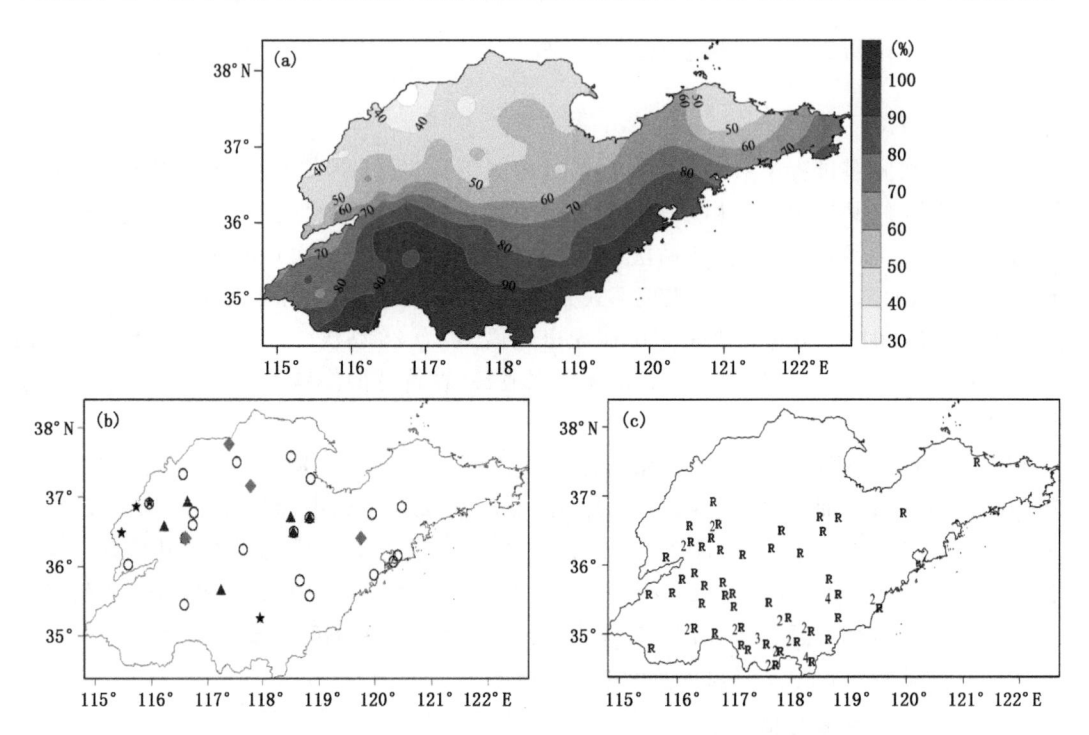

图 4.8 江淮气旋降雪过程降雨比率(a)、特殊降水相态(b,空心圆:冰粒,三角:冰雹,菱形:雨凇,五角星:米雪)及雷暴(c,单位:次)分布

4.4.2 江淮气旋降雪过程降水相态转换特征

针对 12 个个例,主要通过普查天气图的方式,重点关注了气旋影响前后相态转换特征,总结归纳如表 4.20 所示。

表 4.20 江淮气旋降雪过程相态转换特点及相关特征

个例时间	相态转换特点	气旋生成方式	850 hPa 低涡	山东雷暴	全省过程平均降水量(mm)	逆转现象
2001 年 1 月 6 日	典型雨转雪	倒槽锋生	有	无	27.1	有
2001 年 2 月 23 日	典型雨转雪	倒槽锋生	有	无	9.5	无
2005 年 2 月 15 日	典型雨转雪	静止锋波动	有	无	14.4	有
2007 年 3 月 4 日	典型雨转雪	倒槽锋生	有	无	41.0	无
2010 年 2 月 28 日	典型雨转雪	倒槽锋生	有	有	13.8	无
2011 年 2 月 26 日	典型雨转雪	倒槽锋生	有	无	17.2	有
2012 年 12 月 13 日	典型雨转雪	倒槽锋生	有	无	10.2	有

续表

个例时间	相态转换特点	气旋生成方式	850 hPa 低涡	山东雷暴	全省过程平均降水量(mm)	逆转现象
2000 年 1 月 4 日	无明显雨雪转换	静止锋波动	无	无	8.8	有
2003 年 2 月 21 日	无明显雨雪转换	静止锋波动	有	有	16.2	有
2012 年 3 月 21 日	无明显雨雪转换	静止锋波动	无	有	9.2	有
2012 年 12 月 20 日	无明显雨雪转换	倒槽锋生	无	无	6.1	有
2013 年 2 月 3 日	无明显雨雪转换	静止锋波动	无	有	10.9	有

4.4.2.1 相态转换特征

普查历史天气图发现,前述所选 12 例江淮气旋降雪过程的降水相态转换特征整体可归纳为两类(表 4.20),一类是降水过程中有明显的雨转雪过程,一般自西北向东南逐渐由雨转雪,雨雪分界线东移南压,文中称之为"典型雨转雪"过程;另一类是降水过程中没有出现明显的雨转雪的过程,不存在明显的雨雪分界线,个别站点存在相态的转换,但整体范围不大,没有明显的雨雪分界线东移南压的特征,文中称之为"无明显雨雪转换"过程。

4.4.2.2 影响系统

"典型雨转雪"类江淮气旋降雪过程,气旋生成方式通常为"倒槽锋生",7 例中有 6 例为"倒槽锋生"类(6/7),此时气旋空间结构发展较为完整,表现为 850 hPa 有明显的等压线闭合的低涡环流,7 例"典型雨转雪"过程均伴有 850 hPa 低涡(7/7)。"无明显雨雪转换"类降雪过程中气旋生成方式多为"静止锋上的波动"类,5 例中有 4 例为"静止锋上的波动"类(4/5),通常 850 hPa 无低涡,5 例中有 4 例无低涡(4/5)。

选取"典型雨转雪"类(2001 年 02 月 23 日过程)和"无明显雨雪转换"类(2013 年 02 月 03 日过程)江淮气旋降雪过程,对比两类降雪过程的天气形势(图 4.9a~d)可知,"典型雨转雪"类过程(图 4.9a,c),500 hPa 南支锋区上低槽从重庆延伸至云南,黄淮、江淮、江汉、江南和华南地区均在槽前强盛西南气流控制下,最大风速大于 16 m·s^{-1};北支锋区上,低槽位于蒙古国和内蒙古中部,相应的地面冷高压中心位于蒙古国西部,中心气压高于 1042.5 hPa,冷高压前部的北风流场控制蒙古国及我国东北、华北、黄淮和内蒙古地区,此时冷锋已侵入地面倒槽,江淮气旋已生成,气旋中心位于江苏东部的东海海域,中心气压低于 1010.0 hPa,相应地,850 hPa 东海北部有明显低涡。由高、低空形势场分析可知,"倒槽锋生"特征显著。"无明显雨雪转换"类过程(图 4.9b,d),500 hPa 南支锋区低槽位于青藏高原东南部到云南西部,槽前西南气流控制江淮、江南和华南地区,与 2001 年 2 月 23 日 08 时 500 hPa 形势类似,850 hPa 无明显低涡。不同的是,北支锋区上低槽位于内蒙古中东部,低槽平浅,经向度小,表明冷空气势力较弱,相应的地面冷高压中心位于蒙古国中部,中心气压大于 1037.5 hPa,冷高压前部冷锋自辽宁经华北北部延伸至山西和陕西的北部,即此时冷锋尚未到达江淮地区,而江淮气旋已生成(位于东海,中心气压值低于 1015.0 hPa),属波动类。

4.4.2.3 相态逆转现象

1)相态逆转现象落区

关于江淮气旋降水相态逆转特征的研究,相关文献(杨成芳 等,2013)指出雪转雨均发生

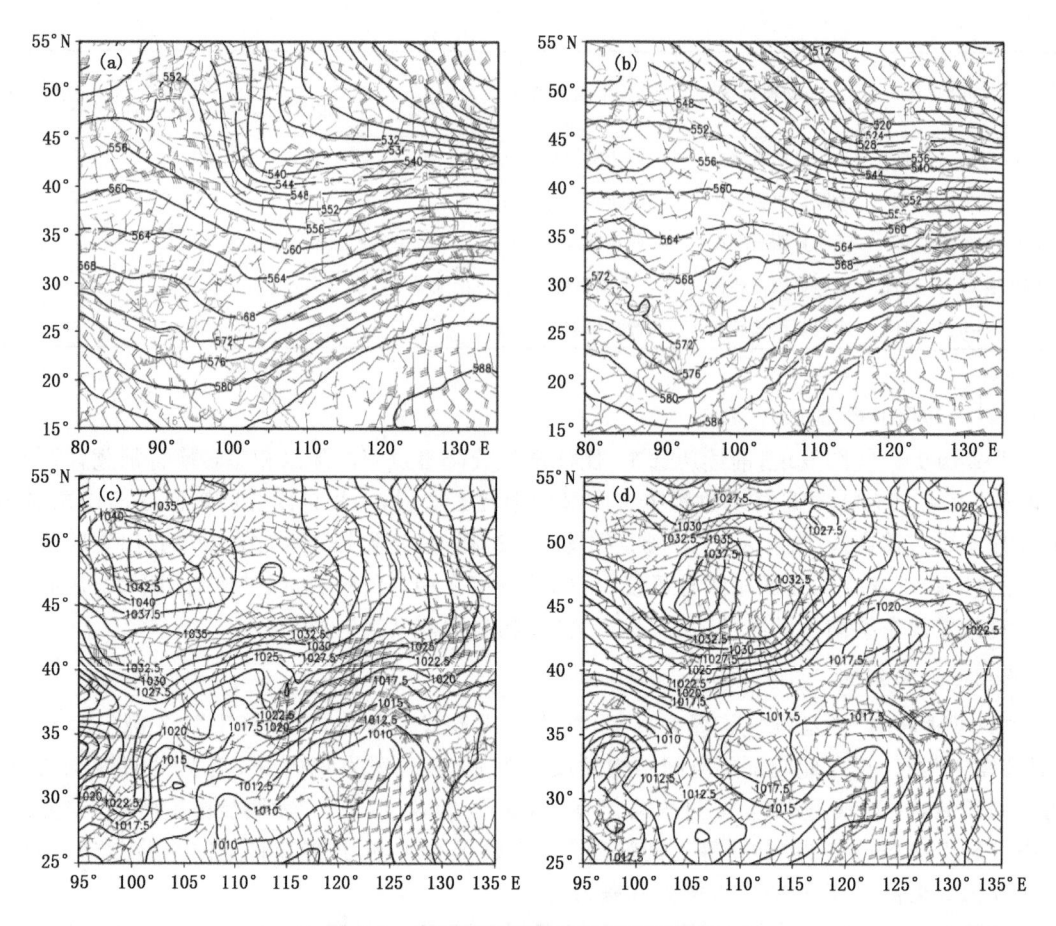

图 4.9 高空天气形势和地面天气形势

(a 和 c.2001 年 2 月 23 日 08 时,b 和 d.2013 年 2 月 3 日 20 时;a 和 b:实线表示 500 hPa 位势高度场,等值线间隔:4 dagpm;风矢:850 hPa 风场,单位:m·s^{-1};虚线表示 850 hPa 温度场,等值线间隔:4 ℃;c 和 d:实线表示海平面气压场,等值线间隔:2.5 hPa;风矢:地面 10 m 风场,单位:m·s^{-1};粗实线表示地面锋面)

在江淮气旋即将形成前的 3 h 内,这是所有江淮气旋相态逆转降雪过程的显著共性特征,并给出了相态发生逆转时的温度特征。在此基础上,进一步研究相态逆转现象落区。

在分析了 6 次逆转现象明显的降雪过程("20010106""20050215""20110226""20120321""20121213"和"20130203")的基础上,选取了"20121213"和"20130203"两次过程作为相态逆转代表个例进行细致剖析,以揭示相态逆转现象发生的物理机制。图 4.10a 为 2012 年 12 月 13 日 20 时海平面气压场(图中海平面气压场所选时刻为开始出现相态逆转现象的时刻,图中逆转站点为自所选时刻开始,以后逐次观测到的所有逆转站点),地面倒槽自江淮地区向北伸展至山东,相态逆转站点分布在地面倒槽附近,且其分布走向接近倒槽槽线走向。对于"20130203"过程(图 4.10b),2013 年 2 月 3 日 14 时地面倒槽位于江淮地区,倒槽槽线呈西西南—东东北走向,逆转站点亦分布于倒槽附近,距离槽线略远,其分布走向也近乎平行于地面倒槽走向。对于此项研究的其他 4 次天气过程,相态逆转站点的分布也表现出了同样的特征。

决定降水相态的关键在于对流层低层温度情况。所以选取 925 hPa 与 1000 hPa 之间位势厚度 $\Delta H_{925-1000}$ 作为研究对象。由图 4.10a 可见,2012 年 12 月 13 日 20 时,逆转站点分布于

$\Delta H_{925-1000}$ 628 gpm 线附近,通过翻查地面观测得知,$\Delta H_{925-1000}$ 628 gpm 线与雨雪分界线也几乎重合。对于"20130203"过程(图 4.10b),2013 年 2 月 3 日 14 时逆转站点分布在 $\Delta H_{925-1000}$ 621 gpm 线附近,而 $\Delta H_{925-1000}$ 621 gpm 线也与地面雨雪分界线几乎重合。

综合以上分析可知,江淮气旋降雪过程中,降水相态逆转现象易发生在地面倒槽附近,其分布走向近乎平行于倒槽槽线伸展方向,容易发生在雨雪分界线附近,而且与 1000 hPa 和 925 hPa 之间位势厚度等值线有关(不同过程的具体位势厚度数值略有差别)。

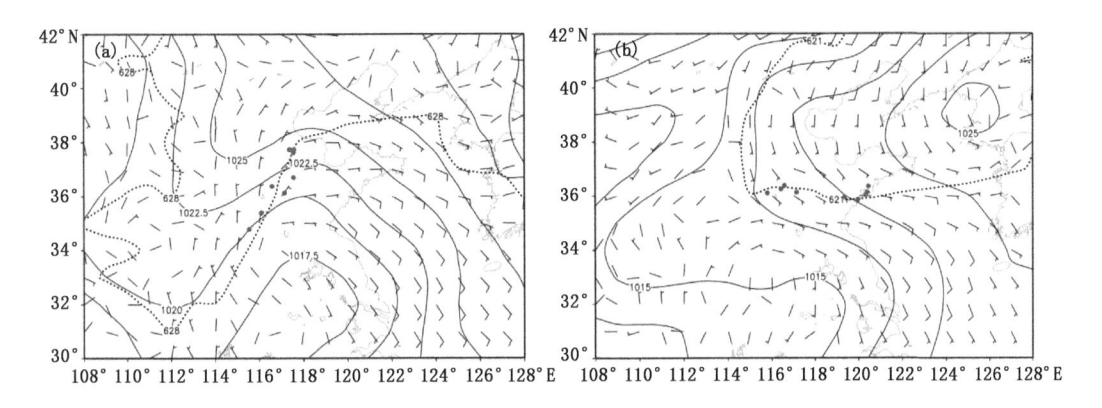

图 4.10　2012 年 12 月 13 日 20 时(a)与 2013 年 2 月 3 日 14 时(b)海平面气压场
(实线,等值线间隔:2.5,单位:hPa)、925 hPa 和 1 000 hPa 间位势厚度
(虚线,a 中为 628 gpm 线,b 中为 621 gpm 线;圆点为相态逆转站点)

2)相态逆转原因

进一步分析发现,冬半年江淮气旋影响山东产生降水时,相态逆转现象出现的时间不长,造成的降水量一般不大,但在天气现象上表现明显。在前述列举的 2012 年 12 月 13 日和 2013 年 2 月 3 日两次过程中,均出现了较为明显的相态逆转现象,究竟是何种原因促使降雪转为降雨(或冰粒),充分剖析后发现,二者成因并不相同,在此以济南站(两次过程均出现逆转现象)为代表来揭示引起相态逆转现象的两种原因。

2012 年 12 月 13 日 20 时地面倒槽由苏皖地区延伸至山东中西部,20 时前后出现降水相态逆转现象的站点主要位于山东西部,分析发现 13 日 23 时江淮气旋已经形成,气旋中心(1017.5 hPa)位于苏皖南部。关注 925 hPa 以下累计温度平流发展情况,如图 4.11 所示,20 时 925 hPa 风场的气旋性环流中心位于安徽北部,此时在气旋中心北部,即山东的中西部存在温度平流大于 $20\times10^{-6}\mathrm{K\cdot s^{-1}}$ 的暖平流区域,此区域存在东南风急流和东北风辐合,配合地面倒槽强烈发展,在江淮气旋生成前,低层暖平流的发展引起了山东西部部分站点降雪转为降雨。以济南站为例,自 13 日 13 时近地面层(以 1000 hPa 为代表)逐渐转为倒槽后部东北风影响,13 日 14 时 925 hPa 以下出现了明显的暖平流,平流强度大于 $15\times10^{-6}\mathrm{K\cdot s^{-1}}$,20 时以后大于 $15\times10^{-6}\mathrm{K\cdot s^{-1}}$ 的暖平流区厚度开始增加,20 时之前位于 960 hPa 以下,14 日 02 时扩展至 920 hPa,在此时段内温度平流强度增强至大于 $20\times10^{-6}\mathrm{K\cdot s^{-1}}$,0 ℃层高度也由 980 hPa 上升至 850 hPa(图 4.12a)。济南站地面气温由 0.5 ℃(19 时)升至 1.2 ℃(23 时),如图 4.13a 所示,由此导致了济南站由降雪转变为降雨。

2013 年 2 月 3 日地面形势与 2012 年 12 月 13 日不同,倒槽位于江淮地区呈西南—东北向发展,山东中部偏南地区出现逆转现象,出现逆转现象的站点连线的走向与倒槽走向一致。济

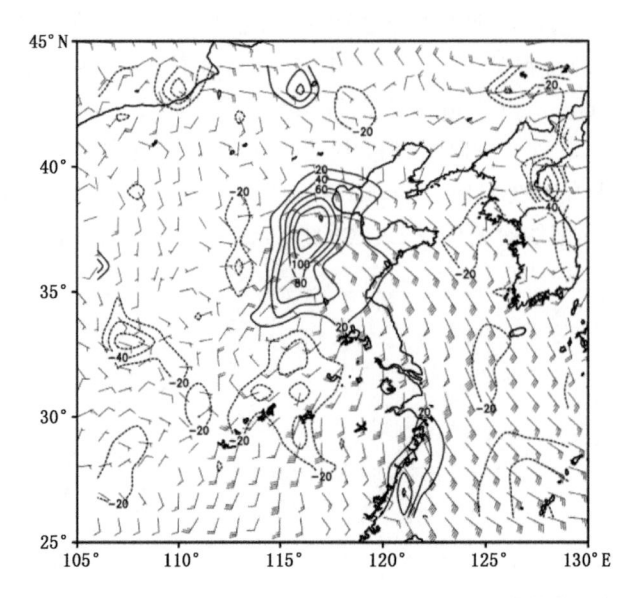

图 4.11　2012 年 12 月 13 日 20 时 925 hPa 以下累计温度平流(等值线,单位:10^{-6} K·s^{-1})和 925 hPa 风场(风矢,单位 m·s^{-1})

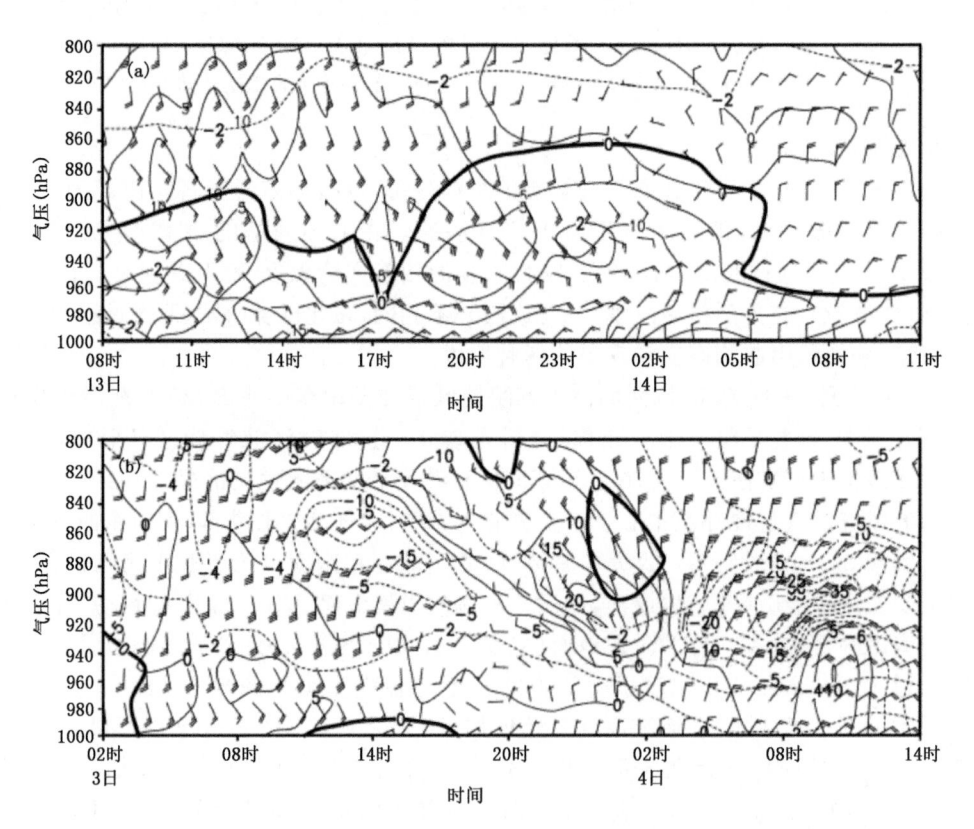

图 4.12　济南站 2012 年 12 月 13 日(a)和 2013 年 2 月 3 日(b)温度平流(暖平流细实线,冷平流细虚线,单位:10^{-6} K·s^{-1})、0 ℃(粗黑色实线)和风场(风矢,单位:m·s^{-1})的时间演变廓线

南站在3日14时由降雪转为降雨。分析此过程925 hPa以下累计温度平流发展情况,发现在此波动类江淮气旋生命史过程中,暖平流较弱(图略)。以济南站为例,如图4.12b所示,济南站3日14时前后低层为东南风影响,温度平流小于10×10^{-6} K·s^{-1},与2012年12月13日暖平流发展情况有显著的差别,14时前后近地面层在气温日变化效应影响下,980 hPa以下出现浅薄增温,0 ℃层扩展到980 hPa附近,济南站气温也从-1.1 ℃(06时)升至1.3 ℃(13时)(图4.13b)。由此可见,在这次过程中,温度平流对逆转现象的贡献微弱,气温日变化引起中午前后浅薄近地面层增温是促使降雪转变为降雨的主导因素。

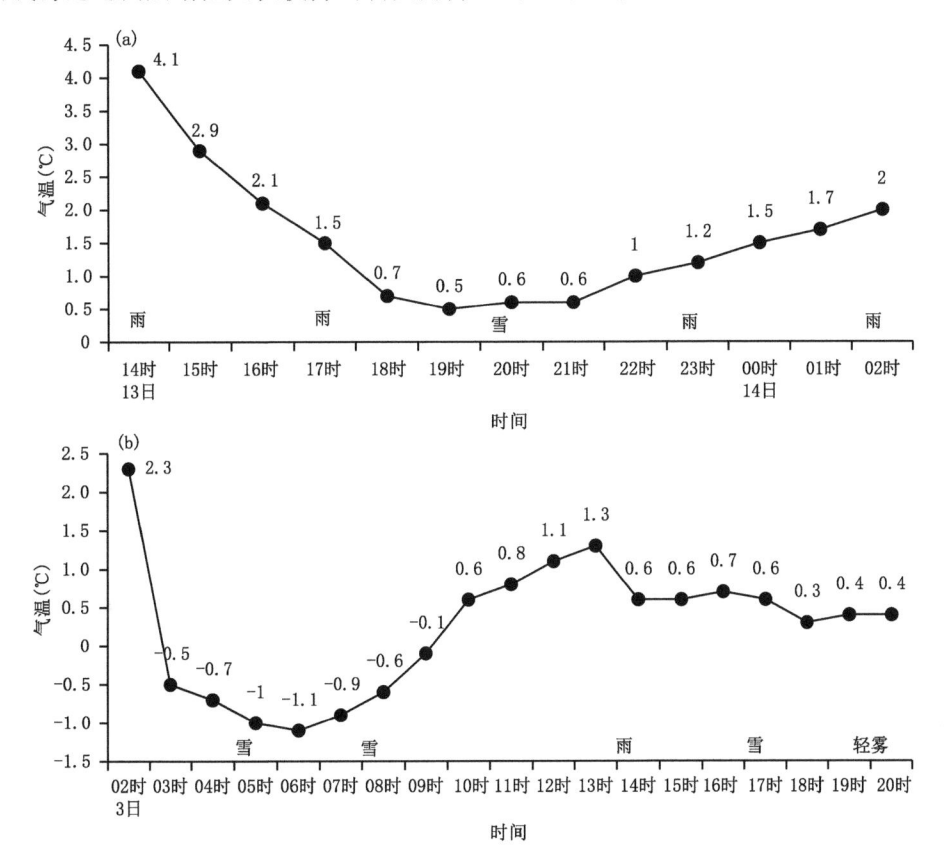

图4.13 济南站2012年12月13日14时—14日02时(a)和2013年2月3日02—20时(b)降水相态(文字)和逐小时地面2 m气温(曲线,单位:℃)演变

进一步对其他4次相态逆转过程分析后,归纳总结6个个例的特点发现,促使降水相态发生逆转的原因有两个,分别为低层暖平流发展和气温日变化。在江淮气旋生成前,若地面倒槽发展较好,槽线接近南北向,并伸展到山东(图4.14a),表明低层暖平流较好,在合适的条件下将促使降雪转为降雨,发生在地面倒槽后部的东北风中,雨雪分界线附近,可以发生在一天当中的任何时段,如个例"20050215"。当地面倒槽发展较弱,倒槽呈西南—东北向,倒槽槽线尚未伸展到山东(图4.14b),此时山东位于倒槽后部的偏东气流中,暖平流作用不够显著,此时逆转的主要原因来自于气温日变化,易发生在14时前后,同时相态逆转的区域也位于雨雪分界线附近,如个例"20110226"和"20120321"。由低层暖平流引起的增温效应显著,可使0 ℃层扩展到850 hPa,而气温日变化引起的增温层次浅薄,仅限于近地层。当条件适宜时,暖

平流和气温日变化也可同时作用,引起相态逆转,如个例"20010106"。在具体的预报工作中,预报是否会出现相态逆转现象,除了考虑江淮气旋系统发展阶段和暖平流主要影响的区域范围外,还要考虑气温日变化的作用,最主要还是要考察对流层低层基础气温的发展变化趋势,从而综合地做出合理的预报。

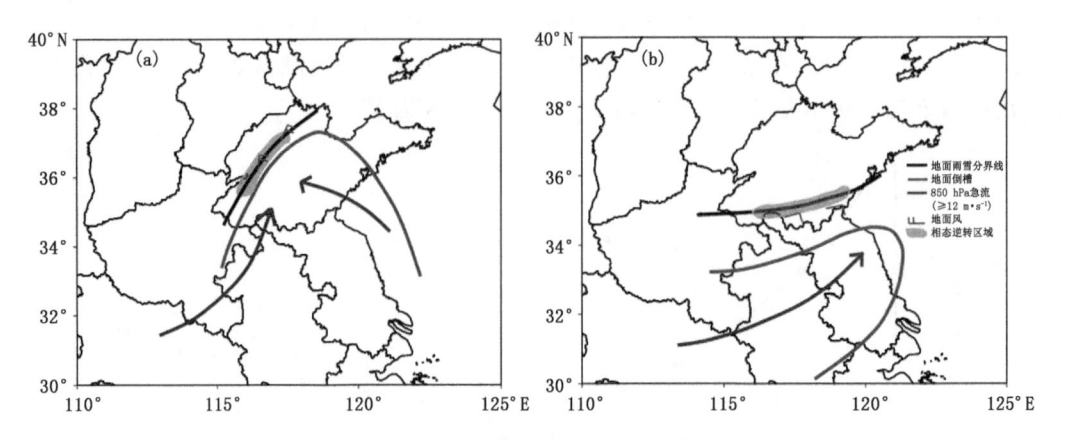

图 4.14　相态逆转现象出现时天气系统配置概念模型

(a. 暖平流驱动类,b. 气温日变化驱动类;实线:雨雪分界线、地面倒槽;箭头:850 hPa 急流;

风矢:地面风,单位:m·s^{-1};阴影:逆转现象发生区域)

4.4.3　江淮气旋降雪过程各种降水相态的温度特征

为了考察江淮气旋降雪过程中各降水相态出现时的温度特征,鉴于应用探空资料建立统计样本时样本数量较少,采用了 NCEP 空间分辨率为 1°×1°、时间分辨率为 6 h 的再分析资料进行温度站点插值,得到了相关站点上空温度分布特征。通过对所选 12 例天气过程共 75 个时次(只统计 02 时、08 时、14 时和 20 时这 4 个时刻的观测资料)地面观测资料进行统计分析,由于雨、雪和雨夹雪为常见降水相态,因此在选取样本时,只针对本文中所选的 16 站进行统计,由此共得到 396 个降雨样本、182 个降雪样本、45 个雨夹雪样本。而对于冰粒、冻雨和冰雹等不常见的降水相态,在选取样本时,针对山东省内的 122 个国家自动气象观测站进行统计分析,由此共得到 28 个冰粒样本、7 个冰雹样本和 5 个冻雨样本。

4.4.3.1　雨、雪与雨夹雪的温度特征

由图 4.15 可知,对于江淮气旋降雪过程中降雨时温度有如下统计特征,当 $T_{地面}\geq 2\ ℃$、$T_{1000}\geq 2\ ℃$、$T_{925}\geq -1\ ℃$ 和 $T_{850}\geq -2\ ℃$ 时,出现降雨概率较高(约 75%)。降雨时地面 2 m、1000 hPa、925 hPa 和 850 hPa 温度序列的中位数分别约为 3 ℃、3 ℃、1 ℃ 和 0 ℃。出现降雨的消空温度 1000 hPa 为 $-2\ ℃$,925 hPa 为 $-6\ ℃$,850 hPa 为 $-7\ ℃$。对于地面 2 m 温度,当 $T_{地面}\leq -1\ ℃$ 时,出现降雨的概率很低。对于受江淮气旋影响产生降雪时温度的统计特征,当 $T_{地面}\leq 0\ ℃$、$T_{1000}\leq 1\ ℃$、$T_{925}\leq -2\ ℃$ 和 $T_{850}\leq -3\ ℃$ 时,出现降雪概率较高(约 75%)。出现降雪时,地面 2 m、1000 hPa、925 hPa 和 850 hPa 温度序列的中位数分别约为 $-1\ ℃$、$-1\ ℃$、$-4\ ℃$ 和 $-5\ ℃$。当 $T_{地面}\geq 3\ ℃$、$T_{1000}\geq 4\ ℃$、$T_{925}\geq 1\ ℃$ 和 $T_{850}\geq 0\ ℃$ 时,出现降雪的概率非常低。

另外,对于各特征层,降雪和降雨温度箱须图中的 25%~75% 分位没有交叉,雨夹雪和降

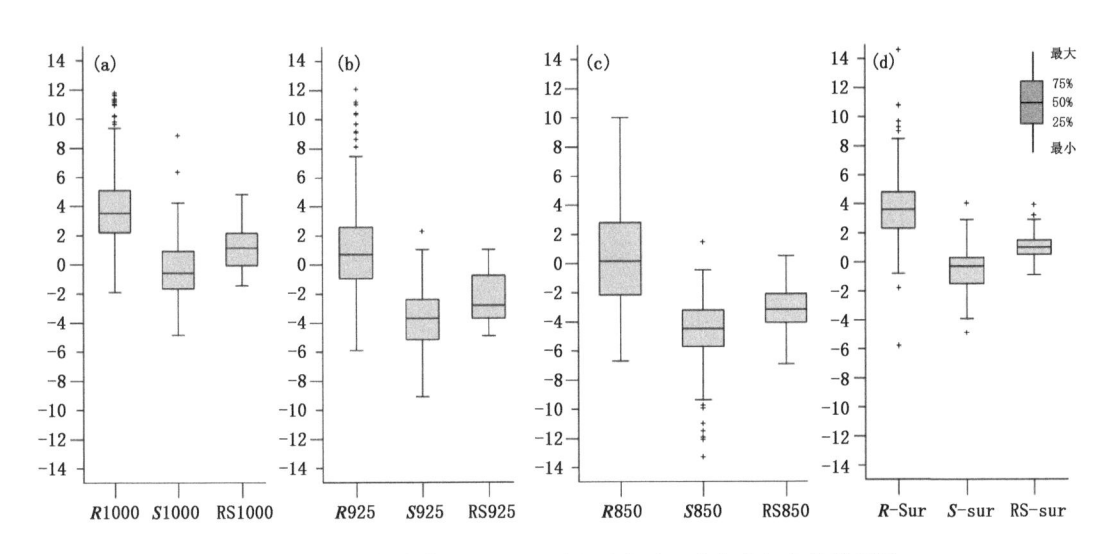

图 4.15 江淮气旋降雪过程雨、雪和雨夹雪 3 种降水相态的箱须图

(a.1000 hPa,b.925 hPa,c.850 hPa,d.地面 2 m 的温度特征;图中 R 表示雨、S 表示雪、RS 表示雨夹雪;图中"+"表示离群点)

雨箱须图中的 25%~75%分位也几乎没有交叉(图 4.15),因此江淮气旋降雪过程中区别降雨与降雪以及区别降雨与雨夹雪是相对容易判断的,而降雪与雨夹雪的温度箱须图中 25%~75%分位有重叠的温度区间,因此分辨降水相态为降雪还是雨夹雪要相对困难。由统计结果可知,雨夹雪 $T_{地面}$、T_{1000}、T_{925} 和 T_{850} 的温度中位数分别为 1 ℃、1 ℃、−3 ℃和−3 ℃,而降雪时 4 个特征层温度中位数分别为−1 ℃、−1 ℃、−4 ℃和−5 ℃,可见相比较来说,利用 $T_{地面}$ 和 T_{1000} 较 T_{925} 和 T_{850} 可更好地分辨相态为雪和雨夹雪。对于降雪与雨夹雪,由于二者 T_{1000} 的温度箱须图中 25%~75%分位有重叠的温度区间,$T_{地面}$ 的 25%~75%分位没有重叠温度区间,因此对于雨夹雪的预报,$T_{地面}$ 的温度特征最关键。当某站点由 925 hPa 或 1000 hPa 温度判断出降水相态不是降雨时,可进一步利用 $T_{地面}$ 判断是降雪还是雨夹雪,当 $T_{地面} \geqslant 0$ ℃时出现雨夹雪的概率较高(75%),而当 $T_{地面} \leqslant 0$ ℃时降雪的概率较高(75%)。

4.4.3.2 冰粒的温度特征

冰粒出现时的温度垂直分布有如下特征(图 4.16),当高度高于 700 hPa 时,其上各层的温度箱须图中出现了较多的离群点,可见 700 hPa 以上各层的温度对于冰粒的出现并不起决定性作用,相对而言,700 hPa 以下各层的温度分布较为集中,可以体现出现冰粒时较低层次的温度分布特征。当 $T_{地面} \leqslant 2$ ℃,$T_{1000} \leqslant 2$ ℃,T_{925} 和 T_{850} 均 $\leqslant -1$ ℃,$T_{750} \leqslant 0$ ℃,$T_{700} \leqslant -2$ ℃时出现冰粒的概率较大(75%)。出现冰粒时各层温度中位数:$T_{地面}$ 为 0.5 ℃、T_{1000} 为 0 ℃、T_{925} 为 −2.1 ℃、T_{850} 为−1.6 ℃、T_{750} 为−0.4 ℃、T_{700} 为−2.1 ℃。比较显著的特征是,冰粒出现时 850~700 hPa 有一暖层,如果以 750 hPa 的温度来表征这一暖层,其温度中位数为−0.4 ℃,而 700 hPa 特征层的温度中位数为−2.1 ℃。

4.4.3.3 冻雨的温度特征

针对 12 次江淮气旋降雪过程中共 75 个时次的地面观测资料进行筛选,共得到 6 站次冻雨,分别是济南(2000 年 01 月 05 日 08 时)、冠县、临清、夏津(2010 年 02 月 08 日 14 时)和费

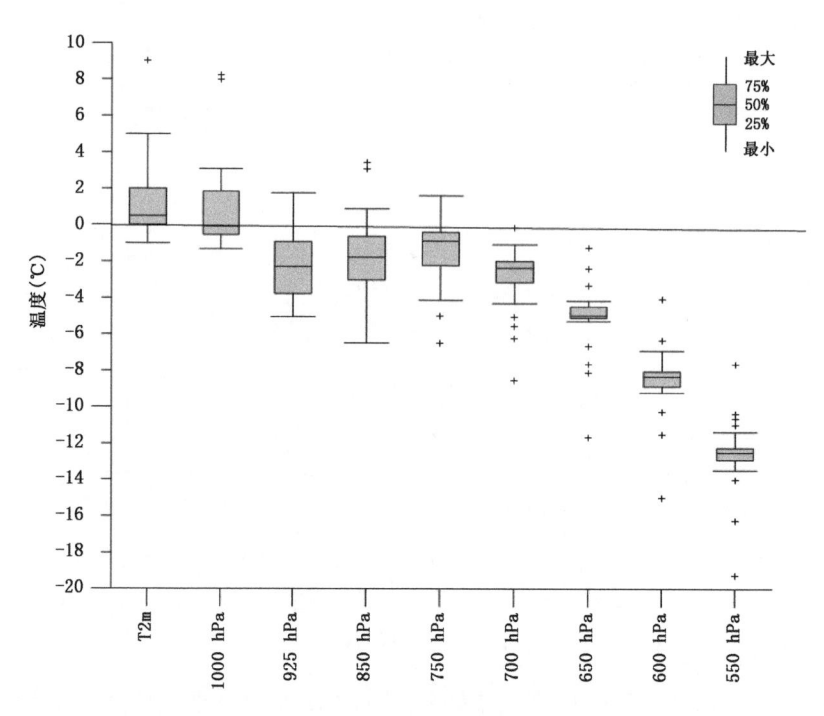

图 4.16　江淮气旋降雪过程中冰粒的温度垂直分布特征
("+"表示离群点)

县(2011年02月26日14时)。利用NCEP再分析资料对前5个样本的温度垂直分布特征进行了分析。如图4.17,冠县、临清和夏津3站的垂直温度分布表现出了相近的趋势,表现为1000～950 hPa温度由2 ℃左右降低至−1 ℃左右,3站950～800 hPa为近乎等温层,温度为−2 ℃左右。比较明显的特征是800～650 hPa的逆温暖层,温度为−3～−1 ℃,或在此温度区间左右,650 hPa以上层次温度迅速降低,至600 hPa附近温度已降低至−7 ℃左右。费县的暖层强且深厚,从900 hPa伸展至700 hPa,800 hPa最暖达4 ℃。济南站的温度垂直分布没有表现出明显的暖层特征。可见,一般情况下,冻雨出现的温度特征是800～650 hPa的暖层,其温度为−3～−1 ℃。

4.4.3.4　冰雹的温度特征

对于江淮气旋降雪过程中出现的冰雹,也考察了其出现时的垂直温度特征,主要关注0 ℃层和−20 ℃层的高度。共出现7站次冰雹,分别发生在两次江淮气旋降雪过程中,其中济南、青州、禹城、昌乐、茌平和临朐6站的冰雹出现在2010年2月28日14时,泗水站冰雹出现在2012年3月21日14时。如图4.18所示,7站的垂直温度分布表现出了较好的一致性:出现冰雹时,1000 hPa温度2～5 ℃(泗水站9 ℃左右),明显高于出现冰粒和冻雨时的1000 hPa温度(1～2 ℃),这说明了冰雹出现时,低空暖层强,需要较高的不稳定能量。0 ℃层位于750 hPa附近,−20 ℃层位于500～450 hPa。一般对流暖季,0 ℃层高度位于600 hPa附近,−20 ℃层位于400 hPa附近有利于降雹,可见江淮气旋降雪过程中出现冰雹时,0 ℃层和−20 ℃层的高度均低于暖季降雹时的高度。另外,由图4.18可见,降雹时850～700 hPa存在弱逆温层,温度变化范围为−2～0 ℃,有利于不稳定能量累积。

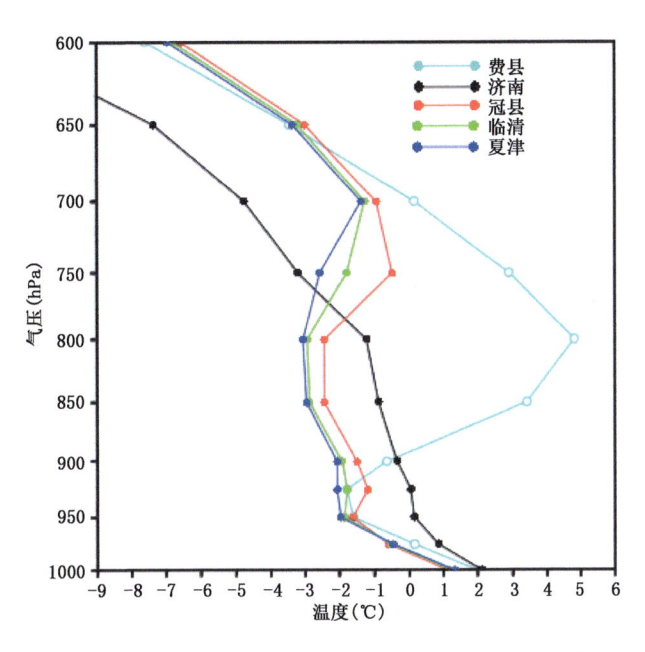

图 4.17　江淮气旋降雪过程中冻雨的温度垂直分布特征

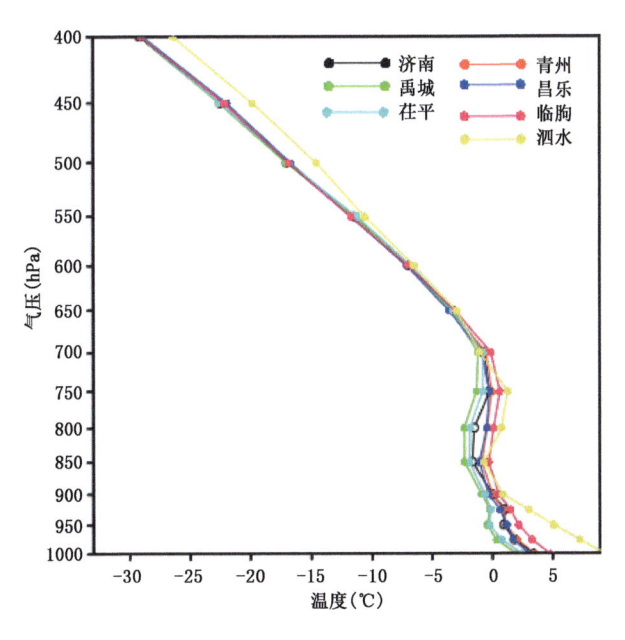

图 4.18　江淮气旋降雪过程中冰雹的温度垂直分布特征

4.4.4　江淮气旋降水相态预报着眼点

(1)江淮气旋降雪过程的降水相态可表现为雨、雪、雨夹雪、冰雹、冰粒、霰、米雪和冻雨 8 种。常见表现形式为雨、雪和雨夹雪,以雨和雪为主,雨夹雪为过渡形态。江淮气旋降雪过程多表现为稳定性降水,也可出现对流性降水,出现冰雹或霰。

(2)江淮气旋降雪过程出现在12月至次年4月,冰雹、冰粒、霰、米雪和冻雨5种特殊降水相态最易出现在2月,其次是3月,12月和4月未见出现,并且伴有雷暴出现的江淮气旋降雪过程亦多发于2月。

(3)江淮气旋降雪过程降水相态分布地域特征明显。降雨多出现在鲁东南和半岛南部地区,降雪则以鲁西北地区为主。不常见的降水相态(冰粒、冰雹、米雪、冻雨和霰)主要集中出现在鲁西北和鲁中地区,半岛和鲁南地区少见。另外,在江淮气旋对流性降雪天气中,雷暴主要出现在鲁中的中西部和鲁南地区,尤其是鲁东南地区。

(4)江淮气旋降雪过程降水相态的复杂性还表现在相态转换和"逆转"方面。雨转雪为江淮气旋降雪过程相态转换的基本形式。相态"逆转"是江淮气旋降雪过程普遍存在的相态转换现象。相态"逆转"现象局地性强,通常不成片出现,多受气温日变化影响,多出现在冷暖平流较弱的江淮气旋降雪过程中,通常出现在地面倒槽槽线附近或雨雪分界线附近。

(5)通过统计分析得到了江淮气旋降雪过程中雨、雪、雨夹雪、冰粒、冰雹和冻雨出现时的温度垂直分布特征。当 $T_{地面} \geqslant 2\ ℃$、$T_{1000} \geqslant 2\ ℃$、$T_{925} \geqslant -1\ ℃$ 和 $T_{850} \geqslant -2\ ℃$ 时,出现降雨概率较高(约75%)。当 $T_{地面} \leqslant 0\ ℃$、$T_{1000} \leqslant 1\ ℃$、$T_{925} \leqslant -2\ ℃$ 和 $T_{850} \leqslant -3\ ℃$ 时,出现降雪概率较高(约75%)。对于雨夹雪的预报,$T_{地面}$ 的温度特征最关键,当某站点由925 hPa或1000 hPa温度判断出降水相态不是降雨时,可进一步利用 $T_{地面}$ 判断是降雪还是雨夹雪,当 $T_{地面} \geqslant 0\ ℃$ 时出现雨夹雪的概率较高(75%)。

(6)对于冰粒,当 $T_{地面} \leqslant 2\ ℃$,$T_{1000} \leqslant 2\ ℃$,T_{925} 和 T_{850} 均 $\leqslant -1\ ℃$,$T_{750} \leqslant 0\ ℃$,$T_{700} \leqslant -2\ ℃$ 时出现冰粒的概率较大(75%)。冰粒出现时850~700 hPa有一暖层,750 hPa温度中位数为 -1~$0\ ℃$,700 hPa特征层温度中位数为 -3~$-2\ ℃$。冻雨出现的温度特征是800~650 hPa存在暖层,温度为 -3~$-1\ ℃$。出现冰雹时,1000 hPa温度2~5 ℃(泗水站9 ℃左右),明显高于出现冰粒和冻雨时的1000 hPa温度(1~2 ℃),0 ℃层位于750 hPa附近,$-20\ ℃$ 层位于500~450 hPa,均低于暖季降雹时的高度。另外,降雹时850~700 hPa存在弱逆温层,其温度变化范围为 -2~$0\ ℃$。

4.5 回流形势降水相态

利用2000—2013年冬季回流形势36次降水个例的高空、地面观测资料及济南、青岛的降水资料,研究了山东回流形势的环流特征,并按中间暖层和低层冷层的厚度进行了分型。在分型的基础上,探讨了不同形势下温度、厚度的垂直变化特征,获得了不同降水相态下的温度和厚度预报指标(郑丽娜 等,2016)。

4.5.1 回流形势的特征

在华北地区降雪的影响系统中,一类对流层低层处于高压坝前部,近地面以东北风或偏东风为主,形成"冷垫";对流层中层在105°~116°E,33°~43°N有高空槽,槽前为西南风或偏南风,这种暖湿空气沿冷垫爬升的高低空配置,称为回流形势。在普查2000—2013年共36次回流降雪个例中发现,回流形势并不完全相同,大致可分为3类,即:回流Ⅰ型、回流Ⅱ型和浅回流型。

回流Ⅰ型,即通常意义上的回流形势,地面至850 hPa为东风或东北风,700~500 hPa为偏南风或西南风。低层冷垫先形成,中层暖湿空气沿冷垫爬升形成降水。这种类型出现了17

次,占总回流形势的 47.2%。

回流Ⅱ型,低层的冷垫与中层的暖层是存在的,只是地面至 850 hPa 的冷垫中,850 hPa 有时为偏东风,有时为西北风;或者中层的暖层中,700 hPa 出现西南风或东南风,500 hPa 出现西南风或偏西风,即至少有一高度层与回流Ⅰ型风向不同,但冷层与暖层的厚度不变,只是冷暖空气的强度有差异。这种形势出现了 6 次,占总回流形势的 16.7%。

浅回流型,从垂直结构上看,存在低层的冷层和中层的暖层,但分两种情况:①冷层薄,925 hPa 以下为冷层,以上至 500 hPa 为暖层;②暖层薄,500 hPa 为偏西风,暖空气不明显,或者 700 hPa 为西北风或偏西风,此层暖空气不明显,但 500 hPa 为西南风。浅回流型共出现了 13 次,其中冷层薄的浅回流出现了 9 次,暖层薄的浅回流出现了 4 次。

4.5.2 回流降雪的温度垂直分布特征

4.5.2.1 回流Ⅰ型

1) 直接降雪的温度特征

2000—2013 年冬半年共出现回流Ⅰ型降水 17 次,其中直接降雪 11 次,占 64.7%。可见直接降雪是冬季主要的降水相态。山东的探空站一个在内陆济南站、一个在沿海青岛站。本书采用这两个站来代表内陆与沿海。从表 4.21 中发现,内陆 82% 的个例 $T_{850} \leqslant -4$ ℃;91% 的个例 $T_{925} \leqslant -2$ ℃;91% 的个例 $T_{1000} \leqslant 0$ ℃;64% 的个例 $T_{地面} \leqslant 0$ ℃。可见,1000~850 hPa 各层阈值所占的比例均在 80% 以上,因此各层温度可作为预报指标。这层的预报指标与杨成芳等(2013)总结的山东冬季直接降雪的阈值相同。不同的是地面温度的阈值,文献(杨成芳等,2013)在不区分降雪影响系统的前提下总结 $T_{地面} \leqslant 1$ ℃ 的个例占 91%,而在回流Ⅰ型降雪过程中,由于地面至 850 hPa 为冷垫,温度偏低,不利于降落雪花的融化,所以 $T_{地面} \leqslant 2$ ℃ 均有降雪出现的可能。一些研究表明(王洪霞 等,2013;张琳娜 等,2013;徐辉 等,2014),对流层低层的影响系统对于降水相态的转换起一定的作用。沿海地区 86% 的个例 $T_{850} \leqslant -3$ ℃,$T_{925} \leqslant -2$ ℃,$T_{1000} \leqslant 0$ ℃,71% 的个例 $T_{地面} \leqslant 0$ ℃,各层阈值所占的比例均很高,因此可将各层温度作为沿海地区的预报指标。将沿海与内陆的各层温度指标相比较可知,沿海 850 hPa、925 hPa 的温度阈值比内陆高 1 ℃,而地面温度比内陆低 2 ℃。说明沿海要直接降雪对于贴地层的温度要求偏低,一般要低于 0 ℃。

表 4.21　2000—2013 年回流Ⅰ型对应各层温度阈值直接降雪个例所占的百分率　单位:%

层次	$\leqslant -5$ ℃	$\leqslant -4$ ℃	$\leqslant -3$ ℃	$\leqslant -2$ ℃	$\leqslant -1$ ℃	$\leqslant 0$ ℃	$\geqslant 1$ ℃	$\geqslant 2$ ℃
T_{850}	64	82	100	0	0	0	0	0
T_{850}*	43	57	86	100	0	0	0	0
T_{925}	73	82	91	91	100	0	0	0
T_{925}*	14	43	57	86	86	100	0	0
T_{1000}	18	45	45	55	82	91	9	0
T_{1000}*	14	14	29	29	71	86	14	0
$T_{地面}$	0	9	9	27	45	64	43	9
$T_{地面}$*	0	0	14	43	57	71	29	0

注:* 表示沿海。

2) 雨转雪的温度特征

2000—2013 年冬半年共出现回流Ⅰ型雨转雪个例 6 次,多出现在 11 月与 2 月,占此型冬半年降水个例的35%。在暖湿气流强盛的前提下,雨转雪过程降水量大,而随后入侵的冷空气致使气温下降,降水相态由雨转为雪,容易造成较大灾害。从表4.22可以看出,山东内陆地区在$T_{850}\leq-3$ ℃,$T_{925}\leq0$ ℃,$T_{1000}\leq0$ ℃,$T_{地面}\leq0$ ℃的前提下,要考虑降水相态由雨转雨夹雪或雪。沿海地区在$T_{850}\leq-1$ ℃,$T_{925}\leq-1$ ℃,$T_{1000}\leq0$ ℃,$T_{地面}\leq1$ ℃时也要考虑转雨夹雪或雪。可见,内陆地区雨转雪时各层温度偏低,而沿海地区则更需要925 hPa以下各层温度偏低。

表4.22　2000—2013年回流Ⅰ型对应各层温度阈值雨转雪个例所占的百分率　单位:%

层次	≤−5 ℃	≤−4 ℃	≤−3 ℃	≤−2 ℃	≤−1 ℃	≤0 ℃	≥1 ℃	≥2 ℃
T_{850}	50	83	100	0	0	0	0	0
T_{850}*	20	20	60	60	80	100	0	0
T_{925}	50	67	83	91	91	100	0	0
T_{925}*	20	40	40	60	80	100	0	0
T_{1000}	17	17	17	50	100	100	0	0
T_{1000}*	0	20	40	40	40	80	20	0
$T_{地面}$	0	0	17	33	67	100	0	0
$T_{地面}$*	0	0	40	40	40	40	60	0

注:*表示沿海。

4.5.2.2　回流Ⅱ型

2000—2013年冬半年共出现回流Ⅱ型降水6次,其中直接降雪4次,雨转雪过程2次,而这两次雨转雪过程只出现在济南站,青岛站没有出现。因此通过制作箱须图查看济南站雪与雨转雪过程各层温度阈值的差异。从济南站不同降水相态对应的T_{850}、T_{925}、T_{1000}与$T_{地面}$箱须图(图4.19)可以看出,雪与雨转雪T_{850}、T_{925}的中位数(50%分位,下同)相近,只相差1 ℃左右,雨转雪的中位数略高;但就10%~90%的范围而言,两者交叉的范围较大,说明在$T_{925}\leq-2$ ℃时,从高空降落到925 hPa的降水粒子是雪,至于落到地面是雨还是雪,T_{850}、T_{925}的温度阈值已不起作用,关键要看T_{1000}与$T_{地面}$的温度。T_{1000}雪与雨夹雪的中位数相差1 ℃,10%~90%的范围交叉较少,所以$T_{1000}=1$ ℃对于区分雨雪的效果较好。$T_{1000}\leq1$ ℃,降水相态多为雪,以上则多为雨,而此时地面温度不能超过2 ℃。沿海青岛站,回流Ⅱ型直接降雪过程仅出现了2次,从各层温度阈值分析,需满足$T_{850}\leq-4$ ℃,$T_{925}\leq-3$ ℃,$T_{1000}\leq-1$ ℃与

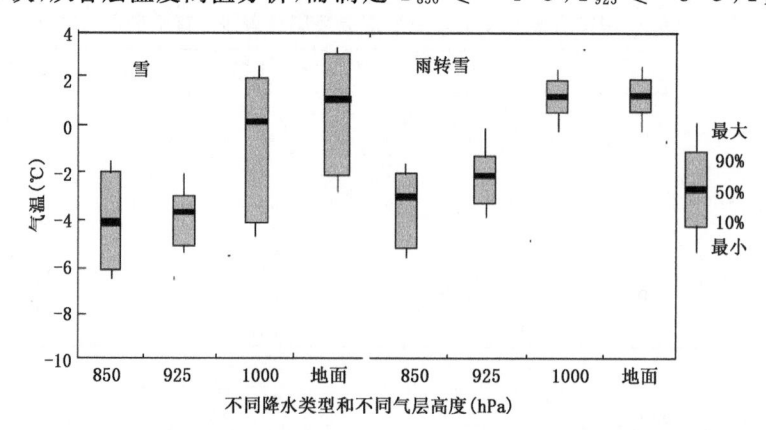

图4.19　济南站不同降水相态对应的T_{850}、T_{925}、T_{1000}、$T_{地面}$箱须图

$T_{地面}\leqslant0$ ℃,可见与内陆相比,沿海直接降雪时,地面至 1000 hPa 温度要低于 0 ℃。

4.5.2.3 浅回流型

1)冷层薄浅回流型各层温度分布

2000—2013 年冬半年共出现浅回流 13 次,其中冷层薄浅回流 9 次,占浅回流型的 69%。可见,山东冬半年冷层薄的浅回流比较常见。从表 4.23 可以看出,内陆 $T_{850}\leqslant-3$ ℃,$T_{925}\leqslant-1$ ℃,$T_{1000}\leqslant-1$ ℃ 的温度阈值个例均占 89%,所以这些阈值可作为温度指标。$T_{地面}\leqslant0$ ℃ 的温度阈值个例占 78%。这说明在冷层薄的回流型中,1000 hPa 和地面的温度是关键。只要暖层中 850 hPa 以上各层温度<-3 ℃,保证水汽凝结成冰晶或雪花,即使地面至 925 hPa 冷层厚度较回流Ⅰ型、回流Ⅱ型薄,但由于各层温度均<0 ℃,下降的雪花没有足够的能量供给,不能变成雨。沿海 $T_{850}\leqslant-3$ ℃,$T_{925}\leqslant-2$ ℃,$T_{1000}\leqslant-1$ ℃ 与 $T_{地面}\leqslant-2$ ℃ 的温度阈值个例均占 89% 以上。所以这些阈值可以作为该型直接降雪的指标。与内陆的温度阈值相比,沿海在冷层薄的回流形势下直接降雪,需要地面至 925 hPa 温度显著偏低,特别是地面要在 -2 ℃ 以下。

表 4.23　2000—2013 年冷层薄浅回流对应各层温度阈值降雪个例所占的百分率　单位:%

层次	≤−5 ℃	≤−4 ℃	≤−3 ℃	≤−2 ℃	≤−1 ℃	≤0 ℃	≥1 ℃	≥2 ℃
T_{850}	44	67	89	100	100	100	0	0
T_{850}*	33	67	100	100	100	100	0	0
T_{925}	67	67	78	78	89	100	0	0
T_{925}*	67	67	67	100	100	100	0	0
T_{1000}	22	22	55	67	89	100	11	0
T_{1000}*	0	33	67	67	100	100	0	0
$T_{地面}$	0	11	22	44	67	78	22	22
$T_{地面}$*	0	0	33	100	100	100	0	0

注:*表示沿海。

2)暖层薄浅回流型各层温度分布

2000—2013 年冬半年共出现暖层薄浅回流 4 次,其中 3 次降雪量为微量,还有 1 次是雨转雪过程,降雨量为 8 mm。按照 3 次直接降雪温度阈值的统计,$T_{850}\leqslant-5$ ℃,$T_{925}\leqslant-3$ ℃,$T_{1000}\leqslant-1$ ℃ 与 $T_{地面}\leqslant0$ ℃ 的温度可以作为直接降雪的温度指标。由于这种形势雪量较小,不属于冬季降雪的主要形势。1 次雨转雪过程转雪时刻,$T_{925}=-3$ ℃,$T_{850}=-6$ ℃,$T_{1000}=0$ ℃,$T_{地面}=0$ ℃,但考虑到 1 次个例不足以说明这类形势温度阈值的统计特征,仅供参考。

4.5.3 回流降雪的各层厚度特征

4.5.3.1 两种类型各层厚度

依据回流Ⅰ型与回流Ⅱ型环流形势的特点,对流层中层 700~500 hPa 是暖层,因而选取 $H_{500-700}$ 来表示中层暖层的厚度。从回流Ⅰ型与回流Ⅱ型不同气层厚度的箱须图(图 4.20)中不难看出,雪与雨转雪的相态中,低层($H_{850-1000}$)的区别并不大,回流Ⅰ型雪的中位数在 128 dagpm,雨转雪的在 127 dagpm,回流Ⅱ型雪的中位数在 129 dagpm,雨转雪的在 130 dagpm。从 10%~90% 分位的变化范围来看,两种类型中无论雪还是雨转雪,重叠的范围都比较多。可见对于低层的冷层,厚度要求大体一致,$H_{850-1000}$ 介于 127~130 dagpm 最佳。但对于中间的暖层,从 10%～90%分位的变化来看,回流 I 型雨转雪 $H_{500-700}$ 范围在 254～264 dagpm,雪 $H_{500-700}$ 在 248～260 dagpm,回流 II 型雨转雪 $H_{500-700}$ 在 255～260 dagpm,雪 $H_{500-700}$ 在 252～256 dagpm。可见雨转雪中暖层的厚度较直接降雪的要厚 4～6 dagpm,且回流 I 型的暖层比回流 II 型的厚,这也是回流 I 型雪量大于回流 II 型的原因。

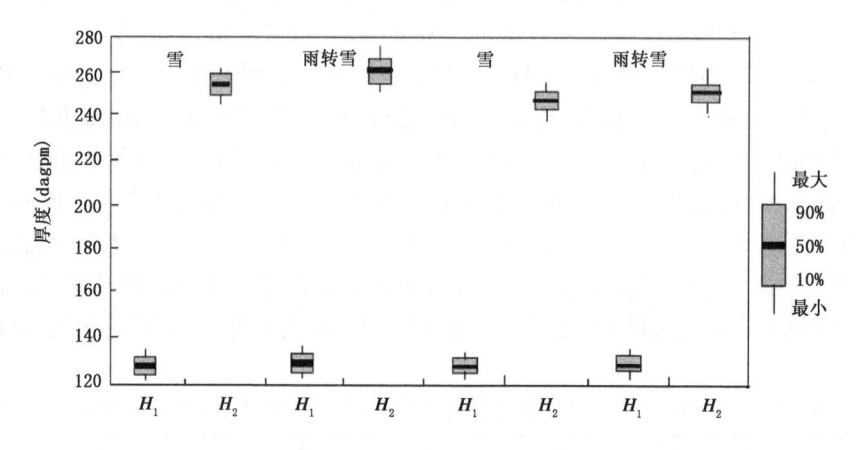

图 4.20 回流 I 型(H_1)与回流 II 型(H_2)不同气层厚度的箱须图
(H_1 表示 $H_{850-1000}$,H_2 表示 $H_{500-700}$)

4.5.3.2 浅回流型各层厚度

浅回流型按冷暖气层垂直分布的特点分两类,一是冷层薄,二是暖层薄。由于浅回流中,雨转雪的过程仅出现了 1 次,所以只统计分析直接降雪的厚度指标。在冷层薄浅回流型中,低层的冷暖用 $H_{925-1000}$ 来表示,中间的冷暖用 $H_{500-850}$ 来表示。计算后得知:90%以上的个例 $H_{925-1000}$ 的厚度范围在 61～64 dagpm,$H_{500-850}$ 的厚度在 403～413 dagpm。可见该种类型中间暖层相当深厚。而暖层薄的浅回流中,低层的冷暖用 $H_{700-1000}$ 来表示,中层的冷暖用 $H_{500-700}$ 来表示。计算后可知,90%以上的个例 $H_{700-1000}$ 的厚度范围在 279～284 dagpm,$H_{500-700}$ 的厚度在 250～260 dagpm。可见低层冷层比中间暖层厚 20 dagpm 左右,所以降水相态多为微量降雪。

4.5.4 回流形势对降水相态的影响

通过以上分析可知,不同的回流形势在降水相态转换过程中所要求的温度、厚度特征有显著差异,这同降雪发生的月份有关。通过各回流类型在冬半年产生降雪的频次分布(图 4.21)中看出,回流 I 型多发生在 1 月、2 月、11 月与 12 月,其中 1 月直接降雪次数最多达 4 次,11 月出现雨转雪的次数最多达 3 次,这符合冬半年近地面温度演变的规律。11 月地面和 1000 hPa 温度多高于 1 ℃,所以出现雨转雪的次数要多些,随着深冬的到来,地面温度也逐渐下降到 1 ℃以下,直接降雪的概率增加。从图 4.22a 中可以看出,由于低层 850 hPa 以下为偏东风,这支从海上来的气流湿冷,不仅形成了冷垫,而且使得中层西南暖湿气流的湿层增厚,有利于产生降雪且雪量偏大。

回流 II 型发生在 1 月、3 月、11 月与 12 月,其中 4 次是直接降雪,2 次是雨转雪。1 月、11 月和 12 月由于地面至 850 hPa 温度偏低,产生直接降雪概率大,但是 3 月地面温度偏高。通

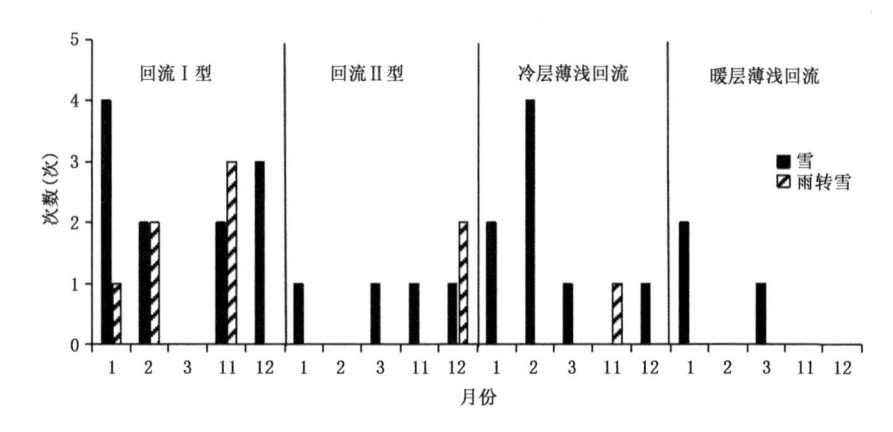

图 4.21 各回流类型在冬半年产生降雪的频次分布

过调研 2011 年 3 月 9 日过程可知,其地面与 1000 hPa 温度均为 2 ℃,但 925 hPa 温度竟达 −4 ℃,0 ℃层高度仅有 470 m,这样雪粒从 925 hPa 降落,即使地面至 1000 hPa 温度略高,但由于 0 ℃层偏低,雪花来不及融化,所以降水相态是雪。2 次雨转雪过程都发生在 12 月,是因为这 2 次过程中 925 hPa 都形成了偏东风低空急流,强盛的偏东气流,使得 925 hPa 温度偏高,为 −1 ℃,所以造成降水相态早期是雨,而后随着近地层气温的下降转成雪,同这类回流型的风场结构是分不开的。从图 4.22b 可以看出,虽然这种类型至少有一层的风向与回流 I 型不同,但却可以导致冷层或暖层强度有差异,从而对降雪量和降水相态产生影响。

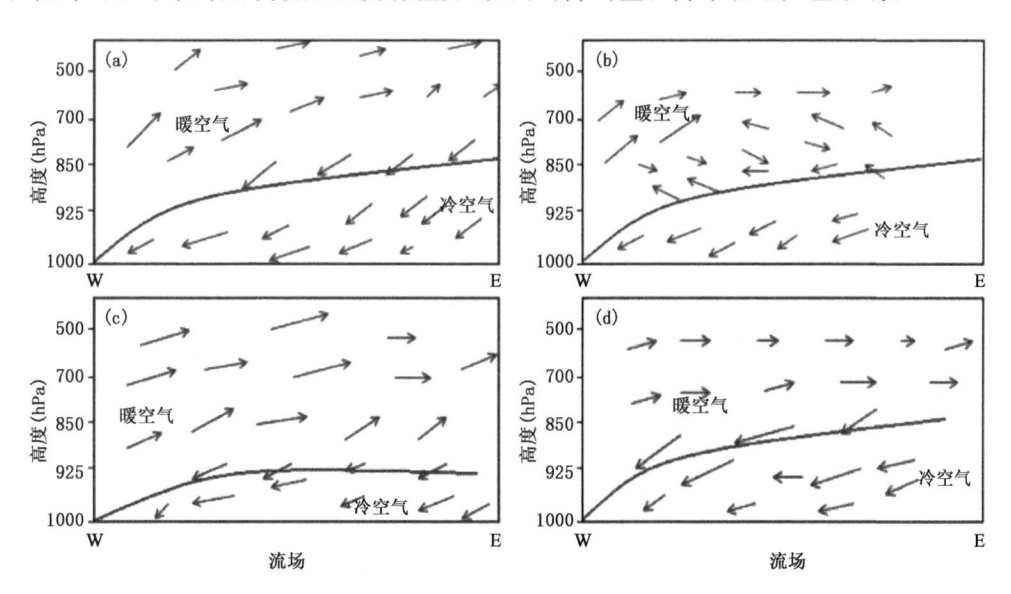

图 4.22 回流类型概念模型
(a.回流 I 型,b.回流 II 型,c.冷层薄浅回流型,d.暖层薄浅回流型)

浅回流型共发生了 13 次,1 月、2 月、3 月、11 月和 12 月都有发生,通过查看这几次过程,发现在浅回流形势中,地面至 850 hPa 温度普遍偏低,特别是地面与 1000 hPa 温度均接近 0 ℃,从而导致降水相态是雪。仅有一次雨转雪过程,下雨的时间也较短。其概念模型见图 4.22c,d。

综上所述,降水相态不仅与环流形势中风场的结构及强度有关,还与 925 hPa 至地面温度的演变关系更加密切。

4.5.5 回流形势降水相态预报着眼点

(1)回流形势按中间暖层、低层冷层的厚度可分为 3 种形势,即回流Ⅰ型、回流Ⅱ型和浅回流型,其中浅回流型又可分为冷层薄浅回流与暖层薄浅回流。

(2)无降水相态转换的直接降雪过程,内陆地区 850 hPa 以下各层温度阈值为 $T_{850} \leqslant -4$ ℃,$T_{925} \leqslant -2$ ℃,$T_{1000} \leqslant 0$ ℃ 或 $T_{地面} \leqslant 1$ ℃;沿海地区温度阈值 T_{850}、T_{925} 与内陆地区相同,只是 1000 hPa 与地面的温度要确保在 0 ℃ 以下。雨转雪的过程中,无论内陆还是沿海,$T_{850} \leqslant -3$ ℃,$T_{925} \leqslant -1$ ℃,$T_{1000} \leqslant 0$ ℃ 或 $T_{地面} \leqslant 1$ ℃ 时,要考虑降水相态由雨转为雨夹雪或雪。

(3)按照不同回流形势冷层与暖层的厚度来判断降水相态时,回流Ⅰ型与回流Ⅱ型直接降雪时,冷层 $H_{850-1000}$ 在 127~130 dagpm,暖层 $H_{500-700}$ 在 252~256 dagpm;雨转雪时,冷层厚度与直接降雪无异,但是暖层 $H_{500-700}$ 在 255~264 dagpm。冷层薄浅回流直接降雪时,冷层 $H_{925-1000}$ 的厚度在 61~64 dagpm,暖层 $H_{500-850}$ 的厚度在 403~413 dagpm;暖层薄浅回流直接降雪时,冷层 $H_{700-1000}$ 的厚度在 279~284 dagpm,暖层 $H_{500-700}$ 的厚度在 250~260 dagpm。

4.6 基于新资料的复杂降水相态过程物理机制分析

4.6.1 个例 1:新型探测资料在 2016 年 2 月 12—13 日雨转雪过程中的应用

复杂降水相态过程通常表现为液态向固态的转变,偶尔会出现液态到固态再到液态的转变,大部分发生在秋末冬初或冬末春初季节转换期间,大气层结温度处于相态转换的临界温度附近,预报难度较大。因此,利用新型探测资料研究复杂降水相态过程的成因及其物理机制,对提高降雪的预报能力有着重要意义。

江淮气旋型雨雪过程是山东典型的雨转雪天气类型,强度大、范围广。由于受雨滴谱仪、温度廓线仪探测资料的限制,只能分析 2013 年以来的个例,2013—2015 年济南出现相态转变的降水过程较少。现选取 2016 年 2 月 12—13 日江淮气旋雨转雪个例,采用雨滴谱仪、温度廓线仪、风廓线雷达和 L 波段雷达探空等新型探测资料,研究降水相态的精细特征及其形成物理机制。

4.6.1.1 降雪实况

受江淮气旋影响,2016 年 2 月 12—13 日山东出现了一次明显的区域性雨转雪天气过程。济南章丘 05 时 30 分前后,降水相态开始发生转变,出现混合降水,06 时 31—47 分出现了霰,06 时 48 分前后开始出现雪花,随后一直维持降雪状态,直到降水过程结束。

4.6.1.2 激光雨滴谱仪特征

通过分析 2016 年 12 月 13 日 05 时 30 分—07 时 30 分章丘国家气象观测站激光雨滴谱仪探测资料(图 4.23),并结合实况资料分析得到以下结论:

(1)05 时 30 分—06 时 30 分,最大粒子直径较小,大部分都在 2 mm 以下;最大粒子降落速度较大,大部分都在 4 m·s^{-1} 以上;降水相态为液态,降水强度小。

(2)06 时 31—47 分,最大粒子直径逐渐增大,从 1.25 mm 增大到 3.5 mm;最大粒子降落

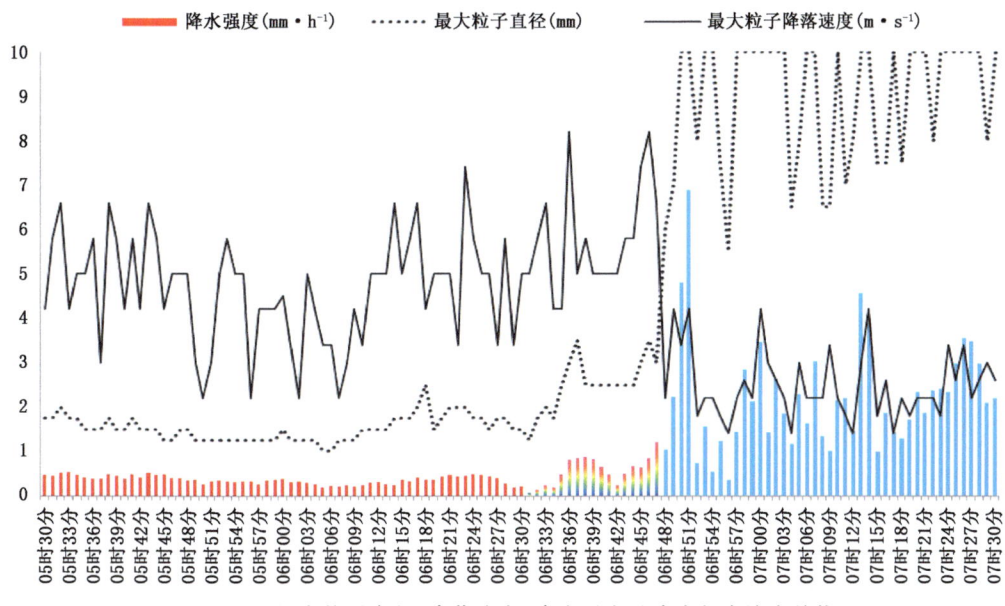

图 4.23 最大粒子直径、降落速度、降水强度及降水相态演变趋势
(红色柱状线表示降雨,红蓝色柱状线表示混合降水,蓝色柱状线表示降雪)

速度也逐渐增大,从 5.0 m·s^{-1} 增大到 8.2 m·s^{-1};降水相态为混合相态,固态主要是霰,降水强度逐渐增大。

(3)06 时 48 分,最大粒子直径开始跃增,从 06 时 47 分的 3 mm 增大到 6 mm,06 时 50 分增大到 10 mm,此后一直维持在 5.5~10 mm;同时,最大粒子降落速度跃减,从 06 时 47 分的 6.6 m·s^{-1} 减小到 2.2 m·s^{-1},此后大部分维持在 3 m·s^{-1} 以下;降水相态为固态,主要是雪,降水强度跃增。

从雨滴谱图也可以明显看出类似区别(图 4.24)。

4.6.1.3 温度廓线仪特征

章丘国家气象观测站没有安装温度廓线仪,济南市环境监测总站安装了一部,济南市环境监测总站位于章丘国家气象观测站西面,距离约 40 km。为了使用济南市环境监测总站温度廓线仪探测资料,先对两地气温变化进行分析比较。

分析图 4.25 并结合天气形势,虽然章丘国家气象观测站降温比济南市环境检测总站要滞后一些,但是地面气温变化趋势是一致的。因此,可以用济南市环境监测总站温度廓线仪探测资料进行分析。

利用 2016 年 12 月 12 日 22 时—13 日 16 时济南市环境监测总站温度廓线仪探测资料,分析降水相态转变过程中 0~1000 m 层次的温度层结及其演变趋势(图 4.26)。

从图中可以看出,12 日 22 时 00 分—13 日 05 时 39 分,0~1000 m 温度逐步下降,7 h 40 min 温度下降了 3.6 ℃(0 m)到 6.46 ℃(1000 m),0~1000 m 温差从 0.66 ℃ 逐渐增大到 3.48 ℃;13 日 05 时 48 分—06 时 48 分,0~1000 m 温度剧烈下降,61 min 温度下降了 2.15 ℃(0 m)到 2.87 ℃(1000 m),0~1000 m 温差从 3.85 ℃ 逐渐增大到 4.57 ℃;06 时 48 分以后温度下降缓慢。0~1000 m 温差从 4.57 ℃ 逐渐增大到 6.8 ℃。

图 4.24 2016 年 2 月 13 日雨滴谱

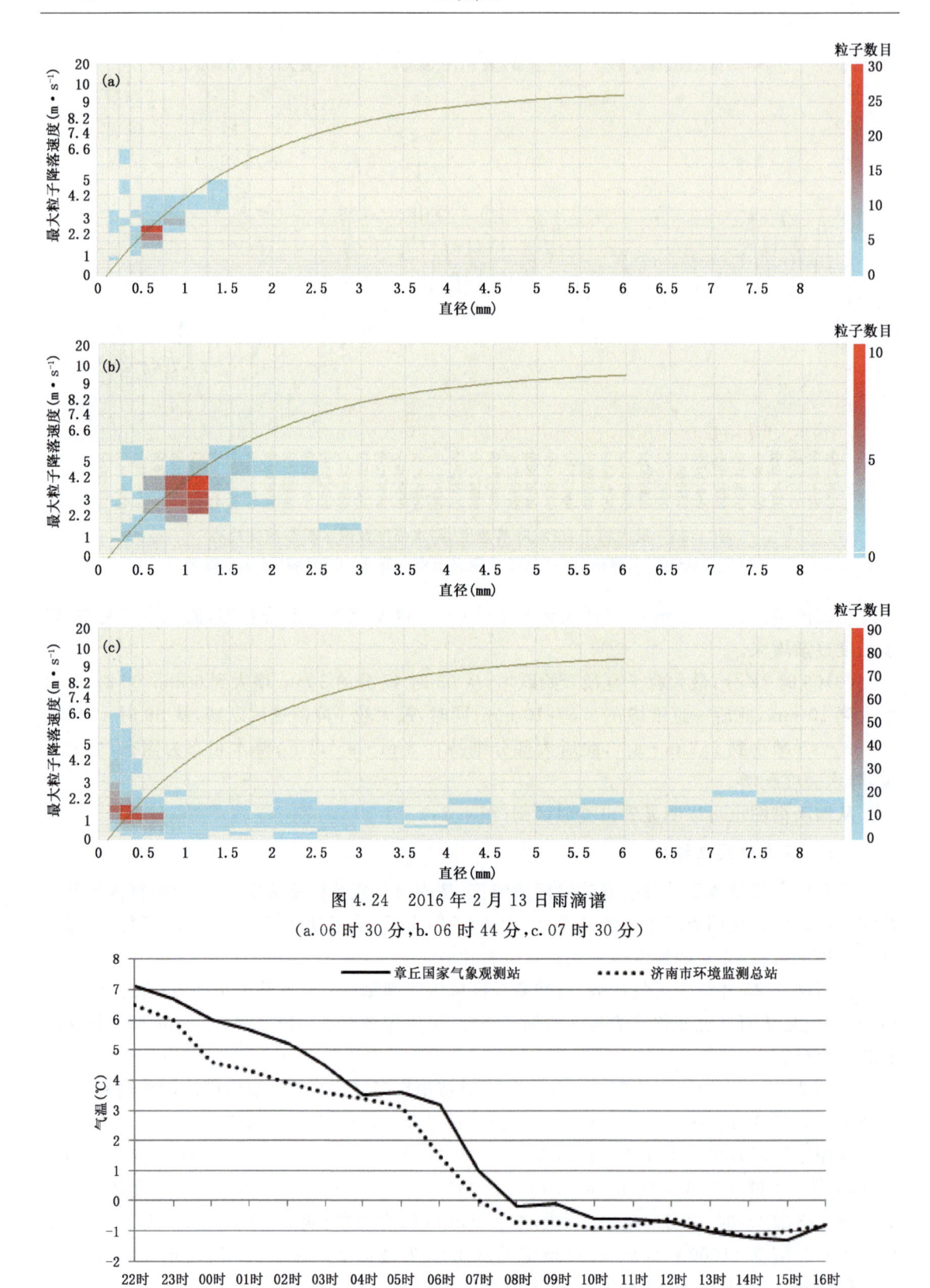

(a. 06 时 30 分, b. 06 时 44 分, c. 07 时 30 分)

图 4.25 章丘国家气象观测站和济南市环境监测总站地面气温变化趋势

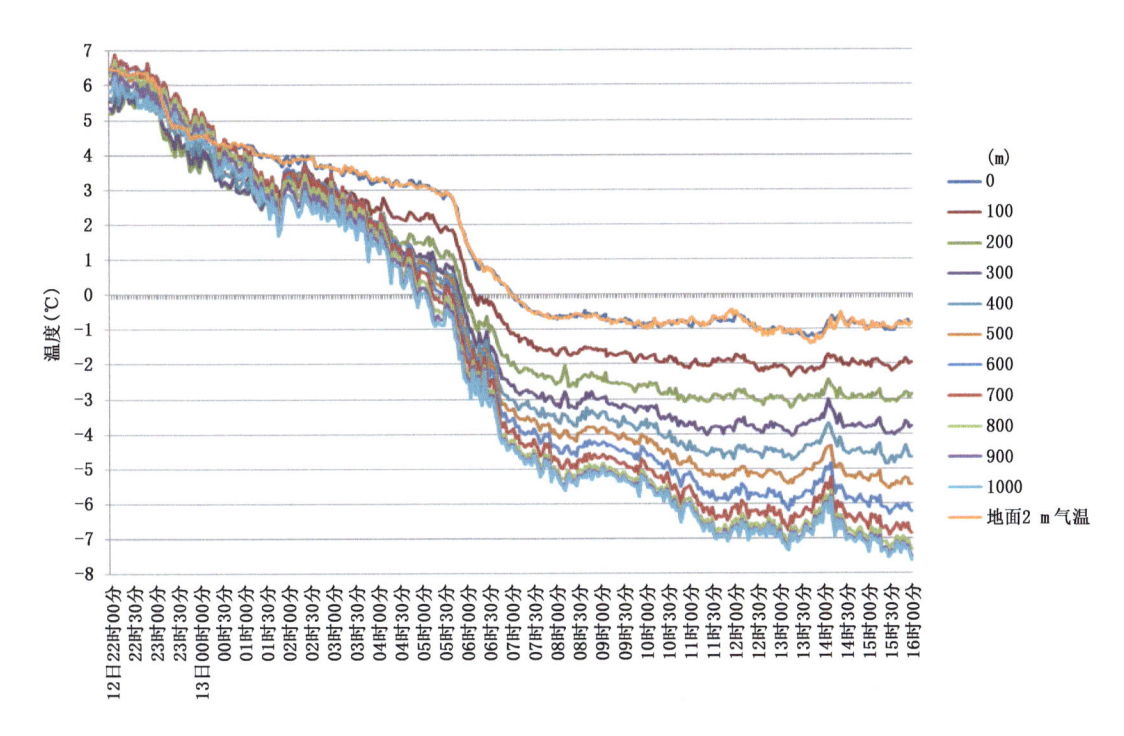

图 4.26　2016 年 2 月 12 日 22 时—13 日 16 时济南环境监测总站安置的温度廓线仪探测资料

4.6.1.4　风廓线雷达特征

利用章丘国家气象观测站风廓线雷达资料分析降水相态转变过程中的垂直风场结构渐变过程。

2016 年 2 月 13 日 04—08 时 3 km 以上为一致的西南风，风力较大并逐渐减弱，1～3 km 风向较乱，风力不大，1 km 以下为北到东北风，风力逐渐增大。从低层来看，从 05 时 30 分前开始 1 km 以下整层转为东北风，风力从上到下开始增大；06 时 30 分以后 1 km 以下都为较大的东北风，并逐渐向 1 km 以上扩展。

4.6.1.5　L 波段雷达探空

分析图 4.27，2 月 12 日 20 时 925 hPa 附近有浅薄的较强逆温层；700 hPa 以上为西南风，风速逐渐增大，700 hPa 风速为 10 m·s^{-1}，500 hPa 增大到 19 m·s^{-1}，850 hPa 以下为东南风。13 日 08 时逆温层抬升加厚，900～800 hPa 为较强逆温层，800～700 hPa 为等温层；700 hPa 以上为西南风，并随高度增大，850 hPa 以下转为东北风，风速最大为 12 m·s^{-1}。

综合天气形势演变和多种探测资料分析可以看出：

（1）在这次雨雪天气过程开始阶段，山东处于 700 hPa 以上高空槽前西南气流中，850 hPa 以下低涡倒槽前部东南气流和地面气旋的顶部，不断有暖平流输送，整层温度较高，850 hPa 以下温度都在 0 ℃ 以上，降水为液态。随着系统的东移，山东西部逐渐处于 850 hPa 以下低涡和地面气旋后部的东北气流中，低层由暖平流转为冷平流，此时冷空气主体尚未影响，温度逐步下降，到 13 日 05 时 30 分章丘国家观测站降水仍维持液态。

（2）随着时间推移，受冷空气主体影响，05 时 30 分前后 1 km 以下转为东北风，且风力明显增大，随后 1 km 以下温度骤降，到 05 时 30 分前后大气层结温度处于相态转换的临界温度

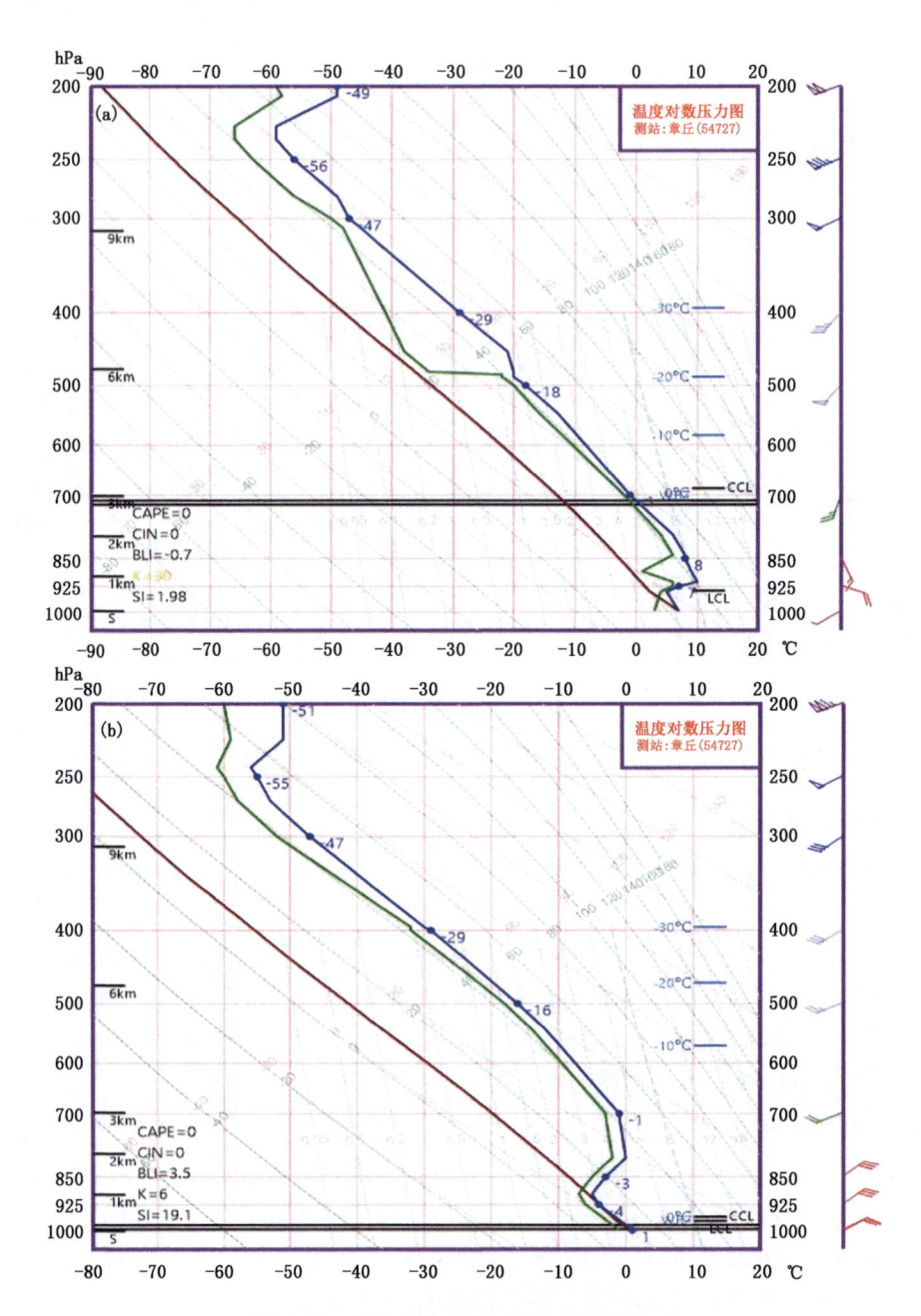

图 4.27 章丘国家观测站温度对数压力图
（a. 2016 年 2 月 12 日 20 时，b. 2016 年 2 月 13 日 08 时）

附近,降水相态发生转变,出现混合降水。由于锋区强,扰动剧烈,06 时 31—47 分章丘国家观测站出现了霰。

（3）随着温度继续下降,06 时 48 分前后章丘国家观测站开始出现雪花,随后一直维持降雪状态,直到降水结束。

总之,对流层低层较强冷平流、地面冷空气入侵使得边界层内温度持续下降,导致雨转雪。风廓线雷达、激光雨滴谱仪的最大粒子直径、温度廓线仪等资料精细地刻画出了雨雪转换的演变特征,是降水相态短时临近预报的有益判别资料。雨滴谱仪最大粒子直径跃增、降落速度跃减时雨转雪;雨转雪时温度廓线仪上 0~1000 m 的温度剧降;风廓线雷达显示边界层内东北风逐渐增强导致低层温度下降从而使得雨转雪。

4.6.2 个例 2:2012 年 12 月 13—14 日济南降水相态二次转换的成因分析

4.6.2.1 降水相态演变

山东冬季的降水相态变化多为雨或雨夹雪转雪,而由雨转雪然后再转雨的情况比较少见。2012 年 12 月 13 日,山东出现了一次江淮气旋降雪过程,其中济南出现降水相态二次转换(雨转雪,雪再转雨)。济南降水 12 月 13 日下午开始,降水的主要时段集中在 13 日下午至 14 日早晨,降水在 14 日白天结束。此次降水过程总降水量大且降水相态复杂,其中最显著的特点是出现了雨转雪然后再转雨的降水相态二次转换,这种降水相态转换较少见。根据济南龟山观测站观测记录,2012 年 12 月 13 日 13 时 20 分—17 时 20 分降水相态为雨,从 17 时 20 分开始由雨转为雨夹雪,18 时 30 分由雨夹雪转为雪,23 时后降水相态又转为雨(孙莎莎 等,2015)。

4.6.2.2 环流背景

2012 年 12 月 13 日 20 时,高空 500 hPa 山东上游地区有两支短波槽,700 hPa 比 500 hPa 经向度大,槽前强西南气流持续向山东输送水汽和能量,14 日白天短波槽过境后,高空逐渐转为西北气流;13 日 20 时,850 hPa 山东地区受东移北上的西南涡右侧暖式切变线及低空西南急流和东南急流的影响,水汽和能量强烈辐合;13 日夜间随着高空短波槽的东移,低涡东移北上经过山东地区,14 日白天随高空转为西北气流,低涡东移至海上减弱消失;13 日白天,山东位于地面低压倒槽槽顶附近,下午随着倒槽向北发展和南下冷空气的入侵,13 日 20 时安徽南部产生江淮气旋,该气旋随高空槽和低层低涡的东移沿东北路径移动经过山东境内,14 日白天继续东移北上,17 时移动至朝鲜半岛南部。

济南此次降水过程最主要的影响系统为江淮气旋,低层气旋式环流使山东处于强的上升运动区,有利于降水的产生。2012 年 12 月 13 日下午,低涡东移北上和地面倒槽向北发展,近地层冷空气侵入倒槽西侧,由于济南位于倒槽西侧,受冷空气影响近地面层温度略降低;13 日夜间,由于低涡继续东移北上和地面倒槽继续向北发展,尽管济南仍位于倒槽西侧,但同时又位于低涡右侧的偏南暖湿急流中,偏南暖湿气流的增温作用大于近地层冷空气的降温作用,因此近地面层气温又略有上升。近地面层气温先降后升有利于雨转雪再转雨,即降水相态的二次转换(孙莎莎 等,2015)。

4.6.2.3 降水相态二次转换的成因

本个例主要从影响系统和温度的垂直变化两方面,分析济南此次降水过程出现雨雪二次转换的复杂降水相态的成因。对济南此次降水过程的综合天气形势分析表明,降水过程的主要影响系统为江淮气旋,在江淮气旋活动的影响下,南支槽发展比较强盛,低层弱冷空气入侵和对流层中低层强偏南暖湿气流向北输送,在降水过程中使对流层低层的温度先下降后上升,导致降水相态的二次转变。

1)对流层低层温度的垂直变化

济南雷达探测得到此次降水过程的回波顶高为 2~3 km,说明降水粒子主要分布在 700

hPa 以下的层次,因此,不同降水相态的温度差异主要体现在 700 hPa 以下的高度。

从 2012 年 12 月 13 日 12 时—14 日 20 时济南自动站观测的地面温度随时间的变化可以看出(图 4.28),13 日 12 时,地面温度较高,达 5.7 ℃,13 时开始降低,18 时降至 0.7 ℃,19 时继续降低,最低降至 0.5 ℃;20—22 时,开始缓慢上升,但仍低于 1.0 ℃;13 日 22 时 14 日 10 时,维持上升的趋势,并高于 1.0 ℃;14 日 11 时以后,地面温度又开始下降但仍为 1.0 ℃以上。结合济南降水相态的变化进行分析,13 日 12—17 时,地面温度高于 1.0 ℃,降水相态为雨;18—22 时地面温度低于 1.0 ℃,降水相态由液态向固态转变,由雨变为雪;13 日 23 时—14 日 20 时,地面温度高于 1.0 ℃,降水相态由固态变为液态,由雪再次转为雨。济南此次降水过程降水相态的变化与地面温度变化有较好的对应关系。

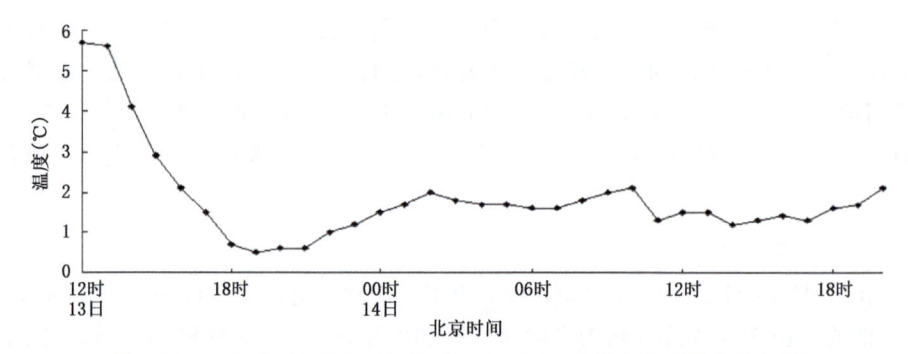

图 4.28 2012 年 12 月 13 日 12 时—14 日 20 时济南地面温度的变化

利用时空分辨率较高的济南 MTP-5HE 温度廓线仪资料分析对流层低层的温度垂直分布随时间的变化(图 4.29)。济南 MTP-5HE 温度廓线仪采用遥感测量技术对地面至 1000 m 高度,每隔 50 m 的气温每 3 min 进行一次测量,可以对大气温度的发展和转变进行全天候监测。可以看出,2012 年 12 月 13 日下午,地面至 1000 m 整层的气温均呈降低的趋势,但均高于 0 ℃,此期间济南的降水相态为雨;13 日 17—20 时气温继续降低,至 22 时 1000 m 高度以下整层的最低温度低于 0 ℃,济南地区的降水相态由雨转为雪;13 日 22 时气温开始上升,至 14 日 10 时 1000 m 高度以下整层的气温为 1 ℃左右,最高甚至可达 2 ℃,济南地区的降水相态又由雪转为雨;14 日 10 时后,尽管 500~1000 m 的气温仍低于 1 ℃,但地面层至 500 m 之间的气温较高,接近 2 ℃,因此,14 日白天降水结束之前济南地区的降水相态为雨。

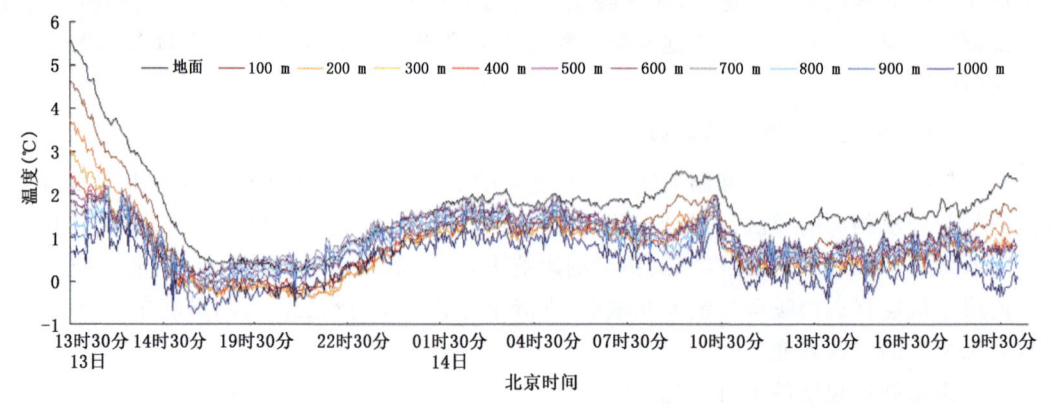

图 4.29 2012 年 12 月 13 日 13 时 30 分—14 日 20 时济南气温垂直分布随时间的变化

研究表明,降水相态不能仅用一层温度进行判断,需结合多个层次的温度进行判断。本个例选取 2012 年 12 月 13—14 日济南 3 个代表时刻多个层次的温度进行统计,其中高空资料为章丘的探空温度,地面资料为济南自动站资料(表 4.24)。由表 4.24 可以看出,此次济南地区降水过程冷空气较弱,2012 年 12 月 13 日 08—20 时,850 hPa 和 1000 hPa 温度仅下降了 1 ℃,地面温度下降了 3 ℃,925 hPa 温度维持不变;13 日 20 时—14 日 08 时近地面层温度回升了 1 ℃,850 hPa 温度无变化。另外,济南此次降水过程在 13 日夜间发生降雪,因此可以确定发生降雪的温度符合以下判据:850 hPa ≤ −1 ℃、925 hPa ≤ 0 ℃、1000 hPa ≤ 1 ℃ 和 $T_{地面}$ ≤ 1 ℃。2012 年 12 月 13 日夜间发生降雪时,地面至 1000 m 的温度为 −1~1 ℃,温度变化区间与上述温度判据一致。

表 4.24　2012 年 12 月 13—14 日济南 850 hPa 至地面各层温度　单位:℃

时间	850 hPa	925 hPa	1000 hPa	地面
13 日 08 时	−2	0	2	4
13 日 20 时	−1	0	1	1
14 日 08 时	−1	−1	2	2

根据 2012 年 12 月 13—14 日章丘站探空资料统计 3 个代表时刻多个代表层的位势厚度(表 4.25),分别选取 $H_{700-850}$ 和 $H_{850-1000}$、$H_{700-925}$ 和 $H_{925-1000}$ 两组位势厚度参数为代表进行统计,$H_{700-850}$ 代表 700 hPa 与 850 hPa 之间的位势高度差即位势厚度,$H_{850-1000}$、$H_{700-925}$、$H_{925-1000}$ 与 $H_{700-850}$ 代表意义类似。由表 4.25 可以看出,2012 年 12 月 13 日 08 时第一组中代表中层厚度的 $H_{700-850}$ 最小值为 153 dagpm,13 日 20 时和 14 日 08 时位势厚度最大值为 154 dagpm;而代表低层厚度的 $H_{850-1000}$ 一直为 130 dagpm,在济南此次降水过程中无明显变化,说明 13 日 08—20 时较冷的对流层中层厚度由薄变厚,较暖的对流层低层厚度维持不变,降水粒子下降过程中经过较冷的对流层中层的距离变长,经过较暖的对流层低层的距离不变,因此降水相态由液态向固态转变。2012 年 12 月 13 日 08 时第二组中代表中层厚度的 $H_{700-925}$ 最小值为 220 dagpm,13 日 20 时和 14 日 08 时位势厚度最大值为 222 dagpm,13 日 08 时代表低层厚度的 $H_{925-1000}$ 最大值为 63 dagpm,13 日 20 时和 14 日 08 时位势厚度最小值为 62 dagpm,说明 13 日 08—20 时较冷的对流层中层厚度由薄变厚,较暖的对流层低层厚度由厚变薄,降水粒子下降过程中经过较冷的对流层中层的距离变长,经过较暖的对流层低层的距离变短,有利于降水相态由雨向雪转变。对比两组位势厚度参数,济南此次降水过程的前一组厚度参数只有对流层中层的厚度发生变化,而对流层低层的厚度未变;后一组厚度参数的对流层中层和低层的厚度均发生变化,说明后一组厚度参数比前一组更有指示意义。另外,2012 年 12 月 13 日 20 时—14 日 08 时,对流层中层和低层的厚度均没有明显变化,两组厚度参数在雪转雨过程中指示效果较差,而在雨转雪过程中指示效果较好。因此,济南此次降水过程的厚度参数在雨转雪过程比雪转雨过程指示意义明显。

表 4.25　2012 年 12 月 13—14 日济南降水过程两组厚度参数的统计　单位:dagpm

时间	$H_{700-850}$	$H_{850-1000}$	$H_{700-925}$	$H_{925-1000}$
13 日 08 时	153	130	220	63
13 日 20 时	154	130	222	62
14 日 08 时	154	130	222	62

2)对流层低层温度变化的原因分析

通过对对流层低层温度的垂直变化分析表明,济南出现雨雪二次转换相态变化时,对流层低层温度为先降后升,接下来初步分析发生这种变化的原因。

2012年12月13日上午,高空500 hPa山东上游出现短波槽,济南处于槽前西南气流中;850 hPa西南涡从四川东部开始东移北上,济南位于地面低压倒槽的西侧,13日下午随着高空槽东移和西南涡北上,从蒙古高压分裂的弱冷空气南下入侵倒槽西侧,与倒槽东侧的偏南暖湿空气交汇,形成降水。随着地面高压的东移,分裂的冷空气势力变强,且倒槽发展北伸,有利于冷空气入侵,造成对流层低层温度降低。13日夜间,随着高空槽继续东移,西南涡北上经过山东境内,济南处在偏南暖湿气流中,在安徽南部形成江淮气旋;由于此次冷空气整体较弱,在对流层低层较强的偏南暖湿气流作用下,对流层低层的温度略有回升。14日白天,高空槽移出山东,低涡和气旋东移入海,降水逐渐结束。济南此次降水过程由于地面冷高压位置及强度的变化,造成南下的冷空气由弱变强再变弱,对应的降水相态由雨转雪再转雨,冷空气先弱后强再变弱是导致对流层低层温度先降后升的主要原因。

0 ℃层亮带是指在0 ℃等温层的高度附近反射率因子较高的环形回波。在0 ℃层以上,降水粒子大多为冰晶和雪花,过冷却水滴因尺度较小对反射率因子的贡献较小。当降水粒子下降过程中经过0 ℃层开始融化,表面出现一层水膜,而降水粒子尺寸变化较小,此时反射率因子因为水膜的出现而迅速增加;当冰晶和雪花在进一步下降中继续融化,其尺寸变小,同时降水粒子中大水滴的下落速度增大,使单位体积内水滴个数减少,这两个因素导致反射率因子降低;因此在0 ℃等温层附近出现反射率因子较高的"环形",即0 ℃层亮带。由2012年12月13—14日济南雷达资料1.5°仰角的基本反射率可见(图4.30),13日14时21分,雷达回波较强,距离雷达中心水平距离约10.0 km(垂直高度约为0.5 km)处出现一段0 ℃层亮带,该0 ℃层亮带的高度较低,与探空探测的0 ℃层高度吻合,此时降水相态为雨;16时05分,雷达仍有大片的降水回波,但0 ℃层亮带距雷达中心水平距离变为3.0 km,垂直高度下降至0.2 km,此期间降水相态由雨向雪转换;23时05分,雷达回波仍较强,且在距离雷达中心水平距离约为25.0 km(垂直高度约为0.9 km)处出现一个近似圆形的0 ℃层亮带,探空资料显示0 ℃层高度在13日夜间上升,两者一致,此时降水相态再次由雪转为雨;14日07时08分,雷达降水回波消失且0 ℃层亮带完全消失。在2012年12月13日下午至14日白天雨转雪再转雨的过程中,0 ℃层亮带由出现变为消失,然后再次出现,再次消失,且0 ℃层亮带的高度也有变化,为先下降后上升。因此,0 ℃层亮带的高度可以作为降水相态雨雪转换的判据之一。

济南此次降水过程中,低层盛行东北风,高层盛行西南暖湿气流,冷暖空气交汇形成降水。选取2012年12月13日济南雷达风廓线资料两个代表时段的垂直分布(图4.31)进行分析,由图可以看出,此次降水过程中边界层底层盛行东北风,雨转雪期间,东北风风速逐渐增大至6 m·s^{-1},盛行东北风的边界层厚度也增加;参考济南对流层低层的温度变化,说明此期间近地层有冷空气入侵,且随着冷空气的强度增强,对流层低层温度下降;而雪转雨期间,虽然盛行东北风的边界层厚度变化较小,但东北风的风速变小,说明近地层冷空气强度减弱,使对流层低层温度又上升。因此,对流层低层温度先降后升还与边界层内东北风的厚度及风速有一定关系。

3)小结

(1)济南此次降水过程出现雨转雪再转雨的复杂相态变化,其主要影响系统为江淮气旋和

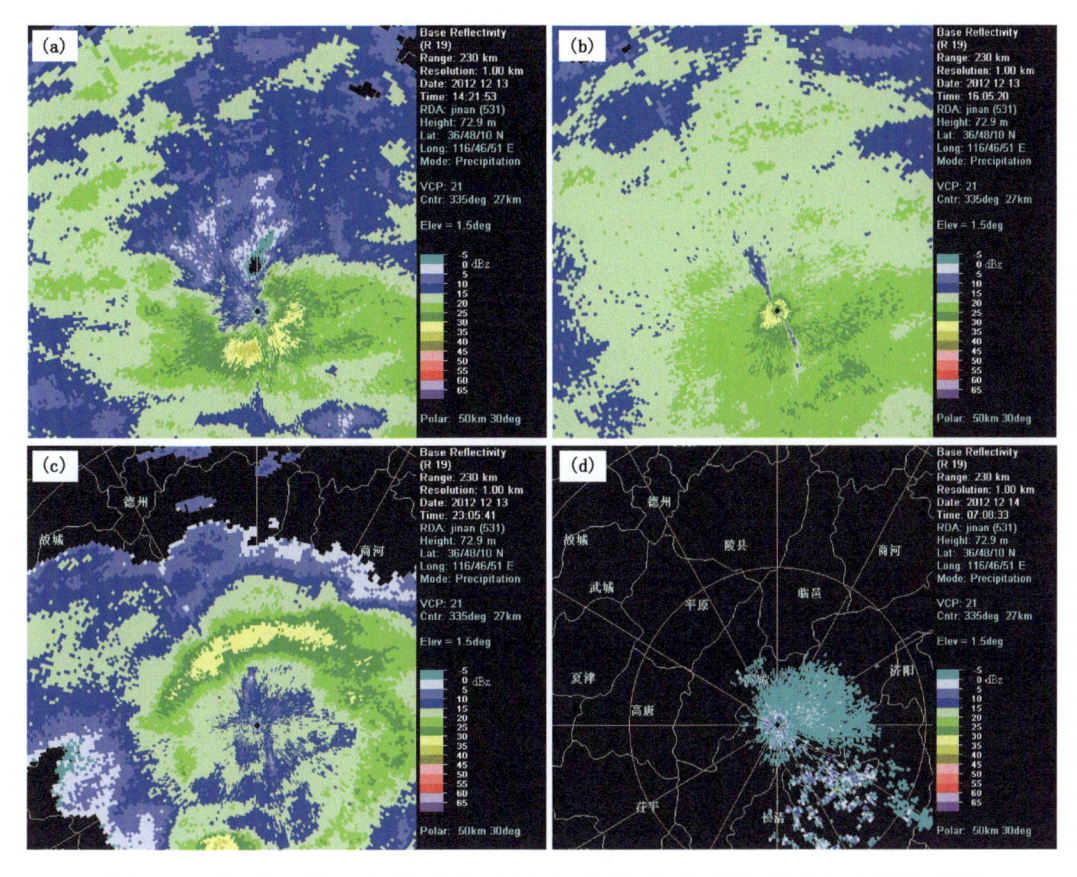

图 4.30 2012 年 12 月 13 日 14 时 21 分(a)、13 日 16 时 05 分(b)、13 日 23 时 05 分(c)和
14 日 07 时 08 分(d)济南雷达 1.5°仰角基本反射率因子

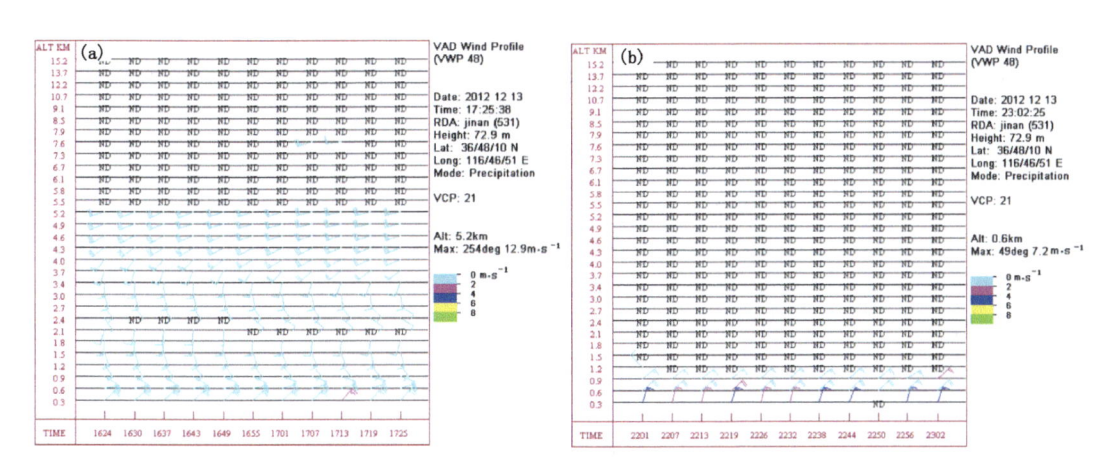

图 4.31 2012 年 12 月 13 日 16 时 24 分至 17 时 25 分(a)和 22 时 01 分至 23 时 02 分(b)济南雷达风廓线产品
（横坐标为时间，纵坐标为高度，ND 表示相应高度处风向和风速没有数据）

中纬度高空槽，冷空气入侵和对流层低层较强的偏南暖湿气流，使对流层低层的温度先降后升，导致降水相态二次转换。

(2)此次降水冷空气较弱,850 hPa 温度变化不明显,近地面温度变化较明显。此次降水产生降雪的温度判据为 $T_{850}\leqslant-1\ ℃、T_{925}\leqslant0\ ℃、T_{1000}\leqslant1\ ℃$ 及 $T_{地面}\leqslant1\ ℃$。此次降水过程中,位势厚度参数在降水相态转换过程中有较好的指示意义,且厚度参数对雨转雪的过程比雪转雨的过程指示意义更明显。

(3)出现雨雪二次转换的复杂相态变化,主要是由对流层低层温度先降后升导致。对流层低层的温度变化与近地面弱冷空气强度先弱、后增强、再变弱有关。此次降水过程低层盛行东北风,降水相态的二次转换还与边界层内东北风的厚度及风速有关。

(4)另外,济南此次降水过程降水相态对对流层低层至地面的温度比较敏感,1000 hPa 至地面温度及 0 ℃层亮带的高度,均可作为降水相态的判据。

4.6.3 个例3:2014年2月16—17日复杂降水相态降雪过程成因分析

2014年2月16—17日,山东出现了一次江淮气旋暴雪天气。这是转换季节的一次复杂降水相态过程,有"多种相态共存""相态逆转""东雪西雨"等特点,与常见的江淮气旋降雪过程不同。本部分应用常规探空资料、地面观测资料、欧洲中心细网格(0.25°×0.25°)数值预报初始场资料和 NCEP/NCAR 1°×1°再分析资料分析其成因(刘畅 等,2016)。

4.6.3.1 雨雪天气概况及环流特征分析

1)雨雪天气概况

2014年2月16日至17日山东出现了一次雨雪天气过程,降水落区位于鲁南、鲁中的南部和半岛南部地区(图略),16日早晨自临沂南部地区开始,逐渐向北向西扩展,17日下午逐渐结束。16日06时—18日06时,全省平均降水量为2.4 mm,大部分站点降水量小于10 mm,5站降水量大于10 mm:莒南17.9 mm、郯城13.7 mm、苍山13.6 mm、台儿庄13.0 mm 和日照12.0 mm,均为雨雪混杂产生的降水量。其中,莒南17日08时—18日08时降水量8.9 mm(为纯雪),达大到暴雪量级,其余站点降雪均为小到中雪量级。以苍山固态降水自动站为代表考察此次降水的强度(图略),由其逐时降水量时间序列可见,降水过程可分为两个阶段:16日下午至17日凌晨和17日上午至下午,两个降水时段降水强度均较小,小时降水量均在1 mm 左右,降水持续时间较长,约24 h。可见此次雨雪天气的降水特点为:具有阶段性,强度小,持续时间长。

降水过程中,相态变化的整体趋势为由雨转雪,即16日白天降水相态以雨为主,17日白天鲁东南地区多地降水性质为雪,其他出现降水的地区降水性质为雨或雨夹雪。降水相态的复杂性是此次江淮气旋降水过程的特点和预报难点,相态的复杂性主要表现在以下3个方面:①17日08时,鲁南、鲁中的南部和半岛南部地区出现降水,降水性质多样,表现为雨、雪和雨夹雪3种相态在同一时刻呈无规则"夹杂分布状"出现,如临朐(118.55°E,36.5°N)纬度相对偏北,降水性质为雨,而纬度位置相对偏南的五莲(119.2°E,35.75°N)降水性质为雪;②山东省内的郯城最早出现降水(16日早晨开始),16日08—11时其降水相态为雨夹雪,16日14—20时降水相态为雨,17日夜间具体降水相态不详(由于夜间人工观测取消),17日08时降水相态转为雨,至17日14时转为雪,可见郯城站在降水过程中存在雨夹雪转雨,雨转雪的相变过程,期间有雨夹雪转雨的相态"逆转"现象;③17日08时,降水主要出现在鲁南地区,降水相态分布表现为"东雪西雨"的分布特征,即鲁东南地区多地降水性质为雪,鲁西南地区降水性质多为雨或雨夹雪,雨雪分界线位于117°E附近。因此降水相态复杂性为此次雨雪过程的主要特点,也是本个例关注的重点。

2)环流特征

如图 4.32 所示,16 日 20 时,500 hPa 等压面上弱槽位于河套南部,南支槽位于 70°~80°E,位置相对偏西,黄淮、江淮和江南地区处于槽前西南偏西气流控制下,呈现明显的纬向环流特征,制约了影响系统的发展程度和移动方向,是此次雨雪天气发生的天气背景。700 hPa 和 850 hPa 在长江流域为江淮切变线,切变线北段气旋性环流影响了鲁中和鲁南地区,切变线南侧为西南风急流,其位置相对山东偏东偏南,不利于暖湿气流向山东输送。海平面气压场中倒槽自台湾海峡向北伸展至江苏沿海,山东南部处于倒槽北侧偏东风控制之下。17 日 02 时,在河套弱槽作用下,地面倒槽在长江口附近发展为江淮气旋,此后气旋在 500 hPa 纬向环流引导下取偏东路径入海。山东地区前期受切变线影响产生相态单一的降雨天气,后期受江淮气旋影响产生具有复杂相态的雨雪天气。

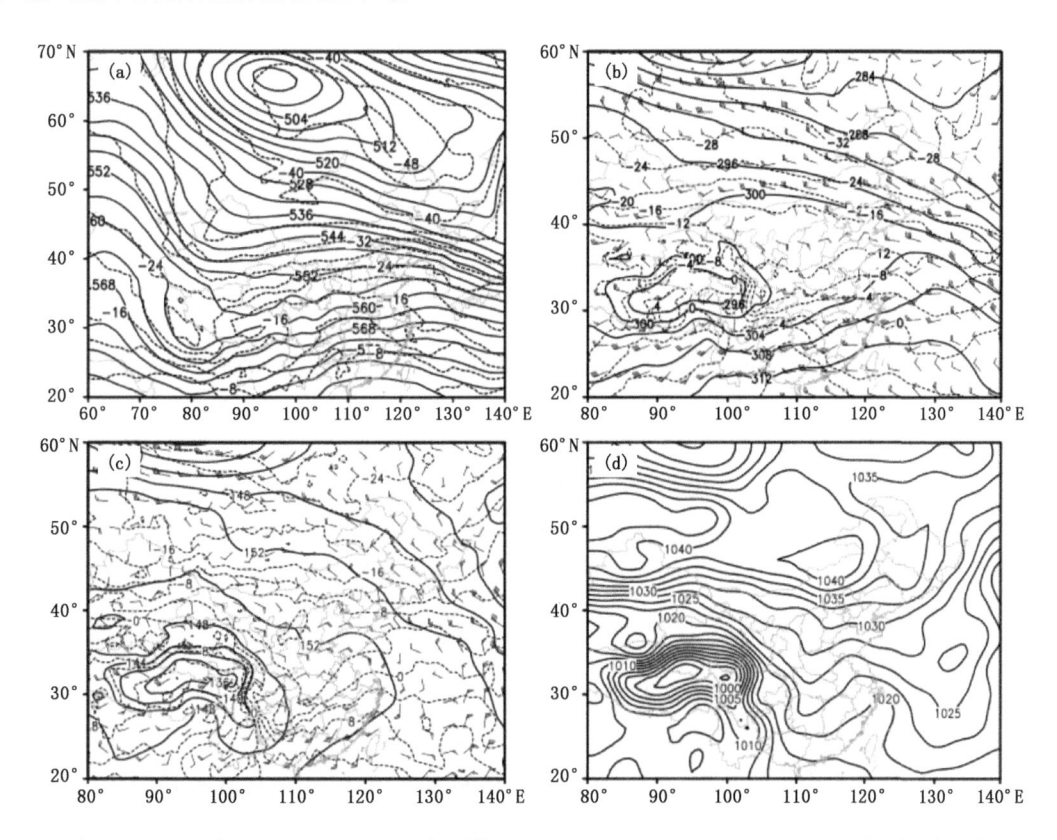

图 4.32 2014 年 2 月 16 日 20 时天气形势(a)500hPa、(b)700hPa、(c)850 和(d)海平面气压场

4.6.3.2 相态特征及成因分析

1)"多种相态共存"及成因

17 日 08 时,鲁南、鲁中的南部和半岛南部地区出现降水,降水性质多样,表现为雨、雪和雨夹雪 3 种相态在同一时刻呈无规则"夹杂分布状"出现,如临朐(118.55°E,36.5°N)纬度相对偏北,降水性质为雨,而纬度位置相对偏南的五莲(119.2°E,35.75°N)降水性质为雪。这种复杂的降水相态分布特征是预报的难点。那么,此时低层大气温度层结特征是什么? 为此分

别选取出现 3 种降水相态的 3 个站点临朐(雨)、五莲(雪)和诸城(雨夹雪),考察 3 站温度层结的不同点,从而了解出现多降水相态共存这种特殊天气现象的温度层结特征,同时分析导致 3 个站降水相态迥异的直接原因。

由表 4.26 可见,产生不同降水相态的 3 个站点 925 hPa 以下特性层温度特征相同,尽管如此,不能说明三者的温度层结一致,只能说明 3 个站的边界层大气温度的垂直结构差别不大,在这种情况下,出现了雨、雪和雨夹雪 3 种性质不同的降水,说明 3 站的边界层温度层结存在的细微差别是决定降水相态的关键。分析了 3 站 0 ℃层位势高度,由表 4.26 可见,临朐(雨)0 ℃层位势高度为 25 dagpm,五莲(雪)0 ℃层位势高度为 23 dagpm,而诸城 0 ℃层位势高度介于二者之间,为 24 dagpm,其相态表现亦介于二者之间,为雨夹雪。另外,由表 4.26 可知,出现不同降水相态的 3 站点的 1000 hPa 温度均为 0 ℃,有研究(杨成芳 等,2013)曾指出在有相态转化的降水过程中,1000 hPa 以下的温度对相态的判断最为关键,可见当 1000 hPa 的温度为 0 ℃时,降水相态对温度层结的细微差别很敏感,是一种临界状态,0 ℃层的位势高度(或位势厚度)能较为客观地反映边界层低层的平均温度,是决定相态的关键。

表 4.26 2014 年 2 月 17 日 08 时临朐、诸城和五莲 3 站特性层温度及 0 ℃层位势高度

	T_{2m}(℃)	T_{1000}(℃)	T_{925}(℃)	T_{850}(℃)	H(dagpm)
临朐	1	0	−3	−7	25
诸城	1	0	−3	−5	24
五莲	1	0	−3	−4	23

当温度层结处于相态转换的临界状态时,降水性质除了取决于层结的细微差别外,下垫面也是影响降水性质的一个要素,以下主要考察此次雨雪天气过程中,地形高度与降水性质的关系。17 日 08 时降水区位于鲁中的南部、鲁南和半岛南部地区,降水性质为雨、雪和雨夹雪 3 种相态共存,雪和雨夹雪主要集中出现在鲁中山区及其周边地区,即山东省内海拔相对较高的地区(图略)。由此可知,在温度层结处于相态转换的临界状态时,下垫面高度亦是决定降水相态的关键因子,此时在有降水发生的区域内,海拔相对较高的地区出现固态或固液混合态降水的可能性较海拔相对低的地区大。

2)相态逆转及成因

此次雨雪天气过程,山东省内的郯城最早出现降水(16 日早晨开始),16 日 08—11 时其降水相态为雨夹雪,16 日 14—20 时降水相态为雨,17 日夜间由于观测资料缺失,具体降水相态不详,17 日 08 时降水相态转为雨,至 17 日 14 时转为雪,可见郯城站在降水过程中存在雨夹雪转雨,雨又转雪的相变过程,期间有雨夹雪转雨的相态逆转现象出现,其原因何在?

郯城站降水开始于 16 日清晨,经过夜间的辐射降温,温度达到一天中的最低,在季节转换的时节,若降水在一天中气温最低的时段开始,降水的相态为固态或固液混合态的可能性增加。而 16 日上午由于天空云量较多,大气增温缓慢,维持雨夹雪的降水相态,中午前后达到一天中温度最高的时段,同时此时处于江淮气旋形成前期,暖平流相对较强,在二者的共同作用下,降水相态由雨夹雪转化为雨。17 日白天江淮气旋生成后,受气旋后部冷平流影响,降水相态转为雪。由此可见,在判断某地降水相态以及相态转化时,需参考气温的日变化,另外要根据影响系统的形成阶段和动向,判断边界层冷暖平流转化发生的时间段。图 4.33 充分说明了边界层冷暖温度平流的转化对降水相态转化的决定性作用,郯城站 16 日 14 时以前,925 hPa 以下的边

界层以弱冷平流为主,温度平流零线出现在16日14—17时(即由冷平流转为暖平流时段),这与降水相态由雨夹雪转为雨的时段吻合。郯城站冷暖平流的第二次转化发生在17日11—14时,由暖平流转为冷平流,致使降水相态发生了由雨向雪的转化。

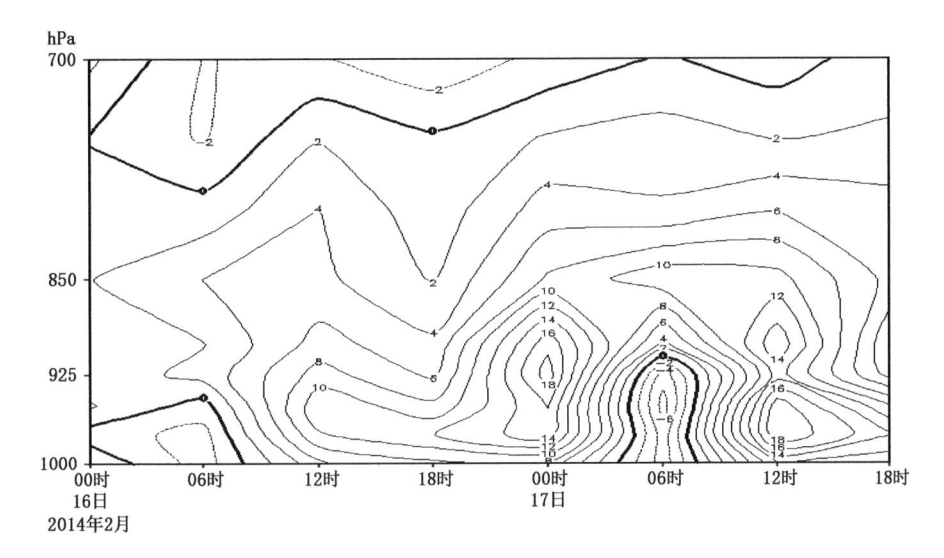

图 4.33 郯城站上空温度平流时间演变序列
(图中粗线条为零线,虚线为负值,细实线为正值,单位:10^{-6} K·s^{-1})

3)"东雪西雨"及成因

17日14时,降水主要出现在鲁南地区,相态表现为"东雪西雨"的分布特征,雨雪分界线位于117.5°E附近。那么,此时雨、雪区低层大气温度特征如何,有何差别?为此,做了17日14时温度平流沿35°N的纬向剖面图,同时考察了925~1000 hPa和850~1000 hPa气层的位势厚度(图4.34),分别用以表征近地层和边界层大气的平均温度分布情况。

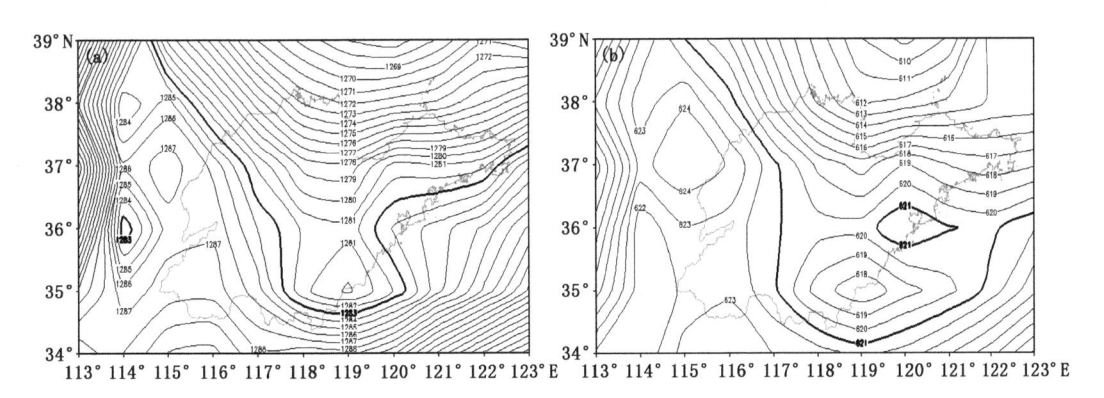

图 4.34 2014年2月17日14时(北京时)850~1000 hPa位势厚度(a)和
925~1000 hPa位势厚度(b,单位:gpm)

17日14时,以35°N纬圈为代表的鲁南地区在900 hPa以下的边界层中,117°~119°E范围内存在冷平流,强度约为-5×10^{-6} K·s^{-1},115°~117°E区域内无明显的温度平流(图略)。其中,冷平流影响的区域与降雪区域一致,无明显温度平流的地区降水相态为雨。由此可见,

17日白天鲁东南地区降水相态转变与冷空气影响有直接关系，即与影响系统江淮气旋的位置和路径有关，由天气形势分析可知，此次雨雪天气过程江淮气旋的生成位置偏东（生成于长江口附近），且在500 hPa纬向环流的影响下，移动路径为偏东路径，遂使得气旋后部冷空气的影响区域偏于山东东部，由此造成了"东雪西雨"的降水相态分布特征。

由静力学原理，$\frac{\partial \varphi}{\partial p}=-\frac{RT}{p}$，两层等压面之间的厚度与这两层之间的平均温度成正比。由于可能有逆温的存在，相比于从各特性层温度得到的温度垂直分布情况，低层大气的厚度能更为客观地反映低层大气的相对冷暖状况，从而增加了对降水相态准确判断的可能性。

那么，"东雪西雨"的降水相态分布特征，在低层大气厚度场中有何特征表现？为此分析了17日14时850～1000 hPa两个气层的位势高度差，即位势厚度场，可见在出现降水的鲁南区域，临沂地区850～1000 hPa的厚度为1281 gpm，菏泽地区850～1000 hPa的厚度为1287 gpm，位势厚度场呈现出与"东雪西雨"相应的"东薄西厚"，且位势厚度1283 gpm等值线与雨雪分界线走向基本一致，均位于117.5°E附近，同时雨雪区分界线也与925～1000 hPa的621 gpm等位势厚度线有较好的对应关系。

4.6.3.3 小结

通过对2014年2月16—17日发生在山东地区的一次江淮气旋雨雪天气过程的分析，归纳了此次天气过程降水相态的特征，并初步剖析了相态复杂性的原因。主要结论如下：

（1）山东省2014年2月16—17日的雨雪天气过程，发生在500 hPa纬向环流背景下，受东移的江淮气旋影响。降水相态的多样性和相态转化的复杂性是此次雨雪天气过程的主要特点。

（2）此次雨雪天气过程降水相态表现出的3种现象，分别为：同一时刻雨、雪和雨夹雪3种相态共存的现象；郯城站雨夹雪转雪的相态逆转现象；鲁东南地区降雪同时鲁西南地区降雨的"东雪西雨"现象。

（3）剖析了3种降水相态现象产生的原因，得到如下结论：1000 hPa温度为0 ℃的状态是决定降水相态如何表现的临界状态，即当1000 hPa温度为0 ℃时，边界层温度层结的微小差异将导致降水相态的迥异，同一时刻出现雨、雪和雨夹雪3种降水相态共存的可能性较大，同时在温度层结为相态转换的临界状态下，下垫面海拔高度也是影响降水性质的主要因素；在有相态转化的降水过程中，气温日变化是降水相态转化的一个因子；降水过程中某地相态转化发生的时段与影响此地冷暖平流转化发生的时段吻合；对于此次雨雪天气，850～1000 hPa的1283 gpm等位势厚度线和925～1000 hPa的621 gpm等位势厚度线能很好地标识雨雪区分界线。

4.7 降水相态客观预报业务系统

采用本地研究的山东降水相态预报指标，基于欧洲中心细网格的温度和降水量预报产品，设计开发了山东省降水相态客观预报系统，实时提供基于数值预报产品的降水相态客观预报产品供预报员使用。降水相态客观预报产品一是集成到山东省"灾害性天气监测预警平台"中，二是作为全省智能网格预报降水相态的背景场，实现了省—市—县实时共享和业务化应用。

4.7.1 系统所用技术

采用山东省现有业务系统的界面风格和开发语言,使用 PHP 等开发语言和 SQL Server 数据库技术,基于普查的山东雨雪相态温度阈值、欧洲中心细网格数值预报和 T639 细网格数值预报产品,开发了山东降水相态客观预报系统,接入山东省现有的业务系统并实现了业务化运行,为预报员提供了客观化的降水相态预报分析产品。

4.7.2 客观预报产品的开发设计

客观预报产品的开发主要应用到了降水相态的判别阈值,通过并行运算处理技术实现模式数据的快速计算,利用 PHP 的 GD 图形库实现图片的快速绘制。系统每天定时运行,保证产品的及时处理与应用。

4.7.3 降水相态客观预报系统功能与产品

系统提供了全省及站点的降水相态客观预报产品,实现不同时效、不同层次温度、降水的快速翻阅,满足省级及市县级预报业务人员的不同需求。其主要功能包括:数值预报各层温度预报显示、基于阈值的降水量及相态显示、基于阈值的单站温度及降水相态显示等。

1) 全省 123 站逐 3h 降水相态及降水量叠加

该产品以全省站点显示的方式,显示全省 123 个国家站逐 3 h 的降水量数值,并叠加各站点降水相态,不同量级的降雨、雨夹雪和降雪分别以不同的色标显示,便于预报员迅速查询站点的降水量和降水相态。产品时效为 96 h,其中 0~72 h 内为逐 3 h,72~96 h 内为逐 6 h。

2) 全省 123 站单站逐 3 h 降水相态及降水量的时间演变

该产品显示每个站点 96 h 内的降水量和降水相态演变,以降水量数值并叠加各站点降水相态,不同量级的降雨、雨夹雪和降雪分别以不同的色标显示,便于市、县预报员查询当地站点的降水量和降水相态。

3) 全省 123 站单站对流层低层温度时间演变图

该产品显示各站逐 3 h 850 hPa、925 hPa、1000 hPa 及地面 2 m 的温度时间序列,便于预报员了解单站对流层低层各特性层的温度演变。

4.7.4 相态客观产品预报效果检验

选取了 2013—2016 年山东存在相态转变的 7 次降雪过程进行预报效果检验。7 次过程分别为:2013 年 1 月 20 日 02 时—21 日 20 时、2013 年 4 月 19 日下午至 20 日凌晨、2013 年 2 月 3—4 日、2014 年 2 月 4 日夜间至 6 日早晨、2015 年 1 月 24 日 12 时—25 日 16 时、2015 年 11 月 23 日和 2016 年 2 月 12—13 日的降雪过程。降水过程主要选取相态转换时期和全省雨雪共存时期进行检验,完全为雨或完全转雪后则不再检验。

降水相态实况以选取的资料齐全的 7 次过程地面观测为准。应用欧洲中心细网格的 850 hPa、925 hPa、1000 hPa 和地面 2 m 的温度预报和本地降水相态阈值分别进行 TS 评分。模式资料采用如下的选取方法:假设 10 日制作 11 日的降水相态预报,采用 09 日 20 时起报的模式结果作为该模式的 24 h 预报评分,08 日 20 时起报的模式结果作为该模式 48 h 预报评分结果。评分结果主要有两个影响因素,一是选取的阈值是否合理,二是模式对各层温度的预报效果。

具体的预报效果检验如表 4.27 和表 4.28：

表 4.27　欧洲中心细网格数值预报 24 h 预报效果检验

时间	降雪正确站数	空报站数	漏报站数	TS 评分
2013 年 1 月 20 日	214	17	113	62.21
2013 年 4 月 19 日	16	0	66	19.51
2013 年 2 月 3 日	149	28	38	69.30
2014 年 2 月 4 日	254	1	50	83.28
2015 年 1 月 24 日	20	14	7	48.78
2015 年 11 月 23 日	281	7	5	95.90
2016 年 2 月 12 日	100	10	28	72.46
总计	1034	77	307	72.92

表 4.28　欧洲中心细网格数值预报 48 h 预报效果检验

时间	降雪正确站数	空报站数	漏报站数	TS 评分
2013 年 1 月 20 日	194	11	133	57.40
2013 年 4 月 19 日	2	0	80	2.43
2013 年 2 月 3 日	112	15	75	55.45
2014 年 2 月 4 日	243	1	61	79.67
2015 年 1 月 24 日	13	5	14	40.63
2015 年 11 月 23 日	270	1	16	94.08
2016 年 2 月 12 日	68	7	60	50.37
总计	902	40	439	65.31

检验结果如下：

(1)欧洲中心细网格的地面 2 m 温度和大气边界层温度预报可以作为预报员降水相态预报的重要参考。基于普查阈值和模式温度预报开发的降水相态客观预报产品,检验结果表明,TS 评分 24 h 预报好于 48 h 预报,产品具有重要的业务应用价值。

(2)经检验,该客观方法空报率很小而漏报率偏高。这主要是因为在雨雪相态的转换初期,预报往往比实况的降温幅度小造成的。例如,2016 年 1 月 13 日 08 时,欧洲中心细网格模式预报济南 850 hPa 温度在 0 ℃左右,而实况已经达到了 −3 ℃左右,造成了东营等地的降雪漏报。

(3)对于历史极端天气事件,模式的温度预报能力需要进一步提高,预报员应该加强对模式的订正。例如:2013 年 4 月 19 日下午至夜间,山东经历了一次暴雪天气过程,并伴有霰出现。鲁南地区以降雨为主,鲁西北、鲁中和半岛地区则以降雪为主,大部地区降水量达暴雪量级。此次暴雪天气出现在谷雨节气,刷新了山东多地降雪终日极值,降雪出现时间之晚,降雪量之大为近年罕见。此次降雪发生前地面气温的骤降是降水相态由雨转雪的直接原因,而数值预报对这种地形因素造成的极端的气温骤降预报能力很差,导致了此次雨雪相态预报较差。因此,预报员在应用客观预报产品时,应该充分考虑不同天气形势的影响,积累对模式温度预报的系统误差的认识,并做进一步的订正,从而改进基于数值模式产品的客观相态预报产品准确率。

(4)降水相态客观预报准确与否关键取决于数值模式温度的预报正确与否,今后应加强冷锋影响前后温度变化的检验和订正,以进一步提高雨雪相态预报的准确率。

第 5 章　积雪深度

积雪是降雪积聚在地表所形成的一层固体覆盖物,从积雪表面到地面的垂直深度即为积雪深度,它可以是一次或多次降雪过程降雪深度的累积量。积雪是我国重要的水资源之一,对全球气候变化都有影响,同时强积雪也可造成严重危害,使得城市道路、高速公路、乡间公路湿滑,导致交通运输中断受阻,还会压塌蔬菜大棚和树木,带来农业经济损失。因此,积雪在生态、天气、气候领域都占据着不可替代的位置。我国日常降雪预报业务中,过去通常只预报降雪量,以小雪、中雪、大雪、暴雪等分量级或者以定量表示。随着精细化预报服务需求的发展,积雪深度预报近年来也逐渐纳入一些地区的预报业务中,以便人们根据地面上的积雪大小采取适度防御措施,更有针对性地对道路、棚架积雪进行清除,如播撒多少融雪剂、出动多少清雪车等。

积雪为山东省气象局自定观测项目,2021 年以前主要为人工观测,各地根据需要可启动应急(人工加密)观测。中国气象局《地面气象观测规范》规定:观测符合雪深的日子,每天 08 时观测,雪深取厘米整数。平均雪深不足 0.5 cm 记 0;若 08 时未达到测定雪深的标准,之后因降雪而达到测定标准时,则应在 14 时或 20 时补测一次,记录在当日雪深栏,并在观测簿备注栏注明。因此,我国的常规积雪深度观测一般为每天一次。当有积雪深度人工加密观测时,可获得逐时或逐 3 h 积雪深度,为积雪深度的精细变化规律研究提供依据。

本章统计分析了山东积雪深度、降雪量和积雪深度定量关系的基本特征,对江淮气旋暴雪过程的积雪深度及其气象影响因子进行了探索,初步给出了积雪深度的预报着眼点。

5.1　山东积雪深度的分布特征

5.1.1　各地建站以来积雪深度极值

统计分析山东 122[①] 个国家观测站自建站以来至 2020 年的最大积雪深度。可以看出,从全年来看,山东各地的最大积雪深度在 10~54 cm,最大为文登 54 cm(2005 年 12 月 13 日),最小为河口 10 cm。烟台、威海、文登、荣成的最大积雪深度普遍在 40 cm 以上,为山东积雪最为明显的地区;鲁西北和东南沿海地区的积雪深度一般在 10~20 cm,其他大部地区集中在 20~40 cm(图 5.1a)。

山东 11 月至次年 4 月均可出现积雪,但积雪深度的大小和分布落区差异较大。其中,11 月,全省积雪深度在 2~40 cm。除了文登 1998 年 11 月 18 日出现过最大积雪深度为 40 cm 以

---

① 此处剔除了泰山站(高山站,积雪深度和其他地面站差异很大)。

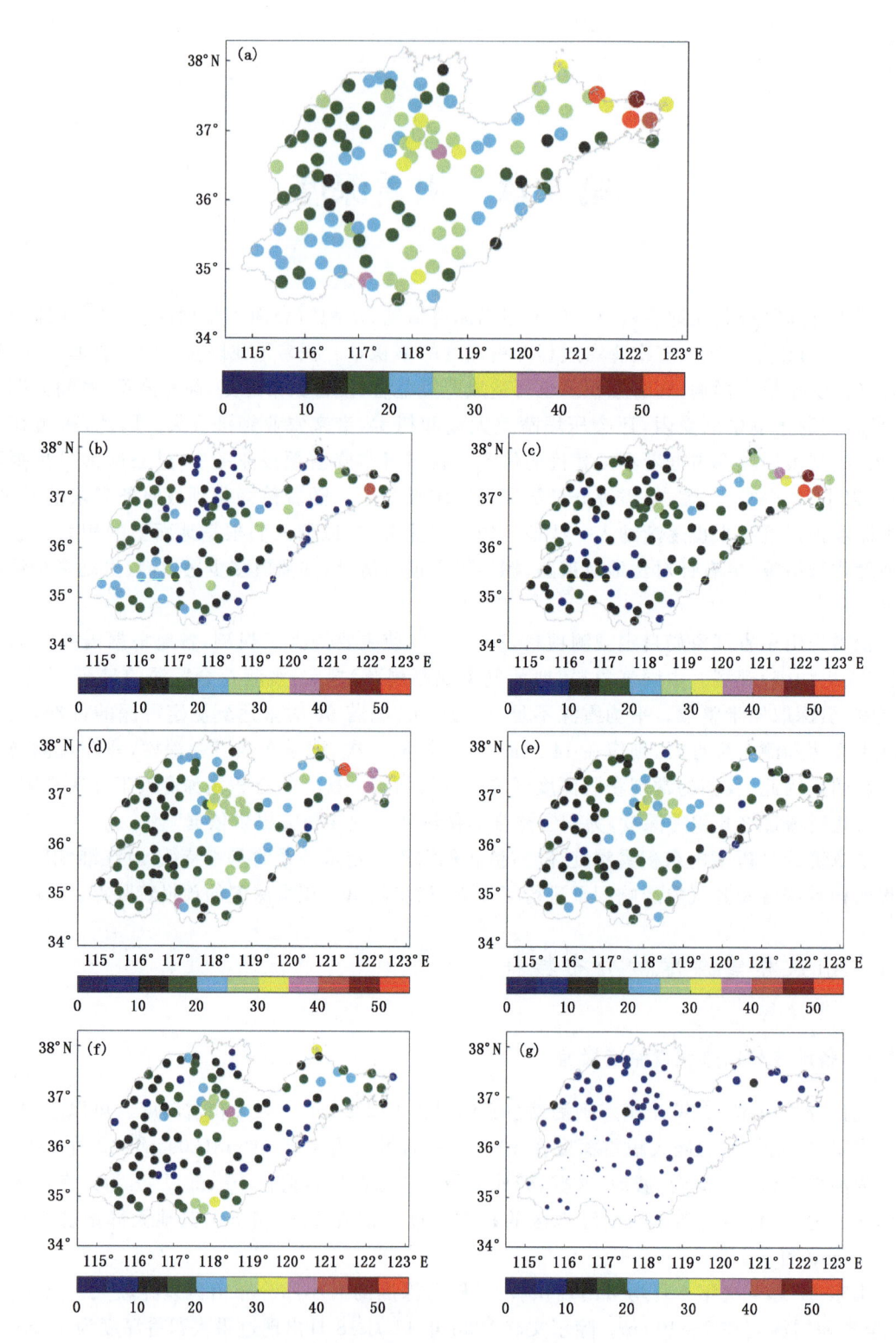

图 5.1 山东 122 站年建站以来全年及各月最大积雪深度分布
(a. 全年, b. 11 月, c. 12 月, d. 1 月, e. 2 月, f. 3 月, g. 4 月; 单位: cm)

外,山东其他地区的积雪深度均在27 cm以下。从区域分来看,菏泽、济宁等鲁西南地区11月的积雪深度为较大区域,多集中在20~25 cm,滨州、东营、青岛、日照等地积雪深度较小,一般在10 cm以下,青岛的胶南最小为2 cm;其他大部地区在10~20 cm(图5.1b)。

12月,全省积雪深度在6~54 cm。烟台、威海的北部沿海地区积雪深度最大达35 cm以上,文登最大为54 cm;潍坊和烟台的西部地区在20~30 cm,其他大部地区积雪深度在10~20 cm,枣庄和济宁的曲阜最小为6 cm(图5.1c)。

1月,全省积雪深度在9~52 cm。烟台、威海的北部沿海地区和淄博的部分地区积雪深度在30 cm以上,烟台最大为52 cm;淄博、潍坊、临沂、枣庄、滨州、东营、烟台的西部和青岛的部分地区在20~30 cm,其他地区积雪深度主要集中在10~20 cm,青岛的即墨和烟台的海阳最小为9 cm(图5.1d)。

2月,全省积雪深度在7~32 cm。淄博、潍坊、临沂、烟台的西部和济宁的部分地区积雪深度多在20~30 cm,淄博最大为32 cm;其他大部地区在10~20 cm,青岛的莱西最小为7 cm(图5.1e)。

3月,全省积雪深度在4~37 cm。潍坊西部、淄博、临沂和烟台的北部地区积雪深度多在20~30 cm,潍坊的青州最大为37 cm;其他大部地区在10~20 cm,日照和东营的河口最小为4 cm(图5.1f)。

4月,在122个国家站中有85个出现有量积雪,主要集中在鲁西北、鲁中和半岛的北部地区,积雪深度在1~12 cm,其他地区基本无积雪。聊城、德州、滨州、济南、淄博和烟台的北部地区积雪深度大部在5~10 cm,济南的章丘最大为12 cm,其他有积雪的区域积雪深度一般在1~5 cm(图5.1g)。

5.1.2 各地最大积雪深度的时间和天气系统

各地的最大积雪深度在11月至次年3月均可出现(图5.2、图5.3,表5.1)。其中,以1月出现极大积雪深度居多,占总站数的44%,其次是11月和12月。山东半岛的最大积雪深度出现12月和1月,以12月居多,主要是由于在这两个月份产生强海效应暴雪造成;菏泽、济宁和聊城的最大积雪深度多出现在11月,在11月该地区易出现强回流形势暴雪;济南、淄博及鲁南的南部地区多在2—3月出现最大积雪深度,多为江淮气旋影响产生;其他地区的最大积雪多出现在1月,受切变线、黄河气旋和低槽冷锋影响为主。

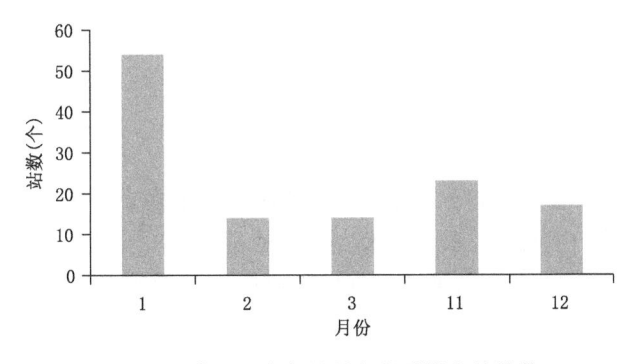

图5.2 建站以来各月最大积雪深度的站数

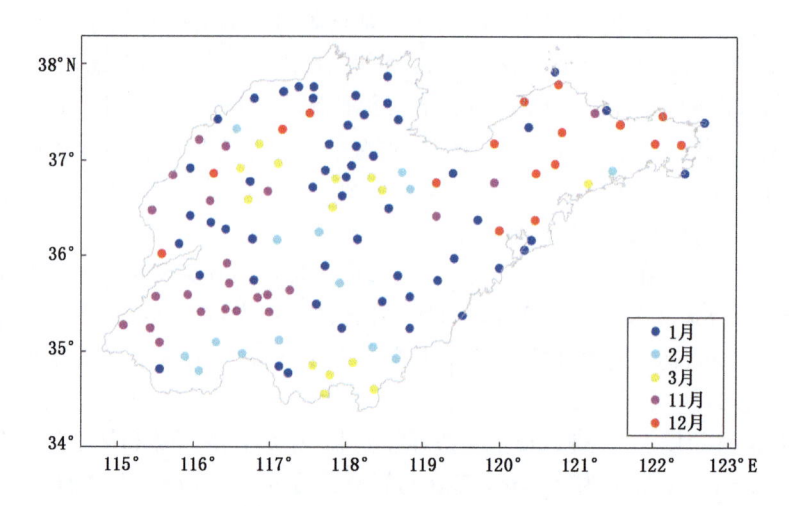

图 5.3　各站最大积雪深度出现的月份

表 5.1　1980—2017 年各站最大积雪深度产生的影响系统

影响系统	站数	天气过程
回流形势	22	21 站 1 次，1 站 2 次
江淮气旋	19	1 次
切变线	10	5 站 2 次，5 站 1 次
海效应	8	5 站 1 次，3 站数次
黄河气旋	2	1 次
低槽冷锋	2	1 次

5.1.3　积雪日数

全省各地年平均积雪日数区域差异明显（图 5.4）。山东半岛北部地区的积雪日数最多，文登、栖霞、烟台、牟平、福山和威海等地的年平均积雪日数在 24～30 d，文登最多为 30 d；其次为淄博、烟台西部地区，年平均积雪日数在 15～20 d；济宁、枣庄、临沂、日照和青岛南部积雪日数最少，一般在 5～10 d；其他大部地区在 10～15 d。积雪主要集中在 1 月和 12 月气温最低的月份（图 5.5）。

5.2　山东降雪含水比的特征

为了定量预报积雪深度，首先要考虑天气系统能够产生多少降雪量，然后再把降雪量转化为积雪深度。由此引入了降雪含水比的概念，以建立二者之间的转化关系。降雪含水比（snow-to-liquid ratio，SLR）是指新增积雪深度与降雪融化后等量液体深度（降雪量）的比值，其单位有的文献采用 cm·mm^{-1}，也有的文献采用 mm·mm^{-1}（将积雪深度乘以 10 转为 mm，再计算降雪含水比，SLR 因此不带单位）。这样，只要确定了降雪量和降雪含水比，就可以计算出积雪深度。

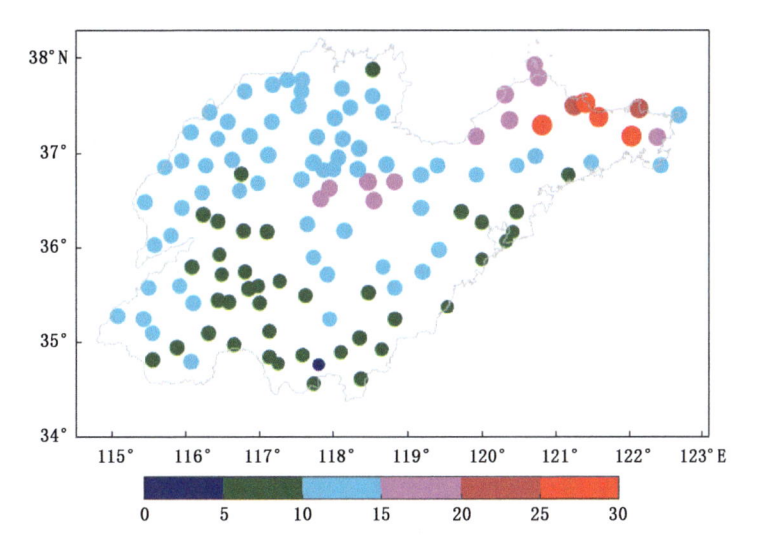

图 5.4　各站建站以来至 2017 年的年平均积雪日数（单位：d）

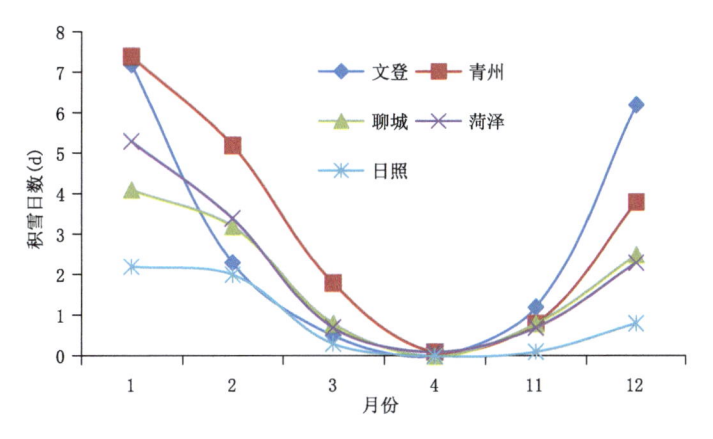

图 5.5　山东各区域代表站月平均积雪日数变化

对于 SLR 的研究主要集中在三个方面：SLR 的影响因子、气候变化特征和预报技术（崔锦 等，2017）。更多的研究聚焦于 SLR 的微物理过程，研究 SLR 的影响因子。归结起来，温度、相对湿度、风、垂直运动、气压等气象条件对 SLR 都有影响。Roebber 等（2003）认为，云内的冰晶结构、云下的过程以及地面的压实度都要考虑。初始冰晶状态取决于高空的温度和过饱和度，与高空的冰及液态水有关（Magono et al.，1966）。不同的温度产生的冰晶形态也不同，$-4\sim0$ ℃冰晶主要为片状，$-10\sim-4$ ℃冰晶主要为针状、棱状和卷轴状，$-20\sim-10$ ℃冰晶主要为树枝状、厚片状、扇形状，低于-20 ℃主要是空心柱状。冰晶为树枝状的降雪 SLR 值最大，其次是针状冰晶，最小的是柱状。冰晶形成以后，周围的环境条件将决定冰晶增长，湿度是云内影响第二重要因素。冰晶增长的过程很复杂，它在下落的过程可能会遭遇不同的环境温度及饱和度，导致产生不同相态，经历了沉积增长或凇化过程之后冰晶结构会进一步改变，进而影响到 SLR。例如，凇化时会影响到截获到冰晶内的气体数量，减小空隙，使得雪密度更大，SLR 降低；当雪降落到地面 24 h 内冰晶会发生形变和结构变化，使得冰晶密化，会导致 SLR 减小。温度、水汽、风都会导致冰晶结构变化，如果地面温度高冰晶会融化，强风可导致冰晶解体或移动(Rauber,1987),SLR 随着风速增大而减小(Alcott et al.,2010)。积雪深度是近地面多气象要素共同作用的结果,降水相态、降雪量、降雪强度、气温、地温和风速均有影响,进而会影响到降雪含水比(杨成芳 等,2019)。

以上基于微物理的研究从机理上揭示了气象条件对 SLR 的影响,预报员熟悉了影响因子进行综合判断,有助于做出更为准确的积雪深度预报。但是,在日常业务中,因为缺乏精细的高空观测资料,分析云中和云下的微物理过程比较困难。因此,需要利用多年历史资料开展某个地区的 SLR 气候特征和基本变化规律研究,帮助预报员对 SLR 做初始估测。早在 1875年,美国国家天气局就提供 SLR＝10 mm·mm^{-1},给预报员作为参考。我国传统预报业务中,一些预报员也以此为参考值估测积雪深度。Henry(1917)指出 10 mm·mm^{-1} 只是一个近似值,对于很多地区和天气形势下不够精确。后来许多研究(Baxter et al.,2005;Milbrandt et al.,2012;Judson et al.,2000;Ware et al.,2006)表明 SLR 有相当大的变化,它取决于降雪落区、不同的气象环境参数。Baxter 等(2005)利用美国 1971—2000 年 7760 个站点的降雪资料统计表明,大部分地区的 SLR 年平均值为 12~14 mm·mm^{-1},总体大于经验值 10 mm·mm^{-1};SLR 存在空间差异,北部大南部小,北部为 15~18 mm·mm^{-1},南部多在 9~11 mm·mm^{-1};另外,各月 SLR 也有不同。杨琨等(2013)利用我国 2009—2011 年冬季的降雪加密观测资料并采用线性拟合方法,分析得出我国冬季积雪深度变化值和相应降雪量的比值大体为 0.75 cm·mm^{-1},该比值随气温上升呈明显减小趋势,且有明显的地区差异。崔锦等(2015,2019)首先分析了沈阳站 32 次降雪含水比的变化特征,发现沈阳站降雪含水比的平均值为 11.4 mm·mm^{-1},主要集中在 6~12 mm·mm^{-1},进而提出了辽宁省小时 SLR 的平均值为 11 mm·mm^{-1}。总体而言,降雪含水比具有明显的空间和时间变化特征,积雪深度预报应谨慎使用 SLR＝10 mm·mm^{-1} 的经验值,各地应深入研究降雪量和积雪深度的关系。

5.2.1 降雪含水比计算方法

使用的资料有山东 122 个测站自建站以来至 2018 年 12 月的地面观测及 1999—2018 年的 Micaps 高空、地面资料。其中,地面观测资料包括 08—20 时、20 时至次日 08 时的 12 h 降水量、日积雪深度、降水性质、日最高气温和日最低气温。

降雪含水比的计算公式：

$$\text{SLR} = \frac{\text{SD}}{\text{SL}} \tag{5.1}$$

式中,SLR 为降雪含水比,单位为 cm·mm^{-1};SD 为 08 时至次日 08 时的新增积雪深度(即次日 08 时积雪深度与当日 08 时积雪深度之差),单位为 cm;SL 为 08 时至次日 08 时 24 h 降雪量,单位为 mm,与新增积雪深度同一时段。

考虑到山东降雪的复杂性和观测资料的特点,做出以下限定。

(1)山东降雪相态复杂(杨成芳 等,2013,2017),研究表明,300 个降雪日中山东降雪时地面气温不会超过 3 ℃(取整数),94%的降雪日降雪时的地面气温 $T<2$ ℃;其中 40 个有雨雪转换的降雪日中,降雨时有 74%的个例地面气温 $T\geqslant 2$ ℃,而常规观测资料只能判别出一日当中有无降雪出现(有为 1,无为 0),12 h 和 24 h 降水量观测资料中均无法区分详细的雨雪相态。因此,挑选纯降雪日时,规定满足两个条件:降水日的降水性质为 1;降水日的最高气温 $T_{\max}<2$ ℃,从而可基本剔除含有降雨的降雪日。

(2)按照我国的地面气象观测规范,积雪深度的单位为 cm,测量时雪深不足 0.5 cm,记为 0,超过时读取雪深的厘米整数,小数四舍五入。在此观测规范下,降雪量越小,则降雪含水比误差可能越大。例如,假设某日降雪量为 0.6 mm,积雪深度的观测记录为 1 cm,根据观测规范实际的积雪深度可能为 0.5~1.4 cm 的任意数,由此计算出的降雪含水比分别是 1.6 cm·mm^{-1}、0.8~2.3 cm·mm^{-1},差异较大。为了减小可能的误差,并保留尽可能多的降雪样本,在计算降雪含水比时剔除了小雪量级(日降雪量不大于 2.4 mm)的降雪日。

(3)山东有两类降雪:一类是各种天气系统均可产生的降雪(预报员常称为系统性降雪),与西南暖湿气流有关,分布于全省各地;另一类是冷流降雪(又称海效应降雪),发生在冬季强冷空气影响下,我国渤海中东部、黄海、东海海面及其沿海地区均可产生冷流降雪,以山东半岛北部沿海地区的烟台和威海地区最为显著,冷流降雪日数可达该地区总降雪日数的 70% 以上。本部分在分析全省降雪含水比建站以来的气候特征时,考虑到两类降雪产生机制完全不同,发生频率、影响区域、降雪量和积雪深度等均有很大差异,为避免全省所有站点数据取平均会产生混淆,将全省 122 个观测站分为 A 类和 B 类。其中,A 类站点有 115 个,分布在山东内陆地区和 B 类站点之外的沿海地区;B 类站点包括山东半岛北部沿海地区的烟台、福山、牟平、威海、文登、荣成和成山头 7 个站,为强冷流降雪易发区,易产生日降水量 5 mm 以上的强降雪。故 A 类站点代表山东的大部分地区,表征各类天气系统均可产生的降雪;B 类站点代表山东半岛北部沿海地区,包含了冷流降雪和系统性降雪。在分析各类天气系统暴雪过程的降雪含水比特征时,采用资料齐全的 1999—2018 年 Micaps 高空、地面天气图普查各暴雪过程的天气系统,有江淮气旋、回流形势、黄河气旋、低槽冷锋、暖切变线暴雪和海效应暴雪,其中海效应暴雪过程仅发生在山东半岛北部沿海地区(B 类站点),其他天气系统的暴雪在全省范围内均可发生(杨成芳 等,2020)。

满足上述限定条件的测站出现一个降雪日称为一个站次,作为一个样本。从全省 122 站自建站至 2018 年 12 月的降雪日中共筛选出 7428 个有效样本,其中,A 类站点样本数为 6704 个,B 类站点样本数为 724 个。A 类样本主要集中在 1—2 月,B 类样本则以 12 月和 1 月居多(表 5.2)。由全省降雪样本数分布(图 5.6)可以看出,样本数最多的是山东半岛北部沿海地区,超过了 100 个,文登最多,为 129 个;样本数最少的是崂山站,为 19 个,其次是河口和峄城,均为 23 个。样本数的多少与建站早晚有关,也与降雪频次有关,山东半岛北部沿海地区的样本数多是由于冷流降雪频次高,河口样本数少是由于建站晚(1992 年建站)造成的。

表 5.2 全省 122 站建站至 2018 年降雪样本数　单位:个

站点类型	降雪样本数						
	11月	12月	1月	2月	3月	4月	全年
A 类	396	1 583	2 186	1 948	584	7	6 704
B 类	65	290	227	105	37	0	724

5.2.2 降雪量与积雪深度的关系

对山东 122 站的 7428 个降雪样本的降雪量和新增积雪深度进行相关性分析。二者的相关系数为 0.74,达到 0.01 显著性水平。利用最小二乘法对其进行线性拟合(图 5.7),得到的拟合关系式为:

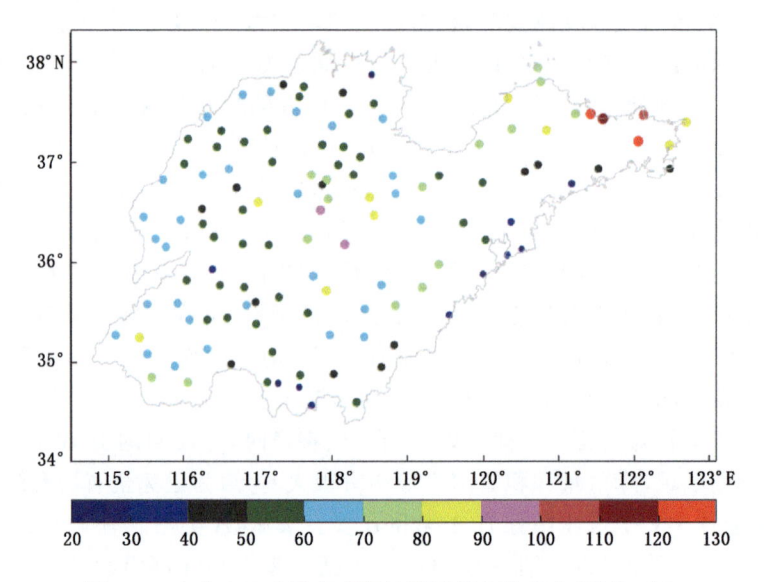

图 5.6 山东 122 个国家观测站降雪样本数分布(单位:个)

$$y = 0.80x + 1.0 \tag{5.2}$$

式中,y 为 08 时至次日 08 时新增积雪深度(单位:cm),x 为 08 时至次日 08 时降雪量(单位:mm)。

以上结果表明,总体而言,山东的新增积雪深度与降雪量存在显著的正相关,二者的比值为 0.80 cm·mm^{-1}。

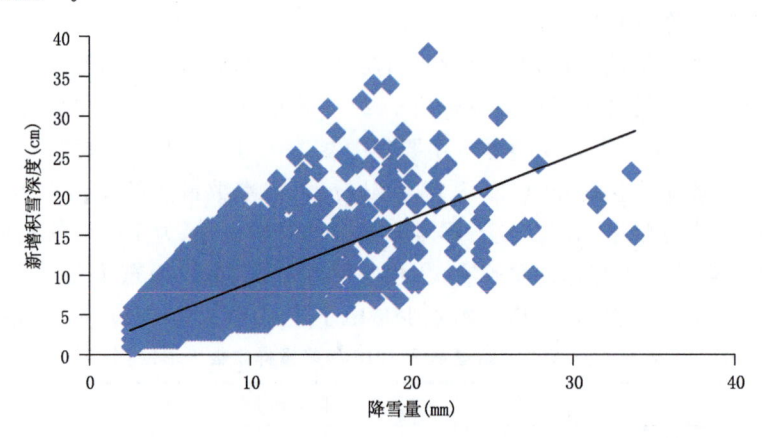

图 5.7 山东 24 h 降雪量和新增积雪深度的关系

5.2.3 全省降雪含水比的总体变化特征

5.2.3.1 空间分布

图 5.8 给出了全省 122 站建站至 2018 年的平均降雪含水比,从中可以看出山东降雪含水比总体上呈现北高南低的分布规律。山东半岛的北部沿海地区平均降雪含水比最大,在 1.1～1.5 cm·mm^{-1},文登站和荣成站以 1.5 cm·mm^{-1} 居全省之首;其次是德州、滨州、济南北部至淄博北部地区,平均降雪含水比在 1.0～1.1 cm·mm^{-1};东营、枣庄、临沂南部、日照的沿海

地区降雪含水比最小,多低于 0.8 cm·mm^{-1},河口和东营均为 0.7 cm·mm^{-1},是全省最低值;其他地区的降雪含水比一般在 0.8~0.9 cm·mm^{-1}。从多年平均来看,全省大部地区的年平均降雪含水比为 0.9 cm·mm^{-1},半岛北部沿海地区的年平均降雪含水比为 1.3 cm·mm^{-1},可见以强冷流降雪为主的降雪含水比明显大于系统性降雪的降雪含水比。

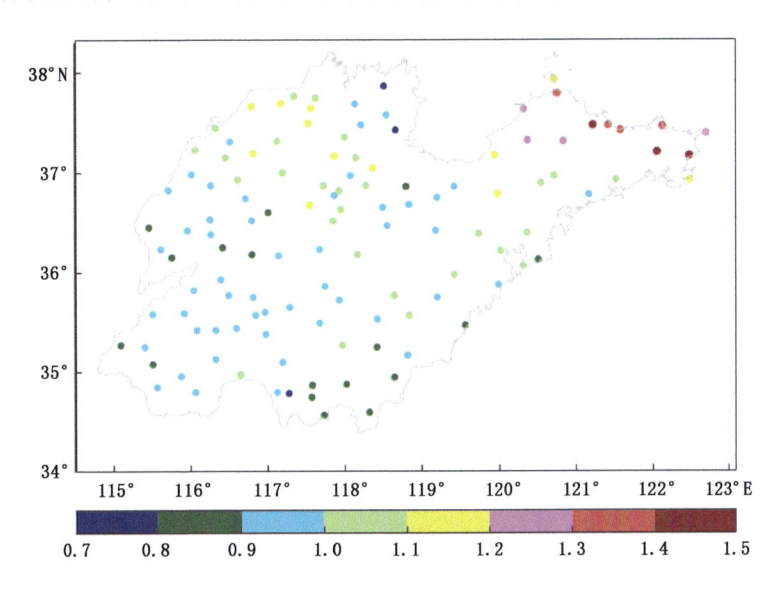

图 5.8 山东 122 站建站至 2018 年平均降雪含水比(单位:cm·mm^{-1})

5.2.3.2 降雪含水比分量级特征

为了分析山东降雪含水比的变化范围及集中程度,对 A 类站点和 B 类站点所有样本的降雪含水比按照 0.1 cm·mm^{-1} 间隔进行分级,统计每个量级出现的站次数,然后再计算每个量级站次占其所在类总站次的百分比,所得结果如图 5.9 所示。

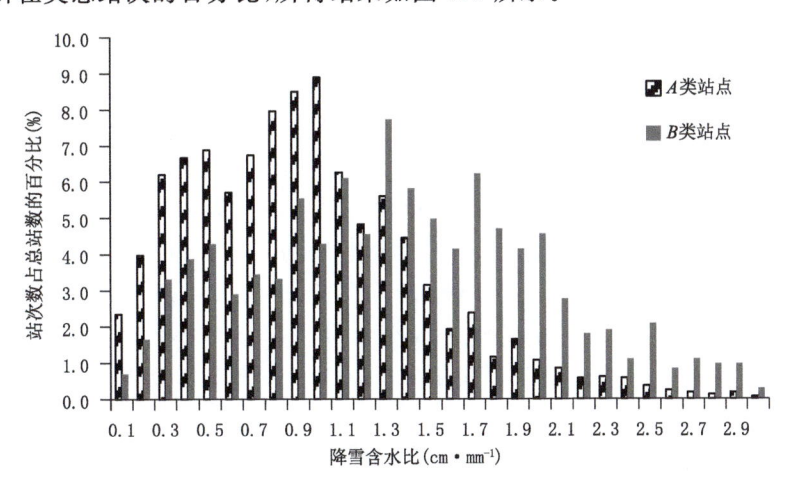

图 5.9 山东 122 站建站至 2018 年降雪含水比各量级占比

从图 5.9 中可以看出,无论 A 类站点还是 B 类站点,降雪含水比都在 0.1~3.0 cm·mm^{-1} 变化。对于 A 类站点,降雪含水比主要集中在 0.3~1.1 cm·mm^{-1},每个量级占比超过 6%,

占比合计达到64%，其中以0.8~1.0 cm·mm^{-1}的占比最高，每个量级各为8%~9%；降雪含水比大于2.0 cm·mm^{-1}的占比合计为5%。由此可见，对于A类站点，出现高降雪含水比的概率较小。相比之下，B类站点的降雪含水比相对较高，多集中在0.9~2.0 cm·mm^{-1}，合计占比为63%；小于0.2 cm·mm^{-1}和大于2.5 cm·mm^{-1}的占比均在2%以下，合计占比为6%。这表明B类站点出现极小和极大降雪含水比的概率很低。

5.2.3.3 月变化

图5.10给出了两类降雪各月降雪含水比的箱须图，以此分析各地降雪含水比的月变化特征。

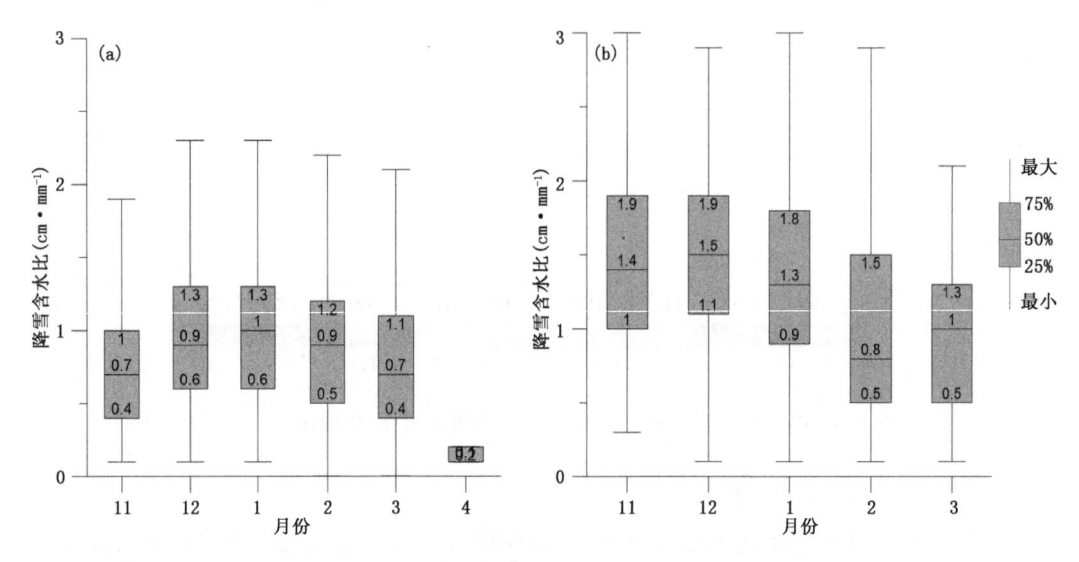

图5.10 山东122站建站至2018年各月平均降雪含水比
(a. A类站点, b. B类站点)

A类站点降雪的降雪含水比特征(图5.10a)总体表现为：1月最大，12月、2月、3月、11月、4月依次减小。在冬季(12月至次年2月)，1月和12月的降雪含水比基本接近，25%~75%分位的降雪含水比都在0.6~1.3 cm·mm^{-1}，中位数(50%分位，下同)1月最大为1.0 cm·mm^{-1}，12月为0.9 cm·mm^{-1}；2月的降雪含水总体比1月和12月稍低一些，25%~75%分位的降雪含水比为0.5~1.2 cm·mm^{-1}，中位数为0.9 cm·mm^{-1}；11月和3月是冬季的过渡月份，二者的降雪含水比特征也基本类似，中位数均为0.7 cm·mm^{-1}，25%~75%分位的降雪含水比分别为0.4~1.0 cm·mm^{-1}和0.4~1.1 cm·mm^{-1}；4月的降雪含水比最小，只有0.1~0.2 cm·mm^{-1}。因4月的气温高，降雪日少，符合计算条件的样本只有7个，且均发生在1964年4月6日，故获得的计算结果虽然可以说明4月降雪含水比低，但样本太少不具备代表性。

B类站点各月的降雪含水比特征(图5.10b)总体表现为：12月最大，11月、1月、2月、3月依次减小。12月25%~75%分位的降雪含水比在1.1~1.9 cm·mm^{-1}，中位数最大为1.5 cm·mm^{-1}；11月和1月均较12月略低，中位数分别为1.4 cm·mm^{-1}和1.3 cm·mm^{-1}，25%~75%分位分别在1.0~1.9 cm·mm^{-1}和0.9~1.8 cm·mm^{-1}；2月和3月的中位数分别为0.8 cm·mm^{-1}和1.0 cm·mm^{-1}。

综上分析,山东各地的降雪含水比具有明显的月变化特征。山东大部地区降雪的月变化与辽宁类似(崔锦 等,2019),相同点是1月降雪含水比最大,12月次之,不同点在于其他月份。山东半岛北部沿海地区的降雪含水比则是12月最大,11月次之,与内陆地区的降雪差异较大。

5.2.3.4 不同降雪量级的降雪含水比

以上分析了各月降雪含水比的总体变化特征。为进一步分析不同降雪量级的降雪含水比特征,分别计算了中雪(24 h 降雪量 2.5~4.9 mm)、大雪(24 h 降雪量 5.0~9.9 mm)和暴雪(24 h 降雪量大于或等于 10.0 mm)的各月降雪含水比。

A 类站点各量级降雪的降雪含水比如图 5.11a 所示。对于中雪,1月的降雪含水比最大,中位数为 1.1 cm·mm^{-1},25%~75%分位在 0.7~1.4 cm·mm^{-1};12月和2月的中位数和75%分位相同,分别为 0.9 cm·mm^{-1} 和 1.3 cm·mm^{-1};11月和3月的降雪含水比最低,中位数和75%分位分别为 0.8 cm·mm^{-1} 和 1.1 cm·mm^{-1}。大雪冬季各月的降雪含水比基本相当,中位数均为 0.8 cm·mm^{-1},25%分位均为 0.5 cm·mm^{-1},75%分位在 1.1~1.2 cm·mm^{-1};3月的降雪含水比略低于冬季,其中位数和75%分位分别为 0.7 cm·mm^{-1} 和 1.0 cm·mm^{-1};11月最低,中位数和75%分位分别为 0.6 cm·mm^{-1} 和 0.9 cm·mm^{-1}。暴雪的降雪含水比在3个降雪量级中最小,12月和1月的降雪含水比中位数在 0.7~0.8 cm·mm^{-1},75%分位为 1.0 cm·mm^{-1};11月和3月的中位数在 0.5~0.6 cm·mm^{-1};2月的中位数最小,为 0.3 cm·mm^{-1}。由此可见,对于 A 类站点降雪,从中雪至暴雪随着降雪量级的增大降雪含水比依次减小;各降雪量级的降雪含水比最大值均出现在1月(中雪)或12月(大雪、暴雪),最小值出现在11月(中雪、大雪)或2月(暴雪);相比较而言,大雪的各月降雪含水比基本相当,月中位数最大差为 0.2 cm·mm^{-1},而暴雪各月差异较大,最大月与最小月的降雪含水比中位数相差 0.5 cm·mm^{-1}。

B 类站点各量级各月的降雪含水比如图 5.11b 所示,表现出与 A 类站点降雪明显不同的规律。B 类站点的中雪11月和12月的降雪含水比最大,中位数在 1.5~1.6 cm·mm^{-1},25%~75%分位在 1.0~2.0 cm·mm^{-1};1月和3月的中位数相同均为 1.2 cm·mm^{-1},2月中位数最小为 1.0 cm·mm^{-1}。对于大雪,12月的降雪含水比最大,中位数达 1.6 cm·mm^{-1},11月次之,中位数为 1.4 cm·mm^{-1};1月和3月的中位数相同均为 1.1 cm·mm^{-1},2月中位数最小为 0.7 cm·mm^{-1}。暴雪的降雪含水比最大仍然是1月,中位数为 1.5 cm·mm^{-1},11月和1月紧随其后,在 1.3~1.4 cm·mm^{-1};2月最小为 0.6 cm·mm^{-1}。由此可见,对于 B 类站点,在降雪分量级、分月后表现出复杂的特征。11月、12月和1月 B 类站点以冷流降雪为主,中雪、大雪和暴雪的降雪含水比基本相当,各月差异也不大;2月和3月的降雪含水比表现出了与 A 类站点类似的月变化特征,即随着降雪量级的增大,降雪含水比减小,这是因为该时期冷流降雪的发生频率和降雪量明显减小,产生的降雪性质与 A 类站点基本相同。

5.2.4 各类天气系统暴雪过程的降雪含水比特征

1999—2018年山东共出现了67次暴雪天气过程。其中,江淮气旋暴雪15次、回流形势暴雪12次、黄河气旋暴雪5次、低槽冷锋暴雪4次、暖切变线暴雪3次、海效应暴雪28次。为了使得各类天气系统的降雪含水比气候值具有代表性,仅选取各站点符合计算条件的样本数均在3个以上的天气过程,由此确定江淮气旋、回流形势和海效应暴雪参与分类天气系统的降雪含水比气候特征分析。山东江淮气旋和回流形势暴雪一般都存在"先雨后雪"降水相态转

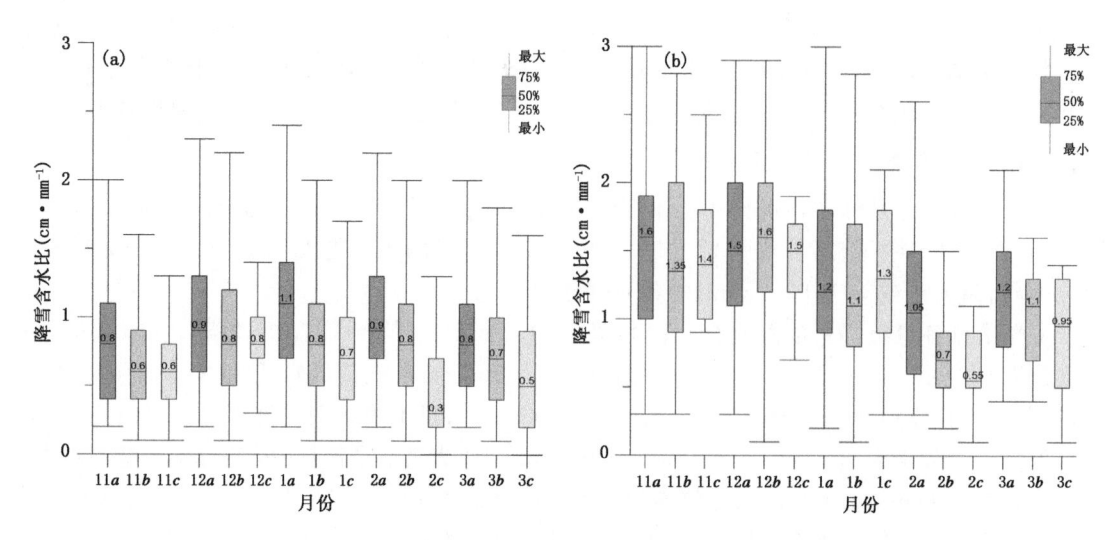

图 5.11 各降雪等级的降雪含水比月变化

(a. A 类站点，b. B 类站点；后缀 a、b、c 分别代表中雪、大雪、暴雪)

换，在计算降雪含水比时按照给定规则剔除暴雪过程中的雨雪转换日，只保留纯雪日。

5.2.4.1 江淮气旋暴雪

江淮气旋暴雪发生次数多、范围广、强度大，江淮气旋是山东暴雪的主要天气系统之一，山东降雪量最大的暴雪过程均发生在江淮气旋影响下。江淮气旋暴雪过程存在复杂的降水相态转换，通常"先雨后雪，南雨北雪"，一般鲁东南和半岛南部地区始终为降雨或以降雨为主，其他地区"先雨后雪"，暴雪多发生在鲁西北、鲁西南、鲁中和半岛北部等气温较低的地区。

15 次江淮气旋暴雪过程的全省平均降雪含水比为 0.69 cm·mm^{-1}。全省各站平均值的空间分布(图 5.12)显示，江淮气旋暴雪过程的降雪含水比总体上呈现出"北大南小、山区大沿海小"的特征。具体表现为：山东半岛的低山丘陵地区降雪含水比最高，中心位于栖霞至招远一带，最大值为 1.2 cm·mm^{-1}；鲁西北和鲁中山区的降雪含水比大部分在 0.8 cm·mm^{-1} 左右；鲁南的南部、半岛的东南沿海和潍坊的东南部地区降雪含水比均低于 0.5 cm·mm^{-1}。江淮气旋暴雪过程的降雪含水比分布规律与其天气系统特点有关。江淮气旋系统影响山东时，山东的东南部地区对流层低层一般为东南风，中层为强盛的西南风，中低层温度高，雪降落到地面后易融化，积雪深度小，从而导致降雪含水比小，而山东其他地区对流层低层为东北冷平流，温度低，降雪含水比大。

一次暴雪天气过程中，全省各地的降雪量常会有明显差异，从小雪至暴雪各量级均可产生。从上文分析中得到，山东大部分地区的降雪含水比随着降雪量级的增大而减小。那么，对于江淮气旋暴雪过程，不同量级降雪的降雪含水比有什么特点？

15 次江淮气旋暴雪过程中，全省中雪、大雪和暴雪的总站次数分别为 133 个、223 个和 121 个。图 5.13 给出了江淮气旋暴雪过程中雪、大雪和暴雪的降雪含水比箱须图。从中可以看出，江淮气旋暴雪过程的降雪含水同样具有随着降雪量级增大而减小的特点。其中，中雪的降雪含水比中位数为 0.8 cm·mm^{-1}，25%～75% 分位在 0.6～1.1 cm·mm^{-1}；大雪的降雪含水比略低于中雪，中位数为 0.7 cm·mm^{-1}，25%～75% 分位在 0.4～0.9 cm·mm^{-1}；暴雪

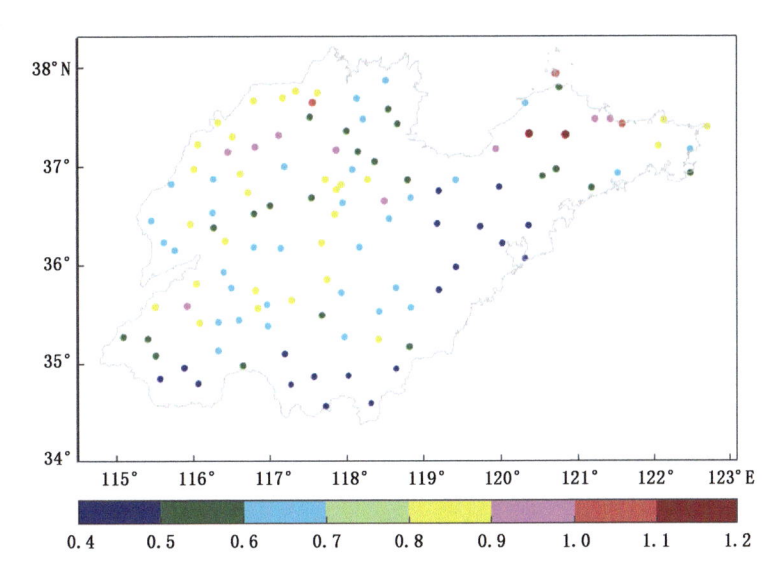

图 5.12　江淮气旋暴雪过程各站平均降雪含水比分布（单位：cm·mm^{-1}）

的降雪含水比最小，中位数为 0.5 cm·mm^{-1}，25%～75%分位在 0.3～0.8 cm·mm^{-1}。

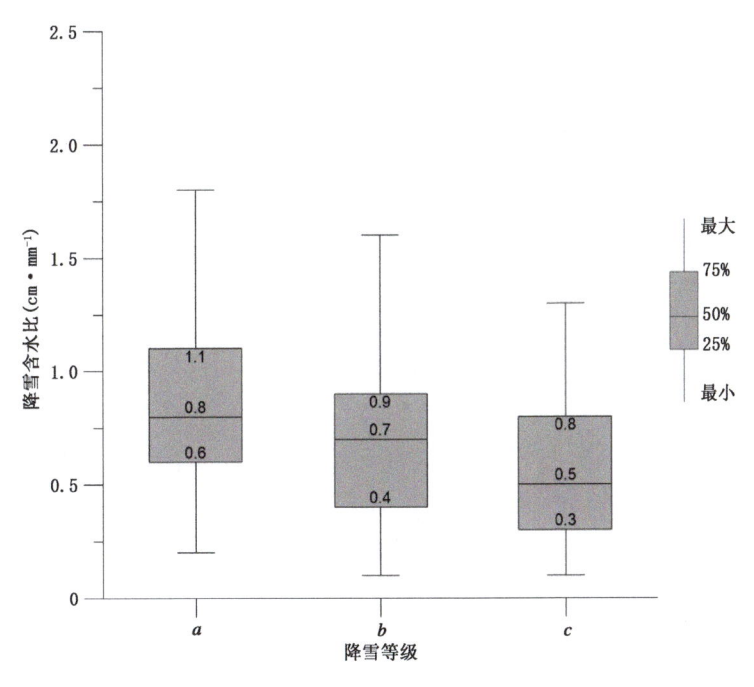

图 5.13　江淮气旋暴雪过程各降雪等级的降雪含水比
（a,b,c 分别表示中雪、大雪、暴雪）

5.2.4.2　回流形势暴雪

回流形势降雪是山东冬半年最常见的一类降雪。回流形势暴雪主要发生在 11 月至次年 1 月，以 11 月最多。大范围和区域性回流形势暴雪过程通常雨雪共存，局地回流形势暴雪多为单纯降雪。在雨雪转换的过程中,鲁西北、鲁西南、鲁中北部和半岛北部地区为回流降雪易发区,而同时鲁东南和半岛南部地区多为降雨。

12次回流形势暴雪过程的全省平均降雪含水比为 0.67 cm·mm^{-1},与江淮气旋暴雪过程的全省平均值相当。从空间分布来看(图 5.14),在回流降雪易发区内降雪含水比相对较高,鲁西南、鲁西北、鲁中北部和半岛低山丘陵地区的平均降雪含水比大部分在 0.7~0.9 cm·mm^{-1},中心值最大为 1.0 cm·mm^{-1},出现在烟台地区的栖霞至莱阳一带及德州的临邑;鲁东南地区的降雪含水比多在 0.4 cm·mm^{-1} 以下,日照最低仅为 0.3 cm·mm^{-1}。

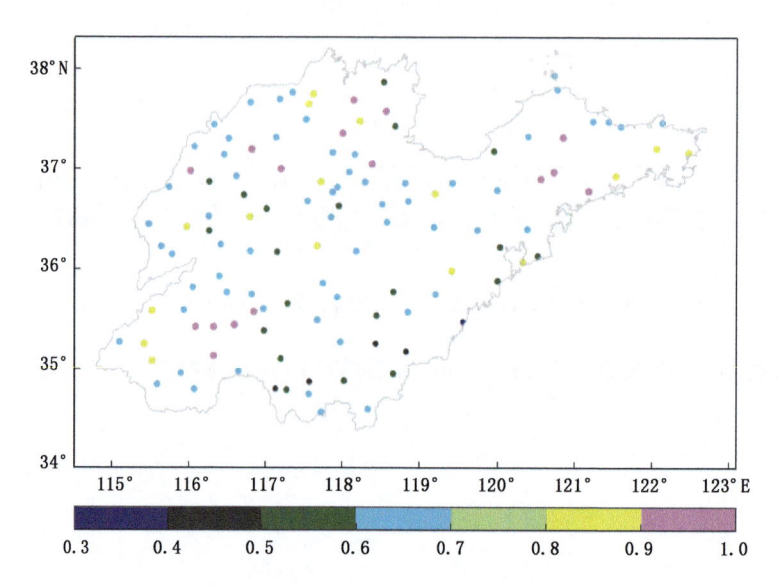

图 5.14 回流形势暴雪过程各站平均降雪含水比分布(单位:cm·mm^{-1})

分析各降雪量级的降雪含水比(图 5.15),可见回流形势暴雪过程中雪的降雪含水比中位数为 0.8 cm·mm^{-1},25%~75%分位在 0.5~1.0 cm·mm^{-1};大雪和暴雪的降雪含水比差异不大,中位数均为 0.6 cm·mm^{-1},25%分位为 0.4 cm·mm^{-1},75%分位为 0.8~0.9 cm·mm^{-1}。

5.2.4.3 海效应暴雪

海效应暴雪仅在山东半岛北部沿海地区发生。1999—2018 年共出现了 28 次海效应暴雪过程。分析表明,所有站点的降雪含水比在 0.2~2.8 cm·mm^{-1} 变化,中位数为 1.4 cm·mm^{-1},25%分位和 75%分位分别为 1.1 cm·mm^{-1} 和 1.7 cm·mm^{-1}。可见,与江淮气旋暴雪和回流形势暴雪相比,山东半岛北部沿海地区海效应暴雪的降雪含水比明显增大。

海效应暴雪为低云降雪,其冰晶形成的高度在 700~850 hPa,而在冬季当强冷空气影响产生海效应暴雪时,该层次的温度一般在 −20~−12 ℃,这是适宜于树枝状冰晶增长的温度环境。因此,海效应暴雪的降雪含水比明显偏高。

进一步分析 28 次暴雪过程中 3 个降雪量级的降雪含水比(图 5.16),发现中雪、大雪、暴雪的降雪含水比中位数分别为 1.4 cm·mm^{-1}、1.6 cm·mm^{-1} 和 1.3 cm·mm^{-1};75%分位分别为 1.7 cm·mm^{-1}、1.8 cm·mm^{-1} 和 1.6 cm·mm^{-1};25%分位分别为 1.1 cm·mm^{-1}、1.1 cm·mm^{-1} 和 1.2 cm·mm^{-1}。这表明在海效应暴雪过程中,大雪量级的降雪含水比最大,暴雪最小。

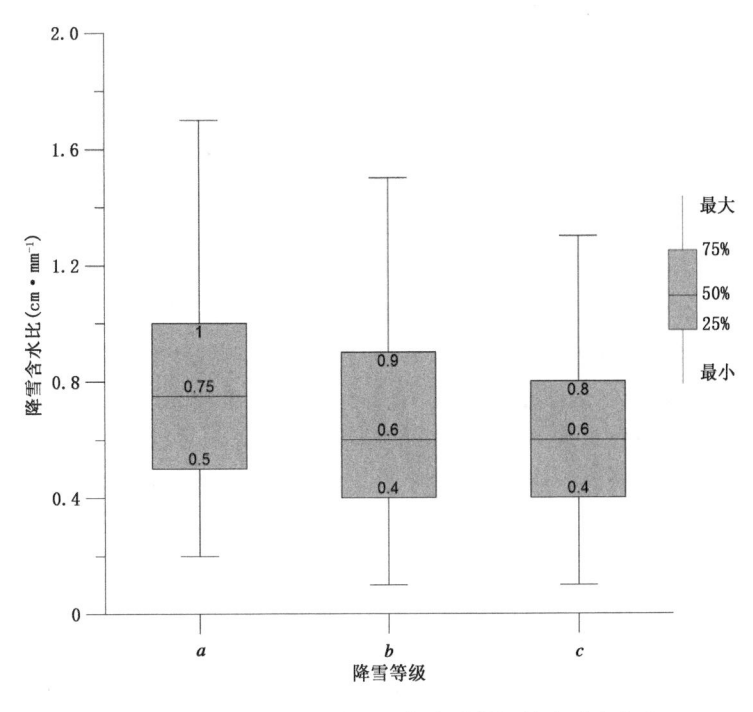

图 5.15 回流形势暴雪过程各降雪等级的降雪含水比
(a,b,c 分别表示中雪、大雪、暴雪)

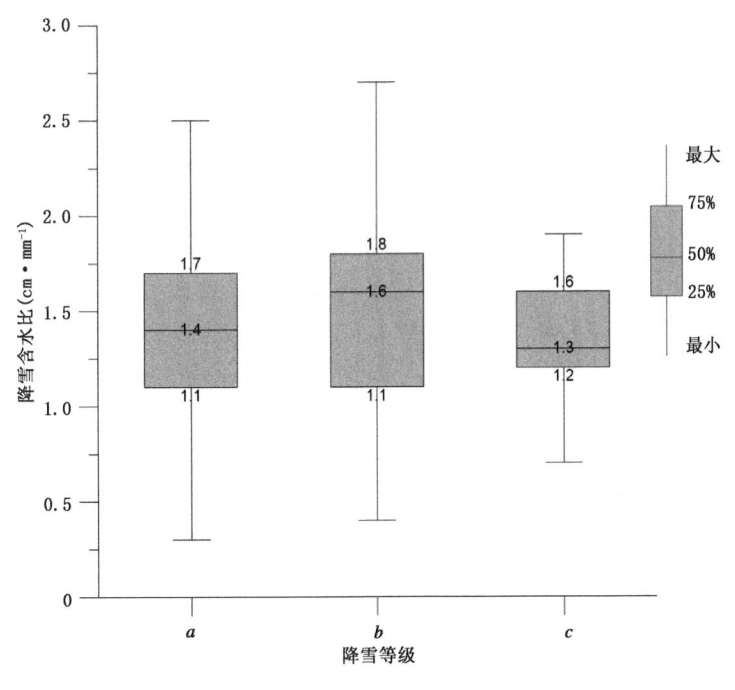

图 5.16 海效应暴雪过程各降雪等级的降雪含水比
(a,b,c 分别表示中雪、大雪、暴雪)

5.2.5 小结

(1)山东降雪含水比的变化范围为 $0.1\sim3.0~\mathrm{cm\cdot mm^{-1}}$。各地分布存在空间和量级差异,全省大部地区多年平均降雪含水比为 $0.9~\mathrm{cm\cdot mm^{-1}}$,主要集中在 $0.3\sim1.1~\mathrm{cm\cdot mm^{-1}}$,出现 $2.0~\mathrm{cm\cdot mm^{-1}}$ 以上的概率低于5%;山东半岛北部沿海地区的多年平均降雪含水比为 $1.3~\mathrm{cm\cdot mm^{-1}}$,主要集中在 $0.9\sim2.0~\mathrm{cm\cdot mm^{-1}}$,出现 $0.2~\mathrm{cm\cdot mm^{-1}}$ 以下和 $2.5~\mathrm{cm\cdot mm^{-1}}$ 以上的概率很小。

(2)山东降雪含水比的大小与降雪量级有关,且存在明显月变化。全省大部地区从中雪至暴雪随着降雪量级的增大,降雪含水比依次减小;各量级的降雪含水比月最大值均出现在1月(中雪)或12月(大雪、暴雪),最小值出现在11月(中雪、大雪)或2月(暴雪)。山东半岛北部沿海地区的降雪含水比表现出更为复杂的特征:11月至次年1月以冷流降雪为主,中雪、大雪和暴雪的降雪含水比基本相当,各月差异较小;2月和3月的降雪含水比表现出了与其他地区降雪类似的月变化特征。

(3)各天气系统暴雪的降雪含水比具有不同特征。江淮气旋暴雪过程平均降雪含水比为 $0.69~\mathrm{cm\cdot mm^{-1}}$,总体上呈现"北大南小、山区大沿海小"分布,中雪、大雪和暴雪的降雪含水比中位数分别为 0.8、0.7 和 $0.5~\mathrm{cm\cdot mm^{-1}}$。回流形势暴雪过程的全省平均降雪含水比为 $0.67~\mathrm{cm\cdot mm^{-1}}$,中雪的降雪含水比中位数为 $0.8~\mathrm{cm\cdot mm^{-1}}$,大雪和暴雪均为 $0.6~\mathrm{cm\cdot mm^{-1}}$。海效应暴雪的降雪含水比明显大于其他两类暴雪,中位数在 $1.1\sim1.6~\mathrm{cm\cdot mm^{-1}}$ 变化,中雪、大雪和暴雪的降雪含水比中位数分别为 $1.4~\mathrm{cm\cdot mm^{-1}}$、$1.6~\mathrm{cm\cdot mm^{-1}}$ 和 $1.3~\mathrm{cm\cdot mm^{-1}}$。

5.3 江淮气旋暴雪的积雪特征及气象影响因子:个例1

2017年2月21—22日,山东出现了一次江淮气旋暴雪过程。全省国家观测站开展了加密观测,获得了精细的降水相态和积雪观测资料。同时,还具有称重式降水自动站的降水量、气温、地温、风向风速和湿度等观测资料。其中,自动站的资料包括分钟降水量、逐小时气温、0 cm 地温、风向和风速,降水资料由称重式固态降水自动气象站观测。人工加密观测有21日14时、15时、16时、17时、18时、19时、20时、23时及22日02时、05时和08时共11个观测时次,观测要素包括降水相态和积雪深度。120个代表站中,全程只有降雪的站点有71个,有雨雪转换的49个。本部分主要利用这些近地面气象加密观测资料,剖析此次暴雪过程的积雪特征及其影响因子(杨成芳 等,2019)。

数据处理时,首先根据降水相态加密观测资料统计各站的降雨、雨夹雪和纯降雪时间段,然后利用称重式自动站的分钟降水量分别计算出各站降雨量、雨夹雪和纯雪量。将雨夹雪和纯雪量之和称为总降雪量。根据降雪含水比的定义,即新增积雪深度与融化后等量液体深度的比值,计算各站相应时段的降雪含水比。

5.3.1 降雪特点

此次降雪过程中,除了山东半岛主要降雪出现在22日00—08时以外,其他地区降雪多集中于21日14—23时。以鲁东南地区为强降水中心,过程降水量普遍在10 mm以上,微山最大为17.7 mm,威海以10.1 mm成为次降水中心(图5.17)。雨夹雪最大小时降水量为4.9 mm,

21日18—19时出现在山东最南端的郯城站;纯雪最大的小时降水量为4.3 mm,21日17—18时出现在微山。由于22日08时以后只有山东半岛的几个测站有微量降雪,故本书的分析中把21日08时—22日08时作为一个完整的降雪过程。

从降水相态来看,鲁西北、鲁中和半岛的大部分地区为直接降雪;鲁南地区存在相态转换,以雨夹雪转雪为主。鲁东南的临沭和郯城经历了短暂的降雨后转为雨夹雪,雨夹雪的降水量分别达到了15.5 mm和13.9 mm;沿海站日照则以降雨为主,转雪后的降水量只有1.1 mm。10 mm以上的降雪量主要分布在菏泽、枣庄、临沂、青岛和威海一带。相态转换主要发生在21日傍晚前后。

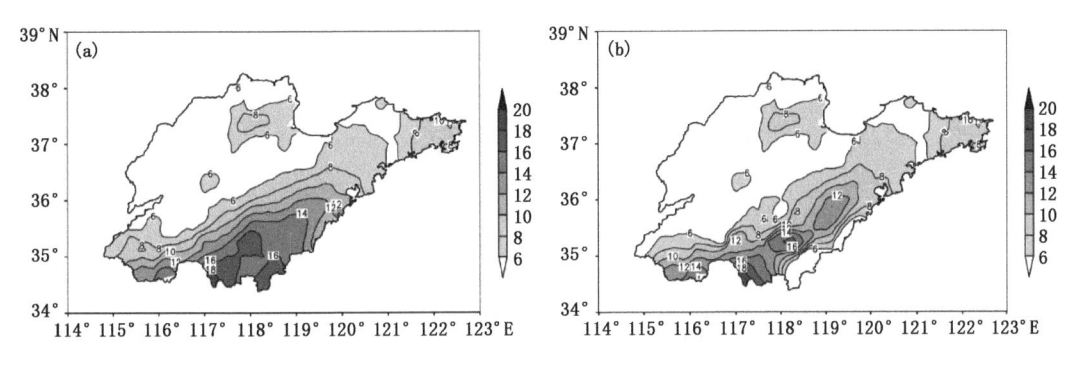

图5.17　2017年2月21日08时—22日08时降水量(a)和降雪量(b)分布(单位:mm)

5.3.2　环流背景

此次降雪过程的影响系统地面为江淮气旋,850 hPa为低涡,700～500 hPa为低槽。气旋于21日23时在安徽东南部形成,22日02时经江苏东部沿海进入黄海,并继续向东北方向移动(图5.18a)。强降雪位于气旋头部的东北风一侧。

20日08时开始,位于河套西部的500 hPa高原槽在东移过程中与南支槽合并发展。21日20时,700 hPa低槽位于112°E附近,槽前为强盛的西南低空急流,24～26 m·s^{-1}的急流轴到达辽东半岛,有利于充足的水汽被输送到淮河以北地区,使得山东的比湿达到了4～5 g·kg^{-1}。850 hPa等压面上,20日至21日08时在长江附近维持暖切变线,至21日20时暖切变线减弱,并在其东侧形成了一个低涡,低涡中心位于河南东部,山东为东南风控制,青岛站东南低空急流风速达16 m·s^{-1},而济南和徐州的风速只有8～10 m·s^{-1},因此在鲁东南一带形成了明显的风速辐合(图5.18b)。925 hPa等压面上,在上海至青岛等东部沿海地区有一支强劲的超低空急流,东南风风速最大达20 m·s^{-1},输送来自东海的水汽,且该东南低空急流与山东内陆的东北风在鲁东南一带形成了风向风速的辐合。在低槽和低涡的共同作用下,近地面减压,倒槽发展,并于21日23时在江苏南部地区形成了地面气旋。可见,对流层低层的两支急流输送水汽,且在山东东南部形成明显辐合上升运动,有利于在该地区产生强降水。

由于在20日已有一股冷空气影响山东,造成了此次降雪过程前期温度较低。21日08时,山东3个探空站及徐州探空站的1000 hPa均为-3 ℃。至21日20时,济南、荣成和徐州的1000 hPa温度仍在-3～-1 ℃;地面图上,降水区域的气温均在2 ℃以下。鲁西北、鲁中和半岛的大部分地区1000 hPa和气温均达到了降雪的温度阈值,故这些地区在整个降雪过程为纯降雪。而鲁东南地区因强东南低空急流的暖平流导致在21日20时青岛探空站1000 hPa

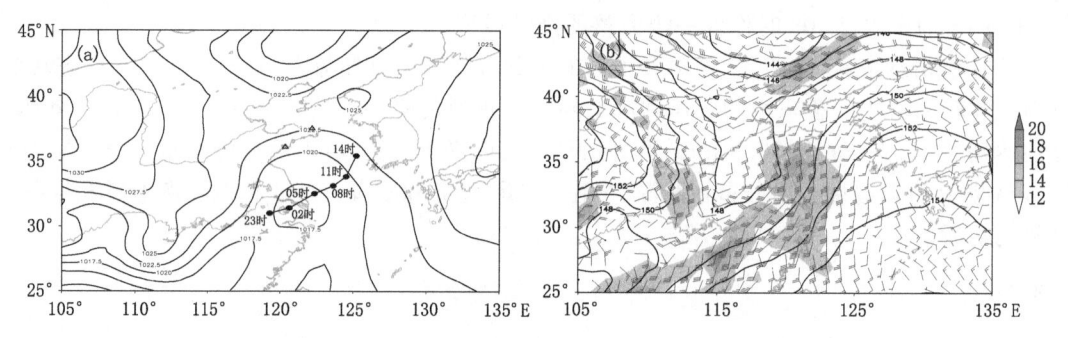

的温度升至 1 ℃，郯城至日照等地的气温达 2~3 ℃，因此该地区强降水时段以雨夹雪为主，23时以后转雪。

图 5.18　2017 年 2 月 22 日 02 时地面图及江淮气旋路径动态图(a)和 21 日 20 时 850 hPa 天气图(b)
(a 中圆点连线为气旋路径；b 中等值线为高度场，单位：dagpm，风矢量单位：m·s^{-1})

5.3.3　积雪深度的变化特征

5.3.3.1　积雪深度的空间分布

从过程最大积雪深度分布来看(图 5.19a)，全省 120 个地面气象观测站中只有鲁东南地区的 4 个站没有积雪。5 cm 以上的积雪分布在鲁西北、鲁中山区和半岛的部分地区，其中，威海和荣成最大为 9 cm，其他地区的积雪深度在 2~4 cm。与降雪量的空间分布对比分析发现，此次降雪过程降雪量最大的鲁东南地区，积雪普遍较小，不足 3 cm；而威海和荣成的降雪量小于鲁东南地区，其积雪深度却最大。可见，降雪量与积雪深度不一定成正比。

5.3.3.2　积雪深度的时间变化

因降雪时间的不同，此次降雪过程各地产生积雪的时间也有差异，中西部地区降雪较早，最早产生积雪的时次是 21 日 17 时，20 时之前产生积雪的测站占全省的 70%；潍坊以东地区在 20 日夜间降雪并产生积雪。

选取了武城、菏泽、淄川、台儿庄和威海 5 个代表站，分别位于山东西北部、西南部、中部、东南部和半岛北部地区。图 5.19b 给出了 5 个站的 21 日 15 时—22 日 08 时各时次的积雪深度。武城站自 21 日 17 时首先开始出现有量积雪，此后积雪深度逐渐增大，于 23 时降雪结束时达到峰值 5 cm，并以该峰值维持到 22 日 08 时。威海的积雪深度为持续增长，至 22 日 08 时达到最大。武城和威海均为 22 日 08 时保持过程最大积雪深度值。菏泽、台儿庄和淄川的积雪深度峰值分别出现在 21 日 18 时、19 时和 22 日 02 时，此后积雪深度有不同程度的减小，尤其是台儿庄站，21 日 23 时以后积雪完全融化，积雪深度为 0 cm。

进一步分析全省所有站点的积雪深度变化情况。发现 119 个有量积雪站中，从 21 日 18 时至 22 日 08 时每个时次均有峰值出现，其中，峰值在 21 日 20 时—22 日 05 时出现，但此后积雪深度减小的共有 37 站，占总站数的 31%；出现峰值后维持至 22 日 08 时的有 82 站，占总站数的 69%。由此可见，此次降雪过程中绝大多数站点在夜间降雪结束后，最大积雪深度会维持至次日 08 时，但部分站点积雪深度随着时间的推移而变化，在降雪结束时积雪深度达到峰值后，即使在夜间，也可出现积雪融化积雪深度减小的情况，积雪深度不一定在次日 08 时达到最大值。降雪过程中积雪深度的变化情况，各地有所不同。

我国的地面观测业务中,08时为人工雪深观测时间,只有在应急响应期间可临时启动加密观测,加密时次可达到 1 h。本次降雪加密观测分析说明了积雪深度具有时效性,在降雪后会发生明显变化,常规观测的 08 时积雪深度数据不一定能够代表一次降雪过程的最大值,也难以反映出积雪的连续演变过程。今后有必要开展积雪人工加密观测或自动观测。

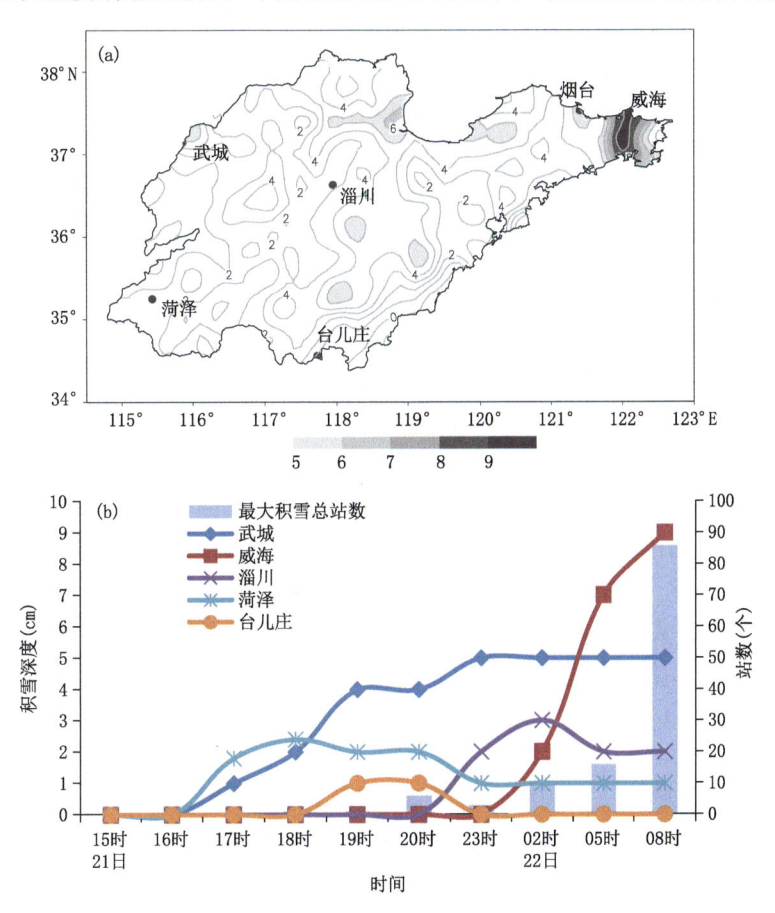

图 5.19 2017 年 2 月 21 日 08 时—22 日 08 时全省过程最大积雪深度分布(a,单位:cm)及代表站各时次变化(b)
(a 中阴影表示积雪深度 5 cm 以上)

5.3.4 积雪深度的影响因子

降雪量、温度、相对湿度、垂直运动、气压和风等气象条件是积雪深度主要的气象影响因子(Molthan et al.,2010;Pruppacher et al.,2010;Roebber et al.,2003;Judson et al.,2000;Alcott et al.,2010;Baker et al.,1991)。降雪量的大小直接影响到积雪深度。积雪与冰晶结构有关,冰晶的形状和大小决定了积雪层的压实程度,例如树枝状冰晶具有较大的体积可占用更多的空间,而球状小冰晶形成密集的聚合体占用空间较小。大气环境温度是冰晶结构的首要影响因子,其次是决定冰水饱和度的相对湿度。冰晶在高空形成、增长之后降落到地面,经历了高空、低空和地面不同的热力和湿度条件,导致刚开始形成时的晶体结构又会发生改变,形成新的结构特性。因此,不同高度的环境温度和湿度都会对积雪深度产生影响。冰晶在下落过程中,当周围大气的温度高于 0 ℃时,冰晶会融化。冰晶降落到地面后,与之接触的地面温度也会影响到冰晶是否融化及产生形变。垂直运动对降雪的影响体现在两个方面,一是对降雪量的影响,二是对冰晶增长的影响,冰晶的最大增长率发生在上升运动最大层附近,该层附近的温度和相对湿度决定了冰晶结构。气压对积雪的影响表现在不同的气压层冰晶的增长率有差异。风对地面积雪的影响表现在,强风会导致冰晶解体,使得大冰晶变成小冰晶,压实积雪,同时强风还可移动冰晶,这两个作用均可导致积雪深度减小。

由此可见,冰晶降落到地面后,能否形成积雪主要取决于与之接触的近地面气象要素的影响。下面从加密观测时次中选取了各测站的积雪深度、降水相态、1 h 降雪量、累积降雪量、0 cm 地温、气温、极大风速和 10 min 平均风速等观测资料,主要通过分析积雪产生前后的地面气象要素变化特征,研究积雪深度的影响因子。

5.3.4.1 雨夹雪对积雪的贡献

自 2014 年以来,我国地面气象观测取消了霰、米雪、冰粒、吹雪、雪暴、冰针等天气现象,出现雪暴、霰、米雪、冰粒时记为雪,这 4 种天气现象与雨同时出现时,记为雨夹雪。现有的雪观测记录中只有雪和雨夹雪两种降雪天气现象。此次降雪过程中,观测到有 37 个站出现过雨夹雪,主要集中在鲁南地区。其中,大部分站点为雨夹雪转雪并以雪为主,有少数站点为雨转雨夹雪并以雨夹雪为主。那么,雨夹雪能否产生积雪?下文对所有出现过雨夹雪的站点(以下称为雨夹雪站)逐时降水量和积雪深度进行了分析。

(1)37 个雨夹雪站中,在雨夹雪时段共有 5 个测站出现了积雪,最大积雪深度为 1 cm(表 5.3)。21 日 17 时之前,所有测站雨夹雪时段均未出现积雪。18 时开始,平邑站出现微量积雪。19 时,8 个仍有雨夹雪的测站中,新增 1 站(沂南)微量积雪和 1 站(兰陵)1 cm 积雪,其他 6 站无积雪。至 20 时,有雨夹雪的站点中,平邑、沂南、兰陵和东营积雪深度各 1 cm,临沭为微量积雪。从表中还可以看出,产生有量积雪的 4 个站,均为雨夹雪转雪,在转雪之前,雨夹雪产生了积雪。

(2)此次过程中有的站点以雨夹雪为主,降水量大但不产生积雪。如,郯城站 21 日 17 时 07 分之前为降雨,降雨量 1.5 mm;17 时 08 分时开始转为雨夹雪,并以雨夹雪维持至 22 日 01 时降雪过程结束,雨夹雪的折合降水量为 14.5 mm。在整个降雪过程中,该站始终未出现积雪。其相邻测站临沭,累计雨夹雪的折合降水量达 16.5 mm,仅在 21 日 20 时短暂出现了微量积雪,22 日 00 时雨夹雪转雪,纯雪量为 0.2 mm,但整个降雪过程中没有出现有量积雪。

表 5.3 2 月 21 日 17—20 时 5 个雨夹雪站降水量及积雪情况

站点	17 时			18 时			19 时			20 时			21—23 时		
	R	T	D	R	T	D	R	T	D	R	T	D	R	T	D
平邑	0.6	雨夹雪	0	3.4	雨夹雪	微量	2.6	雪	微量	1.7	雪	1	3.1	雪	3
沂南	0.2	雨夹雪	0	1.5	雪	0	3	雨夹雪	微量	3.6	雨夹雪	1	5.5	雪	0
兰陵	2.6	雨夹雪	0	3.3	雨夹雪	0	4.3	雨夹雪	1	2.5	雪	1	2.4	雪	1
东营	0	—	0	0	—	0	0	—	0	1.5	雨夹雪	1	5.5	雪	6
临沭	0.3	雨	0	2.1	雨夹雪	0	4.1	雨夹雪	0	3.9	雨夹雪	微量	4.9	雨夹雪	0

注:R 代表降水量,单位:mm;T 代表相态;D 代表积雪深度,单位:cm。

以上分析表明,雨夹雪多数情况下不产生积雪,但在条件合适的情况下也能够产生积雪,只是雨夹雪产生的积雪深度较小,最大只有 1 cm。雨夹雪产生积雪的条件为后期转纯雪,在转雪之前可产生有量积雪。如果没有转雪过程,雨夹雪一般不产生有量积雪。

5.3.4.2 降雪量和积雪深度的关系

1)降雪含水比的变化特征

根据上文分析,在有雨夹雪转雪的情况下,雨夹雪也会产生积雪。因此,在计算降雪含水比时,对于产生有量积雪的雨夹雪时次,雨夹雪的降水量计入累积降雪量,否则雨夹雪不参与计算。取各时次的积雪深度与截至本时次的累积降雪量计算降雪比。按照这个规则,共有119个测站有降雪含水比。

计算119站21日08时—22日08时各观测时次的降雪含水比,并给出各时次的平均值(图5.20)。全省各站的降雪含水比平均值为0.5 cm·mm^{-1},该数值明显低于全国平均值。从空间分布来看(图5.20a),各地差异较大。其中,山东中北部和半岛北部的降雪含水比在0.5 cm·mm^{-1}以上;山东南部和半岛南部地区降雪含水比较小,多低于0.4 cm·mm^{-1}。全省最大值为鲁中山区的沂源1.0 cm·mm^{-1},最小值为鲁东南地区的台儿庄0.1 cm·mm^{-1}。

从全省各区域选择6个代表站,分析其各时次的降雪含水比演变情况(图5.20b)。可以看出不同站点的降雪含水均有时间变化,且变化各不相同。6个代表站中,只有青州的降雪含

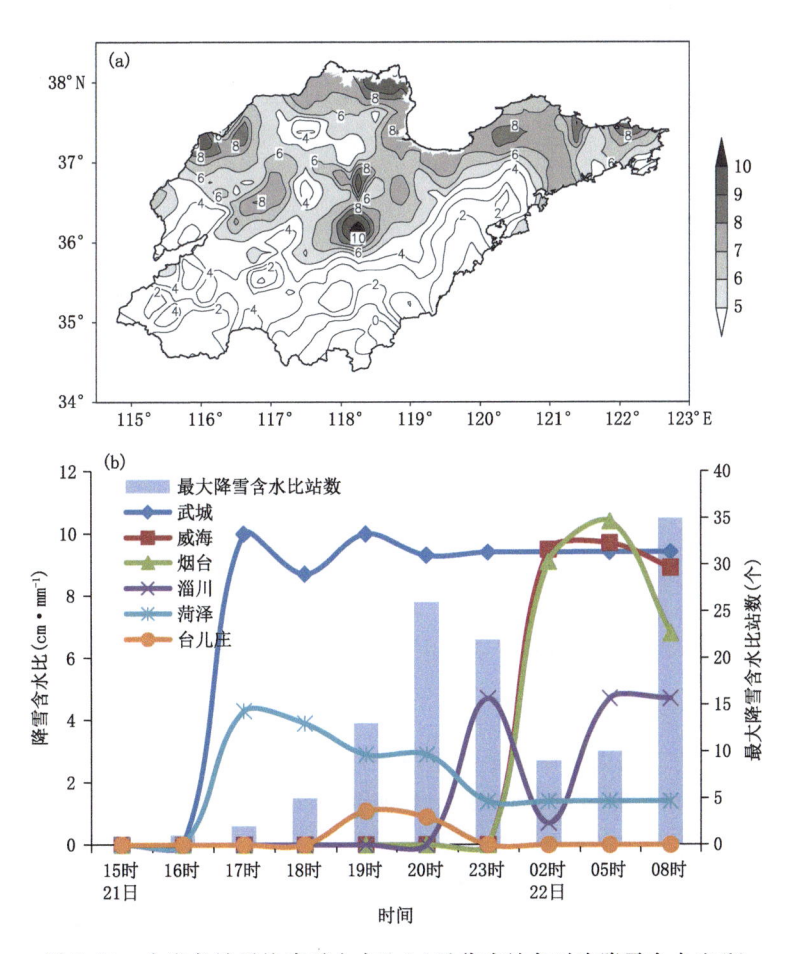

图5.20 全省各站平均降雪含水比(a)及代表站各时次降雪含水比(b)
(原值乘10倍,单位:cm·mm^{-1})

水比在22日08时维持最大值,而其他5站的降雪含水比最大值均出现在22日08时之前。其中,处在山东西部的武城和菏泽的最大值最早,出现在21日17时,此后减小,到21日23时达到峰值并维持至22日08时;威海和烟台在22日05时达到峰值,08时反而减小。淄川站的表现与其他站不同,降雪含水比出现了起伏,21日23时增大后,在22日02时却减小了,05时又增大,这与积雪深度表现出了不同,该站积雪深度在22日02时达到最大值。

分析全省各站最大降雪含水比出现时间,统计每个时次出现最大降雪含水比的站数(图5.20b)。从中可以看出其表现出了与积雪深度不同步的变化规律。每个时次出现最大降雪含水比的站数在21日16时—22日08时有两个峰值,最多站数在22日08时,为35站(占总数的28%),其次是21日20时,为26站(占总数的21%),两个峰值均未超过1/3且差异不大。这说明各地降雪含水比差异较大,在时间上也没有明显的规律,与最大积雪深度多集中在08时的规律差异较大,进一步表明了降雪量与积雪关系的复杂性,积雪深度可能还受到其他关键因素的影响。

2)总降雪量与积雪深度

图5.21给出了2月21日08时—22日08时全省各站总降雪量与最大积雪深度关系图。可以看出,最大积雪深度与总降雪量关系在不同的数值区间表现出差异性。较为集中的是降雪量在4～8 mm、积雪深度在2～4 cm,基本表现出了降雪量越大积雪深度越大。随着降雪量和积雪深度的增大,二者之间的离散度也逐渐增大,总降雪量最大积雪深度反而小,最大积雪深度出现在中等降雪量值中。可见降雪量的大小与积雪深度并非成正比关系。

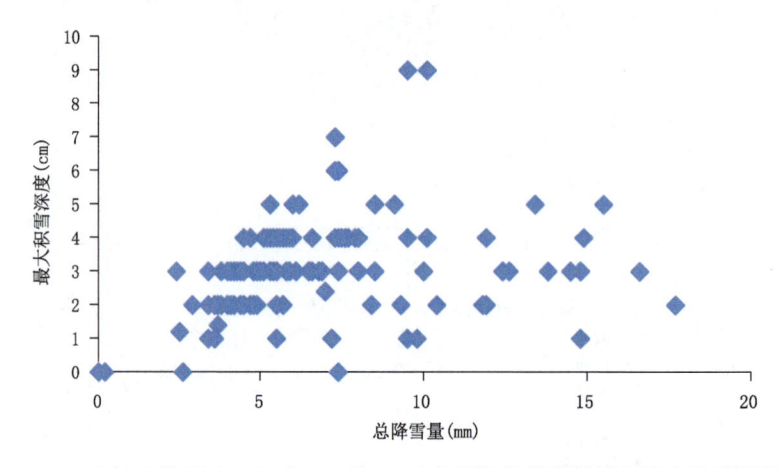

图5.21 2017年2月21日08时—22日08时全省各站总降雪量与最大积雪深度关系

3)降雪强度对积雪深度的影响

降水强度是指单位时间内的降水量。这里采用1 h降雪量代表降雪强度。在不融化的情况下,积雪深度会随着降雪量的增加而增大,降雪量越大则积雪越深。当存在融化的情况时,降雪强度对积雪会产生怎样的影响?

在此次降雪过程中,共有8站开始产生积雪时的气温和地温都高于0 ℃,其中气温在0.1～0.8 ℃,地温在0.1～0.7 ℃,积雪深度最大为1 cm。这8个站点均出现在鲁东南地区(表略)。那么,在什么条件下气温和地温都高于0 ℃可以产生积雪?分析这些站点的过去1 h或2 h的小时降雪量,发现其共同特点是降雪强度大,其小时降雪量均大于1.9 mm,最大降雪强度为 4.5 mm·h^{-1}(峄城,21 日 17—18 时)。值得注意的是,这 8 个测站中,有 4 个站的降雪强度≥3 mm,但初始积雪深度最大只有 1 cm,说明在气温和地温均较高的情况下,强降雪仍会以融化为主,产生的积雪深度不大。与以上 8 站相反的情况是日照站。该站 21 日 23 时—22 日 00 时为雨夹雪,22 日 01—03 时为降雪,3 h 降雪量 1.1 mm,小时降雪量最大仅为 0.5 mm,气温在 −0.6～−0.1 ℃,0 cm 地温为 0 ℃。虽然气温和地温低,但日照在转雪后为弱降雪,各时次均未产生积雪。

分析其原因,可能是由于气温和地温都高于 0 ℃,初始降雪融化,但由于降雪强度大,降落到地面的雪来不及全部融化,后续降雪堆积在尚未融化的雪面上,从而产生积雪。反之,如果降雪强度很小,弱降雪降落到地面上很快融化,难以形成积雪。可见降雪强度对积雪深度有影响,降雪强度大是气温和地温都高于 0 ℃ 时产生有量积雪的必要条件。

5.3.4.3 地温对积雪深度的影响

利用全省各站的 0 cm 地温和积雪资料,分析积雪产生时的地温阈值、积雪产生前后的地温变化特征及其对积雪深度的影响。

1)积雪产生前后的地温特征

积雪开始产生时,全省各站的 0 cm 地温在 −1.4～1 ℃,主要集中在 0 ℃ 左右(图 5.22)。其中,有 48 个站的 0 cm 地温≤0 ℃,占总数的 40%,有 71 个站的地温在 0～1 ℃,占总数的 60%。

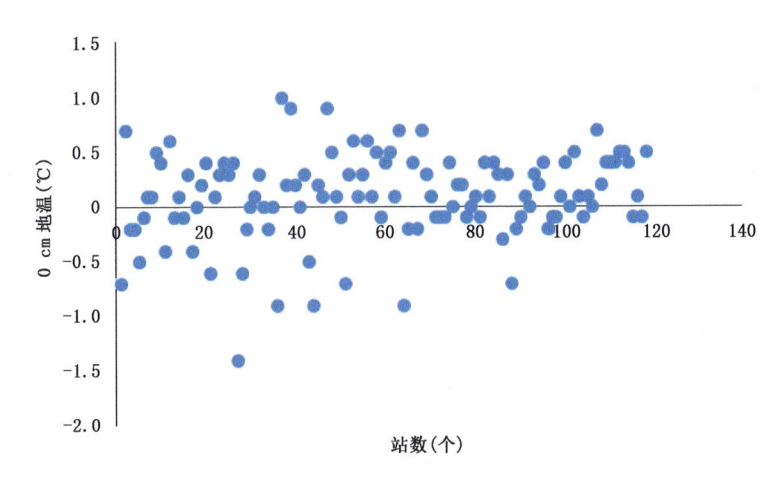

图 5.22 全省各站开始产生积雪时的 0 cm 地温

分析积雪产生前后的地温变化,发现所有站点的 0 cm 地温都表现出了先降后升的显著特征(图 5.23,仅给出了 9 个代表站数据)。在产生积雪的前一时刻,地温都会突降,普遍降至 0.5 ℃ 以下。积雪产生后,地温略有上升,并在 1～2 h 内趋于稳定。在积雪存续期间,地温少变,变化幅度维持在 0.2 ℃ 以内。这说明积雪产生后,对地温产生了影响。

2)地温对积雪深度的影响

选取强降雪(降雪量≥5 mm)的站点作为研究对象分析地温对积雪深度的影响。将这些站点分为两类,一类是新增降雪量 10 mm 以上,但降雪比小于 0.4 cm·mm^{-1} 的站点,另一类是新增降雪量 5 mm 以上但降雪比大于 0.8 cm·mm^{-1} 的站点,两类站点各有 5 站。第一类站点分布在鲁东南地区,降雪量大,但积雪深度小;第二类站点主要分布在山东半岛的北部地

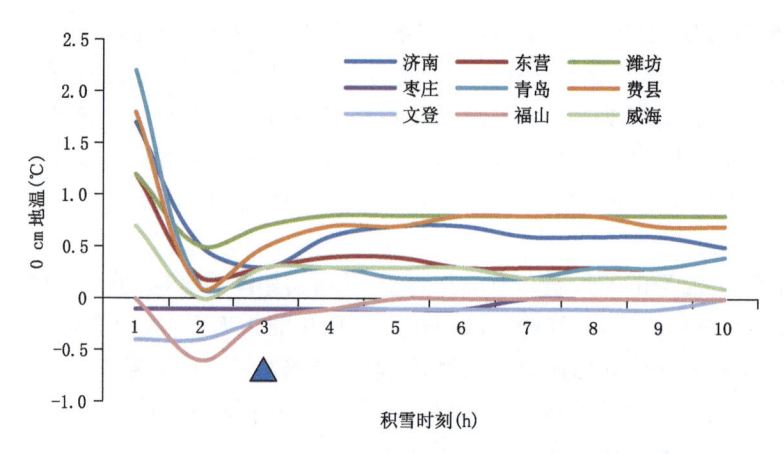

图 5.23 9个代表站积雪开始前后的0 cm地温逐时演变
（第3个时刻开始积雪）

区，降雪量和积雪都大。分析发现，第一类站点积雪产生前一时刻的0 cm地温均为0.1 ℃，积雪产生时刻的地温在0~0.5 ℃，产生积雪后的6 h内地温普遍在0.5~0.8 ℃；第二类站点中，有3个站在积雪产生前一时刻地温低于0 ℃，积雪产生时刻的地温在−1.4~0.3 ℃，产生积雪后的地温稳定在0.4 ℃以下。可见第一类站点的地温明显高于第二类站点。在第二类站点中，威海站的降雪量和积雪深度分别为10.1 mm和9 cm，文登站的降雪量和积雪深度分别为9.5 mm和9 cm，文登的降雪比大于威海。在降雪期间，二者的风速基本相同，气温均低于0 ℃，二者的差异在于地温，威海在降雪期间的地温在0.2~0.3 ℃，而文登的地温则在−0.4~−0.1 ℃，威海的地温高于文登，有小部分降雪融化（表略）。由此分析表明，在地温偏高的情况下，大部分降雪融化，而地温偏低时则易产生积雪。降雪明显融化的地温阈值在0.5 ℃左右。

选取费县作为代表站进一步分析地温对积雪深度的影响（图略）。首先来看费县的风速和气温演变：费县自21日18时开始产生积雪至22日00时降雪结束期间，其2 min、10 min平均风速和极大风速分别为1.1~2 m·s^{-1}、1.3~2.6 m·s^{-1}和3.1~4.8 m·s^{-1}，平均风力小于2级，极大风力3级以下，可见其风小，不易吹散积雪；气温在−0.3（21日18时）~−1.2 ℃（22日00时），均低于0 ℃，不利于积雪融化。因此，在强降雪期间，费县的气温和风速均有利于产生积雪。从降水相态来看，费县21日16—17时为雨夹雪，18时转为纯雪，地温由17时的1.8 ℃到18时突降为0.1 ℃，18时产生1 cm积雪。积雪产生后，地温有所回升，19时升至0.7 ℃，此后地温趋于稳定，至22日08时始终维持在0.7~0.8 ℃。19时至22日00时降雪结束，新增降雪量12 mm，而期间积雪仅增加了4 cm，降雪含水比只有0.33，这表明新增的强降雪并没有全部成为积雪，地温0.7~0.8 ℃时使得大部分降雪融化，从而导致大的降雪增量未能产生大的积雪。

5.3.4.4 气温对积雪深度的影响

1）积雪产生前后的气温特征

通过分析全省各站开始有积雪产生时的气温，发现测站气温最低值为−3 ℃，最高值为0.8 ℃（图5.24）。其中，有105站气温≤0 ℃，占总数的88%，14站气温在0.1~0.8 ℃，占总数的12%。与杨成芳等（2013）的研究结果"92%的降雪气温低于1 ℃，79%的低于0 ℃"相比,有积雪产生时气温低于 0 ℃的比例偏大,说明产生积雪要求的气温比产生降雪的低,绝大多数站点有积雪时的气温低于 0 ℃。另外,与地温相比,产生积雪时的气温明显低于地温。

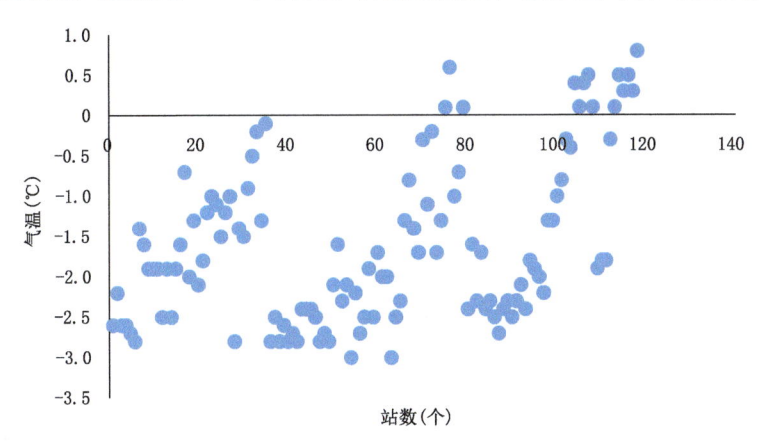

图 5.24 全省各站开始产生积雪时的气温

积雪开始产生前后的气温演变规律与地温也有所不同(图 5.25)。气温的变化主要受到天气系统和太阳辐射的影响。在降雪过程中,各地产生积雪的时间为 17 时以后,在气温日变化中,该时刻之后气温逐渐下降,导致大部分站点的气温在前半夜逐渐下降。由于此次暴雪过程的影响系统为江淮气旋,21 日夜间气旋过境时由于对流层低层弱暖平流影响,后半夜开始气温略有升高。

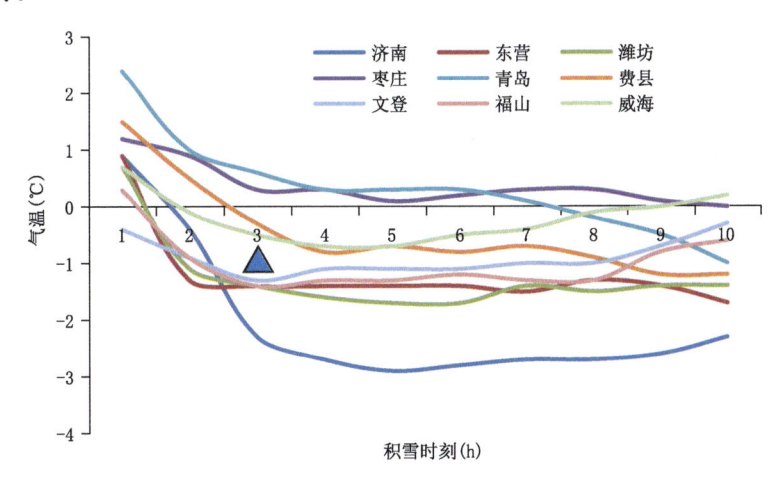

图 5.25 9 个代表站积雪开始前后的气温逐时演变
(第 3 个时刻开始积雪)

2)气温对积雪深度的影响

降雪含水比小于 0.4 cm·mm^{-1} 的站点中,新增降雪量在 10 mm 以上的 5 个站点气温在 −1~0.5 ℃;降雪量在 5~9.9 mm 的站点中,有 4 站气温在 0.1~0.6 ℃,另有 4 站的气温在 −2~0 ℃。对于降雪含水比大于 0.8 cm·mm^{-1} 的站点,降雪量 5 mm 以上的 16 个站点中,有 15 个站气温低于 −1 ℃。这说明气温越低越有利于产生积雪,当气温在 0 ℃左右时,大部分降雪融化;而气温低于 −1 ℃时降雪融化很少,对产生积雪有利,导致降雪含水比大。

选取了降雪量相当的两个代表站威海和青岛,进一步分析气温对积雪深度的影响(图5.26)。威海降雪产生较晚,降雪时间为 22 日 00—08 时,期间总降雪量为 10.1 mm,08 时积雪深度为 9 cm。青岛自 21 日 21 时开始出现降雪,至 22 日 05 时结束,期间总降雪量为 10 mm,积雪深度 05—08 时最大为 3 cm。青岛和威海两站总降雪量基本接近,前者仅比后者少 0.1 mm,初始 4 h 内的小时降雪强度也接近,但二者的积雪深度却相差 6 cm。分析其原因,发现主要表现在气温的差异。青岛在降雪开始前,气温和地温均高于 2 ℃,降雪时降至 1 ℃,在强降雪时段(21 日 21 时—22 日 02 时),气温在 0.1~1 ℃,地温在 0.1~0.3 ℃,因此大部分降雪融化,导致积雪较小。而威海降雪前气温和地温为 0.7 ℃,降雪开始时气温和地温分别降至 −0.1 ℃和 0 ℃,降雪期间气温均低于 −0.1 ℃,明显低于青岛,从而导致降雪融化量很小,产生深厚积雪。可见,气温越低越有利于产生积雪。

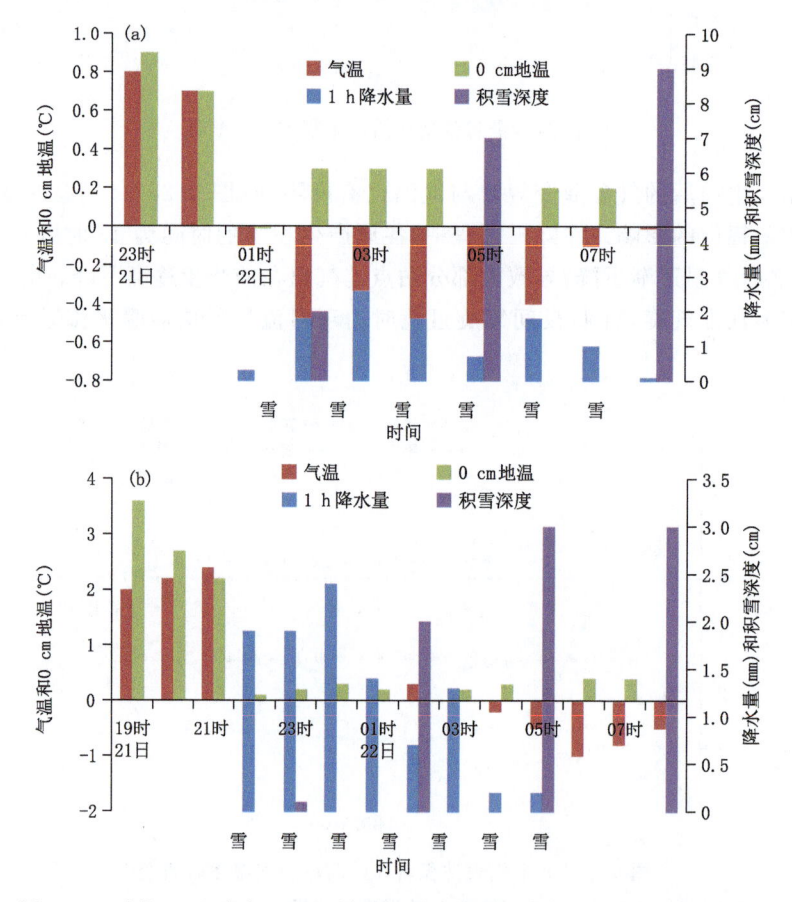

图 5.26 威海(a)和青岛(b)逐时气温、0 cm 地温、降水量和积雪深度的演变

5.3.4.5 地面风速对积雪深度的影响

在降雪初期,地面上的积雪较为松散。气象观测场为开阔的场地,当风速太大时,可能会吹走积雪,从而使得积雪深度减小。分析此次过程各站开始产生有量积雪时 10 m 风 1 h 内的 2 min、10 min 平均风速和极大风速(表 5.4),可以看出,无论是 2 min 还是 10 min 的平均风速,风速≤3.3 m·s^{-1}(风力 2 级)的均占 71%~72%,超过 97%的站点平均风速≤5.4 m·s^{-1}(风力 3 级);相应地,极大风风力多在 3~4 级,占总站数的 81%。由此可见,有利于产生积雪

的平均风力不超过3级,极大风则为3~4级。

表5.4 全省各站积雪开始发生时的地面风速情况

风力(级)	风速(m·s^{-1})	2 min平均风 站数	占总数百分比(%)	10 min平均风 站数	占总数百分比(%)	极大风 站数	占总数百分比(%)
1	0.3~1.5	21	18	27	23	0	0
2	1.6~3.3	65	54	58	48	15	13
3	3.4~5.4	32	27	31	26	42	35
4	5.5~7.9	1	1	3	3	55	46
5	8.0~10.7	0	0	0	0	7	6

5.3.5 小结

(1)此次暴雪过程的影响系统为江淮气旋。江淮气旋特有的空间结构导致山东中北部地区降雪量小、积雪大,东南部地区降雪量大、积雪小。

(2)积雪深度具有时效性,降雪期间积雪深度随着降雪的进行而增长,在降雪结束时达到峰值。有的地区积雪深度峰值会维持到次日08时,有的则减小。

(3)近地面气象要素在积雪产生前后主要表现为:雨夹雪一般不产生积雪,如果雨夹雪转纯雪,则在转雪之前可产生不超过1 cm的积雪;各地降雪含水比差异较大,温度低的地区降雪含水比高,全省平均为0.5 cm·mm^{-1},低于全国平均值;降雪量与积雪深度不一定成正比关系,在降雪不融化的情况下,降雪量、降雪强度越大则积雪越深,降雪强度大是气温和地温都高于0 ℃时产生积雪的必要条件;产生积雪的地温阈值多在0 ℃左右,高于0.5 ℃时大部分积雪融化,先降后升是积雪产生前后地温的共性特征,积雪产生前地温突降,积雪产生后1~2 h内地温略有上升并逐渐趋于稳定值;产生积雪的气温有88%的站点气温低于0 ℃,气温越低越有利于产生积雪,当气温在0 ℃左右时,大部分降雪融化,而气温低于−1 ℃时降雪融化很少;有利于产生积雪的平均风力不超过2级,极大风在3~4级或以下。

5.4 江淮气旋暴雪的积雪特征及气象影响因子:个例2

2020年1月5—7日,山东出现了一次极端雨雪过程,具有持续时间长、降水量极端、降水相态复杂、分布广的特点,其中积雪深度是预报难点。全省122个国家观测站均启动了人工加密积雪深度逐时观测,结合自动站观测,可获取到各站降雨量、降雪量、降水相态和积雪深度的逐时观测资料。本部分主要利用这些精细观测资料探讨江淮气旋强雨雪过程的积雪特征及温度影响机制,以进一步加深对积雪深度发展规律的认识(杨成芳 等,2021)。

5.4.1 雨雪实况及预报难点

5.4.1.1 雨雪概况

2020年1月5日04时—7日23时,山东省出现了一次大范围雨雪过程。降水自5日04时从山东西部开始,7日23时在东部结束,过程持续时间达67 h。全省过程平均降水量为31.6 mm,超过整个冬季(12月至次年2月)常年值(27.5 mm),122个国家观测站中有13个站过程降水量超过 50 mm,鲁西南的成武降水量最大为 61.7 mm,渤海海峡的长岛降水量最小为 10.5 mm(图 5.27a)。7 日有 34 个站的日降水量突破本站 1 月历史极值,占全省总站数的 28%。全省共有 118 个站出现降雪,暴雪主要分布在鲁西南、鲁中和半岛地区,有 36 个站过程降雪量≥10 mm,威海最大为 22.8 mm,其次是曹县 20.1 mm。枣庄、台儿庄、郯城和兰陵 4 个站整个过程始终为降雨,集中于鲁东南地区(图 5.27b)。全省小时降水量在 1.0~5.5 mm,最大为 5.5 mm,6 日 22—23 时出现在成武。

降水过程分为两个阶段,第一阶段发生在 5 日 04 时—6 日 12 时,第二阶段主要发生在 6 日 13 时—7 日 23 时。其中,第一阶段全省平均降水量为 9.3 mm,大部地区为降雨,在鲁西北和鲁西南地区出现了短时间的降雪,只有鲁西北的德州、夏津和武城 3 站出现了 1 cm 的积雪,由于温度较高,产生的积雪快速融化;第二阶段全省平均降水量为 22.3 mm,各地先雨后雪。强降雨、强降雪和最大积雪深度均出现在第二阶段,为过程主要降水时段。

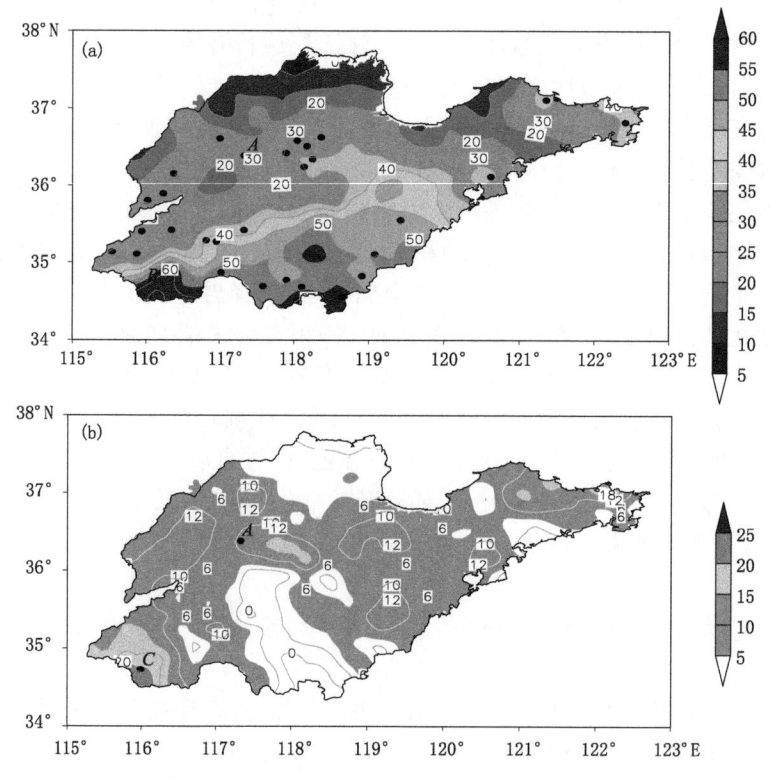

图 5.27 2020 年 1 月 5—7 日过程降水量(a)和降雪量(b,单位:mm)
(a 中黑圆点为日降水量突破历史纪录的站点,图中 A、B、C 分别为济南站、成武站、曹县站)

5.4.1.2 降水相态

从全省范围来看,除了鲁东南地区有 4 站始终为降雨以外,其他地区均出现了雨雪转换。在第二降水阶段,6 日 18 时自曹县开始转为降雪,此后山东自西向东陆续转雪,大部地区的降雪主要出现在 6 日夜间至 7 日白天。半岛地区的相态转换最为简单,为雨转雨夹雪再转雪;鲁南、鲁中的南部和鲁西北的部分地区则经历了雨雪的多次转换,有的站点出现了雨—雨夹雪—雪—雨的降水相态逆转。

以鲁西南的曹县站为例。曹县的过程降水量和降雪量分别为 57.3 mm 和 20.1 mm,在全省分别排第 4 位、第 1 位。图 5.28 给出了曹县的逐时降水量和降水相态演变。5 日 04 时—6 日 01 时曹县的降水相态以雨为主,5 日 09—10 时转雪,此后又转为降雨直至第一阶段降水结束。第二阶段降水开始以雨出现,经历了雪—雨—雪—雨夹雪共 6 次相态转换,7 日 17 时以雨夹雪结束整个降水过程。第二阶段的降雪发生在 6 日夜间至 7 日上午,7 日下午转为雨夹雪为主。可见,此次降水过程经历了多次相态转换,降水相态非常复杂。

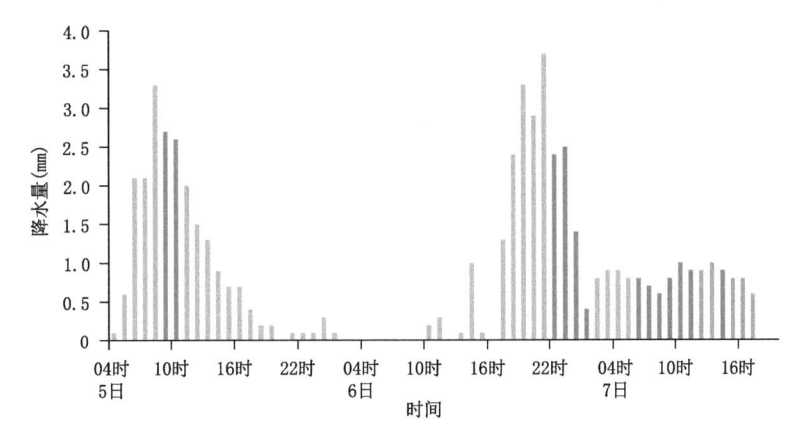

图 5.28 曹县逐时降水量及降水相态演变
(绿色柱为降雨,灰色柱为降雪,品红色柱为雨夹雪)

5.4.1.3 积雪深度

从 8 日 11 时 Himawari-8 卫星的山东区域影像图上(图 5.29a)可以看出积雪分布情况。鲁西南、鲁西北、鲁中山区和山东半岛地区均为白色积雪覆盖,鲁东南和山东半岛的东南沿海地区基本没有积雪。人工加密观测出的积雪深度范围与卫星云图基本类似。此次过程中,全省有 91 个测站产生有量积雪(积雪深度≥1 cm),占总数的 75%,其中有 34% 的测站积雪深度在 1~3 cm,有 38% 的测站积雪深度在 4~8 cm。4 cm 以上的积雪主要分布在聊城、德州、菏泽、济南、淄博、潍坊、烟台至威海一线,烟台积雪深度最大为 12 cm,其次是济南和冠县,均为 9 cm(图 5.29b)。可见积雪深度与降雪量的分布大致吻合,积雪深度的大值区与降雪量大的区域基本相对应,而积雪深度小的区域降雪量也明显小,说明积雪深度与降雪量有很大关系。

综上分析,可见山东此次雨雪过程具有持续时间长、降水量大、降水相态复杂、分布广的特点,降水量突破同期历史极值,是一次 1 月极端天气事件。

5.4.1.4 预报难点

针对此次极端雨雪过程,山东省气象台在 1 月 4 日发布重要天气预报,预报全省平均过程降水量 25~35 mm,12 市有大到暴雪局部大暴雪,最大积雪深度 10~20 cm,7 日凌晨到夜间自西向东逐渐转为降雪;7 日早晨的天气预报将最大积雪深度调整为 8~10 cm。对比主观预报与实况,预报员对过程降水量、降雪量、降水起止、相态转换时间的预报基本准确,但积雪深度预报存在较大偏差。以欧洲中期天气预报高分辨率预报产品为例检验数值模式的积雪深度预报,模式积雪深度开始预报明显偏大,后期向弱调整,积雪深度落区与实况相比差异较大。从预报员的角度,积雪深度预报作为新预报要素,过去无论是研究还是预报经验都较为薄弱,

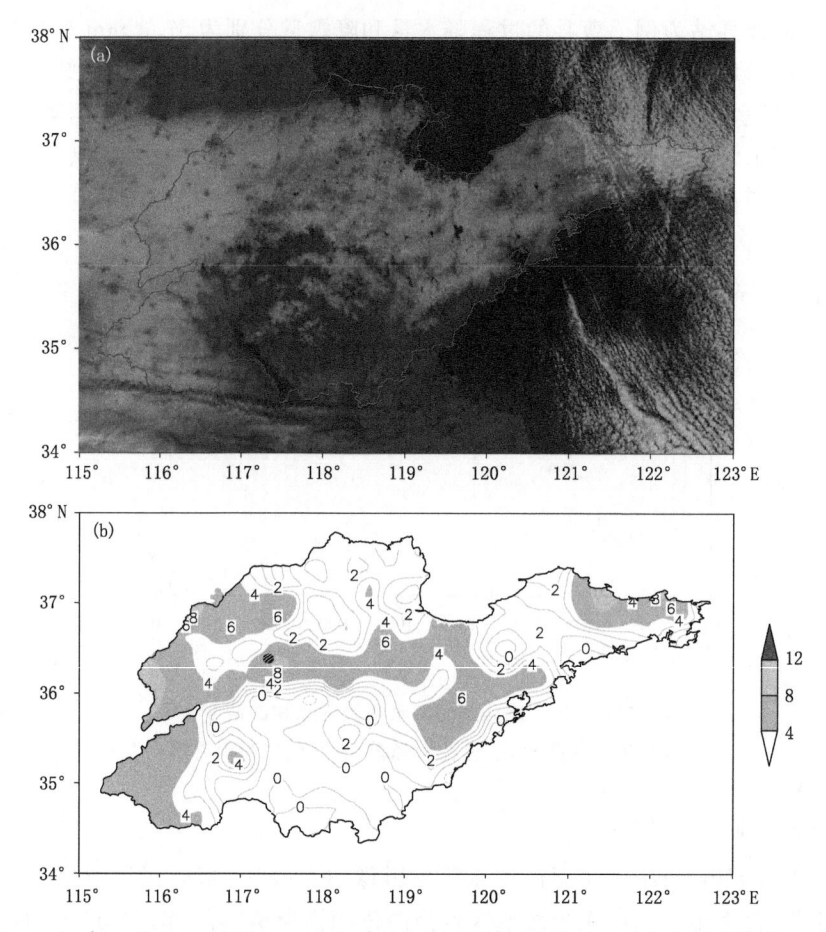

图 5.29 2020 年 1 月 8 日 11 Himawari-8 卫星的积雪图像(a)及过程最大积雪深度(b,单位:cm)

转雪后降雪量有多少?降雪能产生多少积雪?高低空温度对积雪有何影响?形成积雪的气温、地温阈值是多少?这些需要重点考虑的预报着眼点预报员认识还不够深入,导致目前预报员主要是紧跟数值模式的预报结果,基本没有订正能力。从客观上,此次雨雪过程经历了多次相态转换,降水相态复杂,更加给积雪深度的精细预报带来了困难。

5.4.2 环流背景

1 月 5—7 日,先后有两次高空槽影响我国东部地区,造成两个阶段的降水。主要影响系统有:第一阶段为 500 hPa 短波槽、850 hPa 切变线、地面倒槽;第二阶段为 500 hPa 低槽、700 hPa 及 850 hPa 低涡、地面江淮气旋。

1 月 4 日起,500 hPa 南支槽发展强盛。5 日 08 时—6 日 08 时,500 hPa 南支槽处在青藏高原东部,北支槽自河套西部向东移动,700 hPa 存在最大风速为 24 m·s^{-1} 的西南低空急流,850 hPa 暖切变线从长江和淮河之间北上,冷空气自 4 日 23 时开始自北向南入侵山东,地面图上形成明显倒槽。在此天气形势下,山东出现了第一阶段降水。因前期温度高,全省大部地区为降雨,5 日夜间至 6 日早晨鲁西北和鲁西南的部分地区 1000 hPa 温度降至 0 ℃,地面气温低于 2 ℃,达到降雪温度阈值,导致出现了短时间的降雪,其他地区均为降雨。

与此同时,500 hPa上高原槽开始发展东移,850 hPa上四川盆地的西南涡处在低槽前部,构成"北槽南涡"的形势。高原槽与南支槽同位相叠加,形成经向度大的低槽向东移动,冷空气随之入侵西南涡后部,西南涡东移发展,地面减压使得6日23时在江苏南部形成江淮气旋。7日08时,500 hPa低槽位于110°E附近,588 dagpm线处在台湾至海南岛一线,中国东部处在强盛的西南气流控制之下,700 hPa低涡中心处在鲁西南,其西南低空急流轴上风速达到24~28 m·s^{-1},850 hPa低涡到达豫皖交界处,江淮气旋进入黄海南部海面上(图5.30a~c)。十分有利的天气形势使得充足的水汽源源不断地输送至山东,并在山东产生强上升运动,形成了第二阶段的强降水。

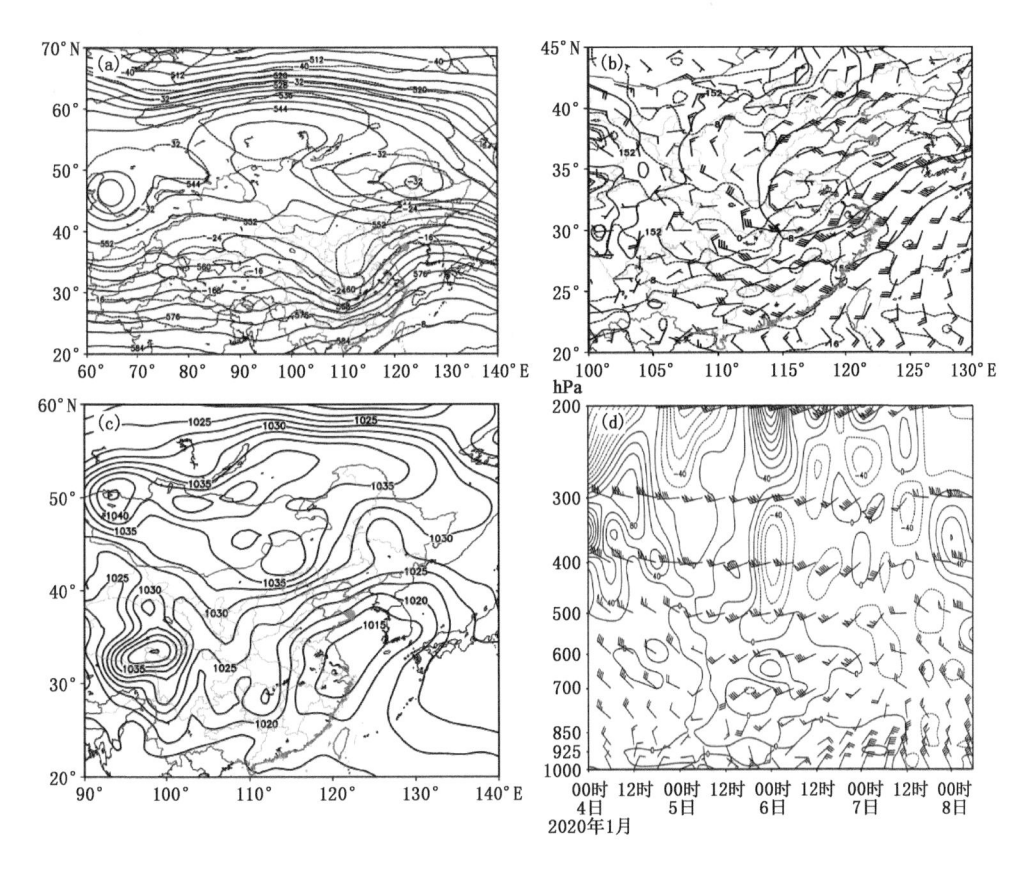

图5.30 2020年1月7日08时天气图(a~c)和过威海站的温度平流时空演变(d)
(a. 500 hPa位势高度(实线,单位:dagpm),温度(虚线,单位:℃),b. 850 hPa位势高度(实线,单位:dagpm),温度(虚线,单位:℃)和风场(风矢),c. 地面气压场,单位:hPa,d. 温度平流(虚线为冷平流,实线为暖平流,单位:10^{-6} ℃·s^{-1},a,b,c中圆点代表威海站))

从温度平流演变看,5—7日先后有两次冷空气影响山东(图5.30d)。5日08—20时,500 hPa低槽过境,其下层有弱冷平流影响,对流层中低层冷暖平流间或出现,5日14时—6日08时,0℃线最低在925~1000 hPa,可见该阶段对流层低层温度较高。6日08时,300~500 hPa存在强冷平流,400 hPa附近的冷平流中心值达到了-60×10^{-6} ℃·s^{-1},此后该冷平流中心不断下降,7日20时,-40×10^{-6}~-20×10^{-6} ℃·s^{-1}中心到达925 hPa以下;6日14时—7日14时,威海上空850 hPa以下均为暖平流,中心值达到了20×10^{-6}~40×10^{-6} ℃·s^{-1}。

从等温线来看,6日08时—7日08时,0 ℃线在850 hPa附近,7日14时降至1000 hPa。这表明,在6—7日,对流层中高层先有冷空气影响,低层冷空气影响滞后。因此,高空先降温,产生降雪,由于低层降温慢、温度高,雪降落到地面后将部分融化,这是此次过程大部地区降雪量大但积雪深度小、降雪含水比小的主要原因。

5.4.3 积雪深度与降雪量的关系

5.4.3.1 积雪深度与降雪量的相关性

分析全省118个降雪站6日13:00—7日23:00最大积雪深度与总降雪量的相关性(图5.31),发现二者的相关系数为0.7。利用最小二乘法对其进行线性拟合,得到的拟合关系式为:

$$y = 0.41x - 0.19 \tag{5.3}$$

式中,y为最大积雪深度,单位:cm;x为总降雪量,单位:mm。拟合系数为0.41,表明此次降雪过程中山东各地积雪深度和降雪量的比值为0.41 cm·mm^{-1}。

进一步将118个站的逐时降雪量和积雪深度进行对应分析,发现有76站积雪深度随着降雪量的增加而增大,最大积雪深度出现在降雪过程结束时,占所有降雪站数的64%。其他42个降雪测站中,有27个测站的降雪没有形成有效积雪(无积雪或积雪深度为微量),另外15个测站的积雪深度在降雪过程中的某个时刻达到峰值后又减小,即最大积雪深度没有出现在降雪过程结束。这表明绝大多数站点的积雪深度与降雪量存在明显相关关系,但仍有近1/3的站点积雪深度与降雪量之间的关系具有不确定性。

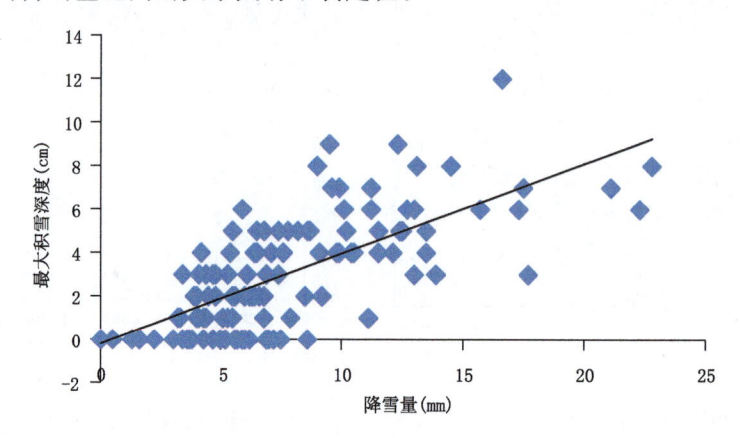

图5.31 2020年1月6日13时—7日23时全省118个站最大积雪深度和总降雪量的关系

5.4.3.2 降雪含水比

图5.32显示出各站的过程降雪含水比在0.1~1.0 cm·mm^{-1},全省平均降雪含水比为0.46 cm·mm^{-1}。各站降雪含水比差异较大,分布总体表现为"北大南小"。鲁西南、鲁西北、鲁中北部和半岛北部地区的降雪含水比相对较高,大部地区在0.2~0.7 cm·mm^{-1},占总站数的88%;降雪含水比在0.8~1.0 cm·mm^{-1}的共有8个站,占总站数的9%,零散地分布在鲁西北和鲁中的北部地区,其中,最大值1.0 cm·mm^{-1}出现在东营的利津和潍坊的诸城;鲁东南和鲁中的南部地区大部分站点由于没有出现有效积雪,降雪含水比均不足0.1 cm·mm^{-1}。

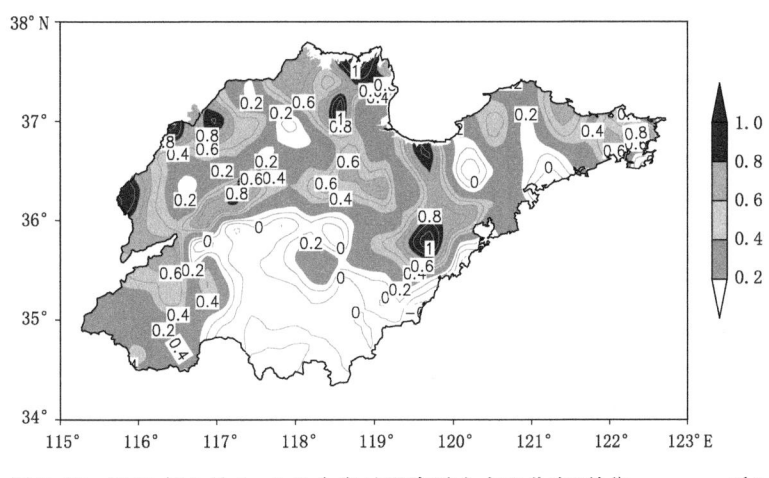

图 5.32　2020 年 1 月 5—7 日全省过程降雪含水比分布(单位:cm·mm^{-1})

5.4.3.3　与历年江淮气旋暴雪过程降雪含水比的对比

杨成芳等(2020)研究认为,山东降雪含水比的大小与降雪量级有关,不同天气系统暴雪的降雪含水比有差异。1999—2018 年,山东共出现了 15 次江淮气旋暴雪天气过程,全省平均降雪含水比为 0.69 cm·mm^{-1}。山东半岛的低山丘陵地区降雪含水比最高,中心位于栖霞至招远一带,最大值为 1.2 cm·mm^{-1};鲁西北和鲁中山区的降雪含水比大部分在 0.8 cm·mm^{-1} 左右;鲁南的南部、半岛的东南沿海和潍坊的东南部地区降雪含水比均低于 0.5 cm·mm^{-1}。从上文分析可以看到,与历年江淮气旋暴雪过程相比,此次江淮气旋暴雪过程表现为全省降雪含水比明显偏小,且最低值出现在鲁中的南部及鲁东南地区。

进一步对比不同降雪量级的降雪含水比。过去 15 次江淮气旋暴雪过程的中雪、大雪和暴雪降雪含水比中位数分别为 0.8 cm·mm^{-1}、0.7 cm·mm^{-1}、0.5 cm·mm^{-1},此次过程的中雪、大雪和暴雪降雪含水比中位数分别为 0.5 cm·mm^{-1}、0.4 cm·mm^{-1}、0.4 cm·mm^{-1}(图 5.33)。可见,此次过程每个降雪量级的降雪含水比均小于过去 20 年的江淮气旋暴雪过程。这也表明了江淮气旋暴雪过程积雪深度与降雪量定量关系的复杂性。

5.4.4　积雪深度与温度的关系

从以上研究可以看出,此次降雪过程中山东各地的降雪量、积雪深度和降雪含水比差异较大。有的站点降雪量大但积雪深度小,如全省积雪深度最大的烟台降雪量为 16.6 mm,最大积雪深度为 12 cm,降雪含水比为 0.7 cm·mm^{-1};曹县的降雪量为 20.1 mm,最大积雪深度仅为 5 cm,降雪含水比为 0.4 cm·mm^{-1},二者相比,烟台的降雪量虽然小于曹县,但积雪深度和降雪含水比却明显大于曹县。另外,一些站点降雪量相当,但积雪深度和降雪含水比差异较大,如位于鲁中北部的济南和鲁东南的莒县,二者的降雪量分别为 12.3 mm 和 11.1 mm,济南的最大积雪深度为 9 cm(仅次于烟台,为第二大值),降雪含水比为 0.7 cm·mm^{-1},莒县则分别为 1 cm 和 0.1 cm·mm^{-1},积雪深度和降雪含水比明显小于济南。这表明不同地区的积雪深度可能受到了其他因素的影响。下文将主要从温度的角度,研究此次过程高低空的温度特征及其对积雪深度和降雪含水比演变的影响。

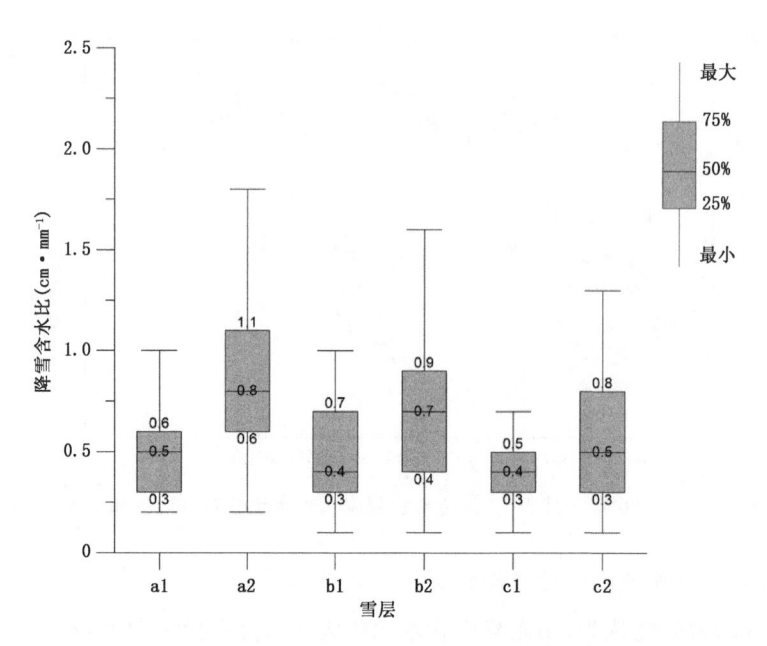

图 5.33　2020 年 1 月 5—7 日暴雪过程和 1999—2018 年 15 次江淮气旋暴雪过程的降雪含水比
（a1,b1,c1 分别为 2020 年 1 月 5—7 日过程的中雪、大雪和暴雪，a2,b2,c2 分别为 1999—2018 年
15 次江淮气旋暴雪过程的中雪、大雪和暴雪，单位：cm·mm^{-1}）

5.4.4.1　高空温度对积雪深度的影响

选取积雪深度和降雪含水比较大的烟台、济南及积雪深度和降雪含水比相对较小的曹县、莒县作为代表站，主要分析其云内和云下的温度特征，以初步揭示高空温度对积雪深度和降雪含水比的影响。

烟台降雪时段为 7 日 14—22 时，17 时开始产生有量积雪，22 时达到最大积雪深度为 12 cm。从图 5.34a 可以看到，在烟台降雪时段内，最强上升运动层在 700～600 hPa，垂直速度中心值为 -80×10^{-2} m·s^{-1}，叠加 90% 以上相对湿度区域内的温度为 -16～-12 ℃。在大气上升运动最大层附近，水汽交换最多，有利于过饱和环境的维持，是冰晶最大增长率发生的区域，因而上升运动最大层附近的温度和相对湿度决定了冰晶类型（Auer et al.，1982；Dube et al.，2003）。在烟台上空，云内最有利于冰晶增长层次的温度和湿度均适宜树枝状冰晶增长，有利于增大积雪体积。在最大上升运动层以下，烟台上空的温度均低于 0 ℃，有利于冰晶维持原来的形态。济南站的情况图 5.34b 与烟台类似，云内的温度和相对湿度均有利于树枝状冰晶增长。不同的是在云下条件，济南的低云高度为 1500 m，在 1000 hPa 附近（200 m）的温度 7 日 09 时之前略高于 0 ℃，表明在 10 时之前济南的大气低层温度可导致冰晶在空中部分融化，之后温度降至 0 ℃ 以下，有利于积雪形成。

曹县的降水相态复杂，经历了多次雨雪转换，7 日 05 时之前为雨-雪-雨，未能产生积雪，7 日 06—12 时为降雪，13 时以后以雨夹雪为主，07 时开始产生有量积雪，15 时达到最大积雪深度 5 cm。7 日 07—15 时降雪且产生积雪的时段内，强上升运动层位于 400 hPa 上下，叠加 100% 的水汽饱和区域内的温度在 -40～-24 ℃，云中的冰晶可成长为空心柱状冰晶易压实，不利于产生大的积雪。降雪期间，曹县的低云高度为 1500 m，在 14 时以前温度零度层的高度在1000～850 hPa,表明冰晶在离开云体之后降落至850 hPa以下,将会有部分融化(图5.34c)。由此可见,曹县上空云内和云下的环境温度条件均不利于产生大的积雪深度,导致虽然降雪量大,但积雪深度和降雪含水比均较小。莒县的温度、相对湿度与垂直速度条件(图5.34d)与曹县类似,也不利于产生大的积雪深度。

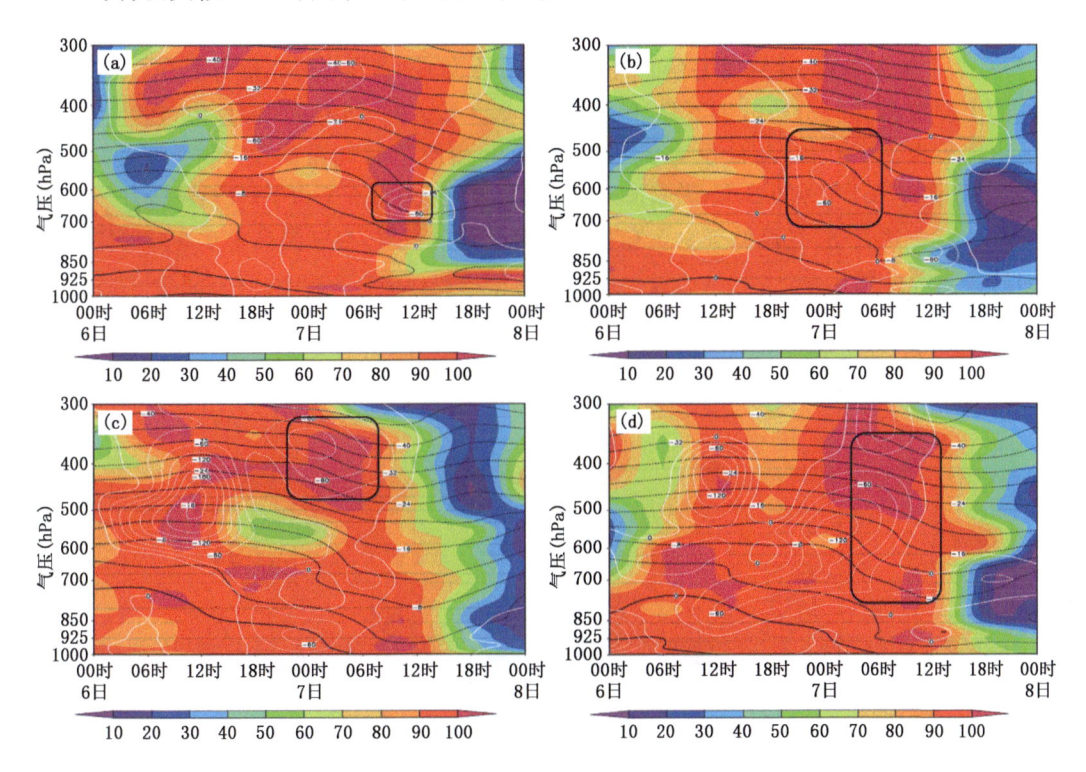

图5.34 2020年1月6—8日过烟台(a)、济南(b)、曹县(c)和莒县(d)的温度(黑色线,单位:℃)、相对湿度(阴影,单位:%)和垂直速度(白色线,只显示负值,单位:10^{-2} m·s^{-1})的垂直剖面
(图中黑色方框为降雪时段,时间为UTC)

综上所述,在同一次降雪过程中,不同区域高空温度、相对湿度和垂直速度的配置差异可导致积雪深度和降雪含水比的明显不同。烟台和济南的共同特点是最适宜于冰晶增长的强上升运动层次内较低,在600 hPa附近,环境温度适宜于树枝状冰晶增长,故积雪深度和降雪含水比大;而曹县和莒县的强上升运动层次较高,在400 hPa上下,环境温度更低,适宜于产生空心柱状冰晶,不利于产生高积雪深度和降雪含水比;当云下温度高于0 ℃会导致降雪前期部分冰融化。

5.4.4.2 积雪产生时的近地面温度变化特征

首先来看各地降雪开始后产生积雪的情况。统计全省各站从降雪开始至产生有量积雪的时间(图略),各地从降雪开始至产生积雪的时间不等,最短的为2h,最长的为10h,其中有74%的站点降雪时长达3～7 h,27%的站点历时4 h。从降雪量来看,在产生有量积雪之前,各站的降雪量在0.7～11.5 mm,有52%的站点在降雪量达4 mm以上时产生有量积雪,定陶站降雪量在11.5 mm时才产生了有量积雪。可见此次降雪过程的前期,大部分站点的雪降落到地面融化了,降雪持续几个小时后才能在地面堆积产生有量积雪。

雪降落到地面,降雪量达到中雪量级(24 h 降雪量≥2.5 mm)以上且降雪持续了数小时,为何还不能产生积雪?积雪产生前后的近地面温度阈值是多少?考虑到此次过程中有 27 个测站出现降雪但没有产生积雪,91 个测站有降雪且产生了有量积雪,下面分两种情况讨论降雪开始及有量积雪产生前后两个关键时间节点的气温、0 cm 地温和雪面温度变化特征。

1)气温

对于 27 个无积雪站,在降雪开始时气温的中位数为 1.3 ℃,75%分位为 1.5 ℃;降雪过程中气温的中位数和 75%分位分别下降至 0.6 ℃和 0.9 ℃。91 个有量积雪站中,在降雪开始时气温的中位数为 1.0 ℃,75%分位为 1.3 ℃;积雪开始产生时气温明显下降,气温中位数和 75%分位分别降至 0.1 ℃和 0.3 ℃(图 5.35),91%的站点气温在 0.5 ℃以下,气温最高为 0.7 ℃,最低为 −1.3 ℃。这表明,气温低于 0.5 ℃有利于形成有量积雪,当气温高于 0.6 ℃时雪降落至近地面后会大部分融化。

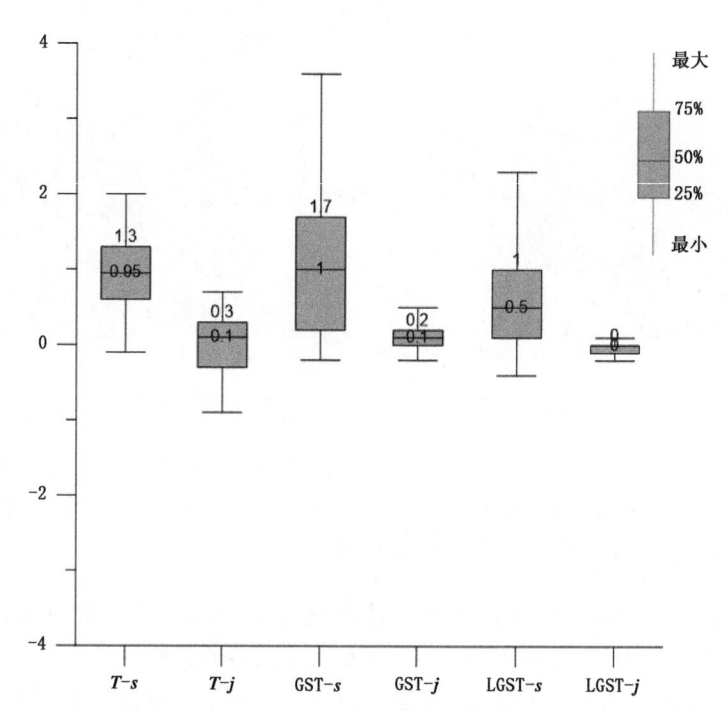

图 5.35 全省 91 个有量积雪站开始降雪及产生有量积雪时的气温(T)、0 cm 地温(GST)和雪面温度(LGST)
(单位:℃,s 表示开始降雪,j 表示开始产生有量积雪)

从 9 个代表站降雪期间的逐时气温演变来看(图 5.36a),在产生有量积雪之前,所有站点的气温均呈下降状态,积雪形成之后,大部分站点气温持续下降,部分站点气温先下降后略有回升。烟台站的气温在积雪形成时气温为 −0.1 ℃,此后继续下降,在形成最大积雪之前气温均低于 0 ℃,为此次过程中气温最低的站点。济南站在积雪期间的气温维持在 0.1 ℃左右。莒县在积雪形成时的气温为 0.1 ℃,之后气温持续下降至 −0.8 ℃。曹县的气温相对较高,积雪形成时的气温为 0.6 ℃,此后维持在 0.4 ℃左右。因气温的变化取决于温度平流和辐射造成的日变化两个因素,从温度平流来看,6 日白天开始,冷空气开始入侵山东,各地气温陆续下降,冷空气影响持续至 8 日白天。在受冷平流影响的背景下,曹县处于鲁西南地区,受冷空气影响较弱,而7日11时开始的强降雪时段正好处于白天辐射升温的时段,故气温较高导致降雪部分融化;烟台强降雪发生在17时之后,为气温日变化的降温时段,叠加冷平流导致的降温,气温持续下降至0℃以下,有利于形成积雪。

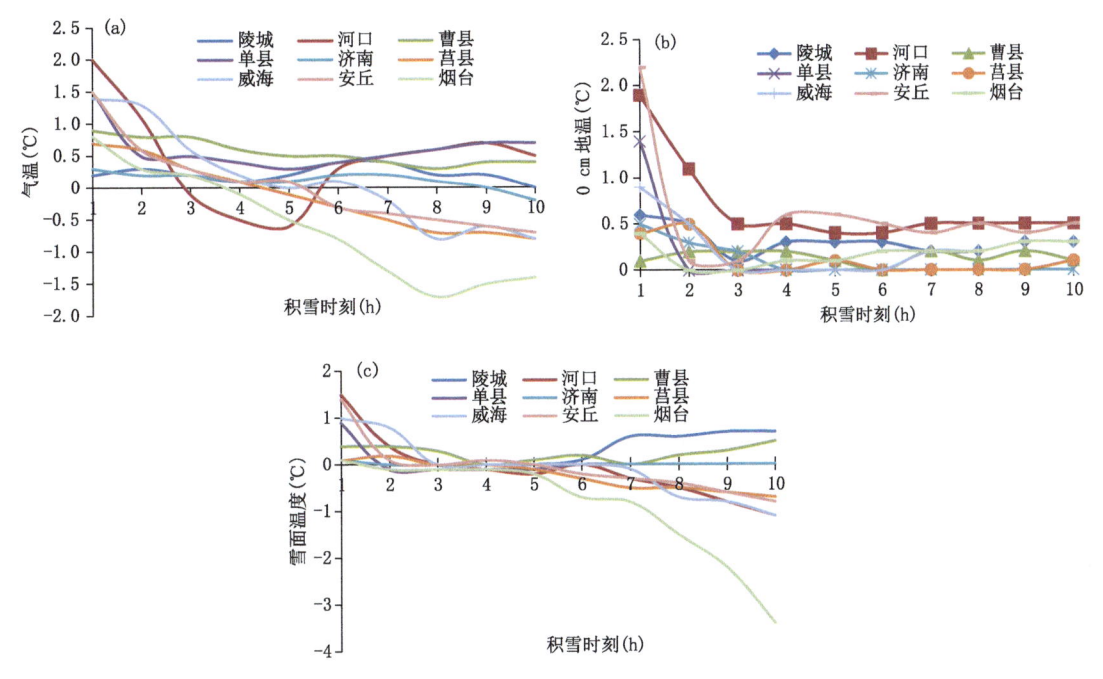

图5.36　9个代表站积雪开始前后的气温(a)、0 cm地温(b)和雪面温度(c)逐时演变
第4个时刻开始产生有量积雪

2) 0 cm地温

对于27个无积雪站,降雪开始时,0 cm地温的中位数为1.7 ℃,75%分位为2.6 ℃;在降雪期间,其中位数为0.4 ℃,75%分位为1.3 ℃。对于91个有积雪站,在降雪开始时,0 cm地温的中位数为1.0 ℃,75%分位为1.7 ℃;积雪开始形成时,0 cm地温的中位数降至0.1 ℃,75%分位降至0.2 ℃(图5.35),90%的站点降至0.4 ℃以下,最高为0.7 ℃,最低为-2.8 ℃。可见,无积雪站点的0 cm地温明显高于有积雪产生的站点,能否产生积雪与0 cm地温有关,通常0 cm地温低于0.4 ℃时易产生积雪。

进一步分析各站产生积雪前后的0 cm地温变化。从图5.36b中可以看出在有量积雪产生前的1~2 h,0 cm地温明显下降,之后多数站点地温略有上升后维持稳定,少数站点地温维持不变。9个站点从积雪开始形成至其后的降雪期间,0 cm地温基本维持在0~0.6 ℃。0 cm地温的这一表现特征与杨成芳等(2019)研究的2017年2月21—22日江淮气旋暴雪过程基本类似,只是2017年个例为所有站点的0 cm地温都表现出先降后升,而本次暴雪过程中有少数站点地温在下降之后维持不变。这两次个例说明了0 cm地温对积雪的影响主要表现在积雪产生之前,一旦0 cm地温下降至积雪形成的阈值,产生有量积雪覆盖地表,由于雪的低导热率,积雪层阻碍了表层土壤热量的散失和雪面以上气温变化导致的热量交换,起到了绝缘保温的作用,故积雪形成之后0 cm地温对积雪深度不再有影响。由此得到启示,做积雪深度预报时应着重考虑降雪开始后0 cm地温能否降至0.4 ℃以下。

3)雪面温度

雪面温度是有积雪时地温表的感应部分及表身一半在雪面上、一半在雪中观测所得到的温度,因而雪面温度对气温的波动响应最为敏感。

91个有量积雪站中,降雪开始时雪面温度的中位数为0.5 ℃,75%分位为1.0 ℃;积雪形成时,雪面温度的中位数和75%分位均为0 ℃(图5.35),93%的站点雪面温度低于0.1 ℃,最高为0.6 ℃,最低为−1.5 ℃。可见,积雪开始产生时雪面温度低于气温和0 cm地温。分析各站降雪过程中的雪面温度演变(图5.36c),发现雪面温度有区别于气温和0 cm地温的独特特征,即在产生积雪前后2 h内,雪面温度均维持在0 ℃左右,在此之前为雪面温度迅速下降时段,与气温和0 cm地温类似,而在积雪形成1 h以后则有的站点雪面温度明显下降、有的站点会小幅度上升(不超过1 ℃),与气温的变化类似。

综上分析,可见能够形成有量积雪时绝大部分站点的气温低于0.5 ℃,当气温高于0.6 ℃时降雪大部分融化,气温日变化对积雪深度有影响;0 cm地温对积雪的影响主要表现在积雪产生之前,地温降至0.4 ℃以下可以形成有量积雪;在产生积雪前后的2 h内雪面温度维持在0 ℃左右,其他时段变化规律与气温类似。因此,对于近地面温度对积雪深度的影响预报,需要重点考虑气温在整个降雪过程中的变化和0 cm地温能否降至积雪阈值两个因素。

5.4.4.3 降雪含水比与近地面温度的关系

利用91个有积雪深度测站降雪期间的逐小时气温、0 cm地温和雪面温度,将降雪含水比按照0.2 cm·mm^{-1}间隔进行划分,以此分析降雪含水比大小与近地面温度的关系。

对于气温,基本上表现出降雪含水比随着气温的增大而减小的规律。当气温的中位数为0.5 ℃,75%分位为0.9 ℃时,降雪含水比为0,即在这样的气温条件下不易产生积雪;对于降雪含水比在0.5 cm·mm^{-1}以上的降雪,气温的中位数在0.1～0.2 ℃,75%分位为0.4 ℃(图5.37a)。0 cm地温的特征表现为,当降雪含水比为0时,0 cm地温的中位数为0.4 ℃,75%分位为1.1 ℃,降雪含水比大于0.1 cm·mm^{-1}之后,0 cm地温则相差不大,中位数均为0.1 ℃,75%分位多为0.3 ℃(图5.37b)。雪面温度表现出了与0 cm地温类似的特征,只是温度更低,降雪含水比大于0.1 cm·mm^{-1}之后雪面温度为0 ℃或−0.1 ℃(图5.37c)。

由此可见,降雪含水比基本上随着气温的增大而减小,但与0 cm地温和雪面温度关系不大,其原因在于上文分析的积雪深度与温度的关系。

5.4.5 小结

(1)此次1月雨雪过程持续时间长、降水相态复杂、分布广,降水量突破同期历史极值,是一次极端天气事件,积雪深度是预报难点。主要影响系统为江淮气旋,冷平流较弱。

(2)各地过程降雪含水比在0.1～1.0 cm·mm^{-1},分布总体表现为"北大南小";全省平均为0.46 cm·mm^{-1},小于过去20年的江淮气旋暴雪过程。

(3)积雪深度与高空温度、相对湿度和垂直速度的配置有关。在最大上升运动与90%以上相对湿度叠置的层次内,高空环境温度有利于树枝状冰晶增长的站点的积雪深度和降雪含水比大,而高空环境温度有利于空心柱状冰晶增长的站点的积雪深度和降雪含水比小;云下温度高于0 ℃也会降低积雪深度。

(4)积雪深度与近地面温度的关系表现为:能够形成有量积雪时大部分站点的气温低于0.5 ℃;0 cm地温对积雪的影响主要表现在积雪产生之前,地温降至0.4 ℃以下可形成有量积

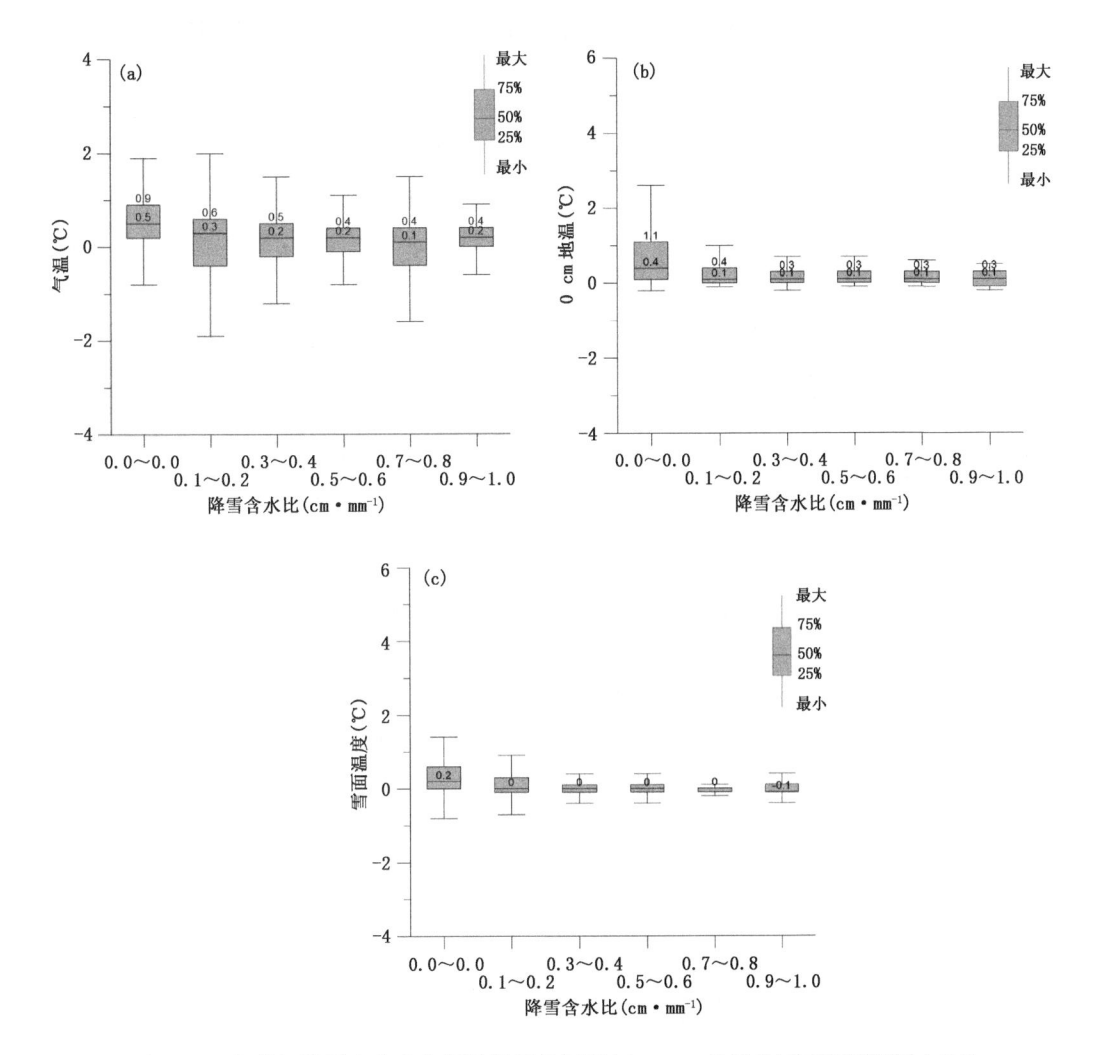

图 5.37　各等级降雪含水比在降雪期间的气温(a)、0 cm 地温(b)和雪面温度(c)对比

雪;在产生积雪前后的 2 h 内雪面温度维持在 0 ℃左右,其他时段变化与气温类似。

(5)降雪含水比基本上随着气温的增大而减小,但与 0 cm 地温和雪面温度关系不大。降雪含水比在 0.5 cm·mm^{-1} 以上时一般降雪期间气温低于 0.4 ℃。

通过此次雨雪过程的分析可以得到启示,在 1 月南支槽强盛、前期温度高及冷空气较弱的降雪过程中,降雪含水比较低。积雪深度和降雪含水比的预报需要综合考虑高低空气象条件,预报着眼点为:高空主要考虑最大上升运动与高相对湿度叠置层次内的环境温度,看其有利于何种冰晶增长,低空关注云底以下(多为 1500 m 上下)的温度,对于近地面温度则需重点考虑气温在整个降雪过程中的变化和 0 cm 地温能否降至积雪形成阈值两个因素。

5.5　积雪深度的预报着眼点

总结本章的研究成果,可见积雪深度的主观预报,首先要考虑积雪能否形成,之后可利用降雪含水比和降雪量估算积雪深度。可参考以下基本规律。

(1)积雪深度具有时效性,降雪期间积雪深度随着降雪的进行而增长,在降雪结束时达到峰值。

(2)能否形成积雪主要取决于与之接触的近地面气象要素的影响。近地面气象要素在积雪产生前后主要表现为:① 雨夹雪:雨夹雪一般不产生积雪,如果雨夹雪转纯雪,则在转雪之前可产生不超过 1 cm 的积雪。②气温:气温低于 0 ℃产生积雪,气温越低越有利于产生积雪,当气温在 0 ℃左右时,大部分降雪融化,而气温低于-1 ℃时降雪融化很少。③ 0 cm 地温:对积雪的影响主要表现在积雪产生之前,0 cm 地温降至 0.4 ℃以下可形成有量积雪,产生有量积雪的地温阈值多在 0 ℃左右,高于 0.5 ℃时大部分积雪融化,先降后升是积雪产生前后地温的共性特征,积雪产生前地温突降,积雪产生后 1~2 h 内地温略有上升并逐渐趋于稳定值。④降雪含水比与温度的关系:降雪含水比基本上随着气温的增大而减小,但与 0 cm 地温和雪面温度关系不大。降雪含水比在 0.5 cm·mm^{-1}以上时一般降雪期间气温低于 0.4 ℃;温度低的地区降雪含水比高。在降雪不融化的情况下,降雪量、降雪强度越大则积雪越深,降雪强度大是气温和地温都高于 0 ℃时产生积雪的必要条件。⑤风力:有利于产生积雪的平均风力不超过 2 级,极大风在 3~4 级以下。

(3)积雪深度与雪的形状也有关,树枝状的冰晶占据空间大,积雪深度也大。冰晶的形态则取决于高空温度、相对湿度和垂直速度的配置。在最大上升运动与 90%以上相对湿度叠置的层次内,高空环境温度有利于树枝状冰晶增长的站点的积雪深度和降雪含水比大,而高空环境温度有利于空心柱状冰晶增长的站点的积雪深度和降雪含水比小;云下温度高于 0 ℃也会降低积雪深度。

因此,积雪深度和降雪含水比的预报需要综合考虑高低空气象条件,预报着眼点为:高空主要考虑最大上升运动与高相对湿度叠置层次内的环境温度,看其有利于何种冰晶增长,低空关注云底以下(多为 1500 m 上下)的温度,对于近地面温度则需重点考虑气温在整个降雪过程中的变化和 0 cm 地温能否降至积雪形成阈值两个因素。

(4)利用降雪量预报积雪深度,降雪含水比的气候特征值可以作为基本参考。

①山东降雪含水比主要集中在 0.3~1.1 cm·mm^{-1},半岛北部沿海地区的多年平均降雪含水比为 1.3 cm·mm^{-1}。②山东降雪含水比的大小与降雪量级有关,且存在明显月变化。全省大部地区从中雪至暴雪随着降雪量级的增大,降雪含水比依次减小;各量级的降雪含水比月最大值均出现在 1 月(中雪)或 12 月(大雪、暴雪),最小值出现在 11 月(中雪、大雪)或 2 月(暴雪)。山东半岛北部沿海地区的降雪含水比表现出更为复杂的特征:11 月至次年 1 月以冷流降雪为主,中雪、大雪和暴雪的降雪含水比基本相当,各月差异较小;2 月和 3 月的降雪含水比表现出了与其他地区降雪类似的月变化特征。③各天气系统暴雪的降雪含水比具有不同特征。江淮气旋暴雪过程平均降雪含水比为 0.69 cm·mm^{-1},总体上呈现"北大南小、山区大沿海小"分布,中雪、大雪和暴雪的降雪含水比中位数分别为 0.8 cm·mm^{-1}、0.7 cm·mm^{-1}和 0.5 cm·mm^{-1}。回流形势暴雪过程的全省平均降雪含水比为 0.67 cm·mm^{-1},中雪的降雪含水比中位数为 0.8 cm·mm^{-1},大雪和暴雪均为 0.6 cm·mm^{-1}。海效应暴雪的降雪含水比明显大于其他两类暴雪,中位数在 1.1~1.6 cm·mm^{-1}变化,中雪、大雪和暴雪的降雪含水比中位数分别为 1.4 cm·mm^{-1}、1.6 cm·mm^{-1}和 1.3 cm·mm^{-1}。

当然,即使是同一类天气系统,不同降雪过程的降雪含水比也可能会存在较大差异。这是因为虽然降雪含水比为积雪深度与降雪量之比,实际上二者并非总是简单的线性关系,积雪深度不仅受到降雪量、气温、地温、风向风速、湿度等气象因素的影响,还有太阳辐射、地形地貌等的影响,从而导致降雪含水比不可能是固定数值。因此,在实际预报业务中应用降雪含水比的统计值时要注意不同降雪量级、不同月份及各类天气系统降雪过程降雪含水比的差异,同时还要综合考虑其他因素的影响。另外,对于一些持续时间短或者冷平流弱的降雪过程,至次日08时部分积雪可能融化或产生形变,从而导致降雪含水比较实况小,并非所有站点的积雪深度在08时达到最大值。由于积雪深度历史资料的局限性,采用08时至次日08时24 h资料进行统计分析可能不一定有完全的代表性。今后有待继续通过人工加密观测资料及逐渐普及的积雪深度自动观测资料进行深入研究,获取精细的降雪含水比。

第6章 山东"雷打雪"事件

"雷打雪"是指冬半年某个区域降雪的同时伴有雷电的现象。一般情况下,降雪多出现在稳定的云层中,而打雷是云内、云与云之间或云与地面之间的放电现象,是在强对流天气中所伴随的现象。降雪过程中,如果出现打雷,通常降雪量大,内陆地区一般会达到暴雪量级。"雷打雪"事件属于小概率天气事件,预报难度较大。近些年来,"雷打雪"事件在多地被观测到,逐渐引起人们的关注与兴趣。由于各地所处的纬度不同,气候特征不同,形成"雷打雪"的条件也略有差异。

本章介绍山东"雷打雪"事件的时空分布特征、天气分型及其产生机制,并结合典型个例分析,最后凝练出"雷打雪"事件的预报着眼点,为这类小概率事件的预报提供参考。

6.1 山东"雷打雪"事件的时空分布特征

6.1.1 统计标准

利用闪电定位仪数据,结合地面加密观测数据,规定当闪电定位仪记录某地出现了闪电,且持续出现在同一地区或随着时间推移闪电位置连续性移动,本次记录与下次记录之间间隔5 h之内,定义为一次闪电过程。在闪电出现的区域如果6 h内有对流性云(如积云、浓积云、积雨云等)出现并伴有降雪,则定义该区域出现一次"雷打雪"事件。事件以观测到闪电或听到雷声作为事件的开始,以降雪结束或降雪转为稳定性降水作为该事件的结束。根据"雷打雪"天气事件发生的地理位置及高空、地面形势,分为暖平流型与海效应型。暖平流型在全省各地均可出现,海效应型发生在海效应降雪过程中,主要发生在山东半岛北部沿海地区。

按照这个标准,2006—2015年冬半年山东共发生"雷打雪"天气事件35次,其中,暖平流"雷打雪"事件11次,海效应"雷打雪"事件24次(郑丽娜 等,2019)。

6.1.2 空间分布特征

图6.1给出了山东"雷打雪"事件发生的区域。由图可见,山东大部地区可以观测到"雷打雪"事件,其中暖平流型"雷打雪"事件发生的范围广。暖平流型"雷打雪"事件中的雷暴发生区域一般先从山东西部开始,然后向东移动,伴有中雪或暴雪,持续时间多在3 h以上;当西南气流输送路径偏东时,"雷打雪"事件也可仅在山东半岛出现,这时雪量以微量为主,持续时间不足3 h。而海效应"雷打雪"事件仅发生在山东半岛,尤其是在半岛北部沿岸发生最多,约占总事件数的70%。这类事件发生的局地性强,闪电或雷暴的移动路径基本沿海岸线运动,持续时间在3 h内。

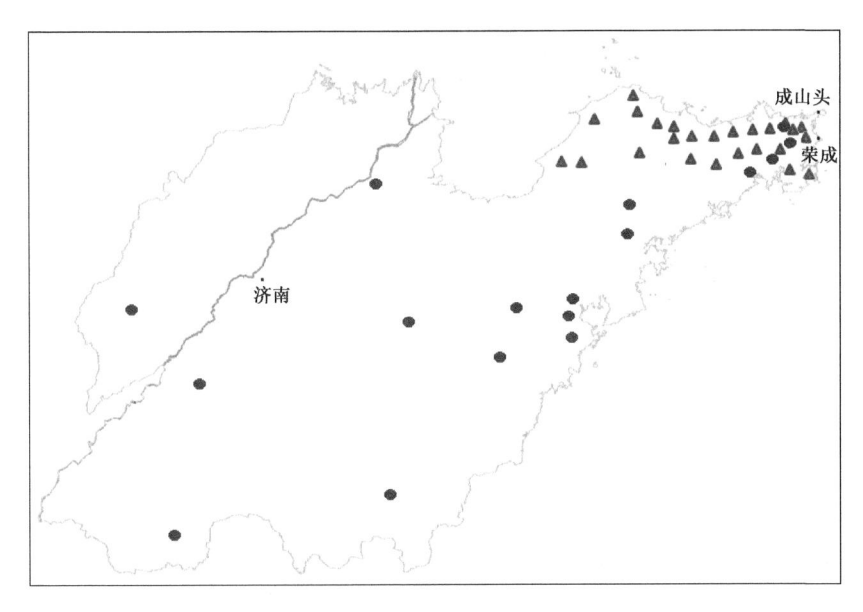

图 6.1 2006—2015 年山东省"雷打雪"事件落区分布
(三角表示海效应型,圆点表示暖平流型)

6.1.3 时间分布特征

从年频次分布来看(图 6.2a),2007 年"雷打雪"事件出现频次最多,达 9 次,其中暖平流事件 2 次,海效应事件 7 次;2006 年、2011 年、2013 年、2014 年与 2015 年没有出现暖平流"雷打雪"事件,2010 年、2015 年未出现海效应"雷打雪"事件。从日变化频次来看(图 6.2b),暖平流"雷打雪"事件在一天中任意一个时段均可出现,频次变化没有明显的峰值;而海效应"雷打雪"事件则不同,其发生频次在 08 时开始出现并逐渐增多,14—23 时达最多,23 时之后迅速减少,其频次的变化呈现出日变化特征。综合来看,"雷打雪"天气事件多出现在白天,约占总事件数的 71%,夜间该事件数明显减少。

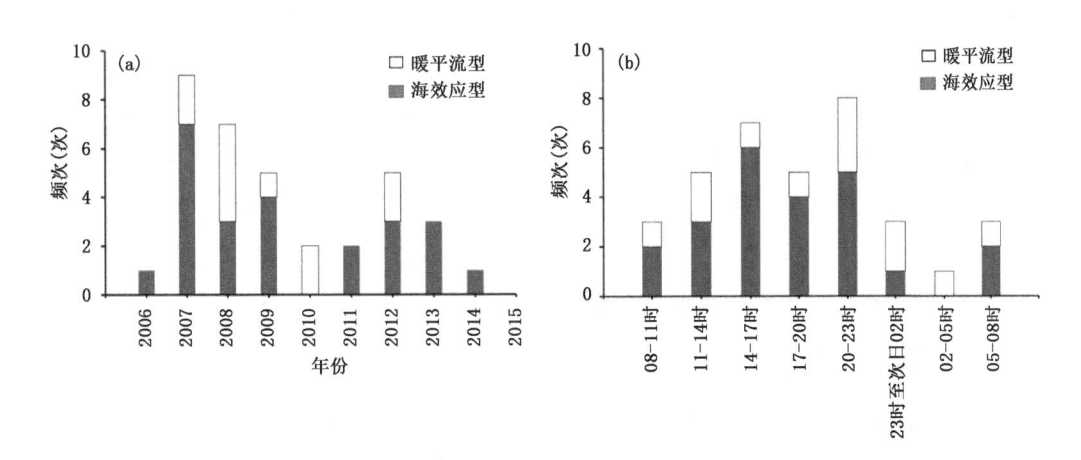

图 6.2 2006—2015 年山东省冬半年"雷打雪"事件年频次(a)及日变化频次分布(b)

6.2 暖平流"雷打雪"事件形成机制

6.2.1 大尺度环流背景

将2006—2015年35次"雷打雪"事件中的11次暖平流事件的高度场、地面场进行合成分析,以平均场来讨论其发生的大尺度环流背景。从图6.3中可以看出,暖平流"雷打雪"事件发生的大尺度环流背景有如下特点:500 hPa高纬度地区为宽广的槽区,并配合有负距平区,有一个明显的负距平中心,分别位于西西伯利亚平原、我国东北北部及东西伯利亚地区,中心强度在-8 dagpm以下,说明这些地区位势高度偏低,而槽的下游日本以东维持一强盛的正距平中心,中心值可达24 dagpm以上,说明该区域位势高度偏高。正、负距平中心构成了西北—东南向的"西低东高"形势。这种形势有利于乌拉尔山东侧的低槽在东移过程中强度增强、移速减慢(图6.3a);700 hPa的形势(图6.3b)与500 hPa相似,只是其南支槽更深,同时东部沿海高压强盛,阻挡了低槽东移,使得位势梯度加大,形成高空槽前强的西南气流;还有一种形势,当南支槽和来自中高纬的高空槽叠加时,也有利于环流的经向度加大。强盛的西南气流向山东输送暖湿空气,加大了该地层结不稳定度。地面图上(图6.4),山东处于大陆冷高压的前沿,地面盛行偏北风。

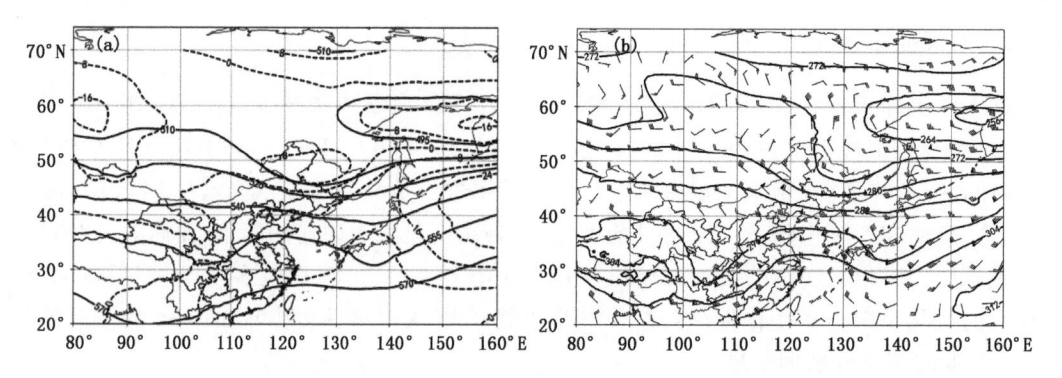

图6.3 暖平流型500 hPa平均高度场(实线)及距平场(虚线)(a)和700 hPa平均高度场(单位:dagpm)与风场(单位:m·s^{-1})(b)

此类环流形势的配置特点:低层为冷层,对流层中层为暖层,这种"下冷上暖"的形势与造成华北降水的回流形势类似。但是回流降水发生时,一般大气层结是稳定的,不会产生雷暴。那么,是什么因素导致了这种形势下"雷打雪"事件的发生呢?下面,将对该事件产生的环境条件进行分析。

6.2.2 "雷打雪"事件产生的环境条件分析

6.2.2.1 对流层低层温度变化特征

山东冬半年的降雪过程多由低槽、冷锋、江淮气旋、黄河气旋和暖切变线等系统引起(阎丽凤等,2014),除了江淮气旋影响前对流层低层温度略有升高,升幅一般在2~3 ℃外,其他系统在降雪之前,低层温度起伏不大。在对暖平流"雷打雪"事件进行普查时发现,对流层低层在

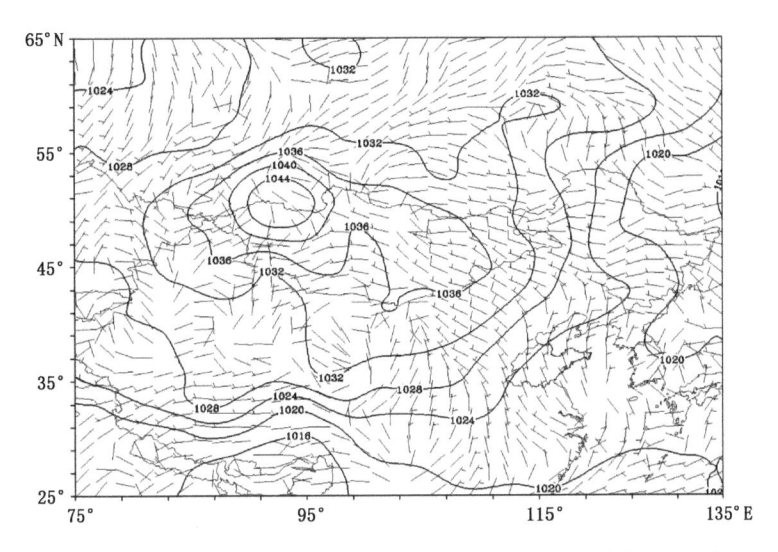

图 6.4 暖平流型平均地面气压场(单位:hPa)及风场(单位:m·s^{-1})

12~24 h内温度有突增现象。

从图 6.5 中可以看出,在暖平流"雷打雪"事件中,850 hPa 至地面在事件发生之前 24 h 内有温度突增现象,尤其是 925 hPa 和 850 hPa 表现得最为明显,温度最高增幅可达 6 ℃,700 hPa 温度也略有升温,但是升幅不大;事件即将发生时,850 hPa 至地面温度剧烈下降,而 700 hPa 以上各层温度变化不大,这样上下温差可达 10 ℃;事件发生之后,各个层次的温度快速下降。以 925 hPa 为例,事件发生前后温差可达 8~10 ℃,这说明事件发生之前升温剧烈,事件过后冷空气势力强盛。在 11 次暖平流"雷打雪"事件中,只有 1 次事件是由阵雪转为稳定性降雪而结束的,此次"雷打雪"事件过后 850 hPa 至地面仍然是降温的,但 700 hPa 却是升温的,升幅为 1 ℃。这与造成其稳定性降雪的回流形势有关。

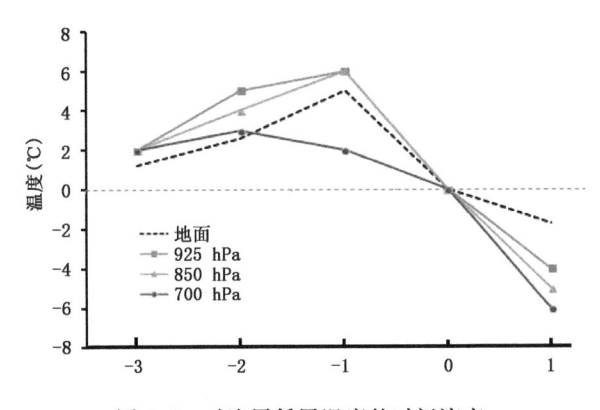

图 6.5 对流层低层温度的时间演变

(横坐标 0 表示雷打雪事件发生之时,负值/正值表示事件之前/后几小时,一个间隔代表 12 h)

6.2.2.2 地面气象要素的演变特征

为了解"雷打雪"事件发生过程中地面要素的演变情况,将 11 次暖平流型个例的地面要素进行如下分析:风速、风向、温度露点差求其个例平均值,气压计算事件发生前后各时次与事件发生时的气压差值,绘图中事件发生时气压定为 0 hPa,统计结果见图 6.6。

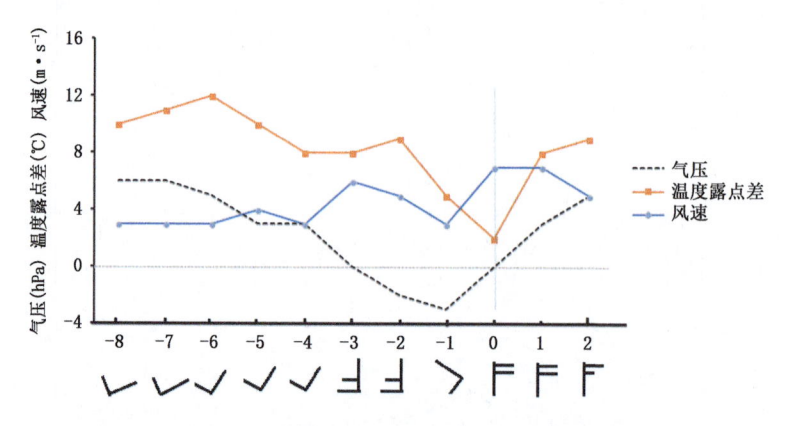

图 6.6 "雷打雪"事件地面要素的时间演变
(横坐标说明同图 6.5,只是间隔为 6 h;竖线表示事件发生时)

从图 6.6 中可以看到,在"雷打雪"事件发生之前,地面一直以偏南风为主,风速为 3~4 m·s^{-1}。事件发生前的 24 h,风速有所增大,可达 6 m·s^{-1},对应着此时段的地面温度升高明显(图 6.5),温度露点差则快速下降至 4 ℃以下,空气趋于饱和。从气压的变化来看,事件发生前 24 h,地面气压开始逐渐下降,到前 6 h 气压降至最低值,说明低值系统正影响该地,然而"雷打雪"事件并未在此时发生。之后气压快速回升,风向也由偏南风转为偏北风,且北风风速迅速增大至 8 m·s^{-1},这时"雷打雪"事件发生了。随后气压继续升高,温度露点差加大,风速缓慢下降,事件结束。这说明近地层冷空气入侵对该"雷打雪"事件起到了触发作用。

6.2.2.3 气层稳定性分析

大气层结不稳定是对流天气发生的必要条件。在暖平流型"雷打雪"事件中,其假相当位温的垂直分布见图 6.7a。由图可见,地面至 700 hPa 假相当位温随高度升高,即气层稳定;但在 700~400 hPa,假相当位温随高度是降低的,说明此厚度层内气层是不稳定的,对流天气主要发生在这段高度内。而对于回流降水型,尽管环流形势也是低层为冷垫,中高层为暖平流,但是其对流层中高层大气层结多为中性层结或弱的不稳定层结(图 6.7b),表现为 700~500 hPa 假相当位温不随高度变化,也就不存在对流天气发生的可能,更不会打雷。

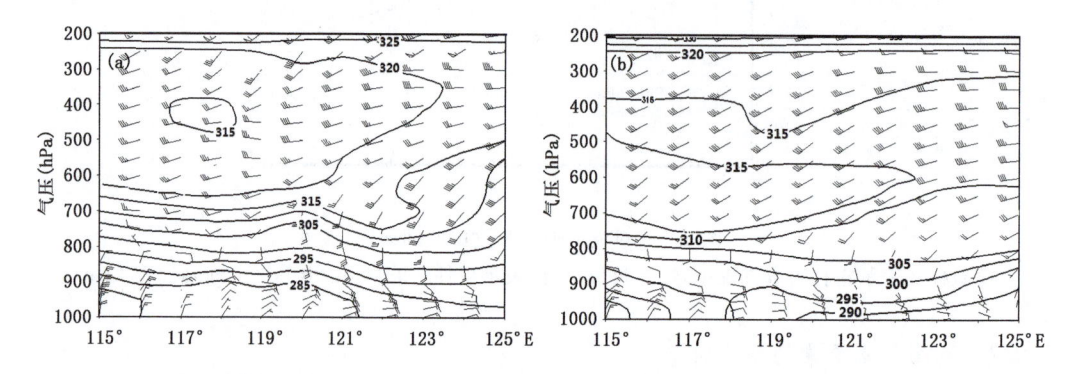

图 6.7 暖平流"雷打雪"事件(a)与回流降水(b)的假相当位温沿 36°N 的垂直剖面(单位:K)

6.2.2.4 动力条件分析

通过分析暖平流型"雷打雪"事件的风场结构(图 6.8),发现其与回流形势的风场结构有明显不同。在回流形势中,冷空气先自北路或东北路回流至山东形成冷垫,中层暖湿空气沿冷垫爬升从而形成降水。从图 6.8 中可以看到,在事件发生之前 36 h 内,整个对流层以西南风为主,这是对流层低层增温的重要原因。事件发生时,700 hPa 以上西南风持续加大,而在 850 hPa 至地面随着一股强冷空气入侵,风向由偏南风转为偏北风。以 850 hPa 为例,西北风平均风速可达 12 m·s^{-1},这股强冷空气楔入暖空气的下方,抬升暖空气,触发对流天气。可见这种配置与回流形势是不同的。

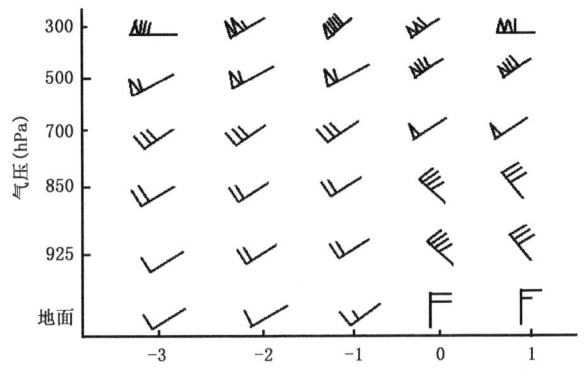

图 6.8 暖平流"雷打雪"事件对流层风场的演变
(横坐标说明同图 6.5)

结合"雷打雪"事件发生时上升速度的垂直分布可知(图 6.9),900 hPa 至地面为下沉运动,气层相对稳定,风向为偏东风;900~700 hPa 是风向由偏东转为偏南的过渡层,风随高度

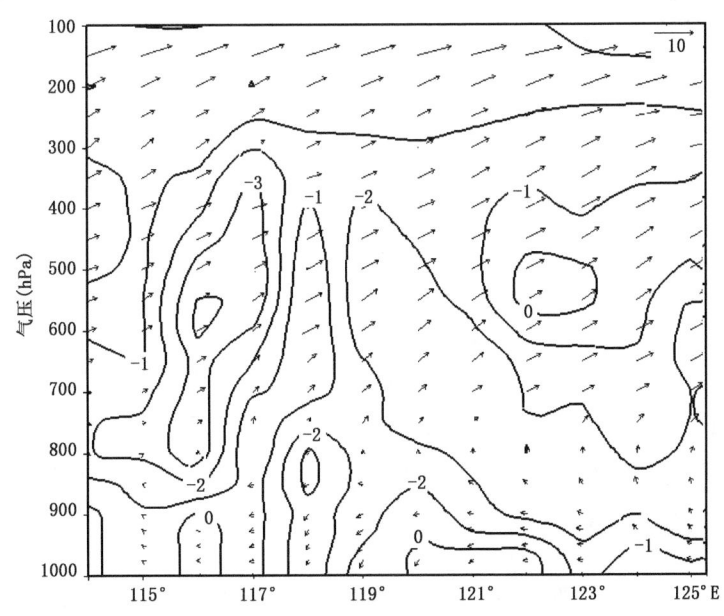

图 6.9 暖平流"雷打雪"事件风场(单位:m·s^{-1})和垂直速度(单位:10^{-1}hPa·s^{-1})
沿 36°N 的垂直剖面

顺转说明此高度层存在暖平流;同时,可以发现在 820 hPa 上下,存在着垂直风切变;700 hPa 以上,西南气流逐渐增强。在 600 hPa 附近有一上升速度中心,值约 -4.0×10^{-1} hPa·s^{-1}。可见,有利于对流天气发生的大尺度上升运动中心在对流层中高层。

6.3 海效应"雷打雪"事件形成机制

6.3.1 大尺度环流背景

海效应"雷打雪"事件的发生和特殊地形有关,那么这类事件的大尺度环流背景具有哪些特征呢?从该型个例合成的高空、地面图可以看到,500 hPa 高纬度地区为一脊一槽型,脊的中心在贝加尔湖附近,脊线呈东北—西南向。脊的下游自东北东部至渤海有一低槽,低槽的南侧为负距平区,在 $-2\sim0$ dagpm(图 6.10a)。这种配置有利于贝加尔湖冷空气沿西北路径下滑,进入低槽,推动低槽向南移动,影响山东半岛。其次,虽然 700 hPa 的形势与 500 hPa 的类似,但 700 hPa 高纬度脊的位置较 500 hPa 偏东,强度更强,脊线向东北方向伸得更远,这就保证了冷空气堆积以后可快速南下(图 6.10b)。最后,地面图上(图 6.11),山东半岛仍处于冷高压的前沿,分裂的冷高压中心靠近华北,经过山东半岛的等压线较暖平流型的密集,偏北风风速更大。

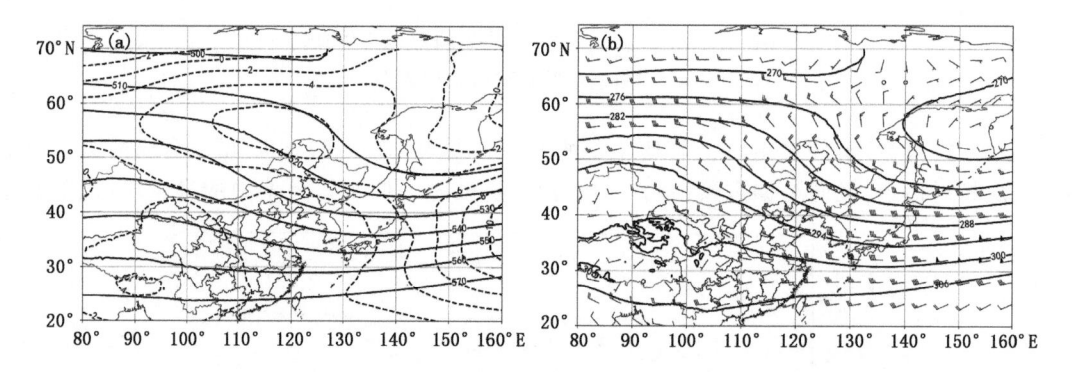

图 6.10 海效应型 500 hPa 平均高度场及距平场(虚线)(a)和 700 hPa 平均高度场(单位:dagpm)与风场(单位:m·s^{-1})(b)

这类环流形势的配置特点是整个对流层均为偏北气流,对流层低层的偏北风风速偏大且经过暖海面后增温增湿,为半岛北部提供了暖湿空气。据统计,在偏北气流影响下,渤海北岸站点的温度露点差约在 12 ℃以上,而渤海南岸站点不仅温度较北岸偏高 3~5 ℃,温度露点差也在 5 ℃以下。这种天气形势归属于山东半岛冬季海效应降雪天气形势的一种。一般来说,冬季海效应降雪虽然雪量有大有小,持续时间也长短不一,但大多不会出现雷暴。

6.3.2 "雷打雪"与海温的关系

杨成芳等(2007)、周淑玲等(2016)研究表明,在冷空气强度不变的情况下,海面温度越高,海气温差越大,越有利于山东半岛产生海效应降雪。一般在冬半年,海面气温高于陆地气温,对于周围环境来说,渤海冬季是一个相对稳定持久的暖区,尤以 12 月、1 月最为显著。因此,

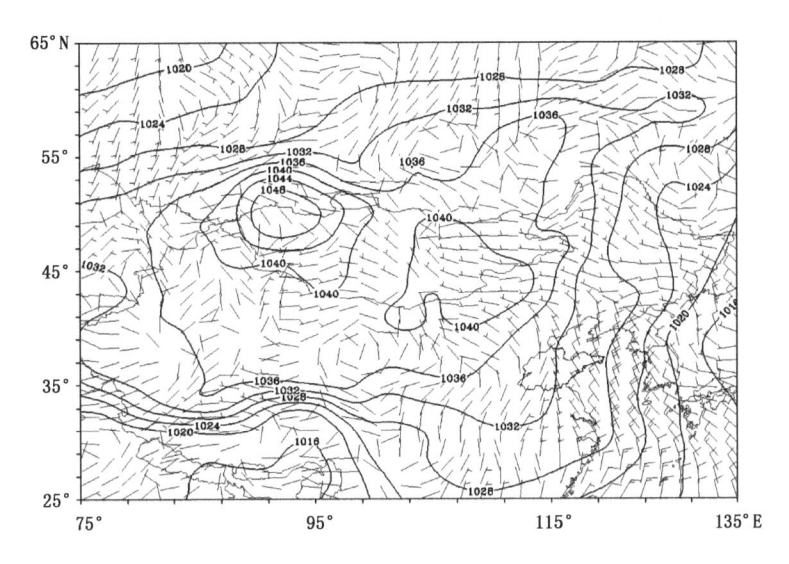

图 6.11 海效应型平均地面气压场(单位:hPa)及风场(单位:m·s^{-1})

在研究海效应降雪时,人们更强调对流层低层冷空气的强度(崔晶 等,2008;陈雷 等,2012)。在研究海效应"雷打雪"事件时发现,对流层低层冷空气强度固然重要,但海面的增温也不容忽视。在"雷打雪"事件发生前两天,对流层低层 700 hPa 以下,渤海上空常常维持一暖脊,势力强盛。在暖脊的作用下,对流层低层至海面的温度呈持续升高态势。以渤海 A 平台站(38.43°N,118.41°E)及半岛北部栖霞站(37.30°N,120.81°E)为例,受暖脊影响,渤海的海面温度可升高 2 ℃以上,其比栖霞站温度高 3~5 ℃,说明此时渤海上空是一个暖气团。

随着高空槽东移,渤海上空转为槽后西北气流控制,迅猛增大的西北大风横扫渤海,渤海海面上平台站的西北风可由 12 h 前的 4 m·s^{-1}猛增到 22 m·s^{-1},海面温度陡然下降 4 ℃以上,850 hPa 与渤海海面的温差增大到 11 ℃以上,"雷打雪"事件发生。对于一般的海效应降雪,上下温差也可达 11 ℃(郑丽娜 等,2003;杨成芳 等,2007),但其要求 850 hPa 温度低于−12 ℃,这表明一般海效应降雪关注的是冷空气的强度,而"雷打雪"事件不仅要关注冷空气的强度,更要关注渤海区域低层的前期增温,在这类情况下 850 hPa 温度达到−11~−10 ℃即可。

6.3.3 大气层结稳定度分析

普查海效应"雷打雪"个例可以发现,海效应"雷打雪"与不伴随雷暴的海效应降雪在水汽方面没有大的差异。水汽都来源于渤海暖海面,湿层浅薄,一般在 850 hPa 以下。对流天气要发生,取决于大气的稳定度。温度直减率是判断大气稳定度的重要指标之一。在"雷打雪"事件发生之前,850 hPa 至海面温差平均在 7 ℃上下,温度直减率约为 0.46 ℃·(100 m)$^{-1}$,气层非常稳定;在事件发生时,850 hPa 至海面温差可达 11 ℃,温度直减率约为 0.73 ℃·(100 m)$^{-1}$,气层转为不稳定;事件发生之后,水汽条件转差,空气未饱和,温度直减率约为 0.83·(100 m)$^{-1}$,气层转为稳定(表 6.1)。这点从假相当位温的垂直分布中可以证实(图 6.12),在 121°E 以东半岛北部沿岸的 1000~850 hPa,$\partial\theta_{se}/\partial z<0$,说明此厚度层为不稳定层结。由郑丽娜等(2014)的研究可知,虽然一般性海效应降雪的对流层低层也是大气层结不稳定的,但其不稳定

层的厚度仅到 900 hPa，假相当位温随高度降低不足 1 K，说明一般性海效应降雪层结不稳定的强度弱于海效应"雷打雪"型。

表 6.1 海效应"雷打雪"事件大气层结指标（以平台站为准，数值均为事件平均值）

指标	事件发生前	事件发生时	事件发生后
$T_{地面}-T_{850}$（℃）	7	11	12.5
温度直减率（℃·(100 m)$^{-1}$）	0.46	0.73	0.83

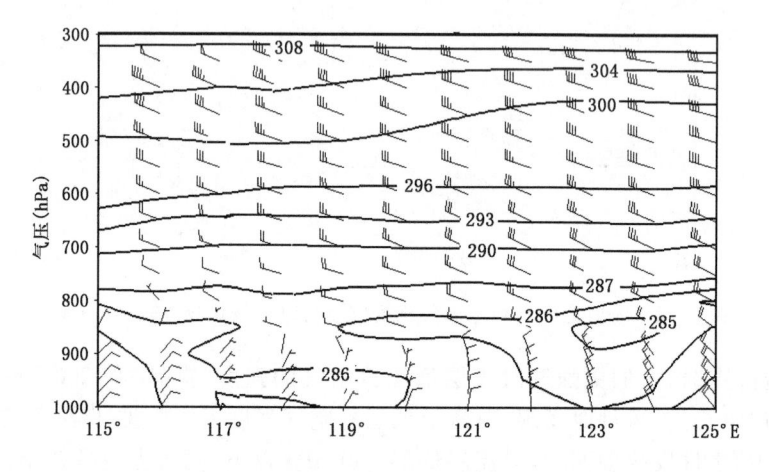

图 6.12 海效应型假相当位温（单位：K）沿 36°N 的垂直剖面

6.3.4 动力条件分析

海效应"雷打雪"事件在风场上最突出的特征就是渤海及其沿岸 850 hPa 至地面偏北风的突然增大。以平台站为例，在事件发生时，渤海海面风速一般在 16 m·s^{-1} 以上。从平均风场的垂直分布来看（图 6.13），在 121°E 以东，风向主要维持西北风，风速的大值区分处两个不同的高度，一是位于 900 hPa 以下，最大风速可达 20 m·s^{-1}，二是位于 400 hPa 上下，最大风速可超过 30 m·s^{-1}。结合垂直速度场，在 870 hPa 高度可见一较强上升速度中心，中心值可达 -2.0×10^{-1} hPa·s^{-1}；650 hPa 至对流层高层为下沉气流，说明有利于对流发生的大尺度上升运动集中在对流层中低层。而一般性的海效应降雪，其上升速度中心在 900 hPa，中心值为 -1.5×10^{-1} hPa·s^{-1}（郑丽娜 等，2014），说明"雷打雪"型对流的高度要稍高于一般性的海效应型，且对流强度要强。

利用加密自动站资料分析地面水平风场，在"雷打雪"事件发生时半岛北部沿海往往存在一弱的风向切变。从渤海吹来的偏北风由于受地形的阻挡和海岸线的摩擦作用，风向会发生偏转，在半岛沿岸地区形成风向辐合。从风速来看，海面上吹过来的风在半岛北部沿海可达 12 m·s^{-1} 以上，当海风吹入内陆，由于陆地摩擦作用，使得风速迅速减少到 10 m·s^{-1} 以下，从而在半岛北部出现风速辐合。这种风向、风速的辐合对于"海效应"降雪事件的发生起到了触发作用。

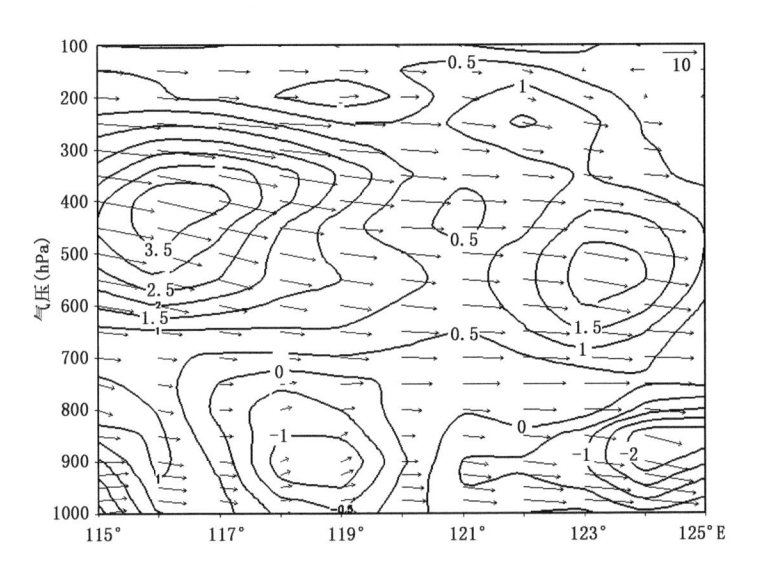

图 6.13 海效应"雷打雪"事件风场(单位:m·s^{-1})和垂直速度(单位:10^{-1}hPa·s^{-1})沿 36°N 的垂直剖面

6.4 "雷打雪"典型个例

6.4.1 2010 年 2 月暖平流"雷打雪"事件

6.4.1.1 天气过程概况

2010 年 2 月 28 日,山东自南向北先后出现降水,小雨、雷暴、霰、冰雹、冻雨、雪等天气现象相继出现,鲁中及其以南的大部分地区出现"雷打雪"现象,鲁中北部及半岛北部降雪量达暴雪量级(图 6.14)。具体来看,08 时降水从鲁南开始。14 时,鲁中以南的大部分地区出现雷暴,降水性质由小雨转为阵雨,临沂、泰安、济南、聊城、淄博和潍坊部分地区出现了冰雹或霰,聊城的冠县和德州的临清、夏津与东营的河口等地出现了雨凇。17 时,随着冷锋南压,鲁中以北由雨转雪。到 20 时,除鲁南个别地区外,山东大部分地区都转为雪。在此期间,地面冷锋携带冷空气也已进入其南部的倒槽中,形成明显的风向辐合中心。3 月 1 日 02 时之后,随着地面气旋的形成并向东北方向移动,山东的降水进一步加大。2 月 28 日 08 时—3 月 1 日 08 时山东平均降水量为 14.0 mm,其中青州最大,达 34 mm。降雪地区的积雪深度基本在 5 cm 以上,最大积雪深度出现在栖霞,为 21 cm。这次突来的强对流、暴雪天气,造成潍坊、淄博、滨州和烟台等市的直接经济损失约 12 亿元(郑丽娜 等,2012)。

6.4.1.2 环流背景

图 6.15 是 2 月 28 日天气系统综合配置图。从图中可以看到,28 日 08 时(图 6.15a),500 hPa 中纬度地区为纬向环流,多小波动,南支槽较为活跃,槽前西南气流发展旺盛;850 hPa 在四川境内有西南涡生成,涡前有暖切变;另外,在华北南部有一条东北—西南向切变线,切变线东侧低空急流已建立,急流轴上有 24 m·s^{-1} 大风核,风速在鲁南辐合,降水也从鲁南开始;地面图上(图 6.16a),冷锋位于黄河口附近,锋后是冷高压,锋的南侧为地面倒槽;随着冷锋逐渐南压,冷暖

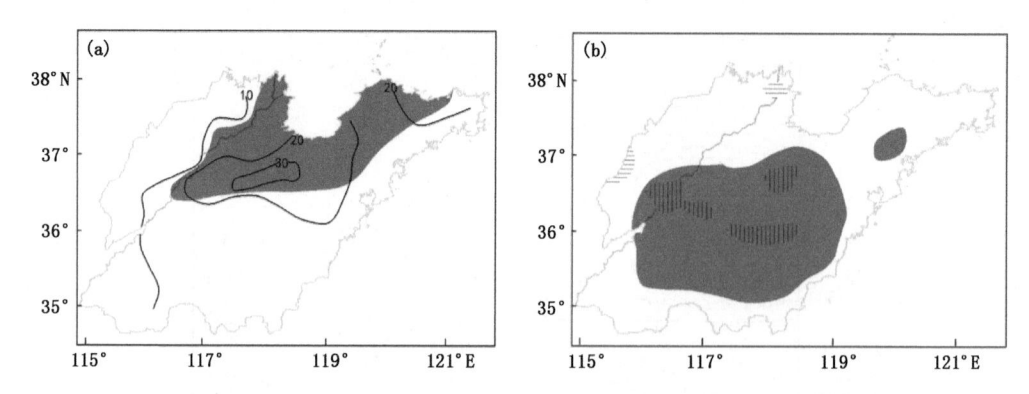

图 6.14　2010 年 2 月 28 日 08 时—3 月 1 日 08 时山东降水量(单位:mm,阴影区为暴雪区)(a)和
2 月 28 日强对流天气(b)分布(阴影区为雷暴区,竖线区为冰雹区,横线区为冻雨区)

空气在山东交汇,激发强烈不稳定能量释放,导致强对流天气发生。28 日 20 时,500 hPa 西风槽在东移过程中加深;850 hPa 低空急流引导孟加拉湾和南海暖湿空气向山东输送,在鲁南出现风速辐合,造成鲁南近地层减压,在切变线上诱生出低涡(图 6.15b);地面图上(图 6.16b),冷锋继续南压,携带强冷空气从山东进入江淮流域,所经之地近地层温度明显下降,降水性质由雨转雪。

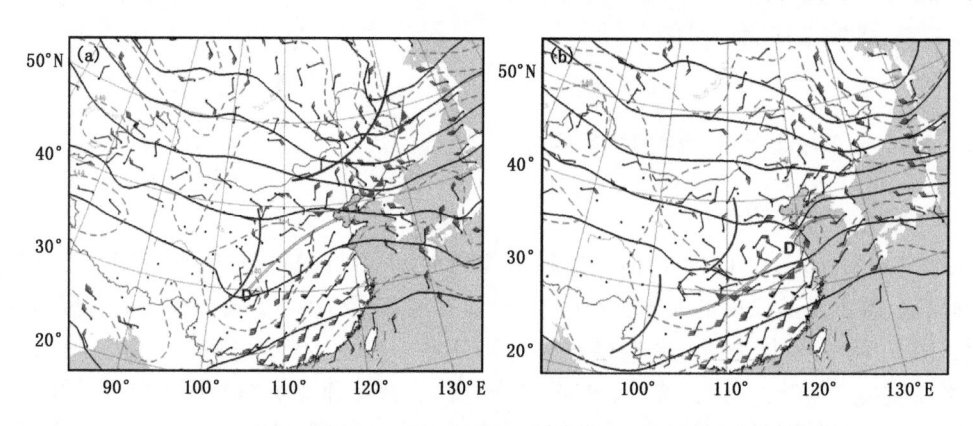

图 6.15　2010 年 2 月 28 日 08 时(a)、20 时(b)天气系统综合配置
(图中实线为 500 hPa 高度场;虚线为 850 hPa 高度场;短实线为 500 hPa 槽线;双线为 850 hPa 切变线;
风矢为 850 hPa 风场)

3 月 1 日 02 时,长江口附近形成地面气旋,随后气旋在高空引导气流的作用下向东北方向移动,鲁中、山东半岛正好处于气旋移动方向左前方的偏东气流中,海上水汽源源不断地向山东半岛输送,造成暴雪及海上大风天气;11 时后,气旋东移,降雪结束。

6.4.1.3　"雷打雪"天气的形成条件

1)热力条件与水汽条件

2010 年 2 月 11—27 日,山东境内温度持续偏高,其中 23 日,除山东半岛外,大部地区日最高气温 20~22 ℃。2 月中下旬常年(1971—2010 年)平均日最高气温 5~7 ℃,而 2010 年同期平均日最高气温达 9 ℃。2 月 22 日以来,对流层逐渐升温,总体上低层增温幅度高于高层,南部高于北部。说明此次"雷打雪"过程前山东地区已有大量不稳定能量积累。28 日,随着冷

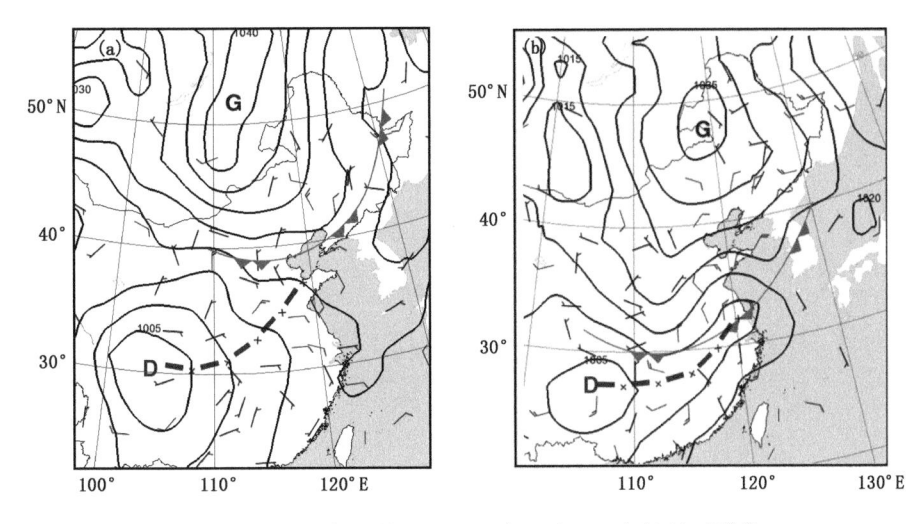

图 6.16　2010 年 2 月 28 日 08 时(a)和 20 时(b)地面形势

(实线为地面等压线,黑短线为地面辐合线)

空气自低层侵入山东,气温大幅下降,强迫暖湿空气沿着锋面抬升,能量迅速释放,激发雷暴、冰雹等强对流天气。由此可见,前期低层异常增温对这一季节强对流天气的产生提供了有利的热力条件。分析 K 指数场(图略),28 日 08 时,沿着低空西南急流自西南向东北方向有一个狭窄 K 指数高能舌一直伸向鲁中地区,鲁中到鲁南 K 指数在 8~20 ℃;当日 11 时,K 指数高能舌近似呈南北向,其轴线穿过临沂、潍坊等地,这些地区 K 指数也增至 12~14 ℃,强对流天气就出现在 K 指数高能舌附近及其左侧 K 指数等值线密集带上。

从水汽条件来看,此次"雷打雪"过程强降水发生前的 28 日 08 时,850 hPa 已建立最大风速达 24 m·s^{-1} 的强西南低空急流。为分析强降水发生前山东地区水汽垂直分布,图 6.17 给出沿 118°E 经最大降水中心青州(36.7°N,118.4°E)附近的相对湿度经向剖面。从图中可见,强对流天气发生前的 28 日 08 时(图 6.17a),在 35°~38°N,从地面到 400 hPa 有两个高湿中心,一个位于 900 hPa 附近,一个位于 550 hPa 附近,相对湿度均在 90% 以上,低层湿中心范围小于高层;780~620 hPa 层,南北两侧各有一干舌,相对湿度仅为 30%,呈南北夹击之势嵌入湿层中间,在垂直结构上气层呈现下湿、中干、上湿特征。这种低层暖湿空气与中层干空气同时输送到同一地区的气柱中,则是形成强烈位势不稳定层结、酿成强对流天气的重要原因。到 20 时(图 6.17b),相对湿度高值区不再呈垂直分布,而呈从南向北倾斜分布。山东境内高湿区基本在 650 hPa 以下,650 hPa 以上则是整层的干区,干区中心在 300 hPa 附近,相对湿度仅 20%,这种层结结构有利于产生较大范围的雨雪天气。

2)层结稳定度分析

假相当位温(θ_{se})的垂直分布可反映大气层结的对流稳定度。选取山东境内从北到南 3 个站点东营、济南、济宁近似代表山东省北部、中部和南部,计算三站 θ_{se} 垂直差。考虑到 850 hPa 与 500 hPa 假相当位温差不明显,改为计算 2 月 28 日各时次三站 500 hPa 与 700 hPa 的 θ_{se} 之差,其结果见表 6.2。从表 6.2 中可见,28 日 08—20 时,东营站 $\Delta\theta_{se}$ 均大于 0 ℃,说明该站上空大气层结稳定。济南站 08 时 $\Delta\theta_{se}$ 等于 0 ℃,表明此时该站上空大气为中性层结;11—14 时,$\Delta\theta_{se}$ 等于 -1 ℃,其层结变为不稳定,该站强对流天气就出现在这个时段;17—20 时,$\Delta\theta_{se}$ 转

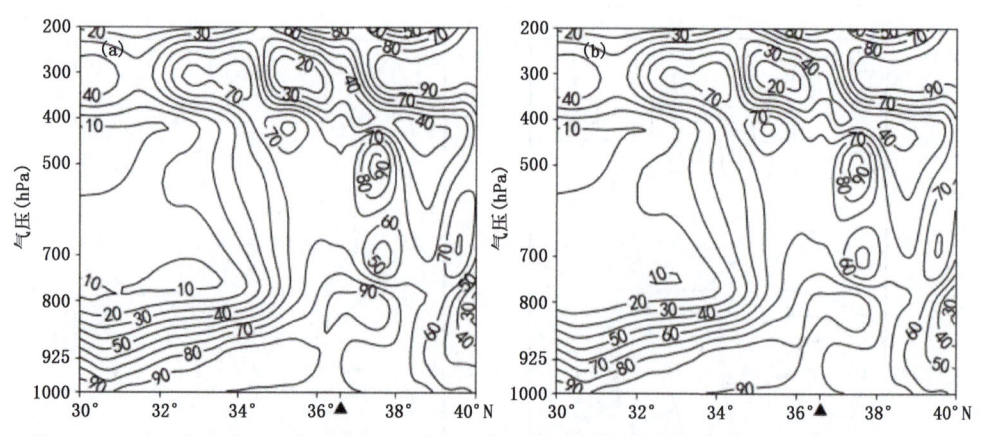

图 6.17　2010 年 2 月 28 日 08 时（a）和 20 时(b)沿 118°E 经最大降水中心青州（▲ 所示）附近的相对湿度（单位:%）垂直剖面

为正值,且正值随时间推移越来越大,说明大气层结变得越来越稳定。济宁站 08—14 时 $\Delta\theta_{se}$ 为负值,表明大气层结在此阶段一直处于不稳定状态,与该地强对流天气出现时段相吻合;17 时以后,$\Delta\theta_{se}$ 转为正值。从其 $\Delta\theta_{se}$ 变化中可看到,强对流天气之所以出现在鲁中以南且集中出现在 11—14 时,是因为这些地区这个时段大气层结不稳定,且鲁南不稳定强度大于鲁中;17 时后,山东境内层结趋于稳定,强对流天气结束,转为稳定性降水。

另外,从济南 2 月 28 日不同时次温度对数压力图可见,08 时(图 6.18a),627~500 hPa 假相当位温从 47 ℃降至 41 ℃,出现对流不稳定,−20 ℃层高度在 480 hPa,这与郭荣芬等(2009)分析云南"雷打雪"过程中冰雹出现时−20 ℃层高度在 460~480 hPa 的结论类似;此时,0 ℃层高度在 1675 m,与文献中总结的"春末夏初出现冰雹时 0 ℃层在 4 km 上下"的结论有差异,这可能与地域、季节及强对流天气的强度有关。20 时(图 6.18b),对流不稳定层出现在 550~451 hPa,该层次假相当位温从 48 ℃降至 43 ℃,−20 ℃层高度在 460 hPa 附近。从垂直层结上看,08 时,800 hPa 温度为−1 ℃,780 hPa 为 3 ℃,500 hPa 为−18 ℃,初步形成高层为冰晶层,中间为融化层,低层为过冷却水层的层结结构,这种层结与出现雨凇时的层结特殊要求一致。到 20 时,500 hPa 温度达−16 ℃(为冰晶层),700 hPa 附近是相对暖层,850 hPa 以下是过冷却水层,虽其垂直层结与 08 时的相似,但由于冷空气入侵,700 hPa 到地面层温度普遍降至 0 ℃以下,已不具备雨凇形成条件。因此,20 时之后降水转为纯雪。

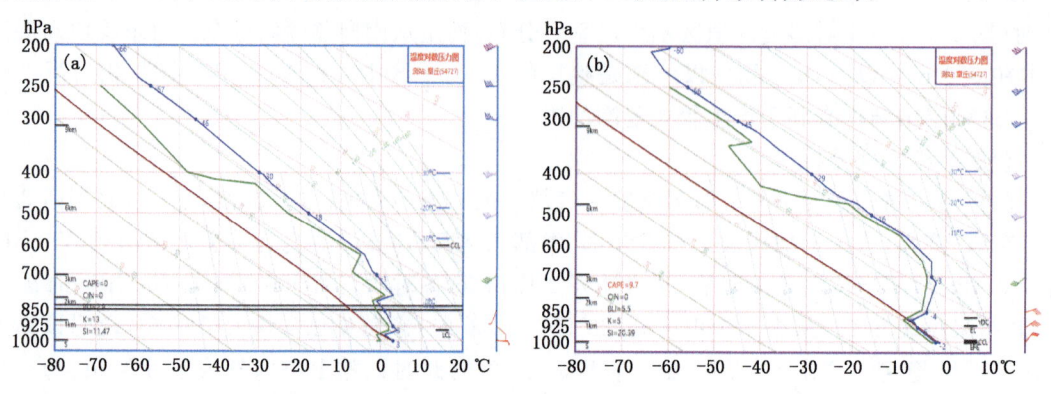

图 6.18　济南站 2010 年 2 月 28 日 08 时(a)、20 时(b)温度对数压力图

表 6.2 2010年2月28日各时次部分站点500 hPa与700 hPa的θ_{se}之差 单位：℃

站名	08时	11时	14时	17时	20时
东营	3	1	1	3	12
济南	0	−1	−1	7	11
济宁	−4	−5	−3	4	2

3)触发机制

(1)低涡、地面气旋及中尺度辐合的作用

图6.19为2010年2月28日—3月1日850 hPa低涡与地面气旋的移动路径。从图中可以看到,28日14时,850 hPa低涡位于河南灵宝附近,在低涡中心的右侧有一近于东西走向的暖切变,低涡中心沿着切变线逐渐向东北东方向移动,17时接近鲁西南,20时到达山东日照附近。由于低涡的存在,使得对流层低层的气旋性涡度加大,近地层减压,加强了低空的辐合上升运动,从而激发了不稳定能量的释放;同时,强盛的西南低空急流将南海的水汽源源不断地向北输送。由于低涡的东南侧存在强的风切变,辐合最强,加上北上的暖湿空气也在其东南侧积聚,使得此处的空气最为暖湿,为强降水的产生提供了水汽条件。地面图上,20时,在长江下游的江浙交界处形成了明显的风向辐合中心;3月1日02时,风向辐合中心发展成气旋,位于长江入海口,随后气旋在引导气流的作用下,向东北方向移动,进入黄海。由于海上水汽充沛且摩擦减少等原因,使得气旋强度加强。02—11时,气旋在移动的过程中,鲁东南和半岛始终处于气旋移动方向的左前方,即一直处于气旋外围的偏东风气流中,海上的水汽和能量不断向暴雪区输入,导致暴雪的产生。

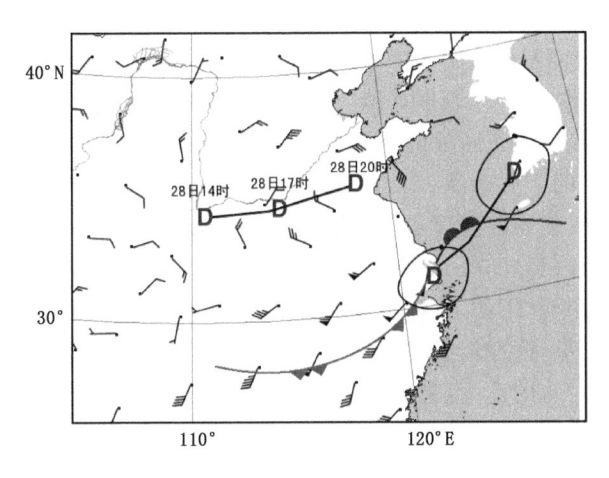

图6.19 2010年2月28日—3月1日部分时段低涡与气旋移动路径及28日20时地面风场
(黑实线为移动路径)

结合山东地面加密自动站资料,进一步分析了2010年2月28日的地面风场情况(图6.20)。从图中可以看到,12时,近地层冷空气沿东北路径侵入山东,山东境内大部分地区吹东北风,以黄河为界,河西的东北风风速明显大于河东(图6.20a)。鲁中以南的风速明显偏小,平均风速在2~4 m·s^{-1},并在济宁以东形成一个风速辐合区,预示着对流天气将从鲁南开始。随着冷锋逼近,14时,山东北部的东北风风速达6 m·s^{-1}以上,明显大于鲁中及其以南地区,且在济南附近又形成一个风向风速辐合区,该辐合区的范围和风速都明显大于12时鲁南的那个(图6.20b)。说明近地层的辐合正在增强,上升运动也在增强,对流活动将更加剧烈。实况是在辐合区南部与东南部出现强对流天气,随后该辐合区缓慢向东南方向移动,17时到达泰安和莱芜附近,范围略有缩小,但风速由14时的 4 m·s^{-1} 增大到 6 m·s^{-1}。随后该辐合中心减弱、消失。辐合中心所经之处先后出现雷暴、冰雹等强对流天气。20时,在东北气流中,潍坊的青州附近形成了一个 6 m·s^{-1} 的风速辐合中心,其正处于鲁中山区的北坡(图6.20c)。地形的抬升作用加上辐合中心作用导致该处产生强于其他地区的上升运动,而且该辐合中心在此维持了 4 h,从而造成 34 mm 的暴雪。

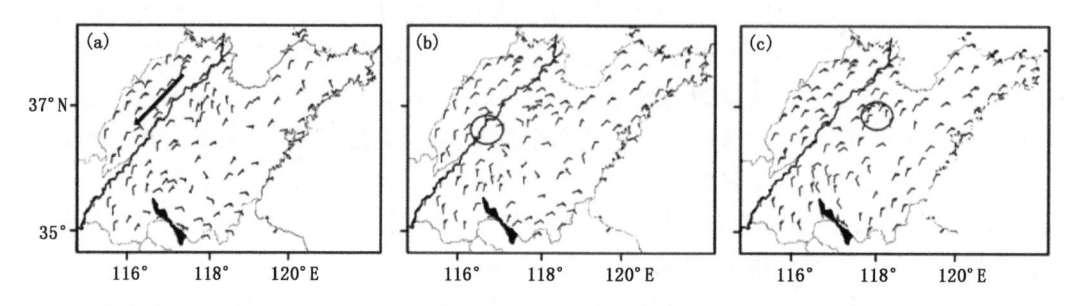

图6.20 2010年2月28日12时(a)、14时(b)和20时(c)山东地面加密自动站风场(单位:m·s^{-1})
(箭头为冷空气路径,圆圈为中尺度辐合区)

(2)冷锋的作用

从28日08时开始,冷锋从黄河口携带冷空气逐渐南压,在锋前和锋面附近出现了强对流天气。图6.21为2010年2月28日沿41°N、119°E垂直于冷锋方向的剖面、14时垂直速度、08时和20时涡度的垂直剖面图。从图6.21c,d中可以看出,锋区向冷区倾斜。08时,700 hPa 以下冷空气从 40°N 以北向南入侵,逐渐嵌入暖空气的下方,迫使暖空气抬升,形成不稳定的态势;而 700 hPa 以上,冷空气从南北两处向中间挤压,暖空气由很宽的界面变成一个舌状,从而加剧了对流层中层暖空气的上升运动。20时,500 hPa 以下,锋面向冷区的倾斜坡度较08时有所减小,近地层的冷空气侵入的强度更大、范围更广;而暖空气的势力和强度也比08时明显增强,暖空气先是被迫抬升,到 500 hPa 高度后又继续上升,呈垂直向上的形状。从垂直速度的剖面图上也可以看出(图6.21b),随着高空强冷空气的下沉,地面暖空气被挤压抬升,在对流层中层冷暖空气势均力敌,锋面坡度逐渐增大,继而转为近于垂直,接近90°,说明对流层中层有强的不稳定,有利于对流的发生,甚至有利于触发深对流。冷锋的这种结构是造成此次强对流天气的主要原因之一。

6.4.1.4 卫星云图与雷达回波特征

卫星云图能直观反映各种天气尺度系统的发生、发展和消亡过程。分析2月28日不同时刻韩国 STMAT-CCT 卫星云图发现,降水开始前,配合低层切变线,河南有云系向东北方向伸展,28日08时,呈东北—西南向的长条状切变线云系在低空西南急流的引导下进入鲁南,造成鲁南弱降水。随着南方暖湿气流不断输送并在鲁南产生辐合,切变线上有对流云团发展。12时30分(图6.22a),位于切变线上的河南及附近地区出现3个发展比较旺盛的中尺度云团,并呈聚拢之势,其中心云顶亮温 TBB 达-50 ℃,初步形成一中尺度对流云团。随后,该系统在高空引导气流的作用下,一边向东北方向移动,一边逐渐合并增强。14时30分(图

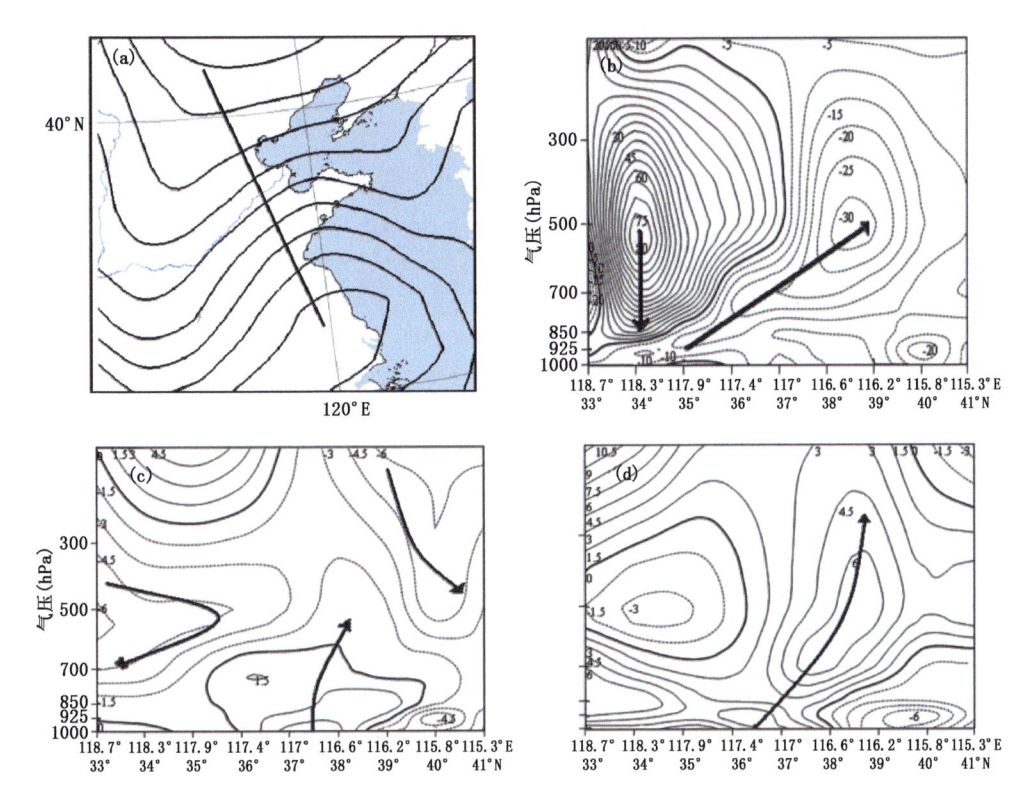

图 6.21 2010年2月28日沿41°N,119°E垂直于冷锋方向的剖面(a,实线为地面等压线,单位:hPa),
14时垂直速度(b,单位:×10⁻⁵hPa·s⁻¹),08时(c)和20时(d)涡度(单位:×10⁻⁴s⁻¹)垂直剖面
(a 中粗斜线为剖面位置,箭头表示上升和下沉气流)

6.22b),随着黄河口冷锋携带冷空气南下,与南方暖湿气流在山东交汇,中尺度对流云团进一步发展增强,云区边界 TBB 线密集,其中心 TBB 降至−55 ℃,且冷云中心类似"T"形,说明云顶高低错落,云内对流活动非常旺盛。雷暴、冰雹和霰等天气现象就发生在云团移动方向的 TBB 线密集区及强冷区中心云团范围内。按照 Maddox 定义的 MCC 标准(马赫年,1998):TBB≤−32 ℃的连续云罩面积>10⁵ km² 且 TBB≤−52 ℃的连续云罩面积>5×10⁴ km²,此时覆盖山东的云系已发展成 MCC。随着强对流天气爆发,能量快速释放,17时(图 6.22c),TBB≤−55 ℃的冷云区偏于云团东南侧,而在云团西侧和北侧,TBB 趋于均匀,说明此处云区控制区域降水性质由对流性降水转为稳定性降水,实况是鲁中以北已转为降雪。20时(图6.22d),云团控制鲁中以东地区,云顶亮温在−45 ℃上下,云顶变得均匀,实况对应该地降雪正盛。可见,北方南下的冷空气与低空急流输送的暖湿空气共同作用形成影响山东的 MCC 是这次"雷打雪"事件产生的直接原因。

多普勒天气雷达能详尽反映出中小尺度天气系统的发生、发展和演变过程。本小节利用济南多普勒天气雷达回波资料,对2月28日济南降水时段(10时20分至13时30分),霰并伴有雷暴时段(13时38分至14时16分)、所辖区域出现冰雹时段(14时35分至14时40分)及降雪时段(14时16分前后)的雷达回波特征进行分析。图 6.23 给出了 2010 年2月28日不同时刻济南和临沂多普勒雷达图像。降水阶段(10时20分至13时30分),10时20分济南上空有稳定性层状云降水回波移入,强度在 10 dBZ 左右,实况济南出现较均匀的弱降水;此时

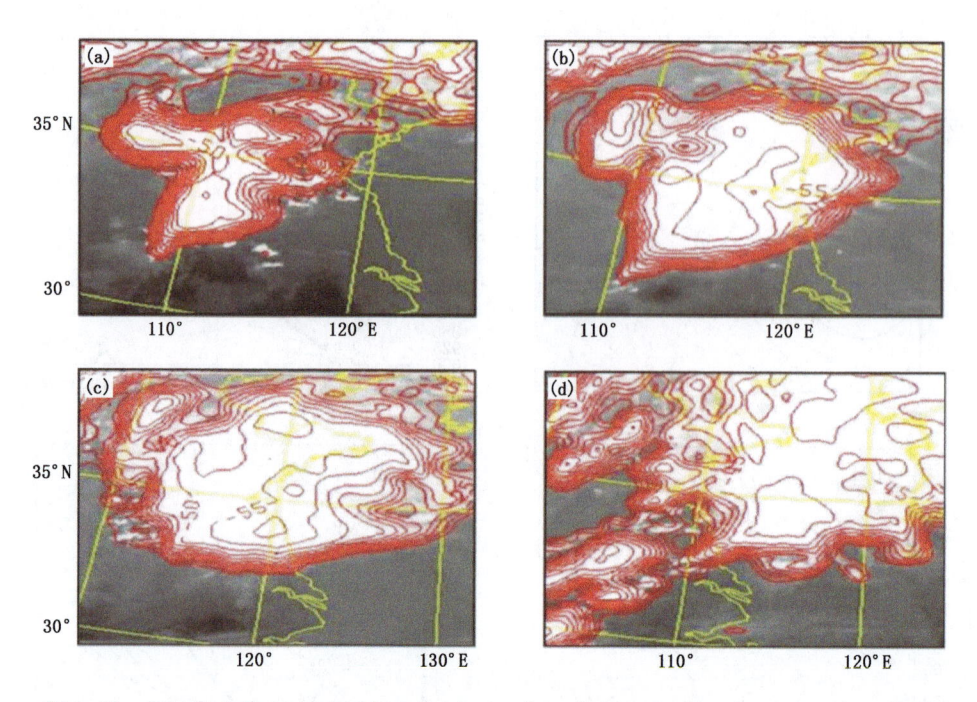

图 6.22　2010 年 2 月 28 日 12 时 30 分(a)、14 时 30 分(b)、17 时 00 分(c)、20 时 00 分(d)
韩国 STMAT－CCT 卫星云图

850 hPa 总温度平流场上(图略),以合肥为中心强度达 50 ℃的暖平流等值线一直向北伸展到山东境内,受其影响,山东南部出现暖区弱降水。12 时 54 分(图 6.23a),济南上空层状云降水回波特征没有改变,但在济南站南侧 80 km 外有混合型层状云降水回波北移,其回波中心强度达 40 dBZ,该回波在高空引导气流作用下向偏北方向移动,逐渐靠近济南站,此时该站近地层开始有弱的冷空气侵入,其上空云层由层状云转为积状云。从 13 时 38 分(图略)开始,有冷空气自近地层不断向济南入侵,使该站上空暖空气被抬升,造成此处大气层结不稳定,触发雷暴和霰等强对流天气。14 时 35 分(图 6.23b),强回波已移到济南东南方 40 km 的区域,强回波近似"人"字形,在"人"字形中间部位回波强度最强,达 53 dBZ,比云南出现"雷打雪"前强对流阶段的回波强度(45 dBZ)还要强,回波单体发展如此旺盛在初春季节实属罕见。由于初春济南雷达站无体扫资料,选取同样出现强对流天气的临沂站体扫资料分析回波的垂直结构。15 时 42 分(图 6.23d),临沂站 35 dBZ 强回波高度接近 4 km,此时该站 0 ℃层高度在 1.5 km 左右,说明对流体内存在强上升气流;整个强回波呈柱状,40 dBZ 以上的回波高度在 2 km 附近,表明高反射率因子核开始下降,几分钟后该地出现冰雹、雷暴等强对流天气。随着强回波 15 时 34 分逐渐移出观测范围(图 6.23c),该站强对流天气结束,雷达图上呈现大片 25 dBZ 左右层状云降水回波,济南降水转入稳定性层状云降雪阶段。

6.4.1.5　小结

2010 年 2 月 28 日山东出现了一次大范围的"雷打雪"事件,利用常规天气图、卫星、雷达等资料,对这次事件的形成机理进行了分析,主要结论如下:

(1) 500 hPa 高空槽东移,850 hPa 切变线诱生低涡,强盛西南暖湿气流,地面冷锋和风辐合触发不稳定能量释放,是这次"雷打雪"事件形成的有利的大尺度环流背景。

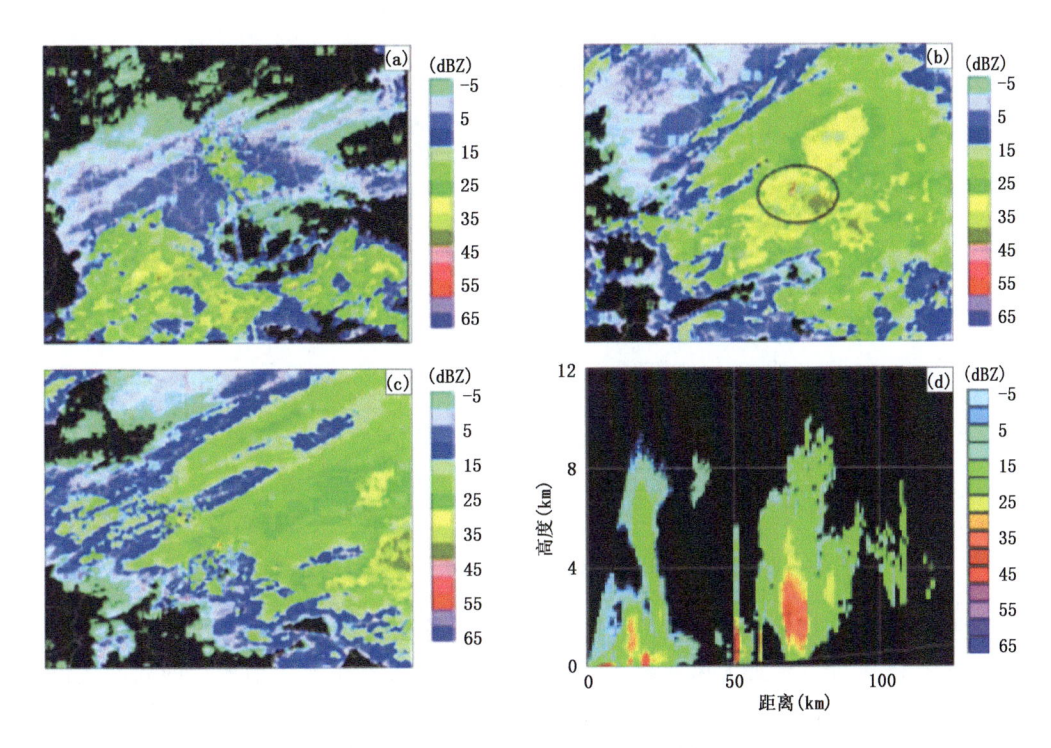

图 6.23 2010 年 2 月 28 日 12 时 54 分(a)、14 时 35 分(b,黑圈所示强回波中心)、15 时 34 分(c)济南雷达组合反射率因子和 15 时 42 分(d)临沂雷达组合反射率因子垂直剖面

(2)前期干旱少雨,对流层低层异常增温为"雷打雪"事件提供了充足的能量积累;低空急流的建立为强降水提供了充沛的水汽供应,层结不稳定使强对流天气的发生成为可能。

(3)MCC 是造成山东"雷打雪"事件的直接原因,冰雹、雷暴等强对流天气发生在 TBB 低值中心及云团移动前沿 TBB 等值线密集区,最强对流天气出现在 MCC 成熟期。

(4)"雷打雪"事件发生时,对流回波整体向东北方向移动,出现"人"字形回波,这对冰雹、大风等强对流天气发生具有一定的指示意义;同时,最强反射率因子强度在 50 dBZ 以上,也是山东冬末春初即将产生对流的一个信号。

6.4.2 2007 年 12 月海效应"雷打雪"事件

6.4.2.1 天气过程概况

2007 年 12 月 3—4 日,在山东半岛北部沿岸发生了 2 d"雷打雪"天气。3 日 08 时在烟台、威海等地首先出现阵雨,云系为积云,降水很快结束;当日 14 时,蓬莱出现阵雪,云系仍然是积云,也很快结束。4 日 08 时,威海、成山头出现阵雪,中午前后降雪结束。这两天的降雪量不大,均不足 0.1 mm;持续时间比较短,最多 3 h;地面盛行偏北风,是典型的海效应降雪类型。通过普查闪电定位仪数据可知,这两天均有雷电发生,所以定义这两天的降雪现象为"雷打雪"事件。图 6.24 给出了这两天降雪的大致位置。

6.4.2.2 环流背景

2007 年 12 月 3 日 08 时 500 hPa 图上,欧亚大陆中高纬为两槽一脊型,乌拉尔山附近及东

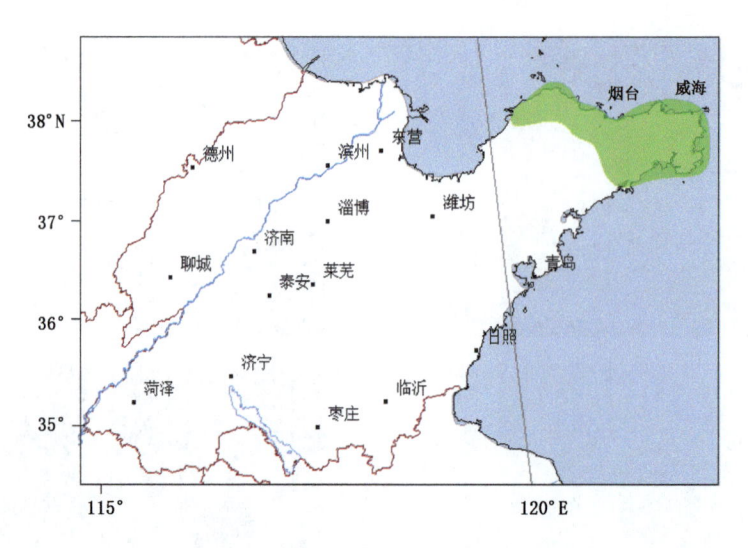

图 6.24　2007 年 12 月 3—4 日海效应型"雷打雪"事件的分布示意图

亚沿岸为两个槽区,两槽之间为庞大的脊区。山东处于东亚大槽底部,贝加尔湖高压脊脊前西北气流控制之中,西北气流最大风速超 20 m·s^{-1}(图 6.25a),东亚大槽槽后的西北气流就是即将影响山东半岛北部的主要系统。低层 850 hPa 的形势与 500 hPa 类似(图 6.25b),不过该层风向与等温线夹角近于垂直,说明低层冷平流较强,半岛北部的风速在 3—4 日维持在 12 m·s^{-1}以上。

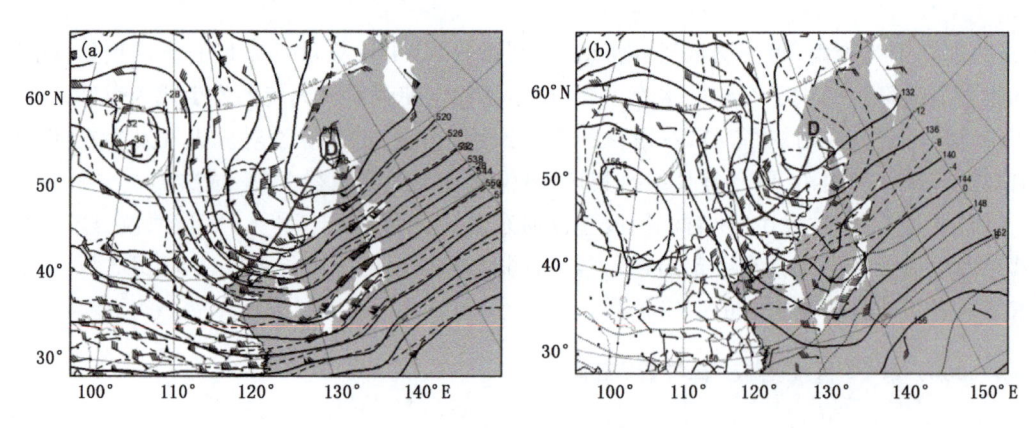

图 6.25　2007 年 12 月 3 日 08 时 500 hPa(a)与 850 hPa(b)高空场
(实线为等高线,虚线为等温线,短实线为槽线)

12 月 3 日 14 时地面图上(图略),华北北部为一高压,山东半岛北部处于高压前部偏北气流控制当中,温度露点差在 4 ℃以上。高空、地面的这种配置在 12 月 3—4 日一直维持,这也是这两天连续出现"雷打雪"天气的原因。12 月 5 日,高空逐渐转入高空槽槽前偏西气流控制,影响山东北部强的西北气流形势被破坏,"雷打雪"过程结束。3—4 日白天,渤海的气温与半岛北部的气温接近或略偏低,夜间渤海的气温较半岛北部各站的气温偏高 4 ℃以上,表明 12 月夜间渤海相当于一个暖区。

6.4.2.3 "雷打雪"天气的形成条件

1)水汽条件

海效应"雷打雪"事件是由于冷平流流经暖海面造成水汽凝结,在沿岸地区产生降雪的一种天气事件,渤海在此事件期间的作用非常大。统计了海效应"雷打雪"事件水汽的分布情况(图 6.26),从图中可以看到,925 hPa 的比湿在 2~5 g·kg^{-1},较 700 hPa 比湿明显偏高,相对湿度与温度露点差的数值也表明 925 hPa 的水汽条件较 700 hPa 偏好。在 2007 年 12 月 3—4 日这次"雷打雪"事件中,以成山头站为例,看其上空的水汽分布情况(图 6.27)。从图 6.27 中可以看到,成山头站上空的水汽在 850 hPa 以下较充沛,850 hPa 以上环境条件迅速变干,说明这次事件湿层浅薄。山东半岛北部沿岸地区的水汽来源于渤海,在西北气流的作用下,渤海的水汽更容易被带到北岸或伸入内陆不远的地区,使得这片区域水汽条件明显好于半岛南岸,这也是半岛北岸地区容易出现"雷打雪"天气的一个主要原因。

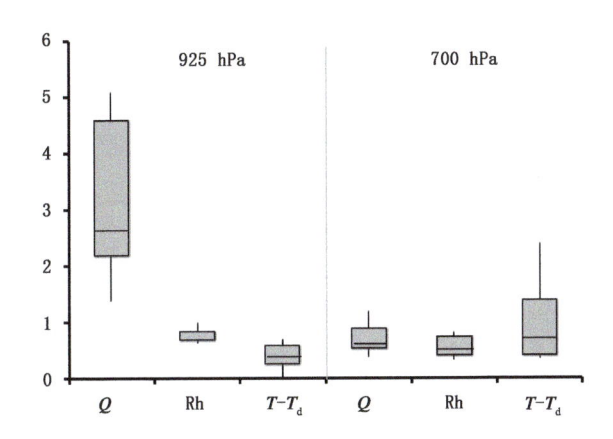

图 6.26 海效应"雷打雪"事件的水汽分布箱线图

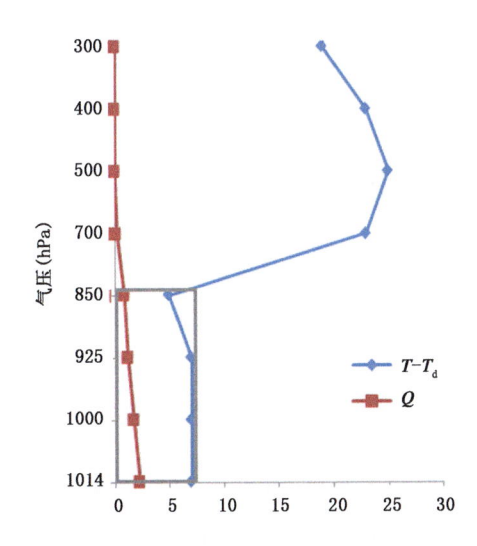

图 6.27 2007 年 12 月 3 日成山头站上空比湿(单位:g·kg^{-1})与温度露点差(单位:℃)分布

2)动力条件

海效应"雷打雪"事件从 1000～250 hPa 均为西北风,最大风速出现在 300～200 hPa 达 52 m·s^{-1},在西北风的作用下动量下传,对"雷打雪"事件的发生起到积极作用(图 6.28a)。从垂直速度的剖面可以看到(图 6.28b),在山东半岛地区的上空为弱的上升运动,最大上升速度中心在 850 hPa 附近,强度约 -2.8×10^{-1} hPa·s^{-1},恰好这个高度是水汽条件较好的层次,加上适宜的上升运动为对流的产生提供了动力条件。在这类事件中,西北气流起到二方面的作用:一是携带渤海的水汽到达半岛北岸,使得北岸地区水汽条件变好;二是贴地层的西北风到达半岛北岸产生风的辐合,对对流起到触发作用。

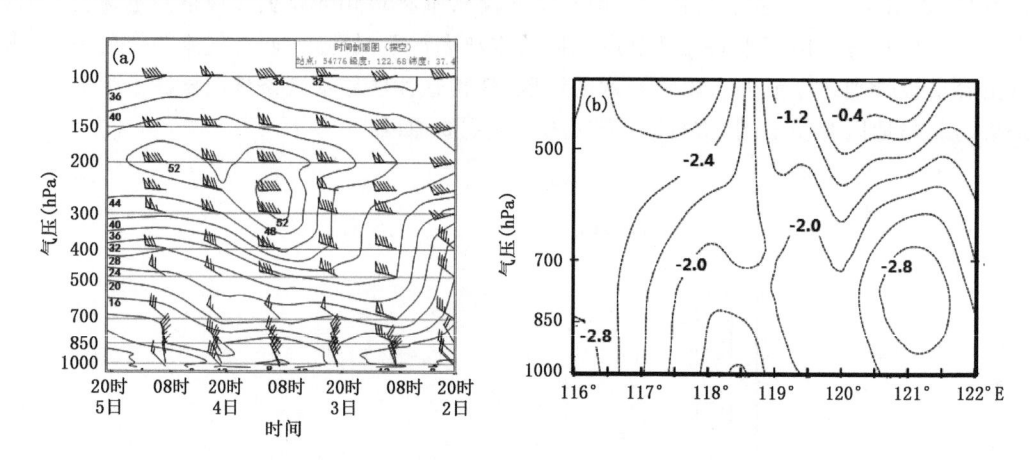

图 6.28 成山头站 2007 年 12 月 2—5 日风场时间剖面(单位:m·s^{-1})(a)和 3 日 14 时沿 37°N 的垂直速度剖面(单位:10^{-1} hPa·s^{-1})(b)

6.4.2.4 自动站要素演变特征

为了揭示中小尺度天气系统生消演变特征,利用自动站数据分析了成山头"雷打雪"期间逐时气温(热量条件)、露点温度(湿度条件)和气压要素的演变特征(图 6.29)。成山头站气压自 2 日 14 时开始升高,同时温度下降,露点在降雪前 6 h 快速升高,温度露点差维持在 5 ℃左右。降雪过程之后,成山头站气压达到最高,说明该地由处于高压前部进入高压中心控制,温度下降,露点也下降,温度露点差加大,地面西北风风速由 14 m·s^{-1} 逐渐下降到 8 m·s^{-1}。当该地气压转为低压控制,温度升高,露点下降,温度露点差加大,地面风速减小时,"雷打雪"过程结束。

6.4.2.5 小结

2007 年 12 月 3—4 日山东半岛北部沿岸发生了 2 d"雷打雪"事件,利用常规高空数据与自动站数据分析了这两次事件的产生背景及水汽、动力条件,主要结论如下:

(1)海效应"雷打雪"事件发生在高空均为偏北气流的形势下,这点与一般的海效应降雪相同,其 500 hPa 西北风可达 20 m·s^{-1} 以上,850 hPa 的偏北风在 12 m·s^{-1} 以上,地面处于华北冷高压的前沿偏北气流中。

(2)这两次"雷打雪"事件均出现在午后,说明白天气温升高,陆地比海面升温迅速,加大了海陆风,在沿海与陆地之间容易形成风向、风速的辐合,若此时有适宜的水汽条件易激发对流天气。

(3)海气温差与海陆温差成为预测海效应"雷打雪"事件的关键因素。温差太小,不易激发对流。这也表明特殊的地理位置对海效应"雷打雪"事件的产生至关重要。

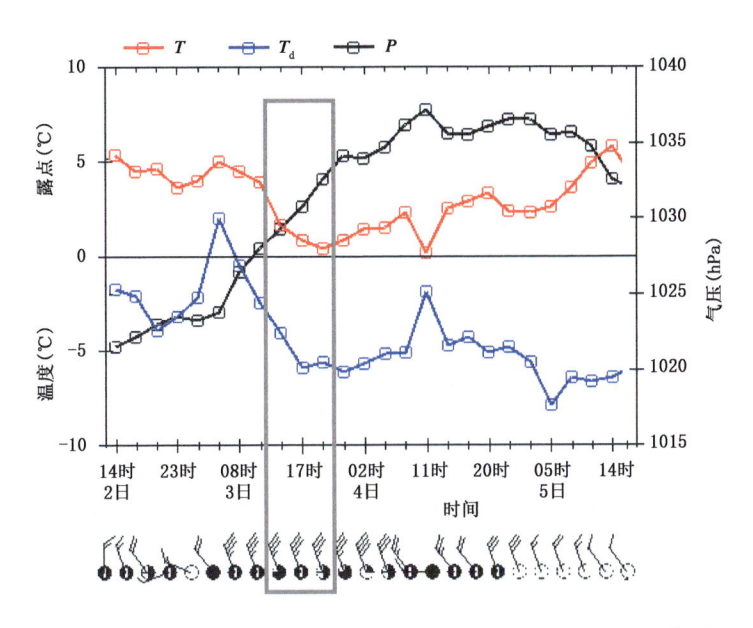

图 6.29　2007 年 12 月 2 日 14 时—5 日 14 时成山头站地面三线图

6.5 "雷打雪"预报着眼点

(1)11—12 月与 2—3 月是山东"雷打雪"事件的易发阶段。在此期间,只要考虑对流性降水,就要考虑有出现"雷打雪"事件的可能。

(2)暖平流"雷打雪"事件一般发生在回流形势建立前后。主要表现在对流层中高层西南气流发展旺盛(一般达到急流标准),水汽充沛,在这种形势下云能发展到 -20 ℃以上。同时近地面层有冷平流入侵,伴随着地面辐合线、地面冷锋等系统的触发,使不稳定能量释放,产生强对流天气。

(3)海效应"雷打雪"事件一般发生在冷流形势的背景下,即对流层盛行西北气流,尤其是 700 hPa 以下西北风风力较大,冷空气强度要达到在半岛北部出现海效应降雪的条件。冷空气强度越强,对"雷打雪"事件越有利。

(4)温度条件。对于暖平流"雷打雪"事件,要关注事件发生前 12~48 h 对流层低层(700 hPa)至地面的增温现象,一般 925 hPa 和 850 hPa 表现得最为明显,温度增幅可达 3~6 ℃。在近地面冷平流入侵后,冷暖对比强烈,温度降幅可达 8~10 ℃。对于海效应"雷打雪"事件,则要关注渤海的温度。在事件发生前 48 h,渤海海面的温度有小幅升高,渤海上空相比于大陆来讲是一个暖气团。在西北气流携带冷空气下来影响时,冷暖气团相遇,激发对流。

(5)动力条件。对于暖平流"雷打雪"事件,要关注不稳定层所在的高度,一般情况其上升运动中心在 400 hPa 附近。而对于海效应"雷打雪"事件,其上升运动中心在对流层低层,但是其高度较一般海效应降雪时上升运动中心位置略高。

(6)多普勒天气雷达资料是判定"雷打雪"事件能否发生的至关重要的参考资料。降雪回波一般比较均匀,反射率因子强度在 30 dBZ 以下,但是如果在大片层状回波中夹杂着回波强度在 35 dBZ 以上的回波时,就要注意有可能出现"雷打雪"事件。

参考文献

曹钢锋,张善君,朱官忠,等,1988.山东天气分析与预报[M].北京:气象出版社.
陈雷,戴建华,韩雅坪,2012.上海地区近10年冷流降雪天气诊断分析[J].气象,38(2):182-188.
崔锦,周晓珊,阎琦,等,2015.沈阳降雪含水比变化特征及其大气影响因子[J].冰川冻土,37(6):1508-1514.
崔锦,周晓珊,阎琦,等,2017.降雪含水比研究进展[J].气象,43(6):735-744.
崔锦,张爱忠,阎琦,等,2019.2009—2017年辽宁省降雪含水比变化特征研究[J].冰川冻土,41(4):828-835.
崔晶,张丰启,钱永甫,等,2008.2005年12月威海连续性暴雪的气候背景[J].南京气象学院学报,31(6):844-851.
崔宜少,李建华,张丰启,等,2008a.山东半岛冷流降雪过程的统计分析[J].气象与环境科学,31(增刊):22-26.
崔宜少,张丰启,李建华,等,2008b.2005年山东半岛连续三次冷流暴雪过程的分析[J].气象科学,28(4):395-401.
刁秀广,孙殿光,符长静,等,2011.山东半岛冷流暴雪雷达回波特征[J].气象,37(6):677-686.
高荣珍,李欣,2015.青岛短期降水空漏报及小量降水预报指标分析[J].山东气象,35(4):18-22.
高晓梅,杨成芳,王世杰,等,2017.莱州湾冷流降雪的气候特征及其成因分析[J].气象科技,45(1):130-138.
郭荣芬,鲁亚斌,高安生,等,2009.低纬高原罕见"雷打雪"中尺度特征分析[J].气象,35(2):49-56.
江羽西,张苏平,程相坤,等,2016.一次渤海海效应暴雪云团的卫星观测及成因分析[J].中国海洋大学学报,46(5):1-13.
李刚,党英娜,袁海豹,2007.烟台冷流强降雪天气预报指标统计分析[J].山东气象,27(3):24-26.
李刚,刘畅,曹玥瑶,等,2020.一次1月山东半岛东部极端海效应暴雪的发生机制分析[J].气象,46(8):1074-1088.
李洪业,徐旭然,1995.冷流低云降雪成因的分析[J].气象,21(12):21-24.
李建华,崔宜少,杨成芳,等,2014.太行山和山东半岛地形对冷流暴雪的影响分析[J].气象与环境学报,30(3):18-25.
李建华,崔宜少,杨成芳,2015.不同中心位置的山东半岛冷流暴雪天气分析[J].中国海洋大学学报(自然科学版),45(8):10-18.
李鹏远,傅刚,郭敬天,等,2009.2005年12月上旬山东半岛暴雪的观测与数值模拟研究[J].中国海洋大学学报(自然科学版),39(2):173-180.
梁军,张胜军,黄艇,等,2015.辽东半岛2次高影响冷流降雪的对比分析[J].干旱气象,33(3):444-451.
林曲凤,吴增茂,梁玉海,等,2006.山东半岛一次强冷流降雪过程的中尺度特征分析[J].中国海洋大学学报(自然科学版),36(6):908-914.
刘畅,杨成芳,宋嘉佳,2016.一次江淮气旋复杂降水相态特征及成因分析[J].气象科学,36(3):411-417.
刘畅,杨成芳,2017.山东省极端降雪天气事件特征分析[J].干旱气象,35(6):957-967.
刘畅,杨成芳,郑丽娜,2019.江淮气旋影响下的山东降雪过程相态特征[J].海洋气象学报,39(3):74-83.
马鹤年,1998.省地气象台短期预报岗位培训教材[M].北京:气象出版社.
迈克尔·阿拉贝,2006.雪暴[M].戴东新,译.上海:上海科学技术文献出版社.
漆梁波,张瑛,2012.中国东部地区冬季降水相态的识别判据研究[J].气象,38(1):96-102.
乔林,林建,2008.干冷空气侵入在2005年12月山东半岛持续性降雪中的作用[J].气象,34(7):27-33.

苏博,吴增茂,李刚,等,2007.山东半岛一次强冷流降雪的观测与数值模拟研究[J].中国海洋大学学报(自然科学版),37(增刊):1-9.

孙殿光,黄本峰,薛奕波,等,2016.山东半岛三次冷流暴雪气流结构差异性分析[J].高原气象,35(3):800-809.

孙建华,黄翠银,2011.山东半岛一次暴雪过程的海岸锋三维结构特征[J].大气科学,35(1):1-15.

孙莎莎,杨成芳,尹承美,等,2015.济南地区"12.13"降水过程相态二次转换成因分析[J].气象与环境学报,31(4):14-19.

孙欣,蔡芗宁,陈传雷,等,2011."070304"东北特大暴雪的分析[J].气象,37(7):863-870.

陶祖钰,1992.从单Doppler速度场反演风矢量场的VAP方法[J].气象学报,50(1):81-90.

王洪霞,苗爱梅,董春卿,等,2013.山西一次春季降水过程相态变化的成因分析[J].高原气象,32(6):1787-1794.

王坚红,史嘉琳,彭模,等,2018.寒潮过程中风浪对黄海海气热量通量和动量通量影响研究[J].大气科学学报,41(4):541-553.

王俊,2004.单多普勒天气雷达反演二维风场的方法研究[D].青岛:中国海洋大学.

王琪,杨成芳,张苏平,等,2014.一次典型大范围冷流暴雪个例的诊断分析[J].中国海洋大学学报,44(6):18-027.

王琪,2015.山东半岛大范围海效应暴雪的观测分析与数值模拟[D].青岛:中国海洋大学.

王琪,杨成芳,王俊,2015.一次大范围海效应暴雪的雷达反演风场分析[J].气象科学,35(5):653-661.

王爽,蔡丽娜,2009.大连机场地方性冷流降雪特征及成因分析[J].中国民航飞行学院学报,20(1):32-36.

徐辉,宗志平,2014.一次降水相态转换过程中温度垂直结构特征分析[J].高原气象,33(5):1272-1280.

阎丽凤,杨成芳,2014.山东省灾害性天气预报技术手册[M].北京:气象出版社.

杨成芳,周雪松,王业宏,2007.山东半岛冷流降雪的气候特征及其前兆信号[J].气象,33(8):76-82.

杨成芳,陶祖钰,李泽椿,2009.海(湖)效应降雪的研究进展[J].海洋通报,28(4):81-88.

杨成芳,2010a.渤海海效应暴雪的多尺度研究[D].南京:南京信息工程大学.

杨成芳,2010b.渤海海效应暴雪的三维热力结构特征[J].中国海洋大学学报(自然科学版),37(2):17-27.

杨成芳,高留喜,王方,2011.一次异常强渤海海效应暴雪的三维运动研究[J].高原气象,30(5):1213-1223.

杨成芳,周雪松,2012.渤海海效应暴雪微物理过程的数值模拟[J].中国海洋大学学报(自然科学版),42(增刊):10-17.

杨成芳,姜鹏,张少林,等,2013.山东冬半年降水相态的温度特征统计分析[J].气象,39(3):355-361.

杨成芳,周淑玲,刘畅,等,2015a.一次入海气旋局地暴雪的结构演变及成因观测分析[J].气象学报,73(6):1039-1051.

杨成芳,周雪松,李静,等,2015b.基于构成要素的一次切变线暴雪天气分析[J].高原气象,34(5):1402-1413.

杨成芳,刘畅,郭俊建,等,2017.山东相态逆转降雪天气的特征与预报[J].海洋气象学报,37(1):73-83.

杨成芳,李泽椿,2018.近十年中国海效应降雪研究进展[J].海洋气象学报,38(4):1-10.

杨成芳,刘畅,2019.一次江淮气旋暴雪的积雪特征及气象影响因子分析[J].气象,45(2):191-202.

杨成芳,朱晓清,2020.山东降雪含水比统计特征分析[J].海洋气象学报,40(1):47-56.

杨成芳,赵宇,2021.基于加密观测的一次极端雨雪过程积雪特征分析[J].高原气象,40(4):853-865.

杨成芳,曹玥瑶,2022.秋季渤海海效应降雨的统计特征及形成机理[J].海洋气象学报,42(1):12-22.

杨琨,薛建军,2013.使用加密降雪资料分析降雪量和积雪深度关系[J].应用气象学报,24(3):349-355.

杨璐瑛,张芹,郭俊建,等,2018.鲁南初冬一次罕见特大暴雪的成因分析[J].海洋气象学报,38(2):100-107.

俞小鼎,姚秀萍,熊廷南,等,2006.多普勒天气雷达原理与业务应用[M].北京:气象出版社.

袁海豹,林曲凤,石磊,2009.地形对山东半岛冬季冷流暴雪影响的一次数值模拟研究[J].海洋预报,26(3):53-59.

张黎红,2004.大连地方性冷流降雪成因分析[J].辽宁气象,4:12-13.
张琳娜,郭锐,曾剑,等,2013.北京地区冬季降水相态的识别判据研究[J].高原气象,32(6):1780-1786.
张沛源,陈荣林,1995.多普勒速度图上的暴雨判据研究[J].应用气象学报,6(3):373-378
张勇,寿绍文,王咏青,等,2008.山东半岛一次强降雪过程的中尺度特征[J].南京气象学院学报,31(1):51-60.
赵宇,蓝欣,杨成芳,2018.一次冬季江淮气旋逗点云区的雷达回波和气流结构分析[J].气象学报,76(5):726-741.
郑丽娜,石少英,侯淑梅,2003.渤海的特殊地形对冬季冷流降雪的贡献[J].气象,29(1):49-51.
郑丽娜,靳军,2012."2.28"山东罕见"雷打雪"现象形成机制分析[J].高原气象,31(4):1151-1157.
郑丽娜,王坚红,杨成芳,等,2014.莱州湾西北与山东半岛北部强海效应降雪个例分析[J].气象,40(5):605-611.
郑丽娜,杨成芳,刘畅,2016.山东冬半年回流降雪形势特征及相关降水相态[J].高原气象,35(2):520-527.
郑丽娜,张子涵,夏金鼎,2019.山东省"雷打雪"事件分型及其成因分析[J].气象,45(8):1075-1084.
郑怡,高山红,吴增茂,2014.渤海海效应暴雪云特征的观测分析[J].应用气象学报,25(1):71-82.
郑怡,杨成芳,郭俊建,等,2019.一次罕见的山东半岛西部海效应暴雪过程的特征及机理研究[J].高原气象,38(5):1017-1026.
周淑玲,李宏江,吴增茂,等,2011.山东半岛冬季冷流暴雪的气候特征及其成因征兆[J].自然灾害学报,20(3):91-98
周淑玲,王科,杨成芳,等,2016.一次基于综合探测资料的山东半岛冷流暴雪特征分析[J].气象,42(10):1213-1222.
周雪松,杨成芳,张少林,2011.地形对冷流暴雪影响的可能机制研究[J].安徽农业科学,39(31):19419-19422.
周雪松,杨成芳,王辉,2013.山东半岛海效应暴雪中逆风区形成机制研究[J].海洋湖沼通报,139(4):25-33.
周雪松,杨成芳,孙兴池,2019.基于卫星识别的渤海海效应事件基本特征分析[J].海洋气象学报,39(1):26-37.
朱先德,吴增茂,周淑玲,等,2007.2005年12月3—4日山东半岛暴雪准静止对流云带演变的分析[J].中国海洋大学学报(自然科学版),37(增刊):8-16.
ALCOTT T I, STEENBURGH W J,2010. Snow-to-liquid ratio variability and prediction at a high-elevation site in Utah′s Wasatch mountains[J]. Wea Forecasting, 25(1):323-337.
AUER A H, WHITE J M,1982. The combined role of kinematics, thermodynamics, and cloud physics associated with heavy snowfall episodes[J]. Journal of the Meteorological Society of Japan,60:500-507.
BAKER D G, SKAGGS R H, RUSCHY D L,1991. Snow depth required to mask the underlying surface[J]. J Appl Meteor,30(3):387-392.
BAXTER M A, GRAVES C E, MOORE J T,2005. A climatology of snow-to-liquid ratio for the contiguous United States[J]. Wea Forecasting,20(5):729-744.
BRIGGS W G, GRAVES M E,1962. A lake breeze index[J]. J Appl Meteor,1:474-480.
CHOULARTON T W, S J Perry, 1986. A model of the orographic enhancement of snowfall by the seeder-feeder mechanism[J]. Quarterly Journal of the Royal Meteorological Society, 112(472):335-345.
CLARKE R,1970. Recommended methods for the treatment of the boundary layer in numerical models[J]. Aust Meteor Mag,18:51-73.
DUBE I, RIMOUSKI E, 2003. From mm to cm study of snow/liquid water ratios in Quebec[OL]. MSC-Quebec region,http://221.180.170.20/cache/www.meted.ucar.edu/norlat/snowdensity/from_mm_to_cm.pdf.

GLORIA E E, MAURICE B D, 1979. Inclusion of sensible heating in convective parameterization applied to lake-effect snow[J]. Mon Wea Rev, 107:551-565.

HENRY A J, 1917. The density of snow[J]. Mon Wea Rev, 45(3):102.

HJELMFELT M R, 1990. Numerical study of the influence of environmental conditions on lake effect snowstorms over Lake Michigan[J]. Mon Wea Rev, 118:138-150.

HJELMFELT M R, 1992. Orographic effects in simulated lake-effect snowstorms over Lake Michigan[J]. Mon Wea Rev, 120:373-377.

HOLROYD E W, 1971. Lake effect cloud bands as seen from weather satellites[J]. J Atmos Sci, 28:1165-1170.

JEFF S W, 2002. A foot of snow from a 3000-foot cloud. The ocean-effect snowstorm of 14 January 1999[J]. Bulletin Amer Meteo Soc, 83:19-22.

JIUSTO J E, WEICKMANN, 1973. Types of snowfall[J]. Bulletin Amer Meteo Soc, 54(11):1148-1162.

JOSSHUA J S, KRISTOVICH A R, Hjelmfelt M R, 2006. Boundary layer and microphysical influences of natural cloud seeding on a lake-effect snowstorm[J]. Mon Wea Rev, 134(7):1842-1858.

JUDSON A, DOESKEN N, 2000. Density of freshly fallen snow in the central Rocky Mountains[J]. Bull Amer Meteor Soc, 81(7):1577-1588.

KEVIN A C, HHELMFELT M R, DERICKSON R G, et al, 2000. Numerical simulation of transitions in boundary layer convective structures in a lake-effect snow event[J]. Mon Wea Rev, 128:3283-3295.

KUETTER J P, 1971. Cloud bands in the earth's atmosphere: observation and theory[J]. Tellus, 23:404-425.

LAIRD N F, 1999. Observation of coexisting mesoscale lake-effect vortices over the western Great Lakes[J]. Mon Wea Rev, 127:1137-1141.

LAVOIE R L, 1972. A mesoscale model of lake effect snowstorms[J]. J Atmos Sci, 29:1025-1040.

MAGONO C, LEE C W, 1966. Meteorological classification of natural snow crystals[J]. J Faculty Sci Hokkaido Uni, 2(4):321-335.

MARK R H, 1990. Numerical study of the influence of environmental conditions on lake-effect snowstorms over lake Michigan[J]. Mon Wea Rev, 118:138-149.

MILBRANDT J A, GLAZER A, JACOB D, 2012. Predicting the snow-to-liquid ratio of surface precipitation using a bulk microphysics scheme[J]. Mon Wea Rev, 140(8):2461-2476.

MOLTHAN A L, PETERSEN W A, NESBITT S W, et al, 2010. Evaluating the snow crystal size distribution and density assumptions within a single-moment microphysics scheme[J]. Mon Wea Rev, 138(11):4254-4267.

MOORE P K, ORVILLE R E, 1990. Lightning characteristics in lake effect thunderstorms[J]. Mon Wea Rev, 118:1767-1782.

MULLER R A, 1966. Snowbelts of the Great Lakes[J]. Weatherwise, 19:248-255.

NEIL E L, JOHN E W, DAVID A R, 2003. Model simulations examining the relationship of lake-effect morphology to lake shape, wind direction and wind speed[J]. Mon Wea Rev, 131:2102-2111.

NIZIOL T A, SNYDER W R, WALDSTREICHER J S, 1995. Winter weather forecasting throughout the eastern United States. Part IV: Lake effect snow[J]. Wea Forecasting, 10:61-77.

PEACE R L, SYKES J, 1966. Mesoscale study of a lake effect snow storm[J]. Mon Wea Rev, 94:495507.

PETER J, SOUSOUNIS, 1993. A numerical investigation of wind speed effects on lake-effect storms[J]. Boundary-Layer Meteorology, 64(3):261-290.

PRUPPACHER H R, KLETT J D, 2010. Microphysics of clouds and precipitation[M]. Netherlands: Springer:954.

RAUBER R M, 1987. Characteristics of cloud ice and precipitation during wintertime storms over the mountains of Northern Colorado[J]. J Climate Appl Meteor,26(4):488-524.

ROEBBER P J, BRUENING S L, SCHULTZ D M, et al,2003. Improving snowfall forecasting by diagnosing snow density[J]. Wea Forecasting,18(2):264-287.

ROSCOE R B, 1990. Snow particle size spectra in Lake effect snows[J]. Journ of App Meteo,29:200-207.

STEENBURGH W J, SCOTTF H, DARYLJ O,2000. Climatology of lake-effect snowstorms of the Great Salt Lake[J]. Mon Wea Rev,128:709-727.

TAGE A, STEFAN N, 1990. Topographically induced convective snowbands over the Baltic Sea and their precipitation distribution[J]. Wea Forecasting,5:299-312.

TODD J, MINER, FRISTSCH J M,1997. Lake-effect rain events[J]. Mon Wea Rev,125:3231-3248.

WALSH J E,1974. Sea breeze theory and applications[J]. J Atmos Sci,31:2012-2026.

WARE E C, SCHULTZ D M, BROOKS H E, et al,2006. Improving snowfall forecasting by accounting for the climatological variability of snow density[J]. Wea Forecasting,21(1):94-103.